MÜNCHENER HOCHSCHULSCHRIFTEN

REIHE:

NATURWISSENSCHAFTEN

BAND 1

REINHARD LÖW

PFLANZENCHEMIE ZWISCHEN LAVOISIER UND LIEBIG

DONAU-VERLAG, STRAUBING UND MÜNCHEN 1979

Donau-Verlag GmbH München und Straubing
ISBN 3-921 570-09-3
2. Auflage
Kontaktadresse: Dr. Reinhard Löw
Institut für Philosophie
der Universität München
Geschwister-Scholl-Platz 1
8 München 22

Meinen Eltern

Inhaltsverzeichnis

Anhangteil

Einleitung

Vor einer historischen Untersuchung der Pflanzenchemie zwischen 1790 und 1820 ist es dem Verständnis des Themas dienlich, sich mit einigen in ihm selbst nicht angesprochenen Fragen auseinanderzusetzen.

Zuerst ist generell die Verwendung des Begriffs "Pflanzenchemie" zu untersuchen, da diese Bezeichnung mit verschiedenen Bedeutungen verbunden wird. Im Zusammenhang damit ist zu erörtern, mit welchen Begründungen die Pflanzenchemie als Spezialwissenschaft von der verwandten Chemie oder der Botanik abgetrennt werden kann. Dabei muß auf die Veränderung der Bedeutung des Wissenschaftsbegriffs Rücksicht genommen werden. Schließlich ist zu untersuchen, inwieweit die Pflanzenchemie im betrachteten Zeitraum den Charakter einer Spezialwissenschaft angenommen hatte, wobei sich die Frage nach ihrer Eigenständigkeit ebenso stellt wie die nach ihrer Relation zur frühen organischen Chemie.

1. Die historische Verwendung des Begriffs Pflanzenchemie.

Der Terminus "Pflanzenchemie" (resp. "Phytochemie") für ein Spezialgebiet der chemischen Wissenschaften entbehrt bislang einer anerkannten Definition [1], ohne daß das jedoch ein Hindernis für seine häufige Verwendung wäre. Dieser Mangel erfordert für die vorliegende Arbeit eine kurze Untersuchung des historischen Gebrauchs sowie eine Bestimmung des Begriffs.

"Pflanzenchemie", "Phytochemie", "vegetabilische Chemie" wird häufig in Buchtiteln und Kapitelüberschriften chemischer Lehrbücher zu Beginn des 19. Jahrhunderts verwendet[2]. In den meisten Fällen wird weder definiert noch erklärt,was darunter zu verstehen ist; der Gegenstand der Wissenschaft läßt sich erst nach Lektüre des ganzen Textes erschließen. Allen Arbeiten ist jedoch gemeinsam, daß sie von den chemischen Eigenschaften der sogenannten "näheren Bestandteile" der Pflanzen handeln, wobei zumeist die Art und Weise ihrer Darstellung, Identifikation und Reinigung erörtert wird. Neben diesem Kern der Pflanzenchemie werden bei verschiedenen Verfassern auch pharmazeutische, medizinische, ökonomische und physiologische Probleme behandelt [3].

Die näheren Bestandteile selbst werden im 18. Jahrhundert durch den Isolierungsprozeß definiert [4], ein Verfahren, das mit Hermbstaedt seinen Höhepunkt und Abschluß findet [5]. Danach treten verstärkt spezielle Untersuchungen einzelner Stoffgruppen in den Vordergrund, nach 1817 besonders der Alkaloide [6].

Die Pflanzenchemie von 1800 wird von Fourcroy definiert als die"Zerlegung der Pflanzen und ihrer Produkte" [7]. Indem er hinzufügt:

> ".. (sie) läßt überhaupt Aufschlüsse über die Erzeugung [der Pflanzen und der näheren Bestandteile], so wie über die Gesetze der Physik der Pflanzen hoffen",

deutet er die Einbeziehung der Physiologie in die Pflanzenchemie an, wie sie bis 1820, bei Berzelius auch noch länger [8] üblich wurde.

In der modernen Sekundärliteratur wird der Begriff Pflanzenchemie meist noch auf die Analytik und Reindarstellung der von der Pflanze gebildeten organischen Stoffe eingeschränkt [9]. Dies erschien für die vorliegende Arbeit als zu speziell. In Anlehnung an die Bestimmung von Fourcroy, die sich mit den Auffassungen der meisten zeitgenössischen Pflanzenchemiker deckt, wird daher hier unter "Pflanzenchemie" die chemische Kenntnis von Pflanzenstoffen verstanden, unter Einschluß von Analytik und Identifikation, neben ihrer systematischen Anordnung unter verschiedenen Gesichtspunkten [10]. Dies letztere ist keineswegs nur ein Teil der rückschauenden Betrachtung; Fourcroy wie andere Forscher [11] diskutieren auch alternative Möglichkeiten der Systematik, bevor sie ihre eigene vorstellen.

Wenn die Pflanzenchemie somit als die Erforschung der

chemischen Charakteristik von Pflanzenstoffen unter Einschluß der Systematik aufgefaßt wird, heißt das zugleich, daß die Pflanzenchemie als Wissenschaft betrachtet wird, die einen empirischen und einen theoretischen Teil aufweist. Damit stellt sich die Frage nach der Begründung für eine Abgrenzung gegenüber der allgemeinen und organischen Chemie.

2. Die Pflanzenchemie als spezieller Wissenschaftszweig.

Für eine erste Überlegung mag es erscheinen, als könnte die Pflanzenchemie nur soweit wissenschaftlich sein, als sie Chemie enthalte, die aber ihrerseits den Namen "Wissenschaft" nach Kant erst verdient, wenn sie mathematisierbar geworden sei [12]. Dieser Wissenschaftsbegriff der Chemie, der in der frühen Neuzeit entstand [13] und mit dem Ideal des more geometrico zuletzt nur noch Physik als eigentliche Naturwissenschaft zuließ [14], erwies sich im Laufe des 19. Jahrhunderts als zu eng: zum einen verloren Mathematik und klassische Physik selbst ihre Widerspruchsfreiheit, zum anderen hätten organische Naturwissenschaften den Status der Wissenschaftlichkeit gar nicht erreicht. Daher wurde in der Wissenschaftstheorie des 20. Jahrhunderts ein Wissenschaftsbegriff geschaffen, der die Legitimation der "theoretischen Wissenschaft" [15] nicht mehr in der Evidenz und Absolutgültigkeit der Mathematik sucht [16], sondern vermittels der drei tragenden Säulen des neuen Wissenschaftsbegriffes Positivierung, Problematisierung und Hypothetisierung [17] nunmehr wissenschaftliche Erkenntnis als Vollzug zweier Schritte auffaßt [18]:

1. Durch eine Vielzahl und Vielfalt von untersuchten Einzelvorgängen in der Natur oder im Experiment lassen sich Klassengesetze des empirisch ermittelten Verhaltens aufstellen (Induktion). In der Physik werden dafür als Beispiel die Beschleunigung von Körpern auf der schiefen Ebene genannt, in der Pflanzenchemie ließe sich das Verhalten von Pflanzenbestandteilen gegenüber Lösungsmitteln,

Säuren, Reagenzien anführen. Klassengesetze sind Gesetze, die für bestimmte Körper oder bestimmte Umstände der Versuchsanordnung gelten, mithin bedingt sind. Sie nehmen eine Mittelstellung zwischen Einzelerkenntnis und Grundgesetz (s.u.) ein.

2. Wenige, meist durch Einfachheit und Allgemeinheit ausgezeichnete, solchermaßen induktiv (und häufig davor intuitiv) gewonnene Grundgesetze ermöglichen nunmehr die Vorhersagbarkeit weiteren Naturverhaltens und die Erklärung der Mannigfaltigkeit aller einzelnen Beobachtungen. Für das obige Beispiel aus der Physik wäre das Newtons Gravitationsgesetz, für das pflanzenchemische Beispiel im 18. Jahrhundert die Theorie der chemischen "Affinitäten", heute etwa eine Theorie der eluotropen Reihe im molekularen Bereich, mit van-der-Waals-Kräften u.ä.; letzten Endes ist sie wieder physikalisch. Ein Beispiel, das sich vorläufig nicht auf die Physik reduzieren läßt[19], wäre die Theorie der idealistischen Morphologie mit der Archetypus-Idee.
   Solche Grundgesetze gelten für alle Objekte einer Wissenschaft und sind daher auch bei allen Klassengesetzen zu berücksichtigen.

Aus diesen beiden einander wechselseitig bedingenden Schritten folgt, daß "Wissenschaft" wesentlich unabgeschlossen ist, daneben aber auch geschichtsabhängig, je nachdem was von den Wissenschaften als "Erklärung" akzeptiert wird[20].

Im Falle des mathematischen Wissenschaftsbegriffes könnte man selbst von einer anorganischen Chemie als Wissenschaft erst nach 1870 sprechen[21], von der organischen und damit der Pflanzen-Chemie erst um die Mitte des 20. Jahrhunderts[22]. Für den modernen Wissenschaftsbegriff läßt sich die Datierung aus einem historischen Rekurs ableiten.

Die Abtrennung der Pflanzenchemie von der allgemeinen Chemie vollzog sich bis ins frühe 19. Jahrhundert ontologisch gemäß der aristotelischen Drei-Reiche-Theorie[23]; diese Abtrennung wurde von den meisten Forschern gar nicht reflektiert [24]. Dabei entwickelte sich die Pflanzenchemie bis Mitte des 18. Jahrhunderts genauso schnell wie die Tier- und Mineralchemie und war zudem in eine chemische Theorie mit diesen eingebaut: die Phlogistontheorie. Die "chemische Revolution" durch Lavoisier, daneben die Gaschemie und als letzter Baustein die Stöchiometrie bildeten gegen Ende des 18. Jahrhunderts die Mineralchemie in die anorganische Chemie um — Tier- und Pflanzenchemie wurden davon zunächst nicht betroffen, behielten Nomenklatur, Analytik und Systematik der Pflanzenstoffe bei [25]. Dies führte dazu, daß im Vergleich zur Mineralchemie Boerhaave 1732 alle phytochemischen Probleme für gelöst hielt (vgl. 2. Kapitel), während Berzelius dieselben Probleme 1811 , nunmehr aber im Vergleich zur stöchiometrisch zugänglichen anorganischen Chemie als unlösbar ansah und Wöhler noch 1835 in einem Brief an Berzelius von einem "Dschungel" in der organischen Chemie spricht. Denn zur Zeit Boerhaaves wurde von der Pflanzenchemie nicht verlangt, die Qualitäten von näheren Bestandteilen einzelner Pflanzen durch chemische Betrachtung zu erklären, während hundert Jahre später für die chemisch definierten Klassen von Substanzen gefordert wurde, daß sie sich in eine allgemeine Theorie auch mit Anorganica einordnen lassen sollten.

Aus dem Wechsel der Kriterien dafür, was für die Forscher als "Erklärung" galt, läßt sich ersehen, daß die ontologische Legitimation [26] der Pflanzenchemie ihr Gewicht verloren hatte und sich auf den Begriff der Lebenskraft [27] zurückzog. Eine Wiedereinordnung in eine allgemeine Chemie (wie zuvor in der Phlogistontheorie) war jedoch noch nicht möglich, so daß die Trennung der Pflanzenchemie vorläufig mit einer speziellen Differenz zur anorganischen Chemie begründet wurde: Kielmeyer definierte 1801 die Pflanzenchemie als "Chemie der näheren Bestandteile" [28], da diese Glieder zwischen Element und Verbindung in der anorganischen Chemie nicht existierten. Diese Abgrenzung läßt sich als ein Vorgriff auf die spätere Definition (seit 1860) der organischen Chemie als Kohlenstoffchemie verstehen, denn zu der Vielfalt organischer Verbindungen ist nur der Kohlenstoff mit der stabilen Kettenbildung befähigt; nur die Ursache für das Entstehen dieser Vielfalt, bei Kielmeyer die Lebenskraft, ist unterschiedlich. Elemente [29] einer wissenschaftlichen Pflanzenchemie waren schon lange vor 1800 vorhanden;[30] so waren Klassengesetze empirischen Verhaltens schon zu Beginn des 18. Jahrhunderts aufgestellt worden [31], und Grundgesetze wie Fourcroys Versuch der Theorie einer physiologischen Metamorphose der einen Pflanzensubstanz wurden vorgeschlagen (vgl. dazu 6. Kapitel). Diese wie andere problemorientierten Theorien entsprechen im Ansatz den Kriterien der Wissenschaftlichkeit (s.o.).

Der bisher berücksichtigte Wissenschaftsbegriff bezog sich allein auf die theoretische Wissenschaft. Für Fragen nach Etablierung und Institutionalisierung eines wissenschaftlichen Spezialgebietes wären daneben auch kulturelle und anthropologische Aspekte zu untersuchen, wie das kürzlich von Mullins u.a. [32] geschah. Die dort entwickelten Modelle lassen sich indes nicht auf eine vorwissenschaftliche Pflanzenchemie übertragen, sondern setzen voraus, daß die dem Spezialgebiet übergeordnete Wissenschaft schon die Basis einer "normalen Wissenschaft" [33] erreicht hat. Zwischen der Sauerstoffchemie Lavoisiers und den pflanzlichen Stoffen bestanden bis 1810 nur wenig Beziehungen, die chemische Merkmale der Substanzen betroffen hätten, so daß das Fundament der "normalen Wissenschaft" erst durch die organische Chemie gelegt werden konnte, von welcher aus sie dann als Spezialgebiet gesehen wurde; daß sie dabei auf den Charakter des "Vorläufers" für die organische Chemie reduziert wird, ist vermutlich der Grund, warum die Pflanzenchemie dieser Zeit in der historischen Literatur so wenig berücksichtigt wurde.

3. Die Pflanzenchemie zwischen 1790 und 1820

Aus dem bisher Dargelegten folgt, daß sich in der von

uns gewählten Zeitspanne eine doppelte Entwicklung vollzog: Zum einen bildete sich nach Einführung der quantitativen Elementaranalyse in der Pflanzenchemie aus dieser die organische Chemie, zum anderen gewann gleichzeitig die Pflanzenchemie ihre Eigenständigkeit gegenüber dieser, die sie sich bis heute bewahrt hat [34]. Diese beiden Gesichtspunkte sind daher auch für die Gliederung unserer Arbeit maßgebend.

a) Die Eigenständigkeit der Pflanzenchemie

Eine Darlegung der Pflanzenchemie bis zur Zeit der Pyrolyse [35] wird im Vergleich zur Extraktionsanalyse von Boulduc, Neumann, Boerhaave u.a. im 18. Jahrhundert [36] zeigen, wie sich für den Begriff der "Bestandteile" einer Pflanze eine neue Bedeutung durchsetzte: nicht mehr die peripatetischen Elemente, nicht die im Feuer erzeugten Produkte wurden darunter verstanden, sondern die unter "milden" Bedingungen (mechanisch, durch Lösungsmittel) dargestellten Substanzen. Die Haupterweiterung der Anzahl dieser "näheren Pflanzenbestandteile" geschah durch die Hereinnahme von pharmazeutisch lange bekannten Stoffen wie Gummi, Harz, Kampfer. Der Einfluß, den Lavoisiers "neue Chemie" auf die Phytochemie nahm, erwies sich trotz der Elementaranalytik als gering; eher schien sich mit ihr ein Rückfall in die trockene Destillation mit der Erzeugung neuer Produkte (vgl. 1. Kapitel) zu vollziehen [37]. Da aber der anorganischen Chemie auf der neuen Basis große Fortschritte gelangen [38], versuchte die Pflanzenchemie, ihr Verbleiben bei der Extraktions-Analytik zu rechtfertigen. Überlegungen zu dieser Problematik trug C.F.Kielmeyer in einer Antrittsvorlesung 1801 vor, die für unsere Zwecke übersetzt und kommentiert wurde [39]; Pflanzenchemie war für Kielmeyer die Chemie der näheren Bestandteile, die der Stöchiometrie noch nicht zugänglich waren. Das Programm dieses Wissenschaftszweiges stellten die chemische Untersuchung möglichst vieler Pflanzen sowie besonders die Reindarstellung und Charakterisierung der einzelnen Substanzen dar. Dafür wurden zwischen 1795 und 1825 erste allgemeine

Vorschriften zur Pflanzenanalytik erstellt, Analysengänge ermittelt, Reihen von Reagenzienprüfungen vorgeschrieben. Dadurch ergab sich einerseits eine Differenzierung innerhalb der bekannten Stoffgruppen (z.B. der Harze, Öle, Schleime), andererseits die Auffindung neuer Stoffklassen, wobei neben der Alkaloidchemie neutrale Stoffe wie Asparagin, Inulin, Pikrotoxin nicht übersehen werden dürfen.

Zur Darstellung des pflanzenchemischen Wissenstandes zu Beginn des 19. Jahrhunderts, also vor Wiederaufnahme der Elementaranalytik wurde eine Vorlesungsmitschrift über die "Chemie der zusammengesetzten Materien", die von C.F.Kielmeyer im Jahre 1802 gehalten wurde, transkribiert und im Vergleich zu vier anderen Autoren kommentiert [40]. Die Untersuchung der systematischen Ordnung bei Kielmeyer und einer Vielzahl anderer Autoren beweist, daß die Pflanzenchemie unter einer Fülle von klassifizierenden Prinzipien gesehen wurde, unter welchen die Elementaranalytik nur eines darstellte. Da für diese Untersuchung Handbücher bis 1829 herangezogen wurden [41], können an dieser Stelle zugleich die Fortschritte innerhalb der einzelnen Stoffklassen aufgezeigt werden. Diese Entwicklung wurde unabhängig von der Elementaranalytik, teilweise auch gegen sie [42] vollzogen, womit sich die Eigenständigkeit der Pflanzenchemie vor, während und nach Ausbildung der organischen Chemie erweisen läßt.

b) Die frühe Entwicklung der organischen Chemie.

Darüber, daß die organische Chemie sich aus der Pflanzenchemie [43] entwickelt habe, besteht allgemeiner Konsens. Die Art und Weise der Entwicklung wurde bisher jedoch kaum untersucht. Daher soll in dieser Arbeit auch die Anwendung der Elementaranalytik auf die Pflanzensubstanzen ausführlich erörtert werden; die ersten zusammenhängenden Theorien zur Relation von Elementarzusammensetzung und chemischem Verhalten seit 1810 wurden von den Autoren als pflanzenchemische Theorien verstanden, die auch über physiologische Fragestellungen Auskunft gaben [44].

Aufschlußreich für die Entwicklung der organischen Chemie

erweist sich die Untersuchung des Einflusses spekulativer Gedankengänge bei Arbeiten von Forschern, die der romantischen Naturphilosophie nahestanden (vgl. dazu die "Folgerung" aus der Literaturübersicht). Ein Überblick über[46] die organisch-chemischen Forschungen nach 1820 zeigt schließlich die Entkoppelung von Pflanzenchemie und organischer Chemie: während diese sich zunehmend mit künstlichen Änderungen an distinkten Verbindungen befaßt und dabei mit Wöhler/Liebigs Benzoylarbeit 1832 eine wichtige Stufe zu einer konsistenten Theorie nimmt, verlagert sich das Interesse der Pflanzenchemie von Ganz-Analysen auf die chemische Untersuchung einzelner natürlicher Substanzen. Dabei ist sie auch als "pharmazeutische Biologie" bis heute geblieben.

Anmerkungen zur Einleitung

[1] Das Stichwort Pflanzenchemie (resp. Phytochemie) findet sich nicht im "Handwörterbuch der Naturwissenschaften" (1925), nicht bei McGraw-Hill (1960), nicht in der (Larousse) Encyclopédie Internationale des Sciences et Techniques (1969 ff); in anderen Lexika und Handwörterbüchern fanden sich insgesamt zwei Begriffsbestimmungen: Römpps Chemielexikon (1966 ff) definiert die Phytochemie als "Wissenschaftszweig, der sich mit den in pflanzlichen Organismen auftretenden chemischen Umsetzungen befaßt" (IV, Sp.4928), also im Sinne einer Pflanzenphysiologie. Meyers Enzyklopädisches Lexikon (1971 ff) schreibt zum Stichwort Phytochemie: "Teilbereich der Biochemie; Arbeitsgebiete sind die Isolierung, Untersuchung und Konstitutionsaufklärung der Pflanzenstoffe" (XVIII, S.659). Dieser Definition kommt unsere sehr nahe, abgesehen vom systematischen Aspekt.

[2] zum Beleg:
Riche, Claude Ant. Gas.: De chemia vegetabilium. Avignon 1786. Oppenheim, Leopold: De phytochemia pharmakologiae Lucem foenerante. Halle 1803. Giese, Ferdinand Joh.Em.: Chemie der Pflanzen- und Thierkörper. Riga 1811. Runge, Friedlieb Ferd.: Materialien zur Phytologie = Neueste phytochemische Entdeckungen zur Begründung einer wissenschaftlichen Phytochemie. Berlin 1820-21. Döbereiner, Johann Wolf.: Zur pneumatischen Phytochemie = III. Theil der pneumatischen Chemie. Jena 1822; im IV. Theil ebenso S.78-125. Bischoff, Gott.Wilh.: Lehrbuch der Botanik. 2 Bde. Stuttgart 1836; 2. Bd. 3. Kap.: Pflanzenchemie. Berzelius, Jöns Jak.: Jahresberichte etc.; Kapitelüberschriften seit 1822 unregelmäßig alternierend "vegetabilische Chemie", "Pflanzenchemie", "organische Chemie". Gmelin, Leopold: Handbuch der theoretischen Chemie. 3 Bde. Frankfurt 1819; Erwähnung von "vegetabilischer Chemie" im 3. Bd. S.947, welche Bezeichnung er (im Gegensatz zu F. Wöhler: Grundriß der Chemie. 6.Aufl. Berlin 1840 S.5) für unangemessen hält.

[3] ausführlich besprochen im 5. und 6. Kapitel.

[4] Die Isolierung kann durch mechanische oder chemische Bearbeitung erfolgen, aber auch durch Exkretion aus der Pflanze selbst (Gummi, Harz).

[5] Vgl.dazu das 5. Kapitel; diese Weise der Definition findet sich zwar auch noch später (etwa bei Pfaff), aber nicht mehr so umfassend wie bei Hermbstaedt (1795).

[6] Erst 1817 wurde Sertürners Morphium-Entdeckung allgemein anerkannt. Vgl. dazu das 8. Kapitel.

[7] Fourcroy(1801) Bd.1 S.3 .

[8] so in der 3.Aufl. des Lehrbuchs der Chemie, 6. Band Dresden 1837.

[9] etwa bei Rosenthaler (1904) S.296, Tschirch (1933) S.1797, Künkele (1971) S.7 .

[10] Vgl. dazu das 6. Kapitel.

[11] etwa Pfaff (1808), Giese (1811), John (1814), Wöhler(1840).

[12] Kant MAdN, Akad.Ausgabe IV, S.470 .

[13] Zu den häufig genannten Urhebern Bacon und Galilei wäre auch Jungius zu erwähnen, vgl.Kangro (1968); zu den Ansätzen dieses Wissenschaftsbegriffs in der Antike und im Mittelalter vgl. Crombie (1953).

[14] Der Bewegungsbegriff, der bei Aristoteles auch Werden und Vergehen einschloß, wurde auf die Ortsbewegung reduziert.

[15] "theoretische Wissenschaft" in Abgrenzung zu kulturellen und anthropologischen Aspekten der Wissenschaft. Vgl. dazu Diemer (1968) S.59 .

[16] "Nicht das Messen garantiert den Wissenschaftscharakter [im klassischen Wissenschaftsbegriff] , sondern die absolute Evidenz mathematischer Einsicht und Gewißheit." Diemer (1968) S.26. Dies ist das wichtigste der vier konstitutiven Elemente des klassischen Wissenschaftsbegriffs bei Diemer.

[17] Diese drei nennt Diemer (1968) neben sieben anderen Kriterien des neuen Wissenschaftsbegriffs; das wichtigste davon ist die Hypothetisierung, die aus der Loslösung der unmittelbaren Stoffbindung in der neuzeitlichen Wissenschaft resultiert und "ein freispielendes Entwerfen von Theorien" ist. Zur Klärung dieses neuen Wissenschaftsbegriffs trug viel die Kontroverse zwischen Popper und Kuhn (vgl.Anm.20) bei; eine detaillierte und objektive Darstellung dieser Diskussion und ihrer Ergebnisse findet sich bei Diederich (1974) und Stegmüller (1975) S.484-534.

[18] so dargestellt im Anschluß an Driesch (1915) und Ungerer (1930).

[19] Das gilt gleichermaßen für Evolutionstheorie und Molekularbiologie; die Physikalisierung (d.h. die fortschreitend mechanische Betrachtungsweise) bleibt letztendlich Programm.

[20] Die Geschichtsbezogenheit der Wissenschaft(en) wurde zuerst von Vico gegen Descartes eingewandt, danach von Schelling und Hegel gegen Kant, und heute von Kuhn (1962) und Feyerabend (1973, 1976) gegen die "monistische" Wissenschaftstheorie der Wiener Schule, besonders Karl Popper (1935, 1972).

[21] nach der Erkenntnis des periodischen Systems der Elemente (1869) und nach der eindeutigen Trennung und Definition der Begriffe Molekül und Atom durch Cannizzaro (1860).

[22] mit den Beweisen für die Strukturchemie durch Infrarot-, Ultraviolett-, Massen- und Kernresonanzspektroskopie sowie besonders durch die Röntgenstrukturanalyse.

[23] Chemische Lehrbücher gliedern sich im 18. Jahrhundert in die drei Teile Mineralchemie, Pflanzenchemie, Tierchemie (vgl. dazu die Einleitung zum 4. Kapitel), eine Trennung

die auch von Berzelius in den "Jahresberichten" bis 1840 beibehalten wird.

[24] vgl. dazu das 3. Kapitel.

[25] vgl. dazu das 3. und das 4. Kapitel.

[26] d.h. die Legitimation der Abtrennung der Pflanzenchemie gemäß der Drei-Reiche-Theorie.

[27] Der "Lebenskraft"- Begriff wurde von vielen organischen Chemikern zu Beginn des 19. Jahrhunderts herangezogen, um das Entstehen von den Verbindungen zu erklären, die in der lebendigen Natur gegen die Regeln der Affinität gebildet werden. Vgl. dazu das 4. und das 8. Kapitel.

[28] bei seiner Antrittsvorlesung in Tübingen; vgl. dazu das 4. Kapitel.

[29] Als Elemente einer pflanzenchemischen Wissenschaft ließen sich auch schon die Theorien zur Zusammensetzung der Pflanzen im Projekt der französischen Akademie (Pyrolyse) auffassen; allerdings blieben sowohl Differenziertheit wie Aussagekraft dieser Erkenntnisse weit hinter denen der Extraktions-Pflanzenchemie zurück.

[30] Deswegen stimme ich mit der Annahme von Rosenthaler (1904) S.296, der wissenschaftliche Pflanzenchemie erst bei Scheele beginnen läßt, nicht überein.

[31] sowohl bezüglich des physikalisch-chemischen Verhaltens der näheren Bestandteile, die die Klassen bildeten, als auch im Sinne von Zusammenhängen mit pharmakologischen Wirkungen, physiologischen Vorgängen.

[32] Law (1973), Mullins (1973) und Whitney (1974) untersuchen Spezialisierungen innerhalb bestehender Forschergemeinschaften, im wesentlichen aber im Rahmen des 20. Jahrhunderts.

[33] Solange noch über die Grundlagen der Wissenschaft (das "Paradigma" bei Kuhn (1972)) gestritten wird, können sich keine Spezialwissenschaften etablieren. Erst nach der Konstitution des Paradigma lassen sich auch Fragen nach organischer und mechanischer Gemeinschaft der Forscher stellen; vgl. dazu Durkheim (1964) und Downey (1969).

[34] Dafür spricht die Aufwertung der analytischen Pflanzenchemie als "Pharmazeutische Biologie" zum pharmazeutischen Lehrfach. Man könnte einwenden, die Methodik in der heutigen Pflanzenchemie (Isolierung, Reinigung, Auftrennung der Substanzen und Stoffgemische, Konstitutionsaufklärung) sei ausnahmslos der organischen Chemie entnommen. Das ist ein Irrtum. Diese Methodik übernahm zuerst die organische Chemie von der Pflanzenchemie zu Beginn des 19. Jahrhunderts!

[35] im 1. Kapitel.

[36] im 2. Kapitel.

[37] Dieser Begriff wird im 3. Kapitel erörtert.

[38] Eine besondere Rolle spielte dabei die Stöchiometrie wegen ihrer mathematischen Evidenz.

[39] im 4. Kapitel.

[40] Der Vergleich erfolgt im 5. Kapitel, die Text-Edition bildet den Anhang IV.

[41] Insgesamt werden im 6. Kapitel 21 Autoren berücksichtigt.

[42] Die Theorien, die sich an Lavoisiers Sauerstoffchemie orientierten, standen häufig im Widerspruch zur Empirie; vgl. dazu besonders das 7. und 8. Kapitel.

[43] Im 18. Jahrhundert spielten tierische Substanzen noch eine geringere Rolle; seit Beginn des 19. Jahrhunderts nahmen aber auch die chemischen Kenntnisse dieser Stoffe stark zu (vgl. Chevreul im 9. Kapitel). Der Elementaranalyse waren sie zunächst schwer zugänglich, weil der Stickstoff nur ungenau zu bestimmen war.

[44] Die Darstellung der frühen Elementaranalytik erfolgt im 7. Kapitel.

[45] im 8. Kapitel.

[46] im 9. Kapitel.

Literaturübersicht zur Entwicklung der Phytochemie 1790-1820

Die Phytochemie als Gegenstand wissenschaftlicher Forschung trennte sich ein erstes Mal in der Mitte des 17. Jahrhunderts von den Nachbarwissenschaften Botanik, Chemie, Medizin. Diese Zeitspanne (ca. 1670-1720) der durch die französische Akademie initiierten phytochemischen Untersuchungen wurde jüngst in zwei Publikationen ausführlich erörtert.[1]

Bis Lavoisier nennt die Literatur keinen entscheidenden Fortschritt in der Pflanzenchemie; einer Verbesserung der Analysenmethode (Extraktion) stand ein Rückschritt in der Tendenz gegenüber (Untersuchungen zum Zwecke der Auffindung neuer Arzneimittel).

Nach der allgemeinen Anwendung der Elementaranalyse bei organischen Stoffen nahm die Phytochemie einen schnellen Aufschwung. Eine verbesserte Pflanzenchemie war notwendig für wissenschaftlichen Fortschritt in mehreren Disziplinen, die sich gerade entwickelten, wie der Pflanzenphysiologie, der pharmazeutischen, technischen, organischen Chemie. Ein Überblick über die verschiedenen Beurteilungen der Pflanzenchemie zu jener Zeit (1790-1820) zeigt demzufolge ein vielgestaltes Bild, mit den Aspekten des jeweiligen Fachhistorikers sich ändernd.

1. Beurteilung der Pflanzenchemie aus der Sicht der Chemiegeschichtsschreibung.

In der allgemeinen Chemiegeschichtsschreibung wird die Pflanzenchemie der betrachteten Epoche zumeist unter die Vorläufer der organischen Chemie gerechnet. Bei alten chemiehistorischen Darstellungen wie den Werken von Joh. Chr. Wiegleb (1792), Joh.F.Gmelin(1797) und J.Bart.Trommsdorff (1804) findet sich die Pflanzenchemie nur mittelbar in der Erwähnung von phytochemischen Analysen. Jost Weyer [2] bezeichnet Wieglebs Arbeit als "annalistisch", Einteilungsprinzip ist die Chronologie;geistesgeschichtliches Interesse leitet ihn nur in der Auseinandersetzung mit der Alchemie, d.i. ihrer Entlarvung.

J.F. Gmelin läßt sich für die Einteilung des gewaltigen Stoffes (3 Bände mit über 2800 Seiten) eher von "stoff- und verfahrensgeschichtlichen Aspekten" (Weyer 1974 S. 38) leiten, besonders was die ältere Chemie anlangt; die neueste Chemie benennt er schon 1799 als " Das Zeitalter Lavoisiers", doch hat dieses Kapitel ohne weitere Unterteilung einen Umfang von 1200 Seiten! Pflanzenchemische Hinweise finden sich nur in Form von Quellenangaben.

Joh. Bart. Trommsdorff schätzt 1804 in seinem "Versuch" die beiden Arbeiten seiner Vorgänger treffend ein:

> "... keine Geschichte der chemischen Wissenschaft... sondern blos schätzbare Produkte fleißiger Literatoren..." [3]

Er selbst unternimmt den ersten Versuch einer Geistesgeschichte der Chemie, setzt sich im besonderen mit Kant und Schelling auseinander. Die Pflanzenchemie berührt er nicht; die zeitliche Distanz zu tatsächlichen Fortschritten der Phytochemie ist für ihn noch zu gering, um sie schon historisch zu beurteilen.

Das erste Chemiegeschichtswerk in der Weise heutiger Darstellungen ist von Hermann Kopp die "Geschichte der Chemie" (1843-47), ein "Werk, das heute noch ein Standardwerk der Chemiegeschichtsschreibung darstellt" (Weyer, S.83). Diese Chemiegeschichte ist auch aus einem weiteren Grund von historischer Bedeutung: Kopp steckte damit für ein Jahrhundert den Rahmen chemiehistorischer Forschung ab, die dieses Skelett trotz der Fülle von Detailerweiterung und -korrektur beließ.

Kopp befaßt sich mit den Vorläufern der organischen Chemie zwischen 1790 und 1820 im 4. Band: Für ihn war die Einführung der quantitativen Methode die entscheidende Wende in der gesamten Chemie. Dabei erhielt die Stöchiometrie durch die Atomhypothese ihre theoretische Basis, die durch die Entdeckung organischer Radikale eine glänzende Bestätigung fand, so daß nun

> "die zahllosen Substanzen von gleicher qualitativer Zusammensetzung endlich einer ungezwungenen und übersichtlichen Classification unterworfen werden können" (I,279)

Aus der Sicht der Richtigkeit der Radikallehre entwirft Kopp rückschauend die Voraussetzungen für diesen Fortschritt:

a) Vervollkommnung der Elementaranalyse
b) Untersuchung der näheren Bestandteile von Verbindungen
c) Untersuchung analoger Klassen organischer Verbindungen
d) Untersuchung vieler Substanzen, die aus einer einzigen hervorgingen, und erneute Rückführung in diese.

Kopp, der in der Beurteilung der phlogistischen Epoche historisch- kritisch verfährt und ihre 'Wahrheit' am Stande der Erkenntnis<u>möglichkeiten</u> der Zeit bemißt, beschäftigt sich an dieser Stelle der unmittelbaren Entstehung von organischer Chemie nicht mit den Fehlwegen der Forschung gemäß dem von ihm im 4. Band zitierten Goetheausspruch: "Die Irrtümer gehören in die Bibliotheken, der Fortschritt allein den Menschen". Dementsprechend erfährt die Naturphilosophie eine wesentlich negative Beurteilung.

Die Trennung der organischen von der mineralogischen Chemie verlegt Kopp ins phlogistische Zeitalter und führt als Beispiel N. Lemery an, aber:" Seine Classification ist oft, mit der jetzigen verglichen, fehlerhaft..."(IV,241) Erst Lavoisier führte die große Wende herbei, als er Kohlenstoff, Wasserstoff und Sauerstoff als Grundlage aller vegetabilischen Substanzen annahm:

> "Mit der Erkenntniß der eben genannten Bestandtheile wurde auch eine bessere Eintheilung derselben vorbereitet. Früher war diese ohne leitende Regel bald nach den chemischen, bald nach den physikalischen Eigenschaften gemacht worden, man hatte Säuren, Fette, Oele, Harze, Balsame, Zucker unterschieden, ohne einem bestimmten Eintheilungsprincipe zu folgen"(IV,247)

Ohne über diese Substanzen etwas weiteres auszusagen, beschließt er den Abschnitt:

> "Wir haben indeß hier weniger die Ansichten über die näheren Bestandtheile der Pflanzen, als diejenigen

über die Elementarkonstitution der organischen Stoffe überhaupt zu untersuchen". (IV,247)

Diese Meinung, die zudem durch die Einschätzung gestützt wurde, während der fraglichen Zeit sei in Deutschland ohnehin überwiegend romantische Spekulation getrieben worden, läßt weder Raum für die Frage, woher die reinen Substanzen für die Elementaranalysen kamen, mit denen Veränderungen von funktionellen Gruppen (am gleichbleibenden Radikal) vorgenommen werden sollten, noch für die verschiedenen Aspekte, unter denen Pflanzenchemie vor Liebig gesehen wurde. Daher beschäftigt sich Kopps Untersuchung danach mit dem Aufkommen der quantitativen Elementaranalyse und den ersten Interpretationen dieser Analysen, wobei er besonders auf die Sauerstoffsättigungstheorie von Gay- Lussac/Thenard und Berzelius' Dualismus eingeht, Döbereiners Arbeiten hierzu jedoch nicht erwähnt. Kopp handelt auch von einzelnen Substanzen, so den Fetten und Säuren, sehr kurz aber nur von "fragwürdigen" Substanzen wie dem Kampfer.

Kopps Werk wurde hier so ausführlich besprochen, weil es im wesentlichen die Gedanken der späteren Sammelwerke der Chemiegeschichte enthält; kurz zusammengefaßt: Voraussetzung für die organische Chemie waren qualitative und quantitative Elementaranalyse sowie die Überwindung der Naturphilosophie.

Die Pflanzenchemie, die Kenntnis der näheren Bestandteile organischer Körper, ist für ihn ein Randgebiet, das wenig Einfluß auf den Fortschritt in der organischen Chemie nahm. An dieser Einschätzung Kopps änderte sich in seinem zweiten großen Werk, der "Entwicklung der Chemie in der neueren Zeit" (1873) wenig; er gesteht aber der frühen organischen Chemie einen erheblich breiteren Raum zu. Darauf wird im 7. und 8. Kapitel dieser Arbeit ausführlich Bezug genommen.

Albert Ladenburg (1869) stellt bereits im Vorwort zu seinem Werk klar, daß er Chemiegeschichte nicht in unserem Sinne kritisch betreiben wolle:

> "Nur diejenigen Versuche und Ideen glaubte ich berücksichtigen zu dürfen, welche von Einfluß auf die Fortentwicklung der Wissenschaft gewesen sind..."
> (S.IV)

Ladenburg glaubte im Sinne des Positivismus, daß sicher eines Tages die Gesetze entdeckt werden könnten, nach welchen sich der historische Fortschritt vollziehe — die Pflanzenchemie wird dabei nicht erwähnt, ebensowenig wie die organische Chemie zwischen Lavoisier und Liebig.

Ähnlich beschäftigt sich E.v. Meyer (1922) mit der Chemiegeschichte "ausschließlich aus der Sicht der Gegenwart" (Weyer, S.114). Im Kapitel "Entwicklung der organischen Chemie bis 1811" bespricht er hauptsächlich die Schranke zwischen Tier- und Pflanzenchemie; Pflanzenanalysen werden nicht erwähnt.

Weitere allgemeine chemiehistorische Werke wie die von Günther (1901), Färber (1921), R. Meyer (1922), Ferchl(1936) oder Walden (1944, 1952) bleiben im Umfang zum Teil weit hinter Kopp zurück; sie behandeln, da sie zumeist bis zu ihrer jeweiligen Erscheinungszeit geführt sind, erheblich mehr an Stoff auf kleinerem Raum, überlassen notgedrungen die Anfangsgründe der organischen Chemie Spezialuntersuchungen und erörtern Probleme in diesem Zusammenhang zumeist kursorisch, wobei sie sich auf Kopp, später auf Graebe und Hjelt (s.u.) stützen. Eine detaillierte Besprechung dieser Werke liefert für die betrachtete Thematik keine zusätzlichen Aspekte, ebensowenig wie das Sammelwerk von Bryk (1909).

J.R. Partington's "A History of Chemistry" (1961-70) wird von Weyer mit dem Werk von Gmelin verglichen, da es wie dieses weniger ideen- oder kulturgeschichtliche Aspekte verfolgt als vielmehr auf die Vollständigkeit eines chemiehistorischen Bio- und Bibliographikon achtet. So findet sich zu den einzelnen hier relevanten Naturforschern (etwa: Hermbstaedt, Trommsdorff, John, Döbereiner)[4] meist eine Kurzbiographie, ein Verzeichnis von wichtigen Schriften und Entdeckungen, aber keine zusammenhängende Erörterung pflanzenchemischer Problemstellungen. Er führt die

Klassifikation vegetabilischer Substanzen von A.F. Fourcroy (1800) kurz vor, geht aber auf einzelne Stoffe oder Stoffgruppen nicht ein. Das Kapitel "Early Organic Chemistry" bespricht chemisch wichtige organische Stoffe, etwa Alkohol, Ester, Kohlenwasserstoffe, Pflanzensäuren, nicht aber phytochemisch wichtige wie Extraktivstoffe, Schleim oder Färbestoff; die Phytochemie als Randgebiet ist nur von mittelbarem Interesse für eine Geschichte der Chemie.

Der Versuch einer Ideengeschichte aller Naturwissenschaften aller Zeiten durch S. Mason (1953) kann aus Raumgründen der Entstehung der organischen Chemie nur wenig Aufmerksamkeit widmen. Sie faßt daher Kopps Ergebnisse für diese Zeit zusammen.

Ebenso bezieht sich A. Ihde (1964) im Abschnitt über die frühe organische Chemie auf Kopp, Graebe und Hjelt (s.u.), ohne die Pflanzenchemie gesondert zu erwähnen.

Von H. Metzgers Werk "Les Doctrines Chimiques..." erschienen nur die ersten beiden Teile (1923, 1930), die die Chemie bis Boerhaave umfassen, von ihr selbst. Wie ein dritter Teil ausgesehen hätte (so Delorme [5]) läßt sich aus der Publikation von Metzgers Vorlesung über Lavoisier erschließen (1935). In den erschienenen Teilen befaßt sich Metzger intensiv mit der Pflanzenanalytik der Französischen Akademie, besonders N. Lemery und W. Hombergs methodischer Kritik an der Pyrolyse, die im Gegensatz zu Boyle nicht nur theoretische Aspekte betraf. Metzgers Lavoisier- Vorlesungen erörtern Pflanzenchemie nur im Rahmen der Elementaranalytik. Diese Einstellung findet sich auch bei Freund (1904), bei Fierz- David (1945) und bei Eder (1967).

Spezialarbeiten aus der allgemeinen Chemie mit einer Relevanz für die bearbeitete Thematik finden sich gehäuft zur Chemie in Jena zwischen 1790 und 1830 [6]; das ist freilich weniger dem Verdienst von Göttling oder Döbereiner als vielmehr der Einflußnahme Goethes zuzuschreiben; obwohl Goethe sich mit den Nachbargebieten Botanik ("Metamorphose der Pflanze") und Mineralchemie (er unterstützte Döbereiner indirekt beim Auffinden seiner Triadenregel) intensiv beschäftigte, finden sich keine Verbindungen zur Pflanzenchemie.

Schimank (1937) sieht das Aufkommen der organischen Chemie vornehmlich induziert durch die "Arithmetisierung der Chemie durch Berzelius", zu der sicher auch Döbereiner einen großen Beitrag geleistet hat.

R. Hooykaas bearbeitet mehrfach die Chemie in der ersten Hälfte des 19. Jahrhunderts [7], wobei er sich im besonderen auch mit den philosophischen Implikationen der Begriffe "Element", "Individuum", "Gattung" befaßt. Diese "Universaliendiskussion" ist freilich nicht ein historisches Problem des frühen 19. Jahrhunderts, sondern mit dem Begriff von "Wissenschaft" überhaupt verbunden und daher von unmittelbarer erkenntnistheoretischer Aktualität. Wie Snelders aber, der sich mit den Einflüssen verschiedener philosophischer Strömungen auf die Materietheorie befaßt, verzichtet Hooykaas weitgehend auf eine Diskussion der Pflanzenchemie resp. organischen Chemie, da sie für die notwendig- einfachen philosophischen Wahrheiten noch zu undurchsichtig und zu widersprüchlich war. Dies gilt auch für v. Engelhardts Arbeiten [9], die sich vornehmlich mit Hegels Naturphilosophie befassen. Einen gedrängten Überblick über phytochemische Entdeckungen vermitteln schließlich die chronologischen Tabellen zur Chemie von Lippmann (1921), Valentin (1950) und Walden (1952), wenn auch die zusammenhängenden Texte darin immer nur sehr kurz sind.

2. Beurteilung der Pflanzenchemie aus der Sicht der Geschichtsschreibung der organischen Chemie.

Für die Geschichtsschreibung der organischen Chemie ist die Pflanzenchemie anerkannter Vorläufer dieses Spezialgebietes. Dennoch aber beginnen ausführliche Arbeiten ihre intensive Beschäftigung erst mit den Veröffentlichungen des Berzelius (nach 1814), den Isocyan- Arbeiten von Wöhler und Liebig (1823) oder der Harnstoffsynthese [10] (1828) Wöhlers.

Die Pflanzenchemie als Vorläuferin wird zumeist anhand von wenigen Arbeiten einzelner Forscher vorgestellt, von denen eine fast durchgehend Fourcroys 'Système des connaissances chimiques' (1800) ist.

Hjelt (1916) erörtert die Ursprünge der organischen Chemie aus der Heilkunde und grenzt den Begriff des "Organisierten" gegen den des "Organischen" ab. Für die Pflanzenchemie nach Lavoisier zitiert er Chr. Girtanner, der Pflanzen- und Tierkörper unter der allgemeinen Abteilung zusammengesetzter Körper behandelt habe. Fourcroy habe dann als erster die näheren Bestandteile der Pflanzen nicht mehr im Zusammenhang mit den Pflanzen gesehen, aus denen sie gewonnen wurden, sondern er habe sie gruppenweise zusammengestellt.[11]

Berzelius' Vergleichsreihe der analysierten Pflanzensäuren setzte einen Markstein für das Entstehen der organischen Chemie. Hjelt bespricht im Anschluß daran auch signifikante Stoffgruppen wie Fette,Kohlehydrate, Kohlenwasserstoffe, die der organischen Chemie relativ früh zugänglich waren im Gegensatz zu den pflanzenchemisch- wichtigen wie Gerbestoff, Extraktivstoff, Gummi.

Graebe (1920) beurteilt die Pflanzenchemie noch stärder aus der Sicht der organischen Chemie des 20. Jahrhunderts. Er referiert in einem Kapitel "Untersuchungen vegetabilischer und animalischer Stoffe...bis 1810" die Entdeckungsreihenfolge organisch wichtiger Stoffe wie Harnstoff, Chinasäure, Pikrinsäure.

> "Die Zahl der seit Scheeles Tod bis zu den ersten Jahren des neunzehnten Jahrhunderts neuentdeckten organischen Verbindungen war eine recht bescheidene" (S.13)

Pflanzenchemische Untersuchungen (etwa Extraktionen) nach der Entdeckung der Elementaranalyse scheinen ihm antagonistisch.

E.O.v. Lippmanns ausführliche Zuckermonographien[12] bearbeiten vornehmlich Aspekte der Gewinnung und Reinigung des Zuckers, nicht aber pflanzenchemische. Eine Untersuchung (1934) über Alter und Herkunft des Namens organische Chemie, den er bei Novalis schon vor 1800 nachweist, gibt auch den

Stand der organischen Wissenschaften zu dieser Zeit wieder, wobei er besonders die Naturphilosophie berücksichtigt.

Fishers Arbeit (1973/74) über organische Klassifikation vor Kekulé betrachtet keine pflanzenchemische Systeme, sondern sieht in Berzelius den ersten Forscher, der eine organisch- chemische Theorie versucht habe. Rationale Klassifikationen in der organischen Chemie beginnen für ihn wie für Walter (1949) und Bykov (1962) erst mit der Typen- und Radikaltheorie nach 1827.

Dagegen behandelt Costa (1962) in seiner Chevreul- Biographie in einem Kapitel "The Development of Organic Chemistry to 1825" (S.20-38) die Zeit vor Liebig ausführlich; seine Darstellung ist allerdings Kopp, Hjelt und Graebe sehr verpflichtet und enthält keine neuen Gesichtspunkte zur Pflanzenchemie.

3. Beurteilung der Pflanzenchemie durch die Geschichtsschreibung der analytischen Chemie.

Die"Geschichte der analytischen Chemie"von F.Szabadvary (1966) betrachtet für die Zeit zwischen 1790 und 1820 fast ausschließlich die anorganische Analytik. Unter "organischer Analyse" versteht er vor Liebig nur die organische Elementaranalyse, deren Methoden und Gerätschaften er vorstellt. Hermbstaedts und Johns analytische Schriften werden ohne Kommentar erwähnt, Pfaffs Handbuch der analytischen Chemie (1821) wird ausführlich besprochen, aber unter Weglassung des organischen Teils.

Das Gewicht auf die Elementaranalyse legt auch Holmes in seiner Untersuchung über die Ursprünge der physiologischen Chemie (1963), in der er auch Fourcroys Einteilung der 'näheren Bestandtheile' erwähnt. In einer weiteren, sehr ausführlichen Arbeit (1971) behandelt er die Methoden der Pflanzenanalyse vor Scheele (die trockene, fraktionierte und Wasserdampf- Destillation sowie die Lösungsmittelextraktion). Diese erscheinen zwar im Vergleich zur bereits hochentwickelten Mineralien- und Mineralwasseranalyse als bescheiden, sind aber bei Berücksichtigung der hohen Kompliziertheit der pflanzenchemischen Objekte durchaus angemessen.

4. Beurteilungen der Pflanzenchemie durch die Geschichtsschreibung der pharmazeutischen Chemie, der Pharmazie und der Pharmakognosie.

Diese verwandten Wissenschaftszweige haben naturgemäß zur Pflanzenchemie enge Verbindung, stellen doch Pflanzen und Zubereitungen aus ihnen seit ältester Zeit den Hauptanteil der Arzneimittel dar (abgesehen vom Zeitalter der Chemiatrie). Von hier aus lassen sich aber auch gleich die Eingrenzungen ihres Interesses an der Pflanzenchemie erkennen: Die Pharmazie beschäftigt sich zum einen mit Zubereitungen, in chemischer Hinsicht Gemischen, wobei aber auch heute nicht der Streit entschieden ist, ob generell Einzelbestandteil oder Gesamtdroge pharmakologisch wirksamer sind. Wo sie sich zum anderen mit der Isolierung von Bestandteilen befaßt, handelt es sich stets um "wirksame" Bestandteile, nach denen sie sucht. Daher ist die Geschichte der Pharmazie weitgehend die Geschichte der Auffindung und Isolierung von arzneilich wirksamen Stoffen und Zubereitungen und berührt nur an diesen Stellen die Phytochemie. Während des betrachteten Zeitraumes sind Pharmazie und Phytochemie allerdings besonders eng verflochten, da die Forschungsstätten in der Regel Apothekenlaboratorien [13] waren und die Forscher selbst häufig Apotheker.

W. Schneiders Geschichte der pharmazeutischen Chemie (1972) bearbeitet einen zu weiten Themenkreis, um auf die Pflanzenchemie mit mehr als nur Hinweisen einzugehen. Sein Lexikon zur Arzneimittelgeschichte [14] behandelt zwar auch phytochemisch relevante Drogen, jedoch exemplarisch an einigen Kräuterbüchern, Dispensatorien und Apothekerhandbüchern, ohne auf systematische Zusammenhänge einzugehen.[15]

Die beiden großen Pharmaziegeschichten von Schelenz (1904)

und Adlung- Urdang (1935) erscheinen im Aufbau analogisch zu Gmelin und Partington als möglichst umfassendes Biographikon berühmter Pharmazeuten mit Erwähnung der wichtigsten Originalliteratur, wobei auch medizinische Aspekte erörtert werden.[16] In der Beurteilung der Entstehung der neueren Phytochemie sind sich diese Historiographen darin einig, daß Hermbstaedt die entscheidende Rolle gespielt habe. Dem stimmt auch H. Haas (1956) in seiner mehr populären Darstellung zu, betont aber darüber hinaus die Bedeutsamkeit der Morphium- Isolierung Sertürners.

Stärker als allgemeine Pharmazie und pharmazeutische Chemie ist die Pharmakognosie der Pflanzenchemie verbunden. A.Tschirch widmet ihr daher in seiner "Pharmakohistoria" (1933) breiten Raum, erörtert aber ihre Möglichkeiten und Ergebnisse wesentlich am Beispiele von Hermbstaedt (diese Betrachtung wurde von A. Borchardt 1974 kritisch untersucht). In seiner Monographie über die Harze 1900 demonstriert Tschirch exemplarisch Forschungsmethoden und Unterscheidungskriterien der Phytochemie, obwohl Harze aus pharmazeutischer Sicht nur von zweitrangiger Bedeutung sind. Dabei verweist er auch auf entlegene Originalliteratur und würdigt sie kritisch (z.B. Giese), führt auch die Erforschung einzelner Harze bis in seine Zeit weiter, wodurch die Schwierigkeiten bei der Behandlung einer so komplizierten Stoffklasse erst deutlich werden.

Von E. Hickel (1972) stammt ein wichtiger Beitrag zum Verhältnis von Pflanzenanalytik und pflanzenchemischer Theorie; allerdings führt die Untersuchung nur bis zum Ende des 18. Jahrhunderts.

Während sich andere Wissenschaftszweige, mit deren Genese die Phytochemie unmittelbar verbunden ist, sehr weit von ihr wegentwickelt haben, ist der Zusammenhang von Pharmakognosie und Phytochemie nach wie vor eng. Es darf auch als eine gewisse Ironie der Wissenschaft gelten, daß das neueste analytische Verfahren, die Thermoanalyse nach Stahl (TAS), auf dem ältesten, der fraktionierten trockenen Destillation basiert.

5. Beurteilung der Pflanzenchemie durch die Geschichtsschreibung der physiologischen Chemie.

Die Geschichtsschreibung der physiologischen Chemie orientiert sich im betrachteten Zeitraum vornehmlich an zoologischen Entdeckungen und Erkenntnissen, läßt physiologische Fragestellung mit pflanzenchemischem Bezug erst bei Raspail (ca. 1825) beginnen. So zitiert F. Lieben (1935) im fraglichen Abschnitt "Von Lavoisier bis Berzelius" wörtlich die Arbeit von Hjelt, somit auch Fourcroys Einteilung der Pflanzenstoffe. Auch Needham (1970) berücksichtigt keine pflanzenchemischen Entdeckungen, zumal seine Untersuchungen hauptsächlich auf die Zeit nach 1830 ausgerichtet sind. Die ideengeschichtlichen Aspekte der Lebensphänomene werden mehrfach von K. Rothschuh [17] erörtert, der der Lebenskrafthypothese besondere Wichtigkeit beimißt. T. Hall (1969) betrachtet besonders die philosophischen Zusammenhänge von Physiologie und Materietheorie, wobei sich die Dialektik Materialismus — Vitalismus für den Wissenschafts-Fortschritt als sehr fruchtbar erweist. Ch.Browne (1944) beschäftigt sich aus der Sicht der Agrikulturchemie vornehmlich mit Saussure, Davy und Mulder und deren Düngeranalysen, weniger mit den Stoffen der lebenden Pflanze.

Auch eine Geschichte der Biochemie von M. Florkin (1972) bespricht ausführlich nur zoologische Entdeckungen, etwa die Fettsäurenarbeit Chevreuls, erwähnt aber keine Pflanzenanalytiker, nicht einmal Sertürner.

Die spezielle physiologische Fragestellung nach der Ernährung führt McCollum (1957) wieder in die Nähe der Pflanzenchemie, da Pflanzenbestandteile als Nahrungsstoffe eine große Rolle spielen. Leitender Aspekt bei deren Auswahl ist natürlich die Tauglichkeit als Nahrung. So bespricht McCollum Stärke, Zucker, Fette und Eiweißsubstanzen; im Zuge der Erörterung chemischer Methoden für die Erforschung von Nahrungsmitteln weist er dem Pflanzenchemiker John eine wichtige Stelle zu [18]. Zur Erläuterung der bekannten näheren Bestandteile der Pflanzen wählt er die Einteilung von Thomson von 1804, ohne auf frühere oder spätere Arbeiten einzugehen.

Zusammenfassend läßt sich sagen, daß die physiologische Chemie in der Pflanzenchemie jener Zeit einen ihrer Vorläufer sieht, der die Verfahren zur Isolierung von physiologisch bedeutenden Substanzen und auch isolierte Stoffe selbst zur weiteren Erforschung bereitstellte.

6. Beurteilung der Pflanzenchemie durch die Botanikgeschichtsschreibung.

Die Stoffgruppen, die für Morphologie und Histologie von Belang sind (wie Fasern, Stütz- und Speichergewebe) waren der Pflanzenchemie des frühen 19. Jahrhunderts noch nicht zugänglich, ebensowenig wie eine Cytologie entwickelt war. Daher überschneiden sich die Beurteilung der Botanikgeschichte mit denen der Pflanzenphysiologie (-geschichte). So finden sich bei Möbius (1937) und Mägdefrau (1973) keine Hinweise auf Phytochemie; gelegentliche Beziehungen zwischen organischer Chemie und Physiologie werden erwähnt. K. Jessen (1864) läßt die Phytochemie erst in den 40iger Jahren des 19. Jahrhunderts beginnen, erwähnt aber Runges Versuch zur Begründung einer wissenschaftlichen Phytochemie. Er betrachtet die Entstehung der organischen Chemie als Voraussetzung des Entstehens von Phytochemie, so daß sich die Beurteilung seitens der organischen Chemie umdreht. J. Sachs (1875) gliedert die Geschichte der Botanik auf in die Geschichte der Einzelwissenschaften Morphologie - Anatomie - Physiologie, wobei er auf die frühere Pflanzenchemie nicht eingeht, wohl auch im Sinne der geschichts - positivistischen Auffassung wie etwa Ladenburg. Eine bedeutsame Arbeit liegt schließlich von Goodman (1971) vor, allerdings mit genau umgekehrter Themenstellung: die Anwendung chemischer Kriterien auf biologische Klassifikation. Darauf wird im Text an den entsprechenden Stellen einzugehen sein.

7. Vorliegende Bearbeitungen der Geschichte der Phytochemie

Die beiden eingangs erwähnten, ausführlichen Arbeiten zur Phytochemie beziehen sich im wesentlichen auf die Zeit, in der die Pflanzenuntersuchungen von der französischen Akademie geführt wurden. Der Titel der Arbeit von Holmes (1971) - Analysis by Fire and Solvent Extraction - deutet zwar noch auf die differenzierten analytischen (Extraktions-) Methoden der Zeit nach 1790 hin, aber er bespricht diese Zeit nicht mehr.

Künkele behandelt die Zeit zwischen 1670 und 1720, mit allen Varianten der Pyroanalyse, der Kritik an dieser Methodik durch Boyle, Homberg und L. Lemery, und den ersten Extraktionsanalysen (durch Boulduc, 1700). Künkele sieht ihre Arbeit als Anfang auf dem Gebiet der phytochemischen Geschichtsschreibung.

Fast siebzig Jahre älter ist eine Monographie von Rosenthaler (1904), die die Pflanzenchemie von Du Clos bis Scheele behandelt. Dabei wird allerdings die Zeit nach 1720, also nach dem Projekt der französischen Akademie, das er als fast völlig nutzlos ansieht, nur sehr kurz behandelt. Er weist auf einzelne Untersuchungen und Einteilungen von Boerhaave, Neumann, Marggraf und Garaye hin und bespricht nur Scheeles Isolierung der Pflanzensäuren ausführlicher. Durch Scheele sieht er die moderne Pflanzenchemie begründet (S. 296).

Schließlich beschäftigt sich A. Borchardt (1974) mit der Entwicklung der Pflanzenanalyse zur Zeit Hermbstaedts (1760-1833). Nach einer Diskussion von Tschirchs [19] Darstellung der Pflanzenchemie von 1800 untersucht Borchardt Hermbstaedts "Anleitung zur Zergliederung der Vegetabilien" und setzt ihre Resultate in Beziehung zu den zeitgenössischen Arbeiten von John, Runge und Pfaff.

Im zweiten Teil seiner Arbeit verläßt Borchardt die phytochemische Fragestellung und ermittelt mit Hilfe von nachgearbeiteten Analysen, inwieweit die von Hermbstaedt isolierten Einzelfraktionen arzneilich wirksame Substanzen in unserem Sinne enthielten. Bei diesem eher pharmaziehistorischen Interesse treten phytochemische Stoffe wie Mark, Faser, Harz allerdings ganz zurück.

8. Beurteilungen der Pflanzenchemie in Chemiker-Biographien.

Häufig befassen sich Chemikerbiographien wie die über Lavoisier, Fourcroy, Chevreul, Liebig, Wöhler, Döbereiner, Berzelius und Trommsdorff mit pflanzenchemischer Problematik. Meist kommen dabei jedoch nur biographische oder werkgeschichtliche Beziehungen zur Sprache. Sie werden im Text an den entsprechenden Stellen berücksichtigt.

9. Folgerung

Aus diesem Überblick über die vorhandene Sekundär-Literatur zu unserem Thema ließe sich als Resultat scheinbar festhalten, daß sich die Pflanzenchemie mit ihrem Extraktionsverfahren nach Einführung von Lavoisiers Elementaranalyse selbst überlebt hatte. Man könnte folgern, daß sie zur Entstehung der organischen Chemie nur wenig unmittelbar beizutragen vermochte, daß Theorienbildung in der organischen Chemie erst nach der Elimination der Lebenskraft - Hypothese einsetzte (nach 1828). Entscheidende Fortschritte hätte es danach erst gegeben, als das Hemmnis der Naturphilosophie, die drei Jahrzehnte lang die empirische Forschung in Deutschland zum Stillstand gebracht hatte, durch Protagonisten wie Liebig, Wöhler, Mitscherlich, Berzelius u.a. überwunden worden war.

Es wird dagegen durch diese Arbeit zu zeigen sein, daß das Extraktionsverfahren mit der Einführung von Analysengängen (Hermbstaedt, John, Pfaff) und der Generalisierung der Präzipitationsmethode zur Auffindung von Alkaloiden und anderer kristallisierbarer Substanzen (Runge) gleichzeitig mit dem Durchsetzen der Elementaranalyse zu den Fortschritten kam, die für die Entwicklung der organischen wie physiologischen Chemie gleichermaßen notwendig waren. Dabei verlagerte sich das phytochemische Interesse nur von der Ganzpflanzen - Analyse auf die Spezialuntersuchungen einzelner Pflanzenbestandteile.

Auch war die Pflanzenchemie zwischen 1790 und 1820 keineswegs "theorieblind"; eine Untersuchung von Lehrbüchern und Spezialarbeiten wird ergeben, daß die Versuche zur Systematisierung der gewonnenen Kenntnisse ebenso vielfältig waren wie die Theorien zur organischen Chemie, die nicht erst mit Dumas, Liebig oder Laurent einsetzten. Die Lebenskraft spielte für die empirischen Arbeiten nicht die Rolle des deus ex machina, der auftrat, wenn sich die Analytik nicht weiter zu helfen wußte. Die etwa um 1800 entstandene romantische Naturphilosophie schließlich erwies sich für die Pflanzenchemie (und die aus ihr hervorgehende organische Chemie) keineswegs als hemmend, im Gegenteil:

1. Die empirische pflanzenchemische Forschung wurde gleichermaßen in allen bedeutenden deutschen Laboratorien, privaten wie staatlichen, fortgeführt, wobei auch an Hochschulorten wie Jena, Erlangen, Bonn, Heidelberg, die man zu den Zentren der Romantik zählte, empirische Forscher wie Döbereiner, Kastner, Bischof, L. Gmelin wirkten.
2. Die wesentlichen Probleme der Strukturchemie (Isomerie, Molekülfeinbau) wurden gerade von Chemikern, die der romantischen Naturphilosophie nahestanden (Döbereiner, Meinecke, Kastner, Bischof), zwischen 1816 und 1820 erstmalig aufgegriffen.
3. Auf den Gedanken dieser Forscher bauten die "Protagonisten" wie Liebig oder Berzelius sehr wohl auf; als sie aber deren Resultate übernahmen, verdunkelten sie mit einer gleichzeitigen Polemik gegen alle Naturphilosophie deren Bild für zumindest ein Jahrhundert.

Als Anliegen der Arbeit bleibt somit, wie in der Einleitung

schon ausgeführt, der Nachweis der Kontinuität in der pflanzenchemischen Forschung zwischen Lavoisier und Liebig, die in der historischen Literatur bislang nicht angenommen wurde.

Anmerkungen:

1 Künkele (1971) und Holmes (1971).

2 Weyer (1974)untersucht in seiner Arbeit Methoden, Prinzipien und Ziele der Chemiegeschichtsschreibung von 1790-1970.

3 Trommsdorff (1804) I, S.3 .

4 andere, freilich hauptsächlich phytochemisch relevante wie etwa Giese, Jordan, Bischof, Hildebrandt fehlen.

5 Suzanne Delorme: Artikel Metzger in DSB 9(1974) S.340-42 .

6 Gutbier (1926), Döbling (1928), Walden (1933), D. Kuhn (1972).

7 Hooykaas (1958, 1966).

8 Snelders (1970, 1973).

9 v. Engelhardt (1972, 1974).

10 so immer noch Szabadvary (1966 S.287), obwohl durch Brooke (1968) hinreichend widerlegt (vgl. 8. Kapitel).

11 Das stimmt zwar, aber keineswegs war Fourcroy der erste (vgl. dazu 5. und 6. Kapitel,Hermbstaedt (1795), Trommsdorff (1800)).

12 v. Lippmann (1890), Einzeluntersuchungen auch in den "Abhandlungen" (1906, 1913).

13 so teilt Heischkel (1958, S.307) mit, Hildebrandt in Erlangen habe 1795 seinen Chemiestudenten empfohlen, sie sollten zuerst einmal ein Jahr in einer Apotheke arbeiten.

14 Band V/1-3 "Pflanzliche Drogen".

15 Für die fragliche Zeit dient Schneider als ausschließliche Quelle Geiger (1830); dabei geht der Aspekt der pflanzenchemischen Entwicklung nach Lavoisier verloren.

16 Dies gilt auch für Kremers- Urdang (1976); zur Pflanzenchemie besonders S.360-63 .

17 Rothschuh (1966, 1968).

18 Zu McCollums Irrtümern bezüglich John vgl. 6.Kapitel.

19 Allerdings nur mit Tschirch (1933); die ausgezeichnete Harz- Monographie (1900) wird nicht erwähnt.

1. Kapitel

Die pflanzenchemische Tradition bis zum Höhepunkt der Pyroanalyse (zu Beginn des 18. Jahrhunderts).

Zwar ist es ersichtlich, daß der Begriff einer wissenschaftlichen Pflanzenchemie kaum für eine frühere Zeit als die betrachtete zutreffend verwendet werden kann; von einer pflanzenchemischen Tradition läßt sich indes sehr wohl sprechen, da sich zum einen chemische Theorien im allgemeinsten Sinne [1] bis zu den ionischen Naturphilosophen zurückverfolgen lassen, zum anderen diese auch auf Pflanzen und deren Bestandteile angewendet wurden. Antike Philosophie und Naturbetrachtung waren bis ins 18. Jahrhundert so lebendig [2], daß ein Rekurs auf die antike Naturphilosophie und deren Rezeption bis in die Neuzeit einem Verständnis der dann entstehenden Pflanzenchemie dient.

In der Streitfrage, ob Aristoteles eine Pflanzenkunde geschrieben habe [3], neigt man heute dazu, die beiden Bücher peri phyton [4] als verstümmelt, aber echt anzusehen [5]. In ihnen finden sich auch Bemerkungen über die Zusammensetzung von Pflanzen [6], wenn sie auch nur sehr allgemein "chemisch" genannt werden können. Von Teilen der Pflanze wie Zweige, Stamm, Wurzel (heute: morphologische Teile) unterscheidet Aristoteles Bast, Mark, Gefäße, Fleisch (heute Gewebe), die alle, wie jeder konkrete physische Stoff, aus den vier Urstoffen [7] zusammengesetzt seien. [8]

Diese Zusammensetzung, Mischung aus den Elementen ist aber nicht als Mengung gewisser Quantitäten der Urstoffe zu denken, denn das würde sie zu einer mixtio ad sensum (für das Auge) reduzieren, das die homogene Mengung als einheitlich ansähe [9]. Der entgegengesetzten Annahme, daß bei der Mischung ein von den Ausgangsstoffen völlig verschiedener Körper entstünde, entgegnet Aristoteles, daß dann die Bezeichnung "Gemischtes" ihren Sinn verlöre. Er engt daher die Fähigkeit zur Mischung ein auf das, "was einen wirksamen

Gegensatz enthält, weil dies schließlich auch gegenseitig empfänglich ist".[10] Die Elemente bleiben zwar nicht völlig erhalten, werden aber auch nicht völlig zerstört, sind aktualiter verschwunden, potentialiter aber vorhanden, denn sie können auch wieder aus dem neuen Stoff abgeschieden werden.[11] Die doppelte Interpretation des Werdens der Mixtio aus hyle und eidos einerseits und aus den vier Elementen andererseits wurde bei Aristoteles unvermittelt belassen. Erst die Scholastik griff dieses Problem auf.

Die naturphilosophisch- spekulative Theorie zur Zusammensetzung von Pflanzen(-teilen) aus den vier Elementen werden bei Aristoteles' Nachfolger am athenischen Lyzeum, Theophrast von Eresos nicht weitergeführt, da er sie nicht als zur Pflanzenkunde [12] gehörig ansah [13]. Theophrast analysierte Pflanzen und deren Teile makroskopisch genauer als Aristoteles; das Attribut "pflanzenchemisch" träfe für diese Aussagen indessen nicht zu. Da aber die Pflanzenchemie bis ins 19. Jahrhundert nähere Pflanzenbestandteile wie Saft [14], Faserstoff [15], Markstoff [16] als "chemische" charakterisierte, seien Theophrasts Gedanken kurz dargestellt.[17]

Die morphologischen Teile der Pflanzen, Zweige, Stamm, Wurzel, bemerkt er als ihrerseits zusammengesetzt aus Rinde, Holz und Mark, und auch diese können abgeleitet werden aus Saft, Fasern, Gefäßen, Fleisch,

> "denn diese sind ursprüngliche Substanzen (archai), obwohl man sie eher aktive Prinzipien der Elemente (stoicheion dynameis) nennen sollte; sie gehören zu allen Teilen der Pflanze. Daher setzen sich Wesen (ousia) und alles Material (physis) der Pflanze daraus zusammen." [18]

Theophrast erwähnt auch die Zusammensetzung von Rinde, Mark und Holz aus weiteren, davorliegenden (protera) Bestandteilen:

> "Holz besteht aus Faser und Saft, und manchmal auch aus Fleisch; denn Fleisch verhärtet und verwandelt sich in Holz, etwa in Palmen...oder Rettichen. Mark besteht aus Feuchtigkeit und Fleisch; Rinde besteht manchmal aus allen drei Bestandteilen, wie in der Eiche, Pappel und im Birnbaum; während die Rinde der Weinrebe aus Saft.. und Faser, und die der Korkeiche aus Fleisch

> und Saft... besteht... Nicht alle [Teile wie Wurzel, Stamm, Ast und Zweig] sind aus denselben Bestandteilen noch im selben Verhältnis zusammengesetzt, sondern diese Bestandteile sind verschiedentlich zusammengesetzt." [19]

Später und ergänzend nimmt Theophrast das Thema nocheinmal auf, wobei er weitere morphologische Teile berücksichtigt:

> "Blätter sind aus Faser, Rinde und Fleisch zusammengesetzt, wie die der Feige und des Weins, einige auch aus Faser allein, wie die von Schilfrohr und Korn. Aber auch Feuchtigkeit ist allen gemeinsam, da man sie in Blättern und andern jährigen Teilen findet... Kein Teil ist ohne sie... Von den Blüten sind einige aus Rinde, Gefäßen und Fleisch, manche nur aus Fleisch, wie die in der Mitte des Aronstabs, zusammengesetzt.. Ebenso bei Früchten; manche bestehen aus Fleisch und Faser, manche allein aus Fleisch, manche auch aus Haut. Feuchtigkeit findet sich ebenso notwendig in ihnen. Pflaumen und Kürbisse sind aus Fleisch und Faser, Maulbeeren und Granatapfel aus Faser und Haut zusammengesetzt." [20]

Gerade diese Stelle verdeutlicht den Unterschied der botanischen Betrachtung Theophrasts und dessen Untersuchung der spezifischen Zusammensetzung bestimmter Pflanzen von der naturphilosophisch- spekulativen Betrachtung des Aristoteles und der Theorie der allgemeinen Zusammensetzung von Materie, die er auf Pflanzen(bestandteile) lediglich überträgt. [21]

Für Spätantike und Mittelalter verlagerte sich das Interesse von naturphilosophischer oder botanischer Theorie der Pflanzen(-bestandteile) auf deren praktische Verwertbarkeit in Medizin und Ökonomie, in der Nachfolge von Plinius, Dioskurides und Galen. [22] Die Scholastik knüpfte aber wieder an der naturphilosophischen Doppelinterpretation der Mixtio (s.o.) an und erwies die Unvereinbarkeit der beiden Standpunkte, somit die Unbrauchbarkeit der aristotelischen Grundlegung für die moderne Naturwissenschaft. Das Aufsuchen dieser Aporie betrifft die Pflanzenchemie mittelbar, da es die Umorientierung der chemischen Theorie hervorrief, und soll daher skizziert werden. [23]

Die Scholastik hatte die aristotelische Qualitätenlehre

differenziert: Die aktiven Gegensatzpaare warm-kalt, feucht-trocken('aktiv', denn sie vermitteln ihre Qualität) und die passiven schwer-leicht,dicht-dünn, rauh-glatt, hart-weich wurden nur noch als akzidentelle Formen angesehen, zu denen die elementaren substanzialen Formen traten (Feuer als Feuer). Der möglichen Umwandlung eines Elements in ein anderes mußte die völlige Zerstörung der alten elementaren (substantialen) Form vorausgehen.

Wie aber sollte ein Mixtum entstehen (im aristotelisch strengen Sinne: materia prima + forma mixti)? Die Elemente müssen in der richtigen Menge zusammen sein. Durch die aktiven Qualitäten der Elemente wird die "Reaktion" eingeleitet, die substantiale Form aber muß durch eine höhere Form hervorgerufen werden. Bei der Umwandlung eines Elements in ein anderes wird das erste völlig zerstört. Doch ein Mixtum sollte ja aus vier Elementen entstehen, und diese sollten dabei erhalten bleiben. Die Summe der Materien wird zur Materie des Mixtums, aber wie erhielten sich die substantialen Elementarformen im Mixtum?

So wurde das Problem: Utrum formae substantiales elementorum maneant in mixto ? im 14. Jahrhundert viel diskutiert.[24]

Drei Lösungen boten sich an. Die klassisch- aristotelische Version beließ die Elemente im Mixtum potentialiter. Diese Erklärung wurde abgelehnt, weil die Einführung des Begriffs der "möglichen" Wiederabscheidung keine Information über die Beschaffenheit des Mixtum enthielt.

Die arabische Aristoteles- Interpretation sprach von einer wechselseitigen Remissio, Schwächung: Die Elemente schwächen einander in den Qualitäten, die substantiale Form des Mixtum wird durch den "dator formae" eingeführt, danach treten die Akzidentien auf. Diese Lösung wird von der Scholastik abgelehnt, da es sich bei einer Remissio um keinen vollständigen Verlust der substantialen Form handle, somit einerseits die Mixtio nur "ad sensum" wäre, andererseits die Elemente nicht elementar da schwächbar wären.

Die thomistische Lösung forderte, daß die Elemente nicht substantialiter erhalten bleiben, sondern nur die Qualitäten in die Mischung eingehen. Das läßt freilich die Frage offen, warum man dann überhaupt davon spricht, daß ein Mixtum aus den Elementen zusammengesetzt sei, nebst der Frage, wie eine akzidentelle Qualität von einem Subjekt zum anderen übergehen solle.

Auf philosophischer Ebene blieb die Problematik bis ins 17. Jahrhundert ungelöst, in welchem sie jedoch durch die aristotelische Ablehnung der Atomistik überhaupt naturwissenschaftliche Relevanz verlor.[25]

Erst kürzlich wiesen Hoppe (1976 S.224-230) und Hickel (1972) auf die Bedeutung der spätscholastisch- frühneuzeitlichen "Minima naturalia" Lehre für die Theorie der Zusammensetzung von Organismen hin.[26] Minima naturalia sollten die kleinsten Partikel eines Stoffes sein, die noch alle qualitativen Eigenschaften dieser Substanz tragen. Während aber Hickel lediglich die mögliche Bedeutsamkeit konstatiert, zeigt Hoppe sowohl den unmittelbaren Einfluß auf Costeo, Cesalpino und Zabarella als auch den Übergang der Minima naturalia in die Principia plantarum constitutiva bei Ray und Boyle, der gleichzeitig die Entsprechung von phytochemischer Theorie und Praxis manifestierte und die chemische Analytik von der unmittelbaren Nutzanwendung entband.[28]

Als einflußreich auf den Fortgang der Pflanzenchemie erwiesen sich im 16. Jahrhundert die philosophischen Ansichten des Paracelsus. Anstelle von Form und Qualitäten, die bei Aristoteles den konkreten Körper ausmachen, tritt bei Paracelsus zum Stoff (analog der hyle) die Kraft[29], die Fähigkeit, mit anderen Körpern in Wechselwirkung zu treten. Kraft, Wirksamkeit ist für Paracelsus ontologisches Prädikat. Leben stellt sich daher als chemischer Aufbau und Zersetzung von Stoffen dar, gesteuert von einem individuellen Archäus.[30] Neben Stoff und Kraft und den weiterhin geltenden vier Elementen der Antike traten noch drei "Prinzipien", die die Elemente erst konstituieren sollten: Mercurius und Sulphur aus der alchemistischen Tradition, und Sal. Darunter sind trotz widersprechender Erläuterungen von Paracelsus selbst[31] nicht konkrete Stoffe zu verstehen, sondern (nach

Partington [32]) eher unter Sulphur das Prinzip des Öligen, Brennbaren, unter Mercurius das des Flüssigen, Flüchtigen, und unter Sal das des Festen und Feuerbeständigen.

Der Unterschied der Tria- Prima- Lehre zur aristotelischen Elementenlehre besteht weniger in der Nähe der Qualitäten, die die Elemente verkörperten [33], als vielmehr in der Weise der Aufeinander- Bezogenheit: in die drei neugesetzten Prinzipien war deren Möglichkeit zur Analyse mit einbezogen. Das Feuer als das stärkste Zerlegungsmittel ließ bei Anwendung die Elemente sichtbar werden; demgemäß wurden die drei Prinzipien nach ihrem unterschiedlichen Verhältnis zum Feuer definiert. Auf dieser Grundlage wurde in der Zeit nach Paracelsus der Prinzipien- Begriff zunehmend materialisiert. Künkele bemerkt dazu:

> "'Sulfur' wurde vom 'brennbaren Wesen' zu Öl, Fett, Kohle, Harz etc. 'Mercurius' wandelte sich über 'Geist' oder 'flüchtiges Wesen' zum flüchtigen und sauren Destillat. Aus dem 'Sal', dem 'feuerbeständigen Wesen', wurde das feuerfeste Salz schlechthin;" [34]

Diese "Materialisierung" bedeutet freilich nichts anderes als die Tendenz, in die Definition von Elementen (seu Stoffen) die Darstellungsart mit einzubeziehen. [35] Unter diesem Aspekt ist auch die Hinzufügung zweier weiterer Prinzipien durch Du Chesne zu Ende des 16. Jahrhunderts zu sehen; wenn auch aus philosophischen Gründen [36] eingeführt, verband er sie jedoch sogleich mit (Pflanzen-) Destillationsprodukten: "Phlegma" als eine geschmacklose Flüssigkeit, die zuerst bei der Destillation überging, und "Caput mortuum", "Todtenkopf", der schwarze Retortenrückstand, der sich je nach angewandten Feuersgraden aus Teer oder auch aus "erdigen", i.e. unlöslichen Salzen zusammensetzen konnte.

Zur Gewinnung medizinischer Präparationen diente seit ältester Zeit die Destillation; man nimmt sie schon im Alexandria des 1. Jahrhunderts vor Chr. an [37]. Die Erfolge des Hochmittelalters bei Anwendung dieser Methode, nämlich Entdeckung von Alkohol und Mineralsäuren, rückten sie in den Mittelpunkt bei den Bemühungen der Alchemisten zur Auffindung von Essenzen [38]. Hieronymus Brunschwygks "Liber de arte distillandi", wiederholt aufgelegt zwischen 1500 und 1551, fixierte dieses Verfahren im Prinzip für zwei Jahrhunderte. Die Übertragung der zusätzlichen Prinzipien auf Destillationsprodukte von Pflanzen lag daher nahe. Daß freilich diese Methode, nach Tschirch [39], zur Auffindung chemischer Bestandteile von Drogen geführt hätte, sonderlich zur arzneilich wirksamen Form der (paracelsischen) Quinta essentia, ist einseitig und wahrscheinlich unrichtig, wie Künkele [40] gezeigt hat. Der materielle Begriff der Quinta essentia geht, wie allgemein angenommen [41], auf Johannes von Rupescissa zurück, und anstelle einer "Auffindung chemischer Bestandteile" mag es bestenfalls zu einer Anreicherung wirksamer Bestandteile in Präparaten gekommen sein.

Im 17. Jahrhundert führte die erwähnte Materialisierung des Prinzipbegriffs zu einer Gleichsetzung der Prinzipien mit den Elementen bei Nicholas Le Fevre (vor 1610-1669). Damit waren die Prinzipien jeder metaphysischen Komponente entkleidet, die sie bei Paracelsus durchaus noch besaßen:

> "Nachdem die Chymische Kunst in dem composito gearbeitet/ findet sie in der letzten Resolution fünfferley Substantias (Wesen) welche sie vor Principia und Elementa annimmt/ auf diese bauet sie ihre Wissenschafft/ weil sie in diesen fünfferley Wesen nichts findet/ so nicht gleichförmig wäre." [42]

Le Fevre hielt die Destillationsprodukte für homogen [43], da das Feuer (resp. die Hitze) den natürlichen Körper in seine wahren Bestandteile zerlege, die in diesem praeexistierten; er entscheidet die Frage

> "Ob die fünf Principia, so nach der Dissolution des Mixti verbleiben, natürlich oder künstlich seynd?" [44]

eindeutig zugunsten des 'natürlich',

> "weil man sie nicht aus allen Cörpern extrahiren könte/ wann die Natur dieselbe nicht darein geleget hätte/ daraus denn folget/ daß diese Wesen nicht durch des Feuers Krafft aus den Mixtis hervor kommen/ sondern einig und allein durch eine natürliche Separation, zu welcher die Wärme/ die Gefäß/ und des Laboranten Hand behülfflich ist" [45]

Auch Robert Boyle (1627-1691) deutet die Prinzipien materiell, aber er wendet sich darüber hinaus gegen obige

Interpretation der Pyroanalysen- Produkte. In seinem Sceptical Chymist [46] behauptet und belegt er, daß die fünf Prinzipien nicht nur zusammengesetzt, unrein und je nach Pflanze und angewandtem Hitzegrad verschieden [47], also nicht elementar und homogen sind, sondern er hält die Destillationsprodukte für künstlich durch das Feuer erzeugt [48], nicht ursprünglich in der Pflanze zuhanden. Die fünf Prinzipien vergrößerten lediglich die bekannte Zahl zusammengesetzter Körper erheblich [49]. Daß es dennoch immer wieder diese fünf Arten von Destillationsprodukten seien, die aus der Retorte übergingen, erlaube nicht den Rückschluß auf deren universales Vorkommen in allen Pflanzen und Tieren, sondern dies sei vorhersagbares Resultat bei Verwendung der Destillationsmethode und an diese eng geknüpft [50].

Boyle selbst bezieht keinen Standpunkt bezüglich "tatsächlicher" Bestandteile in Pflanzen, er sucht im Sceptical Chymist nur die herkömmlichen Vorstellungen zu widerlegen. Er rät, man solle sich nicht um die Urbestandteile der Materie bekümmern, über welche verschiedene Ansichten möglich seien, sondern solle sich lieber auf die wirklich darstellbaren Teile konzentrieren! Wenn man diese nicht weiter zerlegen könne, möge man sie Elemente nennen [51]. An letzte Urstoffe oder Elemente glaubte Boyle mit Bacon nicht, er hielt alle Stoffe zwar nicht praktisch, aber prinzipiell für ineinander umwandlungsfähig [52]. Wer die Destillationsprodukte aber 'Prinzipien' nennen wollte, dürfte nicht bei drei, vier oder fünfen haltmachen, sondern müßte ebensoviele Prinzipien annehmen als es Destillationsprodukte gäbe. Die Heilkraft schließlich, die einer ganzen Pflanze zukäme, könnte man jeden Falles nicht auf eines der Prinzipien beziehen [53].

Doch verdammte damit Boyle keineswegs die Destillationsmethode [54], derer er sich selbst bei seiner Untersuchung menschlichen Blutes [55] und anderswo bediente. Seine Angriffe richten sich

> "against the inaccurateness and inconcludingness of the analytical experiments vulgarly relyed on to demonstrate them". [56] [them = die aristotelisch- peripatetische Elementenlehre.]

Das Projekt der Académie Royale des Sciences zur Erforschung der Pflanzen [57] (ca. 1670-1720) erfuhr in der Literatur verschiedene Beurteilung. Wenn Rosenthaler als dessen Resultat die

> "endgültige, allerdings unverhältnismäßig teuer erkaufte Erkenntnis, daß die Pyroanalyse zur Ermittlung der wahren Pflanzenbestandteile untauglich sei" [58]

ansieht, so nimmt er (1904) Meinungen der neueren Zeit vorweg, so von Marie Boas [59], Rupert Hall [60] oder J.R. Partington [61]. Holmes [62] und Künkele [63] haben aber dargetan, daß dieses Projekt zu subtilen Differenzierungen bei der chemischen Definition [64] von Destillationsprodukten geführt hat, daneben auch zu einer Festlegung der verwendeten Termini, da sonst weder ein Vergleich zwischen den Analysen verschiedener Pflanzen noch eine Möglichkeit zur Verifikation oder Falsifikation von Analysen hätte bestehen können.

Schließlich wurde von den Pflanzenchemikern der Akademie die Extraktionsmethode bei der Pflanzenanalyse der Pyroanalyse entgegengestellt, die für die Pflanzenchemie nach dem Scheitern der Destillation den entscheidenden Fortschritt im 18. Jahrhundert brachte.

Wie für die Destillation (s.o.) galt indessen auch für die Extraktion, daß sie als Behandlungsweise von Pflanzen nicht erst in der Neuzeit erfunden wurde; Kräuteraufgüsse zählen zu den ältesten Arzneimitteln. Die Übertragung des bekannten Verfahrens auf die Lehre von den Bestandteilen erhoben sie jedoch zur Methode, so daß hier kurz darauf einzugehen ist.

Extraktionen als pharmazeutische Operationen zur Bereitung von Arzneimitteln waren im 16. und 17. Jahrhundert allgemein üblich, verstärkt in der Paracelsus- Nachfolge. So findet sich in Conrad Gessners (1516-1565) "Thesaurus" (1554; dt. 1582) ein Kapitel "De Aliis Quibusdam non alchymicis sive non destillatis aut sublimatis remediis, sed per alios diversos modos ingeniose praeparatis" [65]; Gessner begründet die Einführung des Kapitels mit der unzureichenden Reinheit der destillierten Öle, denen häufig brenzliger Geruch und Geschmack anhafte [66], und er schlägt zur

Bereitung von ätherischen Ölen neben dem Ausdrücken Extraktionen mit Pflanzensaft, Mandelmilch, geringem oder teurem Wein (Malvasier), Terpentin, Olivenöl und Honigwasser vor.

Ähnliche Vorschriften finden sich bei Giambattista della Porta [67] (1535-1615) und besonders bei Angelo Sala (1576-1637) in dessen Traktat "Anatome Essentiarum Vegetabilium" (1630), in welchem er die Brauchbarkeit von verschiedenen Menstrua diskutiert:

> "duo precipue liquores in usu sunt, Aqua fontana & Spiritus vini, illa ad omnes substantias, quae facile solvi possunt.. hic vero extractioni partium resinosarum, qualis in Iunipero, Cypresso... manifestae sunt, magis competit". [68]

Während aber die Diskussion des Wassers als Extraktionsmittel an anderer Stelle erfolgt [69], nennt er hier noch:

> "Ad quod opus licet etiam vinum, mulsa, cerevisia, & acetum quoddammodo apta sint;..." [70].

Doch auch bei Sala dient die Anwendung der Lösungsmittel nur der Darstellung von Arzneimitteln, also Balsamen, Essenzen, Tinkturen; als geeignete Methode zur Trennung der Prinzipien in den Körpern wurde allein die Destillation erachtet.

Simon Boulduc (1672-1729) kann in gewisser Hinsicht im Vergleich zu anderen Pflanzenchemikern der französischen Akademie als eher rückschrittlich angesehen werden, denn im Gegensatz etwa zu Bourdelin oder Homberg, die im Sinne der ursprünglichen Intention des Projekts die wahren Bestandteile von Pflanzen erforschen wollten unabhängig von deren medizinischer Wirksamkeit, kümmerte er sich um eine Verbesserung von Arzneizubereitungen aus Pflanzen. Er bearbeitete systematisch verschiedene Pflanzendrogen, besonders Laxantia, durch Anwendung verschiedener Lösungsmittel: So zog er die Ipecacuanha- Wurzel zuerst mit Alkohol aus zur Gewinnung der harzigen Substanzen, dann bereitete er einen Infus mit destilliertem Wasser zur Gewinnung der salzigen Bestandteile [71], und er verglich seine Auszüge mit den Destillationsprodukten hinsichtlich der medizinischen Wirksamkeit, wobei er bei letzteren keine entdeckte, bei seinen Auszügen aber unterschiedliche. Im Fall der Ipecacuanha lokalisierte er den abführenden Bestandteil im harzigen Extrakt.

Das Projekt der Akademie hatte zum Ziel gehabt, zwei Pflanzen auch nach den Produkten der Analyse eindeutig unterscheiden zu können, und hierfür war die Destillationsmethode ungeeignet. Homberg stellte (1700) fest, daß Kohl und Schierling im wesentlichen dasselbe Analysenresultat lieferten. Während aber die bisherigen Kritiker dieser Methode diese selbst beibehalten hatten [72], konnte Boulduc mit seiner neuen Extraktionsmethode zwei verschiedene Pflanzen auch analytisch unterscheiden. Holmes sieht daher in Boulducs Vergleichung der Resultate der Extraktion und Destillation und dem Verwerfen der letzteren den Keimpunkt für die moderne Analyse organischer Körper [73].

Boulducs neue Methode blieb nicht unbeachtet. Während aber die Literatur zumeist die Fortentwicklung der Pflanzenchemie bei französischen Chemikern wie dem jüngeren Lemery oder den beiden Geoffroys sucht [74], wurde die Extraktion doch auch andernorts akzeptiert und verbessert, wozu sicherlich Studienaufenthalte in Paris wie die von Hoffmann oder Neumann beitrugen.

Anmerkungen zum 1. Kapitel

1 im Sinne der Betrachtung und Reflexion qualitativer Veränderungen von Stoffen, deren Ursachen, deren Produkten. Vgl. hierzu Strube (1974).

2 Auf eine Auseinandersetzung mit Aristoteles verzichtet, ablehnend oder zustimmend, kein Lehrbuch der Chemie bis 1780. Noch Weigel (1777), noch Wiegleb (1781) und Beseke (1787) vertreten die aristotelisch- peripatetische Vier-Elementenlehre.

3 Vgl. hierzu Senn (1929).

4 Zur Textgeschichte vgl. Aristoteles, kleine Schriften zur Naturgeschichte. 1961 Paderborn S.20-24 und Pauly- Wissowa, Bd. 2 Stuttgart 1896, 'Aristoteles' S.1047 (gez. Gercke).

5 So O. Regenbogen (1937). Düring übernimmt diese Ansicht (1966, S.514).

6 Bekker 814 a10- 830 b4; als deutsche Übersetzung wurde verwendet: Aristoteles, kleine Schriften zur Naturgeschichte Paderborn 1961 S.120-140 (P. Gohlke).

7 "Urstoffe" analogisch im Sinne von Aristoteles De gener. et corr., wo etwa Erde als der Urstoff (abstrakt) erscheint, der kalt und trocken ist! In De caelo ist mit dem Urstoff Erde die konkrete Erde gemeint! Vgl. hierzu Owens (1969), Steinmetz (1969) und Bolzan (1976).

8 Vgl. hierzu Morrow (1969) und Bolzan (1976).

9 Dies als Einwand gegen Empedokles.

10 Aristoteles: De generatione et corruptione. 328 a32 (ü. Gohlke) Man könne ja nicht Beliebiges mit Beliebigem mischen, z.B. "Weiß" mit "Körper".

11 Das Beispiel Eisen $\xrightarrow{\text{Luft}/H_2O}$ Rost $\xrightarrow{\text{Verhütung}}$ Eisen war Aristoteles bekannt; die mechanistische Erklärung der Mischung von Empedokles konnte dies nicht leisten. Vgl. Strube (1974) S. 1840.

12 In den 15 Büchern: De causis plantarum und De historia plantarum; es lagen vor die lateinische Ausgabe von T. Gaza (Paris 1529) und die griechisch- englische in 2 Bänden, London 1916 (Hrsg. und übers. von A.F.Hort, nur Hist.plant.).

13 Nur einmal erwähnt er die Zusammensetzung aus den Elementen (Hist.plant. I.II.1) "um sie aber barsch zurückzuweisen" P. Steinmetz (1969) S.229.

14 e.g.bei Fourcroy (1800) oder Wahlenberg (1809).

15 e.g. bei Hermbstaedt (1807) oder John (1814).

16 e.g. bei John (Medullin = Markstoff) (1814).

17 Senn (der Theophrasts Bemerkungen unter dem Kapitel "Histologie" wiedergibt) trennt Pflanzenkunde in Früh- und Spätwerk. Die Ausführungen im Text beziehen sich auf das Spätwerk. Vgl. Senn (1956, besonders S.80-89). Eine erschöpfende Darstellung von Theophrasts Gedanken zum stofflichen Aufbau

der Pflanzen (in kritischer Abgrenzung zur Literatur) findet sich bei Hoppe (1976) S.127-173.

18 Theophrast, De hist.plant. I.Buch, 2.Kap. 1.Abschn. Z.3-6 (übers. a.d. Englischen S.17).

19 Theophrast, a.a.O. I.2.6.18-29 (S.23).

20 Theophrast, a.a.O. I.10.9. 1-7 (S.77).

21 Vgl. hierzu bes. Ballauff (1954) S.35-65.

22 deren Autorität bis ins 15. Jahrhundert völlig unbestritten war (das erste gedruckte,nicht- theologische Buch war des Plinius' Naturgeschichte, Venedig 1469), die seit Paracelsus aber meist polemische Kritik erfuhren und erst zu Ende des 18. Jahrhunderts historisch rehabilitiert wurden.

23 Die folgende Darstellung der Problematik in der Hochscholastik orientiert sich an Haskins (1927), Rüfner (1942), Maier (1952) und Düring (1960).

24 Maier (1952) S.22.

25 Vgl. hierzu K. Laßwitz (1890) Bd.1 S.97 "der Begriff des Körpers in chemischer Hinsicht ist bei Aristoteles...das genaue Gegenteil des korpuskularen Begriffs, dessen die Chemie bei ihrer empirischen Erweiterung zur theoretischen Grundlegung bedurfte." Dem hält Strube (1974 S.1849) entgegen, daß die mechanistische Atom- Theorie im 19. Jh. die Qualitätsänderung einer chemischen Reaktion nicht zu deuten vermochte, die neuere Chemie aber wieder auf aristotelische Anschauung zurückgreife.

26 Auf den Einfluß der Minima naturalia auf Materietheorie und Physik hatten davor schon Maier (1949), van Melsen(1949) und Dijksterhuis (1950) hingewiesen.

27 "Das minimum naturale blieb jedoch ein rein philosophischer Begriff, und die Praktiker haben nie danach gesucht." Hickel (1972) S.27.

28 von Hoppe (1976 S.227) belegt mit einem Zitat von N. Grew (1682 S.231) "Mixture is a Key to Discover the Nature of Bodies."

29 Vgl. zu diesem Begriff Goltz (1970).

30 Der Archäus steuerte die Vorgänge in Lebewesen und Mineralien; letztere wurden als Lebewesen unter Tage angesehen, die sich selbst aus Samen entwickelten. Vgl. hierzu Hooykaas (1935 und 1939).

31 Künkele (1971 S.12 zitiert drei Paracelsus- Textstellen widereinander.

32 Partington II. S.143-151.

33 wenn auch beide die Nähe zu den Elementar<u>stoffen</u> betonen! So Aristoteles, der in De gen. et corr. die Wiederabscheidbarkeit der Elemente aus den Mixtis hervorhebt, so Paracelsus in der Schrift: De Meteoris, Kap.2 (Köln 1566); in: Sämtliche Werke (ed. Sudhoff) Bd. I/XIII S.133-142. München 1931.

34 Künkele (1971) S.13.

[35] Vgl. dazu Hickel (1972)
Aus philosophischer Sicht ist allerdings dabei nichts gewonnen: ob die Spekulation rein ist, oder lediglich vor der Auswahl der Versuchsanordnung besteht, ist für die "Wahrheit" der Ergebnisse irrelevant.

[36] nachgewiesen durch Hooykaas (1937).

[37] Vgl. Forbes (1948) bes. S.21-28.

[38] Vgl die ausführliche Monographie von Krüger (1968).

[39] Tschirch (1933) S. 1687.

[40] Künkele (1971) S.17.

[41] Vgl. Multhauf (1954).

[42] Le Febure(1676) S.8.

[43] Dagegen meint Künkele (1971) S.14:"Ende des 17. Jahrhunderts neigte man in Frankreich dazu, die Prinzipien als zusammengesetzt anzusehen". Le Fevre wird bei Künkele überhaupt nicht erwähnt, obwohl ein Hauptteil seines genannten Werkes die Überschrift:" Von den Vegetabilien und derselben Chymische Zubereitung" handelt (S.190-497!!).

[44] Le Febure, a.a.O. S.13.

[45] Le Febure, a.a.O. S.13.

[46] Robert Boyle: Sceptical Chymist Oxford 1661; zitiert nach dem Abdruck in Everyman Library N.559, London 1910.

[47] R. Boyle,a.a.O. S.49,81,131-133.

[48] R. Boyle,a.a.O. S.156-159.

[49] R. Boyle,a.a.O. S.180/1.

[50] R. Boyle,a.a.O. S.158.

[51] R. Boyle,a.a.O. S.185.

[52] Vgl hierzu Kuhn (1952) und Boas (1952).

[53] R. Boyle,a.a.O. S. 228.

[54] wie Rosenthaler (1904) S.290 und Ihde (1964) S.27 behaupten.

[55] R. Boyle: Memories for the Natural History of Human Blood London 1684.

[56] Boyle (1910) S.230.

[57] Beschrieben in:Histoire de l'Académie Royale des Sciences 1666-1699 (Paris 1733), teilweise ins deutsche übersetzt in L.v. Crells div.chem. Journalen von 1778-1786.

[58] Rosenthaler (1904) S.292.

[59] Boas (1958) S.73.

[60] Hall (1965) S.179.

[61] Partington III, S.12.

[62] Holmes (1971) bes. S. 133-137.

[63] Künkele (1971) bes. S.246-253.

[64] vgl. Künkele (1971) S.56-58.

65 Thesaurus (1554) S.478-512, in der dt. Übersetzung (1582) S.308-331.

66 "Die weil aber etlicher deren Artzneyen fürnemmen darauff geht/..." (1582) S.308.

67 So in den neun Büchern "De Distillatione" Romae 1608, im Liber Octavus: "Quo de extrahendis rerum virtutibus varia experimenta traduntur" S.126-144, in der dt. Übersetzung der "Magia Naturalis, oder Hauß- Kunst und Wunderbuch..." Nürnberg 1713 als "X. Buch von Distilliren" S.667-734 (erste lat. Ausgabe in 4 Büchern Neapel 1558 erste lat. Ausgabe in 20 Büchern Neapel 1589).

68 Sala (1647) S.5.

69 In den "Opera" als 2. Sektion "Hydrelaeologia" (im Inhaltsverzeichnis als "Hydraeleologia") S.53-110, als eigene Schrift: Rostock 1633.

70 A. Sala, a.a.O. S.5.

71 S. Boulduc: Analyse de l' ypecacuanha. In Hist.de l'Acad. Paris 1700 S.1-6, 76-78.

72 Dies gilt auch noch für die meisten Kritiker bis zum Ende des 18. Jahrhunderts, die im theoretischen Teil eines chemischen Lehrbuchs die Pyrolyse ablehnten, im praktischen aber sehr wohl Destillation beschrieben zur Erforschung der Pflanzenbestandteile. Vgl. die Lehrbücher von Wiegleb (1781), Spielmann (1783), v. Jacquin (1785).

73 Holmes (1971) S.141.

74 so Rosenthaler (1904) S.292-294, Künkele (1971) S.251-253; Tschirch ([2]1933) S.1790 druckt kommentarlos von Boerhaaves Elementa Chemiae das Inhaltsverzeichnis ab und bespricht kurz einige Arbeiten von Neumann, Hoffmann und Marggraf.

2. Kapitel

Die Pflanzenchemie im 18. Jahrhundert vor Lavoisier.

Da im 18. Jahrhundert Chemie wie Botanik zumeist als Hilfswissenschaft der Medizin betrachtet wurden, waren die Lehrer dieser beiden Wissenschaften an den Universitäten häufig Mediziner. Bekannte medizinische Professoren wie etwa Stahl in Halle, Boerhaave in Leiden, später Haller in Göttingen vertraten Chirurgie, Pharmazie und auch noch andere Wissenschaften nebeneinander [1]. Für die Pflanzenchemie spielt dabei Hermann Boerhaave (1668-1738), der einflußreichste chemische Lehrer im frühen 18. Jahrhundert [2], eine wesentliche Rolle, die bislang wenig berücksichtigt wurde [3]. So sind seine "Elementa Chemiae" [4] kein zweiteiliges allgemeines Lehrbuch der Chemie [5], vergleichbar etwa mit dem populären "Cours de Chymie" Lemerys [6], sondern sie enthalten im ersten Teil [7] des 2. Bandes eine ausführliche Anleitung zur Analyse der Vegetabilien in 88 Prozessen auf 564 (!) Seiten. Die Probleme der Pflanzenchemie hält Boerhaave damit für gelöst:

> "Ueber dieses wird man auch die Vegetabilien, wegen ihrer mehr einfachen Theile, welche gar leicht von einander gesondert werden können, mit wenig Mühe, auf Chymische Art zergliedern [8] und erkennen können." [9]

In der Einleitung zur "Chymische(n) Untersuchung der Vegetabilien" (Titel dieses ersten Teils der Elem. Chem.2.Bd) legt Boerhaave Wert auf die Beachtung einiger Regeln, an welche die Reproduzierbarkeit von Analysen und Stoffreindarstellungen geknüpft ist:

Die Behandlungsart von Pflanzen muß sich nach dem "Charakter" der Säfte richten, die sich aus ihnen auspressen lassen (resp. die von selbst austreten). Boerhaave nennt fünf Arten von Säften:

<u>Spirituöse</u> Pflanzensäfte, die stark riechen und/oder scharf schmecken. Sie sind zur Darstellung von ätherischen Ölen geeignet und werden daher mit Wärme behandelt.

Je nach Intensität von Geruch und Geschmack werden sie mit (heißem) Wasser, Weingeist oder durch Wasserdampfdestillation gewonnen.

Seifige Pflanzensäfte, die schäumen und/oder laugig schmecken; aus letzteren lassen sich Ammoniumsalze darstellen, sie unterliegen der fauligen Gährung. Sie werden ebenfalls mit Wärme behandelt, aber dabei zur Trockne eingedampft.

Salzige Pflanzensäfte. Darunter sind alle sauren Säfte begriffen. Sie sind pharmazeutisch besonders wichtig, weil sich aus ihnen saure Salze und deren Folgeprodukte [10] darstellen lassen. Sie werden nur etwas eingedampft und kristallisieren dann in der Kälte aus.

Gummöse Pflanzensäfte. Damit bezeichnet Boerhaave alle klebrigen Säfte, die Gummi oder Schleim enthalten. Sie dienen der unmittelbaren Arzneizubereitung (als einhüllendes Mittel oder als Arzneiträger) und liefern auch Pflanzenalkali.[11]

Wäßrige Pflanzensäfte. Sie sind charakterisiert durch Abwesenheit oder starke Verdünnung obiger Merkmale; sie interessieren den Arzt Boerhaave weniger.

Boerhaave legt Wert im weiteren darauf, daß nicht der Saft der ganzen Pflanze zu verwenden ist [12], sondern nur der von gleichartigen Teilen. Bedeutsam ist seine Vorschrift der Temperaturgrade, bei denen die chemischen Operationen vorzunehmen sind. Damit führt Boerhaave das Fahrenheit- Thermometer in die Pflanzenchemie ein [13]. Schon früher war festgestellt worden (s.o.), daß sich Destillations- und Extraktionsprodukte nach der Stärke der angewandten Wärme unterschieden. Von der qualitativen Differenzierung der Wärmestufen [14] geht Boerhaave damit zur quantitativen über. Für die Reproduzierbarkeit von Analysen und Präparationen merkt er auch noch die (bekannte) Unterschiedlichkeit von Pflanzen einer Species nach Jahreszeit, Standort ("ernehrende Erde") und ihrem Alter an.

Die "chymische Untersuchung der Vegetabilien" wird in 88 Prozessen abgehandelt. Die Darstellung eines jeden dieser

Prozesse folgt der Gliederung, die Boerhaave im Vorwort vorstellt:

1. Erklärung des Körpers vor der Bearbeitung (das bedeutet e.g. beim 1. Prozeß " Destillirtes Roßmarinwasser" die pharmakognostische Beschreibung der Rosmarinpflanze und deren verwendeter Teile.)
2. Beschreibung des Prozesses (im 1. Prozeß: eine Wasserdampfdestillation mit quantitativen Angaben zu Drogen- und Wassermenge, anzuwendender Temperatur etc. Boerhaave erwähnt auch andere Darstellungsmöglichkeiten und diskutiert vorhandene Literatur).
3. Wirkung des Prozesses auf die untersuchten Teile (Entzug des ätherischen Öls aus den Blättern, die dabei ihre Struktur verlieren, aufquellen).
4. Beschreibung des Objekts nach der "Operation" (im 1. Prozeß wie 3.;bei Vergärung aber bedeutet 3. eine Theorie zum Auftreten des Weingeists, 4. aber die Betrachtung des Verschwindens vom Zuckerartigen aus der Pflanze usw.)
5. Beschreibung der verwendeten Instrumente.
6. Physikalische Zusätze (physikalisch- chemische Beschreibung des Produkts; darunter versteht Boerhaave das Verhalten gegen Luft - beim Rosmarinöl: Verharzung; gegen Wärme - flüchtig, verbrennlich ohne Asche - gegen Lösungsmittel wie Wasser, Alkohol, Alkalien und Säuren; er gibt an dieser Stelle auch zumeist die Zusammensetzung der Stoffe an (nach der 5- Prinzipien- Lehre aus "Erdigem", "Öhlichtem- Verbrennlichen").
7. Medizinische Kräfte.

Insgesamt bilden die 88 Prozesse ein zusammenhängendes System von Operationen, die zur Zerlegung der verschiedenen Pflanzenteile geeignet sind, auch der dabei entstehenden Folgeprodukte oder Rückstände. Dabei nimmt Boerhaave jeweils ein konkretes Beispiel mit quantitativen Angaben, von dem aus auf ähnliche Pflanzen geschlossen werden sollte. So findet sich nach dem ersten Prozeß "Destillirtes Roßmarinwasser" eine Liste von 74 Kräutern und 21 Bäumen, aus deren Teilen sich in der beschriebenen Weise die entsprechenden aromatischen Wässer gewinnen ließen.

Was den Zusammenhang der 88 Prozesse anlangt, so schwebt Boerhaave selbst schon eine Art "Analysengang" vor:

> " Wenn ich also erst alle Chymische Arten, vermöge welcher man aus der frischen Roßmarin ein kräftiges Wasser herausbringet, werde gezeiget haben, so will ich auch nachhero, so viel möglich, nach der Ordnung Anweisung geben, wie man von eben der Pflanze, das Salz, das Oel, und das übrige erhalten könne" [15]

Dies stellt er kritisch gegen die alternative Behandlung des Gegenstandes

> " Wenn aber im Gegentheil aus einer Pflanze das Wasser, aus der andern das Salzige, aus der dritten das Oel, aus der vierten der Spiritus fermentatus, aus der fünften das aus der Fäulniß entstehende flüchtige Salz gezeiget wird, so wird man weder der Pflanzen Zergliederung durch die Operationen noch die wahre Würkung der Operationen in das Kraut recht verstehen können, sondern man wird sich von allen einen dunklen und verwirreten Begriff machen." [16]

Mit dieser Maxime entfernt er sich von Boulducs leitendem medizinischen Interesse und behandelt alle darstellbaren pflanzlichen Bestandteile, wobei er freilich auch derer arzneilicher Wirksamkeit (so vorhanden) ausführlich gedenkt.

Die einzelnen Arbeitsvorschriften für spezielle Pflanzengattungen, Pflanzenteile oder Pflanzenbestandteile bilden zusammengenommen einen Gesamtanalysengang für alle Pflanzen. Frische Pflanzen und Drogen werden in achterlei Weisen behandelt, allerdings nicht streng nacheinander, - Boerhaave stellt die Methoden nebeneinander, ohne Wertung [17]:

1. Auspressen der Pflanze (Oel, Saft)
2. Vergärung der Pflanze (Alkohol, Essig)
3. Fäulnis (Ammoniakalische Salze)
4. a Ausziehen der Pflanze mit heißem Wasser
   b Wasserdampfdestillation
5. Ausziehen mit Essig
6. Ausziehen mit Alkohol in verschiedener Konzentration
7. Trockene Destillation aus der Retorte
8. Direkte Verbrennung zu Asche, Darstellung der Salze darin.—

Dies sei näher erläutert. ("P". bedeutet "Prozeß")

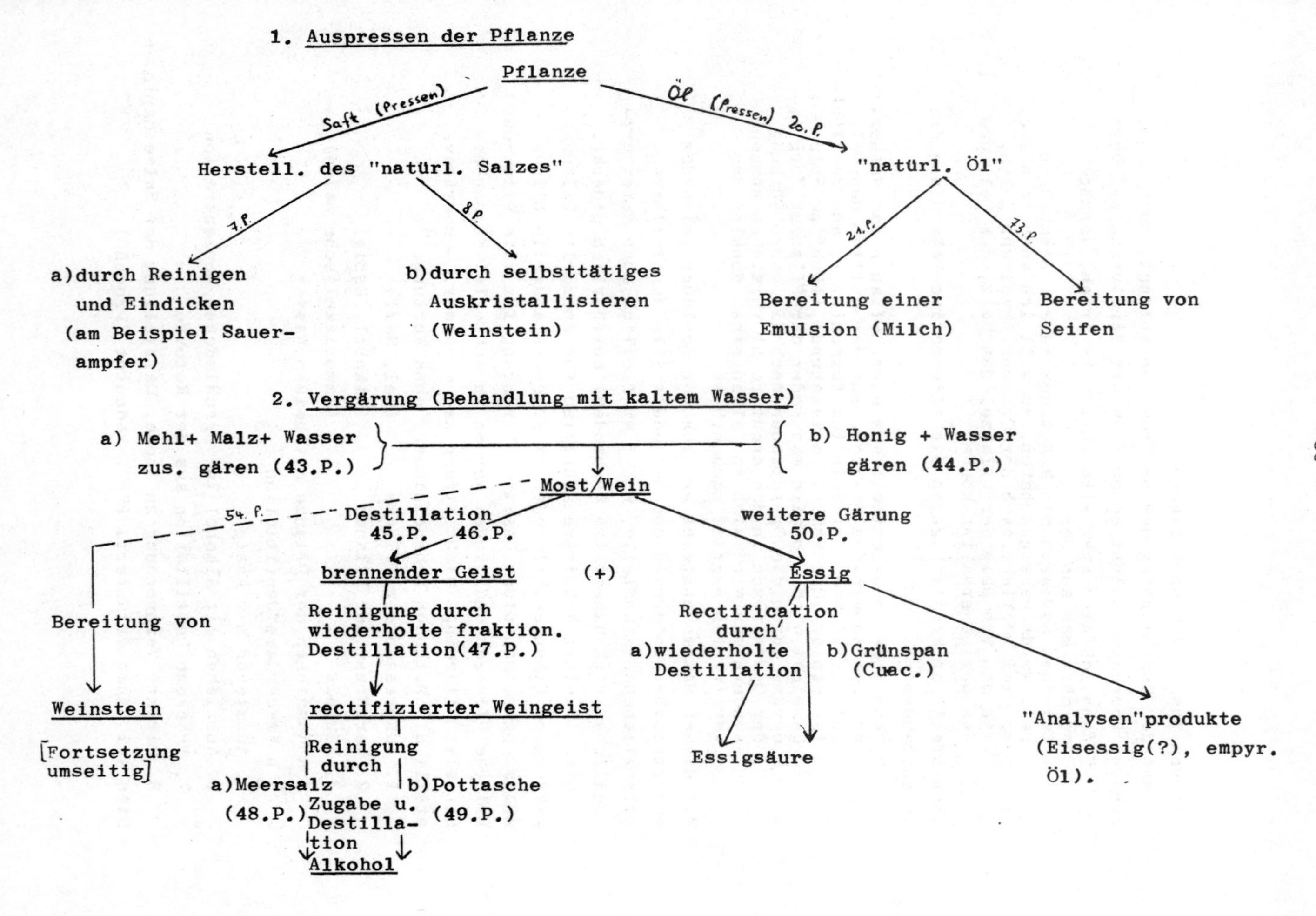
1. Ausspressen der Pflanze
Pflanze
Saft (Pressen)
Öl (Pressen) 20. P.
Herstell. des "natürl. Salzes"
"natürl. Öl"
7. P.
8 P.
21. P.
73. P.
a) durch Reinigen und Eindicken (am Beispiel Sauerampfer)
b) durch selbsttätiges Auskristallisieren (Weinstein)
Bereitung einer Emulsion (Milch)
Bereitung von Seifen
2. Vergärung (Behandlung mit kaltem Wasser)
a) Mehl+ Malz+ Wasser zus. gären (43.P.)
b) Honig + Wasser gären (44.P.)
Most/Wein
54. P.
Destillation 45.P. 46.P.
weitere Gärung 50.P.
brennender Geist
(+)
Essig
Bereitung von
Reinigung durch wiederholte fraktion. Destillation(47.P.)
Rectification durch
a) wiederholte Destillation
b) Grünspan (Cuac.)
Weinstein
rectifizierter Weingeist
"Analysen"produkte (Eisessig(?), empyr. Öl).
[Fortsetzung umseitig]
Reinigung durch
a) Meersalz (48.P.)
Zugabe u. Destillation
b) Pottasche (49.P.)
Essigsäure
Alkohol

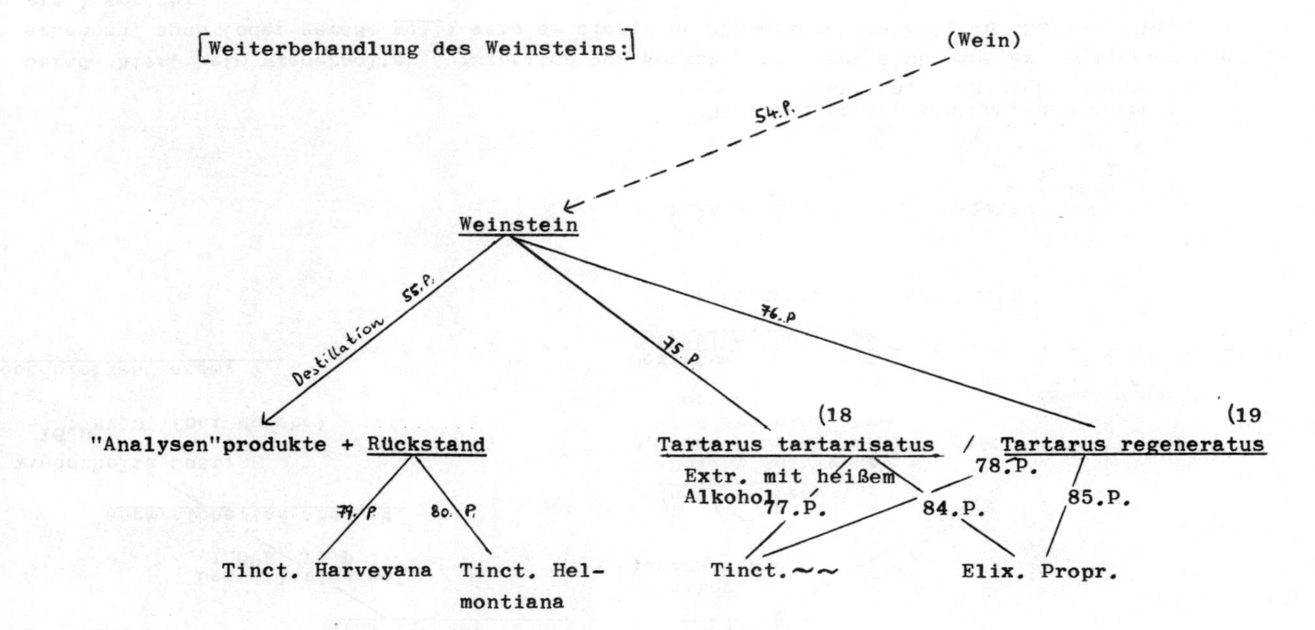

3. Fäulnis (Behandlung mit kaltem Wasser an der Luft

88.P. Hervorbringung des flüchtigen Alkalis, Zerstörung aller Pflanzenbestandteile.

4. Ausziehen mit heißem Wasser

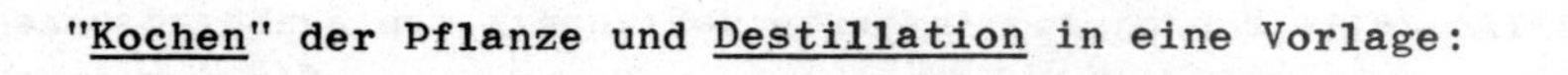

"Kochen" der Pflanze und Destillation in eine Vorlage:

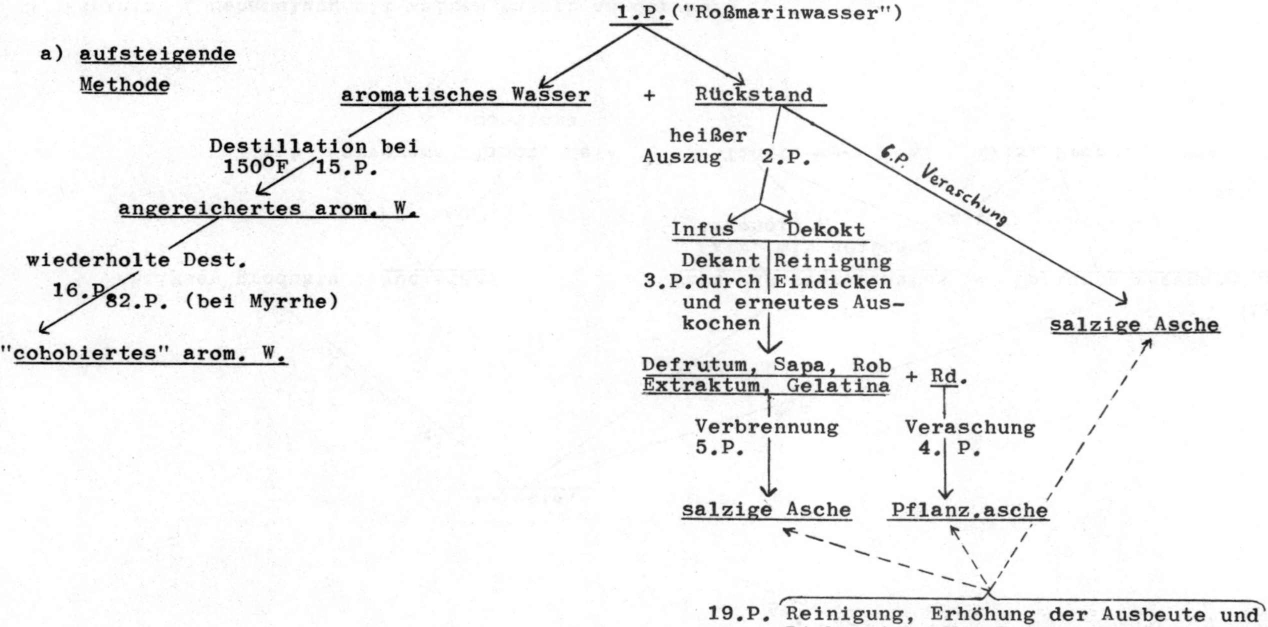

Gerade hier, beim wiederholten Aufarbeiten von Rückständen, läßt sich eine Art "Analysengang" erkennen, auch (oder gerade weil) wenn er nicht von Elementarbestandteilen (Sulfur, Spiritus etc.) spricht.

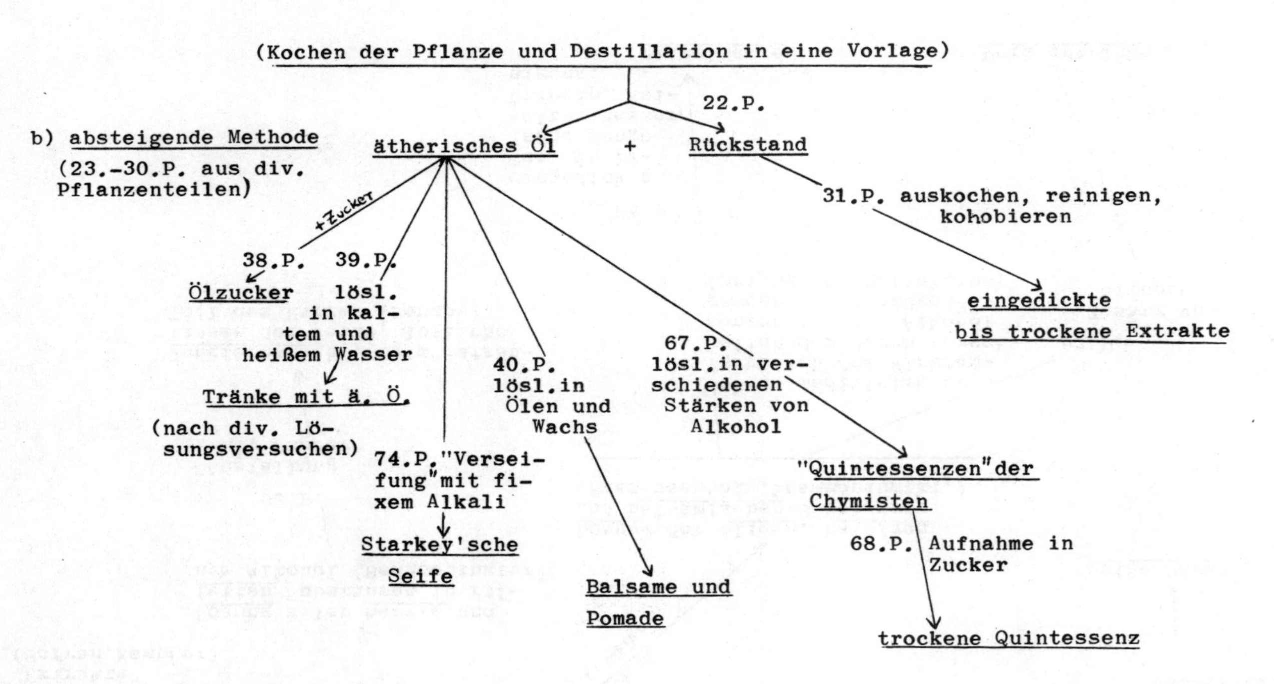

5. Ausziehen mit "Eßig", angewandt bei Myrrhe, Aloe und Safran.
(81. Prozeß)

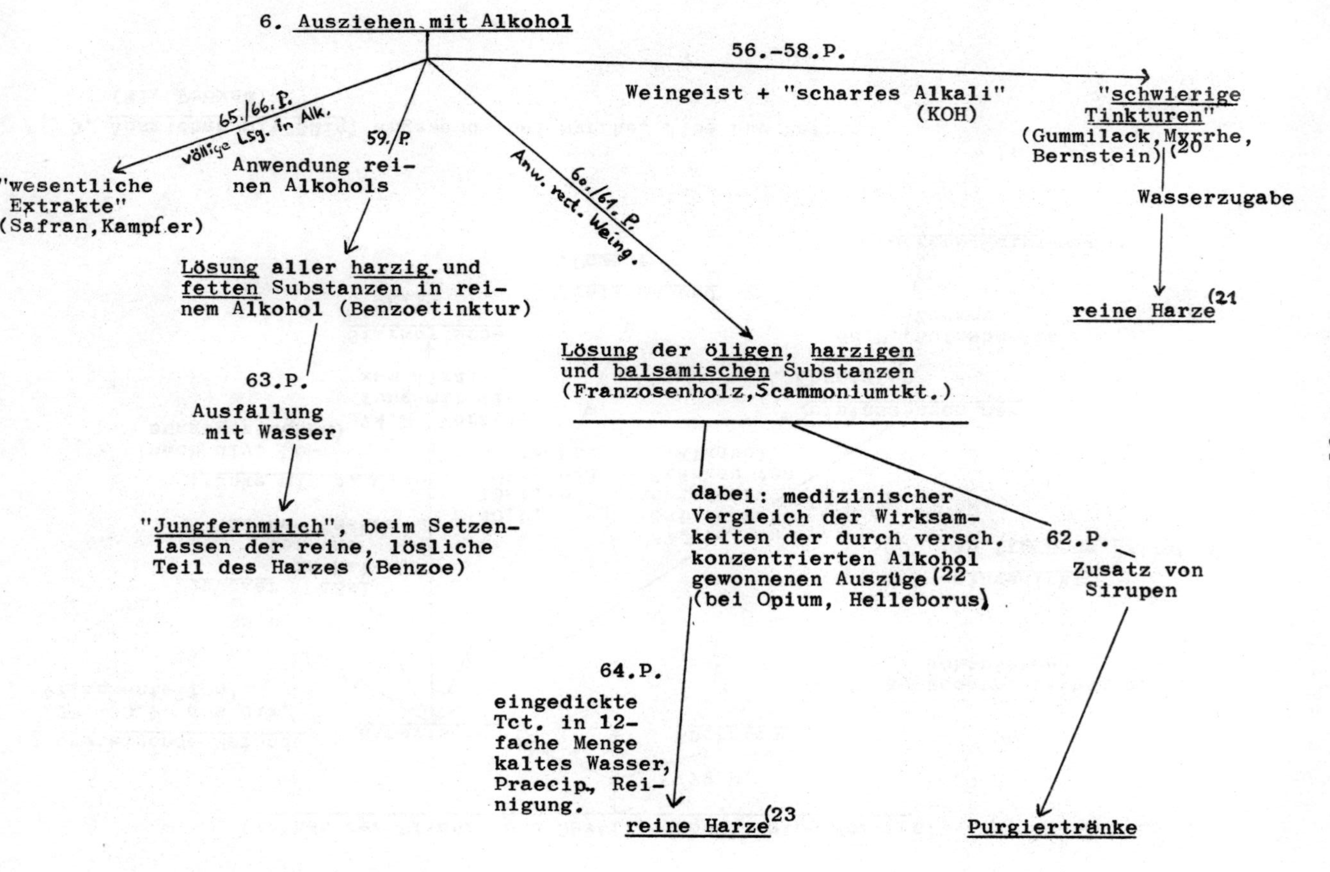
6. Ausziehen mit Alkohol
56.-58.P.
Weingeist + "scharfes Alkali" (KOH)
"schwierige Tinkturen" (Gummilack, Myrrhe, Bernstein) (20
Wasserzugabe
reine Harze (21
65./66.P. völlige Lsg. in Alk.
"wesentliche Extrakte" (Safran, Kampfer)
59./P.
Anwendung reinen Alkohols
Lösung aller harzig. und fetten Substanzen in reinem Alkohol (Benzoetinktur)
63.P.
Ausfällung mit Wasser
"Jungfernmilch", beim Setzenlassen der reine, lösliche Teil des Harzes (Benzoe)
60./61.P.
Anw. rect. Weing.
Lösung der öligen, harzigen und balsamischen Substanzen (Franzosenholz, Scammoniumtkt.)
dabei: medizinischer Vergleich der Wirksamkeiten der durch versch. konzentrierten Alkohol gewonnenen Auszüge (22 (bei Opium, Helleborus)
62.P.
Zusatz von Sirupen
Purgiertränke
64.P.
eingedickte Tct. in 12-fache Menge kaltes Wasser, Praecip., Reinigung.
reine Harze (23

7. Trockene Destillation aus der Retorte.
   Boerhaave erläutert anhand zweier Beispiele die zwei verschiedenen Arten von Destillationsprodukten, die es im Pflanzenreich überhaupt geben könne. So gebe es zwei dazugehörige Pflanzenarten:

   > "Deren erstere diejenigen in sich begreift, welche durch die trockene Destillation, nebst andern Theilen, die mit in die Höhe steigen, ein flüchtiges, saures, ölichtes Salz geben. Die andere fasset diejenigen in sich, welche, wenn sie auf gleiche Weise tractiret werden, außer den übrigen flüchtigen Theilen ein flüchtiges, alcalisches, öhlichtes Salz geben." [24]

Als Beispiel für die erste Klasse wählt Boerhaave Franzosenholz (32.P.), für die zweite Senfsamen (33.P). Daneben zeigt er noch in 4 weiteren Prozessen (36.,37.,86.,87.) die Zergliederung (wörtlich! Vgl.Anm.8) des Wachses, des Rußes und des Bernsteins. Aussagen bezüglich der analytischen Gewichtigkeit solcher Ergebnisse vermeidet Boerhaave; die Extraktionsmethode wird jedoch in allen Vorgängen gelobt (vgl.Anm.21).

8. Direkte Verbrennung der Pflanzen zu Asche und Darstellung der Salze (vgl. 4a, 4.-6. Prozeß).
   Im 9.-14. Prozeß beschreibt Boerhaave die aus den Aschen darstellbaren Salze, wobei er ausführlich auf die verschiedenen Stärken des fixen Pflanzenalkali eingeht (KOH). Dies ist jedoch eher Gegenstand der anorganischen Chemie.

Boerhaave unterscheidet also bei seinen "Chemischen Untersuchungen der Pflanzen" nicht deren elementare Bestandteile als Hauptziel, wiewohl auch er von Spiritus, Erde, Öl "welches wir den Schwefel der Pflanzen genennet haben"[25] spricht, besonders im Zusammenhang mit der trockenen Destillation, sondern er beschreibt die Darstellung und Scheidung verschiedener Öle (ätherischer, gepreßter), Extraktstoffe, Mehle, Harze, Gummi, Schleime, Säfte, Balsame, Wachse und "wesentlicher Salze", die er nicht durch die Destillationsmethode gewinnt. Damit verläßt er, wie Boulduc, den Weg zur Suche nach Elementarbestandteilen, und er begnügt sich mit der Darlegung, welche Stoffe er alle aus Pflanzen darstellen kann, welche Methoden ihm hierzu zur Verfügung stehen, welche Reihenfolge der Bearbeitungen ihm sinnvoll erscheinen.

Allgemeine Schlüsse, die er aus seinen Untersuchungen zieht, sind demgemäß vorsichtig:

1. Die feste Materie der Pflanzen und das "zusammenleimende Oel" sind bei allen Pflanzen die nämlichen, ebenso gewisse Salze aus der Asche.
2. Der Alkohol zieht nur brennbare Stoffe aus, keine salzigen, aber auch nicht alle brennbaren.
3. Das Wasser zieht viel verbrennliche Teile der Pflanze aus, aber auch die salzigen. Es löse aber nur den Saft der Pflanzen auf.
4. "Das Feuer selbst vermag nicht mehr als das Wasser, sondern würde vor sich alleine weniger herausbringen: Denn es hinterlässet nur Salz." [26]

Boerhaaves Elementa Chemiae sind zwar kein revolutionäres Werk für die Pflanzenchemie; die Zusammenfassung der Versuche, anstelle der Destillation die Extraktion mit verschiedenen Menstruen einzusetzen (ohne besondere Originalität) verbunden mit der Autorität Boerhaaves als Lehrer sicherte den Elementa aber einen direkten Einfluß auf die Folge- Generation. [27]

Wollte man nach einer "chemischen" Charakterisierung der bei Boerhaave dargestellten Endprodukte (= Pflanzenbestandteile) fragen, so würde sich diese an die zeitgenössische Definition der Chymia als Scheidekunst halten [28]. Diese aber bezieht sich rück auf die möglichen "chemischen" Operationen, die sich mit den Endprodukten durchführen ließen. Das waren für Boerhaave

1. Das Verhalten gegen Luft und Licht (z.B. Verharzen, Bleichen, Schimmeln, Gären)
2. Das Verhalten gegen Wärme
   (z.B. Dampfdestillation, trockene Destillation, Verbrennung)
3. Das Verhalten gegen Menstruen

(z.B. Lösung in Wasser, Alkohol, Ölen [29], aber auch "Lösung" in Säuren und Alkalien - mit Beschreibung von Salzbildung/ Kristallisation, von Präzipitation, von Farbänderungen.)

Mit diesen "chemischen" Kriterien war Boerhaave nicht originell, doch änderte bis zum Ende des 18. Jahrhunderts sich wenig an diesen "Kennzeichen" der chemischen Konstitution von Stoffen. Eine Änderung trat erst ein mit der systematischen Einführung von Reagenzienlösungen, etwa bei Göttling (1790) und Hermbstaedt (1795), die die Reihe der "gegenwirkenden Mittel"(Reagenzien) von der anorganischen Chemie auf die Pflanzenbestandteile übertrugen und um spezifische neue Reagenzien erweiterten.

Weiter zurückgedrängt als bei Boerhaave ist das unmittelbar medizinische und pharmazeutische Interesse an Pflanzenbestandteilen bei seinem Zeitgenossen Caspar Neumann (1683-1737) in Berlin. Von dem Niederländer unterscheidet er sich in der theoretischen Chemie hinsichtlich der Elemente, denn Boerhaave vertrat noch die erweiterte 5- Prinzipienlehre, während Neumann eifrigster Verfechter der Phlogiston-Theorie [30] seines Lehrers Stahl war. Zwar spricht Neumann nicht von "wahren Bestandteilen" der Pflanzen wie Boerhaave, aber doch von "Partes constituentes", die sich aus ihnen darstellen ließen:

> "1. ein Oleum expressum, 2. ein Oleum destillatum essentiale, 3. ein Sal essentiale, 4. ein Succus, welcher offt von Partibus mucilaginosis, offt gummosis, offt auch von salinis und oleosis zugleich mit participiret, 5. eine Resina, 6. ein Extractum gummosum..." [31]

In Neumanns Gesammelten Abhandlungen [32] finden sich verschiedene Arbeiten über Pflanzenanalysen, bei denen die Destillationsmethode überhaupt nicht erwähnt wird. [33]

In seiner Arbeit über den Campher (1727) verwirft er alle "gelehrten Meinungen" über dessen Natur, daß er Gummi, Gummiharz, Harz, Öl oder flüchtiges Salz sei, wobei er zur Widerlegung der einzelnen Positionen die verschiedenen Löslichkeiten in Wasser, Weingeist verschiedener Konzentration, Salpetersäure, Schwefelsäure, sogar Lösungsgeschwindigkeiten und Präzipitierbarkeit aus Lösungen anführt. Er will, nachdem er Campher auch in anderen Pflanzen (Rosmarin, Salbei, Thymian usw.) gefunden habe, den Begriff Campher nur als

> "generaler Vornahme für ein sich ausnehmendes und distinguirendes Mixtum, wie Spiritus, Sal, Oleum, Aqua usw." [34]

also als <u>Klassenbegriff</u> [35] gelten lassen, und er definiert ihn als einen "Corpus ex oleo natum et condensatum" [36], der aber aufgrund seiner kristallinen Festigkeit als ein "durch und durch flüchtiges, gantz besonderes Mixtum inflammabile" [37] bezeichnet wird.

Neumanns Arbeit über das Opium (1730), in der er zweierlei Harze, Gummi, Schleim, wäßrige und erdige Teile findet neben salzigen (in Form von "würckliche Crystallen" [38]), enthält auch das Verfahren einer vierfachen Extraktion:

> "Wenn ich z.E. das Opium zuerste mit Spiritu vini rectificatissimo extrahire, so bekomme ich von 4 Untzen Opii 3 Untzen und 4 Scrupul Extracti resinosi, und von der getruckneten überbleibenden Materie, vermittelst einer Extraktion mit Wasser, nur 4 Scrupul Extracti gummosi, da mir denn 5 drachmae und 1 Scrupul unauflösliche Theile zurückbleiben.
> Extrahire ich aber 4 Untzen Opii zuerste mit Wasser, so bekomme ich 2 Untzen, 5 drachmas und 1 Scrupul Extracti gummosi, vom getruckneten Re- manente vermittelst Spiritus vini rectificati, 3 drachmas, 1Scrupul Extracti resinosi und 7 drachmas und 1 Scrupul terrestrische oder indissoluble Teile." [39]

Bei Kombination der beiden Doppel- Extractionen erhält Neumann daraus "die genaue Combinationem partium": [40]

4 Untzen Opium enthalten demnach

nur in H_2O-lösliche Teile (Extract.gummos.)	4 Scrupel
nur in EtOH-lösliche Teile(Extract.resinos)	3Dr. 1 Scrup.
in H_2O/EtOH-lösliche Teile	2Unz.6(4)Dr.[41] -Scrup.
unlösliche Teile	5(7)Dr. 1Scrup.
	4 Unzen

Gegenüber Boulducs Extraktionen hat diese Neumanns den Vorteil, daß die in Wasser und Alkohol löslichen Bestandteile von den einzeln löslichen getrennt werden können [42]. Er schließt im weiteren aus den Resultaten, daß das Opium kein

Oleum essentiale enthält, da sich die Fraktionen jeweils vollständig eindampfen und trocknen lassen. Er verwirft auch die "gelehrten Meinungen" über das narcotische Wesen, das er in den salinischen Teilen vermutet, die aber so fein mit den harzigen gummösen vermischt seien, daß man es

> "zwar nicht seperatim darstellen, indessen es doch gäntzlich vertreiben kann." [43]

Damit betrachtet Neumann (gegen Boerhaave) das narcotische Wesen eindeutig als <u>materiell</u>.

Neumanns Analysen von Tee und Kaffee (1735) verdienten bei Betrachtungen der Geschichte der Pflanzenchemie mehr Beachtung als allgemein üblich [44]. Er vergleicht nicht nur die Extrakte durch Alkohol und Wasser, die er mit quantitativen Angaben [45] durchführt, physiologisch, er prüft auch das Tee- Infus mit Reagenzien:

1. Solutio Sulphuris cum calce viva [Ca Sx] : weißer Nd.
2. Solutio Mercurii sublimati [$HgCl_2$] weißlicher Nd.
3. Veilchensyrup nicht gerötet
4. a) Zitronensaft
b) destillierter Essig [Essigsäure]
c) Salzsäure; d) Salpetersäure;
e) Schwefelsäure } hellen auf
5. Sal essentiale acetosella [Calc.oxalat] erst aufhellend dann Fällung [46]
6. a) Mineralalkali ;b)Pflanzenalkali;
c) Ammoniaklsg.; d)Weinsteinlsg. } verdunkeln
e) Kalkwasser verdunkelt, dann Nd.
7. Solutio Sachari saturni [Bleiacetat] gleichmäßiger Nd.
8. Tinctura Vitrioli martis [Eisen-II-Sulfat] "tinttehafter"Nd.,
bei wenig Zugabe Nd. violett, bei viel schwarz.

Diese Reihenuntersuchung mit Reagenzien an einem Objekt ist das Gerüst für die systematische Reagenzienprüfung, wie sie 70 Jahre nach Neumann bei Hermbstaedt oder Runge durchgeführt wurde. Dabei zeigt sich auch der grundlegende Unterschied zur Arbeit Boerhaaves. Dieser versuchte, <u>ganze</u> Pflanzen möglichst erschöpfend in ihre Bestandteile zu zerlegen, wobei die Produkte- Darstellung (nicht zuletzt aus medizinisch- pharmazeutischem Interesse) den größten Raum einnimmt, die "chemische" Charakterisierung (s.o.) erst an zweiter Stelle steht, da das Produkt resp. der Bestandteil durch den Prozeß der Isolierung eindeutig definiert ist. Neumann dagegen ist weniger an "wirksamen" Bestandteilen interessiert; er versucht die Pflanzen und Drogen möglichst schonend zu zerlegen und gibt eine Reihe von chemischen Reaktionen zur Identifikation seiner Extrakte an. Ziel ist also nicht die Herstellung eines Produktes, sondern die Erkenntnis von 'wahren' Bestandteilen der Pflanzen und deren Unterscheidbarkeit von auf gleiche Weise gewonnenen Bestandteilen anderer Pflanzen. Letztere Differenz läge außerhalb des "Forschungsprogrammes" von Boerhaave. Denn auf nämliche Weise Dargestelltes gehört bei Boerhaave in einen Prozeß.

Neumann untersucht 1735 auch den Kaffee. Dabei beschränkt er sich nicht, wie alle seine Vorgänger, auf die rohen Kaffeebohnen, sondern er behandelt auch die gerösteten [47]: So lokalisiert er das eigentliche Aroma in den erst entstandenen empyreumatisch- öligen Teilen. Er bespricht auch die verschiedenen,früher erfolgten Destillationsanalysen des Kaffees, die aber miteinander in keinen Stücken übereinkämen. [48] Daher habe er selbst auch eine Destillation durchgeführt,

> "Allein diese Arbeiten haben, wie ich schon erwehnet, eigentlich keinen Nutzen, oder sie geben uns wenigstens nicht die rechte Nachricht." [49]

Damit bezieht Neumann entschiedener Stellung gegen die Pyro-Analyse als selbst die meisten seiner Nachfolger.

Neumanns Zeitgenosse und Freund Friedrich Hoffmann (1660-1742) wird häufig in einem Zuge mit diesem als Pflanzenchemiker genannt [50]. Etliche seiner Arbeiten befassen sich zwar mit pflanzenchemischer Problematik [51]; sie entbehren jedoch gänzlich der Systematik Boerhaaves, und von Neumanns Arbeiten unterschieden sie sich durch das Fehlen der charakteristischen Reagenzienreihe, obwohl auch Hoffmann die 4-fache Extraktion übernimmt. Im Vergleich zu Neumann kann er im Rahmen dieser Arbeit für die Pflanzenchemie vernachlässigt werden. Hoffmanns hauptsächliche Wirksamkeit erstreckte sich auf die Medizin [52].

In Frankreich war über den Mißerfolgen der Destillationsmethode, nicht zuletzt auch wegen der Kritik von Louis Lemery an ihr [53] die Pflanzenanalytik in den Hintergrund getreten. Claude Joseph Geoffroy (d. Jüng. 1686-1752) nahm 1731/32 die Destillationsuntersuchungen noch einmal auf, erzielte aber trotz verschiedener Variationen der Geschwindigkeit bei der Temperatursteigerung keine neuen Resultate. Ab 1738 veröffentlichte er pflanzenchemische Arbeiten [54], in welchen er im Sinne Boulducs wäßrige und alkoholische Extrakte miteinander verglich; neben deren medizinischer Brauchbarkeit stellte er aber fest, daß es sich bei wesentlichem Salz, Öl, Gummi und Harz um Bestandteile der Pflanze handle, nicht bloß um pharmazeutische Zubereitungen. Auch er verwendete die vierfache Extraktion wie Neumann, ohne daß er dabei originell gewesen wäre [55]. Der Graf de la Garaye (1675-1755) beschrieb 1745 ausführlich die Methode, wesentliche Salze [56] durch Verreiben und Extraktion mit kaltem Regenwasser darzustellen. An mehr als der medizinischen Wirksamkeit seiner Trockenextrakte war er freilich als Arzt nicht interessiert.

Neumanns Schüler Andreas Sigismund Marggraf(1709-1782),berühmt durch seine Isolierung des Rübenzuckers (1747, dt. 1767) aus verschiedenen Pflanzen, zu seiner Zeit ebenso durch seine Arbeiten zur Mineral- und Metallchemie, beschäftigte sich auch mit traditioneller Pflanzenanalytik. Seine Arbeit über das Zedernholz (1753, dt. 1761) setzte sich zum Ziel, dies Holz durch Analyse leicht von verwandten Hölzern unterscheiden zu können. Dazu zieht er erst das wesentliche Öl ab, bedient sich (mit sorgfältigen und akkuraten Angaben zu seiner Arbeitsweise) der vierfachen Extraktion [57] und erhält entsprechend 4 verschiedene Extrakte sowie unlöslichen Rückstand, wozu er bemerkt:

> "Dieses sind also die separirten Bestand - Theile des Ligni Cedri, insoweit selbige ohne Zerstörung geschieden werden können". [58]

Er gibt auch die Resultate einer Destillation an, die er mit dem Zedernholz durchführte, spricht jedoch nicht von Bestandteilen der Pflanze.

Seine Arbeit über den Zucker aus verschiedenen Rübenarten stellt Marggraf selbst in die Tradition der Isolierung von wesentlichen Salzen, so des Sauerkleesalzes [59]. Es lag ihm daher nahe, das wesentliche Salz süß- schmeckender Pflanzen, den Zucker, aus diesen zu extrahieren. Dazu benützte er die Löslichkeit des Zuckers in heißem Alkohol und sein Auskristallisieren beim Erkalten.

Die Isolierung des Zuckers wie die der wesentlichen Salze war vor allen anderen Darstellungen von (für das Auge) homogenen Stoffen (wie Ölen, Gummi, Mark) ausgezeichnet durch die Kristallisierbarkeit sowie die Tatsache, daß Zukker und organische Salze, die sich aus den verschiedensten Pflanzen kristallinisch ausziehen ließen, nach Auffassung der Zeit immer dieselben waren. Das galt für die ebenfalls "reinen" (nämlich: durch Lösungsmittel nicht weiter zerlegbaren) Stoffe wie Gummi oder Öl gerade nicht; sie wurden als diverse Species (arabischer Gummi, Pflanzengummi, Tragant usw.) unter dem <u>Genus</u> Gummi erfaßt. Die Universalität der Verbreitung als Forderung für die Pflanzenbestandteile erreichte den Höhepunkt bei Hermbstaedt (1795), der auch nicht- kristallisierbare Stoffe wie Eiweiß<u>stoff</u>, Öl<u>stoff</u>, Seifen<u>stoff</u> als universal, spezifische Unterschiede aber nur als zufällige Verunreinigungen ansah, auch etwa alle bekannten Pflanzensäuren als Modifikationen einer Pflanzensäure [60].

Die Isolierung einzelner Stoffe aus der Pflanze, die sich durch Kristallisierbarkeit auszeichneten, bedeutete den Beginn einer Abzweigung vom bisherigen Weg zur Erforschung der Pflanzen, den bewußten Verzicht auf Aussagen über alle anderen Bestandteile. Diese Tendenz wurde von Scheele aufgenommen.

Carl Wilhelm Scheele (1742-1786) begnügte sich aber nicht mit der einfachen Operation des Auskristallisierens, sondern er übertrug die anorganischen Kenntnisse zur Darstellung von Säuren aus Salzen auf die wesentlichen Salze, die schon lange aus Pflanzensäften gewonnen wurden.

So isolierte er die Weinsäure durch Umsetzung des Weinsteins mit Kreide und Freisetzung der Weinsäure durch Schwefelsäure [61]. Oxalsäure [62] und Äpfelsäure [63] stellte er dar durch Präzipitation der Salze mit Bleiacetatlösung; die organischen Bleisalze setzte er mit verdünnter Schwefelsäure um [64].

Durch Behandlung von verschiedenen organischen Stoffen mit Salpetersäure und anschließender Isolation der entstehenden Säuren fand er Schleimsäure [65] (aus Gummi) und Zuckersäure (≙Oxalsäure) [66], schließlich auch Benzoesäure, Gallus- und Pyrogallussäure.[67]

Die Isolierungen müssen im Hauptabschnitt über die einzelnen Bestandteile ohnehin noch näher betrachtet werden. Sie seien daher hier nur aufgeführt, um die Kontinuität von Marggraf über Scheele zu Hermbstaedt, Trommsdorf und John zu erweisen. Letztere übernahmen Scheeles Methodik, versuchten dabei aber wieder den Zusammenhang zur Gesamtanalytik, zur Theorie aller Pflanzenbestandteile herzustellen.

Als markanten Fortsetzer der gewöhnlichen Extraktionsanalyse nach Geoffroy und Marggraf nennt Holmes [68] den französischen Chemiker G.F. Rouelle (1703-1770), der zwischen 1754 und 1758 [69] eine neue Analysenordnung eingeführt habe. Die vorliegenden Extraktionsergebnisse faßte Rouelle zu Beginn seiner Vorlesungen über Pflanzenchemie zusammen. Danach bestehen die Pflanzen aus

1. einem aromatischen Geist.
2. einem ausziehbaren Stoff, löslich in Wasser [70].
3. einem Harz, das sich in Alkohol löst.
4. einem harzig- ausziehbaren Stoff (resino- extractif), von dem sich ein Teil in Wasser, ein anderer Teil in Alkohol löst, ersterer in größerer Menge als letzterer.
5. einer der vorhergehenden analoge Materie, bei der der alkohollösliche Teil größer ist: extracto-resineuse.
6. einer grünen Materie, rein harzig [71], noch recht unbekannt [72].

Die Destillationsmethode kritisiert Rouelle in der seit

Homberg üblichen Weise [73], was ihn aber nicht daran hindert, daß über die Hälfte der von ihm beschriebenen analytischen Vorgänge Destillationen sind. Die sechs Pflanzenbestandteile, die er angibt, erscheinen auch schon bei Neumann zwanzig Jahre zuvor. Aber Rouelle generalisiert diese Ergebnisse ausdrücklich und stellt sie an den Beginn seiner Analysen, während sie sich bei Boerhaave, Neumann oder Marggraf als spezielle Ergebnisse einzelner Analysen finden.

Rouelles Anleitung ist daher zwar lediglich eine Zusammenfassung von Einzelergebnissen der Extraktionsmethode seit Porta (1586), bietet daneben aber eine Basis für eine neue Richtung von Untersuchungen (so Holmes). Die mit Rouelle gleichzeitig erscheinenden Arbeiten von Vogel und Cartheuser (s.u.), die weit über diesen hinausführen, werden gleichwohl bei Holmes nicht erwähnt.

Borchardt [74] zählt zu den Vorarbeiten von Hermbstaedts Anleitung von 1795 ein Mémoire (1755) von Venel (1723-1775), das er für nicht in der Literatur erwähnt hält [75]. Es enthält allerdings auch nur abstrakte Gedanken zur Zusammensetzung von Pflanzen aus näheren und entfernteren Bestandteilen, ohne sich mit Extraktion überhaupt zu beschäftigen. Von den folgenden Vorarbeiten erwähnt Borchardt keine. —

Bei einem Überblick über die Literatur zur Pflanzenchemie zwischen 1750 und 1790 ergeben sich folgende drei Thesen:[76]

1. Arbeiten in der (gewöhnlichen)[77] Pflanzenchemie waren eine französische Domäne [78](so weit überhaupt welche stattfanden).
2. In Frankreich ist der Wendepunkt zur Extraktionsmethode mit Rouelle gekommen [79].
3. Eigentliche Fortschritte [80] hat es nur durch Scheele gegeben [81].

Diese drei Thesen sind kritisch zu untersuchen.

zu 3.: Die Fortschritte, die durch Scheele erfolgten, sind an den Zweig der Isolierungen und Umänderungen einzelner organischer Stoffe geknüpft, die sich durch Kristallisierbarkeit und/ oder chemische Einfachheit [82](stöchiometrisch erfaßbar; vgl.Anm.64) auszeichneten.

Sie erklären nicht den Unterschied zwischen den 6 Stoffen Rouelles und den 16 (später 23) von Hermbstaedt; diese Differenz wurde nicht mit Scheeles isolierten Säuren aufgefüllt.[83]

zu 2.: Vor Rouelle hatte 1749 auch P.J. Macquer (1718-1784) der Destillation jegliche Relevanz zur Aussage über Pflanzenbestandteile abgesprochen:

> "weil man aber wahrgenommen hat, daß das Feuer meisten Theils ihre Neben-anfänge empfindlich verändert, indem es sie verschiedentlich mit einander verbindet... so hat man andere Mittel erdacht, diese Anfänge ohne Hülfe des Feuers zu scheiden",

darunter auch

> "Reiben mit auflösenden Mitteln, welche vermögend sind alles anzunehmen, was sie ölichtes und harzigtes enthalten, dergleichen die brennenden Geister sind." [84]

In den "Anfangsgründen der praktischen Chemie" (1751, dt. 1753) zeigt sich Macquer stark durch Boerhaave beeinflußt; doch ist seine Anordnung der möglichen "Arbeiten über die Substanzen des Pflanzenreiches" systematischer als bei Boerhaave. Seine Skepsis gegenüber der Destillation drängt diese bei analytischen Arbeiten noch weiter in den Hintergrund.

Später übertrugen in Frankreich Morveau und andere (1777) die Skepsis gegenüber der "Auflösungsmethode im Feuer" auch auf die heiße Extraktion:

> "daß also die Grundstoffe der Pflanze verändert werden, und eine solche Untersuchung uns nur sehr unvollkommene Kenntnisse verschaffen kann." [85]

Die Stoffe aus dem organischen Reich wurden, neben allen anderen Verbindungen, rubrifiziert unter Öliges, Brennbares; dazu rechnete Morveau 1777 Erdharz, wesentliches Öl, fettes Öl, Harz, Gummi und Weingeist. Ein zusammenziehender Grundstoff wird erwähnt; als ein Fortschritt erscheint der Äther als Lösungsmittel. Doch eine Kontinuität zu Hermbstaedt ist darum kaum zu sehen. Rouelles Anleitung blieb in Frankreich in der Tat bestimmend bis Fourcroy und Vauquelin. Der Übergang zur zur größeren Anzahl unterschiedlicher Bestandteile in

Pflanzen vollzog sich in Deutschland.

zu 1.: Für diese These scheinen die Arbeiten von Dietrichs, Becker, Spielmann und Jacquin zu sprechen:

Carl Friedrich Dietrichs bemerkt 1771:

> "Die chymischen Zerlegungen der Pflanzen haben uns gezeigt, daß ihre wesentlichen Theile aus einer flüssigen Säure, empyreumatischem Oele, Salze, Erde und einem unschmackhaften Wasser bestehen." [86]

Das sind etwa die Resultate Lemery's des Älteren (1675). Ähnliches gilt für Beckers Untersuchung von 1786.

Jacob Reinbold Spielmann (1722-1783) gliedert sein Lehrbuch (1783) in 132 Experimente, die sich teilweise unmittelbar an Boerhaave orientieren, aber kein systematisches Interesse an Pflanzenbestandteilen erkennen lassen.

Nikolaus J. Edler von Jacquin (1727-1817) vertritt noch 1785 die Destillationsprodukte als Pflanzen<u>bestandteile</u>. Auf nassem Wege werden nur medizinische Präparate dargestellt.

Es scheint aber so,als seien diese drei eher Ausnahmen gewesen. Denn gleichzeitig mit Rouelle erschienen 1754 und 1755 zwei Arbeiten von Cartheuser und Vogel, die die Pflanzenchemie auf einem sehr viel weiter vorgeschrittenen Stand zeigen.

1754 publizierte Johann Friedrich Cartheuser [87] (1704-1777) eine Arbeit über sieben neue Pflanzenprinzipien, die er den bereits anerkannten 10 generischen Prinzipien anfügen will. Die zehn, die er im Vorwort [übersetzt im AnhangI; siehe dort] nur aufzählt, sind Spiritus balsamicus; Vapor narcoticus; Halitus acris pungens; Oleum essentiale unguinosum; Gummi; Resina; Mucilago; Sal essentiale acidulum; Nitrum embryonatum und Sal salsum, culinari analogum [Kommentar im Anhang I] . Wenn man die beiden anorganischen Salze zum Schluß und die beiden Dämpfe [88] eliminiert, bleiben sechs übrig, zu denen Cartheuser nun: Camphora [89]; Sal volatile oleosum siccum [90]; Cera [91]; Sevum [92]; Sacharum [94] und Spiritus balsamico- acidulus [95] hinzufügt [96]. Cartheuser bringt damit die Einzelarbeiten Neumanns (dessen Campher-

Arbeit er zitiert), Marggrafs (Zucker) und anderer Forscher [97] in den Zusammenhang einer allgemeinen Lehre von den Pflanzenbestandteilen [98].

Die Beschreibung der neuen generischen Prinzipien ist außerordentlich genau; er stützt sich auf seine Vorarbeiten aus der "Pharmacologia theoretica- practica" [99] 1735 und den "Elementa Chemiae" [100] [Zur Illustration seines exakten Vorgehens ist der Artikel "Cera" im Anhang II übersetzt und kommentiert].

Kurz nach Cartheusers Dissertatio erschienen 1755 von Rudolph August Vogel (1724-1774) die "Institutiones Chemiae" [101], worin er dreizehn verschiedene Bestandteile des Pflanzenkörpers unterscheidet. Diese dreizehn sind nicht identisch mit den dreizehn von Cartheuser, der Text läßt keine Benützung der Vorlage Cartheusers (er zitiert ihn auch nicht) aufweisen; dennoch spricht <u>für</u> die Kenntnis Vogels von Cartheusers Dissertatio die Tatsache, daß er Bestandteile wie Sapo, Sevum oder Cera ganz selbstverständlich übernimmt und beschreibt, obwohl sie davor in der Summe der Bestandteile gefehlt hatten, daher ja auch Cartheuser als "principiis... hactenus plerumque neglectis" angekündigt worden waren. Im Vorwort übt Vogel allerdings Kritik an allen pflanzenchemischen Forschern [102] vor ihm, die immer nur einzelne Arbeiten zu einzelnen Pflanzen veröffentlichten, aber keinen zusammenhängenden Überblick über die Bestandteile vermittelten, die sich in allen Pflanzen oder doch Pflanzengruppen fänden. Man kann daher wohl annehmen, daß die Arbeiten von Cartheuser und Vogel unabhängig voneinander entstanden sind, daß beide aber ähnliche Quellen benutzten. [103]

Vogels dreizehn Bestandteile sind:

1. Olea aethera; 2. Olea unctuosa; 3. Sapo; 4. Sevum; 5. Mucilago; 6. Resina; 7. Balsamus liquidus; 8. Gummi; 9. Gummi resina; 10. Cera; 11. Sacharum; 12. Manna; 13. Camphora. [104]

Von diesen Substanzen zählt er auf durchschnittlich halbseitigen Artikeln physische Eigenschaften, Löslichkeiten, Reaktionen mit Säuren u.ä. auf. Zur Zusammensetzung der einzelnen Stoffe äußert er sich im Sinne Stahls [105].

In der Zusammenstellung dieser dreizehn Substanzen wird die Tendenz sichtbar, bei der Beschreibung der Pflanzenbestandteile sich auf das zu beschränken, was man ohne Feuer (d.h. durch Temperaturen unter 100°C) aus der Pflanze erhalten konnte. Dabei spielten nunmehr die Substanzen aus dem pharmazeutischen Gebrauch eine große Rolle unter den "näheren" Bestandteilen der Pflanze.

Die Ablehnung, die die Destillationsmethode bei Vogel erfährt, ist so deutlich wie bei Rouelle, aber ehrlicher, weil er sie dann auch nicht für seine Analysen verwendet:

> "Animantia et vegetabilia nunquam in partes suas proximas constitutivas, sed remotas tantum dissolvit; adeoque ad corporum istorum medicatam explorandum, ut pote quae proximis ipsorum partibus constitutivis innititur per se non potest" [106]

Der größte Teil von Vogels Lehrbuch beschäftigt sich mit den chemischen Arbeiten, wobei in den Kapiteln über Extraktion, Solution, Kristallisation und Präzipitation ausführlich die Bereitung obiger dreizehn Bestandteile besprochen wird, für die als Lösungs- und Trennmittel Wasser, Salzlösungen, Weingeist, Öle, Säuren (darunter Ameisen- und Essigsäure) verwendet werden.

Holmes' These, daß Rouelles Arbeit ein Trendsammelbecken zur Extraktionsanalyse war, trifft sicher auch für Vogels Einteilung zu; doch ihrer "Einmaligkeit" wird Rouelles Anleitung entkleidet, zumal sich die späteren deutschen (Pflanzen-)Chemiker auf Vogel und nicht auf Rouelle bezogen!

Christian Ehrenfried Weigel (1748-1831) ergänzt die organischen Körper Carthausers und Vogels um die Liste der wesentlichen Salze und Säuren Scheeles. Bei der Besprechung der Einzelbestandteile im Abschnitt "Phlogurie, oder Chemie brennbarer Körper" unterteilt er diese in zwei Hauptklassen nach ihrer Wasserlöslichkeit.

Johann Christian Wiegleb (1732-1800), der Vogels "Institutiones" ins Deutsche übersetzte und ausführlich kommentierte, diskutiert 1781 in seinem Handbuch der allgemeinen Chemie Vogels Systematik, ergänzt sie mit

Scheeles neuesten Säuren und dem "Kaotschuc".

Die Lücke, die nach Tschirch [107] vor Hermbstaedts Anleitung von 1795 in der Pflanzenchemie besteht, füllt Borchardt [108] mit den drei Namen Venel (vgl S.64), Schiller (1791) und Fourcroy (1792). Neben Cartheuser, Vogel und seinen obzitierten Nachfolgern darf aber besonders Georg Adolph Suckow (1751-1813) nicht übersehen werden. In seinen "Anfangsgründen der ökonomischen und technischen Chymie" trägt der 1. Haupt- Abschnitt den Titel " Zerlegung der Körper aus dem Gewächs reich" [109]. Er erläutert die Darstellung von Scheeles Pflanzensäuren und diskutiert verbesserte Vorschriften von Bergman und Westrumb. Dazu bespricht er auch die neugewonnene Säure von Brugnatelli (Korksäure), die Holzsäure, die Galläpfelsäure. Er fügt den bekannten Bestandteilen das "fadige Gewebe" von Hanf, Flachs und Bast bei, daneben den "färbenden Bestandteil" und das "adstringirende Wesen". Beim mehligen Teil der Gewächse unterscheidet er Stärke, eine schleimig- zuckrige Substanz und einen zähen Leim [110], mit dem Kaotschuc vergleicht er eine ähnliche einheimische Substanz. [111]

Suckow diskutiert auch ausführlich die Vorstellungen über die Zusammensetzung der näheren Bestandteile, nicht aber aus den Elementen noch aus Destillationsprodukten, sondern aus einfacheren, dargestellten Stoffen. So bestehe Zucker als Salz aus Zuckersäure und öligt- brennbarem Wesen, Weingeist aus Säure. ölig- brennbarem Stoff und Wasser, fette Öle aus brennbarem Stoff, schleimigen Bestandteilen, Wasser und einer Säure, wesentliche Öle aus Harz und einem leicht flüchtigen Bestandteil [112] usw. Auch Kohle sei in allen brennbar- öligen Körpern enthalten. - Diese Theorien stellen eine Weiterverarbeitung und Anwendung der Phlogiston- Lehre auf die neuen Pflanzenbestandteile dar.

In einem Artikel "Grundsätze zur chymischen Untersuchung der Körper" [113] zeigt sich Suckow wennwohl pessimistisch:

> "Die Zergliederung der Gewächse, so wie auch besonderer Produkte derselben, ist in vielen Fällen mit den größten und fast unüberwindlichen Schwierigkeiten verknüpft". [114]

Für eine vollständige Zerlegung der Vegetabilien gebe es keine befriedigende Anleitung, darum er wenigstens vorteilhafte Regeln aufstellen wolle. Die danach angegebenen zwölf Regeln beziehen sich indessen nur auf die unter den bereits behandelten pharm. Tätigkeiten dargestellten Edukten der Pflanzen, wobei Suckow besonderes Gewicht auf den Farbstoff, den fadigen Teil und die Kohle der Gewächse legt wegen derer ökonomischer Brauchbarkeit.

Den Übergang zu der (danach) allgemein anerkannten und verwendeten Hermbstaedtschen Anleitung von 1795 kann man schließlich auch in dessen eigenem Lehrbuch von 1791 sehen. Darin sind die 1795 angeführten Stoffe schon aufgeführt und definiert, auch die hypothetischen Prinzipien (s.o.), die er allerdings zu "nicht hinreichend bekannten Grundstoffen des Pflanzenreiches" rechnet.[115]

Die zweite Hälfte des 18. Jahrhunderts war somit gekennzeichnet mit dem Durchsetzen der Extraktionsmethode nach Neumann, Cartheuser und Rouelle, durch Scheeles systematische Isolierung von organischen Salzen und deren Säuren, und besonders durch die Hereinnahme der bereits bekannten, pharmazeutisch oder technisch- ökonomisch verwertbaren Pflanzensubstanzen in den Katalog der Bestandteile. Letzteres war keineswegs ein trivialer Schritt[116], denn er bedeutete zum einen die Annahme, daß ein bestimmtes, bekanntes

Produkt (e.g. Wachs), das in einer Pflanze gefunden worden war, auch in anderen Pflanzen als Principium genericum zu finden sein müßte,

zum anderen die systematische Untersuchung verschiedener Pflanzen (zu Wachs vgl. Anhang II) auf dieses Principium genericum, das sich ja erst durch mehrere species, die es unter sich begriff, als "generisches" erweisen konnte.

Der Anstoß zu einer Verbindung dieser drei Wege zum Entstehen einer rationalen Pflanzenchemie erfolgte durch die quantitative Elementaranalyse, die erst in der antiphlogistischen Chemie Lavoisiers möglich wurde. Zu dessen Verständnis ist ein kurzer Rekurs auf den theoretischen Stand der Chemie brennbarer Körper(entsprechend etwa der organischen Chemie) dienlich.

Anmerkungen zum 2. Kapitel:

[1] Streitigkeiten um die Professur für Chemie zwischen Medizinern und Chemikern finden sich noch bis ins 19. Jahrhundert! Vgl. zur Berufung Göttlings und Döbereiners nach Jena bei Döbling (1928).

[2] Vgl. Holmes (1971) S.141 oder Gibbs (1958) S.119: "Boerhaave's influence in chemistry lasted for about a century, almost from Boyle to Dalton."

[3] Die Literatur befaßt sich vornehmlich mit der medizinischen Tätigkeit Boerhaaves, seiner Leitung des Botanischen Gartens in London und der Werkgeschichte seiner Lehrbücher, so H. Uittien (1938), F.W. Gibbs (1957), J. Heniger (1971). Keiner dieser Autoren erwähnt, daß in den "Elementa Chemiae" ein Hauptteil der Pflanzenchemie gewidmet ist. Bei F.W. Gibbs (1958) findet sich eine Zusammenstellung aller chemischer Schriften Boerhaaves und deren Übersetzungen, wobei bemerkenswerterweise festgestellt wird, daß französische Übersetzungen zumeist nur den ersten (theoretischen) Band der Elementa Chemiae behandeln, deutsche aber den zweiten. Dies schlug sich auch in der Literatur nieder. Hélène Metzger (1930) beschäftigt sich fast ausschließlich mit dem ersten Band.

[4] Hermann Boerhaave: Elementa Chemiae, 2Bde. Leiden 1732. Dt. Übersetzung von F.H.G. als "Anfangsgründe der Chemie" (nur 2. Bd), Halberstadt 1732-34; 2. Auflage (Text identisch,mit Anm. Wieglebs) Danzig 1791 (nach dieser wurde zitiert). Zu der Zusammenstellung der überkommenen Exemplare bei Gibbs (1958) S.127 ist zu bemerken, daß die Bibliothek des Deutschen Museums in München sowohl über die Halberstädter Ausgabe 1732/4 verfügt als auch über die 2. Auflage Danzig 1791; letztere gibt Gibbs als Unikum in der Roscoe Collection in London an. Die Bayer. Staatsbibliothek in München (bei Gibbs nicht erwähnt) besitzt Ausgaben der Elementa Chemiae (lat.) von 1732(aus allen 3 Erscheinungsorten: Leyden, London und Leipzig) Paris 1733, Basel 1745, Venedig 1749; dazu die französischen Übersetzungen von Amsterdam 1752 und Paris 1754.

[5] so dargestellt von: M. Speter in Bugge Bd.1 S.204-220, G.A. Lindeboom (1968) S.183, W. Schneider (1972) S.133.

[6] Lemery , Nicolas: Cours de chymie. Paris 1675; französische Auflagen bis 1782, deutsche Übersetzungen von 1698 bis 1754.

[7] Der zweite Teil behandelt die "Chymische Untersuchung der Animalien", der dritte die "Chymische Untersuchung der Mineralien."

[8] zum Begriff "chemische Zergliederung" findet sich bei A. Borchardt (1974) S.12 folgendes Zitat:
"Als Begriffe für die Zerlegung benutzte Hermbstaedt 1797 den Ausdruck chemische Zergliederung. Vor Hermbstaedt war dieser Begriff nur ausgesprochen selten verwendet worden"
wozu S.16 angemerkt wird:
"Nur zweimal konnte die Benutzung nachgewiesen werden: Crell Ann. 1785(2) 349; Trommsd. J. 1_1(1794), 207".
Ich selbst konnte allerdings kaum ein Lehr- oder Wörterbuch

der Chemie vor 1780 entdecken, in dem der Begriff "Zergliederung" oder "chemische Zergliederung" nicht verwendet worden wäre! e.g. Macquer (1752), S.249 und (1781), II,470, 564, 569ff; J. Wiegleb (1781), S.686; Bei I.Kant (e.g. Prolegomena zu einer jeden künftigen Metaphysik, Riga 1783) wird der Terminus "Zergliederung" passim als dt. Übersetzung von "Analyse verwendet";H. Boerhaave (1791) S.5,24 u.v.m. (S.346 als Kapitelüberschrift).
Zur Verwendung des Begriffs "Zergliederung" findet sich bei Weigel (1788),S.15 schließlich:
"Die Trennung dieser Bestandteile eines Körpers... wird Zerlegung, Auseinandersetzung, Zersetzung... genannt. Die von einigen gewählte Benennung einer Zergliederung paßt nicht so gut hiefür, sondern besser für eine, unter diesem Namen bekannte,... Ausarbeitung einzelner thierischer & pflanzlicher Gewächstheile mit Hülfe eines Messers..."

9 H. Boerhaave (1791) S.5.

10 Solche sauren Pflanzensalze, die wohl zumeist Gemische von Salzen organischer Säuren waren, stellt B. aus Sauerampfer, Attich, Endivien und weiteren 10 Pflanzen dar (7. und 8. Prozeß). Folgeprodukte waren die daraus durch Verbrennung gewinnbaren Aschen, die vegetabil. Alkali (KOH) enthielten.

11 aus den Kaliumsalzen der Arabinsäure und verwandter Säuren.

12 Diese scheinbar triviale Vorschrift gibt Boerhaave nicht zu Unrecht :"Sie alle [Pflanzenchemiker bis 1740] versuchten stets den Abbau einer ganzen Droge durchzuführen" Borchardt (1974) S.3. Darüberhinaus war der Gedanke der Ganz- Analyse zur Zeit der romantischen Naturphilosophie durchaus noch einmal lebendig (vgl. 8. Kapitel!).

13 vgl. Holmes (1971) S.141.

14 Die Skala reichte von der Zimmertemperatur, "lauwarm", Wasserbad bis zu "schwach glühend", "rot glühend", "weiß glühend" Das Deutsche Arzneibuch 7. Ausgabe Stuttgart (1968) kennt noch die Temperaturbereiche: "Kühl" 4°-15° C
"warm" 50°-60° C
"heiß" über 80° C (S.4).

15 Boerhaave (1791) S.23/24.

16 Boerhaave (1791) S.24.

17 Die Pyroanalyse erfährt nicht nur keine Präferenz, sondern umfaßt kaum 1/5 der Prozesse.

18 DiKaliumtartrat nach W. Schneider (1968) III, S.394.

19 Kaliumhydrogentartrat, bereitet durch Eingießen einer konz. Lösung von DiKaliumtartrat in Wasser, dadurch gereinigt.

20 Auf den Charakter eines Analysenganges deutet Boerhaave selbst hin in den Überschriften der Prozesse, z.B. des 56. (S.281) "Die Tinctur des Gummi Lacca nach den 12. 47. 48. 49. und 55. Prozeß".

21 Bei dieser Präzipitation preist Boerhaave die Vorzüge der Extraktionsmethode: "Wir sehen auch aus diesem deutlichen Exempel, daß die chymischen Producte unglaublich voneinander

unterschieden sind, nachdem sie durch dieses oder jenes Auflösungsmittel... verfertiget und zubereitet werden. Ja es wird hieraus auch klar, wie sehr unterschiedene Theile in einem zusammengesetzten Dinge verborgen liegen können.." S.287.

22 ausführlich S.291/292.

23 Harze definiert Boerhaave nach dem Verfertigungsprozess durch Präzipitation:" Diese Materie wird in der Chemie Harz genennet". S.296.

24 S.172.

25 S.119.

26 S.53.

27 Boerhaaves "Elementa" fehlen in kaum einem Lehrbuch der Chemie bis 1800 als Literaturangabe.

28 So grenzt etwa Neumann die Chymie (fast zornig) ab gegen Geometrie, Mechanik, Optik, Pneumatik und andere Arten von Mathematik, besonders auch gegen Botanik und Pharmakognosie, dagegen er die Chymie kennzeichnet als das Wissen der "erweißlichen Theile" eines Körpers,
"aus welcher gründlichen Kenntniß er [der Chemicus] des Mixti natürlich- wahre Beschaffenheit und damit vorzunehmende Bearbeitung, vorzüglich Krafft und Würckung, Relation mit andern Cörpern, oder die zu verhütende Destruction und Resolution, mit einem Wort: alle Operationes vernünfftig zu handhaben und zu judiciren capable ist..." Neumann, De Camphora (1727) S.99. Diese Definition der Chemie, hier der Pflanzenchemie durch die "Operationes" entspricht der von uns gegebenen.

29 Diese Löslichkeits- Eigenschaften würden heute eher der Physik zugeordnet.

30 Die Phlogistontheorie war die erste Theorie der Chemie. Darüber waren sich die Zeitgenossen ebenso einig wie die Chemiehistoriker es heute sind. Eine Ausnahme macht nur die Zeit der Konkurrenz zwischen Phlogiston- und Sauerstofftheorie, die Lavoisier u.a. auch mit seiner Polemik für sich entschied. Eine Bemerkung wie die von K.Lorenz(1974) S.89, daß ".. Phlogiston... nur eine Benennung.. des Vorganges (der Verbrennung ist), aber betrügerischerweise [!] vorgibt, ... eine Erklärung für ihn zu enthalten." ist völlig absurd.

31 zitiert nach Rosenthaler (1904) S.294, dort ohne Nachweis; ich fand zwar alle diese Teile in einzelnen Analysen bei Neumann, nicht aber die Zitatstelle dieser Zusammenstellung.

32 Zusammengefaßt in einer Folge von "Lectiones Publicae", die in Berlin seit 1727 erschienen.

33 etwa in der Arbeit über das Opium (1732).

34 Neumann (1727) S.105.

35 wie John, vermeintlich originell, 70 Jahre nach ihm.

36 S.129.

37 S.135.

38 Neumann, De Opio (1730) S.115 ("wie schon Dr. Schroeer observiret" S.116).

39 S.117.

40 Die Ausrechnung überläßt er freilich dem Leser (resp. mir).

41 Die Differenz erklärt sich durch die zwei verschiedenen Angaben des unlöslichen Rückstandes. Neumann verliert kein Wort darüber; entweder rührt die Differenz von seiner Wäge-(un)genauigkeit her, wahrscheinlich aber (da Fehler $>10\%$) hat die zuerst vorgenommene Wasser- Extraktion einige ursprünglich Alkohol- lösliche Bestandteile vernetzt oder verseift oder koaguliert, so daß sie sich im Alkohol danach nicht mehr lösten.

42 Dadurch war auch eine schärfere Unterscheidungsmöglichkeit für den Sitz der "virtus", der medizinischen Wirksamkeit, gegeben.

43 Neumann, De Opio (1730) S.125.

44 Holmes (1971) erwähnt ihn überhaupt nicht, Borchardt (1974) zitiert lediglich Tschirch in diesem Zusammenhang (ohne Angabe) : Neumann sei gleichweit von der Abtrennung der wahren Bestandteile der Drogen entfernt geblieben wie seine französischen Kollegen (S.3).

45 Er findet dabei auch zweierlei Arten von Öl in geringer Menge. Neumann (1735) S.117.

46 "weil dieß kein acidum purum ist" S.117.

47 Nach der Extraktionsuntersuchung des rohen Kaffees schreibt Neumann:"Alle diese jetzt erzehlte chemische Untersuchungen haben eigentlich vor dißmal und bey Abhandlungen unsers unter Händen habenden Subjecti gar keinen Nutzen, aus Ursachen, weil der Caffee niemahls zu irgends etwas, also roh gebrauchet wird.." S.164/5.

48 Er zitiert die Analysen von Ludolff, Boecler, Dufour, Bourdelin und Houghton, und er bespricht deren Ergebnisse ausführlich. S.180-183.

49 S.184.

50 so bei Rosenthaler (1904), Tschirch (1933), Künkele (1971).

51 so finden sich in den drei Büchern Friedrich Hoffmanns: Observationum Physico- chymicarum libri III, Halae 1736 im 1. Buch die Kapitel
I. De oleis destillatis inque eorum destillatione observanda encheiresis
II. Oleorum destillatorum adulteratio
XV. Qua demonstratur, resinam ex oleoso et acido constare principio.
XVI. De solutione et extractione corporum balsamicorum et resinorum. etc.

52 Vgl. dazu King (1964).

53 So dargestellt bei Tschirch (1933), Künkele (1971) und Borchardt (1974); die Kritik war bei L.Lemery natürlich nicht neu, sondern geht auf Boyle und Homberg zurück.

[54] C.J. Geoffroy: Manière de préparer les extraits de certaines plantes. In: Hist. de L'Acad. 1738 (1740) S.193-208.

[55] Bei Holmes (1971) erscheint dies so.

[56] Als "wesentliches Salz" bezeichnet Garaye allerdings den (kaltbereiteten) Trockenextrakt und schuf damit zusätzliche Verwirrung; üblich war der Begriff für die aus den gepreßten Säften von selbst kristallisierenden Salze.

[57] Holmes (1971) S.143 stellt das stark vereinfacht dar.

[58] Marggraf (1761) S.253.

[59] Marggraf (1767) S.70.

[60] Dabei stand er freilich in einer alten Tradition; vgl. Le Grand (1973). Durch Lavoisiers Resultate, alle Pflanzensäuren bestünden aus Kohlenstoff, Wasserstoff und Sauerstoff, sah er sich bestärkt, vgl dazu das 3. Kapitel.

[61] In Crell's Chym. Journal 2(1779) S.179.

[62] auch als "Zuckersäure" (Zucker + HNO_3), deren Identität mit Oxalsäure Scheele erwies. In KAH*6(1785) S.17.

[63] In: KAH. 6(1785) S.17.

[64] Obwohl Scheele keine stöchiometrischen Gesetze zur Verfügung hatte, arbeitete er maßanalytisch. Er ermittelte erst die für die Fällung der Säure notwendige Menge der Bleiacetatlösung. Danach fällte er eine genausogroße Menge Bleiacetatlösung mit Schwefelsäure. Genau diese Menge Schwefelsäure verwandte er dann zur Zersetzung der organischen Bleisalze.

[65] In: KAH 1(1780) S.269.

[66] In: Crells Anm. 2(1784) S.123, 5(1787) S.49 und 327.

[67] In: KAH. 7(1786). Scheeles letzte gedruckte Arbeit, von der aber Zekert (1932) erwies, daß sie bis 1770 zurückreicht.

[68] Holmes (1971) S.144-146.

[69] Rouelle, Guillaume- Francois: Cours de chemie 1754-1758. Es existieren davon jedoch nur Manuskripte, deren vollständigstes sich in der Bibliothèque Centrale Museum National d'Histoire Naturelle Paris (MS 2542) befindet. Vgl.zu Rouelles Bedeutung für die Chemie Rappoport (1960 und 1961).

[70] Dieser "ausziehbare Stoff" erscheint ab 1791 bei Fourcroy wieder als matière extractif, Extraktivstoff und bleibt in der Pflanzenchemie bis nach 1840.

[71] d.h. in Alkohol klar löslich.

[72] Die Punkte 1-6 wurden von Holmes (1971) S.144 übernommen.

[73] üblich bis Runge (1820).

[74] Borchardt (1974) erwähnt Rouelle überhaupt nicht.

[75] Vgl. aber Partington (1962) Bd.3 S.78/79 und ders. in : Ann. Sci. 2(1937) S.380; Goodman (1971) S.26-28; Holmes (1971) S.147.

[76] So bei Holmes (1971), Künkele (1971) und Borchardt (1974).

[*KAH bedeutet Kongl.Vetenskaps Academiens nya Handlingar]

[76] [Fortsetzung] Tschirch ([2]1933) erwähnt einzelne Arbeiten von Spielmann, Marggraf, Wiegleb, läßt aber Scheele überwiegend Platz. Die französische Chemie wird bei ihm unterbewertet.

[77] "gewöhnlich" im Sinne der extraktiven Gesamtanalyse, also nicht im Sinne von Scheeles Isolierungen.

[78] extrapoliert aus Künkele(1971) S.246-253, Holmes (1971) S.144-148.

[79] nach Holmes (1971) S.144-146

[80] Damit sind die "Fortschritte" in die Richtung der zu entwikkelnden organischen Chemie gemeint.

[81] nach Rosenthaler (1904) S.295/6, Tschirch (1933) S.1797-1800, Szabadvary (1966) S.287.

[82] in unserem Sinne: eindeutige Salze organischer Säuren, diese Säuren selbst, nicht aber hochmolekulare Stoffgemische wie Gummi. Diese einfachen Stoffe zeichneten sich auch durch stöchiometrische Erfaßbarkeit aus.

[83] Die isolierten Säuren wurden ohnehin als "künstlich" angesehen, da sie nicht frei in Pflanzen vorkamen.

[84] Macquer (1752) S.250 .

[85] Morveau (1779) S.299 .

[86] Dietrichs (1771) S.338 .

[87] Schelenz (1904) nennt ihn als "neben Caspar Neumann einer der Hauptförderer der Pflanzenchemie dieses [des 18.] Jahrhunderts" S.550. In der Literatur wird er zumeist nur kursorisch erwähnt.

[88] die zwar materiell sind, nicht aber isoliert werden können. Sie setzen die Tradition solcher Dämpfe von Plinius über Boerhaaves Spiritūs rectores bis zu den hypothetischen Prinzipien Hermbstaedts fort.

[89] Dissertatio (1754) S.7-23. Den Campher als generisches Prinzip übernimmt Cartheuser von Neumann (s.o.). Er ergänzt aber dessen Arbeit um weitere Species und vergleichende Literatur; an Species nennt er japanischen, Sumatrakampfer, ceylonesischen, Java- Kampfer, dazu den Thymian- Kampfer sowie die kampferartigen Anschüsse im Zimtöl, Terpentin, der Minze, der Kamille, der Sassafras u.v.m.

[90] S.23-30. Dies "flüchtige ölige Trockensalz" hätten bisherige Chemiker immer als eine Art "concreten Spiritus" angesehen. "Concreter Spiritus" aber sei paradox. - Unter dieses generische Prinzip subsummiert Cartheuser Benzoeblumen (=Benzoesäure), die sublimierten Salze aus Ingwer und aus Majoran. Dabei handelt es sich wahrscheinlich um feste Bestandteile des ätherischen Öls, die sich zwar mit dem ätherischen Öl niederschlagen, aber daraus auskristallisieren.

[91] Cera, vgl. Anhang II und die Anmerkungen dazu.

[92] S.41-50. Unter dem generischen Prinzip Fett (eigentlich "Talg", "Schmalz") versteht Cartheuser Species wie Kakaobutter, die

fetten Ausscheidungen des Tche Kiang Baumes und des Zimtbaumes. Diese enthalten in der Tat der Kakaobutter analoge Substanzen (nach Hoppe, 1958).

93 S.50-57. Cartheuser versteht unter "Seife" eine schlüpfrig-durchsichtige Substanz, die in Wasser löslich ist und wie eine Seife wirkt. Er unterscheidet sie von Gummi und Schleim, die zwar auch erweichen und schlüpfrig sind, aber nicht die spezifischen Seifen Eigenschaften haben, etwa Öl von Händen abzuwaschen. Er zitiert dazu Arbeiten von Monardus, Ovied und Marggraf über brasilianische Bäume; er selbst fand sie (verborgen und mit anderen generischen Prinzipien vermischt) im Seifenkraut, der Kamille, dem Steinklee, dem Holunder und anderen.

94 S.57-70. Cartheuser bezieht sich im wesentlichen auf Marggrafs Arbeit (s.o.) und stellt sie in den Zusammenhang mit dem Rohrzucker; dazu erwähnt er Zuckerdarstellungen aus Isländisch Moos, Kokospalmen, Honig sowie die süßen Extrakte aus Süßholzwurzel, Engelsüß, Pastinak , Manna und anderen.

95 S.70-74. Der balsamisch- saure Geist scheint sowohl eine Entdeckung als auch (c.g.s.) eine Erfindung Cartheusers zu sein. Er versteht darunter eine flüssige Substanz, die viel mit dem ätherischen Öl aromatischer Pflanzen gemein habe, aber weit Phlogiston-ärmer sei und Säure enthalte. Er zitiert keine Literatur; die beiden Beispiele solcher Spiritus, Eisenkraut und Andorn, sind von ihm selbst.

96 Als ein achtes generisches Prinzip, das allerdings diesen Rang noch erweisen müßte, nennt Cartheuser eine Substanz des Crocus sativus, die auch Boerhaave erwähnt. Da sie aber vorläufig nur im Crocus gefunden wurde, verdiene sie noch nicht das Attribut "generisch". S.74/75. Es handelt sich um einen "Vorläufer" des Extraktivstoffes.

97 Diese einzeln hier anzugeben führt zu weit.

98 Dieser Vorgang des systematischen Ordnens ist keineswegs belanglos oder eklektisch; er rückt vielmehr erst einen Gesamtzusammenhang der Pflanzenbestandteile so in den Blickpunkt, daß nicht mehr zufällige Bestandteile aus teilweise wahllosen Analysen referiert werden, sondern eine systematische Forschung ermöglicht wird.

99 Berlin 1735, [2]1770. "vielgebraucht" nach Schelenz (1904) S.550.

100 Halle 1736; er stellt darin die Extraktion weitausladend vor.

101 Göttingen 1755, [2]Lugd.Batav. 1757; letztere lag dem Verfasser vor.

102 besonders an Marggraf, Neumann und Hoffmann.

103 nämlich: Boerhaave, Neumann u.s.w.

104 Vogel, (1757) S.13-19.

105 etwa beim Schleim: "Mucilago... constat.., praeter terram tenuiorum & copiosum humidum, ex substantia inflammabili [Phlogiston] non specialiter oleosa, qualis in sevo est, sed alterius generis, quae cum acido intimo remixto est" Vogel (1757) S.15.

106 Vogel (1757) S.56.

107 Tschirch (1933) S.1797-1802.

108 Borchardt (1974) S.6-9.

109 Suckow (1789) Bd.2 S.130-321.

110 Diesem entspricht später die sog. "thierisch- vegetabilische Substanz".

111 nach: Tilebein, Christian Friedrich: Untersuchung des Mistelsaftes. I.: Neueste Entdeckungen in der Chemie 7(1782) S.64.

112 Suckow (1789) S.199.

113 Suckow (1789) S.616-644.

114 Suckow (1789) S.641.

115 Hermbstaedt (1791) S.235. Dabei wird die Nomenklatur wie 1795 verwendet. Bei Borchardt (S.13) entsteht der Eindruck, sie sei 1795 ganz originär gewesen; er erwähnt den "Grundriß" gar nicht.

116 wie man annehmen müßte, nachdem er in der Literatur überhaupt nicht erwähnt wird.

3. Kapitel

Der Stand der organischen Chemie nach Lavoisiers Traité (1789).

Für die Einordnung der Substanzen der heutigen organischen Chemie (mithin auch der Pflanzenchemie) bediente man sich in den Lehrbüchern des 18. Jahrhunderts in der Regel zweier Möglichkeiten:

Zum einen ordnete man sie im Sinne der aristotelischen Zuordnung zu drei Reichen unter den Rubriken "Pflanzenreich" oder "Tierreich" ein, wobei den natürlich abscheidbaren Stoffen (Harz, Zucker, Gummi) die künstlich erzeugten (Weingeist, Essig, Säuren, Brenzlige Oele usw.) und auch die Aschenbestandteile (Pflanzenalkali [= KOH], Mittelsalze, Erden) beigesellt wurden.[1]

Zum anderen stellte man sie nach dem leitenden Gesichtspunkt des Verhaltens gegen Feuer unter der Rubrik "Entzündliche Körper" zusammen, wozu dann aber auch Erdöl, Teer, Schwefel, Kohle u.ä. gerechnet wurden.[2]

Letztere Einteilung hatte, nach der langen alchemistischen Tradition, ihre erste konsistente theoretische Begründung[3] in der Phlogistontheorie von Georg Ernst Stahl (1660-1734) erfahren[4].

Der chemische Grundvorgang des Verbrennens wurde erklärt als ein Entweichen des brennbaren Prinzips (Phlogiston), wonach der "dephlogistierte" Körper zurückblieb. Ein Metall war demnach aus "Erde" (≙ "Metallkalk" = Oxid) und Phlogiston (Feuer) zusammengesetzt, was auch eine Anknüpfung an die aristotelische Elementenlehre herstellt. Phlogiston selbst ließ sich nicht isolieren; es sollte negatives Gewicht besitzen[5], so daß der zurückbleibende (verbrannte) Körper durchaus schwerer sein konnte als der ursprüngliche[6].

Kohle galt als der phlogistonreichste Körper, sowohl wegen der Entzündlichkeit als auch der Fähigkeit, die Verkalkung (Oxidierung) der Metalle rückgängig zu machen. Organische

Körper waren als leicht verbrennliche phlogistonreich; höher spezifizierte Aussagen über sie waren so lange unnötig, als es keine Experimente gab (neben der trockenen Destillation), die eine Erklärung erfordert hätten.

Um die Entdeckungen von Physik und Chemie bis 1785 einordnen zu können, mußte die Phlogistontheorie wiederholt modifiziert werden [7]. Das Phlogiston erklärte nicht mehr nur die Verbrennung, sondern auch Glanz, Biegsamkeit und Dichte der Metalle, war Träger der Geruchs- und Geschmackseigenschaften der Körper. Phlogiston bildete zusammen mit Wärmestoff die "inflammable Luft" (= Wasserstoff) [8]. Das Verhalten des Phlogiston gegen "Lebensluft" (Sauerstoff) war widersprüchlich: bald ergab sich phlogistische Luft (atmosphärische <u>ohne</u> Sauerstoff), bald Luftsäure (CO_2), bald Wasser [9].

Für die Körper der organischen Chemie mußte sich erklären lassen, warum sich etwa aus Zucker, Schleim oder Kampfer Zuckersäure, Schleimsäure oder Kampfersäure darstellen ließ. Hier galt die Übertragung von der anorganischen Chemie, daß nämlich Phlogiston die Säuren einhülle und abstumpfe, aus welcher Hülle sie aber durch entsprechende Behandlungsweise abgeschieden werden könnten: [10]

Schwefel $\xrightarrow{\Delta}$ Phlogiston + Schwefelsäure

analog: Zucker $\xrightarrow{HNO_3}$ Phlogiston + Zuckersäure (Oxalsäure)

Die bei der Behandlung des Zuckers mit Salpetersäure entstehende "nitröse Luft" ($NO + NO_2$) war in der phlogistischen Theorie aus Salpetersäure und Phlogiston zusammengesetzt, so daß sich hier kein Widerspruch ergab.

Die neue Theorie von Verbrennung und Säurebildung [11] von Antoine Laurent Lavoisier (1743-1794) erbrachte für die Chemie der organischen Körper zunächst nur die Aussage, daß diese Körper alle aus Kohlenstoff und Wasserstoff, einige dazu noch aus Sauerstoff bestünden [12]. Den quantitativen Aussagen von höherer mathematischer Präzision wurde gerade <u>diese</u> von Kritikern vorgeworfen [13]. Von der Auseinandersetzung um die Aufnahme der Theorie Lavoisiers [14] interessiert hier nur die Gegenüberstellung zur Theorie Stahls für die organische Chemie[15].

Ch.E.Weigel, Anhänger Stahls, übersetzte (dennoch) schon 1783-85 in drei Bänden Lavoisiers Schriften ins Deutsche[16].

Das erwähnte Problem der Darstellung von Zuckersäure aus Zucker wendet Lavoisier gegen Stahl (resp. dessen Anhänger T.Bergman (1735-1784)) ein. Bergman [17] erklärte die Zuckersäure als Zerlegungsprodukt des Zuckers durch die Salpetersäure, die Phlogiston an sich reiße, dabei in nitröse Luft übergehe und Zuckersäure zurücklasse. Für Lavoisier ist die Zuckersäure nichts

> "als mit dem Säuremachenden, oder Säurezeugenden verbundener, ganzer Zucker... [18] es scheinet vielmehr im Gegentheil ausgemacht zu seyn, daß diese Säure durch die Verbindung des Zuckers, mit beinahe einem Drittel seines Gewichtes, von Säuremachenden Grundstoff entstehe." [19]

Dagegen wendet Weigel ein, daß man bei der trockenen Destillation von Zucker und Zuckersäure von ersterem, nicht aber von letzterer brenzliges Öl enthalte, was sich nicht durch den zugesetzten Sauerstoff erklären lasse, ebensowenig man aus Zuckersäure durch Entzug von Sauerstoff wieder Zucker machen könne. Schließlich sei die Erklärung der Zusammensetzung des Zuckers aus Kohlenstoff und Wasserstoff keine Verbesserung gegenüber der Theorie, er bestehe aus Phlogiston, fixer Luft (CO_2) und Wasser [20].

S.F.Hermbstaedt bekennt sich als einer der ersten namhaften deutschen Chemiker zu Lavoisiers Theorie und trägt sie zusammen mit Stahls Theorie in seinem Lehrbuch 1791 vor. Er begründet diese "Zweisprachigkeit" damit, daß

> "seine Theorie noch nicht allgemein genug bekannt(ist), ... theils sind mehrere der größten Chemiker Deutschlands, noch zu sehr gegen diese Lehre eingenommen, als daß ich es wagen dürfte, sie [L.'s Theorie] in der Folge allein zum Grunde zu legen. Sie ist aber gegenseitig wieder zu wichtig, als daß sie mit Stillschweigen übergangen werden dürfte..." [21]

Hermbstaedt trägt damit wesentlich zur Mäßigung der polemischen Auseinandersetzung um die neue Theorie bei, die von Lavoisier selbst durch das Schauspiel der Phlogiston- Verbrennung [22] initiiert worden war.

Die Stoffe der Pflanzenchemie behandelt Hermbstaedt an verschiedenen Stellen: Pflanzensäuren erscheinen als Sonderformen der Säuren. Vom Abschnitt "Entzündliche Stoffe" separiert er aber noch Oele und Weingeist [23], wohl wegen der größeren chemischen Bekanntheit und des daraus resultierenden Materialumfanges.

Hinsichtlich der "Grundmischung" der organischen Stoffe stellt Hermbstaedt die beiden Theorien einander gegenüber:

Stahl	Lavoisier
Pflanzensäuren:	
alle verschiedenen Pflanzensäuren sind nur "Modifikationen" der einen universellen Pflanzensäure, nämlich der Essigsäure, da alle Pflanzensäuren durch HNO_3- Behandlung in diese verwandelt werden können. Die Pflanzensäure selbst ist (wie die Schwefelsäure) unzerleglicher Grundstoff [24].	jede Säure hat ihre eigenthümliche, säurefähige Basis, die mit Oxigen verbunden ist. Diese Basen bestehen aus Kohle und Hydrogen, wobei bald Kohle, bald Hydrogen dominiert. Im ersten Fall heißt die Basis "carbon-hydrosirter Stoff" (Radical carbonne-hydreux), im zweiten "hydrocarbonisirter Stoff" (Radical hydro-carbonique). Unterschiedliche Verbindung mit Oxigen (von wenig bis sehr viel) erzeugt 4 verschiedene Stoffklassen: 1. Oxigenisierte Pflanzenstoffe (Zucker, Gummi) 2. unvollkommene Pflanzensäuren 3. vollkommene Pflanzensäuren 4. oxigenisierte Pflanzensäuren [25].
ätherische Öle	
bestehen aus Pflanzensäure, Phlogiston und Wasser. Bei Kochen mit Salpetersäure verbindet sich diese mit Phlo-	bestehen aus Kohle und Hydrogen; sie sind von fetten Ölen nur durch verschiedene Verhältnisse dieser beiden getrennt.

Stahl	Lavoisier
giston, die Pflanzensäure wird frei. [26]	Bei Kochen mit Salpetersäure gibt diese Oxigen ab und erzeugt die Säure [27]
Zucker besteht aus Zuckersäure [28] und Phlogiston [29].	besteht aus Kohle, Hydrogen und etwas Oxigen [29].
Kohle ist eine Verbindung von viel Phlogiston, Luftsäure und etwas Kalkerde. Luftsäure CO_2 wird nicht erzeugt, sondern nur abgeschieden. Die inflammable Luft [H_2], die Kohle entwickelt, ist Phlogiston in sehr ausgedehntem Zustand. [30]	ist ein einfacher Stoff, durch Erden etwas verunreinigt. Der Kohlenstoff ist deren Grundlage, zudem eine säurefähige Basis zur Luft- oder Kohlensäure. In glühendem Zustand zerlegt die Kohle das Wasser, dem sie das Oxigen raubt. [31]

Im Jahr darauf, 1792, erschien das erste deutsche Lehrbuch von Girtanner, das sich ausschließlich an Lavoisiers Theorie orientierte; im selben Jahre übersetzte Hermbstaedt den Traité von Lavoisier. In dieser Übersetzung werden auch Einwände gegen die neue Theorie nicht mehr in Stahls Termini eingekleidet, sondern in Lavoisiers Nomenklatur besprochen. [32]

Im Zusammenhang der Pflanzenchemie referiert Hermbstaedt Lavoisiers Theorie, daß die "wahren bildenden Bestandtheile... sich auf drei zurückbringen" [33] lassen, moniert aber, daß Lavoisier weiterführende Aussagen zu den näheren Bestandteilen unterließ. [34] Schon Weigel hatte 1785 eingewandt, daß man bei der Erforschung des Zuckers nicht gleich zu den "Uranfängen" zurückgehen dürfe, sondern erst die näheren Bestandteile (hier etwa die Zuckersäure) berücksichtigen müsse [35]. Hermbstaedt wendet weiters ein, daß aus Lavoisiers These, daß Öle nur aus Kohlenstoff und Wasserstoff bestünden, folgen müßte, daß das Öl vollständig in Kohlensäure und Wasser verwandelbar sein müsse. Im Widerspruch dazu entstehe aber auch immer Pflanzensäure, für deren Herkunft

Hermbstaedt einen eigenen Ölstoff annimmt [36].

Bei der Zusammenstellung aller Pflanzensäuren und deren Grundstoffen (säurefähiger Basen) nimmt Hermbstaedt systematische Benennungen vor: Weinsteinsäure- Stoff, Aepfelsäure- Stoff, Citronensäure- Stoff, Branstige Holzsäure - Stoff usw., aber direkt im Anschluß daran verwirft er die ganze Aufstellung:

> "Ich kann nicht leugnen,daß wenn man so stark fortfährt, kleine Abweichungen an einer Säure, der sich oftmals bloß auf einen größern oder geringeren Grad ihrer Reinigkeit gründen, zu benutzen, um sie als ganz eigenthümliche Säuren zu karakterisiren. Die Anzahl der Säuren, unnöthigerweise, vergrößert werden wird. [37]
> Die Citronensäure kann um so weniger als eine selbständige Säure angesehen werden, da die Citronen nicht allein es sind, in welchen sie einen Bestandtheil ausmacht, sondern sie auch aus fast allen übrigen dargestellt werden kann... sie ist folglich von der Weinsteinsäure, der Sauerkleesäure und der Essigsäure bloß durch das Verhältniß ihres säureerzeugenden Grundstoffes verschieden... Es scheint... mir nicht unmöglich zu seyn, daß man endlich noch einmal dahin gelangen wird, die Quantitäten des säurezeugenden Stoffes mit Gewißheit zu bestimmen, welche erfordert werden, um mit der allgemeinen Grundbasis [38] der Pflanzensäuren, bald diese bald jene besonders geartete Gattung hervorzubringen; und dann würde es nicht unschicklich seyn, den Ausdruck Pflanzensäure, in der Chemie, zum allgemeinen Gattungsnamen zu wählen.." [39]

Hermbstaedts Versuch, solchermaßen die Ergebnisse Lavoisiers auf eine pflanzenchemische Theorie (der Pflanzensäuren) anzuwenden, unterscheidet sich von Lavoisiers Aussage über die vier Oxidationsstufen, organischer Verbindungen, da er für ein generisches Prinzip nur eine "Grundbasis" annimmt.[40] Auch die Interpretation Lavoisiers durch Fourcroy, daß unmittelbare Prinzipien wie Öle, Säuren, Schleime, Fasern sich nur durch Zahl und Verhältnis der vier primären Substanzen in ihnen unterschieden [41] führt weniger weit als Hermbstaedts Theorie: der nämlich versucht, das Gattung/ Art- Modell der Klassifikation von Pflanzenbestandteilen durch Elementaranalysenergebnisse zu stützen. Auch die Forderung Berthollets, man müsse die chemischen Eigenschaften organischer Substanzen in Abhängigkeit ihrer dominierenden Elemente interpretieren [42], die zwei Jahre nach Hermbstaedts These erschien [43], führte nur dazu, daß etwa die Pflanzensäuren nach ihrem "vorwaltenden" Sauerstoffgehalt klassifiziert wurden. Diese Betrachtung ließ das Charakteristische der Pflanzensubstanz, das "Radikal" bzw. die "Grundbasis" außer acht. [44]

Um 1795, zur Zeit des Erscheinens der Hermbstaedtschen Analysenvorschrift, hatte sich Lavoisiers Theorie im wesentlichen in der Chemie durchgesetzt [45]; in der organischen Chemie geschah dies umso leichter, als für diesen speziellen Sektor die Neuerungen nicht so einschneidend waren wie für die anorganische Chemie: Die gesamte Nomenklatur der Pflanzen- und Tierbestandteile, auch der Säuren, wurde ja beibehalten, und Kohle wie Gase waren schon früher als Pflanzenbestandteile akzeptiert worden; Pflanzenchemiker wie Hermbstaedt, Trommsdorff und Göttling zählten daher zu den ersten Anhängern der neuen Theorie. Die Einwände gegen Lavoisier wie das unerklärbare Phänomen der Verbrennung von Arsen in Chlor [46], Links [47] oder Hildebrandts [48] kritische Beobachtungen hinderten das Durchsetzen der Theorie keineswegs [49]. Denn ihre beiden Hauptvorzüge:

1. daß sie chemische Vorgänge ohne die Hypothese eines Verbrennlichen erklären konnte,
2. daß alle Vorgänge, bei denen das Phlogiston eine Rolle gespielt hatte, der Messung zugänglich wurden [50]

ließen alle ungelösten Probleme nur als "ungelöst", nicht aber als "unlösbar"erscheinen. Daß Lavoisier selbst zwei Imponderabilien zu seinen Elementen zählte, Lichtstoff und Wärmestoff, wird von den Lobrednern Lavoisiers als des 'Inaugurators der quantitativen Betrachtungsweise' gerne vergessen; Lavoisier aber hatte im Gegensatz zu Stahl Glück: Licht- und Wärmestoff sind (für die Chemie) in der Tat imponderabel...

Die "Chemische Revolution" ließ somit die Pflanzenchemie unbeeinflußt [51], da die Elementaranalyse Lavoisiers zur Kenntnis der näheren Pflanzenbestandteile ursprünglich nichts beitrug außer der qualitativen Feststellung, daß sie aus Kohlen-, Wasser- und Sauerstoff bestünden und einigen Prozentzahlen, die für "Erklärung" des chemischen Verhaltens noch nichts bedeuten konnten. Dennoch ist die zentrale Stellung von Lavoisiers Sauerstofftheorie auch für diese kritische Betrachtung gerechtfertigt, da die Elementaranalyse der Keim war, aus welchem sich dreißig Jahre später die Differenzierung Pflanzenchemie- organische Chemie entwickelte. Freilich sollte für eine wissenschaftstheoretische Betrachtung festgehalten werden, daß die größeren Möglichkeiten der Elementaranalyse hinsichtlich eines chemischen Verständnisses organischer Substanzen um 1790 überhaupt nicht abzusehen waren; im Gegenteil, sie wurde von Zeitgenossen (wie Gren) als ein Rückfall in die Phase der Pyrolyse angesehen, während doch die Extraktionsmethode seit Scheele alle Plausibilität für sich hatte [52]. Denn der besondere Gegenstand der organischen Chemie schien auch eine besondere Methodik gegenüber der anorganischen zu rechtfertigen.

Anmerkungen:

[1] So erfolgte die Einteilung etwa bei Boerhaave (1732), Erxleben (1767), Morveau (1777), Wiegleb (1781).

[2] So zu finden bei Macquer (1752), Hermbstaedt (1791), Fourcroy (1800). Die Arbeiten Naumanns wären auch hier einzuordnen.

[3] So Dann (1967). Die Stärke der Phlogistontheorie bestand aber sicher nicht in dem "wahren Kern", den sie nach Wiberg (1964) enthielt: "das, was die Phlogistiker als entweichendes Phlogiston ansahen,... in der heutigen Ausdrucksweise die freiwerdende Energie (ist)". S.37.

[4] Die Phlogistontheorie erfuhr eine vielfältige Bearbeitung in der Literatur: wichtig sind Metzger (1930); Strube (1961); besonders aber: Partington und McKie (1937-39).

[5] Es strebte ja nach oben, der (universalen) Schwerkraft entgegen.

[6] Die Gewichtszunahme war bekannt (vgl. Partington III S.609-10). Die Einschätzung von Kopp(1845) bis Szabadvary (1966), erst Lavoisier habe hierauf aufmerksam gemacht, ist unrichtig. Darüber hinaus setzt der Versuch der Rechtfertigung des schwerer gewordenen Produktes durch das negative Gewicht des Phlogiston so etwas wie einen Gewichterhaltungssatz voraus! Außerdem nahm in <u>meisten</u> Fällen von Verbrennung das Gewicht des verbrannten Objekts <u>ab</u> (bei allen organischen Stoffen).

[7] Vgl. hierzu: Kahlbaum (1897) bes. S.1-24 , White (1932).

[8] $Fe + 2HCl \longrightarrow FeCl_2 + H_2\uparrow$, in Phlogistonschreibweise: (Eisenkalk + Phlogiston = Eisen) + Salzsäure ⟶Salz + Phlogiston .

[9] dargestellt nach Hermbstaedt (1791) 1.Bd. S.96-99.

[10] Hermbstaedt (1791) 1.Bd. S.246-249.

[11] vgl. hierzu die ausführlichen Darstellungen von Adickes (1911), Meldrum (1929 und 1933), Gregory (1934), McKie (1935 und 1952).

[12] Traité (1937) S.72 .

[13] Hermbstaedt merkt in seiner Übersetzung (1792) S.171 gegen Lavoisier an:
"Was mir... dabei anstößig seyn muß, ist die wirklich zu große Genauigkeit, die Herr L. bei der Berechnung der ganzen Operation gefunden hat."

[14] Vgl. hierzu Kahlbaum (1897) und Conant (1950).

[15] d.h. hier für die Chemie der entzündlichen Körper.

[16] Lavoisier 1783 (1.Bd.) und 1785 (2. und 3. Bd.); Bd. 4 und 5 wurden von H.F.Link 1792 und 1794 übersetzt. R.Schmitz (1969) S.151 schreibt hierzu:
"In seinen Arbeiten versuchte er [Weigel] Lavoisiers Lehre mit der Phlogistontheorie zu verbinden, wovon sein in

drei kurz aufeinander folgenden Auflagen [!! Es sind drei Bände] erschienenes Buch.. (Greifswald 1783/85/92 [!!]) zeugt."

17 De acido sachari, in Torb. Bergmans Opuscula Vol.1 S.251-277 Stockholm 1779. = Abhandlung von der Zuckersäure. In: Baldingers Magazin für Ärzte 10(1774) S.868-881.

18 Lavoisier (ü. Weigel) 3.Bd. (1785) S.217.

19 S.224.

20 wobei die Kohle erst bei der Verbrennung gebildet werde.S.229.

21 Hermbstaedt (1791) 1.Bd. S.98/99.

22 Lavoisier inszenierte 1789 ein Tribunal, in dem ein hübscher junger Mann (Sauerstoff) die Anklage gegen die Phlogistontheorie einbrachte (verteidigt von einem gebrechlichen Alten mit Stahls Maske); das Gericht verurteilte Stahls Lehre zum Tode; Madame Lavoisier erschien in schneeweißem Gewand als Priesterin und verbrannte Stahls Lehrbücher feierlich. Vgl. hierzu den Bericht von diesem Schauspiel in Crells Annalen 1789 I S.519. Dieses Vorgehen Lavoisiers steht in völligem Einklang mit Feyerabends These von der Notwendigkeit "irrationaler" Stützungsmethoden für neue Theorien. Vgl. Feyerabend (1976) S.200-227.

23 ".. aus besonderen Gründen..." Hermbstaedt (1791)2.Bd. S.186. Er gibt sie aber nicht näher an.

24 1.Bd. S.315,316.Vgl. dazu Anm.38.

25 1.Bd. S. 316-318.

26 2.Bd. S.173.

27 2.Bd. S.174.

28 Zuckersäure = Oxalsäure, Identität nachgewiesen von Scheele vgl. 2.Kap. Anm.62 .

29 2.Bd. S.222.

30 2.Bd. S.254.

31 2.Bd. S.255.

32 so schlägt H.F.Link im 5.Bd. von "Herrn Lav.phys.chem. Schriften" S.284 auch den Gegnern Lavoisiers vor, sie möchten wenigstens nicht mehr Stahls Nomenklatur, sondern die 'neutralen' Wendungen: fixe Luft, Lebensluft, Stickluft etc. verwenden, die sich doch auch bei den Phlogistikern nach Priestley und Kirwan eingebürgert hätte. Letztere Nomenklatur wird dann in der Tat bei Kielmeyer (1802) und noch Hildebrandt (1816) verwendet.

33 Hermbstaedt (1791) 2.Bd. S. 152.

34 Lavoisiers System (ü. Hermbstaedt 1792) S.153 :
"Und so enthalten die Pflanzen weder Oel, noch Wasser, noch Kohlensäure; allein sie enthalten die Elemente aller dieser Substanzen. Der Wasserstoff ist weder mit dem Säuer= Kohlenstoff verbunden und umgekehrt; allein die kleinsten Theilchen dieser drei Substanzen machen eine dreifache Verbindung, woraus Ruhe und Gleichgewicht entsteht."

34 [Fortsetzung] Hermbstaedt moniert dagegen, daß diese Feststellungen die Natur näherer Prinzipien ebensowenig erkläre wie Stahls Annahmen.

35 Herrn Lav.phys.chem. Schriften (1785) 3.Bd. S.229.

36 Lavoisier (1792)(ü. Hermbstaedt) S.158.

37 Der Druckfehler so im Text; wohl zu lesen als ".. karakterisieren, wodurch die Anzahl.."

38 wie die verschiedenen Schwefelsäuren 1 Grundbasis- Schwefel- haben. Schon früher hatte Hermbstaedt eine "Grundsäure des Pflanzenreichs" angenommen und (in phlogistischer Theorie) dargelegt, daß dies nur die Weinsteinsäure sein könne, Oxalsäure lediglich phlogistonfreie Weinsteinsäure sei. In: Physisch- chemische Beobachtungen, 1.Bd. Berlin 1786 S.193-252. Aufgrund der Schwierigkeiten, die diese These mit den Verhältnissen der Weinsteinsäure zu anderen Säuren bekam, zog er sich 1791 von der Identifikation Weinsteinsäure = Grundsäure wieder zurück und ersetzte sie durch Essigsäure.

39 Lavoisiers System l.c. S.384.

40 Die "Unrichtigkeit" von Hermbstaedts Annahme hat wohl dazu geführt, daß sie (auch von Borchardt) in der Literatur übersehen wurde.

41 in Fourcroys "Élémens" (1789) Bd.3 S.296 .

42 In: Séances des Ecoles normales, IX (Paris 1801) S.38-41. Der Vergleich zu ähnlichen Thesen vor und nach Berthollet findet sich bei Holmes (1963).

43 Hermbstaedt wird bei Holmes (1963) nicht erwähnt.

44 Freilich wurden beide Ansätze falsifiziert (was sicher kein historischer Einwand gegen sie ist); Berthollets These aber führte (zusammen mit Lavoisiers Säure-Theorie) zur "Überschätzung" des Sauerstoffs in den dualen Systemen bis Berzelius, während die Hermbstaedts einen wichtigen Beitrag zur Radikaltheorie nach Berzelius darstellt.

45 dies als Konklusion der Arbeit Kahlbaums (1897).

46 da für alle Verbrennungen nach Lavoisier Sauerstoff benötigt wurde.

47 Link (in Lav.phys.chem. Schriften 5.Bd. 1794) wendet sich gegen Lavoisier, der behauptet, daß schon eine geringe Hitze genüge, um in den organischen Körpern Kohlenstoff und Wasserstoff zu trennen. Woher stamme dann die (brenzlige) Säure? Lavoisiers Antwort, daß sich ein wenig Sauerstoff dabei mit verbinde, sei wider alle chemische Analogie, als ob sich die Bestandteile eines organischen Körpers bei geringerer Hitze trennten, um sich bei größerer wieder zusammenzufinden." Es scheint also doch wohl nicht, als ob die beiden Stoffe [C und H] in der Pflanzensubstanz in Gleichgewicht, und alle Theilchen beider durchaus gleichförmig mit einander verbunden wären. Wenn man letzteres annimmt, so kann man die Mannichfaltigkeit der vegetabilischen Körper leichter erklären." S.188-89. Letztere Annahme läßt sich wohl als Ahnung einer Konstitutionschemie interpretieren.

[48] Hildebrandt wies (1794 Bd.1 S.4) darauf hin, daß die Lavoisiersche Theorie außerstande sei, die Entstehung des Lichts beim Verbrennen zu erklären.

[49] Dies in völligem Einklang mit T.S.Kuhns Thesen zur Struktur naturwissenschaftlicher Revolutionen.

[50] Das waren sie vorher nicht, vgl. nur das vieldeutige Verhältnis des Phlogiston zu den Luftarten. J.Winterls quantitative Phlogiston- Bestimmung (in: Analyses aquarum Budensium. Buda 1781) ändert wohl nichts an dieser Feststellung. Vgl. dazu Szabadvary (1962).

[51] Vgl. hierzu Diederich (1974) S. 26/27: Die "Revolution" einer Wissenschaft bedeutet immer nur die Neuorientierung und Umstrukturierung der betroffenen Gruppen; solange die Sauerstofftheorie ohne Relevanz für Pflanzenbestandteile war, bedeutete ihre Akzeptierung auch keine Revolution!

[52] Diese Argumentation darf als Beleg für Feyerabends These gelten, daß die Brauchbarkeit wissenschaftlichen Vorgehens erst immer a posteriori durch Erfolg manifestiert wird, niemals a priori durch logische Evidenz.

4. Kapitel

Das Verhältnis von organischer und anorganischer Chemie in der Antrittsvorlesung von C.F.Kielmeyer 1801.

Die Abgrenzung und Gegenüberstellung von anorganischen und organischen Materien hatte früher ihre Legitimation zumeist aus der aristotelischen Drei- Reiche- Theorie bezogen. Diese Trennung war von zwei Seiten angegriffen worden: so versuchte die materialistisch- mechanistische Naturauffassung seit Descartes im 17. und 18. Jahrhundert das Phänomen Leben durch die Maschinenanalogie zu deuten [1], wobei die Schranke anorganisch- organisch von der Seite des Anorganischen durchbrochen wurde. Das Organische erschien letzten Endes als eine zufällige Agglomeration von Anorganischem, von diesem nicht ontologisch geschieden. [2] Teleologische Betrachtungsweisen, die die Natur als Ganzes, als Organismus ins Blickfeld rückten, deuteten umgekehrt alle Materie vom Organischen aus; dieser Durchbruch der Schranke findet sich in Leibnizens Monadologie, weniger fundiert auch in der "Nützlichkeitsteleologie" [3] bei Wolff, Baumgarten oder Kyborg und wurde in der romantischen Naturphilosophie wieder aufgenommen.

Als Alternative zu den beiden extremen Ansichten und der ambivalenten Mittelstellung des Aristoteles [4] wurde als Kriterium für die Unterscheidung das Verhalten der Materien gegenüber Feuer zugelassen, zuerst in der Phlogistontheorie, später in der Elementaranalytik. Diese vom Ansatz her materialistische Anschauung ließ gleichwohl offen, daß im lebenden Organismus auch andere Kräfte wirken konnten als im Mineral.

Der Umsturz in der Chemie zu Ende des 18. Jahrhunderts hatte die Pflanzenchemie wie gezeigt nicht wesentlich betroffen. Während die Ergebnisse der Elementaranalysen von organischen Stoffen immer qualitativ die nämlichen waren, quantitativ aber nicht interpretierbar, wurde durch sie die materiale Einordnung aller organischen Substanzen in eine Chemie theoretisch möglich, aber vorläufig ohne Aussicht auf Erklärung gerade der Vielfalt der organischen Körper[5].

Die orthodoxe Pflanzenchemie akzeptierte zwar die Ergebnisse der Elementaranalysen, bekümmerte sich aber um die Wissenschaft weiterhin auf nassem Wege. Sie bezog die Legitimität ihrer Absonderung von der übrigen Chemie nach wie vor aus der "Natur der Sache", also von Aristoteles, ob sie sich nun ausdrücklich darauf berief oder dies stillschweigend voraussetzte.

Dieses Verhältnis von anorganischen zu organischen Materien wurde nach 1800 fast ausschließlich von der Naturphilosophie erörtert, dabei bis Ende des 19. Jahrhunderts von der Annahme einer Lebenskraft bestimmt [6], die durch ihren metaphysischen Anspruch auf der Ebene der Empirie nicht gut widerlegt werden konnte, so daß auch Wöhlers Harnstoffsynthese keineswegs das Ende dieser Hypothese bedeutete[7].

Die Polemik gegen die Lebenskraft durch Materialismus und Positivismus wie die besonders Liebigs gegen die Naturphilosophie im allgemeinen führte dazu, daß später schon das Aufwerfen der Problematik des Verhältnisses organisch- anorganisch als unwissenschaftliche Schein- Fragestellung abgelehnt und die organische Chemie zur Kohlenstoffchemie umdefiniert wurde [8]. Der philosophische Irrtum dieser Position soll an anderer Stelle erörtert werden [9]; der chemie- historische Irrtum, diese Fragestellung sei müßige Spekulation gewesen, soll anhand einer Rede des deutschen Naturwissenschaftlers Carl Friedrich Kielmeyer nachgewiesen werden.

Da uns Kielmeyer in diesem wie im nächsten Kapitel ausführlich beschäftigt, sei ein kurzer Lebenslauf dieses "Musterbildes eines deutschen Hochschullehrers" [10]vorausgeschickt:

Kielmeyer wurde 1765 als Sohn eines herzoglichen Jagdzeugmeisters in Bebenhausen geboren. Nach dem Besuch der Karlsakademie in Stuttgart, wo Schiller, Cuvier und Pfaff [11]seine Mitschüler waren, promovierte er 1786 zum Dr.med. und lehrte nach einem Reisestipendium des Herzogs [12] selbst an der Karlsschule Botanik, Zoologie und Chemie. Seine 1793 gehaltene Rede zum 65. Geburtstag des Herzogs :"Über die Verhältniße der organischen Kräfte unter einander in der Reihe der verschiedenen Organisationen, die Geseze und Folgen dieser Verhältniße" [13] machte ihn binnen kurzem berühmt. [14]

1796 wurde Kielmeyer als ordentlicher Professor nach Tübingen berufen; erst 1816 zog er zurück nach Stuttgart als Staatsrat und Direktor der königlichen Bibliotheken. Hier starb er 1844.

Im Gegensatz zu den hohen Ehrungen und Einschätzungen seitens der Wissenschaft und des Landesherrn [15] steht die Tatsache, daß zu seinen Lebzeiten nur ein bedeutenderes Werk von ihm gedruckt erschien, nämlich obige Rede. Sein Ruhm hing unmittelbar mit seiner Lehrtätigkeit in Stuttgart und Tübingen zusammen, wobei der Inhalt seiner Vorlesungen wirkungsvoll von seinen didaktischen Fähigkeiten ergänzt wurde [16]. Die Literatur über Kielmeyer ist im Vergleich zu seiner Einschätzung als "erster Physiologe Deutschlands" (Alexander v. Humboldt [17]) eher spärlich. Bekannt ist er bestenfalls durch seine anatomischen Arbeiten [18], durch die genannte Rede und Goethes Erwähnung in dessen Tagebüchern [19]. Von Kielmeyer als Chemiker weiß man nicht wenig, sondern nichts. In seiner Autobiographie erwähnt er selbst lediglich, daß er

> "die Vorlesungen über Chemie... nach einem eigenen, von anderen späterhin gebilligten Plan hielt." [20]

Die Unkenntnis von Kielmeyers chemischen Arbeiten steht in einem Mißverhältnis zu der Tatsache, daß seine Dissertation keine "medizinische" war [21], sondern eine chemische [22], für die er den Dr.med. erhielt, und besonders, daß er seinen Ruf als ordentlicher Professor nach Tübingen auf den Lehrstuhl für Chemie erhielt. Erst 1801 übernahm er auch die Professur für Botanik, Pharmazie und Materia medica [23].

D. Kuhn (1970) stellte fest, daß Kielmeyer das Verhältnis Mechanismus- Vitalismus in der vergleichenden Anatomie ausspare, weil es da um Formen und nicht um Kräfte gehe; er habe aber dies Verhältnis in der "Allgemeinen Zoologie oder Physik der organischen Körper" [24] aufgenommen:

> "Hier führt er seit 1807 einen Vergleich der anorganischen und organischen Körper durch und betrachtet auch eingehend die Kräfteverhältnisse" [25]

Es scheint aber so, als habe ihn dieses Verhältnis spätestens seit Beginn seiner chemischen Lehrtätigkeit in Tübingen (1796) beschäftigt, denn als deren Resultat faßt er seine Antrittsvorlesung als Professor für Botanik, Pharmazie und Materia medica im Dezember 1801 auf:

> "Expositio discrepantiarum quarundam quo corpora organica et anorganica quoad mixtionem intercedere videntur." [26]

Diese Rede, die wohl auch zur Veröffentlichung vorgesehen war [27], stellt nicht nur Kielmeyers Auffassung zum Verhältnis von organischer und anorganischer Materie dar, sondern leistet darüber hinaus die oben angeführte Legitimation der Extraktions- Pflanzenchemie als Spezialgebiet der Chemie. Kielmeyer hatte das Thema nicht von ungefähr gewählt und war sich auch dessen Wichtigkeit bewußt:

> "ich weiß, daß die erwähnten Unterschiede von anderen Forschern bisher kursorisch oder wenig sorgfältig behandelt wurden, und ich glaube, von hier aus am ehesten zur Klarheit über die herrschenden Kräfte im Organismus gelangen zu können." [28]

Kielmeyers lateinische Rede soll hier in einer zusammengefaßten Übersetzung wiedergegeben werden; zentrale Stellen werden vollständig übersetzt und als wörtliche Zitate gekennzeichnet. Im Anhang III findet sich schließlich die vollständige Transkription von vier (deutschen) Gliederungen und Vorarbeiten Kielmeyers zu dieser Rede, die sich mit ihr im Faszikel befanden.

Kielmeyer hebt zu Beginn der Rede heraus, daß von all den Unterschieden, die organische und anorganische Körper ohnehin aufweisen, besonders die Mischung zu berücksichtigen ist. Es sind dabei fünf [30] Fragestellungen zu diskutieren, um den Problemkreis erschöpfend zu behandeln:

1. Wie sind die gemischten Teile chemisch beschaffen? [31]

2. Durch welche Kräfte entstehen die jeweiligen Mischungen?
3. Unter welchen Umständen bleibt die Mischung bestehen?[32]
4. Unter welchen Umständen verändert sich die Mischung resp. löst sie sich auf?
5. Wie hängen die Mischung und andere Qualitäten wie die Form des Gemischten zusammen?[33]

Mit diesen fünf Gesichtspunkten verläßt Kielmeyer die traditionellen Schemata der Unterscheidung. Die erste Frage nach den Unterschieden der Verbindungen hinsichtlich ihrer Elementarzusetzung zielt auf die "eigentlich" chemische Differenz; die Fragen 2 - 4 sind physiologisch, die fünfte schließlich integriert Blumenbachs "nisus formativus" in die chemische Lehre von den organischen Stoffen.

Wir folgen in unserer Darstellung dieser Gliederung Kielmeyers:

1. <u>Die natürliche Beschaffenheit der Elemente, aus welchen Organismen bestehen.</u>

> "Was daher zunächst die natürliche Beschaffenheit der elementaren Stoffe betrifft, die in den Organismus eingehen, so ist die Zahl der wägbaren Elemente sehr klein, auf die die neuere Chemie die Verschiedenheit der Materie im allgemeinen zurückführt, und vermutlich gehen auf diese Verschiedenheit nur wenige Unterschiede zwischen anorganischen und organischen Körpern zurück.
> So können in der Tat Kohle, Phosphor und Schwefel, die Basen von Lebensluft [O_2], inflammabler Luft [H_2] und azotischer Luft [N_2], Magnesia, Kiesel, Kalk- und Alaunerde, Kali und Natron, Magnesiakalk und Eisenkalk, die den Organismus zusammensetzen, auch anderswo im anorganischen Reich gefunden werden." [34]

Kielmeyer leitet dies davon ab, daß die meisten dieser Elemente[35] ursprünglich Produkte des Organismus sind, die erst von da aus ins anorganische Reich hinüberwanderten, so daß ursprünglich die Grenze zwischen Anorganischem und Organischem schärfer war.

Die Kräfte des Globus, die den Organismus hervorbrachten, sind auch Ursache aller Verschiedenheiten der organischen

Materie, zusammengefaßt unter dem Namen des Galvanismus.[36]

Über die Natur der Elemente von organischen Körpern läßt sich aber positiv festhalten:

a) Die meisten[37] Elemente in organischen Körpern sind brennbar und verbinden sich in ihnen mit Lebensluft.
b) Daher hat der Lebensprozeß seinen Ort im Organismus beim Verbrennen des Brennbaren[38].
c) Schwefel findet sich sehr selten[39], häufig dagegen Kohle, die gegen die Elektrizität unempfindlich ist. Selten sind auch Metalle.
d) In organischen Körpern gibt es viel mehr spezifisch leichte denn schwere Bestandteile.

Auf die erste Frage antwortet Kielmeyer somit:

> "Daher ist es weniger bezeichnend, woraus die organischen Stoffe letzten Endes bestehen; vielmehr ist es die Kraft, die die Elemente zu einem Organismus eint und beisammen erhält."[40]

2. <u>Die Kräfte, wodurch Mischungen entstehen.</u>

> "Fruchtbarer wird die Quelle des Unterschiedes [zwischen anorganischer und organischer Materie], wenn man sich die Umstände und Bedingungen besieht, unter denen die jeweilige Mischung entsteht."[41]

Dabei muß man zuerst die Ähnlichkeiten beachten:

a) In beiden Fällen sind die "nährenden" Teile flüssig oder zumindest gelöst.
b) Die Anziehungskräfte der einzelnen Bestandteile sind stärker als die Abstoßkräfte.
c) Die hinzugemischte Materie wird vom schon gebildeten Körper assimiliert.[42]
d) Bei der Assimilierung von Materien bemerkt man auch immer eine Präzipitation oder Sekretion anderer Bestandteile.[43]
e) Mixta[44] beider Reiche bilden determinierte Formen: hie Kristalle, hie die Formen der jeweiligen Species.
f) Organische und anorganische Mixta lassen sich in beliebig viele gleichartige Teile teilen[45].

Doch die Unterschiede sind viel gewichtiger:

a) "Denn anorganische Körper, die sich in chemischer Bewegung [46] befinden, können sich wechselseitig verähnlichen: die beigemischte Materie den ursprünglichen Körper und umgekehrt; es zeigt sich eine homogene neue Masse mit veränderten Qualitäten. [47] Organische Körper [48] aber verähnlichen sich einseitig die zugemischte Materie, übernehmen nur wenig von deren Natur.." [49]

So unterscheidet sich zwar der Geschmack des Weins nach der Art der Erde, auf der er wächst, Tiere schmecken nach ihrer Nahrung, aber der Wein bleibt immer Wein, Fleisch bleibt Fleisch. Im Organismus wird durch Perspiration und Sekretion immer wieder dessen Gleichgewicht hergestellt. [50]

b) Im anorganischen Bereich wird bei der Mischung ein Punkt der Sättigung erreicht, "constans et aeternum". Die beliebige Vermischung zweier Flüssigkeiten ist kein chemischer Vorgang, also auch kein Einwand. Organische Körper dagegen ernähren sich ihr Leben lang, es gibt keinen Endpunkt von Saturation; Endpunkt ist immer erst das individuelle Lebensende. Umgekehrt aber

"gibt der Organismus bis an sein Lebensende aus seiner homogenen Masse heterogene Materien ab [51] oder produziert sie unter vorbestimmten Formen, und er gibt sie wieder der anorganischen Natur zurück, von der er sie sich zuvor genommen hatte." [52]

c) Die festen Formen, welche die sich bildenden organischen Mixta einnehmen, entstehen <u>gleichzeitig</u> mit der Mischung; [53] sie sind nicht elementare geometrische Körper wie die der anorganischen Mixta, in Sonderheit haben sie keine geraden (ebenen) Begrenzungsflächen.

3. Die Dauerhaftigkeit der Mischung

"Zu den angeführten Unterschieden, die beim Vorgang der Mischung auftreten, kommen noch schwerer wiegende, wenn man die Mischung die Produkte und ihre Gesetze selbst berücksichtigt, Gesetze, aufgrund derer sie überdauert oder verändert wird.
Alle Mischungen im unorganischen Reich sind offensichtlich nur chemische Werke, Produkte allgemeiner Kräfte der Materien, erzeugt durch die Affinitätsgesetze, auf die sich diese Mischungen direkt oder wenigstens über einen früheren chemischen Zustand unserer Erde zurückführen lassen. [54]

In Pflanzen und Tieren bietet zwar die fortwährende Bewegung in ihnen die Materien wechselseitig an [55], aber spezifische Affinitätsgesetze in der Mischung lebender Teile sucht man vergebens. Nur dort, wo die Stoffe tot aus dem Körper ausgeschieden werden, bekommen die Affinitäten ihr Recht, bisweilen auch im Zustand der Krankheit. Sonst aber ist die freie Entfaltung der Affinitäten gehemmt und einer anderen Kraft unterworfen. Äußere Materien, in die der Organismus gleichsam getaucht ist, haben wenig Einwirkungsmöglichkeit auf ihn, und selbst die stärksten unter ihnen wirken auf sie viel gemächlicher denn auf anorganische Körper. [56] Erst bei losgelassenen Zügeln, die jene Kraft der Affinität anlegte, spielt diese wieder ihre Rolle.
Es kann denn hinzugefügt werden,... daß die konstituierenden Teile [57] der Pflanzen, wenn sie nach den Gesetzen der Affinität gemischt wären ... in allen Pflanzen dieselben sein müßten.
Die abnormen Gesetze der Mischung in Organismen werden schließlich erhellt durch folgende Betrachtung:
Die Elemente, aus denen der Organismus besteht, kommen in ihm zunächst zu konstituierenden Teilen zusammen, die mit den Namen der "nächsten" ("proximae")oder "unmittelbaren" ("immediatae") Bestandteile unschicklich bezeichnet werden. [58] Im anorganischen Bereich gibt es diese überhaupt nicht, im organischen können sie hingegen sogar in andere Teile übergeführt werden.[59]
Diese zusammengesetzten Stoffe haben darüber hinaus die Eigentümlichkeit, daß sie sich, in ihre Elemente zerlegt, mit Hilfe der Affinitäten bekannter, wägbarer Materien nicht wieder erzeugen lassen...
Man kann aus der Natur dieser Teile wohl schließen, daß die Affinitäten der Elemente des Organismus [60] einer Kraft untergeordnet sind, die die Mischung determiniert, von aller Affinität verschieden,... die Verbindungen erzeugt, die zwar durch Affinitäten zerstörbar sind [61], aber deren Wiederzusammensetzung ohne jene Kraft vergeblich versucht wird." [62]

4. Veränderung und Auflösung der Mischung

Nach diesen Ausführungen über die Verhältnisse im gesunden Organismus kann man annehmen, daß die dem Organismus zukommende eigentümliche Kraft seiner Materie inhäriere, daß ihre abnormen Mischungsgesetze von An- und Abwesenheit dieser Kraft abhängen.

"Nach dem Wegfall dieser Kraft müssen die befreiten Affinitäten eine andere Mischung hervorbringen. Der Organismus geht über in Wasser, alkalische Luft [NH_3]

und wenig Asche, wird überführt ins gemeinsame Grab aller Lebewesen." [63]

Ein neuerer Schriftsteller muß bezweifelt werden, der den Unterschied von Tier und Pflanze in der Faulungsfähigkeit des ersteren sieht. Diese Beobachtung wird nur gemacht, weil die Pflanzen mehr feste Teile enthalten, die Lebenskraft hartnäckiger in ihnen sitzt und langsamer aus ihnen weicht; [67]

5. Der Zusammenhang von Mischung und Form

Bei Berücksichtigung der vielen Experimente der Akademie von Paris [68] muß man festhalten, daß alle noch so verschiedenen organischen Körper aus den nämlichen wägbaren Elementen bestehen:

"Bei aller Identität der Elemente variieren doch die Formen der organischen Körper erheblich, und wenn auch ein gemeinsamer Bauplan der Organe, nach dem sie erbaut sind, existiert, so werden die Ähnlichkeiten doch durch die Verschiedenheiten überdeckt. Die Formen scheinen weit mehr zu variieren als im anorganischen Bereich unter ähnlichen Bedingungen. [69]
Man könnte daraus folgendes schließen: Der Organismus unterscheidet sich von der rohen Materie dadurch, daß er bei identischer Mischung zu verschiedener Form kommt, während hier bei der "rohen", anorganischen Materie eine Verschiedenheit der Form mit der Verschiedenheit der Mischung einhergeht. Diesem Satze darf man jedoch nicht allzuweit trauen, auch nicht etwa eine teleologische Betrachtung diesem Unterschiede überbauen [70]..., denn es ist zu berücksichtigen:" [71]

a) auch im anorganischen Reich erscheinen Mixta bei Identität der verbundenen Elemente in verschiedenen Formen wie z.B. im Kalkspat. [72]
b) auch bei verschiedener Mischung im anorganischen Reich erscheinen gewisse Salze in der gleichen Form. [73]
c) im organischen wie anorganischen Bereich geht die quantitative Änderung der beteiligten Elemente mit verschiedenen Formen einher. Im organischen Reich zeigt dies die Tier- und Pflanzengeographie. [74]

Aus diesen drei Argumenten kann man folgern:

"In roher Materie wie im Organismus ist die Beziehung

> zwischen Mischung und Form nicht wesentlich [als Unterschied] , auch nicht bei Einzelbetrachtung von verschiedenen Formen oder Mischungen untereinander. Daher kann der oben gegebene Unterschied nur so eingeschränkt festgehalten werden: Geringere Ähnlichkeit der Form bei größerer Ähnlichkeit der Mischung zeichnet den Organismus aus; Ähnlichkeit der Mischung geht im anorganischen Körper mit großer Ähnlichkeit der Form einher." [75]

Das aber ist wenig befriedigend für eine klare Unterscheidung der organischen Stoffe von den anorganischen "quoad mixtionem", nach ihrer Mischung:

> "Daher muß man auf den Unterschied zurückkommen, der sich in der Beziehung zwischen Mischung und Form zeigt, wenn die Natur der Mischung nicht von den Elementen bestimmt wird, sondern von den sogenannten näheren Bestandteilen, die das Mixtum erstellen. Es läßt sich dann nämlich eine gradative Reihe verschiedener Mischungen im organischen Reich aufstellen, die der Reihe der verschiedenen Formen ebendort offensichtlich entspricht." [76]

Hierzu kommt noch die Unterscheidung, daß der Organismus auch unähnliche Teile assimiliert und als verähnlichte im Körper einbaut, während anorganische Körper nur Gleichartiges einbauen können. [77]

Somit sind als Hauptunterschiede beim 5. Punkt die folgenden festzuhalten:

a) In der Reihe der Organismen ist die gleiche Mischung von Elementen verknüpft mit verschiedener Aggregation; die Gesetze der Aggregation variieren, wollte man sie, ohne sie zu kennen, nach ihren Auswirkungen abschätzen, nach den verschiedenen Species. In anorganischen Verbindungen mit ähnlicher Mischung ergibt sich immer auch ähnliche Form, wie das etwa von Bergman und Haüy erwiesen wurde. [78]

b) Beim Vorgang der Mischung also bei der Reaktion, beim "Wachsen" , die zu <u>einer</u> Form führt, muß bei Anorganischem Gleichartiges verwendet werden, während beim Organischen auch Fremdes assimiliert werden kann.

Dagegen ist der Unterschied, organische Körper wüchsen nur durch Intussusception, anorganische aber durch Iuxtaposition, "ein gewöhnlicher Irrthum". [79]

In den abschließenden Sätzen dankt Kielmeyer dem Auditorium für seine Geduld, entschuldigt sich für sein Latein [80], gelobt gute Ausbildung seiner Studenten und gedenkt seines Vorgängers Johann Georg Gmelin, des berühmten Verfassers der Flora Sibirica. [81]

Mit dieser Rede greift Kielmeyer die beiden traditionellen Einteilungsweisen der Chemie an: eine Trennung der Materien hinsichtlich ihrer Brennbarkeit ist künstlich, da auch anorganische Materien brennen, manche organische (wie Aschen) nicht; zudem ist "Brennbarkeit" immer eine Frage der Feuerstärke. Eine Rechtfertigung der Trennung in drei Reiche nach der Natur ist aber keine Rechtfertigung, sondern liegt in der "Natur der Sache", ist nicht Erklärung, sondern Beschreibung, die ihre eigenen Voraussetzungen nicht erklären kann.

Den Unterschied von Anorganischem und Organischem im Bereich der Atome zu lokalisieren ist für Kielmeyer ebenso künstlich, auch für den Unterschied zwischen pflanzlicher und tierischer Materie. [82] Vielmehr sieht Kielmeyer den tragenden Unterschied im Wirken anderer Kräfte denn der Affinitäten, in der Entstehung und Bildung organischer Stoffe gegen die Affinitäten. Über die Kräfte, die den Organismus als solchen auszeichnen [83](wie er sie in der Rede von 1793 herausstellt), hebt er hier eine neue, entscheidende heraus: die formende Kraft, Lebenskraft. [84] Er versteht sie nicht spirituell, sondern als Fähigkeit, beim Erreichen der Form auf Umwelt zu reagieren, Unähnliches zu verähnlichen, verlorene Teile wieder zu ersetzen, schädlichen äußeren Einflüssen zu widerstehen, zweckmäßige organische Materien (konstitutive Bestandteile) zu bilden. [85]

Aus dem Verhältnis von Form zu Materie gewinnt Kielmeyer den Kardinalunterschied zwischen Anorganischem und Organischem. Während bei anorganischer Materie mit dem Materie-Sein auch schon die Form unmittelbar festliegt, ist bei organischer Materie eine vermittelnde Stufe dazwischengetreten, die zwar selbst unmittelbar durch die Elemente festgelegt ist, die aber ihrerseits den organischen Körper nicht determiniert, sondern flexibel unter den spezifisch organischen Kräften beläßt.

Diese vermittelnde Stufe sind die "konstituierenden Bestandteile", die in der zeitgenössischen Chemie gewöhnlich als "nähere" bezeichnet wurden. Aus ihnen sind nach verschiedenen quantitativen Zusammensetzungen ("gradative Reihe" s.o.) alle organischen Körper gebildet. [86] Sie selbst aber, durch Kunst nicht herstellbar, werden ihrerseits durch (davorliegende) Organismen gebildet unter dem Einfluß der Lebenskraft. Die Frage nach der Priorität von Ei oder Henne, hier Organismus oder näherer Bestandteil, ist zu Kielmeyers Zeit bei Annahme einer Schöpfung müßig.

Anstelle der statischen Betrachtung der Zusammensetzung von organischer Materie aus den drei oder vier Elementen, übermittelt durch die Elementaranalyse [87], setzt Kielmeyer die dynamische Betrachtung des Entstehens der Organismen aus näheren Bestandteilen, der näheren Bestandteile wieder aus Elementen durch Organismen, durch Verähnlichung.

Bei Untersuchung des Feldes der "organischen Chemie" betont Kielmeyer das "organisch"-physiologisch gegen das "Chemie" der Analytiker! Die Lebenskraft ist kein deus ex machina, der dort antritt, wo die Chemie aufhört, sondern ein vorläufiger Name für eine Kraft, deren Wirkungen beobachtbar sind [88], die die Leistungen des Organismus hervorruft: man kann über sie sprechen, mit ihr Versuche anstellen. Um aber genauere Kenntnisse von ihr zu erlangen darf man sie nicht eliminieren (Elementaranalyse), sondern muß zwei Wege der Forschung begehen:

a) Die Untersuchung der näheren Bestandteile, deren Isolierung, deren Reaktionen, deren Zusammensetzung.
b) Die Untersuchung der Erzeugung der näheren Bestandteile aus anorganischer Materie durch Assimilation über den Organismus.

Damit leistet Kielmeyer zweierlei: Zum einen die Legitimität der Absonderung einer Pflanzen-(und Tier-)Chemie von der anorganischen Chemie. Zum anderen aber betont er die Notwendigkeit der chemischen Betrachtung und Bearbeitung von organischen Körpern über die näheren Bestandteile, die er vom Anorganischen aus denkt.

Zur logischen Struktur seines Vorgehens ist festzuhalten, daß Kielmeyer, vom Resultat seiner Überlegungen aus gesehen, scheinbar Inkommensurables miteinander vergleicht, wenn er vom Gegensatz organischer und anorganischer "Körper"[89] spricht; denn wenn unter organischen Körpern Organismen verstanden werden, dann beschränkt sich die Gemeinsamkeit des Anorganischen und Organischen auf das Materie- Sein, alles andere aber ist durch den Einfluß der Lebenskraft ohnehin ontologisch geschieden. Erst die Einführung des tertium comparationis, der nicht- lebenden organischen Materie in Form der näheren Bestandteile, macht einen Vergleich möglich. Der Chemiker Kielmeyer indes bespricht in seiner Vorlesung über Chemie die "näheren Bestandteile" in einem Zusammenhang der gesamten Chemie.

Anmerkungen zum 4. Kapitel

[1] mit dem Höhepunkt bei La Mettries "L'homme machine" (1748); vgl. hierzu: Ungerer (1942) S.31, Ballauff (1954) S.216-219; T. Hall (1969) Bd.2 S.46-65; zum Zusammenhang mit der (anorg.) Chemie vgl. besonders Hooykaas (1948).

[2] Diese Auffassung geht auf die Vorsokratiker, besonders Leukipp- Demokrit zurück.

[3] Wolff und Baumgarten deuteten die prästabilierte Harmonie Leibnizens um in ein ablaufendes Weltuhrwerk, Lesser betonte den Charakter der Nützlichkeit alles Geschaffenen für den Menschen (Linnè dagegen für die Pflanzen!), Brockes den Charakter der Vergnüglichkeit, Kyburg den der direkten oder indirekten Eßbarkeit. Vgl. hierzu Barth(1947) S.451-464,

[4] Auf Aristoteles gründen sowohl die Trennung der drei Reiche durch die drei verschiedenen animae wie auch der Zusammenhang alles Natürlichen durch Elementen- und Formenlehre. Ballauff (1954) S.325 bezeichnet die Auseinandersetzung Mechanismus vs. Vitalismus im 18. Jahrhundert zutreffend als " geheime Auseinandersetzung des Aristotelismus mit sich selbst."

[5] Die zunehmende Fähigkeit zu solcher Erklärung aber bringt paradoxerweise die Selbstaufhebung der "organischen" Chemie mit sich: Die quantitative Zugänglichkeit organisch- chemischer Reaktionen beinhaltet eine Fixierung der "organischen" Chemie, damit aber auch schon ihr Verschwinden im Begriff "Kohlenstoffchemie", die nur aufgrund ihres Umfanges und ihrer "historischen Genese" (vgl. Anm.12) noch als eigenes Fachgebiet behandelt wird.
Dieser Struktur analog verhält sich das Fortschreiten der neuzeitlichen Naturbeherrschung: Der Mensch mit dem Ziele, sich die Natur untertan zu machen (Hobbes:"to know a thing means to know what we can do with it when we have it"), wird, je näher er an dieses Ziel herankommt, sich umsomehr selbst zum Anthropomorphismus! Die Beherrschung der Natur durch den Menschen kehrt sich gegen den Menschen als Naturwesen: er wird Gegenstand technischer Manipulierbarkeit! Die theoretische Rechtfertigung dieser Position sieht davon ab, daß die Natur von sich auf Ziele aus ist. Sie erhielt aber auch schon vor 100 Jahren eine treffliche Einschätzung durch F.Nietzsche (JvGB,14), der von "Darwinisten und Antiteleologen unter den physiologischen Arbeitern" spricht, "mit ihrem Prinzip der 'kleinstmöglichen Kraft' und der größtmöglichen Dummheit" .

[6] auch bei Justus von Liebig, dessen grimmig- animoser Verdammung, etwa als "schwarzer Tod der Naturwissenschaft", die Naturphilosophie ihren schlechten Ruf verdankt.
In den "Chemische(n) Briefen", Ausgabe letzter Hand (1878), S.122 erscheint neben Licht, Wärme, Magnetismus und Schwerkraft die Lebenskraft als bewegende Kraft organischer Körper! (vgl. 8. Kapitel)

[7] auch wenn es die Literatur weiterhin so darstellen sollte.

Besonders beliebt ist diese Meinung in der "historischen Einleitung" ernsthafter Chemiebücher, so von Müller (1960) S.17 oder Christen (1970) S.17; aber auch bei Szabadvary (1966) S.287 und Kremers (1976) S.494.

8 e.g. Christen (1970) S.17
"Als 'organische Chemie' bezeichnet man aus historischen Gründen die Chemie der Kohlenstoffverbindungen. Der Ausdruck 'organisch' weist auf Beziehungen zu pflanzlichen und tierischen Organismen hin; zahlreiche organische Verbindungen haben allerdings nichts mit Lebewesen zu tun, und organische Verbindungen existierten zweifellos schon auf der Erde, bevor das Leben entstanden ist."

9 In der philosophischen Dissertation des Verfassers bei Robert Spaemann (München): Der Begriff des Organischen bei Kant. Begonnen 1975.

10 Carl F.Ph. von Martius in der Gedenkrede zum Tode Kielmeyers, gehalten am 28.3. 1845, abgedruckt in Münchner Gelehrte Anzeiger 1845 Nr.106-109 = Akad. Denkreden Leipzig 1866 S.181-209; wieder abgedruckt bei Holler (1938) S.282-298. Literatur zum Leben Kielmeyers findet sich bei Holler (1938) S.7-12 (Edition der Autobiographie Kielmeyers von 1801); im Artikel "Kielmeyer" von W.Colemann im DSB 7(1973) S.366-369, die im wesentlichen eine Zusammenfassung der Arbeiten von Buttersack (1930), Balss (1930) und Kuhn (1970) enthält.

11 und zwar Johann Friedrich Pfaff (1765-1825), der Mathematiker, den Kielmeyer als "Professor der Mathematik in Helmstedt" erwähnt (Holler S.9 in der Autobiographie).
Kuhn (1970) S.157 schreibt vom Mitschüler Christoph Heinrich Pfaff, "dem späteren Physiker und Mediziner." Dieser Pfaff war aber Kielmeyers Schüler und erst späterer Freund; vgl. Pfaff (1854).

12 Studium u.a. bei Blumenbach in Göttingen.

13 Diese in Stuttgart 1793 auch publizierte Rede ist einziges bedeutendes Druckwerk Kielmeyers (keineswegs aber das einzige überhaupt, wie Holler S.4 behauptet! Seine Dissertation von 1786 wurde gedruckt, ebenso einige kleinere chemische Arbeiten; vgl. Poggendorff (1863) Bd.I. Sp.1253); ausgerechnet dieses einzig berühmte Werk erfreut sich dafür auch häufigen Wiederabdrucks:
a) 2. Auflage in Tübingen 1814
b) in:Sudhoffs Archiv 23(1930) S.247-267 (hrg. v.H.Balss)
c) in:Natur und Kraft.Berlin 1938, S.63-101 (hrsg. v.F.Holler)
d) in:Die Wissenschaft vom Leben Freiburg 1954, S. 348-360 (Th. Ballauff, großer Auszug).

14 F.W.J.Schelling merkt in seinem Werk "Von der Weltseele" von dieser Rede an:" eine Rede, von welcher an das künftige Zeitalter die Epoche einer ganz neuen Naturgeschichte rechnen wird." In: Sämmtliche Werke, Stuttgart 1857, 2.Bd. S.565. Wohl aufgrund dieser Anmerkung und der Tatsache, daß ein Carl Eberhard Schelling bei Kielmeyer 1803 eine Dissertation angefertigt hatte, griff Cuvier 1830 Kielmeyer als den "Vater der deutschen Naturphilosophie" an. Eine ähnliche Einschätzung findet sich aber auch bei Taton (1961)III,1

S.493 oder Bodenheimer (1958) S.51, wo dieser von der "Hegelian philosophy of Oken and Kielmeyer" spricht.

15 Kielmeyer erhielt den persönlichen Adel und war Mitglied vieler akademischer Gesellschaften. Vgl. Kuhn (1970) S.159, Holler (1938) S.282-304 (Einschätzungen von Johannes Müller, Martius, Ch.H. Pfaff, J.W.v. Goethe, A.v.Humboldt, A.Schopenhauer, Schelling, Henr. Steffens.).

16 nach den Einschätzungen von Pfaff und Martius (Holler). seine berühmtesten Schüler waren: Carl Fr. von Gärtner, Georg Jäger, Christian H. Pfaff, George Louis Duvernoy, Johann v.Autenrieth. Colemann (1973) nennt auch Cuvier als Schüler, was aber schon von Balss (1930) zurückgewiesen wurde.

17 So lautet nach Buttersack (1930) S.237 der Widmungstitel von A.v.Humboldts "Beobachtungen aus der Zoologie und vergleichenden Anatomie". Tübingen 1806.

18 besonders durch die Entdeckung des ontogenetischen Grundgesetzes und seine Systematik der niederen Tiere (vgl. Balss (1930) S.268-273).

19 Tagebucheintrag vom 10.Sept.1797, in: Goethe, Berliner Ausgabe der Gesammelten Werke, Autobiogr. Schriften BdIII S.393 Berlin 1972, bei Holler (1938) mit einigen Fehlern zitiert: Ein weiteres Mal erwähnt Goethe Kielmeyer in einem Gesptäch mit Notter: "Nachdem er [Goethe] sich erst teilnehmend nach Kielmeyer und dessen Angehörigen in Stuttgart erkundigt hatte, fragte er..." Artemis- Ausgabe von Goethes Gesammelten Werken, Zürich 1950, Bd.23 Gespräche 1817-1832 S.597 Nr.2002 vom Juni 1829.

20 Holler (1938) S.11.

21 so Kuhn (1970) S.157.

22 Caroli Friderici Kielmeyer Bebenhusani Disquisitio Chemica Acidularum Bergensium et Goeppingensium. Stuttgardiae 1786.

23 und nicht wie Balss (1930) S.269 schreibt:.."welche Stellung [als Professor der Chemie] er 1801 mit dem Ordinariat für Botanik, Pharmazie und Materia medica vertauschte".

24 Vorlesung, gehalten von Kielmeyer 1807, als Mitschrift erhalten WBL Stuttgart Cod.med.et phys. 4° 69 d.
Diese Vorlesung erschien herausgegeben von Gustav Wilhelm Münter 1840 in Halle; die Beurteilungen dieser Herausgabe schwanken; Balss (1930) hält sie für "die Kielmeyersche Vorlesung, bereichert [!] durch Literaturangaben und Zitate" (S.272) und kommentiert sie sehr ausführlich, ohne jeden Vergleich zur Urschrift. Holler (1938) dagegen bemerkt: "unrechtmäßige, maskierte, z.T.willkürlich veränderte und "kommentierte" Ausgabe". (S.254)
Ich selbst habe die Vorlesung transkribiert und kann Hollers Meinung bekräftigen. Eine ausführliche Erörterung führt aber über den Rahmen dieser Arbeit hinaus.

25 Kuhn (1970) S.163.

26 Darlegung der Unterschiede, wodurch sich organische und

und anorganische Körper hinsichtlich ihrer Mischung zu unterscheiden scheinen. WBL Stuttgart, Cod.med. et phys. 2° 38 c, nicht ediert.

27 Es existieren mehrere Manuskripte von Kielmeyers Hand, die sich durch Vollständigkeit und Blattnumerierung unterscheiden und teilweise deutsche Marginalien für den Drucker enthalten. Die Rede selbst umfaßt 32 Seiten in 8°, die sehr eng bis an den Rand beschrieben sind. Die kleine, lateinische Schrift ist - im Vergleich zu Kielmeyers schwer leserlichen deutschen Schrift - leicht zu entziffern.
Zur Seitenzählung: Die am Manuskript oben rechts angebrachte Zählung (bisweilen 2 Ziffern) ist nicht fortlaufend (teilweise doppelt, mit Auslassungen usf.); daher entspricht die von mir zuerst angegebene Zahl der fortlaufenden Reihenfolge im Faszikel; die in Klammern angegebene Zahl entspricht der im Manuskript.

28 S.1 (1.).

29 'mixtio', "Mischung" in einem doppelten Sinn, den Kielmeyer simultan verwendet: 1) als Bezeichnung für die chemische Zusammensetzung, wobei auch ganze Pflanzen das "Gemischte" sein können. 2) als Bezeichnung für den Vorgang der Mischung d.h. die chemische Reaktion. Vgl. dazu die von Kielmeyer selbst gegebene Definition im Anhang III .

30 Kielmeyer gliedert in fünf Punkte, doch ohne unsere ausdrückliche Numerierung.

31 d.h. die Frage nach den Elementen, die Mischungsbestandteile sind.

32 Bei organischen Körpern die Frage nach Ernährung und Fortpflanzung.

33 hinsichtlich "der Relation, die zu anderen Attributen besteht, die mit der Mischung in demselben Körper gleichzeitig vorhanden sind, besonders zur Form und zur Wiederherstellung von Teilen." S.2 (2.).

34 Seite 3 (2).

35 Die Erden, Magnesia, Kali, Natron waren 1801 noch unzerlegt und daher"elementar".

36 Damit meint Kielmeyer (stellvertretend) die Struktur der Polarität; der Galvanismus wird auch bei Schelling als erste Polarität angesehen. Kielmeyer expliziert dies in einem Brief an Cuvier aus dem Jahre 1807:
"..Ich.. habe.., von keinem philosophischen System ausgehend, bloß der Erfahrung und Analogie folgend, zu erweisen versucht und vielleicht zuerst wahrscheinlich gemacht, daß die Lebenswirkungen im organischen Körper überhaupt und die Bildungswirkungen,besonders wie sie in den festen und flüssigen Teilen sich manifestieren, einer dualen nach Polen hinwirkenden Kraft, die sich dem Magnetismus und der Elektrizität gemäß verhielte und in ihren Gesetzen mit den Gesetzen dieser Kräfte am meisten übereinstimmte, zuzuschreiben seien." (Holler 1938 S.250/251)

37 Da es aber nur "die meisten" sind, ist die Brennbarkeit als

differenzierende Eigenschaft ungeeignet.

38 Kielmeyer übernimmt dies von Lavoisier und Ingen-Housz.

39 Das erwähnt Kielmeyer wohl noch gegen die alten Auffassungen vom "Sulphur" in organischen Körpern (vgl.1.Kap.)

40 Seite 6 (2./3) Diese Ablehnung der Relevanz von Elementaranalytik (vgl. 3.Kapitel) ist 1801 durchaus plausibel.

41 Seite 6 (2./3).

42 im anorganischen Bereich bedeutet das etwa das Wachsen des Kristalls aus der Lösung.

43 Als Beispiel im Anorganischen gibt Kielmeyer an, daß bei einer Metallauflösung in Salpetersäure immer nitröse Gase entstehen.

44 Unter "Mixta" versteht Kielmeyer dreierlei: im anorganischen Bereich die anorganischen Verbindungen, besonders Kristalle, im organischen Bereich sowohl die "näheren Bestandteile" als auch die Organismen; eine klare Unterscheidung nimmt er nicht vor.

45 das sind im org. Bereich die "näheren Bestandteile".

46 die also flüssig (gelöst) oder gasförmig sind, jedenfalls reaktionsbereit.

47 Bei der Salzbildung verlieren etwa beide Reaktionspartner Qualitäten; man könnte vielleicht richtiger von einer "wechselseitigen Ver<u>un</u>ähnlichung" sprechen.

48 Hier wirkt die Vieldeutigkeit des Körper- Begriffs störend: mit Körper ist "Organismus" gemeint.

49 Seite 9 (3./5).

50 Während also im anorganischen Bereich immer ein neues Mittleres entsteht, nach der Seite des stärksten Reaktionspartners verschoben, verähnlicht sich der organische Körper immer die Materie, die ihm aber nicht völlig gleich wird.

51 "homogene Masse": Der ganze Körper mit der verähnlichten Materie; "heterogene Materien": tote, exkretierte Stoffe, die er nicht verähnlichen kann, die nicht aus <u>seiner</u> Materie stammen.

52 Seite 13 (4./7).

53 d.h. es gehen äußere Bedingungen beim organischen Körper ein Leben lang in die Form als Stellgrößen mit ein: der organische Körper reagiert auf Umwelt durch Formänderung. Das gilt auch für die komplexe organische Zusammensetzung der"näheren Bestandteile" wie Holz, Harz, Leim. Bei einem Kristall gibt es nur die Alternative: er bildet sich oder er bildet sich nicht; auf Kälte "reagiert" er nicht mit Kristall- Formveränderung.

54 Damit sind etwa die Gesteine gemeint, deren Zusammenbau sich auch nicht künstlich im Labor nachvollziehen läßt (ließ).

55 so daß sie eigentlich miteinander reagieren könnten, selbst wenn deren Entfernung von einander die Affinitätsgesetze

hinderte.

56 Kielmeyer spricht damit die sehr viel geringere Reaktionsgeschwindigkeit organischer Reaktionen an, etwa beim Vergleich der Einwirkung von Salzsäure einmal auf Kreide, einmal auf Holz.

57 "partes constitutivae".

58 "unschicklich", da wohl zu sehr materialistisch [keine nähere Erläuterung von Kielmeyer] ; sie konstituieren schließlich nur die Organe, nicht aber (morpholog./anatomisch) den Organismus, dessen "nähere Bestandteile" daher die Organe, nicht aber jene Verbindungen sind.

59 Das kann in doppeltem Sinn interpretiert werden:
a) im Sinne von"assimiliert": Das pflanzenfressende Tier bereitet aus Pflanzen sein Fleisch.
b) im chemischen Sinne: aus vielen organischen Stoffen konnte durch Salpetersäurebehandlung "Zuckersäure" (= Oxalsäure) gewonnen werden.

60 Kohlenstoff, Wasserstoff, Sauerstoff, Stickstoff.

61 z.B. durch Einwirkung starker Säuren.

62 Seite 15-18 vollst. (auf dem ersten Blatt 8, auf dem zweiten 5./9).

63 Seite 20 (6./11).

64 Berthollet (vgl.7.Kap.) hatte 1785 den Stickstoffgehalt als Unterschied zwischen tierischer und pflanzlicher Materie angenommen; Fourcroys Nachweis (1789), daß vegetabilisches Eiweiß ebenso Stickstoff enthielt wie tierisches, bedeutete theoretisch das Ende dieser Unterscheidung. Bei Schelling heißt es allerdings noch 1798, daß Stickstoff der Hauptbestandteil der tierischen Materie ist. In: Von der Weltseele. Sämmtliche Werke I,2 S.511; dies wurde in der Naturphilosophie weiterhin beibehalten (vgl. dazu das 8. Kapitel).

65 also Ammoniakentwicklung und somit Stickstoffgehalt.

66 denn es ist sehr viel weniger Stickstoff in Pflanzen. Die Lebenskraft ist bei Kielmeyer also nicht immaterieller Spiritus oder Archeus, sondern ein materiales Prinzip, das sich langsam verdrängen und verändern läßt.

67 An dieser Stelle müssen noch einige Worte zu Kielmeyers Textgestaltung eingeschoben werden: Es ist völlig ausgeschlossen, daß Kielmeyer seine Rede von dem zusammengehefteten Manuskript so abgelesen hat. Der Beginn Seite 21 ("(11)" im Text in Klammern,wird eine Seite später (22/ "(11)") unten identisch wiederholt, differiert erst ab Seite 23("(12)") Mitte. Dieser Teil erscheint dann aber erneut S.25(12) oben und zieht sich nun bis S.28 (7./13) unten, während auf Seite 27 (7./13) oben der Texte wie S.23("(12)") Mitte weiterläuft.(Text wie bis S.24 ("(12)") unten). Wenn man strikt nach dieser Anleitung vorgeht, kommt man in einen Zirkel. Ich habe daher die Argumente zusammengefaßt und linear wiedergegeben... Vermutlich gehören die Seiten nicht so zusammen, wie sie in der WBL zusammengestellt wurden, denn in anderen Manuskripten fehlen einige Blätter, aber

durch keine vorgenommene Kombination ließen sie sich in jene einpassen. Kielmeyer hat daher wohl einige Absätze übersprungen, oder, der Eindringlichkeit halber (Latein!) wiederholt..

68 der organischen Elementaranalysen von Lavoisier, Berthollet u.a.

69 dahingegen bei anorganischen Körpern gilt, daß bei Identität der Elemente die Formenvariabilität sehr klein ist, die Ähnlichkeit der Formen stark überwiegt.

70 Damit ist "schlechte" Teleologie der Art gemeint, daß ein immaterielles Prinzip (Gott, Natur als Ganzes) Zwecke von außerhalb gesetzt hat, denen die Organismen zu gehorchen hätten.

71 Seite 28 (7./13).

72 Das Beispiel ist von Kielmeyer wohlgewählt: Vom Kalkspat kommen in der Natur drei kristalline Modifikationen vor:
hexagonaler Calcit
rhombischer Aragonit
rhombischer Vaterit,
daneben noch Kalkstein, Marmor, Kreide und Mergel.

73 Als Beispiele nennt Kielmeyer Kochsalz (Sal communis), Kalziumfluorid (Fluor mineralis) und Bleisulfid (Plumbum sulphuratum), die (richtig) alle würfelförmige Kristalle bilden.

74 im anorganischen Nitrit - Nitrat u.ä. Diese Erwähnung der Resultate von Tier- und Pflanzengeographie ist durchaus originell: die quantitative Umweltänderung (Luftfeuchtigkeit resp. Luft- Trockenheit, mittlere Temperaturen u.ä.) geht einher mit Formenänderung (im Organismus wie in den näheren Bestandteilen).

75 Seite 30(14).

76 Seite 31(8./15). Die Interpretation dieser zentralen Stellen folgt im Text.

77 Die Assimilation des Fremden/ Gleichartigen hatte Kielmeyer schon beim zweiten Punkt betont.

78 Er bezieht sich auf die grundlegenden Arbeiten zur Kristallographie von Rene Just Haüy (1743-1822):" Essai d'une théorie sur la structure des cristaux" Paris 1784 und von Torb.O.Bergman (1735-1784):" Variae crystallorum formae a spato ortae." Upsal. 1773; vgl. dazu Kobell (1864) sowie Burke (1966).

79 Damit spricht Kielmeyer auf seinen Lehrer Johann Friedrich Blumenbach (1752-1840) an, der diese Theorie in seinem Handbuch der Naturgeschichte , Göttingen 1780 vertritt (S.2-11); vgl. hierzu auch Ballauff (1954) S.279-283.

80 "..jam nimis diu vestra patentia inconcinna dictione abusus sim" S.33(16). Zugegebenermaßen hat Humanistenlatein dafür den Nachteil schwerer Übersetzbarkeit...

81 Der war Vorgänger auf dem Lehrstuhl für Medizin und Mat.med. 1749-1755; er war durch die größere Bedeutung der Karlsschule in Stuttgart bis 1801 verwaist. Vgl.Schmitz (1969)

S.320-323.

82 Diese Auffassung entspricht zwar der modernen von "organischer Chemie" als "Kohlenstoffchemie", "Leben" als Produkt von "Zufall und Notwendigkeit" (Monod). Kielmeyer aber betont den ontologischen Unterschied von Organischem und Anorganischem.

83 nämlich Sensibilität, Irritabilität, Reproduktionskraft, Sekretionskraft, Propulsionskraft.
Den Begriff Lebenskraft als bildende Kraft verwendet Kielmeyer 1793 noch gar nicht, trotz seines Studiums bei Blumenbach. D. Kuhn (1970) S.160-163 sieht die Begründung darin, daß Kielmeyer zur Zeit der Rede als Mechanist eindeutig geneigt war, die Natur als Uhrwerk zu betrachten. In der Physikvorlesung von 1807 erst zeige sich Kielmeyer nicht mehr als Mechanist, sondern habe die Sensibilität als geistige Kraft von den vier organischen abgesondert, als Kraft, die etwa der Entwicklung eines Organismus den Endpunkt setze. Genau diese Übertragung der Sensibilität in den (modifizierten) nisus formativus Blumenbachs, die zu einer Hierarchie unter den Kräften führt, hat Kielmeyer in seiner Antrittsvorlesung 1801 schon vollzogen. Es ist bemerkenswert, daß sich dieser Gedanke ähnlich 1798 bei Schelling in :Von der Weltseele Ges. Werke I,2 S.575 findet:
"Also kann Mischung so wenig als Form der Organe Ursache des Lebensprocesses seyn, sondern umgekehrt, der Lebensproceß selbst ist Ursache der Mischung sowohl als der Form der Organe." -

84 Den Terminus "vis vitalis" verwendet Kielmeyer offensichtlich ungern, es heißt immer nur illa vis, hic vis, vis organismi etc., nur einmal ausdrücklich ".. vis vitalis ipsis [vegetabilibus] tenacior insit [quam animali bus]" Seite 20 (6./11). Das hängt sicher zusammen mit Kielmeyers Abgrenzung zur Naturphilosophie und deren zu geläufiger Handhabung des Begriffs. Dennoch hat diese Verwendung Kielmeyer den "Vorwurf" der Teleologie eingebracht. Dazu sei hier nur kurz (vgl Anm.9) angemerkt, daß ein Kraft- Begriff, der nicht nur leere Definition im Sinne von $\vec{F} = m \cdot \vec{a}$ darstellt, anders als teleologisch gar nicht denkbar ist, da immer eine Wirkung antizipiert werden muß; vgl. hierzu auch die Stärkung Humes gegen Kant in der Frage der Nicht- Gegebenheit der Kausalität bei Jonas (1973) S.37-40; S.42-46 . Gerade der Kraftbegriff, der eine nicht direkt meßbare Größe kennzeichnet, deutet auf die teleologische Grundlage der Physik (im Sinne eines aristotelischen "Strebens"), deren teleologische Grundstruktur allerdings nicht weniger fundamental als in der Sprache liegt. (Daher vermeidet auch der in der neuen Physik vielfach verwendete "Feld"-begriff (anstelle des Kraft-begriffs) die teleologische Antizipation nicht.) Der Grenzübergang etwa zur Definition der Geschwindigkeit $V_{(t_0)} = \lim_{t \to t_0} \frac{s - s_0}{t - t_0}$ krankt an der physikalischen Unmöglichkeit der Definition der Gegenwart resp. eines Zeit- Punktes. Der mathematische Trick der Infinitesimalrechnung darf nicht darüber hinwegtäuschen, daß auch zur Definition der Geschwindigkeit zu einem Zeitpunkt schon immer die gerichtete Antizipation eines Ortes zu einem folgenden Zeitpunkt benötigt wird. Die Antinomien des Zenon sind durch

die Infinitesimalrechnung nicht gelöst, sondern nur verschleiert. Für eine Lösung muß die teleologische Struktur unseres Denkens herangezogen werden. In der Moderne verlagert sich die eigentliche Bewegung vom Objekt ins Gehirn des Physikers.

85 Der Positivismus des 19. Jahrhunderts hat auch allem regulativen Gebrauch der Teleologie nur heuristischen Wert belassen, wenn überhaupt. Bei H. Driesch und den Vitalisten wird die Teleologie (zugunsten einer "Ganzheit") wieder stärker in den Vordergrund geschoben. (Kants eigene Thesen sind widersprüchlich! Vgl. Delekat (1966) S.454-478. Monods "Zufall und Notwendigkeit" als Lebenscharakteristikum verfällt dem teleologischen Angriff über die Sprache: wir können über "Zufall" gar nicht sprechen, wenn wir nicht schon einen Zustand des Normalen antizipieren, von dem aus der Zufall als Abweichung erscheint. Der Versuch Friedrich Nietzsches in "Die Teleologie seit Kant" (Manuskript des Dissertationsvorhabens 1868, Musarion- Ausgabe München 1922ff Band I S.406-428), den "Normalitätszustand" überhaupt zu leugnen, das Lebendige als nur von uns von allem Toten ausgezeichnete anzusehen, führt konsequent zu seiner These, daß die Sprache nur die versteinerten Grundirrtümer der Vernunft enthalte (ZgdM, 13). Diese Thesis gedeiht auf dem Boden der ontologischen Dimension des Irrtums, weil das Wort schon immer etwas anderes als das Ding ist. Hier endet allerdings auch die Kommunikation. Dennoch ist damit noch, wennwohl zornig, die teleologische Grundstruktur der Vernunft zugegeben! - Allerdings innerhalb des "Irrtums"; die Aporetik der antiteleologischen Teleologie im Denken Nietzsches ist zwangsläufig!

86 Diese Vorstellung einer gradativen Reihung weist unmittelbar auf C.G.Bischofs/ Nees von Esenbecks Versuche zur Erklärung der Vielzahl der organischen Verbindungen (vgl. 8. Kapitel).

87 deren außerordentliche quantitative Verbesserung Kielmeyer natürlich nicht voraussehen konnte.

88 Mehr ist über andere Kräfte ja auch nicht auszusagen! Das Faktum, daß sie quantitativ zugänglich sind, besteht in der Natur des menschlichen Verstandes und nicht in der Natur der Dinge (Kant).

89 Es fällt für das Verständnis der Rede allerdings negativ ins Gewicht, daß Kielmeyer die Begriffe Körper, Materie, Stoff, Mixtum ziemlich gemischt gebraucht, so daß sich die Bedeutung immer erst aus dem Zusammenhang erschließt; (Vgl. die Anm. 29,44,48).

5. Kapitel

Die Kenntnisse der Pflanzenchemie um 1800 vor Wiederaufnahme der Elementaranalytik.

Wie auch aus dem letzten Kapitel hervorging, waren zu Ende des 18. Jahrhunderts Definitionsschwierigkeiten bezüglich des Körper-, Verbindungs-, Prinzipienbegriffs Hauptgrund für Unsicherheiten der theoretischen Pflanzenchemie, woraus auch ein Mangel an Systematik in der praktischen Forschung resultierte. Begriffe wie Mischung, Stoff, Substanz, Materie, Körper, Element wurden von verschiedenen Forschern verschieden, bisweilen auch von nämlichen in austauschbarer Weise verwendet. Es gab keine Übereinstimmung darüber, welche Reinheitskriterien hinreichen sollten, um einen "Stoff" als einfachen,reinen zu charakterisieren oder zu identifizieren. Daher wurden zu dieser Zeit zunächst alle Charakteristika gesammelt, um wenigstens zu einer vollständigen Naturbeschreibung [1] zu gelangen. Wenn aber der systematische Anspruch über Alphabet oder Chronologie der Entdeckung [2] hinausgehen sollte, war eine Rangordnung unter den vorgefundenen Charakteristika notwendig, so daß sich begründen ließ, von welchen Eigenschaften abzusehen war, wenn Oberbegriffe, Klassen, "generische Prinzipien" definiert wurden. [3]

In der Zeit zwischen 1790 und 1820 gab man sich dabei keineswegs der vollständigen Beliebigkeit hin, bis dann nach 30 Jahren Dunkelheit durch Berzelius und Liebig die organisch- chemische Theorie das Licht gewonnen hätte, sondern die Beurteilung und Systematisierung der Elementaranalysenergebnisse besonders durch Gay- Lussac und Berzelius kristallisierte sich als <u>ein</u> Weg unter vielen heraus, schließlich aber als derjenige, auf dem die entscheidenden Fortschritte zu erlangen waren. [4]

Erstes Kriterium für die chemische Abgrenzung eines einfachen Stoffes ist immer seine Homogenität. Stoffe mit mechanischer Teilbarkeit in chemisch ungleichartige Bestandteile werden daher als nicht- einfach ausgeschieden. [5] Was dabei aber als "mechanische Teilung" angesprochen wird ist willkürlich. [6]

Ebenso willkürlich erschienen in jener Zeit aber auch physikalische Kriterien wie Löslichkeit [7] oder Verhalten gegen Wärme. [8] Die in der anorganischen Chemie akzeptierte Kristallisierbarkeit fand sich bei den meisten in Frage kommenden "näheren Prinzipien" nicht. So hielt man sich zuerst an die Natur: als phytochemisch einfache Stoffe wurden diejenigen angesehen, die sich in der Natur selbst homogen [9] vorfanden (Wachs, Harz), oder die man unter Anwendung einfacher physikalischer Operationen (Auspressen, Abkochen, Extraktion) [10] aus Pflanzen gewinnen konnte. Nach dieser ersten Kennzeichnung durch die Natur wurde zur Charakterisierung dieser einfachen Stoffe eine möglichst umfassende Beschreibung vorgenommen. Daran wurde auch durch Scheeles chemische Fällungs- Isolierungen nichts geändert. [11]

Die umfassende Beschreibung der organischen Stoffe [12] wurde nach folgenden Merkmalsklassen vorgenommen:

1. Physische Merkmale, also Merkmale, bei deren Feststellung der Experimentator identisch mit der Versuchsanordnung ist, Qualitäten, die auf die Physis des passiven Menschen wirken. Hierzu zählen: Farbe [13], Form [14], Geruch [15], Geschmack [16], Gefühl beim Betasten [17], Geräusche [18]. Mittelbar zu dieser Klasse gehört auch die physiologische Reaktion auf Applikation, Eingabe (oder Einnahme) am resp. in den Organismus [19]; letzterer Gesichtspunkt war leitend für die Einteilung von organischen Stoffen nach pharmazeutischem Interesse [20].

2. Physikalische Merkmale [21]: Um 1800 zählte man hierzu zunächst das Verhalten gegen die Imponderabilien Licht, Elektrizität, Magnetismus, Wärme. Daneben wurden berücksichtigt

das Löslichkeitsverhalten in Wasser, Alkohol, Äther [22], fetten und ätherischen ölen, das spezifische Gewicht [23], die Härte, Viskosität, Elastizität.

Die Unterscheidung erfolge nicht streng von den nachfolgenden chemischen Merkmalen: während La Garaye (1745) die Lösung in warmem Wasser schon als eine chemische Veränderung ansah, gaben andere Schriftsteller [24] die Löslichkeit in Salpetersäure als <u>physikalisches</u> Charakteristikum an. Für unsere Einteilung ist die heutige Auffassung untergelegt. [25].

Die physikalischen Merkmale wurden in verschiedener Weise dargeboten: rein [26] qualitativ (z.B. "löslich", "hart"), pseudo- quantitativ ("ziemlich leicht löslich"), angemessen [27] quantitativ ("löslich im Verhältnis 1:12"), übertrieben quantitativ [28](" 1 Teil löst sich in 7.23441 Teilen" vgl. Anm.13 zum 3. Kapitel).

3. <u>Chemische Merkmale</u>:Im Gegensatz zu den ersten beiden Klassen sind diese nicht direkt auf den Menschen bezogen [29], waren also immer schon der Charakterisierung, der Erkenntnis der "Natur" von Stoffen dienlich [30].

Hierher gehört das Verhalten gegen verschiedene Säuren und Laugen [31], gegen Indikatoren, Färbungs-, Trübungs- und Fällungsmittel [32], gegen Oxidationsmittel (Sauerstoff, Permanganat, Chlor ="oxigenisierte/dephlogistisierte Salzsäure", Luft). All diese Reaktionen wurden auch häufig bei erhöhter Temperatur und unter Destillationsbedingungen durchgeführt. Schließlich zählen auch die Vergärbarkeit und die Faulungsfähigkeit hierher, letztere beide bisweilen summiert unter "Verhalten gegen Luft nach längerem Stehen [33]".

Diese chemischen Merkmale sind hier so kurz behandelt, da sie bei den zu besprechenden Forschern ohnehin ausführlich erscheinen.

4. <u>Die Zusammensetzung der Stoffe nach dem Resultat der Elementaranalyse</u>.

Diese für uns "eigentliche" chemische Charakteristik

eines Stoffes wurde von Lavoisier in die Pflanzenchemie eingeführt [34]. Um 1800 waren neben der qualitativen Aussage "alle organischen Stoffe bestehen aus Kohlenstoff, Sauerstoff, Wasserstoff (Stickstoff)" auch quantitative Ergebnisse bekannt, denen aber noch jede Verbindung zu den drei anderen Merkmalsklassen fehlte. Die erste zusammenhängende Hypothese zu solchen Bezügen erschien erst 1811 von Gay-Lussac.

Diese vier Merkmalsklassen steckten den Rahmen für Definition und Charakterisierung von Einzelstoffen ab. Von sich aus lassen sie keinen "Königsweg" zu einer "natürlichen" Systematik der organischen Stoffe erkennen, so daß neben den extremen Ansichten:

alle verschiedenen pflanzlichen Stoffe (nähere Bestandteile) sind nur Modifikationen der <u>einen</u> pflanzlichen Substanz,[35]

und: es gibt überhaupt nur Einzelstoffe einer jeden individuellen Pflanze, jede Zusammenfassung, die sich nicht unmittelbar an der Morphologie orientiert, ist künstlich,[36]

daß zu diesen extremen Ansichten eines späten Nominalistenstreites auch alle willkürlichen mittleren Auffassungen vorfanden [37].

Daß letzten Endes die Elementaranalyse nach Berzelius und Liebig den Fortschritt der organischen Chemie bewirken sollte, war um 1800 nicht abzusehen; daher ist die Vernachlässigung aller anderen Versuche zur Systematisierung des gewonnenen Wissens nur aus positivistischer Geschichtsschreibung heraus verständlich.

Um für den relativen Fortgang der Pflanzenchemie nach 1800 einen plausiblen Bezugs- Maßstab zu erlangen, von welchem aus Fortschritt auch als "Fort"- Schritt erscheinen kann, ist eine Vorstellung der pflanzenchemischen Kenntnisse um 1800 vor Wiederaufnahme der Elementaranalyse notwendig.

Dafür boten sich zwei Quellen an: Zum einen eine kurze Darstellung von Vauquelin/Deyeux' "Bemerkungen über den gegenwärtigen Zustand der Pflanzenanalyse" aus dem Jahr 1797 [38], zum anderen Kielmeyers Vorlesung (1802) über die "Chemie der zusammengesetzten Körper". Während Vauquelin den Rahmen der Pflanzenchemie eher systematisch, real- definitorisch absteckt, ergibt sich aus der Vorlesung im Vergleich zu vier anderen gleichzeitigen Arbeiten ein vollständiger Überblick über den wesentlichen Inhalt der Pflanzenchemie zu Beginn des 19. Jahrhunderts. Diese chronologische Bestimmung erschöpft sich nicht darin, daß Jahrhundertwenden immer sehr bemerkenswert sind, sondern sie hat den sachbezogenen Hintergrund, daß es sich hierbei um die Summe pflanzenchemischen Wissens vor extensiver Anwendung der Elementaranalyse handelt; so sind die herangezogenen Quellen auch über ein Jahrzehnt (1795-1804) verstreut erschienen.

Pflanzenanalysen hatten in den letzten zwei Jahrzehnten des 18. Jahrhunderts so stark zugenommen, daß Hermbstaedts "Anleitung zur Zergliederung der Vegetabilien" (1795; s.u.) als ein Versuch erscheinen mußte, der Pflanzenchemie Einheitlichkeit sowie Vergleichbarkeit und Reproduzierbarkeit ihrer Analysen zu vermitteln. [39] Kurz später faßten die beiden französischen Pflanzenchemiker Deyeux und Vauquelin die bisher erzielten Ergebnisse systematisch zusammen. Sie hielten dabei 12 Grundsätze der Pflanzenanalytik fest.

1. Fast alle pflanzlichen Substanzen bestehen aus Kohlen-, Wasser- und Sauerstoff. [40]
2. Die Verschiedenheit des Verhältnisses dieser Elemente zueinander begründet die Verschiedenheit pflanzlicher Stoffe.
3. Diese lassen sich chemisch verstehen als "Oxyde von Kohlenwasserstoff".
4. Manche Pflanzenstoffe enthalten (wenig) Stickstoff. [41]
5. Bisher wurden 15 Arten verschiedener Pflanzenstoffe unterschieden. [42]
6. Ein immaterieller Spiritus rector existiert nicht (s.u.).
7. Manche Stoffe sind ineinander verwandlungsfähig.
8. Das kann durch chemische Mittel geschehen. [43]

9. Das kann durch die Vegetation geschehen [44].
10. Schließlich können Affinitäten auch durch Gärung verändert werden.
11. Die Physiologie in den Pflanzen, d.h. die Bildung der näheren Bestandteile

> "ist eine Folge wahrer chemischer Operationen, welche die Kunst, von der Keimung bis zur Reifung der Früchte und Samen, verfolgen und erklären kann." [45]

12. Daher ist die ganze Vegetation ein chemisches Problem. —

Diese Zusammenstellung deutet für uns schon an, welche beiden Stellen für Fortschritte offen waren: die der "Verschiedenheit des Verhältnisses..", zugänglich durch quantitative Elementaranalyse (vgl. 7. Kapitel), und die der Anzahl der Arten von Pflanzenstoffen.

Für den Überblick des Bestandes der Pflanzenchemie um 1800 bot sich Kielmeyers in Tübingen ab 1802 gehaltene Vorlesung über Chemie an, in deren 6. Unterabschnitt die "Chemie der zusammengesetzten Körper" behandelt wird. [Der kleinere Anteil der Tierchemie wird herausgelassen.]

Die Darlegung in Form dieser kommentierten Edition hat gegenüber einer Bearbeitung von Lehrbüchern oder von Einzelartikeln erhebliche Vorteile: In Lehrbüchern erscheint Pflanzenchemie immer schon unter einem bestimmten Aspekt, sei es pharmazeutischen, ökonomischen oder (anorganisch-) chemischen. Das bedingte, daß bei den einzelnen Stoffen nur die je relevanten Eigenschaften hervorgehoben wurden [46]; außerdem wurde in allgemein- chemischen Lehrbüchern die Pflanzenchemie im Vergleich zur anorganischen Chemie immer sehr kurz behandelt. Einzelne Artikel pflanzenchemischen Inhalts schließlich setzten weit mehr Wissen voraus als in ihnen selbst thematisiert wird, so daß sich aus ihnen nie ein vollständiger Überblick gewinnen ließe. Kielmeyers Vorlesung, für Studierende gehalten, entbehrte aber noch der Spezialisierung; sie sollte Mediziner, Physiologen, Chemiker, Pharmazeuten gleichermaßen ansprechen und bemühte sich daher um eine möglichst ausführliche und übersichtliche Darstellung des pflanzenchemischen Wissens. Schließlich ist

Kielmeyers Einfluß auf die Pflanzenchemie selbst bedeutend: 1812 schreibt Kurt Sprengel von der "Tübinger pflanzenchemischen Schule" [47], und so bedeutende Chemiker wie C.H.Pfaff und Leopold Gmelin zählten zu seinen Schülern.

Zur Einordnung und als Interpretationsbezug wurden für Kielmeyers Vorlesung zwei Handbücher, eine pflanzenchemische Dissertation und eine Folge von pflanzenanalytischen Artikeln herangezogen, so daß die folgende Darstellung des pflanzenchemischen Wissensbestandes repräsentativ für die Jahrhundertwende ist.

Davor seien aber kurz diese Bezugsmaßstäbe vorgestellt.

1. Von 1795-1799 erschienen im Berlinischen Jahrbuch für Pharmazie fünf Artikel von Sigismund Friedrich Hermbstaedt (1760-1833), die 1807 überarbeitet noch einmal in einem Bändchen aufgelegt wurden. [48] Sie erfuhren unlängst eine Bearbeitung in der Literatur, ausschließlich jedoch fast hinsichtlich ihres analytischen Charakters. [49] Mit dieser Schriftenreihe hatte Hermbstaedt, einer der bekanntesten deutschen Chemiker [50] und Übersetzer von Lavoisiers Traité, maßgeblichen Einfluß auf die Pflanzenanalytik bis 1825, dadurch mittelbar auf die ganze Pflanzenchemie. [51]
2. 1799 erschien in Göttingen eine medizinische Dissertation von Johann Ludwig Jordan [52] (1771-1853) mit dem Titel: Disquisitio Chemica Evictorum Regni Animalis Ac Vegetabilis Elementorum. Sie wurde von der Fakultät preisgekrönt. Es handelt sich um eine kommentierte Sammlung von Pflanzenanalysen nebst einer Zusammenstellung der näheren Pflanzenbestandteile und spiegelt den Stand des pflanzenchemischen Wissens an einer weiteren deutschen Universität wider.
3. In den Jahren 1800-1802 erschienen zehn Bände 'Système des connaissances chimiques' des weiland bekanntesten französischen Pflanzenchemikers Antoine de Fourcroy [53] (1755-1809). Sie werden seit Kopp sehr häufig für einen Querschnitt des pflanzenchemischen Wissens in Chemiegeschichtswerken herangezogen. [54] Kielmeyer selbst

empfiehlt dieses Werk nachdrücklich [55]. Es zeichnet sich durch eine (allerdings etwas unübersichtliche) Fülle des zusammengetragenen Materials aus. Zum Vergleich der Kielmeyer- Vorlesung wurden sowohl das französische Original herangezogen wie die deutsche Übersetzung, von der sich (nach Smeaton) das einzige bekannte Exemplar in Tübingen befindet [56].

4. In den Jahren von 1800-1804 erschien Johann Bartholomä Trommsdorffs (1770-1837) "Systematisches Handbuch der gesammten Chemie" in sieben Bänden; darin handelt der 2. Band, Erfurt 1801, ausführlich von den Bestandteilen der Körper des Pflanzenreiches. Trommsdorff gilt als der wissenschaftliche Begründer der modernen Pharmazie [57]. Im Handbuch kommt indes die Systematik noch sehr kurz: er ordnete das Material ohne Obertitel nach Paragraphen, so daß viele Kapitel auch verschiedener Mächtigkeit ganz übergangslos nacheinander abgehandelt werden [58]. Es illustriert den Stand der angewandten Pflanzenchemie.

Aus dem Vergleich mit diesen vier Arbeiten [59], von deren Autoren drei selbst von der positivistischen Geschichtsschreibung als (große) Naturwissenschaftler bezeichnet wurden (außer Jordan), soll nicht zuletzt erhellen, daß Kielmeyer gewiß kein bloß spekulativer Naturphilosoph war. [60]

Vorbemerkung:

Zugunsten der besseren Übersichtlichkeit wurden Transkript der Vorlesung und Kommentar getrennt: Die Vorlesung stellt den (umfangreichen) Anhang IV im Textteil dar, während der Kommentar hier erfolgt. Ausgenommen davon ist nur Kielmeyers Einleitung in die gesamte Chemie, deren Zusammenfassung hier wiedergegeben wird.

Für alle anderen Stoffe (angeführt parallel zu Kielmeyers Reihenfolge) wird nach dem Titel auf die Seitenzahl im Manuskript und im Anhang verwiesen. Es empfiehlt sich, den Kielmeyer- Text neben dem Kommentar zu lesen.

[Zusammenfassung der]

Einleitung Kielmeyers zu seiner Chemievorlesung 1802 [61].

Die Aufgabe der Einleitung ist dreifach:

1. Die Bestimmung des Gegenstandes der Wissenschaft.
2. Die Bestimmung des allgemeinen Inhalts oder des möglichen Wissens. [62]
3. Die Anwendung des Inhalts oder des möglichen Wissens.

Dazu kommen Ausblicke auf Geschichte, Literatur und Nutzen der Chemie.

1. Die Bestimmung des Gegenstandes der Chemie. Für diese ist Voraussetzung die Bestimmung des Gegenstandes der Physik, da Chemie ein Teil der Physik ist [63]. Physik aber hat zum Gegenstand die allgemeinsten Erscheinungen bezüglich der Materie und deren Gesetze, die nicht weiter rückführbar sind: Anziehung, Elastizität, Elektrizität, Magnetismus. Die Chemie als Teil der Physik betrachtet nur die Erscheinungen der Anziehung, und zwar diejenigen der unmeßbar kleinsten Entfernungen [64]; Elastizität, Schwerkraft, Magnetismus äußern sich ja auch in meßbaren Entfernungen. Diese abstrakte Bestimmung faßt Kielmeyer in Abgrenzung zu abgelehnten alternativen Bestimmungen konkret so, daß neben der Beobachtung der Erscheinungen von Trennung und Verbindung der Materien die Chemie zur Wissenschaft erst wird durch die Auffindung von quantifizierten Regeln, nach denen sich diese Erscheinungen erklären lassen. Erkannt werden kann aber niemals die Materie selbst [65], sondern nur die Verbindung der Materie mit anderen Stoffen [66].

2. Bestimmung des allgemeinen Inhalts der Chemie. Diese Bestimmung muß teils aus der Natur des Geistes, teils aus der Natur des Gegenstandes erfolgen. Zu dem, was wir vom Geiste aus wissen können (transzendentale Chemie), ist festzuhalten:

a) Alles chemische Wissen ist Erfahrungswissen.
b) Jedes Wissen a priori ohne Erfahrung sollte als Naturphilosophie in einer Einleitung zur Physik stehen;

in der Chemie ist nur von Erfahrungen die Rede [67].

c) Mit der Beobachtung und Erfahrung (a) ist aber das Wissen des Gegenstandes nicht erreicht. Erst eine Vergleichung vieler Beobachtungen führt zur Erkenntnis von Gesetzen, der Bedingung der Ursachen von Anziehung. Solche Gesetze erlangt man z.B. bei Beobachtungen, bei welchen eine Größe konstant gehalten wird, während andere variieren.

Zum Gegenstand der Chemie gehört schließlich auch ihre Einteilung. Einteilungen sollen der Verminderung der Wissensmasse dienen und einzelne Forschungszweige erkennen lassen. Traditionelle Einteilungen lehnt Kielmeyer als künstlich ab [68]. Es gibt nur eine Chemie, und die kann nach der Erfahrung nur getrennt werden in einen allgemeinen und einen speziellen Teil.

> "Diese Eintheilung muß gemacht werden, weil sie sich schon durch ihre Wissenschaftlichkeit legitimirt". [69]

Die Einteilung in theoretische und Experimental- Chemie wird als "nutzlos und ungegründet" abgelehnt, da dies keine ontologische Scheidung sei: Theorie stammt immer aus der Erfahrung!

Daher wählt Kielmeyer selbst folgende Einteilung:

1. Hauptabschnitt. Von den Anziehungen und ihren Erfolgen bei den Materien überhaupt = Allgemeine Chemie
   1. Kapitel. Von den Anziehungserscheinungen gleichartiger Materien und ihren Erfolgen: Cohäsion, Krystallisation etc.
   2. Kapitel. Von der Anziehung ungleichartiger Materien ohne merkliche Änderung der Qualität der Materien
   3. Kapitel. Von der Anziehung ungleichartiger Materien mit merklicher Änderung der Qualitäten.

   Hierbei werden immer nacheinander behandelt
   - a) die Geschichte und Beobachtung der Erscheinungen
   - b) die Theorie der Erscheinungen nach Gesetzen, Ursachen der Erscheinungen und allgemeinen Regeln zur Darstellung.
2. Hauptabschnitt. Von den Anziehungen und ihren Erfolgen

bei den verschiedenen Klassen und Gattungen von Materien = Spezielle Chemie.

Ab hier ist jede Zusammenstellung nach Kielmeyer willkürlich. Er wählt die mit Lavoisier verbindliche nach

1. Ungewichtige Materien wie Luft, Wärme, Geruch, Musik[70]
2. Gewichtige Materien, die in pro tempore [71] einfache und pro tempore zusammengesetzte zu unterteilen sind. Die einfachen zerfallen in
   a) relativ comburierende
   b) relativ combustible
   c) relativ comburierte[72]

"Mit den zusammengesetzten Materien hört die Chemie eigentlich auf. Je zusammengesezter die Materien werden, desto weniger zeigen sie Anziehungen gegen einen neuen Stoff." [73]

Da aber die Chemie auch Kunst ist, gehören diese Materien hier in die spezielle Chemie; der allgemeinen sind sie noch nicht zugänglich. -

Auf neun Seiten folgt eine kurze Geschichte der Chemie [74]. In der Literatur, die Kielmeyer angibt, zeigt er sich auf aktuellem Stand; er empfiehlt Fourcroy, Lavoisier, Ingenhousz, von den deutschen Autoren Hildebrandt, Richter, Göttling, Trommsdorff, Girtanner, Hagen, Gmelin und etliche mehr. [75] Besonders herausgehoben wird nur Herman Boerhaave[76].

3. Die Anwendung des Inhalts oder des möglichen Wissens.

"Den Werth von Wissenschaften hat man zu beurtheilen nach der Mannigfaltigkeit der Beschäftigung für den Geist und insofern hat die Chemie Werth [77] ... Auch die meiste Mittel zur Befriedigung der menschlichen Bedürfnisse sind durch die Anziehung entstanden. [78] Dann schafft sie auch neue Bedürfnisse, womit der Thätigkeitskreis des Menschen vermehrt wird, sonst ist nur ein einzelner Theil des Idioms, wodurch man die Natur erklärt anzusehen. In jüngeren Jahren aber muß eine Wißenschaft als Wißenschaft reizen, sonst ist man bereits für sie verlohren." [79]

Kommentar:

Diese Einleitung in die Chemievorlesung zeigt deutlich, wie weit die These von Kielmeyer als Naturphilosophen trägt: so weit, als die Naturphilosophie bei Kant reicht! Kielmeyer akzeptiert die dynamische Materieauffassung (später distanziert er sich hiervon [80]), definiert aber die Chemie als Teil der Physik und lehnt damit jede apriorische Chemie ab. Die "Bedingungen der Möglichkeit der Erfahrung" gehören in eine Einleitung der Physik, nirgendwo in die Chemie. Kielmeyers Kritik an Schelling und dessen Schule ist damit schärfer [81] als die Trommsdorffs, der in Schelling den möglichen Schöpfer einer apriorischen Chemie apostrophiert [82], diese als "erhabenen Standpunkt" [83] bezeichnet.

Kielmeyers Beschreibung eines Fortschrittes von Wissenschaft, von Beobachtung und Erfahrung über Vergleich und Experiment zu den Gesetzen entspricht dem modernen Verständnis. Folgerichtig trennt er die eine Chemie nach der Erfahrung in einen allgemeinen und einen speziellen Teil. Trommsdorffs Unterteilungen, im Handbuch in reine und angewandte Chemie, später (1809) in theoretische und Experimentalchemie sind zwar nützlich für den Praktiker, der nur einen Teilbereich bearbeiten will, werden aber von Kielmeyer abgelehnt, weil hier keine spezifische Differenz vorliegt: die reine Chemie ist ja immer schon Folge der angewandten! Und während Kielmeyer trotz dieser Reihenfolge die Ergebnisse der allgemeinen Chemie als höher einstuft als einzelne Beobachtungen, verbunden mit der psychologischen Bemerkung, daß eine Wissenschaft einen jungen Forscher qua Wissenschaft reizen müsse, stellt Trommsdorff dem eine utilitaristische Betrachtung entgegen:

> " der Zweck der Chemie ist nicht blos speculative Betrachtungen über die Natur und die Mischung der Körper anzustellen, sondern diese auch zu unsern Bedürfnissen durch gehörige Verarbeitung brauchbar zu machen.." [84]

Kielmeyers Einteilung der Chemie in allgemeine und spezielle und die Unterteilung der letzteren in Chemie der einfachen und zusammengesetzten Materien zieht nach sich, daß eine Scheidung in organische und unorganische Chemie nicht notwendig ist. Die Chemie der Pflanzenkörper muß sich daher letztlich auf die eine Chemie zurückführen lassen; die Lebenskraft ist, wie jede andere Kraft, materiale Kraft, die auf die Form von Körpern einwirkt, wie andere Kräfte aber noch nicht auf allgemeinere Prinzipien rückführbar [85].

Fourcroys Einteilung seines Lehrbuchs, das er "Système" nennt, ist traditionell: er behandelt in 8 Kapiteln nacheinander die philosophische (=theoretische), die meteorische (= mineralische), die metallurgische, die vegetabilische, die animalische, die medizinische, die technische und die ökonomische Chemie. Damit wird das zusammengetragene Material zwar erschöpfend für die zeitgenössische Chemie, aber gerade kein System. Der deutsche Übersetzer Wolff [86] weist in seiner Vorrede auf die bei dieser Zusammenstellung unvermeidlichen Wiederholungen und Digressionen hin, die er durch Querverweise zu vermeiden trachtete [87]. Kielmeyer lehnte diese Einteilung ab: er schätzte Fourcroys "Système" zwar als die "reichhaltigste Sammlung von factis über die Chemie" [88] ein, deren "Raissonment" jedoch zu einseitig sei, so daß es eher ein Nachschlagwerk darstelle.

So erhellt schon aus dieser Einleitung in die Chemie, daß Kielmeyer den Vergleich mit anderen Chemikern nicht zu scheuen brauchte. Dies sei durch die Vorlesungsedition im einzelnen begründet:

6. Unterabschnitt

Von den zusammengesetzten Materien, ihren chemischen Verhältnissen als ganzen und ihrer Zusammensezung nach.

Einleitung siehe Kielmeyer Fol.223-226 = Anhang S.23-25

Die Schwierigkeiten bei der Behandlung der zusammengesetzten Materien ergeben sich im besonderen durch die eingeschränkte Affinitätenzahl, das Abweichen von den "oben bewehrten Verhältnissen". Daher kann man nur noch die Zusammensetzung betrachten und unter chemischen Oberkriterien (relative Brennbarkeit, Löslichkeit) eine möglichst vollständige qualitative Beschreibung vornehmen, zu der vorzüglich das Verhalten gegen Reagenzien zu zählen ist. Seit Linné wurde zunehmend die aristotelische Drei- Reiche- Lehre in Botanik und Zoologie zurückgedrängt zugunsten der Unterscheidung belebt- unbelebt. Kielmeyer zeigt sich hier, obwohl nicht Mechanist [89], konsequent als Chemiker: er behandelt unter den zusammengesetzten Stoffen die tierischen, pflanzlichen und mineralischen nebeneinander, sofern sie nur den Oberkriterien genügen. Dabei kommen auch zwangsläufig die Stoffe häufig nach ihrem Kohlenstoffgehalt zusammen. Diese Art der Betrachtung ist neuartig, Kielmeyers Bemerkung, er trage die Chemie nach einem eigenen System vor, gerechtfertigt. Sie wird erst zehn bzw. fünfzehn Jahre später von Gay- Lussac bzw. Döbereiner wiederaufgenommen, dann aber auf der Basis der Elementaranalysenergebnisse, die für Kielmeyer noch nicht vorlagen.

Der Vergleich mit anderen Autoren unterstreicht diese Originalität. Hermbstaedt hält die 26 näheren Bestandteile der Vegetabilien für chemisch völlig eigentümlich. Innerhalb des Pflanzenreiches aber sind diese Grundstoffe identisch[90]. Verschiedenheiten bei Ölen etwa resultieren für ihn nur aus Beimengungen. Hermbstaedt versucht, das organisch Vielfältige aus einer begrenzten Anzahl von organischen Grundstoffen zu erklären, gerät aber dabei in Schwierigkeiten mit neu entdeckten:

> "Wir sind schlechterdings gezwungen, in den Vegetabilien ebenso viel verschieden geartete Grundstoffe anzunehmen, als wir verschieden geartete Bestandtheile aus ihnen darstellen können.." [91]

Dadurch kann wegen ständiger empirischer Ergänzung kein geschlossenes System entstehen, obwohl dies intendiert ist, während Kielmeyers Anordnung ein offenes System darstellt [92], wobei freilich die spezifische Einheit der Pflanzenchemie verlorengeht.

Jordan stellt in der Einleitung der Disquisitio polemisch fest, daß die älteren Chemiker bis 1790 nichts ("nihil omnino") zur Kenntnis der Materien organisierter Körper beigetragen hätten; er selbst setzt sich daher zum Ziel "quae sint vera, certa, evicta et observationibus declarata chemica corporum animalium ac vegetabilium elementa." [93] Er trennt daher

Pflanzen- und Tierchemie und beschränkt seine Arbeit auf Sammlung und Kommentierung von Analysenliteratur.

Fourcroys Einleitung in den 3. Band des "Systems" über die vegetabilische Chemie begründet die Abtrennung auch nach der Natur, doch faßt er den Begriff der Pflanzenchemie viel weiter als Kielmeyer. Neben Natur und chemischen Eigenschaften der Pflanzenstoffe behandelt er auch Gärungschemie (bei Kielmeyer unter "Zucker") und physiologische Chemie, die mit der Chemie der Einzelbestandteile zusammen erörtert wird. Dadurch ergibt sich auch eine Doppelanordnung der Stoffe nach Physiologie und Chemie; Fourcroy orientiert sich an der (hypothetischen) physiologisch- chronologischen Erscheinung der Stoffe in der Pflanze: nach dem Saft behandelt er den Schleim, dann Zucker usw. [94] Physiologie und Chemie gehören hier unmittelbar zusammen. [95]

Trommsdorff [96] trennt wie Fourcroy die vegetabilische Chemie ab, aber in chemisch- pharmazeutischer Absicht. Er bezeichnet die Pflanzenkörper und- stoffe als "natürliche Oxyde", deren Verschiedenheit nicht nur im quantitativen Verhältnis der Elemente liegt, sondern auch in der Art und Weise der Verbindung dieser Stoffe. Die Reihenfolge der behandelten Pflanzenstoffe ist dabei zunächst an der Darstellung orientiert; erst kommen die durch Destillation und Verkohlung erhältlichen Bestandteile, danach die mit Wasser extrahierbaren (Extraktivstoff , Schleim, Gummi) usw. Das Interesse an der Praxis steht auch innerhalb der Einzelparagraphen im Vordergrund.

Die "chemische Natur" der bei allen fünf Autoren behandelten Stoffe ist in ihren Grundzügen häufig schon durch die Art ihrer Darstellung und Isolierung gekennzeichnet. Jordan bleibt hierbei stehen, ebenso Hermbstaedt, dessen Versuch, mit einem gewissen naturphilosophischen Impetus die Einheit des Pflanzenreiches [97] zu bewahren von Trommsdorff angegriffen wird. Fourcroy referiert mit physiologischem Aspekt alles, was bei Pflanzen chemisch zugänglich ist; Trommsdorff sieht im Vordergrund den Nutzen, die Anwendung der isolierten Bestandteile; wie Fourcroy und Kielmeyer aber bespricht er auch ausführlich das Verhalten dieser Stoffe gegen alle Arten von Reagenzien. Kielmeyer schließlich ordnet die Pflanzenbestandteile unter die Chemie der zusammengesetzten Materien ein, was den unmittelbaren Bezug zu einer späteren "organischen Chemie" in sich trägt.

Erste Abtheilung

Von den brennbaren im Wasser unauflöslichen zusammengesezten Materien

I. A) Von den fetten Ölen siehe Kielmeyer Fol. 226-134
= Anhang S. 25-29

Öle gehören zu den am längsten verwendeten pflanzlichen Produkten, als Heil- wie als Nahrungsmittel [98]. Der Begriff Öl scheint jedoch schon auch von alters her zur Kennzeichnung aller brennbaren, mit Wasser nicht mischbaren Flüssigkeiten aus Pflanzen gebraucht worden zu sein. Daher wurden ätherische und fette Öle immer unter der gemeinsamen Rubrik "Öle" behandelt. Gegen Ende des 18. Jahrhunderts wurde noch für beide ein gemeinsamer Grundstoff angenommen

> "Es scheint nichts destoweniger, daß der ölichte Bestandtheil in beyden ein und der nemliche ist; allein in den fixen ist er mit dem Schleim, in den flüchtigen hingegen mit dem Gewürzstoff... verbunden."
> Chaptal (1791) III, S.37.

Auch Kielmeyer nimmt ja beide unter das Kapitel Öl !Im 17. Jahrhundert war es bei der Pyrolyse der Pflanzen als Bestandteil anerkannt und wurde darüber hinaus auch in der anorganischen Chemie (in Gleichsetzung mit dem Sulphur, dem Brennbaren schlechthin) verwendet. Die Kenntnis von Öl- Zubereitungen: Seifen, Pflastern, Linimenten, scheint fast ebenso alt wie die Kenntnis der Öle selbst zu sein [99]. Die Verseifungen zeichneten den Weg zur Erkenntnis der chemischen Konstitution von fetten Ölen von Scheele [100] bis Chevreul [101] ab.

Kielmeyers Zusammenstellung enthält ziemlich vollständig das zeitgenössische Wissen über die fetten Öle. Originell sind die Bemerkungen über die Bildung von fetten Ölen aus tierischen Teilen durch Fäulnis, die über Fourcroys Bemerkungen zum Leichenwachs [102] hinausgehen. Die Unterscheidung der Öle einerseits nach der Herkunft, andererseits nach trocknenden und flüssig-bleibenden ist seit langem bekannt.

Hermbstaedt behandelt die fetten Öle zusammen mit den Fetten unter <u>einem</u> Fettstoff, den er rein, "nur in verschiedener Konsistenz" [103], im Mandelöl und der Kakaobutter identifiziert. Im Gegensatz zu Kielmeyer, der Talg und Wachs nur als Sonderformen von fetten Ölen ansieht, nimmt er auch einen eigenen Wachsstoff an, der sich zum Fettstoff verhält wie Kampfer zum ätherischen Öl, also nur durch die spröde Konsistenz unterscheidet.

Jordan gibt zu Ölen wie Wachs nur die Zusammensetzung aus Kohlen-, Wasser- und Sauerstoff an.

Fourcroy trennt zwar das fette Öl vom Wachs ab, doch geschieht das zunächst auch nur aufgrund der Konsistenz, der er einen höheren Sauerstoffgehalt unterlegt [104]. Er untersucht das Verhalten gegen Reagenzien systematischer als Kielmeyer (vgl. die Tabelle am Schluß des Kapitels). Scheeles Glyzerin, das "milde Prinzip Scheeles", hält er für eine Verunreinigung des Öls durch Schleim. Lavoisiers These, Öle bestünden nur aus Kohlenstoff und Wasserstoff, weist er wie alle anderen vier Autoren zurück. Fourcroy unterscheidet beim Verhalten gegen Luft (Sauerstoff) neben den austrocknenden (siccatives) und den ranzelnden (rancesibles) Ölen diejenigen, die in wachsähnliche Substanzen übergehen (cérifiables).

Ausführliche praktische Beobachtungen finden sich bei Trommsdorff, der fette Öle und Wachse wie Kielmeyer zusammen behandelt. [105] Er gibt aber dazu ausführliche quantitative Verhältnisse zur Bildung von Pflastern und Seifen, zur Bereitung von Emulsionen an, mit vielen Hinweisen zur Pharmazeutischen Praxis (etwa der Angabe, welche Dichte die Natronlauge bei der Seifenherstellung haben solle). Als merkwürdig bezeichnet er die Tatsache, daß das Öl beim Wiederabscheiden aus Seifen durch beliebige Säuren

"in seiner Mischung so verändert worden ist,

daß es sich jetzt beinahe ganz in Alkohol löst."[106]

Hermbstaedt wird jedoch von Trommsdorff scharf kritisiert[107]:

> "Einen eigenen Oelstoff anzunehmen... um die Verschiedenheit der Oele von beigemischten fremdartigen Theilen abzuleiten... ist sehr überflüssig und inconsequent. Die Verschiedenheit der fetten Öle ist gewiß in dem verschiedenen quantitativen Verhältnisse ihrer Grundstoffe zu suchen."[108]

Scheeles Ölsüß hält Trommsdorff für eine Modifikation des Zuckers, die nicht in fetten Ölen präexistiert (wie bei Fourcroy als Schleim), sondern erst während der Arbeit erzeugt wird.[109]

So waren um 1800 die fetten Öle und Wachse als eine eigene Stoffklasse innerhalb der Pflanzenbestandteile anerkannt. Die einzelnen Species wurden aufgeteilt nach ihrem Verhalten gegen Sauerstoff, ihre Individualität resultierte aus ihrer Herkunft und damit aus verschiedenen Beimengungen; nur Trommsdorff erklärte sie durch Annahme verschiedener Verhältnisse der Grundbestandteile.

B) Betrachtung der ätherischen Oele

Kielmeyer Fol. 234-240 = Anhang S. 29-33

Die ätherischen Öle zählen wie die vorgenannten fetten Öle zu den ältesten isolierten Pflanzenbestandteilen in ihrer Verwendung als Gewürze, Heilmittel und Kosmetika[110]. Reine Öle finden sich etwa bei Dioskurides, Plinius und Galen, in größerer Zahl nach der im Hochmittelalter besser ausgebildeten Destillation. Systematische Untersuchungen von Pflanzen nach ätherischen Ölen finden sich später bei den Paracelsisten, die die Quintessenz der Pflanzen durch Destillation darzustellen trachteten. Hinsichtlich der Zusammensetzung findet sich schon bei Paracelsus[111] die Annahme eines Riechstoffs in den ätherischen Ölen, eine Annahme, die bei Boerhaave ausführlich begründet wird.[112] Kielmeyer hält die Frage zur Existenz dieses Spiritus rector für nicht entschieden, ebensowenig wie Hermbstaedt[113]. Kielmeyer teilt die ätherischen Öle nach spezifischem Gewicht (nur qualitativ), nach Herkunft und Kristallanschüssen ein, ohne dabei über die Literatur bis 1795 hinauszugehen. Gegen Lavoisier gibt er aber einen Sauerstoffgehalt an.

Hermbstaedt läßt den universalen Ölstoff nur aus Kohlen- und Wasserstoff bestehen und rückt ihn in unmittelbare Nähe des Fettstoffs, der durch trockene Destillation in Ölstoff umgewandelt werde [114]. Jordan weist die Auffassung, ätherisches Öl bestehe aus Harz und Aroma zurück und erklärt das Entstehen des Harzes aus ätherischem Öl durch Sauerstoffaufnahme aus der Luft analog der Verharzung des ätherischen Öls durch Salpetersäure [115]. Da Jordan sehr exakt zitiert, hier aber die gleichzeitige Arbeit Fourcroys (s.u.) nicht erwähnt, ist anzunehmen, daß er unabhängig von diesem zu dem Ergebnis gelangt ist. Die kristallinischen Anschüsse im ätherischen Öl hält Jordan wie Kielmeyer für "wahren Kampfer" [116], der durch Sauerstoffaufnahme entstehe ("mäßiger Luftzutritt"), teilweise aber auch für ein "sal acidum" ohne nähere Begründung.

Fourcroy hatte noch 1794 Boerhaavens Theorie vertreten, [117] war aber 1798 aufgrund einer ausführlichen Arbeit [118] zur Ansicht gekommen, "daß die <u>ganze</u> Substanz des Öls verflüchtigt werde, und auf die Geruchsnerven wirke". [119] Die Verharzung erklärt er nicht durch Sauerstoffaufnahme, sondern durch Wasserstoffverlust und dadurch relativem Überwiegen von Kohlenstoff [120]. Die entstehenden Kristalle deutet er mit Vauquelin als Beginn einer Oxidation. Fourcroys Unterteilung in 6 Klassen von ätherischen Ölen ist stärker differenziert als die Kielmeyers. Er unterscheidet im einzelnen:

1. verhauchende Öle (huiles fugaces), die sich weder durch Destillation noch durch Auspressen gewinnen lassen, sondern nur durch Extraktion mit fetten Ölen [enfleurage-Verfahren]. Beispiele sind Lilien-, Jasmin-, Narzissenöl.
2. leichte Öle (huiles legères), durch Auspressen darzustellen wie Zitronen- oder Zedernöl.
3. flüchtig- zähe Öle (huiles visqueses ou epaisses) wie Zimt- oder Nelkenöl mit hoher Viskosität.
4. ätherische Öle, die beim Erkalten kristallisieren wie

Fenchel-, Anis- oder Thymianöl.

5. wachsähnliche Öle, die mit butter- oder wachsähnlichen Substanzen vergesellschaftet vorkommen, wie Muskatbutter.
6. Kampferhaltige Öle(huiles camphrées) wie Rosmarin-, Lavendel- oder Salbeiöl (Kampfer hier als Klassenbezeichnung).

Trommsdorff schließlich erwähnt Verschiedenheiten der ätherischen Öle nach Dichte, Viskosität, Schmelzpunkt, Farbe; kristallinische Anschüsse können für ihn "geronnenes Öl", wahrer Kampfer (analog zur Benzeosäure) sein. Die Starkeysche Seife [121] hält er wie die anderen Autoren nicht für Seife im gewöhnlichen Sinne.

Ätherische Öle sind um 1800 als näherer Pflanzenbestandteil bekannt; Unterteilungen dieser Stoffgruppe sind jedoch noch nicht chemisch zu nennen.

C) "Zu diesen 2 Hauptklassen von Oelen gesellt sich noch eine dritte, die sogenannte <u>brenzlichte</u> oder <u>empyreumatische</u> <u>Öle</u> ."
Kielmeyer Fol. 241-242 = Anhang S.33-34

Die brenzligen Öle, Relikt aus der Zeit der Pyrolyse[122], werden um 1800 allgemein nicht als Pflanzenbestandteile, sondern als Röstprodukt angesehen. Dippels animalisches Öl [123], auch anspruchsvoll "Oleum philosophorum" genannt, spielte auch in der Pharmazie keine Rolle mehr. Kielmeyer wie Trommsdorff [124] betrachteten sie aber als chemische Verbindungen doch eingehender, wobei Trommsdorff als Reagenzien verschiedene Säuren und Laugen einsetzt. Er weist auch die Meinung zurück, es handle sich um halbzerstörte fette Öle, da man sie auch aus Weinstein oder Zucker gewinnen könne.

II. <u>Bernstein</u> Kielmeyer Fol.242-243 Anhang S.34

Die ältesten Belege für den Bernstein (als Schmuckstück) stammen aus dem Jungpaläolithikum [125]; im Altertum spielte er eine große Rolle. Plinius [126] zählt ihn zu den Pflanzenharzen, Pomet [127] zu den Erdharzen (wie Gagat,Asphalt, Copal) wie Kielmeyer, der aber seinen Ursprung im Pflanzenreich sieht. Während alle anderen Autoren den Bernstein unter den Harzen abhandeln, nimmt Kielmeyer die Trennung vor wegen der Polierbarkeit und der Möglichkeit, die eigentümliche Bernsteinsäure (s.u.) daraus zu sublimieren.

III. Amber [animalisch]

IV. Der Kampfer

Kielmeyer Fol.244-246 = Anhang S. 34-35

Die frühesten Erwähnungen des Kampfers als eines Räucher- und Heilmittels gehen bis ins 3. Jahrhundert vor Christus zurück [128], die ersten ausführlichen Beschreibungen von der Gewinnung finden sich bei Marco Polo. Dennoch war die "Natur" des Kampfers umstritten: Agricola hielt ihn für ein Erdharz [129], Pomet für einen Gummi [130], bei Neumann erscheint er als konkretes ätherisches Öl. [131]

Für Kielmeyer ist die Bezeichnung "Kampfer" ein generisches Prinzip, von dem es verschiedene Arten gibt. Originell und streng chemisch ordnet er den Kampfer näher den harzähnlichen Materien zu (wegen der Löslichkeitsverhältnisse und der Zusammensetzung: als ein oxidiertes ätherisches Öl) und nicht den ätherischen Ölen, zu denen die Zuordnung über den Geruch erfolgte.

Hermbstaedt nimmt einen einzigen Kampfer<u>stoff</u> an, der mit dem Lauraceen- Kampfer identisch ist; er betont die unmittelbare Verwandtschaft zum Oelstoff. Ebenso kennt Jordan nur einen Kampfer, obwohl er Geruchsdifferenzen feststellt. Damit ist auch Fourcroys Position umrissen, der den Unterschied der verschiedenen Kampfergerüche durch anhängende Ölteilchen erklärt [132]. Diesen einen Kampfer beschreibt Fourcroy sehr ausführlich, gibt über Kielmeyer hinaus die Kristallform, Sublimations- und Schmelzpunkt an und bespricht ausführlich Kosegartens und Lagranges Arbeiten über die Kampfersäure [133] (s.u.). Auch Trommsdorff diskutiert das vielfältige

Vorkommen von Kampfer in diversen ätherischen Ölen und hält ihn für einen eigenen Pflanzenbestandteil, wie Fourcroy aber für einen immer nämlichen. Die Kampfersäure hält er mit Dörffurt für Benzoesäure [134].

Der Kampfer gilt also um 1800 als ein eigentümlicher Pflanzenbestandteil, den man überwiegend im Sinne Hermbstaedts für universal hält. Kielmeyer (in der Nachfolge von Neumann) hält ihn für ein generisches Prinzip, wie es später allgemein angenommen wird.

V. Von den Pflanzenharzen

Kielmeyer Fol.246-247 = Anhang S.35-36

Harze zählen als Räucher- und Heilmittel zu den ältesten bekannten Pflanzenprodukten [135]. Plinius und Dioskurides geben (mit Ausnahme der exotischen Species) vollständige Listen der verschiedenen Harze an. Bei Pomet indes ist der Begriff "Harz" weiter gefaßt:

> "Das Wort Hartz bedeutet eigentlich eine leicht entzündliche, fette und schmierichte Materie, von unterschiedlicher Farbe und Consistenz, die sich innerhalb der Erde, oder auch über und oben auf derselbigen befindet..." [136];

dabei rechnet er die Harze unter die Mineralien, zählt dazu Schwefel und Steinkohlen, während er unsere heutigen Harze unter den Gummen abhandelt. Nach Boulduc und Boerhaave werden die Harze jedoch allgemein aufgrund ihrer eigentümlichen Löslichkeitsverhältnisse zu den näheren Bestandteilen gerechnet.

Kielmeyers Artikel mit der Bemerkung, Harze seien oxidierte ätherische Öle, ist oberflächlich und nicht auf der Höhe des chemischen Wissens seiner Zeit. Dazu gehört zumindest die Diskussion von Prousts und Fourcroys These, Harze entstünden aus ätherischen Ölen und verschiedenen Säuren (die sich ja auch z.B. aus dem Benzoeharz direkt durch Sublimation darstellen ließen); die nämliche Reaktion finde beim Stehenlassen an der Luft statt, als eine dreifache Oxidation: Aufsaugen von Sauerstoff, Abgabe von Wasserstoff (es findet

sich Wasser in der Retorte), Abgabe von Kohlenstoff (es findet sich CO_2 in der Retorte).
Hermbstaedt hält sich wieder an eine strikte Harzstoff- Definition, die in ihrem chemischen Teil mit Kielmeyer vergleichbar ist; allerdings erscheinen bei ihm auch alle verschiedenen Harze als Verunreinigungen (etwa durch ätherische Öle) des einen Harzstoffs. Flüssige Harze und Balsame unterscheiden sich nur durch das quantitative Verhältnis der Elemente.

Jordan bezeichnet die Harze als Zusammensetzung aus Kohlenwasserstoffradikalen und Säure (im Anschluß an Lavoisier). Trommsdorff hält an den Verschiedenheiten der Harze fest; die Schärfe, der Geruch, die laxierende Wirkung sei jeweils dem ganzen Harz eigentümlich. Balsame nimmt Trommsdorff für noch nicht verhärtete Harze an und erklärt Fourcroys Feststellung, alle Balsame bestünden aus Harz und Benzoesäure,[137] für irrig.

Harze waren im 18. Jahrhundert durch ihre charakteristische Löslichkeit in Alkohol allgemein als näherer Pflanzenbestandteil anerkannt. Ihre Unterschiedlichkeiten waren chemisch um 1800 jedoch noch nicht zu erklären.

VI. Von den elastischen Gummen - Caoutchuc
Kielmeyer Fol.247, 248 = Anhang S. 36

In manchen tropischen Kulturen war der Kautschuk als Handwerksmaterial seit langem bekannt [138]. Kolumbus sah Indianer mit Kautschukbällen spielen. Wenn dieser elastische Gummi auch die Neugier der Naturforscher erregte, war die praktische Verwendung doch gering; die Literatur erwähnt Priestleys Einführung als Radiergummi [139], Kielmeyer nennt die Verwendung für Katheter und andere chirurgische Instrumente. Sonst berichtet er wenig über den Kautschuk - er zitiert Destillations- Ergebnisse nach Gren - da über chemische Verhältnisse nichts bekannt sei. Hermbstaedt definiert einen eigenen "Kautschückstoff"; diesen Namen will er aber nur so lange verwenden, bis er einen besseren gefunden hat [140].

Jordan, der den Kautschuk als allgemeinen Pflanzenbestandteil ansieht, erwähnt auch Tilebeins Mistel- Kautschuk. Fourcroy [141] wird von Jordan für die Elementaranalyse zitiert, für die er Kohlenstoff, Wasserstoff, Stickstoff, Sauerstoff und Phosphor angibt, da sich aus Kautschuk Gummi, Ammoniak, Kohlensäure, Blausäure und Oxalsäure darstellen lassen.

Fourcroy wie Trommsdorff lehnen den Namen elastisches Gummi zugunsten von "Federharz" ab; im Handbuch der Naturgeschichte (1788) hatte Fourcroy Kautschuk noch bei den Gummiharzen behandelt. Theorien der Zusammensetzung des Kautschuks aus anderen näheren Pflanzenbestandteilen nach Berniard oder Gren werden zurückgewiesen. Die Eigentümlichkeit muß nach Trommsdorff schon im Verhältnis der Grundstoffe zu suchen sein.

Kautschuk wird um 1800 als eigener näherer Pflanzenbestandteil angenommen, der allerdings auf wenige Pflanzen beschränkt ist.

VII., VIII., IX. Bergnaphta, Bergöl, Asphalt, Gagat,
X., XI. Steinkohlen
Kielmeyer Fol.249-250 = Anhang S.36-37

Als Brennmaterial sind diese Stoffe seit Menschengedenken bekannt [142]. Sie erschienen gewöhnlich nicht in der Pflanzenchemie; weder Jordan noch Hermbstaedt erwähnen sie. Auch bei Fourcroys physiologischem Nacheinander der Pflanzenbestandteile finden sie keinen Platz. Kielmeyer konstatiert für die Einordnung an dieser Stelle, also zwischen den näheren Pflanzenbestandteilen nicht nur die vermutete Herkunft aus Pflanzen, sondern auch den unterschiedlichen Kohlenstoffgehalt und die Verschiedenheiten beim Verhalten gegen Verbrennung. Diese chemische Zuordnung scheint plausibler als von Trommsdorff, der die Stoffe bei den Anorganica abhandelt. Für die Pflanzenchemie ist noch anzumerken, daß die Pflanzenkohle als eigentümliche Verbindung von Kohlenstoff, Sauerstoff und Wasserstoff angesehen wurde. [143]

XII. Balsame

Kielmeyer Fol.251 = Anhang S. 38

Die Balsame waren ursprünglich von den Harzen nicht getrennt [144]; Pomet beschreibt sie mit diesen gemeinsam als "harzichte Gummen" [145]. So hält sie auch Hermbstaedt nur für liquide Harze, und er weist dabei die Vorstellung zurück, sie seien aus Harz und ätherischem Öl zusammengesetzt. Gerade das aber nimmt Jordan an:" patet balsamis eadem inesse principia atque resinis et oleis aetheris.." [146], was eine materialisierte und übertragene Theorie von Boerhaavens Spiritus rector darstellt [147]. Fourcroy betont dagegen (worauf sich Kielmeyer bezieht), daß seit Bucquet [148] die Balsame als chemische Verbindungen von Säuren und Harzen anzusehen seien (Beispiele Benzoe-"harz", Perubalsam). Trommsdorff hingegen nimmt bei dieser um 1800 noch nicht entschiedenen Frage Hermbstaedts Haltung ein: Balsame als noch nicht erhärtete Harze.

XIII. Honigstein

Kielmeyer Fol.252 = Anhang S. 38

Der Honigstein, Aluminiumsalz der Honigsteinsäure, erscheint erst im 18. Jahrhundert als ein Erdharz in Thüringen [149]. Keiner der anderen vier Autoren erwähnt ihn; bemerkenswerterweise rechnet ihn aber Kielmeyer wegen der Brennbarkeit, der Säure- Extraktion und des Kohlenstoffgehalts zu den harzähnlichen Materien [150].

XIV. Holz

Kielmeyer Fol.252 = Anhang S. 38

Was Kielmeyer als Holz abhandelt, findet sich bei anderen Pflanzenchemikern zumeist als Pflanzenfaser oder Faserstoff; er selbst bringt das Thema Holz noch an anderer Stelle, unter den mehrfach zusammengesetzten Materien [151] vor.

Bei diesem Pflanzenbestandteil durchbricht Hermbstaedt

sein Definitionsschema mit der -stoff Benennung [152]: Die Pflanzenfaser stellt sich als eine Art "Caput mortuum" [153] auf naßem Wege dar: als Rückstand im Extrahiergefäß, nachdem mit den diversen Lösungsmitteln das Ausziehbare ausgezogen wurde. Er beschreibt sie als die Summe der Kanäle und Haarröhrchen der vorherigen Pflanze und gibt ihre "Ausglühprodukte": Wasserstoffgas, Kohlensäuregas und Kohle an [154]. Jordan beschränkt sich auf die Bemerkung:" Pars fibrosa... parum adhuc indagata est" [155]. Fourcroy behandelt die Pflanzenfaser als letztes und kohlenstoffreichstes Produkt der Vegetation [156]. Der hohe Kohlenstoffanteil hat die chemische Indifferenz zur Folge [157]; Fourcroy sieht die Faser daher analog zum Satzmehl (der Stärke), wovon sie sich nur dadurch unterscheidet, daß sie mit heißem Wasser keinen Schleim ergibt. Trommsdorff definiert die Pflanzenfaser auch als Rückstand nach Absonderung aller anderen Bestandteile; er nennt sie zwar dann einen eigenen näheren Pflanzenbestandteil, gibt aber zu bedenken, daß Pflanzenfaser von Schwämmen aus

> "nichts anderem als verhärtetem Pflanzeneiweis bestand, was bei der Pflanzenfaser der Holzarten schwerlich der Fall ist." [158]

Eine chemische Definition der Pflanzenfaser ist um 1800 noch nicht möglich, da weder die negative (als "Caput mortuum" s.o.) noch die morphologische (als "Skelet" [159]) befriedigen. Das bei Boerhaave ausführlich behandelte (und von Kielmeyer übernommene) chemische Phänomen der Darstellungsmöglichkeit von Holzsäure wurde von Fourcroy zurückgewiesen (s.u.).

XV. Pflanzenleim, Kleber, Gluten

Kielmeyer Fol.252-254 = Anhang S.39

Die erste Zerlegung des Weizenmehls in Stärke und Kleber geht nicht, wie die Literatur häufig vermerkt, auf Beccari (1745) zurück, sondern wurde schon 1665 von Grimaldi (1618-1663) vollzogen [160]; in der 2. Hälfte des 18. Jahrhunderts wurde Kleber auch in anderen Pflanzen gefunden und als "tierisch- vegetabilische Materie" [161] zu den allgemeinen Pflanzenbestandteilen gerechnet. Hermbstaedt hält das Gluten für einerlei mit dem Eiweißstoff, wobei er sich am Stickstoffgehalt und der Faulung orientiert. Die anderen Autoren trennen ihn wegen der Wasser- unlöslichkeit und anderer physikalischer Charakteristika davon ab: Jordan bezeichnet ihn als colla und gibt die Ergebnisse der Destillationsanalyse an; Fourcroy betont die Nähe zum Kautschuk [162] und hebt die nährenden Eigenschaften hervor, wenn ihn auch Tiere "angeekelt" zurückwiesen. Trommsdorff modifiziert diese Eigenschaft dahingehend, daß alle Pflanzen, die ihn enthielten, nährend sind. Allerdings behandelt er den Kleber gemeinsam mit dem Mehl. Der Kleber ist als erster pflanzlicher Eiweiß- Körper [163] allgemein um 1800 akzeptiert.

"Zweite Klasse von zusammengesezten Materien... sie sind ausgezeichnet durch Brennbarkeit und Auflöslichkeit in Wasser".

I. Der Zucker

Kielmeyer Fol.256-261 = Anhang S.40-42

Reiner Zucker (Rohrzucker) war für den Arzneigebrauch schon in der Antike bekannt [164], während zum Süßen bis ins Spätmittelalter vorwiegend der Honig [165] diente. Als allgemeinerer Pflanzenbestandteil wurde er spätestens seit Marggrafs Zuckerdarstellung aus einheimischen Gewächsen angenommen [166]. Die Differenzierung in verschiedene Zuckerarten, die bei Kielmeyer wie Hermbstaedt und Jordan nicht vorgenommen wird, reicht bis ins 17. Jahrhundert zurück; dabei waren Traubenzucker, "Schleimzucker" und Mannazucker die ersten Modifikationen [167]. Diese Differenzierung lehnt Hermbstaedt ausdrücklich ab (Kielmeyer erwähnt sie gar nicht); reiner Zuckerstoff ist der Zucker selbst, ein "wahres Pflanzenoxyd" mit hohem Sauerstoffgehalt. Jordan berichtet die Destillationsanalyse der materia sacharina pura.

Fourcroy behandelt den Zucker als den "schleimigt- zuckerartigen Stoff" (matière mucoso- sucré), dessen verschiedene Arten (Zuckerahornzucker, Zuckerrohrzucker, Honig und Manna) er durch verschiedene Beimengung von spezifischem Extraktivstoff erklärt. Er erwähnt wie Trommsdorff das Elementar-Analysenergebnis Lavoisiers: 100 Teile Zucker bestehen aus 64 Teilen Sauer-, 28 Kohlen- und 8 Wasserstoff [168]. Da hiernach Zucker mehr Sauerstoff als Schleim enthält, versuchte Fourcroy Schleim mit Hilfe von Chlor in Zucker umzuwandeln[160] und erhielt dabei ein Produkt von zuckerartigem Geschmack, "mit viel Bitterniß allerdings". [170] Trommsdorff beschreibt den Zucker von den genannten Autoren am ausführlichsten, gibt quantitative Löslichkeitsverhältnisse für 50° F und kochendes Wasser an, diskutiert die Arbeiten von Cruikshank[171] und Deyeux [172]. Auch er hält die verschiedenen Zucker für Verunreinigungen des einen Zuckers, verwendet dabei als Argument auch, daß sie "im Feuer dieselben Produkte" liefern [173].

Kielmeyers Behandlung des Zuckers als eines allgemein verbreiteten Pflanzenbestandteils faßt damit im Vergleich zu den anderen Autoren durchaus das Wissen über den Zucker um 1800 zusammen.

II. Der Pflanzenschleim

folgt Kielmeyer 261-263 = Anhang S. 42-43

Pflanzenschleime und Pflanzengummen waren im Altertum als Arzneimittel bekannt [174]. Sie zählten schon zu Beginn des 18. Jahrhunderts zu den näheren Pflanzenbestandteilen [175], da sie entweder aus der Pflanze von selbst ausschwitzen oder wegen der Wasserlöslichkeit leicht darstellbar sind. Kielmeyers Behandlung des Schleims als eine Art unvollständigen Zuckers, der beim Stehen an der Luft erst zuckrig, danach sauer wird, findet sich ähnlich bei Fourcroy und Trommsdorff; ersterer rechnet auch Scheeles "mildes Prinzip" (Glyzerin) zu den Schleimen, weil er als generisches Merkmal die hohe Viskosität angibt [176]. Beide definieren den Gummi als trockenen Schleim. Jordan nennt nur "Mucilago" und dessen

Destillationsprodukte; Hermbstaedt unterscheidet Schleim und Gummi physikalisch wie chemisch: Schleimstoff (der am reinsten im Tragantschleim vorliegt) ist in wäßriger Lösung schlüpfrig, nicht aber klebrig wie der Gummistoff; Schleimstoff löst sich in Wasser nicht klar, Gummi sehr wohl; chemisch kann man die beiden trennen, indem man eine Lösung der beiden in möglichst wenig Wasser mit 50% Schwefelsäure fällt: Gummistoff bleibt in Lösung, Schleimstoff fällt aus [177]. Einen Zusammenhang zwischen Schleim und Stärke stellt Hermbstaedt her, indem er Schleim als aufgelöstes und wieder erhärtetes Kraftmehl ansieht; der Prozeß wird dabei als chemische Veränderung angesehen [178].

III. Die Stärke

Kielmeyer Fol.263-268 = Anhang S. 43-46

In Verbindung mit Kleber und Schleim ist die Stärke als Mehl seit Jahrtausenden bekannt; isoliert wurde die Stärke schon in der Antike [179]. Die analytische Trennung erfolgte jedoch erst im 17. Jahrhundert (s.o.). Kielmeyer bringt neben den chemischen Aspekten besonders die ökonomischen des Mehls zur Geltung. Hermbstaedt kennt keine eigene Stärke, sondern behandelt sie mit Schleim zusammen; Jordan erörtert wie Kielmeyer ausführlicher das Mehl denn die Stärke; zur näheren chemischen Beschaffenheit zitiert er, wie häufig auch die anderen Autoren [180], die Destillationsanalyse. Fourcroy gibt darüber hinaus eine Beschreibung durchs Mikroskop; als Charakteristikum nennt er auch das knisternde Geräusch, das die Stärke beim Zerreiben zwischen den Fingern hervorrufe. Vom Schleim trennt er sie nachdrücklich, da Stärke in Wasser von Zimmertemperatur im Gegensatz zum Schleim unlöslich ist und bei Behandlung mit Salpetersäure keine Schleimsäure ergibt. [181] Dieselben Einwände erhebt auch Trommsdorff gegen Hermbstaedt, und er sieht als Resumée das reine Satzmehl als universalen, eigentümlichen Pflanzenbestandteil wie Kielmeyer an.

IV. Das pflanzliche Eiweiß

Kielmeyer Fol.269-270 = Anhang S. 46-47

Die Entdeckung des dem tierischen analogen pflanzlichen Eiweißes wurde erst 1789 von Fourcroy gemacht [182]. Im "Système" lobt er sich dementsprechend [183]; Rouelle habe ihn noch mit Kleber verwechselt. Trommsdorff trennt ihn vom Kleber nicht nur wegen der diversen physikalischen Eigenschaften, sondern wegen des höheren Schwefelgehalts; dabei bezieht er sich auf eine (von ihm nicht genannte) Arbeit von Jordan [184], der seinerseits in der Frage des Schwefelgehalts Fourcroy erwähnt. Kielmeyer orientiert sich wie Jordan und Trommsdorff an Fourcroy; nur Hermbstaedt nimmt wegen der gleichen fauligen Gärung Kleber und Eiweiß zusammen als einen Eiweißstoff [185]; als Pflanzenbestandteil war er in seiner Identität mit dem tierischen Eiweiß anerkannt; zugleich stellte er ein wichtiges Argument gegen die ontologische Differenzierung Tierreich - Pflanzenreich dar. [186]

V. Der tierische Leim [animalisch]

VI. Von dem Branntwein

Kielmeyer Fol.272 = Anhang S. 47

Weingeist war als Aqua vitae ardens schon im Hochmittelalter bekannt [187]. Eine ausführliche Erörterung über die Geschichte der Gärung (en) [188] und deren Produkte führt im Rahmen der Betrachtung von Pflanzenbestandteilen zu weit ab; die Diskussion der quantitativen Element-Verhältnisse im Alkohol folgt im 7. Kapitel.

<u>Dritte Abteilung von zusammengesezten Materien</u>

Kielmeyer Fol.273-274 = Anhang S. 47-48

Die erste bekannte organische Säure war der durch Gärung gewonnene Essig, der in der Antike bei verschieden Autoren ausführlich beschrieben wird [189]. Bis Mitte des 18. Jahrhunderts wurden die sauren Pflanzensäfte gleichfalls für Essig gehalten; kristallisierte organische Salze aus Pflanzensäften, wie sie spätestens seit Angelus Sala [190] bekannt waren, wurden nicht für Salze eigentümlicher Säuren gehalten; "Salz" bedeutete bis ins 18. Jahrhundert nicht das Neutralisationsprodukt aus Säure und Base, sondern das Prinzip des Feuerbeständigen, Nicht-Flüchtigen, Wasserlöslichen; Säuren galten als "wesentliche Salze" neben den Mittelsalzen und den alkalischen "Salzen" [NaOH, KOH]. Bis zum Ende des 18. Jahrhunderts, als die Lehre von den anorganischen Salzen im neueren Sinn bereits vorlag, wurde für die organischen Salze und Säuren die Theorie vertreten (besonders von Hermbstaedt), es gebe nur eine universale Pflanzensäure, und alle bisher unterschiedenen Säuren seien nur "Modifikationen" davon [191]. Dafür sprach auch die Möglichkeit, andere Säuren durch Salpetersäure-Destillation oder Vergärung in immer eine, die Essigsäure umwandeln zu können. Die dabei häufig entstehende Ameisensäure wurde für Essigsäure gehalten [192].

Die Entdeckungsgeschichte der einzelnen organischen Säuren ist teilweise in der Literatur behandelt (vgl.Anm. 189). Auf Originalarbeiten wird bei den Einzeldarstellungen Kielmeyers verwiesen.

Kielmeyers Bearbeitungen der einzelnen Säuren ist qualitativ sehr breit; er gibt auch Kristallformen an und zitiert und diskutiert ausführlich neue Literatur. Im Vergleich zu Trommsdorff und Fourcroy bleibt lediglich die stöchiometrische Behandlung zurück, daneben die genauen präparativen Vorschriften zur Isolierung der einzelnen Säuren [193]. Hermbstaedt, der vor 1790 nur von der Gewächssäure sprach, nimmt 1795 (wie 1807) 7 verschiedene Säuren an, die er nur kurz vorstellt.

[- Die Kenntnisse über die Pflanzensäuren sind am Ende des Abschnitts tabellarisch zusammengefaßt. -]

(Die einzelnen Säuren)

Kielmeyer Fol.274-287 = Anhang S.48-55

1. Citronensäure

Die Säure des Zitronensaftes war schon im 13. Jahrhundert bekannt [194]. Vom Lemery für Weinsteinsäure, von Stahl für Essigsäure gehalten, wurde sie von Retzius 1774 als eigentümlich erwiesen [195]. Die erste kristallinische Darstellung geht auf Scheele zurück [196]; dessen Darstellungsweise wird auch von Kielmeyer referiert.

2. Äpfelsäure

Geber beschreibt einen sauren Birnensaft [197]; spätestens seit Libavius gehört die Tinctura Martis pomata: Auflösung von Eisen in Apfelsaft zu den verbreiteten Arzneimitteln. 1767 berichtet D. Monro [198], daß Natron(-lauge) mit Apfelsaft ein eigenes Salz bilde. 1785 isoliert Scheele [199] nach der von Kielmeyer zitierten Methode die reine Säure erst aus Rauchbeeren, später aus Äpfeln.

3. Galläpfelsäure

Zwar wurde nach Geber der Galläpfelsaft zu den Säuren gerechnet [200], aber im 17. Jahrhundert wurde die eisenfärbende Eigenschaft einem Alkali-Gehalt zugeschrieben, der ja auch Eisen (wenngleich andersfärbig) fällt. Erst Bergman (1775) vermutete eine eigene Säure [201], die von Morveau 1778 als eigentümlich (in Lösung) erwiesen [202] und 1786 von Scheele rein dargestellt wurde [203].

4. Sauerkleesäure

Die Kenntnis des Calcium-oxalates reicht mindestens bis ins 17. Jahrhundert zurück [204]. Ihre Entdeckung als Säure ging auf zwei Wegen vonstatten: Marggraf (1764) und Savary (1773) fanden im Sauerkleesalz [205] Alkali; Wiegleb isolierte die Säure 1779 aus dem Salz [206]. Schon drei Jahre davor hatten aber Scheele und Bergman aus Zucker durch Salpetersäure-Einwirkung die Zuckersäure erhalten [207], die 1778 von Maquer zur Sauerkleesäure in Beziehung gesetzt wurde [208]; die Identität der beiden wurde 1784 durch Scheele erwiesen [209].

5. Weinsteinsäure

Der Weinstein (Kaliumhydrogentartrat) ist seit der Weinbereitung bekannt [210]; als Tartarus wird er erst seit dem 11. Jahrhundert bezeichnet. Im 18. Jahrhundert wurde das Salz gemeinhin selbst schon für eine Säure erachtet (Stahl, Boerhaave, Duhamel). Marggraf hielt 1764 den Alkali-Gehalt für präexistent [211]; Scheele schließlich isolierte 1769 die Weinsäure, indem er den Weinstein mit verdünnter Schwefelsäure zerlegte [212].

6. Essigsäure

Der seit ältester Zeit bekannte Essig [213] wurde lange Zeit für die Pflanzensäure schlechthin gehalten. Konzentriert wurde der (6%ige) Essig schon im Mittelalter durch Destillation (etwa bei Basilius Valentinus) erhalten. Im 17. Jahrhundert (Stahl) erfolgte die Reinigung der Essigsäure über das Kaliumsalz [215]. 1772 schlug Westerndorf [216] die Darstellung über Natronlauge vor; schließlich wurde die Essigsäure von Tob. Lowitz 1789 nach wiederholter Destillation über Kohlepulver als reiner Eisessig gewonnen. Der Holzessig, als "brenzlige Holzsäure" (auch von Kielmeyer) für eigentümlich gehalten [217], wurde von Fourcroy und Vauquelin 1800 als mit empyreumatischem Öl verunreinigte Essigsäure erwiesen [218].

7. Die brenzlige Wein(stein)säure

Diese (bis ins 19. Jahrhundert nicht kristallin darstellbare) Säure wird schon von R. Lullius im 13. Jahrhundert, in der Folgezeit immer häufiger erwähnt [219]. Das ist nicht zu verwundern, da eine so auffallende Substanz wie der Weinstein natürlich auch der vornehmsten chemischen Operation, der Destillation unterworfen wurde. In der erwähnten Arbeit von Fourcroy und Vauquelin (vgl. Anm.218) wird sie auch für verunreinigte Essigsäure gehalten, eine Ansicht, die, in den darauffolgenden Jahren allgemein akzeptiert [220], von Rose 1807 widerlegt wurde [221].

8. Die brenzlige Schleimsäure

Sie wird erst von Scheele 1780 und Hermbstaedt 1782 als eigentümliche Säure erkannt [222]. Kielmeyers Angaben sind so knapp, daß man annehmen darf, er habe sich nie mit dieser Säure beschäftigt. Die chemische Eigentümlichkeit der Säure wurde erst 1818 durch Houton- Labillardière erwiesen [223].

9. Die brenzlige Holzsäure

(vgl. Essig)

10. Bernsteinsäure

Sie wurde schon früh als Säure ausgewiesen, so in Lemerys Cours de chymie (1675), bei Barchusen (1696) und Boulduc (1699) [224]. Boerhaave bezeichnet sie als das einzig feste, saure Salz, da Weinstein zwar auch fest und sauer, aber für ein Salz zu wenig wasserlöslich sei [225].

11. Honigsteinsäure

(Zur Entdeckung der Säure vgl. Anm.149) Kielmeyer erwähnt neben Klaproth die gleichzeitige Entdeckung durch Vauquelin [226]; er behandelt sie ausführlicher als die anderen Säuren, wohl wegen ihrer Neuheit.

12. Benzoesäure

Die trockene Destillation des Benzoeharzes wird schon im 16. Jahrhundert bei Rosello und Libavius erwähnt [227], dabei werden "Benzoeblumen", die sublimierte Säure ("Salz") beobachtet. Auf nassem Weg wurde die Benzoesäure schon 1671 (!) von Hagedorn [228] durch Lösung des Harzes in Alkohol und Fällung mit Wasser dargestellt, wobei ein "Salz" auskristallisierte.

Die Acidität der Flores Benzoes wird schon bei Lemery (1675) erwähnt; ausführlich wird sie (mit der Bearbeitung der Salze) von Scheele 1775 und Lichtenstein (1782) untersucht [229]. Daß man Benzoesäure auch aus anderen Drogen als dem Benzoeharz, dem "wohlriechenden Asant" gewinnen könne, wurde von Lehmann 1709 für den Perubalsam gezeigt [230]. Rouelle fand sie

1776 im Harn (als"Harnsäure") , was von Fourcroy und Vauquelin 1797 nachdrücklich erwiesen wurde [231]. Es handelte sich dabei indes um die stickstoffhaltige Hippursäure; dies wurde jedoch erst 1829 von Liebig aufgeklärt.

13. Die Kampfersäure

Zwar löste schon Libavius 1595 Kampfer in Salpetersäure auf, aber es entstand dabei keine Kampfersäure [232]; durch Wasserzugabe schied sich aus der Lösung wieder Kampfer ab [233]. Die Darstellung gelang Kosegarten (1785; s.o.) durch wiederholte Destillation mit Salpetersäure; Dörrfurt hielt sie 1793 (s.o.) für Benzoesäure, was von Bouillon- Lagrange und Vauquelin 1797 zurückgewiesen wurde [234].

Kampfersäure muß um diese Zeit ein recht beliebtes Arzneimittel gewesen sein, denn F. Wolff merkt in seiner Übersetzung von Chaptals "Anfangsgründen" (1791, Bd.III S.68) an, daß sie in Deutschland "drachmenweise" (1dr. ≙ 3,8g) verordnet werde,

> "in Frankreich aber, wo die Aerzte weniger Muth haben[!!], wird er nur in Gaben von wenigen Granen gereicht" (1gr ≙ 0,07g)

14. Die Korksäure

Sie wurde entgegen Kielmeyers Angaben von Brugnatelli 1786 zuerst durch die Destillation von Kork mit Salpetersäure dargestellt [235]. Die Arbeit von Bouillon- Lagrange bestätigte 1797 diese Entdeckung [236].

15. Die Erbsensäure

Diese Säure, die sich später als ein Gemisch von Äpfel- und Weinsäure herausstellte [237], wurde 1799 von P. Dispan "entdeckt" [238]. Sie findet sich nach 1804 in keinen Veröffentlichungen mehr.

Eine weitere Säure, die Kielmeyer nicht erwähnt, war um 1800 schon bekannt: die von F.C. Hofmann 1780 dargestellte Chinasäure [239], die er nach Scheeles Methode aus dem Calciumsalz erhielt. Das Salz hatte Hermbstaedt isoliert [240].

Erst 1806 wurde mit der Bestätigung Vauquelins die Säure allgemein anerkannt.

II. Tierische zusammengesetzte Säuren
ausgenommen: [animalisch]

2. Die Milchzucker- oder Schleimsäure
Kielmeyer Fol.288-289 = Anhang S.56

Die Schleimsäure, die ursprünglich aus Milchzucker von Scheele (1780) und gleichzeitig unabhängig von Hermbstaedt dargestellt wurde [241], wurde daher zu den Substanzen des Tierreichs gerechnet. 1785 wurde sie aber von Scheele auch aus Tragantgummi, später von Fourcroy aus allen Pflanzenschleimen gewonnen [242]. Letzteres wird von Kielmeyer nicht erwähnt; seine Einordnung der Schleimsäure zwischen Zucker und Schleim ist nur sehr schwer verständlich [243].

[Zusammenfassung des Kommentars zu den Säuren]

Als allgemeine Verfahren zur Auffindung von vegetabililischen Säuren waren somit bekannt:

1. Die Vergärung. Damit wurde die Essigsäure aus verschiedenstem organischen Material gewonnen.
2. Die Destillation, wodurch sich
   a) die drei brenzligen Säuren darstellen ließen, von denen eine aber verunreinigte Essigsäure war; besonders Trommsdorff weist darauf hin, daß sich die "brenzlichte Holzsäure" aus nahezu jedem organischen Stoff durch Destillation gewinnen läßt, dabei aber immer geringe Unterschiede nach der Natur des Stoffes aufweist, so daß man geradezu eine große Vielzahl eigentümlicher brenzliger Pflanzensäuren annehmen müßte, wollte man sie nicht als verschieden verunreinigte Essigsäuren begreifen [244].
   b) die sublimierbaren Säuren (Benzoe- und Bernsteinsäure) darstellen ließen.

3. Die Darstellung auf nassem Wege

a) allein durch Lösung des Substrats und Abdampfen des Lösungsmittels: Galläpfelsäure, bei Benzoesäure Fällung mit einem anderen Lösungsmittel (analog der Darstellung von Harzen).

b) durch Abziehen des Substrats mit Salpetersäure und Auskristallisieren: Kork-, Oxal-, Schleim-, Erbsen- und Kampfersäure.

c) durch Isolierung eines Salzes und Freisetzen der Säure mit verdünnter Schwefelsäure: Weinstein-, Äpfel-, Zitronen-, Oxal- und Honigsteinsäure.

Für einen zusammenfassenden Überblick des zeitgenössischen Wissensstandes von Pflanzensäuren ist das Wissen der fünf Autoren in einer Tabelle dargestellt:

Die aus Pflanzen erhaltenen Säuren

Name	behandelt bei H.	J.	K.	F.	T. *	Darstellung	charakt. Eigensch. (abgrenzend)	bekannte & beschriebene Verbindungen	elementare Zusammensetzung
Citronensäure	+	+	+	+	+	1. Citr.saft + $CaCO_3$ ($CO_2\uparrow$); Abscheidung mit H_2SO_4 (Scheele) 2. Saft + K_2CO_3 ($CO_2\uparrow$); + PbAc. → Pbcitr.↓ Abscheidung mit H_2SO_4 (stöchiometrisch) (Richter) 3. Citr.saft mehrmals mit EtOH vermischen, wobei sich Satz bildet. Die EtOH-Auszüge eindicken. (Brugnatelli - Trommsdorff)	rautenförmige Säulen mit Kantenwinkeln von 60-120^0 (Dize). Leicht lösl. in Wasser (1,25 Tle. in 1 Tl. bei 10° R. Schärferer Geschmack als Weinsteinsäure. <u>Keine</u> doppelsauren Verbindungen mit Alkalien (wie Oxal- oder Weinst.säure).	K^+, Na^+, Ca^{++}, Ba^{++} Sr^{++}, NH_4^+, Mg^{++}, Al^{+++}, Be^{++} (alle Salze von Vauquelin dargestellt und untersucht.)	ohne Angaben (außer: aus C,H,O, wie <u>alle</u> folgenden)
Aepfelsäure	+	+	+	+	+	Apfelsaft + K_2CO_3. Filtrat + Bleiacetat. → Pb maleat↓. Abscheidung mit verd. H_2SO_4 (Scheele)	nicht kristallisierbar (Sirup); (bei Four.: "bräunlich") Nd. mit Hg^{++}, Pb^{++}, Au^+. Das Ca^{++}-Salz ist kristallisabel, aber leichter löslich als bei der Weinsteinsäure	K^+, Na^+, NH_4^+, Hg^{++}, Pb^{++};	weniger Sauerstoff als Oxal- und Essigsäure. (aus Destill.-Analyse geschlossen)

* H= Hermbstaedt, K= Kielmeyer, J= Jordan, F= Fourcroy, T= Trommsdorff

Name	H.	J.	K.	F.	T.	Darstellung	charakt. Eigensch. (abgrenzend)	bekannte&beschriebene Verbindungen	elementare Zusammensetzung
Gallussäure	+	+	+	+	+	den Aufguß nach mehrmonatigem Stehenlassen Auskristallisieren (Scheele); modifiziert(kürzer!) nach Richter durch Auszug mit EtOH konz.	spießige Krist; Adstringens; in kaltem Wasser 1:24, in kochendem 1:3 löslich (Trommsdorff). mit Fe^{++} -salzen blauer Nd., löslich in EtOH (im Gegensatz zum Gerbstoff)	kaum bekannt (Fourcroy, Trommsdorff)	viel Kohlenstoff; daher weniger sauer als die anderen Pflanzensäuren (≙relativ wenig O)
Sauerklee-säure (Oxalsäure)	+	+	+	+	+	aus dem Saft über das Ca-salz durch Zersetzen mit H_2SO_4 dil.; aus vielen organischen Stoffen durch Destillation mit HNO_3.(bes.aus Zucker!)	vierseitige Prismen mit abwechselnd schmalen und breiten Seiten. Sehr sauer(Dil.1:3000 ist schon "sehr sauer" Trommsd.). Knistern,wenn ins Wasser geworfen. (H,Tr) größte Verwandtschaft zu Ca^{++}.	K_2^{++}, KH^{++}, Na_2^{++}, KNa^{++}, Ca^{++}, Ba^{++}, Sr^{++}, $(NH_4)_2^{++}$, Zi^{++}, Mg^{++}, Al^{+++}, Be^{++}	enthalte mehr C als Essigsäure, vielleicht aber auch mehr O. (Tr. S.277)
Weinstein-säure	+	+	+	+	+	Weinstein+CaO, vel $CaCO_3 \rightarrow$ Ca-tartrat↓, Kaliumsalze bleiben in Lösung. Nd waschen und mit H_2SO_4 dil. die Säure freisetzen!	länglich zugespitzte Blättchen und Säulen stark angenehm saurer Geschmack; besonders charakterist. Krystallformen in Salzen: KHtart., NaKtartr., Sbtartr. Phänomen: Tartarus regeneratus (vgl.Kap.2)	K_2^{++}, Na_2^{++}, KH^{++}, NaH^{++}, KNa^{++}, Ca^{++}, Ba^{++}, Sr^{++}, $(NH_4)_2^{++}$, Zi^{++}, Mg^{++}, Al^{+++}, Be^{++}	[CHO] quant. noch nicht ermittelt!
Essigsäure	-*	-*	+	+	+	nur über die	leichtflüssig und	Verb. mit allen	nicht ermittelt

* da erst durch Gärung produziert!

Name	H. J. K. F. T.	Darstellung	charakt. Eigensch. (abgrenzend)	bekannte&beschriebene Verbindgn.	elementare Zusammensetzung
noch Essigsäure		Gärung aus süßlich schleimigen und sauren Pflanzensäften(Tromsd. Fourcr.)und anschließende Konzentration nach Westendorf und Lowitz(vgl.Anm!) Kielm. erwähnt auch die Darstellung aus Oxalsäure und H_2SO_4 konz.(vgl.Anm.) [Westrumb]	flüchtig mit charakteristischem Geruch;konzentrierbar bis zum Eisessig. Zerfließliche und stark nach Essigsäure riechende Salze,darunter bes. charakt. der süße Bleizucker.	bekannten Metallen der Zeit!	Zit.Trommsd. S.270
brenzlige Weinsäure	-**-**+ (+)(+)	trockene Destillation des Weinstein.	nicht kristallisabel, braun, brenzliger Geruch. Def. durch <u>Darstellung</u>	-	-
brenzlige Schleimsäure	-**-**+ (+)(+)	trockene Destillation von Gummi, Zucker, Stärke.	<u>angenehm</u> brenzliger Geruch	-	-
brenzlige Holzsäure	-**-**+ (+)(+)	trockene Destillation gemeiner Holzarten.	brenzlig-essigartiger Geruch	-	-

[die (+) bedeuten, daß zwar behandelt, aber als eigentümlich negiert!]

** da erst durch Destillation <u>pro</u>duziert

Name	H.	J.	K.	F.	T.	Darstellung	charakt. Eigensch. (abgrenzend)	bekannte&beschriebene Verbindungen	elementare Zusammensetzung
Bernsteinsäure	–[1]	–[1]	+	+	+	trockene Destillation des "Bernsteinharzes".	"dreieckig-prismatische Kristalle mit schief abgestutzten Endspitzen" (Trommsd).Bei 50°F lösl. in Wasser 1:50,kochend. H_2O&in EtOH leicht lösl. Geschmack sauer, nicht ätzend. Sublimierbar	K^+, Na^+, Ca^{++}, Ba^{++}, Sr^{++}, NH_4^+, Mg^{++}, Al^{+++}	CHO unbekannt
Honigsteinsäure	–[2]	–[2]	+	–[2]	+	Honigstein mit $(NH_4)_2CO_3$ sättigen, mit H_2SO_4 zersetzen.	gelbliche,nadlige Prismen Kielm.: Ca^{++}-salz im Gegensatz zum Ca-oxalat kristallin,nicht pulvrig;Geschmack weniger sauer als Oxalsäure und etwas bitter.	Ca^{++}, Na^+, K^+, NH_4^+	unbekannt
Benzoesäure	+	+	+	+	+	1.ex Benzoeharz mit trock. Destillation 2.Harz mit $NaCO_3$ oder Kalkwasser kochen, danach mit verdünnter Schwefelsäure freisetzen.	Silberfarbige, nadelförmige Kristalle von geringem spezifischem Gewicht und angenehmem Geruch.Schwer löslich in kaltem Wasser(1:400),in kochendem 1:30, in Äthanol leicht löslich.	K^+, Na^+, Ca^{++}, Sr^{++}, Ba^{++}, NH_4^+, Mg^{++}, Al^{+++}	unbekannt
Kamphersäure	–[1]	–[1]	+	+	(+)[3]	Kampher wiederholt mit konz. HNO_3 destillieren.	silberweiße rhomboidalische Kristalle mit sauer-bitterlichem Geschmack.	ohne Angaben	unbekannt

[1] (Pflanzen)<u>pro</u>dukt durch Destillation ; [2] Honigstein als Mineral; [3] hält sie mit Dörffurt für Benzoesäure

Name	H.	J.	K.	F.	T.	Darstellung	charakt. Eigensch.	bekannte Verb.	quant. Elementaranalyse
Korksäure	-[1]	-[1]	+	+	+	Kork mit Salpetersäure wiederholt destillieren; die Säure aus dem Rückstand mit Wasser eluieren	nicht kristallisierbar (Trommsd.), gelbliche Nadeln (Kielmeyer - Lagrange), sublimierbar; im Wasser schwer löslich	K^+, Na^+, Ca^{++}, Ba^{++}, NH_4^+, Mg^{++}, Al^{+++}	unbekannt
Schleimsäure = Milchzuckersäure	-	-	(+)[4]	(+)[4]	+	Milchzucker mit HNO_3 konz. abziehen, auswaschen, filtrieren	trockenes Pulver "knirscht zwischen Zähnen" (Trommsd.) schwach sauer; in kochendem Wasser nur 1:100 löslich; enthält nach Hermbstaedt noch immer Ca.	K^+, Na^+, Ca^{++}, Ba^{++}, NH_4^+, Mg^{++}, Al^{+++}	unbekannt
Erbsensäure	-	-	+	-	-	Destillation der Erbsen mit HNO_3.	nur nach Darstellung.		unbekannt

[1] [s.o.]
[4] bei den tierischen Säuren

Appendix zu den behandelten 3 Classen

1. Der Extraktivstoff

Kielmeyer Fol.298 = Anhang S.56

Dieser Pflanzenbestandteil wurde in die Pflanzenchemie von Fourcroy [245] 1791 und unabhängig davon von Hermbstaedt 1795 als Seifenstoff [246] eingeführt. Allerdings handelt es sich nicht um eine Einführung im Sinne einer Erfindung, eher um eine Neu- Interpretation des teilweise Bekannten. Fourcroy selbst hatte schon im Handbuch der Naturgeschichte [247] im Anschluß an Bucquet und Rouelle drei verschiedene Extraktarten angeben:

schleimige Extrakte: im Wasser leicht, in Alkohol schwer löslich, vergärbar, Beispiel Johannisbeersaft.

seifenartige ("eigentliche")Extrakte: in Wasser und Alkohol teilweise löslich schimmeln vor der Vergärung, Beispiel Borretschsaft

harzigte Extrakte : in Wasser und Alkohol leicht löslich, stark entzündlich; Beispiel Springgurkensaft

Das Neue in der Arbeit über die Angustarinde war die Trennung von Extrakt und Extraktivstoff, der in allen drei Extraktarten als nämlicher unmittelbarer Pflanzenbestandteil für die Löslichkeit in Wasser und Alkohol verantwortlich war (daher auch "harzig-gummigter Extraktivstoff"), der dementsprechend in den drei Arten in verschiedenen Quantitäten enthalten sein sollte.

Der Begriff "Extraktivstoff" wurde ins Deutsche indes nicht erst durch die Übersetzung von Fourcroys Arbeit 1794 eingeführt. Er erscheint 1786 bei Westrumb [248] und Göttling (1790) [249], 1791 in Wolffs Übersetzung von Chaptal [250], 1794 bei Gren [251], allerdings immer mit der Bedeutung: "extraktartige Materie" (gefärbtes, meist braunes Pulver, das in Wasser und Weingeist löslich war).

Der Extraktivstoff spielte über 50 Jahre lang, bis zu Arbeiten von Mulder [252] oder Kölliker [253], eine große Rolle.

Worum handelt es sich dabei? Der Extraktivstoff oder Seifenstoff ist zunächst der Pflanzenbestandteil, der in Wasser und Alkohol gleichermaßen löslich ist, bei längerem Stehen an der Luft aber durch Sauerstoffaufnahme unlöslich wird, was sich etwa in der Häutchenbildung beim Pflanzensaft zeigt. Die Negativ- Definition bei Kielmeyer, dieser Stoff sei

> "vorzüglich ausgezeichnet dadurch, daß die Charaktere der anderen Materien nicht auf ihn passen",

trifft etwas ironisch den Kern der Problematik bei diesem hypothetischen Stoff:

Man kann ein Phänomen beobachten - Das Unlöslichwerden des eben noch in Wasser und Alkohol Löslichen - , aber alle positiven Eigenschaften des Stoffes wie Farbe, Geschmack, Geruch etc. rühren von Beimengungen her. Er fungiert daher als eine Art Trägersubstanz für andere Eigenschaften, für die man noch keine eigenen materiellen Stoffe gefunden hat, sondern die noch hypothetischer Natur sind, wie Hermbstaedts Bitterstoff oder narkotischer Stoff [254]. Dabei übernimmt der Extraktivstoff geradezu die Rolle des Phlogistons in der späten, modifizierten Stahlschen Theorie, wonach das Phlogiston ja auch für eine Vielzahl von Erscheinungen materieller Träger sein sollte [255]. So stehen die untersuchten Autoren auch mit entsprechend unterschiedlichem Enthusiasmus dieser Substanz gegenüber.

Hermbstaedt definiert den Seifenstoff [256] als Mittelding zwischen Gummi-und Harzstoff wegen seines Löslichkeitsverhaltens; in trockener Form ist er sehr schwer darzustellen, zeigt auch an Luft immer eine Neigung zum Zerfließen; am reinsten sei er im Extrakt des Safrans zu finden [257]. Da Hermbstaedt ihn ganz rein noch nicht vorliegen hatte, verbleibt der Substanz ein Hang ins Metaphysische. Dieser Hang ist bei Fourcroy nicht vorhanden, er beschreibt den Extraktivstoff in reiner Form: fest, blättrig, durchsichtig. Die

Darstellung erfolgt immer über den Extrakt, aus dessen Auflösung man ihn als Häutchen auf der Oberfläche abschöpfen kann. Man erhält ihn dabei nie ganz rein in Extrakten, sondern immer modifiziert durch extraktive Beimischungen. Zu Ende von Fourcroys Artikel über den Extraktivstoff wird aber deutlich, daß auch er von den zwei Eigenschaften, der Löslichkeit und der Sauerstoffabsorption, einen Stoff postuliert, dessen Eigenschaften er zwar beschreibt, aber schließlich davon sagt, daß die Universalität des Extraktivstoffs problematisch sei," indem man den reinen Extraktivstoff eigentlich gar nicht dargestellt hat".[258]

Jordan nennt weder Extraktiv- noch Seifenstoff, sondern nur narkotische, scharfe, giftige und färbende Materien, die zwar allesamt hypothetisch sind, die man aber aus ihren Wirkungen erschließen kann. Diese Aussage hat dasselbe Gewicht wie die Postulierung des Extraktivstoffs, nur daß sie nicht ausführlich dargelegt wird.

Der (Apotheker) Trommsdorff steht den Spekulationen um den Extraktivstoff von Anfang an skeptisch gegenüber. Er leitet seinen Beitrag darüber mit der Bemerkung ein, er zöge die Bezeichnung "Pflanzenextrakt" vor, denn die meisten Eigenschaften, die man dem Extraktivstoff beilegt, sind "auf Rechnung anderer Substanzen zu schreiben".[259] In einem eigenen Kapitel über Extrakte behandelt er (nach Vauquelin[260]) alle Stoffe, die immer in Extrakten vorkämen: Lösungsmittel, Kalium-, Calcium- und Ammoniumacetate[261] und Extraktivstoff. Alle weiteren Extrakt- Bestandteile sind pflanzenspezifisch - wonach Trommsdorff allerdings auch auf den Extraktivstoff verzichten würde.

Neben dem Extraktivstoff beschreibt Trommsdorff indes noch einen eigenen Seifenstoff, Principium saponaceum[262], den er zwar nach Hermbstaedt zitiert, aber dazu anmerkt:

> "er löst sich im Wasser und im Alkohol keineswegs, aber im Aether auf",[263]

definiert ihn also Hermbstaedt genau entgegengesetzt![264]
Diesen Stoff hatte Trommsdorff selbst aus Seifenwurzel und Rhabarber isoliert.[265]

Um 1800 war der Extraktivstoff als Pflanzenbestandteil allgemein angenommen, da die beiden beobachteten charakteristischen Eigenschaften ein eigener Stoff, der ihnen zugrunde lag, am einfachsten erklärte. Hermbstaedts Bezeichnung als "Seifenstoff" scheint dieser Materie der angemessenere zu sein, da nach der Darstellungsweise durch das Abschöpfen des Häutchens am Pflanzenextrakt in der Tat vorzüglich seifenartige [266] Bestandteile aufgefangen wurden. Trommsdorffs Abtrennung von Seifen- und Extraktivstoff und seine Skepsis bezüglich des letzteren stellen indes den am nächsten zur Empirie orientierten Standpunkt dar.

2. Gerbstoff, Tannin

folgt Fol. 298-300 = Anhang S.57-58

Die gerbende Eigenschaft der Galläpfel oder Eichenrinde sind aus alter Zeit bekannt. [267] Nachdem die Gallussäure als eigentümliche Säure dargestellt worden war (siehe dort), wurde sie längere Zeit als das alleinig gerbende Prinzip angesehen; so erscheint bei Jordan gar kein Gerbstoff. Der Teil der gerbenden Materie, der nicht Gallussäure war, wurde als "Verunreinigung", "Rest", "Rückstand" oder "Verlust" bezeichnet. Durch Deyeux und Seguin wurde der Gerbstoff jedoch als eigentümlicher Stoff ausgewiesen [268], da bei langsamer Zugabe von Kalkwasser zum Aufguß der gerbstoffhaltigen Droge die Gallussäure in Lösung blieb, während sich der Gerbstoff niederschlug. Ähnlich definiert Kielmeyer (wie Hermbstaedt) den Gerbstoff über die größere Affinität zur Leimauflösung. Diese Trennung, die den Gerbstoff immer als mit anderer Materie gefällten isoliert, war chemisch unbefriedigend. Proust schlug daher eine (von Trommsdorff und Fourcroy hochgelobte) Methode zur Darstellung vor, die sehr modern anmutet [269]: Fällung des Gerbestoffs aus der Lösung mit $SnCl_2$ und anschließende Entfernung des Zinns durch Einleitung von Schwefelwasserstoff. Proust beschrieb auch den Verlust der gerbenden Eigenschaft durch Fällung mit Eisen-III-salzen. In diesem Zusammenhang ist wohl auch Kielmeyers Vermutung zu sehen, Gerbstoff sei ein Mittelstoff zwischen unoxidierter Basis der Gallussäure und volloxidierter Gallussäure [270].

Gerbstoff ist um 1800 ein allgemein anerkannter Pflanzenbestandteil, von der Gallussäure unterschieden [271].

3. Urea [animalisch]

4. Der Korkstoff
folgt Kielmeyer 302/303 = Anhang S. 58

Der Kork wurde in der Naturgeschichte gewöhnlich als ein Teil der Morphologie (oder später der Histologie) abgehandelt [272]; Kielmeyers Kritik daran, ihn als eigenen Stoff aufzuführen, da es sich doch lediglich um Epidermisteile handelt, ist von hier aus zu verstehen. Die einzige Eigenschaft, die Kork als "näheren Bestandteil" qualifiziert, ist die Möglichkeit, aus ihm eine eigentümliche Säure darzustellen. Weder Hermbstaedt noch Jordan noch Trommsdorff erwähnen ihn daher, sondern verstehen ihn als Varietät der Pflanzenfaser. Bei Fourcroy erscheint der Korkstoff - Suber - als 20. und letzter (in physiologischer Reihenfolge) Pflanzenbestandteil, der, von Brugnatelli entdeckt, erst von Fourcroy selbst in die Pflanzenchemie eingeführt worden sei [273]. Das war um 1800 nicht allgemein akzeptiert.

5. Bitterstoff
Kielmeyer Fol.303-304 = Anhang S.58

Für die Bitterkeit von Pflanzen einen eigenen Stoff annehmen zu wollen geht nicht zuletzt auf die "Quinta-essentia-Idee" und ihre materiale Manifestation im Spiritus rector oder dem "späten" Phlogiston [274] zurück. Verständlicherweise findet sich Hermbstaedt hier als entschiedener Vertreter, obwohl er 1807 an seiner Konzeption zweifelt ; die Schwierigkeiten liegen aber für ihn nicht im Einwand Kielmeyers, daß ja auch Bittersalz ($MgSO_4$) sehr bitter schmecke, sondern darin, daß man ihn "bis jetzt noch... (nicht).. hat frey darstellen können", nur immer "mit Gummi-, Schleim- und Seifenstoff verbunden". [275] Zugunsten des Bitter<u>stoffs</u> führt Hermbstaedt aber an, daß manche Pflanze erst bei Berührung bitter werde [276].

Jordan nennt keinen Bitterstoff, statt dessen kommentarlos ein Principium venenosum [277]. Bei Fourcroy wird kein Bitterstoff erwähnt. Trommsdorff nimmt die Bitterkeit als Folge der eigentümlichen Zusammensetzung e.g. des bitteren Schleimes an,

> "da Bitterkeit gewiß blos Eigenschaft der bis jetzt abgehandelten näheren Bestandtheile der Pflanzen ist und von ihrer verschiedenen Grundmischung abhängt" [278];

so werde auch süßer Zucker beim Rösten bitter.
Eine Berechtigung haben beide konträren Positionen, denn "Bitterkeit" ist auf das menschliche Empfindungsvermögen bezogen. Hermbstaedt will für die Bitterkeit prinzipiell einen Stoff annehmen (und ist triftigen Einwänden ausgesetzt), Trommsdorff will Bitterkeit nur als Resultat einer relativen Zusammensetzung von Elementen gelten Lassen; dabei vernachlässigt er die Möglichkeit, daß es Stoffklassen geben könnte, die durch ihre (abscheuliche) Bitterkeit generisch ausgezeichnet sind [279], ganz unabhängig davon, daß es auch noch andere bittere Stoffe gibt. Auch hier erscheint ein säkularisierter, weil auf empirischer Ebene ausgetragener Nominalistenstreit [280]: hier wird Bitterkeit durch das schlechthin Bittere, einen Bitterstoff hervorgerufen, dort gibt es nur einzelnes Bitteres. Die empirisch fruchtbarere Richtung ist indes auch hier die realistische Position [281], denn sie behauptet <u>mehr</u> als sie zu leisten imstande ist und muß daher nach stützenden Beweisen suchen, zeitigt also Forschung, während die nominalistische Position nur soviel behauptet, als ein jeder sinnenfällig ohnehin weiß. Dieser Behauptung gebührt zwar dann die Krone der Bescheidenheit, und sie wird bestimmt auch nimmer den Vorwurf naturphilosophischer oder anderer Spekulation zu erleiden haben - sie erweitert allerdings auch den vorhandenen Wissensstoff nur extensiv und quantitativ.

Wäre nicht die <u>Materialität</u> eines narkotischen Stoffes angenommen worden, sondern nach Trommsdorffs These die narkotische Wirkung Folge des eigentümlichen Opiumharzes, so hätte auch keine Veranlassung bestanden, nach Alkaloiden, also dem "narkotischen Prinzip" zu suchen!

6. Der narkotische Stoff
Kielmeyer Fol.304 = Anhang S.58

Berichte über die Giftigkeit von Pflanzen allein durch ihren Geruch finden sich seit Plinius; sie legten die Stofflichkeit des narkotischen Prinzips immer schon nahe. So zitiert auch Hermbstaedt selbst die "Schädlichkeit des Dunstes solcher Materien" [282] (wie in Opium, Schierling, Belladonna). Allerdings stellt Hermbstaedt 1807 die Universalität des betäubenden Stoffes in Frage; beim Kirschlorbeerwasser geht er im Wasserdampfdestillat über, bei Opium aber nicht [283]. Dieses Phänomen erwähnt auch Trommsdorff, aber als Einwand gegen den "narkotischen Stoff" überhaupt. Analog zum Bitterstoff hält er die narkotische Wirkung nur für eine spezielle Eigenschaft von manchen der schon behandelten Pflanzenstoffe:

> "Ich sehe nicht ein, warum wir das Oel, das Extrakt [!] und das Harz blos als Vehikel eines betäubenden Grundstoffes ansehen und nicht lieber die betäubende Wirkung als eine Eigenschaft ihrer besonderen Mischung annehmen wollen?" [284]

Bei Jordan wird nur der Name erwähnt, Fourcroy nennt ihn nicht.

7. Der scharfe Stoff
Kielmeyer Fol.304-306 = Anhang S.59-60

Die Schärfe in verschiedenen Pflanzen(-teilen) ist seit langer Zeit für Gewürze und Pflaster bekannt; bei Galen machen diese eine eigene Klasse der Heilmittel aus [285]. Bei Kielmeyer wird die Schärfe ausdrücklich als Stoff angenommen, da sie destillierbar, aber auch durch milde Wärmebehandlung abschwächbar ist. Er nennt sie darum eine "zusammengesetzte kombustible Materie nach Art der ätherischen Öle". Sein Versuch, die scharfe Wirkung bei der Applikation über die Elektrizität zu begreifen,steht (bei dem damaligen Wissen von Elektrizität) in naturphilosophischer Tradition; aus anderer Sicht ist aber der Versuch, eine pharmakologische Reaktion als Elektrizitätserscheinung begreifen zu wollen, gar nicht so "romantisch".

Auch Hermbstaedt äußert sich kurz und bestimmt zur Stofflichkeit des Scharfen, auch wenn er als "ätzender Stoff" noch nicht rein dargestellt, sondern zumeist mit Gewürzstoff vermischt ist.[286] Jordan hält es (kurz) für eine Eigenschaft des Harzes, Fourcroy erwähnt kein acre[287].

Dennoch muß die Auffassung, einen scharfen Stoff anzunehmen, bei Pflanzenchemikern um 1800 verbreitet gewesen sein, denn Trommsdorff schreibt:"Man leitet gewöhnlich die Schärfe .. von einem besonderen nähern Bestandtheil ab"[288], doch er selbst lehnt dies ab,

> "so lange man blos die Wirkung auf den lebenden Körper zum Bestimmungsgrunde seiner Existenz macht."[289]

Daher hält er mit Josse[290] die Schärfe für eine Eigenschaft des ätherischen Öls oder des Harzes.

Zu der beim Bitterstoff erwähnten größeren Fruchtbarkeit des realistischen Ansatzes läßt sich hier illustrieren, daß Trommsdorff denen, die einen scharfen Stoff annehmen, entgegenhält, sie müßten

> "sich auch gefallen lassen, wenn man einen Laxirstoff im Pflanzenreiche annimmt und behauptet, er sei mit dem Harze der Jalappe und der Pflanzenseife der Rhabarber verbunden,"[291]

ein Einwand, den er (1809) in seiner vermeintlichen Absurdität auch auf einen "Vomixstoff der Ipecacuanha" ausdehnt. Die Meinungen der Pflanzenchemiker um 1800 zum scharfen Stoff sind jedenfalls geteilt.

8. Von den Pigmenten

Kielmeyer Fol.306-308 = Anhang S.60

Pigmente zählen als Kosmetika, Mal- und Färbemittel zu den seit alters her bekannten Pflanzenbestandteilen[292]; ihrer Darstellung, Reinigung und Anwendung wurde bis zum Aufkommen der synthetischen Farben breiter Raum in der Pflanzenchemie gewidmet. Die Verschiedenartigkeit der Meinungen über die chemische Natur der Pigmente geht schon aus Kielmeyers Ausführungen hervor: So nahm Hermbstaedt einen Färbestoff, das Principium tinctorium seu chromicum an, als

> "dasjenige Wesen in vielen Vegetabilien, was sich daraus auf andere farbenlose Substanzen befestigen läßt" [293].

In dieser Definition scheint das ökonomische Interesse durch. Verschiedene Farben figurieren als Modifikationen der einen Grundmischung. Jordan referiert Grens Kenntnisse über Pigmente[294], der die färbende Kraft einmal der Stärke, ein andermal dem Harz oder dem Eiweißstoff zuschreibt, so daß dieser keine einheitliche Theorie der Pigmente für möglich hält. Trommsdorff lehnt Pigmente als eigentümliche nähere Bestandteile überhaupt ab: es handelt sich immer nur um die Farben anderer näherer Bestandteile. Über die Natur der Farben zu schreiben gehört in die Physik, über die Färbekunst in die angewandte Chemie, keines von beiden in die Pflanzenchemie.

Kielmeyers ausführliche Behandlung der Pigmente stützt sich vornehmlich auf Fourcroy, der für die verschiedenen Pigmente folgende Systematik vorschlägt [295]:

Es gibt vier Pigment-Arten:

a) reine extraktiv-artige Substanzen, die leicht wasserlöslich sind und zum Färben Beizmittel benötigen.
b) extraktivartige, mit Sauerstoff verbundene Substanzen (couleurs extractives oxigenées), die durch Wasser nur erweicht werden.
c) vorwiegend kohlenstoffhaltige Pigmente (couleurs carbonées) [296], die erst bei der Zersetzung von Pflanzen erscheinen.
d) wasserstoffhaltige oder harzähnliche Pigmente (couleurs hydrogénées ou resineuses), die nur in Alkohol oder Ölen lösbar sind.

Andere Einteilungen, besonders die nach der Farbe der Pigmente, weist Fourcroy zurück; er legt Gewicht auf die Unterscheidung von Farbe und Färbestoff:" Beyde unterscheiden sich voneinander wie Ursache und Wirkung!" [297] Die theoretisch-chemische Behandlung der Pigmente war um 1800 ungeklärt, was aber nicht an der Intensivierung der Farbstoff-Forschung hinderte [298].

9. Gewürzstoff

Kielmeyer Fol.308 = Anhang S.60

(vgl. den Kommentar zu ätherischem Öl.)

4. Abtheilung: Materien, die aus den vorigen zusammengesetzt sind

Kielmeyer Fol.308-309 = Anhang S.61

Hier taucht in der Chemievorlesung Kielmeyers der Aspekt auf, der die gesamte Systematisierung der Bestandteile bei Fourcroy beherrscht: die Physiologie. Kielmeyer behandelt scheinbar homogene Pflanzenedukte [299], die in der lebenden Pflanze vergesellschaftet vorkommen, die aber keine chemischen Verbindungen ausmachen. Darüber berichten verständlicherweise die Analytiker Hermbstaedt und Jordan nichts; Trommsdorff erwähnt davon nur pharmazeutisch interessante Substanzen.

I. Von den Extrakten

Kielmeyer Fol.309-310 = Anhang S.61-62

Extrakte werden bei Fourcroy nicht eigens erwähnt, da es sich (wie bei Kielmeyer auch ausgesprochen) lediglich um die getrockneten Pflanzensäfte handelt. Kielmeyers Einteilung in wäßrige, weingeistige, essigsaure und weinige Extrakte stimmt mit dem pharmazeutischen Usus überein. [300]

II. Von den Gummiharzen

Kielmeyer Fol.310-311 = Anhang S.62

Für die Geschichte der Gummiharze gilt das unter "Harz" erwähnte. Hermbstaedt hält wie Kielmeyer die Gummiharze für eine mechanische Mengung von Gummi und Harz; die Unsicherheit, ob der Zusammenhalt zwischen Gummi und Harz mechanisch oder chemisch sei, kommt auch bei Fourcroy zum Ausdruck; er hält Gummiharze für "natürliche Verbindungen aus Gummen und Harzen" [301] und behandelt sie als eigenen Pflanzenbestandteil. Trommsdorff kommt bei dieser Unsicherheit seine willkürliche Anordnung nach Paragraphen zugute, aus welchen keine übergeordneten Zusammenhänge nach näheren Pflanzenbestandteilen zu ersehen ist; er widmet der Aufzählung der Gummiharze und ihrer Löslichkeiten einen Paragraphen und läßt die Frage nach der chemischen Charakteristik offen.

III. Von den Pflanzensäften

Kielmeyer Fol.311-313 = Anhang S. 62-63

Der Pflanzensaft wird bei Fourcroy als der erste unmittelbare Pflanzenbestandteil aufgeführt; diese Stelle hat er inne, weil er im Frühjahr als erster Pflanzenstoff für die Vegetation wieder erscheint; er dient der Ernährung und Ausbildung des Organismus Pflanze, und alle anderen unmittelbaren Bestandteile werden aus ihm erzeugt:

> "Alle diese verschiedenen Stoffe sind nur fortrückende Modifikationen ein und desselben Stoffes, einer dreyfachen oder vierfachen Zusammensetzung, welche mit dem saftartigen Gummi (gomme seveuse) anfangen, und mit der holzigen Rinde zu enden scheint." [302]

Dieser Entwicklungsgedanke kann, wie Kielmeyer auch feststellt, chemisch nicht interpretiert werden, solange die chemische Konstitution der einzelnen Stoffe ungeklärt ist. Dieser Ansatz, der von Berzelius als spekulativ und unzulässig zurückgewiesen wurde, fand seine Fortsetzung bei Kastner, Döbereiner oder Bischof, die mit der Verbindung von Chemie und mathematischer Spekulation eine Vielzahl chemischer Erkenntnisse vorwegnahmen [303].

IV. Nektarsaft

Kielmeyer Fol.314 = Anhang S. 64

Er wird bei Fourcroy unter den zuckerartigen Materien behandelt, die noch Schleim und Extraktivstoff enthalten [304].

V. Feste Theile der Pflanzen

Sie sind nur von morphologischem Interesse bei Kielmeyer; die pflanzenchemisch relevanten Stoffe wie Holz und Kork siehe oben.

[Ende des Editionskommentars]

Zusammenfassung:

Die Darstellung der Kenntnisse von zusammengesetzten Stoffen anhand der Kielmeyerschen Vorlesung synoptisch mit den vier zeitgenössischen Autoren vermittelt einen nahezu vollständigen Überblick über die als eigentümlich angenommenen näheren Pflanzenbestandteile. Allerdings ist damit die Pflanzenchemie noch nicht erschöpft; es müssen noch analytische, systematische und physiologische Aspekte berücksichtigt werden. Dafür bietet sich eine Darstellung anhand Fourcroys "System" an.

Für die Pflanzenanalyse und Isolierung der "unmittelbaren Pflanzenstoffe" [305] führt Fourcroy acht Wege an, die alle acht, wenn auch auf sehr verschiedene Weise, Kenntnis über diese Substanzen vermitteln;

1. Die natürliche mechanische Zerlegung. Darunter fällt alles, was die Pflanze von sich aus homogen "ausschwitzt (Gummi, Milchsaft, Pollen etc.).
2. Die künstlich mechanische Zerlegung: Pressen, Stoßen, Schneiden, Mahlen.
3. Die Zerlegung durch Destillation in der Retorte, die Fourcroy aber nur zuläßt, wenn alle Produkte aufgefangen werden (also auch die im 17. Jahrhundert entwichenen Gase); sinnvoll ist diese Zerlegung nur in Verbindung mit den anderen Arten.
4. Die Zerlegung durch Verbrennen. Bei geeigneten [306] Versuchsanordnungen lassen sich hier die quantitativen

Elementaranalysenergebnisse erhalten.

5. Die Zerlegung durch Wasser (einschließlich Filtern, Dekantieren, Auskristallisieren) in der Abfolge mit kaltem Wasser (nach Garaye), warmem und kochendem Wasser. Bei letzterer Temperatur wurde jedoch organisches Material (z.B. Stärke, Balsame, Eiweiß, Gluten) schon teilweise verändert.
6. Die Zerlegung durch Säuren und Alkalien. Dabei gingen schon starke Veränderungen mit den organischen Stoffen vor. Originär ist Fourcroys Vorschlag, von hier aus <u>quantitativ</u> die Elemente Kohlen-, Wasser- und Sauerstoff zu bestimmen:

   > "Bestimmt man mit der nötigen Sorgfalt die Menge von Kohlensäure und Salpetergas, welche sich bei Behandlung der Pflanzenstoffe mit Salpetersäure entwickelt, so wie die Menge der verschiedenen Säuren, und das zuletzt gebildete Wasser, und die Kohlensäure..., so kann man mit der größten Genauigkeit... die Bestandteile der zu diesem Versuch gewählten Pflanzenkörper bestimmen." [307]

7. Die Zerlegung durch Alkohol und Öle. Diese Methode verändert die Bestandteile am wenigsten und liefert zusammen mit der Zerlegung durch Wasser die "wahrhaftigen" Ergebnisse.
8. Die Zerlegung durch Gärung, deren 5 Arten zu berücksichtigen sind (s.o.).

Die Kombination aus 5. und 7. Art stellt die sog. "Analyse auf nassem Wege" dar.

Fourcroy schließt keinen der 8 Wege von vornherein aus. Die Verbrennungsanalyse, der wenig Gewicht beigemessen wurde, seitdem man wußte, daß Aschen weniger über die eigentümliche Pflanze als vielmehr über deren Standort etwas aussagen [308], erhielt neue Bedeutung durch die Möglichkeit der quantitativen Elementaranalyse, beim Auffangen der Produkte. Aber auch die Destillationsanalyse erscheint in einem völlig neuen Licht: wenn zwar auch zwei verschiedene Pflanzen(-stoffe) die nämlichen Ergebnisse liefern können, ist es doch ausgeschlossen, daß zwei nämliche Pflanzenstoffe (bei gleicher Versuchsanordnung und -durchführung) verschiedene

Resultate erbringen, so daß die Destillationsanalyse (mit separiertem Auffangen der Produkte) einen notwendigen Identitätserweis zweier Substanzen darstellen konnte. Fourcroy beließ es nicht bei der Enumeration dieser Zerlegungsarten, sondern er forderte für eine umfassende Pflanzenanalyse die Berücksichtigung aller acht Methoden, um zu einer vollständigen Kenntnis über die Bestandteile einer Pflanze zu gelangen.

Im Einklang seiner Theorie der Metamorphose der einen Pflanzensubstanz untersucht Fourcroy nicht nur das chemische Verhalten der einzelnen Pflanzenstoffe, sondern auch das der ganzen Pflanzen gegen Reagenzien [309]. Unter Reagenzien sind dabei alle Stoffe verstanden, die eine Wirkung auf die Pflanzen haben; in Deutschland wurde dafür auch häufig der Name "gegenwirkende Mittel" gebraucht (z.B. bei Göttling 1790):

1. Das Verhalten des Wärmestoffs gegen Pflanzen. Die Wirkung ist proportional der angewandten Temperatur und geht über Verdickung, Austrocknen, Dörren, über Wasserdampfdestillation, Kochen und Backen bis zur trockenen Destillation und Verbrennung.
2. Das Verhalten der Luft (allgemein) gegen Pflanzen und Pflanzenstoffe. Pflanzenstoffe neigen zur Absorption von Sauerstoff, besonders bei Schlagen und Schäumen; Öle und Säfte verdicken sich, Extraktivstoff wird unlöslich, häufig treten dabei Farbänderungen auf. Nach Berthollets Untersuchungen [310] kommt es dabei zu einem Verbrennen des Wasserstoffs; dadurch werde die Kohle vorwaltend, der Stoff dunkler und weniger löslich. Daneben bildet sich auch ein wenig Kohlensäure durch "Verbrennen des Kohlenstoffs".
3. Das Verhalten des Wassers gegen Pflanzenstoffe. Dabei sind drei Effekte zu beobachten:
   a) [morphologisch] die Teile weichen auf und werden mechanisch voneinander getrennt.
   b) wasserlösliche Stoffe verschwinden aus dem Verband und gehen in Lösung (z.B. Zucker, Gummi, "wesentliche" Salze).

c) die Konsistenz von wasserunlöslichen Stoffen wird teilweise erheblich verändert (Öle in Emulsionen u.ä.).

Wasser läßt also die Stoffe nicht unverändert; besonders können gelöste Substanzen aufeinander einwirken, und der Sauerstoff der Luft kann leichter mit den Substanzen reagieren. Bei erhöhter Temperatur verstärken sich diese Effekte noch. Wenn man sie schließlich längere Zeit stehen läßt, gehen sie in Gärung über.

4. Die Einwirkung von Erden und Alkalien auf Pflanzenstoffe. Sie entziehen allgemein begierig das Wasser; reine Ätzalkalien wirken auch zerstörend, ähnlich den Säuren.
5. Die Einwirkung von Säuren auf Pflanzenstoffe. Verdünnte Säuren bewirken zumeist "echte Auflösungen" [311], Konzentrierte Salpetersäure verändert dabei die meisten Pflanzenstoffe über verschiedene Zwischenstufen zu eigentümlichen Pflanzensäuren, ein Vorgang, der bei Wiederholung Oxal- oder Ameisensäure entstehen läßt, daraus Kohle, so daß man schließlich dieselben Ergebnisse erzielt wie beim Verbrennen [321].

   Das Verhalten der Pflanzenstoffe gegenüber der konzentrierten Schwefelsäure war Fourcroys eigenes Forschungsgebiet [313]. Dabei widerlegte er die Meinung, Schwefelsäure wirke wie Salpetersäure oxidierend ("dadurch, daß sie Sauerstoff fahren lasse"); niemals fand sich nämlich im Reaktionsgemisch die (reduzierte) schweflige Säure, immer hingegen eine verdünntere Schwefelsäure. Daher entziehe diese Säure den Pflanzenstoffen Wasser [314], Kohlenstoff bleibt zurück [315].
6. Die Einwirkung von Salzen auf Pflanzenstoffe. Generell ist die Wirkung gering, ausgenommen bei Nitraten, die das Gewebe dichter machen, es gegen Veränderung schützen und die Farben vertiefen [316]. Besonders stark konservierende Eigenschaften zeigt die Alaunauflösung, die in der Färberei daher eine große Rolle spielt. Kochsalz selbst habe keine Wirkung auf Vegetabilien, aber ein Zusatz bei Abkochungen ermöglicht das Erzielen einer höheren Temperatur.

Wichtig sind schließlich aber Fourcroys Bemerkungen über das oxidiert salzsaure Kali [$KClO_3$], das zur Elementaranalyse noch nicht verwendet worden sei; er hatte indessen bemerkt,

> "daß wenn demselben vegetabilische Stoffe, vorzüglich Gummi, Zucker, Mehl, Oele, Alkohol, Aether zugesetzt wurden, diese bey dem Schlage mit großer Energie verbrannten. Würde dieser Versuch in einem schicklichen Apparate vorgenommen",

so ließe sich damit das quantitative Verhältnis von Kohlen-, Wasser- und Sauerstoff sehr genau bestimmen. In der Literatur wird die Einführung des Kaliumchlorats in die Elementaranalyse allgemein Gay- Lussac gutgeschrieben [317].

7. Die Einwirkungen von Metallen und Metalloxiden [318] sowie von metallischen Auflösungen [319] auf Pflanzenstoffe. Die Metalle selbst zeigten allgemein keine Wirkung; Oxide wie Auflösungen bewirken jedoch oft große Farbveränderungen in Lösungen. Fourcroy erklärt diese Erscheinung durch die Leichtigkeit, mit der die Oxide den Sauerstoff abgäben [320].

Diese Darlegung des Verhaltens von Pflanzenstoffen zu Reagenzien ermöglicht Fourcroy, die Besonderheiten als generische Charakteristika für seine besonderen Stoffklassen zu verwenden.

Die Theorie der Metamorphose der einen Pflanzensubstanz liefert ihm die Reihenfolge in der Systematik der Pflanzenstoffe nach dem Auftreten in der Vegetation. Dabei erscheint mit dem Saft an erster Stelle eine Substanz, die nicht homogen, sondern Mischung (Lösung) verschiedener später als eigentümlich beschriebener Stoffe ist. Bei Kielmeyer und dessen bewußt chemischer Systematik erscheint der Saft dagegen am Ende; bei Hermbstaedt und Jordan wird er gar nicht genannt, dagegen aber Wasser als (trivialer) Bestandteil aller Pflanzen.

Die innere Gliederung der einzelnen Pflanzenstoffe ist bei Fourcroy streng systematisch [321]: er erörtert alle 20 nacheinander auf dieselbe Weise in ihrem Verhalten gegen Reagenzien, wie das bei den Pflanzen(-stoffen) im allgemeinen geschah; ergänzt werden die sieben Punkte durch das Verhalten des jeweiligen Pflanzenstoffes gegen andere organische Stoffe [322].

Die Vegetation führt während der Entwicklung der Pflanzensubstanz die einzelnen Stoffe ineinander über, wodurch die Grenze zwischen ihnen in der lebenden Pflanze verwischt oder teils gar nicht vorhanden ist, daher diese Stoffe eine Reihe bilden. Für die Untersuchung aber wird die Pflanze getötet, das Ineinander- Verwandeln der Modifikationen der Kohlen-, Wasser-, Sauerstoff- Verbindung unterbrochen, ein status quo sanktioniert, von dem aus jetzt erst durch entsprechende Reagenzien chemische Differenzen anzuzeigen sind. Die Untersuchung verschiedener Pflanzen liefert dann die vergleichbaren Arten, die in Klassen zusammengefaßt werden können. Auch hier ist Fourcroy beispielsetzend für die folgenden Pflanzenchemiker, indem er zwischen Klassen und Arten systematisch Ordnungen unterzubringen sucht, besonders ausführlich bei Pigmenten, Ölen, Harzen. Hierin besteht auch die Hauptdifferenz zu Hermbstaedt, der, obschon auch von einer Pflanzensubstanz ursprünglich ausgehend, nicht zu einem System von Klassen, Ordnungen, Arten kommt, sondern zu 26 universalen Stoffen [323], in allen Pflanzen identisch. Fourcroy (wie neben ihm auch Trommsdorff oder Kielmeyer, doch weniger systematisch in der Unterteilung) bildet hierzu indes nicht die extreme Gegenposition (das wäre später der "Nominalist" Runge), sondern eine Mittelstellung: er kommt selbst zu 20 Pflanzenstoffen [324], die als Klassen, als "generische Prinzipien" ubiquitär sind, deren unterschiedliche Ordnungen und Arten aber nicht von Verunreinigungen herrühren.

Dieser Überblick über die pflanzenchemischen Kenntnisse zu Beginn des 19. Jahrhunderts zeigt die Summe des Wissens, das mit der traditionellen Analytik zu erlangen war. Die Einschätzung dieser Ergebnisse darf nicht dadurch geringer werden, daß erst das neue elementar-analytische Verfahren der organischen Chemie zum Durchbruch verhalf —dafür war schließlich <u>dieses</u> Wissen vorausgesetzt. Dennoch findet sich die ungerechte Beurteilung gerade bei dem Forscher, der, auf diesem Wissen aufbauend, die organische Chemie maßgeblich zu entwickeln half, bei Berzelius:

> "die Zeiten von Fourcroy und Hermbstaedt...: ein prächtiges Schauspiel von bunten Seifenblasen, die demjenigen, der an diesen Vorgängen Geschmack findet, herzlich belustigen, die aber bald so verwehen, daß nichts mehr übrigbleibt." [325]

Anmerkungen zum 5. Kapitel

[1] im zeitgenössischen Sinne, nach Immanuel Kant, als einem "Klassensystem.. (der Facta der Naturdinge) nach Ähnlichkeiten", Unterabteilung der Naturlehre im Gegensatz zur Naturwissenschaft. (MAdN, Akad.Ausg.IV, 468)

[2] Diese beiden Einteilungen galten besonders (wie in der botanischen Systematik seit Aristoteles bei "problematischen" Pflanzen) in der Rubrik der "problematischen" Stoffe, d.h. derer, die neuentdeckt oder wenig bekannt oder ohne Ähnlichkeit zu besser bekannten Stoffen waren.

[3] Dabei ergaben sich die nämlichen Schwierigkeiten wie in der Botanik vor Linné bezüglich der "Künstlichkeit" resp. "Natürlichkeit" von Kriterien: letzten Endes ist jeder Klassifizierungsaspekt willkürlich und somit "künstlich", aber doch auch dem Objekte zukommend und somit "natürlich"; vgl. dazu Hooykaas (1947).

[4] Für die Pflanzenchemie war das indes nicht der Untergang, wie das in der Literatur häufig zu lesen ist, sondern sie koppelte sich von der neuen Wissenschaft und auch von der gleichzeitig entstehenden Physiologie ab und isolierte und analysierte weiter mit ihren Methoden.

[5] So erscheint es jedenfalls in der deutschen Tradition (Wiegleb - Suckow - Hermbstaedt). Während in Kielmeyers Vorlesung über Chemie die organische Chemie (als "Chemie der zusammengesetzten Stoffe") auch ein Kapitel über "zusammengesetztere Stoffe" enthält, worunter dann natürlich vorkommende Gemische (Extrakte, Säfte, Kork) fallen, wird in der französischen Tradition (La Garaye - Rouelle - Bucquet) bei Fourcroy der Pflanzensaft als "näherer Bestandteil", "Stoff" bezeichnet.

[6] Kielmeyer definiert die Chemie als die Unterabteilung der Physik, die sich mit Affinitäten befasse. In diesem Sinne ließe sie sich auch heute als der Teil der Physik verstehen, der die Reaktionen der äußeren Elektronenschalen von Atomen, Molekülen und Molekülkomplexen betrachtet; die Grenze ist durch die Disziplin der physikalischen Chemie ohnehin verwischt.

[7] Jedenfalls gilt dies qualitativ: bei hinreichend großer Menge Lösungsmittel werden auch schwerlösliche Stoffe in Lösung gebracht.

[8] manche Stoffe sublimieren unzersetzt, andere verkohlen, bevor sie schmelzen.

[9] homogen "ad sensum", wozu auch der Saft gehören konnte (vgl. Anm.5).

[10] Hermbstaedt schreibt daher:"Wir sind schlechterdings gezwungen, in den Vegetabilien eben so viel verschieden geartete Grundstoffe anzunehmen, als wir verschieden geartete Bestandteile aus ihnen darstellen können..." Berl.Jb.f.Pharm. 1(1795) S.122; (1807) S.15 "Einfache" physikalische Operationen waren dabei die bei Boerhaave (2.Kap.) beschriebenen.

11 obwohl manche Säuren schon nicht mehr selbst in der Pflanze, sondern nur als Salze vorkamen. Dennoch blieb das erste Kriterium (neben der genannten Kristallisierbarkeit, durch die Scheeles Arbeiten so überzeugend waren) das natürliche homogene Vorkommen.

12 Dieser Begriff ist hier zutreffender als der der "Pflanzenbestandteile", da etwa Oxalsäure ja kein Pflanzenbestandteil war; er ist aber eingeschränkt verstanden als "phytochemische Stoffe".

13 Zwar wurde der Farbe keine allzugroße Wichtigkeit eingeräumt (Farbschattierungen fielen unter "Modifikationen"); sie konnte allerdings bei größerer Menge zur Annahme eines eigenen Färbestoffs führen (Hermbstaedt).

14 im Sinne von amorph, kristallin, krümelig usw., nicht im Sinn der Antrittsvorlesung Kielmeyers.

15 meistens im Sinne quid pro quo: "veilchenartig", "teerartig" bisweilen auch trivial: Kampfer riecht freilich kampferartig. Ein eigener Geruchstoff war bei Boerhaave angenommen worden (Spiritus rector).

16 bisweilen im Sinne von quid pro quo, sonst aber qualitativ: gut, angenehm, sauer, scheußlich usf.

17 "fettig, schlüpfrig, klebrig" u.ä.

18 J.F.John gibt charakteristische Geräusche bei Reaktionen oder Handhabungen an, e.g. "knirscht zwischen den Fingern, knistert beim Erhitzen", aber auch Fourcroy, etwa bei der Stärke.

19 und zwar an Mensch, Tier und Pflanze; auch Pflanzen wurden mit Opium "gedüngt" (vgl. 8.Kap) , mit Quecksilbersalzen gespritzt.

20 Runge nahm sogar quantitative Atropinbestimmung am Katzenauge vor (vgl.8.Kap.); auch das Deutsche Arzneibuch 7.Ausgabe (1968) kennt eine quantitative physische Bestimmung des Bitterwerts.

21 die zwar auch physisch sind, aber Beobachter und Versuchsanordnung verschieden.

22 Der Äther, von dem MacCollum (1957) S.142 schreibt, John habe ihn in die Pflanzenanalytik eingeführt, wird auch von Kielmeyer verschiedentlich als Reagens genannt; er spielte besonders als Lösungsmittel für Kautschuk seit 1770 (Macquer) eine Rolle, konnte aber wegen seines hohen Preises nicht häufiger eingesetzt werden (so Trommsdorff (1801)II, S.537).

23 Das spezifische Gewicht wurde besonders in der Naturphilosophie (vgl.8.Kap.) als wichtiges Charakteristikum eines Stoffes genommen.

24 e.g. beim Kampfer wird dieses Charakteristikum von Libavius 1595 über Lemery , Boerhaave bis Kielmeyer und Fourcroy angegeben!

25 Beispiel für die Vielschichtigkeit der zeitgenössischen

Einteilung war etwa das "Verhalten gegen Luft" (meistens gleichzeitig bei Licht): ein Pflanzensaft konnte sich verdunkeln, verharzen, konnte faulen, vergären, sauer werden — für uns gehörten diese Erscheinungen in die Rubriken 1-3, damals nur in diese 2.

26 Die Differenzierung, wie weit "qualitativ"reicht und wo "quantitativ" beginnt ist zwar willkürlich (vgl. hierzu Jonas (1973) S.87,113,118), soll aber hier als vorverstanden vorausgesetzt werden.

27 Bitterwert, Härte oder Elastizität hatten keinen absoluten Maßstab. "Angemessen" soll heißen: In diesen Grenzen reproduzierbar.

28 "Durch nichts zeigt sich der Mangel an mathematischem Verständnis mehr als durch maßlose Schärfe im Zahlenrechnen" (Gauss).

29 weder medizinisch noch ökonomisch.

30 es sei denn zur Erkenntnis von Verfälschungen.

31 im einzelnen dargestellt in Kielmeyers Vorlesung.

32 anorganische (e.g.Metallsalze) wie organische (Galläpfelpulver, Leimauflösung, Veilchensaft usw.).

33 quantitative Zeitangaben wurden meist vernachlässigt; was schnell, was langsam, war vom Experimentator allein abhängig.

34 vgl. hierzu das 7.Kapitel sowie die dort angegebene Literatur.

35 So vertrat Fourcroy die Idee der <u>einen</u> Pflanzensubstanz, doch physiologisch dahingehend modifiziert, daß von einer, <u>der</u> Pflanzensubstanz schlechthin, dem im Saft gelösten Schleim sich alle weiteren Einzelsubstanzen ausbildeten. Hermbstaedt (1795) vertrat diese Theorie abgeschwächt: die näheren Bestandteile sollten in allen Pflanzen die nämlichen sein. Aber sie findet sich auch noch bei Döbereiner, der 1814 den Kohlenstoff zerlegte und dabei ein Metall fand, gemäß der Theorie, daß Pflanzen die Oxide von Pflanzenmetallen seien (Döbereiner (1819) S.123-135).

36 wie bei F.F.Runge (1820/21); vgl. 8. Kapitel.

37 d.h. es war willkürlich, welche der vier Klassen man zur Kennzeichnung der Prinzipien und Klassen verwenden wollte. Vgl. die diversen Systeme im 6. Kapitel.

38 Vauquelin et Deyeux: Observations sur l'état actuel de l'analyse végétale, suivies d'une notice sur l'analyse du plusieurs espèces de sèves d'arbres. In: Journ.d.pharm. 1(1797) S.46-48; deutsch als: Bemerkungen über den gegenwärtigen Zustand der Pflanzenanalyse, nebst einer Nachricht über die Zerlegung der Säfte mehrerer Baumarten. In:(Scherers) Allg.J.d. Chem 2(1799) S.260-270.

39 Das hat Borchardt (1974) schlüssig dargelegt.

40 "fast", weil ja Lavoisier Öle als Sauerstoff-frei ansah.

41 von Fourcroy 1789 im Eiweiß nachgewiesen.

42 nämlich: 1.Extraktivstoff, 2.Schleim (=Gummi), 3.Zucker, 4."das wesentliche Salz oder Säure", 5.fettes Öl, 6.flüchtiges Öl, 7.Kampfer, 8.Harz, 9.Balsam, 10,Gummiharz, 11.Kautschuk, 12.Stärke, 13.Kleber, 14.Holz, 15.Tannin. Diese fünfzehn sind, wie dies Kapitel zeigt, jedenfalls der gemeinsame Nenner aller Pflanzenchemiker um 1798.

43 etwa die augenfällige Erzeugung von Oxalsäure aus verschiedensten Pflanzenstoffen mit Hilfe von HNO_3.

44 "Metamorphose des Saftes" (Fourcroy). Vgl. dazu die physiologischen Systeme von Fourcroy, Wahlenberg u.a. im 6.Kapitel.

45 l.c. S.263.

46 Im 6.Kapitel ist dies für die einzelnen Aspekte systematisch erörtert.

47 Sprengel (1812) S.282.

48 In: Berlin. Jahrbuch der Pharmazie 1(1795) S.105-142; 2(1796) S.146-169; 3(1797) S.97-124; 5(1799) S.1-52; zusammengefaßt in "Anleitung zur Zergliederung der Vegetabilien nach physisch -chemischen Grundsätzen" Berlin 1807. Zitiert wurde nach der Arbeit von 1807 (es sei denn, die Darstellung hatte sich gegen 1795-99 geändert; das ist ggf. angemerkt).

49 Borchardt (1974), der auch Analysen nacharbeitete, dabei aber die erhaltenen Fraktionen auf heute als wirksam erkannte Substanzen prüfte.

50 vgl. Mieck (1965); von Borchardt nicht erwähnt.

51 vgl. die Würdigung bei Borchardt (1974) S.54-57; zur Fruchtbarkeit des realistischen Ansatzes vgl S.160.
Bei konsequenter Befolgung seiner Vorschriften hätte sich allerdings das Wissen der Pflanzenchemie nur in den gesteckten Grenzen verbreitern können;Sertürners Morphin-Isolierung ist von hier aus nicht möglich, wie auch Borchardt betont.

52 Jordan war später Lehrer der Chemie und Hüttenkunde in Clausthal; er veröffentlichte nach 1803 nichts Pflanzenchemisches mehr.

53 vgl. die Würdigung Fourcroys bei Smeaton (1962) S.163-177 oder bei Partington III. S.535-551.

54 vgl. S.21 in der Literaturübersicht

55 "Dieß Buch ist die reichhaltigste Sammlung von factis über die Chemie" Fol.20 des Cod.med.et phys. 4°69i, WLB Stuttgart.

56 lt. Smeaton (1962) S.227 Univ. Bibl. Tübingen Bf 129.
Es überrascht, daß Borchardt (1974) außer im Zusammenhang einer einzelnen Pflanzenanalyse von 1792 Fourcroy überhaupt nicht erwähnt.

57 so der (berechtigte) Titel bei Abe (1971).

58 etwa §1685 Harz-Definition; § 1686 Differenz Harz- Gummi; §1687 Verschiedenartigkeit der Pflanzenschleime im Vergleich zu Harzen; § 1688 natürliche Balsame; §1689 Darstellung der Harze; § 1690 Ein neues von Vauquelin entdecktes Harz; §1691 trockene Destillation der Harze ; §1692

Harze und Säuren; §1693 Gummiharze; §1694 Zucker usf. Vermerkt werden sollte für Trommsdorffs Verhältnis zur Naturphilosophie, insbesondere Schelling, daß er sich in Bd.I S.V-XX und S.1-16 mit "philosophischer Chemie" beschäftigt, deren "Studio er einen Theil seiner Zeit gewidmet" habe, die er aber hinhaltend ablehnt.

59 Die Zusammenstellung dieser vier erwies sich im Nachhinein auch dadurch als berechtigt, als der Verfasser in einer Fußnote bei Trommsdorff (1801) Bd.II S.608 entdeckte, daß dieser für die Beschäftigung mit Phytochemie Hermbstaedt und Jordan empfiehlt.

60 wie das völlig absurd von Cuvier (vgl.4. Kapitel Anm.14) behauptet wurde und sich auch heute bei Taton (1961)III,1 findet: Kielmeyer(dem der Vorname Heinrich gegeben wird S.493) gilt als großer Naturphilosoph "Goethe en fut le premier représentant, mais c'est Oken et Kielmeyer qui lui donnèrent son plus grand eclat." S.493. Unrichtig ist auch R.Schmitz' (1969) S.322 Feststellung, Kielmeyer habe kein Interesse an einem Labor gehabt: 1809 wurde das Labor für die Anatomie gebraucht, Kielmeyer mußte mit seinen Geräten ins Gewächshaus. Plänen, das Labor in die Hofküche des Schlosses zu legen, widersprach er aufs schärfste und drohte, die Professur niederzulegen. 1815/16 waren schließlich die Pläne für ein großes Labor bis zur Genehmigung gediehen; Kielmeyers Berufung nach Stuttgart (1817) ließ ihn die Vollendung nicht mehr erleben. Vgl. dazu Meyer (1889) S.18-20.

61 WBL Stuttgart Cod.med.et phys. 4°69 i (= Manuskript A. Vgl. Anhang IV.

62 Diese Formulierung zeigt nicht zuletzt Kielmeyers intensive Kant- Beschäftigung auf; vgl. Holler (1938) S.235-253 .

63 im heutigen Sinne; vgl. Anm.6 .

64 auch diese Definition erscheint sehr modern; "unmeßbar" ließe sich modifizieren als: nicht direkt (mit Lichtstrahlen) meßbar.

65 im Sinne der kantischen "Materie an sich".

66 orientiert an Lavoisier; von Wärme und Licht, den imponderablen Stoffen, kann nicht abstrahiert werden.

67 Das richtet sich gegen die rein-spekulative Chemie bei Schelling.

68 etwa die Einteilungen in reine und angewandte Chemie, und die Unterteilung letzterer in technische, ökonomische, pharmazeutische usf. oder die Einteilung nach der Natur der Materien, in Halurgie, Metallurgie usf.

69 l.c. Fol.10 .

70 "Musik im Sinne von "Schall"; allerdings untersucht Kielmeyer auch den physiologischen Einfluß von Musik auf Organismen: "Von der Noeiferation und Musik" WBL Cod.med.et Phys. 4°69 s, "Spezielle Materia medica".

71 auch diese vorsichtige Formulierung des Element- Begriffs, die auf Jungius und Boyle zurückgeht, übernimmt Kielmeyer von Lavoisier.

[72] Diese Einteilung ist im Sinne Lavoisiers, wenn auch von dem selbst nicht so vorgetragen. Kielmeyer teilt also die Substanzen nach ihrem Sauerstoffgehalt ein (im damaligen Sinne) in a) nicht-brennbare Substanzen, die die Verbrennung unterhalten (der Sauerstoff selbst, sowie die Oxidationsmittel.).
b) brennbare Substanzen (ohne oder mit wenig Sauerstoff).
c) verbrannte Substanzen (mit hohem Sauerstoffgehalt).
Das Attribut "relativ" kennzeichnet aber auch hier den Vorbehalt Kielmeyers, daß die Einteilung nicht absolut, sondern ad hominem ist.

[73] l.c. Fol.15 .

[74] l.c. Fol.15-19; Kielmeyers Urteil über die Chemiegeschichte von Gmelin (1797-99) ist vernichtend: "ein farrago von datis" (farrago, lat: Mischfutter fürs Vieh).

[75] Von Gren, dem letzten berühmten deutschen Phlogiston- Verteidiger, rät er allerdings ab.

[76] "Wenn es schon alt ist, enthällt es doch einen ungeheuern Schatz von Beobachtungen... Durch die Art der Behandlung ist es noch Muster und in Absicht auf die Anordnung trägt es ohnediß den Spiegel des Genies. Er ist der größte Kopf, der sich je mit Chemie abgab". l.c. Fol.20 [Wasser auf die Mühlen des Verfassers! Vgl.2.Kapitel!!].

[77] Dieser "Werth des Wissens an sich" muß der Wissenschaftstheorie ein Rätsel bleiben. Neugierde als Motivation ist rational nicht rekonstruierbar.

[78] soll heißen: Die Bereitung von Brot und Bier, die Bestellung des Ackers sind alle chemisch zu behandeln.

[79] l.c. Fol.23; diese physiologisch richtige Bemerkung ist wissenschaftstheoretisch nicht zu begründen.

[80] Holler (1938) bes. S.244-246 (Schreiben an Cuvier).

[81] ".. diese Untersuchungen der Naturkenntnis [der Kant- Nachfolger](haben) zumal bei jüngeren Personen mehr Schaden als Nutzen in Deutschland gebracht.." Holler(1938) S.252 (Brief an Cuvier).

[82] Trommsdorff (1800) I, S.IX .

[83] l.c. S.XI.

[84] Trommsdorff (1800) I, S.2 .

[85] Analoges gilt ja auch heute (noch) für die Gravitation, für die die zugrundeliegenden Gravitonen noch nicht nachgewiesen sind.

[86] Friedrich Wolff (1766-1845) Prof. der Chemie in Berlin.

[87] Der Salpeter wird z.B. bei den Salzen, in der Pflanzenchemie, in der technischen und der ökonomischen Chemie behandelt.

[88] l.c. Fol. 20 .

[89] vgl. D.Kuhn (1970) S.164 .

[90] vgl. Borchardt (1974) S.13; allerdings war diese Tendenz nicht so "neu", wie Borchardt feststellt; sie findet sich

genauso bei Girtanner (1792) oder Gren (1794),

91 Hermbstaedt (1807) S.15.

92 durchaus wie die heutige Chemie der Kohlenstoffketten und der Polymere "offen" ist.

93 Jordan (1799) S.2.

94 vgl. Anm. 35.

95 so wie dies auch 1819 quantitativ von Bischof versucht wurde.

96 Trommsdorff (1801) II, S.440-608.

97 durch Annahme der wenigen, universalen Pflanzensubstanzen.

98 Kenntnisse über Öle finden sich nahezu bei allen entsprechenden antiken Autoren (Homer, Plinius, Dioskurides usf.) Die Trennung fette - flüchtige Öle fand spätestens zu Beginn des 18. Jahrhunderts statt (vgl.2. Kapitel), nicht erst 1787 (nach Kopp IV. S.391). Zur Geschichte der fetten Öle vgl. Kopp IV S.382-90, Hoops (1947), Schmauderer (1964) , Schneider (1974) V,2 S.372-76; zu den Wachsen, die Kielmeyer mit den Ölen behandelt vgl. Buchner (1936), Lüdecke (1955) und Mildner (1962).

99 Seifen und Pflaster finden sich bei Dioskurides, Galen, Plinius.

100 Scheele in: KAH 4(1783) S.324, in Crells Annalen (1784)II S.328, V S.225, 328. Scheele entdeckte 1783 bei der Pflasterbildung aus Olivenöl und Bleiglätte das Glyzerin, das er 1784 auch in anderen Ölen, Schweinefett und Butter nachwies; dabei erhielt er bei Wiederabscheidung des Fetts durch Schwefelsäure Fettsäuren, deren höhere Reaktivität mit Bleisalzen er festhielt, ohne sie als eigentümlich zu erkennen.

101 "Recherches chimiques sur plusieres corps gras", eine Artikelserie, die seit 1813 in den Ann. de Chim. erschien (1823 in einer Monographie zusammengefaßt). Chevreul baute auf Scheele auf, ohne ihn zu erwähnen (vgl. Partington IV, S.247, sowie 9. Kapitel).

102 Fourcroy zusammen mit Thouret über das Leichenwachs (adipocire) in: Ann. de Chim. 5(1790)S.154, 8(1792) S.17; es war allerdings lange davor entdeckt worden; Vgl. dazu Barnes (1934).

103 Hermbstaedt (1807) S.24.

104 Daher bildeten etwa Wachse leichter Seifen mit Alkalien, was "hauptsächlich von ihrem oxigenisierten Zustand herrührt". Fourcroy (1802)III, S.268 [es wird, wenn nicht anders angegeben, nach der deutschen Übersetzung zitiert].

105 1809 indes trennt er wieder Wachs von Öl, weil es nicht ranzig wird.

106 Trommsdorff (1801)II, S.511, doch er bricht im nächsten § ab und behandelt Seifen in kalkhaltigen Wassern; dadurch entgeht ihm die Entdeckung einzelner Fettsäuren.

107 im Gegensatz zur lobenden Ankündigung von 1796 in Trommsd.

J. 4_1(1796) S.265, die Borchardt (1974) zitiert (S.44).

108 Trommsdorff, l.c. II S.505.

109 l.c. S.522 .

110 vgl. hierzu Kopp IV S.391-396, Jaminet(1955) und Schmitz, Rudolf (1971).

111 in den "Archidoxa" (zitiert nach Kopp (1874) S.394)

112 Boerhaave hatte aus dem Verharzen ätherischer Öle und der gleichzeitigen Reduktion der Geruchsintensität geschlossen, daß diese aus einer leicht flüchtigen Komponente = spiritus rector, die die qualitativen Eigenschaften des ätherischen Öles repräsentierte, und einer harzigen Trägerkomponente bestehen. Terpentin bot sich dafür besonders augenfällig an (Terpentin $\xrightarrow{\Delta}$ Terpentinöl↑ + Colophonium). Vgl. dazu Partington (1961) S.757 und (1962) S.546-47.

113 auch noch 1807 .

114 dabei denkt H. an die Entstehung von flüchtigen empyreumatischen Ölen. Hermbstaedt (1807) S.23

115 "Aeris accessu quoque inspissantur,odere tum privantur, ut tandem nulla inter ea intercedat differentia. Hinc vero falso concluserunt, ea [olea volatilia] ex duobus principiis proximis nempe materia volatili, quam spiritum rectorem, materiam olentem vel aroma dicunt, et resinosa parte, pro eius vehiculo habent, composita esse" Jordan (1799)S.79 .

116 Das ist ein Rückschritt gegen Neumann, der Kampfer als Stoff<u>klasse</u> ansah vgl. 2. Kap. S.13-14 .

117 im 4. Band der Élémens ... [5]1793; in der 2. und 3. Auflage spricht sich Fourcroy noch entschiedener für Boerhaave aus, obwohl Macquer im "Dictionnaire ([2]1778) vermutet hatte, es könne sich beim Spiritus rector um eine Gasart handeln. In der deutschen Übersetzung der 5. Auflage merkt Wiegleb (1791) gegen Fourcroy an:" Nach sehr wahrscheinlichen Gründen ist Boerhaavs Spiritus rector nichts anders, als ein ätherisches Oel in der sparsamsten Menge." Bd.IV S.86 .

118 A.F. Fourcroy: Mémoire sur l'esprit recteur de Boerrhaave [sic] , l'arome des chimistes francais, ou le principe de l'odeur des végétaux. In: Ann.de Chim. 26(1798) S.232-250; deutsch in Crells Ann.1799II S.38-57 (Partington III S.18 zitiert diese Stelle fälschlich für die <u>positive</u> <u>Annahme</u> des Aroma durch Fourcroy. Als Widerlegung nennt er erst das Système).

119 Fourcroy (1802) III, S.277 .

120 dadurch kann Lavoisiers These, sie bestünden nur aus Kohlenstoff und Wasserstoff, beibehalten werden; Kielmeyer gab dagegen schon Sauerstoffgehalt an.

121 nach George Starkey (1628-1655), englischer Arzt und Jatrochemisten (nicht bei Partington, Tschirch, Poggendorff); vgl. zur Person: Wilkinson (1963), zum Werk Wilkinson (1970) Die Vorschrift erhielt sich bis Hagers Handbuch der Pharmazie, Berlin 1927, II.Bd. S.653. Starkeys Behandlung des

Terpentinöls mit Pottasche und Alkalien erzeugte vermutlich halbfeste zyklische Alkohole; die Bezeichnung Seife verdiente sich das Produkt indes weniger wegen seiner Wirkung, als vielmehr wegen der Analogie seiner Darstellung.

122 Sie waren schon Dioskurides bekannt (vgl. Schelenz (1904) S.109). Zur Zeit der Pyrolyse waren sie anerkannter Pflanzenbestandteil.

123 Es handelt sich dabei um Öl, das aus Tier- Teilen durch Retortendestillation gewonnen und wiederholt mit gebranntem Ton rectifiziert wurde, wobei es großenteils den stinkenden Geruch verlor. Vorschrift nach Dippel (1711, dt.1736); vgl. dazu Partington II, S.379.

124 Trommsdorff bespricht sie ausführlich! a.a.O. II S.448-456 .

125 vgl.dazu Waldemann (1883), Pelka (1920), La Baume (1935) Quiring (1954).

126 Plinius Hist.nat. 37,3 .

127 Pomet (1717) Sp.785-790 .

128 vgl. dazu Houben (1935), Haschmi (1964) und Schneider (1974) V,1 S.313-315, V,2 S.41-42 .

129 nach Kopp IV S.358 .

130 Pomet (1717) Sp.371-76 .

131 vgl. 2. Kapitel .

132 Fourcroy (1802) III, S.296 .

133 Kosegarten (1785). Die Bildung der Kamphersäure wird im Sinne der Phlogistontheorie erklärt, d.h. so wie
Kohlenstoff = Phlogiston + Luftsäure CO_2, gilt
Kampfer = Phlogiston + Kampfersäure.
Siehe Crells Observ.Phys. 27(1785) S.297 .

134 Dörrfurt, A.F.L. (1767-1825): Abhandlung über den Kampfer, worinnen dessen Naturgeschichte, Reinigung, Verhalten gegen andere Körper, Zerlegung und Anwendung beschrieben wird. Wittenberg 1793 .

135 Zu dem ganzen Komplex "Harze" vgl. Tschirch (1900).

136 Pomet (1717) Sp.786 .

137 Trommsdorff (1801) II S.477; Fourcroy stellte die These in der "Philosophie Chimique" 1792 auf; in der deutschen Übersetzung (1796) S.139 .

138 Vgl. hierzu Slingervoet (1907), Winderlich (1936) und Eck (1939) .

139 Priestley in: A Familiar Introduction to the Theory and Practice of Perspective. London 1770 S.XV (nach Partington III S.251; dort auch eine kurze Entdeckungsgeschichte; vgl. dazu auch Karsten (1962) S.551).

140 Hermbstaedt (1807) S.27 .

141 A.F.Fourcroy: Expériences sur le suc, qui fornit la gomme élastique. In: Ann. de Chim. 11(1791), S.225-236; dt. in Crells Ann. 1795 I S.526-533 .

142 vgl. hierzu Holland (1841), Forbes (1936 und 1958), Coll (1969).

143 so Trommsdorff II, S.457, 461 .

144 die Literatur behandelt sie gemeinsam; vgl. daher Tschirch (1900).

145 Pomet (1717) Sp.396-417 .

146 Jordan (1799) S.75 .

147 also analog: ätherisches Öl = Harz + Aroma (Spiritus rector)
Balsam = Harz + äther. Öl (Aroma)
vgl. dazu Anm.112 .

148 Bucquet (1773); "highly praised by Fourcroy" Partington III. S.103. Vgl. dazu Goodman (1971) S.29-34 .

149 Ein "Honigstein" findet sich zwar auch bei Agricola, der allerdings damit ein ganz verschiedenes Mineral meinte (Kopp 1847, IV S.369). Der deutsche Mineraloge Abraham Gottlob Werner (1750-1817) benannte so das von ihm etwa 1790 gefundene Erdharz; Abich und Lampadius untersuchten den Honigstein mit der Vermutung, er enthalte Benzoesäure; die Säure wurde 1799 von Klaproth als eigentümliche erwiesen (in Scherers Allg.Journ. d. Chem. 3(1799) S.461).

150 Kielmeyer ist mit der aktuellen Literatur vollständig vertraut.

151 in der 4. Klasse.

152 vgl. Borchardt (1974) S.13 "An den Definitionen Hermbstaedts fällt die Betonung der Gleichwertigkeit der einzelnen Fraktionen auf, allen Begriffen ist die Silbe "-stoff" angehängt." Borchardt hebt dies lobend hervor. Von Zeitgenossen erfuhr Hermbstaedt dafür aber auch Kritik, etwa von Alex. Nik. Scherer (1800)S.2:
"Grundstoffe heißen diejenigen Substanzen, deren spezifische Beschaffenheit weder durch die Vereinigung anderer hervorgebracht, noch durch eine Zerlegung verändert werden kann. Mißbrauch des Wortes Stoff: Zuckerstoff, Schleimstoff u.d.m."
Der philosophische Anspruch, der bei Hermbstaedts Bezeichnungsweise impliziert ist, wird vom empirischen Chemiker erst einmal zurückgewiesen. Borchardt erwähnt allerdings die Pflanzenfaser überhaupt nicht,(§54 der Anleitung (1807) S.38), obwohl sie bei Hermbstaedt in allen Ausgaben als 26. Stoff der Pflanzen erscheint!

153 vgl. Künkele (1971) S.14, 24, 58 sowie 1. Kapitel.

154 Hermbstaedt (1807) S.38 .

155 Jordan (1799) S.86 .

156 Die Vegetation im physiologischen Sinne des Wachsens erscheint bei Fourcroy als eine relative Kohlenstoffanreicherung, so daß am Ende der Reihe die holzige Rinde steht. Vegetation im Sinne der Ernährung nimmt er mit Lavoisier als Verbrennung, Sauerstoffanreicherung an.

157 Durch chemische Reagenzien (in Lösung) war Kohlenstoff nicht zu zerlegen und galt als chemisch völlig indifferenter Stoff.

158 Fourcroy a.a.O. S.599; dazu erwähnt er auch einen bisweilen sehr hohen Kieselerde- Anteil.

159 bei Kielmeyer wie Trommsdorff.

160 Grimaldi (1665) S.47, Beccari: De frumento. In: commentaria de Bonon.Sci. et Art.Inst. atque Acad.[2](1745) S.122; vermutlich unabhängig davon Kesselmeyer (1759). Vgl. dazu Savelli (1956), Busacchi (1957) und Goodman (1971) S.25.

161 Rouelle pflegte einen Klumpen davon in seinen Vorlesungen als "Käse" vorzuzeigen (nach Fourcroy)! Stoffe, die dem Tier- und Pflanzenreich gemeinsam angehörten, waren zu dieser Zeit keineswegs allgemein akzeptiert, wie sich später ja noch bei Lavoisier und Berthollet zeigte. (vgl. Anm. 64 zum 4. Kapitel).

162 wegen dessen Elastizität. Kielmeyer stellt ihn aufgrund der nämlichen Eigenschaft zu den Harzen.

163 in unserem Sinne als polimerisiertes Gemisch von Aminosäuren (Gliadin und Glutenin).

164 Die Veröffentlichungen über die Geschichte des Zuckers sind sehr zahlreich; besonders erwähnt seien hier nur die wichtigsten Arbeiten von Lippmann (1890, 1906, 1953), Doerr (1949/1950), Wolff (1953) und Roloff (1958).

165 vgl. Lippmann (1935).

166 vgl. 2. Kapitel.

167 vgl. Kopp IV S.405-406.

168 In den OeuvresBd.3 S.773, nach Lavoisiers Labor- Notitzbuch (Partington III S.471). Im Traité (1789) S.83;

169 Mémoire sur la combustion de plusieurs corps dans le gaz acide muriatique oxigéné. In: Ann. de Chim. 4(1790) S.249-260; deutsch in Crells Annalen (1792)1, S.545-549.

170 Fourcroy (1802) III S.107; es dürfte sich bei dem Produkt um chlorierte Polyalkohole handeln;[auf eine Geschmacksprobe wurde verzichtet...]

171 W.Cruikshank: Experiments and observations on the nature of sugar. In: Nicholson's Journal, 1(1797) Nr.8 S.337, dt. in Scherers allgem.Journ.d.Chem. 1(1798) S.637.

172 Deyeux (1745-1837) hatte im Journ.de la Soc. de pharm. 2(1798) S.353, dt. als "Bemerkungen über den Schleimzucker und Zucker in einigen Vegetabilien" in Trommsd.J.d.Ph. 8(1800) St.1 S.464 behauptet, nur der von ihm isolierte Schleimzucker sei zur Gärung befähigt. Kristallin war der Traubenzucker (aus Rosinen) noch nicht darstellbar. Trommsdorff hält ihn indes "für nichts anderes, als für einen, mit vielem Extraktivstoff und Gummi verbundenen Zucker". l.c. S.490.

173 Trommsdorff II S.491.

174 vgl. hierzu Treue (1955). Die meisten Artikel über Gummi-Geschichte behandeln den synthetischen Gummi. Über Schleime als Arzneimittel siehe auch: Berendes (1891)I, 83, II 27; Schelenz (1904) S.154; Schneider (1974)V,1 S.154-56.

(Astragalus), S.31-34 (Acacia), S.77-79 (Althaea).

175 So bei Neumann, Rouelle, Cartheuser, Vogel (vgl.2.Kap.).

176 konsequent trennt er die einzelnen Arten nach der Viskosität in inländisches Gummi, arabisches Gummi, Traganthgummi, die sich im Elementen- Verhältnis nur wenig unterschieden.

177 Dieses Trennverfahren ist analytisch einwandfrei; reine Schwefelsäure würde beide Verbindungen dehydratisieren (bis zum Verkohlen); so aber bleibt Gummi als sehr verzweigtes Polysaccharid in Lösung, Schleim wird dehydratisiert und fällt aus. Borchardt (1974) arbeitete nur die pharmazeutisch relevanten Trennungen nach.

178 Die Schleimartigkeit einer konzentrierten Stärkelösung legte diese Vermutung nahe; allerdings gab es auch als zeitgenössische Einwände schon die Differenz der Aschen (bei Schleim relativ hoher Alkali- Anteil) und die Unmöglichkeit, aus Stärke Schleimsäure herzustellen (auch nach der Lösung/Trocknung).

179 Kopp IV S.406, bei Plinius (18,7) und Dioskurides; ebenso Berendes (1891) I, S.225; II, S.46. Vgl. auch Maurizio (1927) und Moritz (1958). Bei McCollum (1957) das 2.Kapitel: Investigation of Carbohydrates S.10-24.

180 nämlich immer dann, wenn keine quantitative Elementaranalyse vorliegt; das findet sich (angeprangert bei Borchardt (1974) S.37) auch noch bei Schrader in einer Schierlings-Analyse in Trommsd.Journ. 22_1(1813) S.356-59 .

181 vgl. Hermbstaedt Identifikation, Anm.178 .

182 "Mémoire sur l'existence de la matière albumineuse dans le végétaux, par Fourcroy". In: Ann.de.Chim. 3(1789) S.252-262 .

183 "Ungeachtet seit länger als vierzig Jahren die Chemisten, vorzüglich die aus Rouelles Schule, die Übereinstimmung zwischen mehreren vegetabilischen Stoffen, ja ganzen Pflanzen, mit den thierischen Substanzen anerkannten, so hat doch vor mir keiner dem vegetabilischen Eiweißstoff eine Stelle unter den unmittelbaren Bestandteilen der Pflanzen angewiesen." IIIc, S.363 .

184 Zerlegung des Birken- und Hainbuchensaftes. In: Scherers Allg.Journ.d.Chem. 5(1800) S.331-334 .

185 In unserem heutigen Sinne (Eiweiß als Aminosäurenpolymere) hat er durchaus recht; der zeitgenössischen Chemie widersprach es aber.

186 und begünstigte somit die "organische Chemie", die mechanistische Weltanschauung und die Stufenfolge-Theorie e.g. Bonnets. Vgl. hierzu Mason (1961) S.408-415, Mägdefrau (1973) S.77/78; bei Sachs (1875) ist dies ausführlich entwickelt, S.116-165.

187 Es gibt sehr viele Veröffentlichungen über die Geschichte des Alkohols. Besonders hervorzuheben sind Forbes (1948), Multhauf (1956) und Needham (1972).

188 Fourcroy unterschied deren fünf: geistige, saure und faulige Gärung wie Boerhaave, dazu die zuckrige, "jene innere

von selbst entstehende Bewegung in den Pflanzen, durch welche Zuckerstoff, der vorher als solcher in ihnen nicht vorhanden war, entwickelt wird." (III, S.395), und die färbende, die Brotgärung. Vgl. hierzu bes. Maurizio (1927) 4.-8. Abschnitt, S.270-415, sowie Storck (1952).

189 vgl. Kopp IV. S.331-381; Hjelt (1916) S.47-49, 52-54, Graebe (1920) S.3-9, Partington (bes. zu Scheele)III, S.231-234.

190 Sala in Tartarologia (1632). Nach Kopp IV S.354 (von Partington referiert) lagen ihm dabei auch Oxalate vor.

191 Die Bemühungen deutscher Chemiker zielten durchweg auf diese Einheitstheorie. So Crell in seinen Observ.Phys. 27(1785) S.297. Hermbstaedt: Die Grundsäure des Pflanzenreiches. In: Physikalisch-chemische Versuche und Beobachtungen 1(1786) S. 193-252; Girtanner (1801) stellt fest: "indessen ist zu bemerken, daß es eigentlich nur eine vegetabilische Säure gibt, welche aber unzählige Abänderungen erleidet, von denen die angeführten 13 die auffallendsten sind" (zitiert nach Hjelt (1916) S.10). Aber auch Macquer leitete in seinem Dictionnaire de Chymie, Paris 1766,II. Bd. S.417,428 alle Säuren von einer "acide primitif" ab. Bei Lavoisier, Fourcroy und Chaptal steht die Vermutung, daß alle vegetabilischen Säuren das nämliche Radikal hätten bei verschiedener Proportion des Sauerstoffs, da sich doch viele Säuren durch HNO_3- Behandlung in Oxalsäure verwandeln ließen. Eine Ausnahme dagegen bildete der Engländer Donald Monro, der eine Identität nur dann zulassen wollte, wenn die Säuren mit den nämlichen Basen die nämlichen Neutralsalze lieferten (Vgl.Anm.198). F.Wolff wendet dagegen ein: "Nach Monro's Methode... läßt sich die Zahl der vegetabilischen Säuren ins unendliche vervielfältigen". Aus Anm.zu Chaptal: Anfangsgründe (1792)Bd. 3 S.122.
Hermbstaedts Begriff der "Modifikationen" erfordert einen kurzen Exkurs:
Das allen Säuren Gemeinsame ist die generische Qualität des "Sauren" (in der Pflanze); modifiziert sind nur einzelne physikalische Eigenschaften (Farbe, Kristallform, Härte, Dichte, Geruch etc.), wozu für Hermbstaedt und andere Chemiker seiner Richtung (wie Girtanner s.o.) auch nach Lavoisier in einem gewissen Rahmen das quantitative Verhältnis der Elemente gehörte; kleinere Abweichungen wurden auch im chemischen Bereich toleriert, solange sie prinzipiellen Fehlern in der Versuchsanordnung oder -Durchführung möglicherweise angelastet werden konnten. Der Charakter der Modifikation wurde erst verlassen, wenn eine Substanz eine hervorstechende, ihrerseits generische Eigenschaft besaß, die sie vor anderen auszeichnete (e.g. beim Kampfer der Geruch, beim Zucker der Geschmack). Dann mußte sie selbst eine Klasse ausmachen. Auctor specificandi war freilich immer der Mensch selbst, der die Toleranzgrenzen für 'Modifikationen' setzte. Die Prinzipien, nach denen dies geschah,stammten noch unmittelbar aus der "Natur der Sache", waren an die Wechselwirkung Mensch - Substanz geknüpft, nicht also streng physikalisch oder chemisch. Diese ersten, unwissenschaftlichen Einteilungen sind allerdings nicht wohlwollendtolerierte,primitive Ausformungen der Heuristik, sondern

conditio sine qua non für wie immer geartete spätere Wissenschaftlichkeit.
Die bereits erwähnten extremen Positionen: Nur Individuen - nur Modifikationen bedeuten für Hermbstaedt die Entscheidung: Die Säuren sind als die verschiedenen sauren Pflanzenoxide Modifikationen der einen Pflanzensubstanz.

192 vgl. Kopp IV S.332. Die Einordnungen der bisweilen entstehenden Oxalsäure konnte Hermbstaedt nicht vornehmen.

193 Dafür gab es noch keine allgemeinen Sammlungen. Sie mußten (wie bei Fourcroy und Trommsdorff deutlich) aus der eigenen Empirie stammen, die bei Kielmeyer weniger ausgeprägt war.

194 vgl. Kopp IV S.365, Partington III S.200,233,643,686-87.

195 "Växtsyra." In:KAH 37(1776) S.130; weniger rein davor von Georgius. In: KAH 35(1774) S.245.

196 und zwar in den KAH 5(1784) S.105, dt. in Crells Annalen von 1785, III S.437.

197 Kopp IV S.365-366, Partington III S.108,232,555,570,577.

198 Donald Monro (1729-1802): Account of some neutral salts made with vegetable acides. In:Philosoph.Trans. 52(1767) S.479.

199 in: KAH 6(1785) S.17.

200 Kopp IV S.366-68, Partington III S.106-108,233,589 sowie Nierenstein (1932).

201 Bergman in seiner Ausgabe von: Scheffers Chemiske Foreläsningar, Upsala 1775 §382.

202 in den: Elémens, 3.Bd. S.403: Appendice sur le principe adstringent vegetal.

203 Scheeles Arbeit in KAH 7(1786) S.30.

204 Kopp wie Partington nennen Sala, Duclos, Lemery.

205 Marggraf in: Histoire de l'Acad.Roy.de Sciences. Berlin 1764, Mem. 3. Partington (II S.729) erwähnt den möglichen Einfluß auf Scheele.

206 Chemische Untersuchungen des Sauerkleesalzes. In: Crells Chem.Journ. 2(1779) S.6.

207 Bergman in :De acido sacchari. Upsala 1776, vorgelegt von J.Afzelius Arvidsson. (= Opuscula Nr.XVI, Upsala 1779). Zur Frage der Zuordnung (zu Bergman und Scheele) vgl. Zekert (1936) S.49.

208 nach Kopp, IV S.355.

209 Scheele in: KAH 5(1784) S.180; 6(1785) S.171; deutsch in Crells Annalen für 1785 I S.513; 1786 I S.439,V.S.262,281,341-42.

210 vgl. Kopp IV S.347-51, Multhauf (1966) S.219-220,235-236.

211 Die Frage der Präexistenz von Alkali (alternativ: die Erzeugung des Alkali bei der Veraschung) wurde erst zu Ende des 18. Jahrhunderts positiv entschieden, auch wenn Chaptal (1791) noch die Bildung der Metalle in den Pflanzen annimmt:

"Es ist das Werk der Vegetation; und Pflanzen, welche mit destilliertem Wasser benetzt werden, enthalten ebensogut Eisen als die übrigen." III; S.175.
Für Marggraf galt, daß im Falle der Präexistenz der Weinstein ein Mittelsalz, im Falle der Nicht-Präexistenz aber schon eine Säure sein konnte. Vgl. Partington II, S.567,702,709,728, 755,767.

212 Von Retzius publiziert in: KAH 31(1770) S.207, dt. in Crells Chym. Journal 2(1779) S.179. Zur Zuordnung vgl. Thomson, Annals of Phil. 4(1814), Kopp, IV, S.349.

213 vgl. Kopp IV S.332-342, sowie Slater (1960).

214 In der ursprünglichen Bedeutung als das "Pflanzensauere".

215 Aus Kupferactat hatte Stahl durch Destillation eine sehr reine Essigsäure erhalten, die sich aus Essig so rein nicht konzentrieren ließ; daher wurden bis zum Ende des Jahrhunderts allgemein zwei verschiedene, die Essig- und die "essichte" Säure angenommen (auch Fourcroy in Philosophie chimique (dt.1796) S.69); die Identität der beiden wurde 1798 von Adet erwiesen (in den Ann.de Chim. 27(1798) S.299).

216 Joh. Christoph Westerndorf (1740-1803): Dissertatio de optima acetum concentratum eiusdemque naphtham conficiendi ratione, utriusque affectionobus ac usu medico. Gotting. 1772.

217 auch etwa von Fourcroy in den Élémens (1793) IV, S.103.

218 "Observations sur l'identité des acides pyromuqueux, pyrotartareux, et pyroligneux, et sur la nécessité de ne plus les regarder comme des acides particuliers. In: Ann. de Chim. 35(1800) S.161-185; dt. in Trommsd. J.d.Pharm. 9(1801) S.269-288. Schon Gren hatte allerdings 1794 II, S.15-18 erklärt, daß die "brandige Säuren nichts als verunreinigte Essigsäuren" seien, ebenso Westrumb: Von den Bestandteilen der brandigen Pflanzensäure. In: Kleine phys.chem. Abhandlungen 2(1787) H.1 ("Sollten wohl alle branstigen Pflanzensäuren diese Bestandtheile [Essigsäure, Weinsteinsäure, verunreinigende Oelteilchen] haben?" S.352), sodaß Fourcroy nur der Beweis für diese Vermutung gelang. Lowitz hatte aus der brandigen Holzsäure schon 1793 krist. Eisessig dargestellt (in: Crells chem. Ann. 1793, I, S.221), "welches der beste Beweis ist, daß sie nicht als eine besondere Säure betrachtet zu werden verdient". (Trommsdorff, 1800 I S.382).

219 Kopp IV S.352-253.

220 so auch von Trommsdorff (1809) S.162: "Die brenzlichte Weinsteinsäure ist nichts anderes als eine Eßigsäure, die etwas von dem brenzlichen Oehl aufgelöst enthält."

221 In: Journ. f. Chem.Phys. 3(1807) S.598.

222 KAH 1(1780) S.269; Hermbstaedt in Crells Neueste Entdekkungen 5(1782) S.31-50, nach Partington III, S.579 "independent".

223 Houton- Labillardière: Sur un nouvel acide produit pendant la calcination de l'acide mucique. Ann.de chim.et

phys. 9(1818) S.9,365.

224 Kopp, IV S.361, nach Partington II, S.17,24 auch schon bei Le Fevre im "Traicte de la Chymie", Paris 1660.

225 Das bezeichnet Kopp IV S.361 als "inconsequent"— freilich, wenn man den heutigen Salz-Begriff unterlegt..

226 In den Ann. de chim. 36(1801) S.203.

227 Kopp, IV S.359-361; Schelenz (1904) S.557-558; Partington II S.173,267,712,730, III S.577,583,588-589.

228 Ehrenfried Hagendorn (1640-1692): Benzoinum sal crystallinum. In Miscell.Acad.Nat.Cur. 1671 .

229 Georg Rudolf Lichtenstein (1745-1807): Beytrag zur Geschichte des Benzoesalzes. In: Crells Neueste Entdeckungen 4(1782) S.9-24. Scheele in KAH 36(1775) S.128, dt. in Crells Annalen 1784, II, S.123; V S.49, S.327.

230 wohl Johann Christian Lehmann (1675-1739) (Ferchl läßt es unentschieden, weder Poggendorff noch Partington erwähnen ihn). Die Arbeit: Dissertatio de Balsamo Peruviano 1703 erwähnt Ferchl, bezieht sich aber wohl dabei auf Kopp IV, S.360, wenn auch dort 1709 steht.

231 Mémoire sur l'urine du cheval comparée à l'urine de l'homme, et sur plusieurs points de physique animale. In: Mémoires de l'Institut National des Sciences et Arts 2(1799) S.431-459; dt. in Trommsd.J.d.Pharm. 6_2(1799) S.197-205.

232 Kopp, IV S.357, 358, Schelenz (1904) S.406,620,676; auch Pomet (1717) nennt die Auflösung (Sp.376).

233 Die Protonierung des Ketons ist nur bei hoher Säurekonzentration möglich.

234 in den Ann.de chim. 23(1797) S.153 und 27(1798) S.19 .

235 veröffentlicht in Crells Ann. 1787 I, S.145 .

236 Ann.de chim. 23(1797) S.42, S.153-172.

237 Deyeux: Über die Kichererbsensäure. In: Scherers Allg.J.d. Chem. 4(1800) S.66-71.

238 P.Dispan: Premier essai sur l'acide des pois chiches. In: Journ.d.Phys. 5(1799) S.302-313, dt. in Scherers Allg. J.d. Chem. 3(1799) S.499-517 .

239 Friedrich Christian Hofmann: Etwas über die Untersuchung des wesentlichen Chinasalzes. In: Crells Ann. 1790 II S.314-317 .

240 S.F.Hermbstaedt: Beschreibung und Untersuchung des wesentlichen Chinasalzes. In: Crells Ann. 1785 I, S.115-119 .

241 Scheele in KAH 1(1780) S.269; Hermbstaedt in Crells Neueste Entdeckungen 1782, V S.31-50.

242 nach Kopp IV, S.357.

243 Er hängt wohl mit der Vergärbarkeit der Milchzuckersäure zusammen; andererseits weist er ja aber diese Säure dem Tierreich zu. Überhaupt ist hier Kielmeyers herkömmliche Trennung in Tier- und Pflanzensäuren, die bei Trommsdorff nicht vorgenommen wird, eher ein Rückschritt zu seinem

Vorgehen im 1. Abschnitt.

244 Trommsdorff (1800) I, S.381-383.

245 Analyse du quinquina de Saint-Domingue; pour servir à celle des matières végétales sèches en général. In: Ann.de chim. 8(1791) S.113-183 und 9(1791) S.7-29; dt. in Crells Ann. 1794 I S.421-459 und 493-508 und 1794 II S.129-134. Schon Boerhaave hatte in den Elementa chemiae bei der Besprechung des Safrans auf eine "Materia hermaphrodita" aufmerksam gemacht, die sich in Wasser und Alkohol gelöst hatte, später unlöslich wurde, die er jedoch als Öl beschrieb (vgl.6.Kap.Anm.148). Vauquelin publizierte später eine eigene Monographie: Mémoire sur le principe extractif de végétaux. In: Journ.de la soc.de Pharm. 1(1797) Nr.13 S.133-137; dt. u.a. in Scherers Allg.J.d.Chem. 2(1799) S.275-289.

246 in: Berlin. Jahrbuch der Pharmacie (1795) S.126.

247 Élémens ([3]1789, dt.1788-1791).

248 Joh.Fr.Westrumb: Kleine phys. chem. Abhandlungen. 1(1786) H.2 :" Enthält das Wasser aber brennliche Theile, Extractivstoff, oder ein wenig Sumpfluft, so wird der Niederschlag [mit $AgNO_3$] mehr oder weniger braun." S.102, in der Anleitung zur Prüfung eines Mineralwassers, S.71-132.

249 Göttling (1790) S.68,120.

250 Chaptal (1790, dt.1791/92) "Gummiharze... sind eine natürliche Mischung von Extraktivstoff und Harz" Bd.III,S.84. Extraktivstoff steht hier wiederum für den Teil des Gummiharzes, der in Wasser und Alkohol löslich ist! Weitere Stelle: Bd.III S.94.

251 Gren (1794) 2.Bd. S.39 "Das tachenische Salz... enthält außer fremdartigen Salzen der Pflanze auch noch Extraktivstoff und empyreumatisch öhligte Theile, wovon die Farbe herrührt".

252 Mulder, (1844) S.251-253; er erwähnt fälschlich Scheele als Entdecker des Seifenstoffs (S.252).

253 Kölliker, Albrecht: Die Lehre von der thierischen Zelle. In: Zeitschrift für wissenschaftliche Botanik H.2 Zürich 1845, S.46-102 - "Extractivstoff" S.81.

254 So wird er direkt von Hermbstaedt definiert: " Er [der Seifenstoff] macht gemeiniglich einen der wichtigsten Bestandtheile in den Vegetabilien aus, der gewöhnlich den wichtigsten für sich nicht darstellbaren Stoffen zum Vehiculum dienet" (1807) S.20.

255 vgl.3. Kapitel.

256 Fourcroy lehnte die Identifikation des Extraktivstoff mit einem Seifenstoff ab: "Der Extraktivstoff... ist mit Unrecht als eine natürliche Seife betrachtet worden." S.134 in: Chemische Philosophie, dt. Übers. von Gehler, Leipzig 1796. Die Ablehnung liegt wohl darin, daß Fourcroy bei der Definition der seifenartigen Extrakte eine nur teilweise Löslichkeit der Pflanzenseife

in Wasser und Alkohol angab!

[257] Vgl. hierzu Mildner (1961).

[258] Fourcroy, III S.244. Bedeutsam ist, daß er den Extraktivstoff in die Nähe der Pigmente rückte, weil das Färben von Zeugen, die das Beizen mit dem Unlöslich-werden des Extraktivstoffs durch Sauerstoff (und somit durch <u>Säuren</u>) erklärt werden konnte!

[259] Trommsdorff (1801)II, S.467. Ähnlich urteilt A.Tschirch hundert Jahre (1900) später: "Dieser Extraktivstoff, der bis in die Analysen neuerer Zeit hineinspukt, ist später das "Mädchen für alles" geworden. Was man nicht deklinieren konnte hiess Extraktivstoff" S.31 Anm.3. Im Vergleich zu der einfachen und eleganten Erklärungsweise, die durch den Extraktivstoff für manche Pflanzeneigenschaften möglich wurde (vgl.3.Kap.), erscheint diese Beurteilung ungerecht. Partington III, S.555 schließlich beschreibt den Extraktivstoff als "a product of extraction with cold water and evaporation." Das ist unrichtig.

[260] aus den Arbeiten, die in Anm.38 und 245 zitiert sind.

[261] diese Acetate hielt Jordan nicht für präexistent, sondern er glaubte, sie würden während der Extraktbereitung erzeugt, Jordan (1800) S.310 .

[262] Trommsdorff II S.535 und in Trommsd. Journ. d. Pharm. 3_1(1796) S.106 .

[263] II, S.535 .

[264] Trommsdorff (1809) S.69 erklärt dies als Versehen.

[265] "Ueber einen besonders gearteten Stoff in der Rhabarberwurzel, der weder Gummi noch Harz ist." Trommsd. Journ. d. Pharm. 3_1(1796) S.106.

[266] d.h.: Stoffe mit hydro- und lipophilen "Enden", die Saponin-Eigenschaften besitzen.

[267] vgl. hierzu: Nierenstein (1932).

[268] Deyeux in: Ann.de Chim. 17(1797) S.3
Seguin in: Ann.de Chim. 20(1797) S.15, davor auch als: Rapport au Comité de salut public, sur les nouveaux moyens de tanner les Cuirs, proposés par le Cit. Armand Seguin. In: Journ. des Arts et Manufactures 2(1796)II S.66, III S.71 .

[269] Sur le principe tannant. In: Ann.de Chim. 25(1798) S.225, 35(1799) S.32, 42(1802) S.69, übers. in Scherers Allg.J. d.Chem. 2(1799) S.252.

[270] im Sinn der Säure<u>stärke</u> nach der Theorie, wonach der Sauerstoffgehalt proportional der Säurestärke sein sollte. Tatsächlich ist die Gallussäure stärker sauer als die Gerbsäure.

Gallussäure CO_2H $pK_A^{25°}$ 4,40 (Fieser, 1968 S.966)

HO OH OH

Gerbsäure (resp. "Tannin"): Gemisch von (auch phenolischen) Estern, die bei Verseifung Gallussäure bilden (Fieser, 1968, S.977-980);

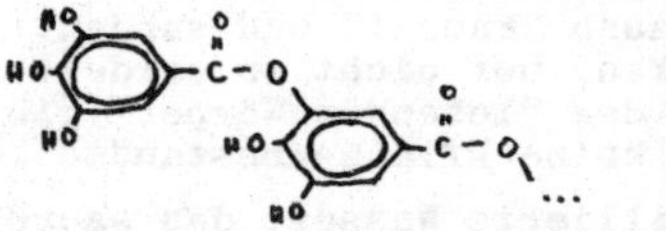

Die Säurestärke ist jedenfalls geringer, weil ja saure funktionelle Gruppen verestert sind. Ein p_K läßt sich natürlich nicht bestimmen, weil kein einheitliches Molekulargewicht vorliegt.

271 Die spätere Kritik Runges am "Gerbstoff" als an dem Stoff, der generell für gerbende Eigenschaften verantwortlich sein sollte (darum dann auch die Chromsäure zum Gerbestoff gehörte), wurde später wieder hinfällig, als der Gerbstoff wieder als der <u>Pflanzenbestandteil</u> begriffen wurde, der zu gerben vermochte.

272 So auch heute; vgl. Roloff (1956) und Cooke (1961).

273 "Viere von diesen Stoffen [den näheren Bestandteilen], der Eyweißstoff, das Wachs, der holzige Bestandteil und der Kork sind erst durch meine Untersuchungen den Chemisten genauer bekannt geworden." Fourcroy III, S.67. Eine Originalarbeit war nicht aufzufinden, auch <u>nicht</u> bei Smeaton (1962). In der Phil.chim. (1795) findet sich noch kein Korkstoff.

274 vgl. 3. Kapitel .

275 Hermbstaedt (1807) S.31-32 .

276 so bei Physalis alkekengi (S.31-32); es fand sich keine Belegstelle dafür.

277 nicht zuletzt orientiert an Gmelin (1777).

278 Trommsdorff, II S.582 .

279 So schließt man auch heute (verbotenerweise) bei den Vorproben der Arzneimittelanalyse bei Bitterkeit auf N-Gehalt.

280 vgl. Anm.191 .

281 Theoretisch fruchtbarer ist die nominalistische, wie Stegmüller (1956) erwiesen hat.

282 Hermbstaedt (1807) S.31 .

283 Bucholz' Versuche, die Zerlegung des Opiums in seine nächsten Bestandteile betreffend. In: Trommsd. J.d.Pharm. 8_1(1800) S.24.

284 Trommsdorff (1801)II S.577 .

285 die der "erwärmenden", calefacientes. vgl. Berendes (1891) II S.61-67.

286 auch hier zitiert Hermbstaedt noch Boerhaaves Spiritus Rector (1807!).

287 er erwähnt lediglich scharfe ätherische Öle und scharfe Harze, ohne auf die Schärfe näher einzugehen.

288 Trommsdorff II S.578.

289 Trommsdorff II S.580
[Das führt indes direkt in einen "hermeneutischen Zirkel"

eigener Art, denn welch anderer Grund als Sinnenaffektion soll überhaupt einen Bestimmungsgrund für die Existenz eines eigentümlichen Bestandteils ausmachen? Das "Sehen" ist schließlich genauso "kausal" und subjektiv wie das Riechen oder Schmecken, nur nicht so evident (vgl. Jonas (1973) S.42-53). Ohne den "lebenden Körper" gibt es keine näheren und überhaupt keine Pflanzenbestandteile.]

290 Beobachtungen über das destillierte Wasser, das saure Salz und das Oel des Löffelkrautes und Rettigs. In: Trommsd. J.d. Pharm. 6_2(1799) S.127, übers. aus dem Journ. de la Soc. pharm. 1(1797) S.14.

291 II S.580.

292 vgl.Thompson (1937) und Ploss (1962).

293 Hermbstaedt (1807) S.29.

294 nach Gren (1794) Bd.II S.151.

295 Fourcroy, III S.333.

296 nach Berthollet (1791, dt. 1792). Vgl. dazu Partington III, S.514-516.

297 Fourcroy, III S.327. Damit droht allerdings auch die Definition des (resp. der) Färbestoffe(s) trivial zu werden, da alle Materie(außer durchsichtiger) zum Färbestoff wird.

298 zumal nach der Einführung des mechanischen Webstuhls; es gab sehr viel mehr Zeuge zu färben als natürliche Farbstoffe vorhanden waren.

299 Produkt: wird bei der Isolierung erst produziert. Edukt: tritt unter physiologischen Bedingungen auf (resp. "aus").

300 von Trommsdorff so behandelt und auch in zeitgenössischen Pharmakopöen üblich.

301 Fourcroy III S.306.

302 l.c. S.66/67.

303 vgl. dazu die ausführliche Darstellung im 8. Kapitel.

304 l.c. S.108.

305 den Begriff matériaux immédiates, "unmittelbare Pflanzenstoffe", zieht Fourcroy dem sonst verwendeten principes immédiates, unmittelbaren Prinzipien (Wolff i.d. dt. Übers: "unmittelbaren Bestandteilen") vor, weil diese Substanzen zwar unmittelbar sind (d.h. sie werden "völlig gebildet in den Pflanzen angetroffen" Fourcroy III S.59), die Behauptung aber, daß dies die Prinzipien der Pflanzen seien, also physiologische Vorrangstellung in der lebenden Pflan-Pflanzen hätten, diese Behauptung mit Sicherheit noch nicht entschieden werden kann.

306 Schließlich waren auch Lavoisiers Apparaturen noch sehr unvollkommen; besonders häufig zerbrachen Glasteile während des Versuchs. Vgl. hierzu Szabadvary (1966) S.287-290, Kopp IV S.249-256 oder zeitgenössisch Trommsdorff J. 2(1795)S.553.

307 Fourcroy III S.49. Der im Prinzip richtige Gedanke scheitert an drei für Fourcroy noch nicht wißbaren Hindernissen:

1. Das "Salpetergas" ist eine Mischung von Stickstoffoxiden, stöchiometrisch ihm nicht zugänglich. 2. Die organischen Reaktionen verlaufen bei diesen relativ "milden" Bedingungen (im Gegensatz zu Lavoisiers explosionsartigen Verbrennungen) nicht vollständig. 3. Es ist nicht möglich, bei sauerstoffhaltigen Substanzen den Sauerstoffanteil zu bestimmen. Allerdings war das damals (wie auch bei Lavoisier) kein so schwerwiegendes Manko, da die "ältere" (Lavoisiers) Radikaltheorie den entscheidenden und charakteristischen Anteil einer Verbindung im Radikal (also dem sauerstoff-freien Teil) sah. Fourcroy hatte diese Variante einer "Elementaranalyse" selbst in seiner Arbeit über die Chinarinde ausführlich vorgestellt (vgl. Anm.245). Dabei gibt er quantitativ die Resultate für folgende Endprodukte an:

	Unzen	Quentchen	Gran
Luftsäure		4	48
Stickgas		1	8
Kalkerde		6	
Zuckersäure	9		
Citronensäure		5	
Aepfelsäure			36
Essigsäure			45
	11	1	65

und er weist besonders auf die Genauigkeit hin, mit der sich diese Ergebnisse darstellen lassen.
Wie aus einer (sehr komplizierten) Umrechnung des Verfassers hervorgeht, entspräche dies (unter Abzug des Ca-Gehaltes) einer Prozentverteilung von 27,2% C, 69,5% O, 2,1% H, 1,2% N. Ganz gleich, um welche Art von Chinastoff sich das immer handeln mag: der Sauerstoffgehalt ist natürlich viel zu hoch! (Selbst die China<u>säure</u> hat nur 50% O).
Fourcroy gibt selbst an, der "hinzugetretene" Sauerstoff müsse noch abgezogen werden; er nimmt das aber nicht vor.

308 vgl. zu den Pflanzenaschen Anm.211. Die Bedeutung der Pflanzenaschen stand und fiel mit der Theorie der Produktion der Alkalien im Feuer. Als die Prä- Existenz der Alkalien erwiesen war, diese also keine speziellen Pflanzenkräfte mehr enthielten, ging die Verwendung dieser "Tachenius'schen Aschen" in der Medizin stark zurück. Vgl. hierzu Schelenz (1904) S.483,549-555.

309 Was die physiologisch-chemischen Aspekte der Assimilation betrifft, so referierte Fourcroy sehr kurz das Wissen von Hales bis Ingen- Housz und Lavoisier. Eine nähere Erörterung führte über den Rahmen dieser Arbeit hinaus; vgl. aber hierzu Sachs (1875), S.481-543, Ballauff (1954) S.284-294, Mägdefrau (1973) S.80-93, sowie hier das 8. Kapitel.

310 Sur la combinaison de l'air vital avec les huiles(Mém. Acad. 1785 (1788) 327-330) und: Sur l'action de s'acide muriatique oxigéné sur les parties colorantes de plantes In: Ann. de Chim. 2(1789) S.151.

311 Fourcroy III S.41 .

312 daher seine Elementaranalysen-Alternative (vgl.Anm.307).

313 De l'action spontanée de l'acide sulfurique concentré sur les substances végétales et animales. Ann. de Chim. 23(1797)

S.186-202, dt. in Trommsd. J.d. Pharm. 6_1(1798) S.172-188.

314 das in ihnen <u>nicht</u> präexistierte, gemäß Lavoisiers These, daß Pflanzenstoffe die Elemente enthielten, aus denen sich Wasser und Kohlensäure zusammensetzt, nicht aber diese selbst.

315 Fourcroy merkt hier (III S.47-48) an, daß sich ebenso die Ätherbildung verstehen lasse.

316 KNO_3 verfestigt durch Koagulation. Vgl.Nultsch (1974) S.101/102.

317 vgl. Szabadvary (1966) S.290; Schneider (1972) S.146, bei dem allerdings der Eindruck entsteht, auch Lavoisier habe schon $KClO_3$ verwendet; Kopp S.258, Ihde (1964) S.177.

318 CaO, SrO, BaO und deren Hydroxide waren ebenso unzerlegt wie NaOH oder KOH.

319 "Auflösungen" in verschiedenen(starken) Säuren; die Salze der Metalle, die nicht der Alkali- oder Erdalkaligruppe angehören, sind in der Regel sauer und also keine Mittelsalze; folglich gelten sie als (physikalische) "Auflösungen" der Metalle in Säuren.

320 Die Last der Qualitäten , die in der späten Phlogistontheorie diesem aufgebürdet wurde, verteilte sich auf Extraktiv- und Sauerstoff.

321 und nicht wie man häufig in der Literatur findet, daß es sich nur um eine Sammlung und Aufzählung von Eigenschaften der Pflanzenstoffe handle. Fourcroy systematisiert nach Physiologie und Chemie,und innerhalb der Klassen nach Physis und Verhalten gegen Reagenzien.

322 Daneben diskutiert er (selbstverständlich) auch Darstellungsverfahren und Reinigungsverfahren, physische, physikalische Eigenschaften und erwähnt auch kurz Anwendungsmöglichkeiten;[all das wurde nicht eigens behandelt, da es mit Kielmeyers oder Trommsdorffs Angaben übereinstimmt].

323 wobei nicht einmal die Säuren unter eine Obergruppe zusammengefaßt sind; bei Jordan ebenso.

324 Die Differenz entsteht durch die hohe Säurenzahl und Hermbstaedts hypothetische Stoffe; dafür fehlen bei ihm Fourcroys Saft, Kork u.ä.

325 Berzelius, Brief an Wöhler vom 22.12.1840. In: C.Wallach (1901) Bd.2 S.212 .

6. Kapitel

Die Erweiterung und Systematisierung des pflanzenchemischen Wissens vor Berzelius [1].

Leitende Begriffe für die Naturforschung um 1800 stellten "System" und "Empirie" dar. Mit der für diese Zeit charakteristischen Ausformung von "experientia et ratio" [2], die gleichwohl in der Tradition der Aufklärung verankert war, korrespondierte unmittelbar die Naturphilosophie Hegels. Für ihn bestand die naturwissenschaftliche Forschung aus zwei Leistungen:

> "aus der Beschreibung der natürlichen Phänomene und ihrer Veränderungen und aus Erklärung und Systematisierung." [3]

Diesem doppelten Aspekt war auch die Pflanzenchemie unterzogen. Nach der ausführlichen Besprechung des phytochemischen Wissenstandes zu Beginn des 19. Jahrhunderts (entsprechend der Beschreibung der natürlichen Phänomene) sollen in diesem Kapitel die verschiedenen Wege zur Systematisierung des Bestandes betrachtet werden, wobei die "Erklärung", die Rückführung auf Einfaches, immer in dem Streben zum System enthalten ist. Für diese Betrachtung ist anknüpfend an das letzte Kapitel besonders die Ausdifferenzierung und Neuauffindung einzelner Stoffklassen zu berücksichtigen, so daß sich zusammengenommen ein Bild des Fortschritts ergibt, von der unsystematischen Anordnung des Wissens in Paragraphen bis zu den ersten organisch-chemischen Theorien auf elementaranalytischer Basis.

Der Zusammenhalt der Pflanzenchemie war von jeher durch das "regnum vegetabile" garantiert gewesen. Für die Systematisierung waren dabei, wie dargelegt, zwei Grundlagen zu unterscheiden, zum einen die Idee der <u>einen</u> Pflanzensubstanz, die sich häufig in der französischen Tradition fand (etwa bei Fourcroy), zum anderen die Idee der durchgängigen Individualität, wie sie in der deutschen Tradition von Wiegleb über Hermbstaedt [4] und Trommsdorff bis Runge bestand. Ohne einen durchgehend systematischen Aspekt führte letztere zu einer Anhäufung des Materials, dessen Reihenfolge durch individuelle Präferenzen bestimmt wurde. Dabei erschienen die Stoffe des eigenen Forschungsgebiets meist vorn, die allgemein akzeptierten Kenntnisse in der Mitte, und die problematischen Stoffe bildeten den Schluß. Trommsdorffs Handbuch ist ein illustratives Beispiel dafür (s.u.).

Der zweite Typ von Klassifikation blieb aber nicht bei der "Anhäufung" stehen; vielfach wurden auch physische, physikalische und chemische Merkmale als _generische_ , also klassenbildende hervorgehoben und zur Systematisierung des Wissens herangezogen. Dies geschah in verschiedenen Graden der Willkür und der Konsequenz.

Der Unterschied dieser beiden Klassifikationsarten läßt sich analog der der künstlichen und der natürlichen Systeme der Pflanzen begreifen. Die künstlichen Systeme, oben die zweiteren, können willkürlich einen Aspekt der jeweiligen Substanz klassifikatorisch verarbeiten und kommen dabei zu verschiedensten Systemen, die einander aber _nicht_ widersprechen, solange es nicht um die Begründung des Auswahlkriteriums geht [5]. Verschiedene natürliche Systeme hingegen _müssen_ einander fundamental widersprechen, da sie die _Natürlichkeit_ des jeweiligen Systems mitbehaupten.

Die naturwissenschaftliche Auflösung dieses Dualismus natürlich vs. künstlich endet nicht mit der Elimination der einen und dem Sieg der anderen Seite (das läßt die Plausibilität einzelner Argumente auf jeder Seite nie zu), sondern mit einem künstlichen System, das gegen ein natürliches System konvergiert, dessen willkürliches Auswahlkriterium als Grundlage zur Erklärung vieler Qualitäten der Subjekte dient. Dieser Lösungsweg wurde in der Botanik zuerst von Linné aufgezeigt mit dem generischen Aspekt der Sexualorgane; in der Pflanzenchemie erschien er zuerst mit der Orientierung an der quantitativen Elementaranalyse, später und erfolgreicher mit der chemischen Konstitution und danach mit der Aufklärung der Molekül-Feinstrukturen, so daß allmählich von hier aus alle physikalischen, chemischen und teilweise physiologischen Eigenschaften der Substanzen erklärt werden konnten.

Für die folgende Untergliederung der verschiedenen Systemarten gilt, daß die Zuordnung zu einer Art nach dem ersten Kriterium der Reihenfolge und Unterscheidung näherer Bestandteile erfolgte. Innerhalb dieser Gruppen ergeben sich weitere Differenzierungen hinsichtlich weiterer Kriterien für Untergruppen, die im Kommentar zum jeweiligen System erscheinen.

Es lassen sich vor Berzelius (vgl. Anm. 1) sechs Systemarten unterscheiden, die ich folgendermaßen benenne:

I. Häufung
II. Chemische Systematisierung
III. Pharmakologisch-chemische Systematisierung
IV. "Physisch"-chemische Systematisierung
V. Physiologisch-botanische Systematisierung
VI. Vorläufer der Elementaranalysen-Systeme.

Dafür wurden insgesamt 21 Handbücher und Sammelwerke ausgewertet, die zwar genau das uneinheitliche Bild der Chemie vermitteln, das v. Engelhardt konstatiert, in dem aber durchaus auch Systeme anzutreffen sind.

I. Die "Häufung"[6]

Unter Häufung verstehe ich die Anordnung von Klassen näherer Bestandteile ohne erkennbare Regeln, nach welchen dies geschieht; dabei ist indes nicht ausgeschlossen, daß innerhalb der einzelnen Klassen auch schon subtile Unterscheidungen getroffen werden. Daran ändert auch nichts die Tatsache, daß ähnliche Stoffe beieinanderstehen; denn häufig folgt darauf ein völlig differenter Stoff, ohne Angabe, warum nun dieser und kein anderer. Es spielt auch keine Rolle, ob die Häufung unreflektiert stattfindet[8] oder reflektiert, d.i. mit dem Hinweis, daß nach Prüfung aller möglichen System-Aspekte lieber keines davon verwendet, sondern gewartet würde, bis ein plausibler sich fände. Diese Auffassung ist zwar redlich, doch ohne besonderen wissenschaftlichen Impetus.

Die im 2. Kapitel vorgestellten Materialsammlungen der Pflanzenchemie waren Häufungen, ausgenommen vielleicht die französische Tradition, die sich schon von Rouelle über Bucquet zum frühen Fourcroy oder Chaptal an der Physiologie orientierte und daher, bei aller Kargheit der zur Debatte stehenden Stoffklassen, eher zu frühen physiologisch-chemischen Systemen zu zählen sind.

An Häufungen werden demnach vorgestellt die Anordnungen des pflanzenchemischen Wissens durch bedeutende Pflanzenchemiker bis zur Durchführung des auf organische Substanzen angewandten elektrochemisch-dualen Systems von Berzelius. Höhepunkt dieser Sammlungen waren Joh.Fr.Johns "Chemische Tabellen" von 1814, die daher auch als letztes berücksichtigt sind.

Aus der zeitlichen Kontinuität der behandelten Werke ergibt sich der Einblick in neuentdeckte und ausgeweitete Stoffklassen

1. Karl Gottfried HAGEN (1749-1829)

Hagens beide bedeutenden Lehrbücher wurden nicht nur in der neueren Literatur [9] gewürdigt, sondern auch von einem Zeitgenossen wie Immanuel Kant, zu dessen Königsberger Tischrunde er gehörte [10].

Im "Lehrbuch der Apothekerkunst" (^{1}Königsberg 1778, ^{8}1829) nennt Hagen unter dem §122 [11] als Bestandteile der Pflanzen folgende zwölf: 1.Öle, 2.Harze, 3.Balsame, 4.Gummen (oder Kleber [12]), 5.Schleim, 6.Gummiharze, 7.Kampfer, 8.wesentliche Säuren, feuerbeständige und flüchtige Laugensalze, 9.Zucker, 10.Wachs, 11.Seife, 12.Talg. Hagens Bemerkung dazu, daß diese zwölf innigst miteinander verwoben seien (so daß e.g. auch immer etwas Harz in Wasser gelöst werde), wird bis 1829 wörtlich von der ersten Auflage beibehalten. Die achte Auflage indes zeigt die eindeutig pharmazeutischen Interessen Hagens an der Pflanzenchemie: Die §§141 und 142 behandeln "Offizielle Bestandteile der Pflanzen", nämlich 1.Säuren, 2.Kali, 3.Natrum, 4.Alkaloide, 5.ätherisches Öl, 6.Kampher, 7.Balsame, 8.Harze, 9.fette Öle, 10.Zucker, 11.Gummi, 12.Gummiharze, 13.Kleber, 14.Stärke, 15.Extraktivstoff, 16.Gerbstoff.

Im "Grundriß der Experimentalchemie" (1786) bemängelt Hagen eingangs, daß es zwar treffliche Kompendien zur chemischen Theorie gebe (Weigel, Erxleben, Suckow), wenige aber zur praktischen Chemie. Seine Art des systematischen Vorgehens bei Behandlung der Experimentalchemie orientiert sich daher am Versuch der Vermittlung von Grundlagen, auch Handgriffen für den chemischen Anfänger, weniger an einem inneren, zusammenhängenden System. Er beginnt daher auch mit den Versuchen, die am wenigsten voraussetzen:

> "Mit den organischen Substanzen habe ich deshalb den Anfang gemacht, weil, wenn gleich die Mischung derselben zusammengesetzter ist, ihre Zerlegung doch weit einfacher geschieht, und der Zuhörer dabey allmählicher zu den zusammengesetzteren Scheidungsarten geführt wird." [13]

Bei der Gliederung seines Stoffes werden nebeneinander Darstellungen (e.g.§8 Die Destillation des Alkohols), Stoffklassen (e.g. §9 Herrschender Geist der Pflanzen) und ganze Analysen (e.g. §18 Die Zerlegung des Mehls) genannt. Diese Ordnung erinnert sehr an die von Boerhaave (siehe 2.Kapitel), auch wenn Hagen diesen nicht nennt.

2. Sigismund Friedrich HERMBSTAEDT (1760-1833)

Hermbstaedt [14] betitelt sein erstes großes Lehrbuch "Systematischer Grundriß der allgemeinen Experimentalchemie" (Berlin 1791). Systematisch ist es jedoch hinsichtlich der Phytochemie sicher nicht; der 11. Abschnitt des 2. Bandes handelt über die Öle, der 12. "Von den entzündlichen Stoffen des Pflanzen- und Mineralreiches überhaupt, und von einer jeden Art insbesondere." Im einzelnen nennt er 1.Harze; 2.Campher; 3.Zuckerstoff; 4.Gummiarten; 5.Schleim; 6.die Farbenstoffe; dazu kommen Kohle, Schwefel, Phosphor und Diamant;

Die pflanzlichen Säuren wurden schon davor behandelt.

In der "Anleitung zur Zergliederung der Vegetabilien" sind diese Stoffe um die im 5. Kapitel erörterten erweitert, nicht aber neu geordnet, ebensowenig im 4. Band der 3. Auflage des "Systematischen Grundriß" (begonnen Berlin 1812, der 4. Band 1823). Einzige systematische Differenz ist die Unterteilung der organischen Substanzen in Natürlich-Sekretierte und solche, die erst durch Zergliederung erhalten werden.

Zur ersten Gruppe gehören Wasser, Gummi, Zucker, Amylon, Schleim, Harze, Kampfer, flüchtige und fette Öle, Pflanzenwachs, Federharz, Gerbstoff und Opium. Die Zusammenstellung der zweiten Gruppe demonstriert anschaulich, warum man von Häufung sprechen kann: 1.Kleber, 2.Zimome und Gliadine [15] (die beide Bestandteile des Klebers sind), 3.Eyweißstoff; 4.Seifen- oder Extraktivstoff; 5. die verschiedenen Alkaloide; 6. die Nichtalkaloide; 7.das Aroma; 8.Pigmente; 9.verschiedene Säuren; 10.wesentliche Sauersalze; 11.Neutralsalze; 12.Metalloxÿde; 13.Pflanzenfaser. Hermbstaedt nennt als "näheren Bestandteil" den Kleber, aber auch dessen Analysenprodukte, die ja ersteren überflüssig machten; zu den Alkaloiden [16] findet er als Gegenstück die Nichtalkaloide [17], d.h. eine Stoffgruppe, die im Äußeren der ersteren ähnelt (kristallinische Nadeln), aber nicht alkalisch reagiert. Schließlich erwähnt er auch das Aroma (= Spiritus rector Boerhaaves), um keinen potentiellen Stoff auszulassen,obwohl 1823 die Frage nach dem Aroma nicht mehr "unentschieden" war, wie Hermbstaedt schreibt (vgl.5.Kapitel). Die nämliche Anordnung behält Hermbstaedt bis 1833 bei.

3. Friedrich Albert Carl GREN (1760-1798)

Gren wird hier aus zwei Gründen erwähnt: zum einen gehörten seine Lehrbücher zu den weitest verbreiteten [18], zum anderen galt er als Haupt der deutschen Verteidiger der Phlogistontheorie. Seine Beiträge zur Systematik der Phytochemie waren gering; im "Grundriß der Naturlehre" (1793) stellt er nach Paragraphen gegliedert als "Bestandteile der Pflanzenkörper" [19] in Anlehnung an Hermbstaedt 17 Stoffe kurz vor, von denen 6 Pflanzensäuren sind; im "Systematisches Handbuch der Gesammten Chemie" ist diese Aufstellung um einen 18. Stoff: "fadiges Gewebe", ergänzt, vergleichbar Hermbstaedts immer am Schlusse anhangenden Faserstoff.

4. Antoine Francois de FOURCROY (1755-1809)

Fourcroy hat zwar die physiologisch-botanische Systematisierung (siehe dort) prototypisch versucht und dabei Wert auf die Möglichkeiten der Übergänge zwischen den einzelnen Pflanzenbestandteilen gelegt, jedoch nicht in allen großen Veröffentlichungen. So werden in der "Chimie philosophique" (1792) sechzehn Stoffe nacheinander behandelt in derselben Reihenfolge wie im Système von 1800, aber ohne Begründung gerade dieser Reihe und mit einem verschiedenen Ziel:

> "Er [Fourcroy] legt Wert auf die leichte Scheidung (der einzelnen Stoffe), was bisher seiner Meinung nach in der Chemie weder vorgeschlagen, noch befolgt worden ist." [20]

Wenn das Ziel die klare Trennung und Begründung der Individualität der Pflanzenbestandteile ist, dann ist diese unverbundene Häufung einem System mit Übergängen vorzuziehen.

5. Carl Ludwig WILLDENOW (1765-1812)

Der Berliner Botaniker Willdenow [21] stellt in seinem "Grundriß der Kräuterkunde" (1798) als nähere Bestandteile der Pflanze, entstanden unter dem Einfluß der Lebenskraft, die siebzehn gewöhnlichen Grundstoffe vor; er orientiert sich vermutlich an Hermbstaedt, da er dessen Trennung von Schleim und Gummi übernimmt, aber mit einer wesentlichen Differenz hinsichtlich der Nomenklatur: Willdenow übernimmt nicht die ubiquitäre Behauptung der ~stoffe, sondern spricht von "harzigten, gummigt-harzigten, kampferartigen, wachsartigen, seifenartigen usw. Bestandteilen", wodurch nicht mehr die Erklärung für Varietäten (Modifikationen) erbracht werden muß, da die jeweilige Species lediglich durch die Ähnlichkeit zu einer willkürlich gewählten bestimmt wird, also auch gegebenenfalls Verunreinigungen nicht mehr als "geringfügige Modifikationen" auftreten müssen. Diese Zurückhaltung resultiert wohl aus den Schwierigkeiten mit der ihm vertrauten Pflanzensystematik, die Individualität so sinnfällig gegen alle Pauschalisierung behauptete.

6. Johann Ludwig JORDAN (1771-1853)

Jordans preisgekrönte "Disquisitio chemica evictorum regni animalis ac vegetalis elementorum"(1799) (vgl 5. Kapitel) läßt nur wenig systematischen Gehalt erkennen. Das VII. Kapitel befaßt sich mit "Singula principia plantarum proxima", als da sind 1.Balsami; 2.Resinae; 3.Gummiresinae; 4.Cera; 5.Gummi elasticum; 6.Olea; 7.Camphora. Das VIII. Kapitel enthält "Pigmenta et venena", das IX. Kapitel den "Recensus principiorum regni vegetabilis proximorum, propiorum, et remotissimorum sive elementorum"; all diese 'Prinzipien' werden kürzest beschrieben, wobei im IX. Kapitel die 7 aus dem VII. ausgelassen werden. Dieses Werkes Hochschätzung bei anderen Autoren gründete sich vermutlich weniger auf eine (jeweilige) Einsichtnahme, sondern auf die Tatsache der Preiskrönung durch die Fakultät; in Bibliographien nach 1820 wird es auch in der Regel nicht mehr erwähnt.

7. Johann Bartholomä TROMMSDORFF (1770-1837)

Über Trommsdorffs Weise der Anordnung pflanzenchemischen Wissens wurde schon im 5. Kapitel gehandelt. Das System der Paragraphen im "Handbuch" von 1800, ausgehend von den Destillationsprodukten, von Asche und Kohle, über Extraktivstoff, Gummi, Schleim, Zucker etc., endend bei Extrakten und Pigmenten, ist geradezu prototypisch für eine Häufung. In anderen Publikationen [22] wandelte er dies nur unter pharmazeutischen (offizinellen)Aspekten ab.

8. Thomas THOMSON (1773-1852)

Zu einer Demonstration der "Classification of Organic Substances in 1804" verwendet McCollum (1957 S.140-142) die Darstellung nach Thomsons "System of Chemistry" (1802). Für die Pflanzenchemie ist festzuhalten, daß sie inhaltlich von der im 5. Kapitel (bei Kielmeyer, Trommsdorff oder Fourcroy) vorgestellten wenig differiert; für die Systematik (und das ist mit "Classification" auch angesprochen) ist Thomsons "System" nur mit anderen Häufungen zu vergleichen [23], ist also sicher nicht exemplarisch für die Phytochemie, wenn man die unten folgenden Systematisierungen betrachtet.

Im 4. Band [24] handelt Thomson "von den Vegetabilien". Er unterscheidet 26 nähere Bestandteile, wovon die letzten drei Alkalien, Erden und Metalle ausmachen. Von den verbleibenden 23 seien hier die näher erläutert, die gegenüber den im 5. Kapitel erwähnten neu sind.

1. Zucker. Neben gemeinem und Runkelrüben-Zucker wird auch der Traubenzucker unterschieden, dessen Darstellung Proust (ab 1802) gelang [25];
2. Gummi (mit Schleim gleichgesetzt); 3. Pflanzengallerte [26];
4. Sarcocolla; diese Substanz wird von ihm selbst eingeführt; sie soll eine Mittelstellung zwischen Gummi und Zucker einnehmen: dem Gummi im Aussehen gleich, aber mit süßem, dann bitterem Geschmack. Thomson nennt drei Varietäten: Sarcocolla [27] (ein ausgeschwitzter Baumsaft von penoea mucronata), Lakritzensaft und Manna [28].
5. Gerbestoff; 6. Bitterer Stoff, von dem Chenevix eine fast reine Darstellung aus dem Kaffee gelungen sei [29];
7. Narkotischer Stoff, wozu Thomson Derosne zitiert [30] als ersten Erfolg einer Isolierung (1803);
8. Säuren; 9. Stärke; im Kommentar des Übersetzers Wolff wird auf Einhofs ausführliche Stärkearbeit [31] hingewiesen, in der dieser verschiedene Kartoffel- und Getreide-

arten auf Stärkegehalt und Verwendbarkeit untersucht hatte.

10. Indigo, den er hierher stellt, weil er "einige entfernte Ähnlichkeit mit der Stärke" [32] hat, nämlich Feinpulvrigkeit und Wasserunlöslichkeit.
11. Extraktivstoff; 12. Eiweißstoff; 13. Kleber; 14. Faserstoff; 15. Oele, die in die zwei "Gattungen" ätherische und fette aufgeteilt werden;
14. Wachse; 17. Harze; 18. Campher; 19. Caoutchouc [33]; 20. Sandarak. Sandarak war von Giese [34] 1802 als im Äthanol unlösliches Harz und somit ein eigener näherer Pflanzenbestandteil eingeführt worden; im Ergänzungsband V,2 von 1811 erschien er wieder unter den Harzen, da er inzwischen doch auch in Äthanol gelöst werden konnte [35]; 21. Gummiharze; 22. Holz; 23. Suber;

als einige weniger bekannte nähere Pflanzenbestandteile fügt Thomson noch Seguins [36] fiebervertreibendes Prinzip aus der peruanischen China- Rinde an, Duncans [37] Cinchonin, und daneben den Brennstoff in Brennesseln [38].

Im erwähnten Ergänzungsband V,2 von 1811 nennt Thomson noch fünf neue Stoffe, die er einfach durchnumeriert widergibt:

1. Asparagin von Vauquelin und Robiquet [39] aus Spargel(1806)
2. Ulmin nach Klaproth und Vauquelin [40].
3. Inulin nach V.Rose [41] aus Alantwurzel (1804)
4. Vogelleim, nach Vauquelin [42] der Schleim aus der Robinia viscosa.
5. Baumwolle [43].

Mit dieser Anfügung zeigt sich ein beträchtlicher Vorteil der Häufungen im Vergleich zu Systemen: neuentdeckte Stoffe oder Stoffklassen können der Systematik niemals schaden, da sie ja einfach angehängt werden können. Allerdings wächst dabei die Unübersichtlichkeit so beträchtlich, daß sie nur durch weitere Kunstgriffe als Häufung beibehalten werden kann.[44]

9. Humphry DAVY (1778-1829)

Davy behandelt in seinen 1813 erschienenen "Elements of Agricultural Chemistry" in der 3. Vorlesung auch "the compound substances found in vegetables" [46]; die siebzehn darauf folgenden Stoffe sind die traditionellen zuzüglich der Anorganica. Thomsons Erweiterungen (s.o.) weist er zurück: Gallerte ist nur eine Schleimmodifikation, Sarcocolla ein mit Zucker verbundener Gummi, Inulin eine Stärkevarietät, Ulmin wie Asparagin können ebensogut als extraktartige Substanzen begriffen werden. [47] Er wendet sich überhaupt gegen eine Erweiterung der traditionellen Stoffklassen, da man im letzten immer auch zwei noch so ähnliche Substanzen als generisch betrachten kann [48]:

> "the great use of classification in science is to assist the memory; and it ought to be founded upon the similarity of properties which are distinct, characteristic, and invariable." [49]

Aus zwei Gründen ist aber dieses Werk Davys noch bemerkenswert: im Anschluß an eine Besprechung der näheren Bestandteile gibt er eine detaillierte Anleitung zur Pflanzenanalyse [50], die offenbar auf Hermbstaedts Publikationen basiert. Zum zweiten führt er als einer der ersten [51] die Umrechnung der prozentualen Angaben von Elementaranalysen vieler näherer Bestandteile auf Summenformeln durch, die noch als "definite proportions" erscheinen. (Vgl.dazu das 7.Kapitel)

10. Friedrich HILDEBRANDT (1764-1816)

Eine Verbindung zum 18. Jahrhundert (vor Johns Analysen-Kumulation) stellt Hildebrandts "Lehrbuch der Chemie als Wissenschaft und Kunst" von 1816 dar [52]. Das 17. Kapitel handelt von den Pflanzenstoffen: 1.Faserstoff; 2.wesentliche Pflanzensalze; 3.Zucker,

> "eine Halbsäure des Wasserstoffs und des Sauerstoffs, die zwar schon genug Sauerstoff hat, um Auflöslichkeit in Wasser, süßen Geschmack ... zu haben"(etc) [53];

4.Schleim; 5.Amylum; 6.Extraktivstoff; 7.Colla (Leim,"thierisch-vegetabilischer Stoff"); 8.Eiweißstoff; 9. die Oele; 10. die Harze. - Hildebrandt ist damit nicht weiter als die Pflanzenchemiker des 18. Jahrhunderts. Seine Verdienste liegen eher auf dem Feld der anorganischen Chemie.

11. Johann Friedrich JOHN [54] (1782-1847)

Als Höhepunkt der häufenden Sammlung von pflanzenchemischen Analysen können Johns "chemische Tabellen der Pflanzenanalysen" angesehen werden, die 1814 in Nürnberg erschienen [55]. Es handelt sich dabei jedoch keineswegs nur um eine beliebige Aufzählung [56], wie der Untertitel zeigt:" Versuch eines systematischen Verzeichnisses der bis jetzt zerlegten Vegetabilien nach den vorwaltenden näheren Bestandteilen", ein Versuch, den John auch im Sinne eines chemischen natürlichen Systems der Pflanzen versteht, so daß er auch als Vorläufer einer Chemotaxonomie angesehen werden kann.

John stellt im Vorwort der Tabellen diesen Versuch zur Diskussion; andere systematische Anordnungen der Pflanzenanalysen wären möglich gewesen:

1. nach dem Alphabet; dagegen spricht für ihn aber neben der Unwissenschaftlichkeit auch die Uneinigkeit über deutsche und lateinische Namen.
2. nach Wirkungen auf den Organismus (wie Pfaff; s.u.). Dagegen ist einzuwenden, daß häufig die Dosis die Qualität der Wirkung bestimmt,
   e.g. beim Opium: geringe Gabe → ein Somniferum
   mittlere Gabe → ein Irritans
   stärkere Gabe → ein fürchterliches Narkotikum

   Zum anderen kennt man die Wirkung so vieler Pflanzen nicht, und wo schließlich sollte man all die vielen unterbringen, die gar keine Wirkung haben?
3. nach Zeugungsteilen (also Linnés System); dabei geht indes gerade der chemische Charakter verloren, und man hätte nur "einen Versuch gemacht, zwei Systeme gezwungen und verworren vereinigt zu haben" [57] (S.V).

4. So bleibt also die Anordnung nach vorwaltenden Bestandteilen. John selbst sieht dabei Schwierigkeiten, "ja selbst unüberwindliche..., aber wo ist denn wohl ein System ohne Mängel?" (S.V). Davon erwähnt John folgende:

a) bei Variation von Klima, Bodenbeschaffenheit, Reifegrad, Witterung, Pflanzenalter, Aufbewahrungsart ergeben sich völlig verschiedene Analysen-Resultate. Als Abhilfe schlägt John eine Standardisierung vor:

> "wenn man indeß Pflanzen und Pflanzenstoffe in ihrer vollkommenen Reife oder in einem gewissen, bestimmten Zeitpunkt ihres Wachstums und auf einem ihnen zuträglichen Boden gezogen zur Analyse verwendet: so sind jene keine großen Hindernisse." (S.V)

b) verschiedene Pflanzenteile liefern völlig verschiedene Analysen.

> "Wir dürfen diese Eintheilung daher nur als ein System der Theile der Pflanzen, nicht der lezteren selbst nehmen, und darinn entfernt es sich vom Linéschen Pflanzensystem." (S.V)

Mit dem Begriff des Pflanzenteils sieht aber John selbst schon weitere Schwierigkeiten voraus, da die Gefäße der Pflanzen selbst noch verschiedene Substanzen liefern. Der Chemiker kann zwar größere Gefäße voneinander sondern, nicht aber kleine, von denen er nur die "Gesamtmischung" angeben kann.

c) manche, obwohl ganz eigentümliche Stoffe, walten gar nicht vor; andere sind noch problematisch, andere erst wenig untersucht. John behebt diese Schwierigkeit, indem er alle diese Analysen unter eine Gruppe: "Eigenthümliche Substanzen enthaltende Vegetabilien" bringt.—Eine Frage beantwortet John allerdings nicht (er stellt sie auch gar nicht): Was versteht er unter "vorwaltend"? Denn wenn es nach der Menge gehen sollte, so ist bei frischen Pflanzen in der Regel das Wasser, bei getrockneten Holz oder Faser zu nennen.— John differenziert folgendermaßen: in sechzehn Klassen bezeichnet "vorwaltend" den mengenmäßig größten Teil einer Pflanze (eines Teils) unter Absehung von

Wasser und Faser, der gleichzeitig Träger der charakteristischen Eigenschaften der Pflanzen (oder des Pflanzenteils ist), also e.g. Stärke in der Kartoffel, Zucker in der Rübe. In einer 17. Klasse bedeutet "vorwaltend" durch starke Wirkung auf den Organismus ausgezeichnet, in einem weiteren Sinne sogar nur noch: bemerkenswert. Denn das Asparagin im Spargel fällt nicht durch seine Wirkung auf, sondern durch die Tatsache, daß man es kristallin darstellen kann. Schließlich finden sich darin auch die besonderen Stoffe,

> "über deren Natur man theils noch nicht völlig einverstanden ist, oder die auch theils wirklich eigenthümlich sind.." (S.VII)

Dieser Mangel an Einheit ist John nicht vorzuwerfen, wenn auch Zeitgenossen harte Kritik übten [58], denn er kennzeichnete das "System" ausdrücklich als "Versuch". Zudem litten alle systematischen Ansätze darunter, daß sie durch Auffindung neuer Stoffe immer schneller überholt wurden. Johns Zusammenfassung des Nicht-Einzuordnenden in einer Gesamtgruppe am Schluß steht in langer Tradition und findet mit ihm keinen Abschluß; Hermbstaedts erwähnte "Nicht-Alkaloide"von 1823 gehören dazu ebenso wie G.W.Bischoffs "den Alkaloiden verwandte, nicht alkalische Stoffe" von 1836. Vor der tabellarischen Anordnung der Pflanzen(-teile) in 21 Klassen nach chemotaxonomischen Gesichtspunkten stellt John die berücksichtigten Substanzen vor mit folgenden Worten:

> "Die Anzahl der näheren Pflanzenbestandteile beläuft sich gegenwärtig auf 38 Stück. Ich werde sie mit Anführung ihrer charakteristischen Kennzeichen... hier in folgender Ordnung aufzählen " (S.VIII),

eine Ordnung, die John weder begründet noch überhaupt als "Ordnung" in Bezug auf ein ordnendes Prinzip erkannt werden kann. Zu den 38 angeführten Stoffen zählen der Grundstock von 17 allgemein anerkannten Pflanzenbestandteilen [59], fünf anorganische Stoffe resp. Stoffklassen [60] und sechzehn seit 1800 neuentdeckten Substanzen. Da diese nicht nur in diesen Tabellen, sondern von fast allen Autoren der Zeit verwendet werden, sollen sie kurz, soweit nicht schon geschehen, hier vorgestellt werden, und zwar in der Reihenfolge wie bei John.

1. Sarkokolla (nach Thomson)
2. Inulin (nach Rose); John hatte aber selbständig diese Stärke aus verschiedenen Pflanzen gewonnen [61].
3. Prunin (Cerasin); John fand diesen in Wasser unlöslichen Gummi in verschiedenen Pflanzen, zuerst aber am Kirschbaum [62].
4. Narkotischer Stoff des Opiums. Hierzu zitiert John unter der siebten Klasse ("Extraktivstoffhaltige Vegetabilien") nicht nur die Arbeit von Derosne (vgl. Anm.30) neben älteren Arbeiten, die keine kristallinische Substanz fanden, sondern auch Sertürner, Nysten [63] und Pagenstecher [64]. John erwähnt aber nicht die alkalische Reaktion der Kristalle. Wie aus einem Brief Johns an Johann Heinrich Kopp (den Vater des Chemiehistorikers Hermann Kopp) vom 18.7.1817 hervorgeht, hält er diese Reaktion für Resultat einer Verunreinigung. Der Stoff verdiene darüber hinaus den Namen Morphium nicht wegen Morpheus, da er selbst davon gar nicht "afficirt worden" sei, sondern vielleicht nur wegen der Form der kristallinischen Täfelchen (gr. morphe) [65].
5. Asparagin (nach Vauquelin)
6. Picrotoxin, nach Boullay aus den Kokkelskörnern [66]
7. Lacksubstanz (des Schellacks), von John als Harz-Modifikation entdeckt, die auch in Äthanol unlöslich ist [67].
8. Pollenin (im Befruchtungsstaub), von John selbst als eigentümlicher Pflanzenbestandteil vorgeführt, wenn er auch schon davor in Analysen von Fourcroy und Buchholz erscheint [68]. Es handelt sich bei diesem in keinem Lösungsmittel löslichen Pulver um die Hülle der Pollenkörner, die durch Lösungsmittel von den fettigen Substanzen befreit worden waren.
9. Thierisch-animalische Substanz der Hülsenfrüchte, nach Einhof [69].
10. Brennstoff (an Nesseln), den John von scharfen ätherischen

Ölen geschieden wissen will [70].

11. Tabacksubstanz, nach Vauquelin eine Art ätherischen Öls [71].
12. Myricin } Die Aufspaltung des Wachses in einen in heißem
13. Cerin } Alkohol löslichen und einen dort unauflöslichen Teil gelang John selbst [72].
14. Baumwolle (vgl. Anm. 43)
15. Fungin, eine eigent ümliche, eiweißartige Substanz in Pilzen, die von Braconnot entdeckt wurde [73].
16. Medullin, die eigentümliche Substanz des Pflanzenmarks, von John selbst eingeführt [74].

Diesen 38 näheren Bestandteilen fügt John noch 21 [75] weitere an,

> "von welchen einige ohne Zweifel den ersteren hinzugefügt werden müssen, über deren Natur jedoch noch nicht hinlängliche Erfahrungen gesammelt und deren Eigenschaften nicht gehörig beschrieben sind; an der Eigentümlichkeit [76] anderer ist sehr zu zweifeln, und man wird sie in der Folge in ihre Classen versetzen können". (S.X)

Die meisten dieser 21 Stoffe waren vorher als Modifikationen des Extraktivstoffs betrachtet worden; bei diesen Substanzen schienen aber die Differenzen untereinander so groß, daß man sie lieber vorläufig für eigentümlich, aber problematisch erklärte.

Bevor noch auf die 21 Klassen der chemotaxonomischen Anordnung einzugehen ist, soll John als Pflanzenchemiker kurz gewürdigt werden [77]. Von den 16 neu eingeführten (und von den anderen Forschern anerkannten!) Pflanzenbestandteilen stammen von John allein die Hälfte. Diese Vielzahl ist nicht einer neuen Analysenart zu verdanken, wennwohl John als erster Pflanzenchemiker einen Teil eines Analysenganges erstellte [78]. John bemühte die traditionelle nasse Analytik, doch mit dem Unterschied zu Fourcroy/Vauquelin und anderen Pflanzenchemikern untersuchte er nicht nur pharmazeutisch bereits bekannte oder exotische Pflanzen, sondern er wählte eine große Fülle von einheimischen,nicht-offizinellen Pflanzen und Pflanzenteilen ohne pharmakologische Relevanz zur Untersuchung, daneben auch Substanzen an solchen einheimischen Pflanzen (Holundermark, Kirschbaumgummi), denen bisher noch überhaupt keine Aufmerksamkeit gegolten hatte. Das Interesse an nicht-offizinellen Pflanzen hängt sicher mit einer gewissen Unvoreingenommenheit zusammen, die daraus resultierte, daß John nicht Apotheker war [79]; die Analysen einheimischer Pflanzen haben zum Teil ihren ganz unmittelbaren Grund in der Kontinentalsperre Napoleons, wodurch der Drogenhandel stark beeinträchtigt, die Suche nach deutschen Ersatzprodukten intensiviert wurde. Darauf deutet auch die häufige Verweisung auf Karl Wilhelm Juch [80] (1774-1821) hin, der sich dieser Fragen systematisch angenommen hatte in "Europens vorzügliche Bedürfnisse des Auslandes und deren Surrogate, botanisch und chemisch betrachtet." Nürnberg 1800, Augsburg 1811. - Wenn John auch nicht für die Einführung des Äthers in die Analyse verantwortlich ist (McCollum behauptet das), so hat er doch als erster heißen Alkohol sowie kalten und heißen Äther systematisch bei allen Analysen verwendet.

Aus einem weiteren Grund ist John von den meisten zeitgenössischen Pflanzenchemikern abzutrennen: durch seine Haltung des reinen Empirikers, der nirgendwo Interesse an Fragen hinsichtlich der Elemente, der Lebenskraft usf. zeigt; das Desinteresse an aller Theorie, die Ablehnung von naturphilosophischer Spekulation [81], die Beschränkung auf exakte Beschreibung seiner Experimente ohne Einordnung in einfache Systeme stellt eigentlich den Typ der deutschen Naturforschung aus der Zeit nach 1840 dar [82].

Für den chemotaxonomischen "System"-Versuch erstellte nun John nicht etwa 38, den näheren Bestandteilen entsprechende Klassen (das hätte das Attribut "vorwaltend" nicht zugelassen), sondern folgende 21:

I. Stärkehaltige Vegetabilien
II. Gummige und schleimige Vegetabilien
III. Zuckrige und zuckrichte Vegetabilien
IV. Inulinhaltige Pflanzensubstanzen
V. Prunin- oder Cerasinhaltige Vegetabilien
VI. Farbestoffhaltige Vegetabilien
VII. Extraktivstoffhaltige Vegetabilien
VIII. Tannin- oder Gerbestoffhaltige Vegetabilien

IX. Harzige Vegetabilien
X. Flüchtige, riechbare und ätherische Stoffe enthaltende Vegetabilien
XI. Myricin- und Cerinhaltige (d.i. Wachshaltige) Vegetabilien
XII. Eiweißstoffhaltige Vegetabilien
XIII. Funginhaltige Vegetabilien
XIV. Caoutchouchaltige und caoutchoucartige Substanz enthaltende Vegetabilien
XV. Säurehaltige Vegetabilien
XVI. Eigenthümliche Substanzen enthaltende Vegetabilien
XVII. Polleninhaltige Vegetabilien
XVIII. Pflanzenaschen
XIX. kranke Stoffe der Vegetabilien
XX. Erdharze, Steinkohlen und andere Pflanzen-Substanzen, welche durch die Einwirkung der Luft, der Erde, des Wassers u.s.w. eine Metamorphose erlitten haben.
XXI. Thier- und Steinpflanzen

Ein großer Teil der neu aufgenommenen Pflanzenbestandteile werden dabei in der VII. und der XVI. Klasse behandelt, die gleichzeitig die Schwäche des "System"-Anspruchs dokumentieren. Ohne Frage trifft daher die Kritik von Pfaff und Trommsdorff zu: Für eine Chemotaxonomie waren zum einen die Kenntnisse zu spärlich, zum andern der Aspekt des "Vorwaltens" zweideutig und ungeeignet. Zu stellen bleibt die Frage, ob auf Johns Weise zusammengehörige Pflanzen beisammen stehen.

Bei den großen Klassen mit Ubiquitäten (I,II,III,VIII,IX, XV) ist die Frage trivial, für die Klassen XVIII-XXI nicht zu stellen. Für die restlichen gilt: In der IV. Klasse stehen fast ausschließlich Compositen;Inulin ist ja auch die sog. "Compositenstärke". In der V. Klasse erwähnt John verschiedene Prunus-Arten sowie Vauquelins Analyse des Bassora-Gummis. Die in der VI. Klasse berücksichtigten Färbestoffe sind chemisch zu verschieden, um für eine Chemotaxonomie ergiebig zu sein. In der XI. Klasse der wachshaltigen Pflanzenteile sind diese morphologisch entsprechend verschieden; das Eiweiß der XII. Klasse stammte überwiegend aus dem Saft der Pflanzen; dort ist es aber weitverbreitet. In der XIII. Klasse kommen nur Pilze vor, in der XIV. milchsaftführende Pflanzen, in der XVII. der jeweilige Befruchtungsstaub von 16 verschiedenen Pflanzen. Übrig bleiben die VII.,X., und

XVI. Klasse, in denen sich jeweils eine innere Ordnung ausmachen läßt, die nun in der Tat chemotaxonomisch ähnliche Pflanzen zusammenfaßt: So in der X.Klasse verschiedene Liliaceen (scharfes ätherisches Öl), Umbelliferen, besonders aber in der XVI. Klasse Solanaceen, "kaffeesubstanz-haltige Pflanzen," Ranunculaceen (mit "scharfer Substanz").

Für diese Zusammenfassung gab es indes auch schon als Vorarbeit die Untergliederung für Extraktivstoffarten oder ätherische Öle etwa von Fourcroy (siehe 5. Kapitel). Übrig bleibt zur Würdigung aber sicher, daß Johns Tabellen "ein einfacheres Auffinden schon unternommener Analysen ermöglichten".[83]

Diese so ausführliche Darstellung der "Häufungen" verschiedener Autoren diente hier dem Überblick über die Erweiterung pflanzenchemischer Kenntnisse; daneben scheint sie die allgemein vertretene These zu stützen, daß vor Liebig allein die elementaranalytische Methode unter einem Chaos von Unsystematik des Wissens hervorgebrochen sei. Unsere Darstellung unterscheidet sich von dieser These allerdings schon dadurch, daß das "Chaos" hier als ein heuristisch sehr ergiebiges vorgestellt wird. Darüber hinaus wird aber das Folgende auch wissenschaftliche Ansätze der Systematisierung zeigen.

II. Chemische Systematisierung

Unter chemischer Systematisierung wird hier der Versuch verstanden, die näheren Pflanzenbestandteile nach chemischen Kriterien[84] der Zeit zu klassifizieren. Kriterien dafür waren hauptsächlich die Löslichkeit in verschiedenen Solventien , daneben oder kombiniert damit die "Combustibilität", das Verhalten gegen die Imponderabilie Wärme, sowie als weiteres chemisches Charakteristikum das Säure-Verhalten. Bezeichnenderweise stammen die drei hierzu aufgefundenen Versuche aus der Umgebung der Universität Tübingen.

1.Carl Friedrich Kielmeyer (1765-1844)

Die Priorität eines solchen chemischen Systems ist Kielmeyer zuzuschreiben, da er die Chemie-Vorlesung in dieser Form ("nach einem eigenen System", vgl. 5.Kapitel) zum ersten Mal im Sommersemeseter 1797 [85] gehalten hat. Kielmeyer betont im Vorwort zum 6. Unterabschnitt, daß organische Körper keine charakteristischen Affinitäten haben, so daß man sich für eine Klassifikation mit anderen Kriterien behelfen muß: Löslichkeit, Combustibilität, Acidität. Die Pflanzenbestandteile sind daher unter folgende Abteilungen zu bringen:

I. Vorzugsweise brennbare ("combustible"), wasser-unlösliche und nicht-saure Materien (wie Oele, Harze).

II. Brennbare, mit Wasser mischbare resp. in Wasser lösliche und nicht-saure Materien (wie Zucker, Schleim, Alkohol).

III. Weniger brennbare, meist wasserlösliche, deutlich saure Materien (Pflanzensäuren).

IV. Aus den ersten drei Klassen zusammengesetzte Materien, die in der Pflanze homogen gemischt zu finden sind, aber in ihre Bestandteile chemisch zerlegt werden können.

Die Reihenfolge innerhalb der Gruppen orientiert sich vornehmlich an der Ähnlichkeit untereinander, beginnend mit einem leicht darzustellenden und besonders charakteristischen Vertreter (I: fettes Öl, II. Zucker, III. Zitronensäure, IV. Extrakte).

2. Alexander Nikolaus Scherer [86] (1771-1824)

Scherer führt in seinem "Grundriß der Chemie" (1800) den chemischen Ansatz Kielmeyers konsequent in den Untergruppierungen durch, und zwar nur unter dem Aspekt der Löslichkeit in verschiedenen Solventien. Der Aspekt der Acidität wird emittiert durch den Kunstgriff einer Obergliederung aller näheren Bestandteile in

a) wesentliche, zur Natur der Pflanzen gehörige (Zucker,

Schleim, Extrakt etc.).

b) zufällige (Säuren, Salze).

c) hypothetisch vorausgesetzte (Aroma, narkotische und scharfe Stoffe).

Die wesentlichen Pflanzenbestandteile, die (in gegebenenfalls geringer Menge) in fast allen Pflanzen gefunden werden können, werden untergliedert nach:

"a) im Wasser auflösbar, und zwar:
im kalten, wie im warmen
1. zugleich in Weingeist auflöslich
a. von süßem Geschmack: Zucker
b. von zusammenziehendem Geschmack:Tanin [sic]
c. gefärbte Auflösungen darstellend: Gummiharze
2. nicht zugleich in Weingeist auflöslich
a. in Säuren unauflöslich: Schleim
b. in Säuren auflöslich: Kleber
bloß im heißen Wasser auflösbar: Stärke
seine Auflösbarkeit durch Einwirkung der Luft verlierend: Extract (Pigment)
b) Im Wasser unauflöslich:
a)im Weingeiste auflösbar:
1. fest, und zwar
a. in Salpetersäure unauflöslich: Harze
b. in Salpetersäure auflöslich: Campher
2. vollkommen tropfbarflüssig: Aetherische Oehle
b)im Weingeiste unauflöslich: Fette Oehle
c) Weder im Wasser noch im Weingeiste auflöslich:
a) elastisch: Federharz
b) holzigt: Fadiger Theil." [87]

Zwar bleibt die Klassifizierung mit etlichen Mängeln behaftet [88], stellt aber im Vergleich zu Kielmeyer einen deutlichen Fortschritt in der Systematik dar. Inhaltlich orientiert sich Scherer an Hermbstaedt, wenn er auch dessen "-stoff"-Begriff verurteilt [89]; aus Hermbstaedts Analysenvorschrift bezieht er aber die wesentlichen Kriterien für sein chemisches System und konnte deswegen auch Grundlage für Analytik sein.

3. Leopold Gmelin (1788-1853)

L.Gmelin, später Professor der Chemie in Heidelberg, war wie sein Vetter Christian Gottl. Gmelin (Nachfolger Kielmeyers in Tübingen, Berzelius-Schüler) Schüler bei Kielmeyer. In der Vorrede zu seinem berühmten "Handbuch der theoretischen Chemie" (1817) [90] weist er auf seine Bindung zu diesem hin:

> "Bei der Abfassung der Lehre der Cohäsion, Adhäsion und Affinität hat er [Gmelin] vorzüglich die Vorlesung seines hochverehrten Lehrers, des Herrn Professor Kielmeyer in Tübingen benutzt." [91]

Die theoretische Chemie, die Gmelin im I. Band vorträgt, verwendet nicht nur weitgehend die Gedanken, die sich bei Kielmeyer finden, sondern häufig auch dessen Stil, dessen Formulierungen. [92]

Bei der Systematik der organischen Verbindungen in seinem Handbuch von 1817 wäre Gmelin indes eher zu den Häufungen zu rechnen; er differnziert die einfachen organischen Verbindungen in

1. Organische Säuren
   a) stickstoff-freie
   b) stickstoffhaltige
2. Organische Oxyde

Letztere Gruppe enthält seit Lavoisier die ternären,quaternären usf. Verbindungen,

> "d.h. solche, in denen wenigstens 3 Stoffe unmittelbar vereinigt sind, ohne zuvor binäre Verbindungen eingegangen zu haben,"

im Gegensatz zu den immer binären anorganischen Verbindungen.

Während obige Differenzierung die Zuordnung zu einem chemischen System (vielleicht) rechtfertigt, ist die Untergliederung der zweiten Klasse, der organischen Oxyde, eine eindeutige Häufung, mit den schon bei John besprochenen Vorteilen, daß sie nicht mehr behauptet als was offensichtlich ist, also keinen Zusammenhang der einzelnen Stoffe sieht. Die Darstellung konnte sich umso mehr auf die Exaktheit der Beschreibung konzentrieren. So gliedert er die Stoffe in insgesamt 38 Kapitel (wie bei Trommsdorff Paragraphen). Dabei folgen aufeinander: 1.Alkohol; 2.Aether; 3.ätherisches Öl; 4.Fett; 5.Harz; 6.Holzfaser; 7.Stärkmehl; 8.Gummi; 9.Zucker; 10.Gallenstoff; 11.Emetin [93]; 12.Saponin [94]; 13.Olivil [95]; 14.Asparagin; 15.Picrotoxin; 16.Morphium; 17.Opian [96]; 18. Cinchonin [97]; 19.Rhabarberin [98]; 20.Gerbstoff; 21.Bitterstoff; 22.Extraktiver Farbstoff; 23.Harziger Farbstoff; 24.Indig [99]; 25.Augenschwarz [100]; 27.Eiweißstoff; 28.Kässtoff; 29.Kleber [101]; 30.Ferment [102]; 31.-36. thierische Stoffe; 37.Moder; 38.organische Kohle.

Im Vergleich zu John sind nunmehr einige bei diesem noch problematische Pflanzenbestandteile aufgenommen worden; wie bei diesem stehen nun neben Gruppen mit einer sehr differenzierten Untergliederung (z.B. ätherische Öle) so spezielle Substanzen wie Asparagin oder Morphium.

Die chemische Systematisierung wurde nach den Häufungen angeführt, da sie zwar einen ersten einenden Gesichtspunkt vortrug, dieser jedoch noch unmittelbar in der "Natur der Sache" lag: Stoffe, die auf nassem Wege über Löslichkeiten (und Fällungen) dargestellt worden waren, mußten sich natürlich von der anderen Seite her nach Löslichkeiten aufgliedern lassen können; die Darstellung bei Scherer konnte so auch etwa als Gerüst eines Analysenganges aufgefaßt werden.

III. Pharmakologisch-chemische Systematisierung.

Unter diesem Terminus soll der Versuch eines chemischen Systems der (organischen) Arzneimittel verstanden werden; der Begriff "Arzneimittel" ist aber so weit zu fassen, daß er fast alle näheren Pflanzenbestandteile in sich enthält. Für den betrachteten Zeitraum kommt hier nur ein Autor in Betracht:

Christian [103] Heinrich <u>Pfaff</u> (1773-1852)

Pfaff, Schüler und später Freund Kielmeyers, publizierte zwischen 1808 [104] und 1824 ein 7-bändiges "System der Materia medica nach chemischen Principien". Wie andere große Handbücher dieser Zeit [105] litt es unter der schnell fortschreitenden Forschung, so daß bei Drucklegung eines Bandes dieser meist in einigen Teilen schon wieder veraltet war, Pfaff der Wissenschaft nachvollziehend hinterherhinkte. Bei allen, meist von Pfaff auch selbst gesehenen Mängeln, die dieses Werk in der Literatur ganz unbeachtet erzeigen[106 a], handelt es sich doch um einen großen Versuch zur Erstellung einer chemischen Materia medica. Schon im ersten Band bemüht sich Pfaff ausführlich um klare Definition bei dem für sein System zentralen Begriff des "näheren Materiale" = "generisches Prinzipium". Darunter werden die Bestandteile von organischen Körpern verstanden, die in ihm prä-existieren, also ohne Anwendung von verändernden Chemikalien aus ihm geschieden werden.

> "Die nähern Materialien, oder generische Prinzipien, bestimmen die Unterabtheilung der Arzneikörper[106b] aus dem organischen Reiche... Die näheren Materialien, oder generischen Prinzipien, verdanken ihre Eigenthümlichkeit ihrer eigenthümlichen Grundmischung. Diese selbst, und bei den zusammengesetzten .. Gemischen das qualitative und quantitative Verhältnis der Bestandtheile würden daher die bestimmtesten Karaktere für die Ordnungen abgeben[107a]. Bei den unzerlegten Grundstoffen ist uns aber diese Grundmischung selbst unbekannt, und bei den Gemischen hat die Ausmittelung dieses qualitativen und quantitativen Verhältnisses der Bestandtheile... die allergrößten Schwierigkeiten.... Wir müssen also zu anderen Karakteren unsere Zuflucht nehmen.."[107b],

nämlich zum Verhalten

a) gegen Reagenzien:
1. Verbrennlichkeit (Verhältnis gegen Sauerstoff).
2. gegen Säuren und Laugen.
3. gegen Lösungsmittel.
4. gegen metallische Salze.
5. gegen erdigte Mittelsalze.
6. gegen Wärmestoff.

b) gegen die Sinne ("physische Merkmale" vgl.5.Kapitel).

c) im Körper.

Der letzte Aspekt ist der systematisch einende des ganzen Werkes, das Verhalten als Arzneimittel. Im Vergleich dazu dienen die Kriterien von a) und b) zur Untergliederung der einzelnen Klassen, sowohl nach Gattungen und Arten, als auch nach Modifikationen. Der einende Aspekt c) als Arzneimittel ist aber immer unmittelbar an den Begriff des generischen Prinzipiums gebunden und damit an die Pflanzenchemie. Chemische Kriterien erscheinen daher zwar immer erst in der Beschreibung der jeweiligen Klassen-Charakteristika, sind aber für die Einteilung der Klassen jeweils vorausgesetzt. Daß dabei Willkür statthaben müsse, deutet Pfaff im I.Band nur an [108a], gibt sie im III.Band nach erfolgter Kritik [108b] zu mit dem Bedenken:

> "Ich kann mich gegen solche Ausstellungen nur durch die in der That unüberwindliche Schwierigkeit, den Begriff eines generischen oder Klassenprincips mit aller Schärfe zu bestimmen, rechtfertigen." [109a]

Im V.Band (1817; gewidmet Kielmeyer) nimmt er sein System noch weiter zurück; er hätte das Werk doch lieber "Materialien zu einem chemischen System der Arzneimittel" genannt, denn "wie tief steht die Ausführung unter der Idee eines eigentlichen Systems". [109b]

Nach der Anfeindung durch F.F.Runge [110] rechtfertigt Pfaff seine Klassifikation, wobei er die Qualität der näheren Bestandteile als Arzneimittel im Gegensatz zur Vorstellung des I.Bandes nur noch als Adiuvans bei der Definition der Klassen zuläßt:

> "Eine naturgemäße Classification der Arzneykörper aus den organischen Reichen nach chemischen Principien kann nichts anderes zum Zweck haben, als eine Zusammenstellung derselben nach der Aehnlichkeit der durch die organischen Kräfte selbst in ihnen gebildeten Heilstoffe, oder sogenannten nähern unmittelbaren Materialien.." [111]

Pfaff greift seinerseits John und Gmelin an, die mit ihrem künstlichen chemischen System zwar auch verschiedene Klassen definierten, die aber ganz beliebig auch in andere Klassen erfolgen könnte . Dahingegen:

> "ein chemisches System der Arzneimittel hat nämlich in seiner größten Strenge in Bestimmung der Klassen nur auf die Aehnlichkeiten und Verschiedenheiten in den chemischen Verhältnissen [112] Rücksicht zu nehmen.. Da indessen der Satz unerschütterlich fest steht, daß der ganze Complex der Qualitäten einer Substanz, die Art, wie dieselbe auf unsre Sinnesorgane wirkt, und ihr ganzer dynamischer Charakter, also ihre ganze Thätigkeit im Heilprocesse, ihre Wurzel und Quelle in dem Wesen der Materie, in ihrem <u>Stoffverhältnisse</u> hat, so können die Qualitäten und Heilkräfte, vermöge dieses Parallelismus, als Leiter und Berichtiger einer

> solchen chemischen Eintheilungen dienen, wenn etwa die Erforschung der chemischen Eigenthümlichkeit in der Natur der Sache ihre Schwierigkeiten hat, oder noch nicht weit genug fortgeschritten ist." [113]

Dadurch wird dem Kriterium des Arzneimittel-seins, des"dynamischen Charakters" das konstitutive Moment entzogen, und übrig bleibt es,konsequent gedacht, nur als heuristische Maxime. Hervorgerufen wurde das besonders durch die "neuere Chemie", die nun

> "da noch Verschiedenheiten entdeckt (hat), wo man sonst völlige Übereinstimmung in allen Eigenschaften anzunehmen gewohnt war. Einen merkwürdigen Beleg hierzu liefert unter anderem der Pflanzenschleim, den man sonst als wesentlich identisch in den verschiedenen Pflanzengattungen annahm, und von welchem man durch genaueres Studium wenigstens sechs verschiedene Arten... unterschieden hat." [114]

Das führt allgemein dazu, daß die ähnlichen Substanzen durch die "generischen Principien"zusammengefaßt werden, diese freilich "als solche in der Natur nicht existieren!" [115] Damit gibt Pfaff dem nominalistischen Ansatz Runges[116] in einem Hauptpunkt recht; auch in einem weiteren, der Existenz des Extraktivstoffes, die er in den ersten fünf Bänden immer verteidigt hatte, gibt er nach:

> "Aus dieser allgemeinen Übersicht (über pflanzenchemische Theorien).. erhellt, daß ein Prinzip von der Art, wie man sich sonst unter dem Extraktivstoff dachte, eigentlich nicht existiert." [117]

Als Gattungsname erfüllt es indessen weiterhin gute Dienste.

Im theoretischen Teil des VII.Bandes (1824) akzeptiert Pfaff die "neuere Chemie" mit ihrer künstlich-chemischen Einteilung aller Stoffe nach sauer-basisch-amphoter. Doch gibt diese Systematik keinen Boden für ein System der Materia medica ab, da Stoffe mit gleichen oder fast gleichen Atom-Zusammensetzungen gänzlich verschiedene Wirkungen auf den Organismus ausübten. Somit ist auch für Pfaff eine chemische Pharmakologie vorläufig gescheitert:

> "Die genauesten chemischen Untersuchungen haben.. bewiesen, daß... die bloße Analogie keine sichere Führerin sey." [118]

Nach Aufgabe des "System"-Anspruches kann Pfaffs Werk nunmehr als ein umfassendes Handbuch der Pharmakognosie angesehen werden. - Die Anordnung der insgesamt 24 Klassen[119] von Arzneimitteln wird in einem natürlichen System versucht (gegen alle abgelehnten künstlichen), d.h. mit Berücksichtigung möglichst <u>vieler</u> Qualitäten eines näheren Bestandteils, was zwar der Definition des Übergangs von der einen zur anderen Klasse einen willkürlichen Charakter gibt[120] (vgl. Anm.108a), wodurch aber in der weit überwiegenden Mehrzahl der Fälle ähnliche Substanzen beisammen stehen. Pfaff gliedert seine 24 Klassen von Arzneimitteln folgendermaßen:

A) Erste Abtheilung. Arzneimittel aus den organischen Reichen mit indifferenten Grundstoffen[121].

im 1.Bd. 1808

I. <u>Schleimige Arzneimittel</u>, die in verschiedene Gummi- und Schleimarten differenziert werden.[122]

II. <u>Stärkehaltige Arzneimittel</u>. Die verschiedenen Stärkearten werden auch unter dem Mikroskop beschrieben.

III. <u>Gallertartige Arzneimittel</u>

IV. <u>Zuckerartige Arzneimittel</u>, unter welchen auch Manna und Milchzucker behandelt werden.

V. <u>Arzneimittel mit süßem Extraktivstoffe</u>. Die sehr allgemein gegebene Definition:

> "Unter dem Namen Extraktivstoff im Allgemeinen begreife ich alle diejenigen Substanzen, welche durch Wasser und Weingeist aus den organischen Körpern... ausgezogen werden können, folglich in beyden auflöslich sind..."[123]

nötigt dazu, daß Hauptgattungen des Extraktivstoffs gegeben werden müssen (süßer Extraktivstoff, bitterer Extraktivstoff, usf.), die aber so umfangreich und hinsichtlich ihrer pharmakologischen Eigenschaften so verschieden sind, daß Pfaff sie zu Klassen erhebt. Pfaff begreift unter dieser Gruppe Süßholz-, Gras-, Quecken- und Möhrenwurzel[124], dazu nach Vauquelin Röhrencassia und Engelsüßwurzel[125].

VI. <u>Fettige Arzneimittel</u>. Ihnen zugrunde liegt ein allgemeiner Fettstoff (Hermbstaedt), der in vier Hauptmodifikationen - Pflanzenfette, Tierfette, Wallrath, Wachs - auftritt. Diese vier Ordnungen werden von Pfaff mit vielen einzelnen Arten genau beschrieben.

B) Zweite Abtheilung. Arzneimittel aus den organischen Reichen mit potenzirten Grundstoffen fixerer Natur.

2.Bd. 1811

VII. Arzneimittel mit bitterem Extraktivstoffe. Einen eigenen Bitterstoff lehnt Pfaff mit Hinweis auf anorganische Bittersalze ab; dagegen entwickelt er eine eigene Theorie:

"Im Allgemeinen kann man behaupten, daß die Entwicklung der Bitterkeit von einer Oxydation verbrennlicher Materien, besonders aber solcher, welche Stickstoff enthalten, abhängig ist."[126]

Die bitteren Mittel untergliedert Pfaff in 1.(einfache) bittere Mittel (Quassia,Gentiana, Menyanthes usf.) 2. bittere Mittel mit stark reagierendem[127] bittern Extraktivstoff (aus Cort.Angosturae, Cort.Simarubae, Rad.Colombo) 3. bittere Mittel, die zugleich narkotisch wirken (aus Sem. Strychni, Sem.Calabar).

VIII. Arzneimittel mit kratzendem Extraktivstoff, eine Modifikation des Extraktivstoffs, die Gehlen zu verdanken ist[128] (aus Rad.Saponariae, Rad.Senegae, Rad.Polypodii).

IX. Arzneimittel mit starkfärbendem Extraktivstoff, worunter die wasserlöslichen (aus Rad.Rubiae tinct., Catechu Gambir, Crocus) Pigmente begriffen sind.

X. Arzneimittel mit vorwaltendem zusammenziehenden Grundstoffe, sogenanntem Gerbestoffe. Pfaff schreibt die gerbende Wirkung der "Anziehung von Sauerstoff aus der Faser,... Entbindung des Sauerstoffs" zu, also einer chemischen Reaktion, nicht (wie in der Naturphilosophie) dem überwiegendem Kohlenstoff[129].

XI. Arzneimittel mit sogenanntem Chinastoffe und zusammenziehendem Grundstoffe in inniger Vereinigung. Die Abtrennung vom bitteren Extraktivstoff erfolgt wegen der fiebersenkenden Eigenschaft des Chinastoffes [130].

3.Bd. 1814

XII. Kaffeestoffhaltige Arzneimittel. Pfaff faßt die Analysen von Chenevix, Paysse und Schrader zusammen (vgl. Anm. 29).

XIII. Rhabarberstoffhaltige Arzneimittel, nach Pfaff erneut eine Hauptgattung des Extraktivstoffes, nach Trommsdorff ein näheres Materiale (vgl. Anm. 98).

XIV. Aloestoffhaltige Mittel, der laxierende Extraktivstoff verschiedener Aloe-Arten.

XV. Picromelhaltige Arzneimittel (aus Ochsengalle)

XVI. Harze und harzstoffhaltige Arzneimittel. Pfaff schlägt gegen Giese eine Einteilung in 1.indifferente; 2.aromatische; 3.benzoesäurehaltige; 4.gujakharzartige; 5.purgierende und 6.scharfe Harze vor. Unter der 6.Ordnung behandelt Pfaff "das scharfe Princip... des Pflanzenreichs im Allgemeinen", darunter auch das Öl des Seidelbastes, der Arnika, der Canthariden [131] usf. erscheint.

XVII. Gummiharze

C) Dritte Abtheilung: Arzneimittel mit potenzirten Grundstoffen flüchtiger Natur.

4.Bd. 1815

XVIII. Natürliche Balsame. Pfaff unterscheidet im Anschluß an Giese harzartige (Copaiva~, Terebinthina~, Kanada~) und säurehaltige (Peru~, Tolu~).

XIX. Aetherische Oele. Dieser Klasse widmet Pfaff auf 371 Seiten sein besonderes Interesse und unterteilt sie in 16 Ordnungen, die ihrerseits noch aufgegliedert werden [132]. Die pharmazeutische Relevanz übertrifft indes bei weitem die pflanzenchemische.

XX. Campher und campherhaltige Arzneimittel, die Pfaff gegen "concrete aetherische Oele" abgrenzt. Die

Nähe zwischen Campher und ätherischen Ölen ist aber so groß, daß man sie fast unter eine Klasse bringen könnte.

XXI. Anemonenstoffhaltige Arzneimittel [133]

5.Bd. 1817

XXII. Arzneimittel mit narkotischem Stoffe. Pfaff nimmt den (materiellen) narkotischen Stoff als "flüchtig" (d.i. flüssig mit großer Tendenz zum Verdampfen) an [134], konzediert aber auch die Möglichkeit eines festen narkotischen Prinzips.

XXIII. Blausäurehaltige Arzneimittel [135].

XXIV. Arzneimittel mit flüchtiger Schärfe, die nicht als ätherisches Öl darstellbar sind. Pfaff nimmt auch hierfür einen eigenen Extraktivstoff an [136].

In einem Anhang zum 5.Band behandelt Pfaff schließlich noch Pflanzensäuren, Weingeist und Holzkohle [137].

Pfaffs Versuch, die chemischen Eigenschaften der "näheren Materiale" für ein System der Materia medica zu verwenden, scheiterte letztendlich wie Johns Versuch der Chemotaxonomie daran, daß ohne das Instrumentarium einer organischen Chemie auf quantitativer Basis, zu welcher zu seiner Zeit ja erst die Richtung gewiesen worden war, nicht durchzuführen ist. Übrig bleibt ein Handbuch der Pharmakognosie mit medizinischem Aspekt, wie es in der Fülle des Stoffs vergleichbar erst bei Hager (1880) wieder erreicht wurde.

IV. "Physisch"-chemische Systematisierung

Die Bezeichnung "physisch-chemisch" für die folgende Klassifikation deutet schon darauf hin, daß der zu behandelnde Forscher zwar ein System nach chemischen Kriterien versuchte, dabei aber als Klassenkennzeichen auch "physische Merkmale" (vgl.5. Kapitel) verwenden mußte. Autor des einzigen in Frage kommenden Werkes ist

Johann Emmanuel Ferdinand GIESE [138] (1781-1821),

das Werk "Chemie der Pflanzen- und Thierkörper",Riga 1811 [139]. Ungeachtet es in der Literatur nur von Tschirch einmal lobend hervorgehoben wird [140], handelt es sich dabei um den Versuch, alle näheren Pflanzenbestandteile [141] unter chemische, teilweise sehr originelle Klassen zu begreifen.

Giese nennt 24 Klassen, von denen nur zwei rein-tierische Stoffe enthalten ("thierischer Schleim-Mucus", und Harnstoff). Sie seien mit besonderer Rücksicht ihrer chemischen Charakteristika vorgestellt.

I. Kommioxygen = Schleimsäurezeugendes

> "Mit dem Namen Kommioxygen ... bezeichne ich insgesamt diejenigen Bestandteile organischer Körper, welche zur Erzeugung von Schleimsäure als Materialien dienen können." [142]

Nach Aufstellung der Klassenkennzeichen [143] untergliedert Giese in die Gattungen 1. Schleim [144]
2. Gummi [145]
3. Milchzucker
4. Mannasubstanz [146]

II. Sacharaceum = Zuckeriges

Hierunter begreift Giese die vergärbaren Zuckerarten; die Unterscheidung der Gattungen gleicht der Prousts von 1807 [147].

III. Glycion = Süßliches

Hierzu gehören die verschiedenen harzartigen, widerlich-süßen Körper aus Liquiritia, Polypodium, Sarcocolla. Giese betont aber, daß das eigentliche Glycion daraus noch nicht geschieden sei.

IV. Crocinon = Safranartiges

Diese Substanz, von Boerhaave im Crocus schon als "materia hermaphrodita" beschrieben [148], sei von Hermbstaedt als Seifenstoff verallgemeinert worden. Eine Identifikation mit Fourcroys Extraktivstoff ist indes problematisch, "weil man selbst nicht ein Mal die Eigenschaften des Seifenstoffs kennt," [149] der Extraktivstoff seinerseits noch gar nicht rein vorliegt. Wie Pfaff wendet sich Giese gegen den Namen "Seifenstoff", denn die Substanz schäumt nicht wie Seife.

V. Siderochlorainon = Eisengrünendes

Mit dieser Charakteristik sind alle diejenigen Substanzen erfaßt, die $FeCl_3$-Lösung grün färben oder fällen [150]: Cinchonin, Katechusubstanz, Bittere Extraktsubstanz. Einen eigenen Bitterstoff als generellen Träger der Qualität Bitterkeit lehnt Giese ab.

VI. Scytogenicon = Lederbildendes, Gerbendes, Gerbesubstanz

Diese Definition hat den Vorteil, daß Hatchetts künstlicher Gerbstoff [151] ohne weiteres hierunter als Modifikation begriffen werden kann. Als Charakteristikum für Reinheit des Gerbstoffs nennt Giese das Nicht-Schimmeln einer Auflösung. [152]

VII. Amylon - Stärke

Giese unterscheidet gewöhnliches Stärkmehl, eine faserartige Stärke nach Einhof [153] und Roses Inulin.

VIII. Mucus - thierischer Schleim

IX. Fettbildendes.

Die Definition dieser Klasse gewinnt Giese wiederum aus der Behandlung der organischen Substanzen mit Salpetersäure. Dabei entstehen: Stickstoff, Kohlensäure, nitrose Gase, "ferner wird aus ihnen unter dieser Behandlung, eine dem Wallrath ähnliche Fettsubstanz.. erzeugt." [154] Damit gelingt Giese die Zuordnung aller organischen Eiweißsubstanzen, die bislang als verschiedene Klassen auftraten, unter eine einzige! An Gattungen differenziert er:Thierische Gallerte, Albumina (=eigentliches Eiweiß in Pflanze und Tier),

Fibrina (=thierische Faser), Zoophyton (=Kleber, in Tier und Pflanze).

X. Indigo

XI. Suber - Kork

XII. Caoutchouc

XIII. Fett

Die Unterscheidung nach pflanzlichen und tierischen Fetten wird von Giese verworfen, da die "leicht erkennbaren Unterschiede im Äußeren" alle auf Verunreinigungen beruhen. Eine Gattungsdifferenz sieht Giese daher nur in der Konsistenz [155].

XIV. Fettartiges

Giese versteht darunter die Wachse, die bei sonstiger Ähnlichkeit zu den Fetten nicht ranzeln [156], sowie Amber und Zibeth.

XV. Aetherisch - Oeliges. Oleosum aethereum

Klassenkennzeichen sind Dünnflüssigkeit und starker Geruch. Giese unterscheidet die Gattungen nach ihrem Verhalten gegenüber Säuren:

a) natürliche ätherische Öle entzünden sich mit HNO_3/H_2SO_4;differenziert kann werden in säurebildende [157], kampferbildende [158], kampferartige [159] und hydrothionierte [160] ätherische Öle.
b) empyreumatisches ätherisches Öl, das sich nur mit HNO_3 oder H_2SO_4 erwärmt
c) Petroleum, Bergnaphta, Erdöl, Teer sind dagegen indifferent.

XVI. Aetherisch - Oelhaltiges. Oleaceum aethereum

Die hierunter begriffenen Stoffe unterscheiden sich von der vorherigen Klasse durch ihre kristallinische Form, durch ihre nicht restlose Verdampfbarkeit und die Ungeeignetheit zur Wasserdampfdestillation. Es handelt sich um Helleborin [161] und Anemoneum. Giese lehnt einen einzelnen "scharfen Stoff" (Hermbstaedts Principium acre) ebenso ab wie das scharfe Harz Pfaffs; es gebe nur die Qualität "scharf", die manchen kristallinischen Stoffen, manchen ätherischen Ölen, manchen harzigen Substanzen zukommt.

XVII. Kampferiges. Camphoraceum

Dazu gehört die Gattung Kampfer, da Giese als Klassenmerkmal auch die Bildung der Kampfersäure mit aufnimmt [162].

XVIII. Balsam. Balsamum

Giese differenziert die natürlichen Balsame in harzartige und säurehaltige; alle diejenigen [163], die den Balsam nur als eine Mischung von Harz, ätherischem Öl und Säure ansehen fordert er auf, sie möchten aus diesen Bestandteilen einen Balsam zusammenmischen...

XIX. Harziges. Resinosum

Die Unterteilung der Harze durch Giese in
1) Ätherlösliche a) balsamartige Harze (in Polygala senega, Aristolochia)
b) feste Harze (die meisten, auch Benzoeharz)
2) Ätherunlösliche Harze (Jalappenharz)
3) Gummi- oder Schleimharze
wird in der zeitgenössischen Phytochemie allgemein übernommen, von Tschirch als Beispiel für die Fülle des vorhandenen Wissens herausgehoben [164].

XX. Harzartiges. Resinaceum

Darunter versammelt Giese den Sandarak [165], den Bernstein und den Asphalt mit den Klassenkennzeichen: Äthanolunlöslichkeit, Ätherlöslichkeit.

XXI. Papavericum. Mohn- oder Opiumsubstanz

Mit der Darstellung von Derosnes und Sertürners Resultaten,die er für identisch hält, ist für Giese das Problem eines "narkotischen Pflanzenstoffs" (Hermbstaedts Principium narcoticum) erledigt. Es gibt nur einzelne narkotische Stoffe, die teils in Blätter, teils in Wurzeln etc. sitzen, teils wasserdampfflüchtig sind (Blausäureartige), teils fest.

XXII. Holziges, Lignosum

XXIII. Alkohol,

der, da er inzwischen von Schönwald [166] in Rosenblättern gefunden wurde, mit Recht unter die Pflanzenbestandteile gebracht werde.

XXIV. Ureum [!] Der Harnstoff

Gieses "Chemie der Pflanzen- und Thierkörper" bedeutet für die Phytochemie aus mehreren Gründen einen deutlichen Fortschritt gegenüber vorangegangenen Systematisierungen.

1. Giese stellt in originellen Klassen wie Kommioxygen, Siderochlorainon oder Fettbildendes bisher getrennte Klassen als zusammengehörige Gattungen unter einen Oberbegriff. Das ist im Falle der Eiweißarten besonders zutreffend. Darüber hinaus werden Tier- und Pflanzenbestandteile ausdrücklich unter einem Aspekt angesehen.
2. Giese betont die Wichtigkeit von anorganischen Reagenzien für die Klassifizierung der organischen Stoffe, wenn der einende Aspekt ein chemischer sein solle. Dabei ist die Heraushebung von $FeCl_3$ und $HgNO_3$ besonders "glücklich".[167]
3. Giese führt eine völlig neue Definitionsweise der Klassen ein. Bisher war von der Natur der dargestellten Stoffe ausgegangen worden: Pfaff (e.g.) definiert eine Klasse durch einen typischen Vertreter und gruppiert um ihn die ähnlichen Substanzen, die aber mehr oder weniger von ihm abweichen. Bei Giese gibt es weder "typische" noch "reine" Vertreter einer Klasse: er definiert eine Klasse durch eine Anzahl von Klassenkennzeichen (meist 6-7)[168];

die darunter begriffenen Gattungen haben zusätzliche Gattungskennzeichen, die aber niemals den Klassenkennzeichen widersprechen! Dadurch fällt die Willkür wie bei Pfaffs Ähnlichkeitsbegriff [169] fort; daraus resultiert andererseits die eigentümlich zurückhaltende Klassen-Benennung bei Giese: nicht "Zucker", sondern "Zuckriges" usf., so daß in dieser Bezeichnung schon immer die Qualität (das Haupt-Kriterium) angesprochen ist, nach welcher die Klasse definiert wurde. Solche Kriterien sind bei Giese überwiegend chemische, bisweilen auch physikalische oder physische Merkmale [170]. Durch all dies umgeht er den Begriff des generischen Prinzipium, des näheren Bestandteils, auf dessen Boden der erwähnte "säkularisierte Nominalistenstreit" [171] ausgetragen wurde um die Realität von Individuum und Klasse. Für Giese gibt es ganz individuelle Pflanzenstoffe, aber auch universelle; beide können in seiner Weise sinnvoll unter Klassen gebracht werden.

Die Anordnung der Einzelklassen rücken Gieses Systematik in die Nähe der Häufung. Es erschien dennoch sinnvoll, das Werk gesondert zu betrachten, da im Gegensatz zu den Häufungen hier ausdrücklich die Klassen in ihrem Verhalten gegen ein System von Reagenzien (Fällungsmittel, Lösungsmittel, Organismus) definiert wurden, also keineswegs die dort übliche, völlige Beliebigkeit der Anordnung aller "bis jetzt dargestellten Bestandteile" herrscht. Wenn Pfaffs "System der Materia medica" mit einem Handbuch der (medizinischen) Pharmakognosie [172] verglichen werden kann, so kann Gieses "Chemie der Pflanzen- und Thierkörper" am ehesten als ein Vorläufer eines Lehrbuchs der pharmazeutischen Chemie [173] angesehen werden.

V. Physiologisch-botanische Systematisierung

Unter diesem Begriff soll im folgenden der Versuch verstanden werden, die näheren Pflanzenbestandteile in einem

System nach der Reihenfolge ihres Auftretens in der lebenden Pflanze zu ordnen. Zwei Arten von Beweisen konnten ein solches System stützen.

a) die Untersuchungen der näheren Bestandteile in verschiedenen Vegetationsstadien, nach Jahreszeit und Pflanzenalter.
b) die künstliche Umwandlung möglichst vieler Stoffe ineinander.

Beweise der ersten Gruppe wurden schon um die Mitte des 18. Jahrhunderts von Rouelle gegeben [174], der indes eine Reihenfolge vom Saft über Schleim, Öl zum Holz mehr erfühlte denn beweisen konnte.

Diese physiologische Intention wurde von französischen Pflanzenchemikern ausgearbeitet, später vom Kreis um Berzelius, von deutschen Botanikern (besonders der naturphilosophischen Forschungsrichtung) übernommen.

1. Die französische pflanzenchemische Tradition

Die beiden Werke, die hierbei herangezogen wurden, sind
J.A.Chaptal: Eléments de chymie (1790) und
A.F. de Fourcroy: Système des connaissances chimiques (1800) [175].

Sie können zusammen betrachtet werden, da sie einander im Aufbau und Inhalt sehr ähneln, die Beweise aber im wesentlichen von Fourcroy stammen. Der Titel des (3.) Abschnitts in Chaptals Werk, der sich mit den Pflanzenbestandteilen befaßt, deutet schon unmittelbar auf die Physiologie: "Von den Resultaten der Ernährung, oder von den Bestandtheilen der Vegetabilien". Alle Nahrungssubstanzen (Wasser, Luftsäure, Stickluft) werden zuerst im Pflanzensaft verwandelt, von dem aus alle anderen Bestandteile gebildet werden. Fourcroy ergänzt, daß man in diesem Sinne eigentlich von <u>einer</u> eigentümlichen Pflanzensubstanz [176] sprechen kann, die nacheinander die verschiedensten Modifikationen durchläuft. Das chemische Wissen über diese Vorgänge in der lebenden Pflanze sei allerdings noch so gering, daß man sich mit einer ungefähren Zuordnung begnügen muss:

1.Periode der Vegetation ≙ Schleim und schleimiger Saft
2.Periode: Keimen ≙ zuckerartiger Stoff
3.Periode: Wachstum ≙ holzige Substanz
4.Periode: Fruktifikation ≙ Oel, Wachs

Als ersten unmittelbaren Pflanzenstoff (matière immédiate) behandelt Fourcroy den Saft; nach Vauquelins Analyse von 1797 [177] gehören die im Saft enthaltenen Stoffe: Schleim und Gummi, Zucker, diverse Säuren, Kleber, Extraktivstoff zu den gleichzeitig ersten Stoffen. Da aber der Saft beim Keimen kleiner Pflänzchen erst schleimig, dann zuckrig und später erst säuerlich ist, kann man obige Reihenfolge für ein System annehmen. Die in der Vegetation (und somit im System) folgende Gruppe umfaßt die Stoffe, die sich in der Zeit des Reifens und des Fruchttragens vermehrt finden: fette und ätherische Öle. Als deren Produkte folgen schließlich Wachs (aus Fett) und Harz (aus ätherischem Öl) sowie die bei einigen Pflanzen auffindbaren Balsame, Gummiharze, Caoutchouc und Campher. Charakteristisch für die letzte Phase der Vegetation sind einerseits die intensiven Färbestoffe, das Eiweiß [178], schließlich Pflanzenfaser, Gerbstoff und Kork.

Beweise für diese Art der Reihung stammten überwiegend aus Analysen von Pflanzen verschiedener Vegetationsepochen, denn an Umwandlungen waren um 1800 nur die Oxidation mit HNO_3 in die diversen Pflanzensäuren bekannt. Daneben waren folgende Reaktionen bekannt: Fett $\xrightarrow{\text{Luft}/HNO_3}$ Wachs, Talg

ätherisches Öl $\xrightarrow{\text{Luft}}$ Harz

Eiweiß(Haut) $\xrightarrow{\text{Gerbstoff}}$ Leder, fasriges Gewebe

Diese Übergänge ließen nur den Ansatz einer physiologischen Klassifizierung zu. Auf die in der Einleitung vorgestellte Idee eines Systems gemäß der Vegetation wird daher im fortlaufenden Text bei Fourcroy wie Chaptal kaum mehr Bezug genommen [179].

2. Georg (Göran) Wahlenberg (1780-1851)

Wahlenberg, Schüler und Freund von Berzelius, später Lehrstuhlinhaber für Botanik an der Universität Uppsala,[180], veröffentlichte 1806 eine Zusammenfassung eigener pflanzenchemischer Arbeiten unter dem Titel: De sedibus materiarum immediatarum in plantis tractatio. Ein Auszug dieser Schrift, der lediglich auf den ersten, rein morphologischen Teil verzichtete, erschien 1809 auch deutsch[181]; bis (mindestens) 1830 wird sie in Literaturangaben zur Pflanzenchemie zu den besonders wichtigen Arbeiten gezählt[182].

Wahlenberg definiert in der Vorrede den Begriff der "materia immediata" im Abgrenzung zu den näheren Bestandteilen (principia proxima):

> "Unmittelbare Pflanzenprodukte (materia immediata) nennt man diejenigen Stoffe, welche allein durch die Vegetation hervorgebracht werden, die den Pflanzen eigenthümlich sind, und die aus denselben leicht durch eine mehr mechanische Scheidung, dargestellt werden können. Je mehr sie auf mechanische Weise gewonnen werden, mit desto größerem Rechte gehören sie hierher, und desto weiter entfernen sie sich von den sogenannten nächsten Bestandteilen."[183]

Als Beispiel wählt Wahlenberg den Pflanzensaft, der auf keine mechanische Weise weiter zu zerlegen ist und daher eine materia immediata darstellt; erst auf chemischem Wege, mit Lösungsmitteln und Reagenzien erhält man aus ihm die nächsten Bestandteile. Der Unterschied der unmittelbaren Pflanzenprodukte liegt in

> "der größeren oder geringeren Ausbildung, die sie durch die Vegetation erhalten haben, z.B. Schleim und Stärke sind aus ein und demselben Theile des Saftes durch die Vegetation gebildet, der Schleim aber früher, und auf einem kürzeren Wege als die Stärke.[184]

Ergebnis seiner Untersuchung ist eine "Productionsreihe" aller Pflanzenmaterien, die er vor der Diskussion der einzelnen Stoffe dem Leser vorstellt:

1.Saft — a) 2.Zuckerstoff 3.Schleim 4.Stärke 5.Faserstoff
\ 6.fettes Öl
7.Pflanzenwachs
8.Aepfelsäure, Weinsteinsäure, Citronensäure,

1. Saft

Sauerkleesäure, Essigsäure

b) 9. Extraktivstoff 10. Gerbstoff

c) 11.flüchtiges Oel (Kampfer, scharfer Stoff)
12.Harz (Benzoesäure)

d) 13.Eigenthümliche Pflanzensäfte (Gummiharze, Caoutchouk)

e) 14.Kleber 15.Grünes Satzmehl u.s.w.

Die von a,b,e, an je erster Stelle befindlichen Stoffe werden unmittelbar aus je einem Teil des Saftes gebildet; sie sind daher auch in fast allen Säften nachzuweisen. Die Stoffe unter c und d erscheinen in der Vegetation erst später. Die 1.Reihe der unter a) befindlichen Stoffe

> "werden allmählig aus ein und demselben Theile des Saftes gebildet, und immer mehr und mehr carbonisirt." [185]

Die restlichen Stoffe unter a), fettes Öl, Wachs und Säuren werden aus Zucker oder Schleim "durch eine Art von Degeneration" [186] gebildet.

Der Pflanzensaft nimmt eine zentrale Stellung in Wahlenbergs System ein. Er ist beim ersten Auftreten im Frühjahr, bei perennierden genauso wie bei ganz kleinen (jungen) Pflanzen, immer schon etwas süßlich (⇒ Zucker) und gefärbt ("unreifer Extraktivstoff"); beim Erhitzen läßt sich durch Koagulation zumeist ein eiweißähnlicher Stoff nachweisen. Die Möglichkeit der Verwandlung von Zucker, Schleim und Stärke ineinander, wofür besonders Einhof wertvolle Beweise erbracht hatte [187], ebenso die Erzeugung ähnlicher Produkte aus ihnen (z.B. Säuren) zeigten, daß

> "wir kaum an ihrer Entstehung aus einem demselben primitiven Pflanzenstoffe ... zweifeln (dürfen)". [188]

Der Zweck dieser In-einander-Verwandlung ist, dem

> "Nahrungsstoff der Pflanze eine Form zu geben, die wie die Stärke, einer von selbst erfolgenden Veränderung nicht unterworfen ist." [189]

Das ermöglicht eine dauerhafte Aufbewahrung im Samen. Kommt dieser Same zum Keimen, so wird die besprochene "Productionsreihe" in eine "Reductionsreihe" umgekehrt, für die durch Beobachtung des Keimens ebensoviele Beweise vorhanden sind wie für die erstere.

Eine Unterscheidung trifft Wahlenberg bezüglich der Öle. Ätherische Öle und fette Oele waren in der Tradition stets nebeneinander betrachtet worden. Wahlenberg stellt sie in verschiedene Reihen, da Öl (wie das verwandte Wachs nach Huber [190]) aus Zucker hervorgehe und zu den <u>nährenden</u> Bestandteilen gehöre [191], während ätherisches Öl (und die daraus entstehenden Harze und Gerbstoffe) nicht nähren, sondern "erst durch einen langen Prozeß in den Gewächsen ausgearbeitet werden". [192] Diese dritte Reihe, vom flüchtigen Öl bis zum Hartharz, [193] ist schon seit langem für Wahlenberg als bewiesen angenommen; er behandelt Kampfer als ein ätherisches Öl, versteht es nicht als eigenen nächsten Bestandteil.

Der Extraktivstoff wird bei Wahlenberg unorthodox definiert:

> "im Wasser ist er größtentheils, obgleich öfters schwer [!], im ätzenden Kali aber leicht auflöslich " [194];

die herkömmliche Definition war die leichte Auflöslichkeit in Wasser wie Alkohol. Aus dem folgenden erhellt aber klar, daß Wahlenberg mit dem Begriff eher einen Trockenextrakt verband. Als eine Unterart des Extraktivstoff bespricht er den "Seifenstoff", womit nicht Hermbstaedts Substanz gemeint war, sondern ein Saponaria-extrakt [195]. Weitere Unterarten sind die "natürlichen Aussonderungen" (z.B. gefärbte Harze), "jähriger Extractivstoff" (Färbestoffe aus Blütenblättern und Beeren), "perennierender unreifer Extractivstoff" (im Frühlings- und Herbstsaft der Bäume), "natürlich gefärbter Extractivstoff" (Färbestoff, Pigmente). Gerbstoff scheint Wahlenberg nur eine Modifikation von Extraktivstoff zu sein [196]. Für die Untersuchung, wo der Gerbstoff in der Pflanze sitzt, benützt er Fe^{+++}-salzlösungen an der frischen Wurzel [197].

Wahlenbergs Arbeit geht über den Ansatz Fourcroys weit hinaus. Sie bemüht sich um die chemischen Umwandlungen der Pflanzenstoffe innerhalb der lebenden Pflanze und zieht dazu

Beweise aus der vergleichenden Pflanzenanalyse [198] wie aus den künstlichen Umwandlungen in vitro heran.

3. Kurt Sprengel (1766-1833)

Der deutsche Botaniker Sprengel [199] zeigt nachhaltige Beeinflussung durch Wahlenberg in seinem Lehrbuch "Von dem Bau und der Natur des Gewächse" (Halle 1812), dessen Productionsreihe er, teilweise modifiziert, durch weitere Beweise gestützt sieht. So hatte Knight [200] gezeigt, daß das spezifische Gewicht des Ahornsaftes mit der Höhe, aus der er von einem Baum entnommen (also einem späteren Zeitpunkt der Vegetation) worden war, ebenso wie der schleimige Anteil gestiegen war.

Wahlenbergs"Degenenerat ion" vom Zucker zum Fett versucht Sprengel im Sinne einer Oxidation zu interpretieren, in der Analogie [201] zum Stärkemehl, das bei"Oxidation"Zucker hervorbringt: Kirchhoff hatte inzwischen den "Stärkezucker" mittelst Schwefelsäure dargestellt [202], nach der herrschenden Sauerstofftheorie Resultat einer Oxidierung durch die Säure. Dafür sprach auch eine Elementaranalyse von Guyton [203], die für Zucker 17C, 74O und 8H ergeben hatte.

Die Bildung des fetten Öls nimmt Sprengel zum Teil aus Schleim(wie Wahlenberg), zum Teil aber auch aus Extraktivstoff an; dieser enthalte nämlich die individuellen Charakteristika eines jeweiligen Öls, also Farbe, Geschmack, Geruch [204]. Öl und Wachs will er nicht so streng in der Vegetationsstufe vom Harz geschieden wissen, nachdem die Elementaranalysenresultate von Gay-Lussac fast übereinstimmten.

Die Theorie der Bildung verschiedener Säuren, bei Wahlenberg undiskutiert, wird bei Sprengel einfach verstanden als ein Aufsteigen der Kohlensäure im Pflanzensaft, die,

> "indem sie mehr oder weniger Wasserstoff anzieht oder Kohlenstoff absetzt, bald zu dieser, bald zu jener besonderen Säure wird." [205]

Der Wasserstoffgehalt ist dabei für die Riechbarkeit [206] und die Brennbarkeit verantwortlich.

Die Verschiedenheiten der organischen Säuren bestehen für Sprengel (in der Tradition seit Lavoisier) lediglich darin,

> "daß bloß mehr Kohlen- und Wasserstoff, endlich auch Stickstoff, mit der ursprünglichen Säure [CO_2] vereinigt sind." [207]

Dies illustriert, wie wenig Aussagekraft man den quantitativen Ergebnissen der Elementaranalyse noch beimaß; eher stützten sie die (naturphilosophische) These der <u>einen</u> Pflanzensubstanz: alle so verschiedenen Pflanzenbestandteile ließen sich ja auch als mehr oder weniger variierte Verhältnisse innerhalb einer Substanz, die aus Kohlen-, Wasser-, Sauer- und Stickstoff bestehe, begreifen. Die Interpretation der Elementaranalysen erfolgt daher auch zunächst qualitativ nach dem "Vorwalten" des einen oder anderen Bestandteils:

Der Kohlenstoffanteil	korrelierte mit der Fixität, Zähigkeit, Schwere des näheren Bestandteils,
Der Wasserstoffanteil	mit Flüchtigkeit, Geruch, Geschmack (außer bei sauren) und Verbrennlichkeit,
Der Sauerstoffanteil	mit dem Aciditätscharakter und der Farbe,
Der Stickstoffanteil	mit Bitterkeit und narkotischer Wirkung [208].

Sprengel bemüht sich im Vergleich zu Wahlenberg weniger um das Aufspüren von Beweisen zugunsten einzelner Detailzusammenhänge zwischen Pflanzenbestandteilen, sondern mehr um die Interpretation des Pflanzenlebens unter naturphilosophischem Aspekt, besonders der Entwicklung der Pflanzensubstanz aus Polaritäten. Das von ihm gegebene physiologische System ist daher weniger stichhaltig als das des schwedischen Forschers.

4. Gottfried Reinhold <u>Treviranus</u> (1776-1837)

Vergleichbar mit Sprengels Versuch ist die Theorie der fortschreitenden Herausbildung der einzelnen Pflanzenstoffe bei G.R.Treviranus im 4.Band der "Biologie" (1814), wie sie von Hoppe [209] dargestellt wurde. Wie bei Sprengel ist dieser Versuch allerdings weniger gut gegründet als der Wahlenbergs.

Die physiologischen System-Versuche tragen notgedrungen alle spekulativen Charakter; herauszuheben ist indes Wahlenbergs Abhandlung, der aus einer Fülle von morphologisch-chemischen Untersuchungen nicht nur die "Sitze der nächsten Bestandteile" aufklärte, sondern als Nebenergebnis einen Zusammenhang innerhalb dieser Bestandteile aufdeckte, der die bereits vor ihm angestellten Vermutungen über solche Vegetationsreihen mit Beweisen belegte . Dadurch wurde neben den durch Hales, Ingen-Housz und Saussure initiierten Forschungen zur Pflanzenernährung (Assimilation) die physiologische Fragestellung aufgenommen, wie die Metamorphose der näheren Bestandteile sich im Innern der Pflanze vollziehe.

VI. Vorläufer der Elementaranalysen-Systeme

Hier soll als Überleitung zum folgenden Kapitel noch einmal an die Interpretation erinnert werden, die die Ergebnisse der Elementaranalyse vor Beginn systematischer solcher Untersuchungen erfuhren.

Lavoisier [210] hatte nach seinen Analysen als Ergebnis vorgestellt, daß alle Pflanzensubstanzen aus Kohlen-, Wasser- und Sauerstoff bestünden. Der Stickstoff war ursprünglich animalischen Stoffen vorbehalten. Die Verbindungen sollten aus Sauerstoff-freiem Radikal und wechselnden Mengen Sauerstoff zusammengesetzt sein; ohne Sauerstoff blieben bei ihm die Öle, mit wenig Sauerstoff die "vegetabilischen Halbsäuren" (Girtanner [211]) wie Zucker, Schleim oder Stärke, überwiegender Sauerstoff kennzeichnete die pflanzlichen Säuren.

Die Säuren unterteilte Christoph Girtanner (1766-1800) in seinem Lehrbuch (1792) nach drei Gesichtspunkten:

1) nach der qualitativen Zusammensetzung [C, H, O, P, S] 212
2) nach deren quantitativem Verhältnis
3) nach dem Grad der"Säuerung". So lassen sich die Weinstein-, Oxal- und Essigsäure durch "Säuerung" (HNO_3-zugabe unter Destillationsbedingungen) ineinander verwandeln, was bei der Essigsäure auch mit Abnahme des Kohlenstoffs verbunden sei [213].

Halbsäuren enthalten zwar Sauerstoff, ohne aber sauer zu sein; die qualitativen Merkmale von Kohlen- und Wasserstoff überwiegen. Die restlichen Pflanzenbestandteile werden von Girtanner qualitativ nach dem "Vorwalten der Grundstoffe" beschrieben:

fette Öle, Wachse und Gerbstoff haben relativ viel Kohlenstoff,
ätherische Öle haben relativ viel Wasserstoff bei wenig Kohlenstoff,
Harze, Balsame enthalten bei relativ viel Kohlenstoff auch etwas Sauerstoff.

Während aber bei den anderen vorgestellten Aspekten zur Systematisierung von Pflanzenstoffen eine Quantifizierung keinen zusätzlichen Erkenntnis-Fortschritt verhieß, da der Mensch gewissermaßen zentrales Reagens für den Systemaspekt darstellte, konnte bei der Interpretation der Elementaranalysen der quantitative Aspekt bei Verbesserung der Analytik und Ausdehnung der Untersuchungen möglicherweise eine Einsicht in den Zusammenhang von chemischer Konstitiution und pflanzenchemischer Qualität vermitteln. Diese Feststellung war nach 1810,aber sicher nicht vor 1800 abzusehen.

Zusammenfassung

Die Darstellung der verschiedenen Aspekte, unter welchen die pflanzenchemischen Kenntnisse zusammengefaßt wurden, zeigte zuerst, daß die überwiegende Fülle der Informationen von den Forschern beigebracht wurden, die sich wenig um die

Systematik bekümmerten. Prototypisch kann Joh.F.John angeführt werden, der Pflanzenanalysen in einer bis dahin unbekannten Breite unternahm.

Die Sammlung von Fakten bildet indes nur notwendige Voraussetzung für eine Wissenschaft, nicht hinreichende: ihr theoretischer Anteil, die Ordnung des Wissens unter dem Aspekt der Einfachheit zugunsten der Möglichkeit von Erklärung von Phänomenen [214] und deren Vorhersage ist ebenso wichtig.

Während die empirische pflanzenchemische Forschung nach dem Mißerfolg der Destillationsanalyse mit der Extraktionsmethode den Weg zur Isolierung "wahrer näherer Bestandteile" erfolgreich beschritten hatte [215], erzeugte die systematische Bearbeitung dieses vorliegenden,gesicherten Wissens nach dem je unterschiedlichen Aspekt verschiedene Disziplinen, die dann auch Empirie mit je eigentümlicher Fragestellung betreiben konnten.

So gab der Hinblick auf die Chemie der Pflanzenbestandteile unter dem Aspekt der Wirkung auf den menschlichen Organismus Auftrieb für Pharmakologie wie Pharmakognosie. Die Wertbestimmung von Drogen (z.B. Folia Belladonnae) durch Applikation verschiedener Dosen am Organismus (e.g. am Auge - Runge) zeigen diesen doppelten Aspekt: Mit der Erweiterung des chemischen Wissens über die Droge (resp. deren wirkendem Bestandteil) kann für die Pharmakologie ein Wirkungszusammenhang zwischen chemischer Konstitution und Organismus aufgedeckt werden, für die Pharmakognosie lassen ähnliche Wirkungen auf den Organismus auf ähnliche chemische Bestandteile schließen und damit auf chemotaxonomisch wie pharmakognostisch zusammengehörige Drogengruppen. Dabei entfernt sich diese Forschung allerdings von der Pflanzenchemie zugunsten der Untersuchung und Wertbestimmung der medizinisch-relevanten Pflanzenteile.

Der Hinblick auf die Pflanzenchemie zur Ermittlung eines Systems nach chemischen Kriterien führte zur Intensivierung des organischen Zweiges der pharmazeutischen Chemie. Der

Einheitsaspekt ist dem ersten komplementär: Gehören dort gegebenenfalls auch chemisch verschiedene Bestandteile zueinander aufgrund der nämlichen Wirkung, so gehören hier unabhängig von der Wirkung die chemisch gleichartigen Stoffe zusammen [216], wobei allerdings der pharmazeutische Aspekt noch eine Differenz zur reinen organischen Chemie beiträgt [217].

Der Versuch, aus chemischer Analyse von Pflanzenteilen und der natürlichen Veränderung von näheren Pflanzenstoffen innerhalb der Pflanzen zu einem physiologischen Überblick über die Lebensvorgänge zu gelangen, führt ebenso wie die anderen Versuche aus der Pflanzenchemie heraus, die von hier ab eher die Funktion einer Hilfswissenschaft, die Bereitstellung von nicht-interpretierbaren Fakten, zu erfüllen schien.

Diesen Aspekt der heuristischen Nützlichkeit behält die Pflanzenchemie auch später bei, als die organische Chemie schon künstliche Verbindungen darstellen konnte. Zu Beginn der Elementaranalytik war ihr Wert durch die Bereitstellung erst zu analysierender reiner Stoffe erheblich höher. Allerdings umfaßte die Pflanzenchemie etwa zwischen 1790 und 1810 noch alle angesprochenen Disziplinen, als deren eine lediglich die organische Chemie erschien. Die Umkehrung des Verhältnisses, so daß die Pflanzenchemie zu einem Teil der organischen Chemie wurde, fand erst später statt [218]. Zur betrachteten Zeit bemühte sich die Pflanzenchemie jedenfalls um eine Naturerkenntnis in einem weiteren Sinne als dem der praktischen Verwertbarkeit, wenn auch deren Möglichkeit immer betont wurde.

Anmerkungen zum 6. Kapitel

1 "vor Berzelius" soll für dieses Kapitel bedeuten: bevor Berzelius (1814) sein elektrochemisch-duales System in der Übertragung auf die organische Chemie publizierte.

2 zu der Tradition dieses Begriffspaares vgl. Crombie (1953).

3 Engelhardt(1972) S.308. Hegels von Philosophen wie Naturwissenschaftshistorikern vernachlässigte Naturphilosophie unterscheidet sich nach Engelhardts Ergebnissen grundlegend von der Richtung Schelling - Görres - Kieser, lehnt diese ab und läßt es darüber auch zum Bruch mit Schelling kommen (Engelhardt (1974) S.125, 128). Speziell für die anorganische Chemie führte diesen Nachweis Snelders (vgl. Literaturübersicht).

4 Hermbstaedts Rolle ist nicht so konfus wie es auf den ersten Blick scheint. Hinsichtlich des Nebeneinanders seiner Einzelstoffe (die Theorie eines Pflanzenstoffes, in den 80ger Jahren angenommen, hatte er aufgegeben) ist er Nominalist, hinsichtlich der Ubiquität aller Stoffe sowie der Behauptung der Materialität von bitterem, narkotischem u.s.w. Stoff Realist.

5 d.h. darum, wessen Aspekt wesentlicher ist; dies aus zwei Gründen: 1. weil der Natur der Sache angemessener (das aldings führt wieder zum natürlichen System).
2. weil besser geeignet für menschliche Aneignung, im Sinne der Auswertung wie der Einfachheit der Bestimmung.

6 Man kann zwar nicht so weit gehen, die Abwesenheit eines systematischen Aspekts auch schon einen solchen zu nennen; doch mit demselben Recht, mit dem wir eine Anzahl wahllos herumliegender Steine als "Haufen" unter einen Einheitsaspekt bringen, sei diese Behandlung wenn nicht als System, so doch als Anordnung hier verstattet.

7 wie z.B. Gummi und Schleim, Extraktivstoff und Pigmente.

8 ohne, daß überhaupt in Erwägung gezogen wurde, ob eine gewisse Systematik möglich wäre, oder welche schon durchgeführt wurde.

9 Valentin (1944), Schneider (1954), Schmidt (1960), Schmitz R. (1969) S.219-222;

10 Vgl. dazu Wimmer (1949) besonders aber den Nekrolog zu Imm. Kant (von Gehlen) in:N. allg. Journ. d.Chem.2(1803) S.239-240 (erschienen 1804).

11 in der mir vorgelegenen 3.Auflage von 1786 .

12 damit ist nicht der Kleber im Mehl gemeint; es soll ein deutscher Begriff für den (klebenden) Gummi sein.

13 S.VIII/IX .

14 zu seiner Würdigung vgl. das 5. Kapitel.

15 Getrennt von Giovacchino Taddei, In: Schweigg.Journ.f. Chem. 29(1820) S.514-516, übersetzt aus Ann.Phil. 15(1820) S.390. Gliadin ist der in (heißem)Äthanol lösliche Bestandteil des Klebers (Peptidgemisch), Zymom der äthanolunlösliche Anteil (Protein gemisch).

16 Die Bezeichnung "Alkaloid" stammt von Wilhelm Meißner (1792-1853), der sie in der Arbeit zur Entdeckung des Veratrin in Sabadillsamen verwendete (in: Schweigg.Journ. f.Chem. 25(1819) S.379).

17 Diese definiert er so: "Außer den Alkaloiden, durch deren Daseyn sich die bisher untersuchten Giftpflanzen besonders auszeichnen, und in welchen ihre Giftigkeit begründet zu seyn scheint, kennt man noch einige andere, nicht allgemein verbreitete Pflanzenstoffe.." S.169
Deren nennt er nacheinander fast kommentarlos 28: Nicotianin, Chinin [!] , Inulin, Capsicin, Piperin ("geschmacklos" [!]), Glycyrrhizin, Saponin, Hordein, Laccin usf.

18 Sie fehlten in kaum einer Bibliographie bis 1820. Daneben gab er die weitverbreiteten Zeitschriften heraus: Journal der Physik. Bd.1-8 Leipzig 1790-94
umbenannt in: Neues Journ.d.Physik Bd.1-4 Leipzig 1795-97
umbenannt in: Annalen der Physik ab 1798, nach Grens Tod fortgeführt von W. Gilbert.
Vielleicht sind diese Publikationen ausschlaggebend dafür, daß Gren Eingang in das DSB fand (Band V. S.531-33) im Gegensatz zu Hagen und Hermbstaedt. Dort findet sich auch Literatur.

19 §444, S.318 (in ^{2}1793).

20 Fourcroy (1796) S.131/132 (Anm.von Gehler).

21 zu einer Würdigung vgl.Schwarz (1965).

22 so 1816 und 1822.

23 besonders mit Trommsdorff, der bei Thomson passim zitiert wird.

24 der deutschen Ausgabe wie der englischen.

25 aus Zucker und Trauben; die vier Arbeiten in den Ann.de chim. von 1802-1806 sind zusammengefaßt im: Mémoire sur le sucre de raisin. Paris 1808 .

26 in Pflanzensäften von Vauquelin entdeckt, in:Ann.de Chim. 5(1790) S.92 ibid. 6(1790) S.275.

27 Sarcocolla, gemeinhin zeitgenössisch zu den Gummiharzen gezählt (vgl. dazu Klaproth/Wolff Bd.V 1810 S.542) ist ein "ausgeschwitzter Pflanzensaft"der Penoea sarcocolla, einem Strauch des nordöstlichen Afrika. Die Stammpflanze wird heute als "Saltera sarcocolla", Fam Penaeaceae bezeichnet (A. Engler: Syllabus der Pflanzenfamilien. 5 Bde. Berlin 1954-1964). Die Droge ist allerdings schon seit 100 Jahren aus dem Arzneischatz verschwunden.

28 im Ergänzungsband V,2 von 1811 wird Manna wieder beim Zukker eingereiht; Proust hatte inzwischen Mannit rein darge-

stellt (in:Ann.de.Chim. 57(1806)S.131;dt.in:Allg.Journ.d. Chem. Phys. 2(1806) S.83.

29 "Fast rein" heißt natürlich immer noch :gelb, hornartig, nicht kristallin. Chenevix in Tillochs phil.Mag. 1802, S.350; übersetzt und mit Arbeiten von Hermann, Paysse und Cadet verglichen von Gehlen in: Journ.d.Chem.Phys.Min. 6(1808) S.522-544

30 Damit spricht Thomson Derosnes Narkotin-Darstellung (1803) an. Zur Geschichte der Alkaloidforschung und der entsprechenden Würdigung von Derosne und Sertürner vgl. Krömcke (1926), Zekert(1941), Lockemann (1951) Valentin (1957), Schneider (1965) und Wolff (1971) S.216-222. Eine Dissertation zur Alkaloidforschung ist in Vorbereitung bei R. Schmitz in Marburg (vgl. Pharm. Ztg. 119(1974) S.1255).

31 Einhof Hermann: Chemische Untersuchung der Kartoffeln. In:Neu.Allg.J.d.Chem. 4(1804) S.455-508. ders: Chemische Analyse der kleinen Gerste. In:Neu.A.J.d.Chem. 6(1805) S.62-98. ders: Chem.Analyse der Erbsen und der reifen Saubohnen. In:Neu.A.J.d.Chem. 6(1805) S.115-140. ders: Chem. Analyse der Linsen und der Schminckbohnen. In: Neu.A.J.d. Chem. 6(1805) S.542-552. McCollums (1957) Einschätzung dazu:" Einhofs thinking was far ahead of his time" S.143

32 Thomson (1806) IV S.78.

33 dessen Elastizität ("nach den scharfsinnigen Versuchen von Gough aus Manchester") von der Wärme stammt: man prüfe die Temperatur eines Stückes mit den Lippen, bewege es mehrmals hin und her und führe es wieder an die Lippen...

34 Giese im Allg.Journ.d.Chem. 9(1802) S.536), obwohl Willdenow im Berl.Jb.d.Pharm.(1801) S.109 ausdrücklich die Alkohollöslichkeit hervorhob.

35 eine Zurücknahme, die McCollum nicht erwähnt; er erwähnt dazu nur, daß es sich um das Harz"Sandarach" handle.

36 Eigentlich müßten damit die Tannin-Arbeiten Seguins (in: Ann.de Chim. 20(1797) S.15) gemeint sein, in denen er annahm, das <u>aktive</u> Prinzip der Chinarinde sei das, welches mit dem Tannin einen Niederschlag ergäbe. vgl.Pfaff II (1811) S.143-145, S.225-229, sowie Pfaff VI (1821)S.269.

37 Duncan, Andrew d.J. (1773-1832), isolierte 1802 ein Gemisch von Chinaalkaloiden und benannte es Cinchonin.In:Nicholsons Journal 6(1803) Vgl. dazu auch Anm.97.

38 wogegen Wolff anmerkt, für das Brennen seien allein die Stacheln verantwortlich. John hingegen nimmt auch 1814 einen Brennstoff an (vgl. auch Chemisches Laboratorium I (1808) S.402).

39 Asparagin wurde 1806 von Vauquelin und Robiquet aus Spargelsproßen isoliert. In:Ann.d.chim. 57(1806) S.88 [falsche Angabe bei Lippmann (1921) S.17] ; Robiquet isolierte einen "ähnlichen" Stoff kurz später aus der Süßholzwurzel. In:Ann.d.chim. 72(1809) S.143.

40 Vauquelin in: Ann.de Chim. 21(1797) S.39, unabhängig davon in:Klaproth in:Mém.Acad.Berlin 1802(publ.1804)S.21,sowie im

N.Allg.J.d.Chem. 4(1804) S.329-331. Es handelt sich um einen dunklen Gummi, der nicht in Alkohol,aber leicht in Wasser löslich ist und keine bindenden oder klebrigen Eigenschaften hat.

41 Inulin,die "Compositenstärke", wurde von Rose entdeckt. In: N.Allg.J.d.Chem. 3(1804) S.217-219; der Name Inulin stammt von Thomson. John schlug als Namen später Helenin vor.

42 Vauquelin in: Ann.de Chim. 28(1799) S.223; von Bouillon la Grange näher untersucht in: Ann.de Chim. 56(1806) S.24-36.

43 bei Thomson ohne Bezug und Kommentar. In keinem anderen Werk erscheint die Baumwolle als Pflanzenbestandteil.

44 wie etwa Hermbstaedts "Nicht-Alkaloide", die sich analog bei G.W.Bischoff (1836) finden.

45 Zur Würdigung Davy's vgl. DSB 3(1971) S.598-604; ausführliche Biographien liegen nicht vor.

46 3.Kapitel S.55-153; zitiert nach der Ausgabe ^{2}1814, hier S.73 .

47 dafür war der Extraktivstoff-Begriff in der Tat weit genug.

48 "if slight differences in chemical and physical properties be considered as sufficient to establish a difference in the species of vegetable substances, the catalogue of them might be enlarged to almost every extent. No two compounds procured from different vegetables are precisely alike." S.118/119 .

49 S.119 .

50 S.119-126; von Borchardt (1974) nicht erwähnt.

51 Als ersten nennt Partington III, S.719 Thomas Thomson, der in einer Arbeit "On Oxalic Acid" (in: Philosoph. Transact. 98(1808) S.63) die chemischen Symbole in quantitativem Sinn verwendet habe.

52 Während der Arbeit daran starb Hildebrandt, so daß sein Nachfolger in Erlangen, Carl G. Bischof das Buch herausgab. Für eine Würdigung Hildebrandts vgl. Schleebach (1937).

53 S.400. Diese Bemerkung im Sinne von Schellings Naturphilosophie bedeutet eine zentrale Stellung des Sauerstoff als Träger verschiedener Qualitäten. Westring hatte sogar einen unmittelbaren Bezug zur Farbe hergestellt:
Die rote Farbe ist gekoppelt mit Sauerstoff [Lackmus !] , die blaue mit Wasserstoff [Lackmus] , die gelbe und grüne mit Stickstoff [nitrose Gase, N-haltiger Extractivstoff] . In: Svensk.acad.handl.; Stockholm 1804 S.25 .

54 zur Würdigung von John vgl. Partington III. S.601-603 sowie den Nekrolog in:Neue Nekrologe der Deutschen 25(1847) S.183; in die NDB wurde John ebensowenig aufgenommen wie in das DSB; in der ADB 14(1881) S.489 faßt Ladenburg die chemischen Leistungen Johns in einem kleinen Abschnitt zusammen.

[55] Das war vermutlich für McCollum (1957) der Anlaß, "Johan Friederich John" [sic] als "professor of chemistry in the university of Nürnberg" (S.142) auftreten zu lassen; John war Professor der Chemie in Moskau und Frankfurt/Oder, später Privatier in Berlin, niemals als Dozent in Nürnberg.

[56] dieser Eindruck entsteht bei McCollum. Partington III, S.601 schreibt:" giving the material in alphabetical order", was völlig unrichtig ist (vgl. John S.V).

[57] Das ist schon eine vorwegnehmende Kritik an Runge (vgl.8. Kapitel).

[58] Pfaff wirft John vor, seine Prinzipien der Klassifikation gäben kein Regulativ ab,
"da unter der 16. Klasse alle diejenigen Pflanzen zusammengefaßt sind, in welchen irgendein besonderer eigenthümlicher Stoff sich befindet, der nicht unter den 15 ersten Klassen untergebracht werden konnte.."
Pfaff, im Syst.der.Mat.med. (s.u.)VI (1821) S.15. Trommsdorff schreibt eine Kritik in seinem Journ.d.Pharm. 23_1 (1814) S.199-205:
"Ungeachtet eine tabellarische Uebersicht schon an und für sich sehr geeignet ist, den Ueberblick zu erleichtern,.. so ist doch der Gegenstand dieser Bearbeitung viel zu mannigfaltig, als daß dabei nicht irgendein wissenschaftliches Princip zum Grunde gelegt werden müßte..." S.201

[59] um Mißverständnisse auszuschließen, folgende Stoffe: Stärke, Gummi, Schleim, Zucker, Extraktivstoff, Gerbstoff, Eiweißstoff, Kleber (=Gluten), Harz, fettes Öl, Campher, Caoutchouc, Suber, Holz, Färbestoff, Pflanzensäuren.

[60] Wasser, Phosphor, Schwefel, Salze, Kieselerde. In einer Fußnote merkt John an, daß auch der Kohlenstoff hierher gehöre, es jedoch noch gar nicht klar sei, wie dieser in der Pflanze vorkäme. Eine Theorie hatte freilich schon Ben. Thompson, Graf von Rumford in: Untersuchungen über das Holz und die Kohle. In: Gilberts Ann.d.Phys. N.F. 15(1813) S.1-41 angeboten, als er annahm, das Gerippe der Pflanzen sei reine Kohle, analogisch einem "trocken Pflanzenfleisch", einem "Skelett" (S.26).

[61] nämlich aus Bertram (Anthemis pyrethrum)
Heiligezeitwurzel (Angelica archangelica)
Inula Helenium, wobei John auf Roses Priorität, aber auch seine Independenz hinweist.

[62] "Analyse des Pflanzengummis" in:Chemisches Laboratorium, oder Anweisung zur chemischen Analyse der Naturalien, 4.Bd. Berlin 1813 S.17-19; eine ähnliche Substanz hatte davor schon Vauquelin beschrieben in Ann.d.Chim. 64(1808) S.314.

[63] Nysten, Pierre Hubert (1771-1818), Universitäts-Arzt in Paris, in Trommsd.J. 17_2(1808) S.317-322.

[64] Pagenstecher, Joh.Sam.Friedr. (1783-1856): Ueber Narcotin, Bittermandelöl und Karmes. In:Tromms.J. 19(1810) S.73

[65] Der Brief befindet sich in der UB Freiburg.

[66] Boullay, Pierre Francois Guillaume (1777-1869): Nouv.

principe immédiat cristallisé dans la coque du Levant. Ann.de Chim. 80(1811) S.209; erst 1818 wurde das kristallisierte Alkaloidgemisch aufgetrennt und dabei das heutige Pikrotoxin isoliert.

67 Chemische Untersuchungen Bd.2 (1810) (=Fortsetzung des Chem. Laboratoriums [= Titel von Bd.1]): Untersuchungen des Schellacks, Körnerlacks und Stocklacks. S.52-55, sowie Bd.5 (1816): Chemische Untersuchungen des Lackharzes. S.1-25. John charakterisiert damit den höher molekularen, häufig kristallin erstarrenden Resinosäuren-Anteil in diesen Lackarten, der tatsächlich in Äthanol wenig löslich ist.

68 Chemische Untersuchungen Bd.5 (1816): Chemische Untersuchung des Befruchtungsstaubes der gemeinen Fichte, der Rothtanne, der Tulpen, des Wallnußbaumes, des Hanfs und des Mays's. S.27-55. Fourcroy im: System (1801) 3.Bd.S268 Buchholz im N.allg.J.d.Chem. 6(1805) S.594.

69 Einhof entdeckte bei seinen Leguminosen-Arbeiten (vgl. Anm.31) das Casein in Pflanzen.

70 Bd.1 (1808) S.402, V. S.76. Die Unterscheidung trifft John wegen allergischen Reaktionen der Haut.

71 Vauquelin in: Ann.de mus.d'hist.nat. 13(1809) S.260; sowie in Ann.d.chim. 71(1809): Analyse du tabac à larges feuilles.

72 Chem.Unters. Bd.4 (1813): Analyse des Wachses der Beeren von der Myrica cordifolia... nebst Betrachtungen über das Wachs überhaupt, und besonders das der Pflanzen. S.38-60. Die beiden Namen wurden seit John beibehalten: Myricin ist ein komplexes Estergemisch (vgl.DAB7-Kommentar S.1509), Cerin bezeichnet als Sammelname die (ca.14%) freien Wachssäuren (besonders Cerotinsäure).

73 Braconnot in: Ann.de.Chim 79(1811); deutscher Auszug im Jour. d chem.phys. 3(1811) S.121/122. Es handelt sich dabei um einen eiweißartigen,morphologischen Bestandteil der Pilze.

74 Chem.Unters. Bd.4 (1813): Chemische Analyse der Medulla einiger Gewächse und besonders derjenigen der Sonnenblumen; S.197-207. Es handelt sich dabei allerdings um ein chemischunspezifisches Gewebe aus Zellulose und niedermolekularen Polysacchariden.

75 nicht 20, wie Borchardt (1974) S.38 schreibt; nämlich: Betulin, Brennstoff, Papayafaserstoff, Orlean-Substanz, Belladonna-Substanz, Bitterklee-Substanz, Hieracium-Substanz, scharfe Substanz des Wasserpfeffer, Süßholzwurzel-Substanz, Kaffeesubstanz, Chinasubstanz, Chinagallerte, Angusturasäure, Liebesapfel-Substanz,Viburnum-Substanz, Senegawurzel-Substanz, Mannastoff, Ingbersubstanz, Krähenaugen-Substanz, Seidelbastrinden-Substanz, Saffranpigment.

76 "Eigenthümlichkeit" bedeutet also für John: <u>generische</u> Eigenthümlichkeit; Individualität kann durchaus als Modifikation unter den Klassen begriffen werden.

77 John war ja kein Apotheker, so daß sich keine Standesorga-

nisation mit seine Lorbeeren versah. Die historische Bearbeitung ist daher dünn.

78 Darauf weist auch Borchardt (1974) S.24 hin:
"Einen eigenen Fortschritt brachte John insofern, als in seiner Anweisung erstmals das Stück eines Analysenvorganges steckte. Aus einem Gemisch, 'das in der Natur sehr häufig vorkömmt,' trennte er nacheinander Gummi, Extraktivstoff, Schleim und Zucker.."

79 Absurd daher McCollums Hinweis:" His objectives were those of the apothecary." S.142 .

80 Juch, Karl Wilhelm (1774-1821); Schüler Trommsdorffs, Professor der Medizin in Altdorf 1801, der Chemie in München 1805 und Augsburg 1808. Verfasser zahlreicher chemischer Lehrbücher:
System der antiphlogistischen Chemie. Nürnberg 1803
Anleitung zur Pflanzenkenntnis. München 1806
[vorwiegend morphologisch]
Handbuch der pharmaceutischen Botanik. Nürnberg 1801

81 daher wohl auch die Ablehnung von Sertürners Morphium (s.o.), das dem naturphilosophischen Polaritätsgedanken so sehr entgegenkam. Die Nähe Sertürners zur naturphilosophischen Spekulation zeigt seine Schrift von 1820. Vgl. dazu Kerstein (1955).

82 das nicht als "Lob", sondern als historische Feststellung.

83 Borchardt (1974) S.38 .

84 die unter "chemische Merkmale" genannten Kriterien im 5. Kapitel.

85 "D.C.F.Kielmeyer specialiorem materierum ponderabilium chemiam offert": Anzeige im Vorlesungsverzeichnis der Universität Tübingen. Vgl.Anhang IV.

86 A.N.Scherer (nicht zu verwechseln mit dem Chemiker I.B.A. Scherer (1755-1844) in Prag und dem Liebig-Schüler J.J. Scherer in Würzburg) promovierte in Jena 1794 und nahm 1803 eine Professur für Chemie an der Universität Dorpat an. Direkte Kontakte zu Kielmeyer in Tübingen konnten nicht nachgewiesen werden, Scherer gab jedoch zusammen mit den beiden Kielmeyer-Schülern C.C.F. Jäger und C.H. Pfaff "Beiträge zur Berichtigung der antiphlogistischen Chemie (Jena 1795) heraus. Zur Biographie Scherers vgl. Partington III, S.598.

87 Scherer (1800) S.404/405 .

88 Die Gruppen bb und c haben dieselben Löslichkeiten; bei Anwendung des (Scherer als Lösungsmittel bekannten) Aethers hätte sich bb untergliedern lassen in

bba in Äther löslich:	α) nicht elastisch	Öle, Fette
	β) elastisch	Federharz
bbb in Äther unlöslich	fadiger Teil.	

Zudem bleiben die physischen Merkmale (vgl.5.Kapitel) für die Stoff-Definition impliziert.

89 Scherer (1800) S.2 "Grundstoffe. - Grundstoffe heißen die-

jenigen Substanzen, deren specifische Beschaffenheit weder durch die Vereinigung anderer hervorgebracht, noch durch eine Zerlegung verändert werden kann. Mißbrauch des Wortes Stoff: Zuckerstoff, Schleimstoff u.d.m."

90 Dieses Lehrbuch ist Vorläufer des "traditionsreichsten Handbuchs innerhalb der reinen und angewandten Naturwissenschaften" (nach Römpp (1969) S.335),"nämlich das Handbuch der Chemie" von Leopold Gmelin, Heidelberg 1843-70 (13 Bde.).

91 [1]1817 S.VI.

92 Dies im einzelnen zu belegen ist leicht möglich bei entsprechender Lektüre von Kielmeyers Schriften, hier aber von peripherem Interesse. In einem anderen Sinne ist jedoch bemerkenswert, daß beide Gmelins von ihrem Lehrer Kielmeyer nach Stockholm (zu Berzelius - Christ.Gmelin) bzw. nach Paris (zu Gay-Lussac - Leopold Gmelin) geschickt wurden, (wie auch Liebig von Kastner) - für "Naturphilosophen" eigentlich unverständlich!

93 Emetin wurde 1817 von Pelletier und Magendie dargestellt. In: Ann.de chim.phys. 4(1817) S.172), deutscher Auszug in Schweigg.Journ.f.Chem. 19(1817)S.440.
Unter die Klasse Emetin rechnete Gmelin auch noch Vogels Scillitin (Schweigg.Journ.f.Chem. 6(1812) S.101-112, und Gehlens Senegin (aus Polygala Senega) im Berl.Jb.d.Pharm. 1804 S.112-136

94 Saponin nannte Gmelin den kratzenden Extraktivstoff Pfaffs (aus Saponaria-Arten; von Wahlenberg auch aus Gypsophyle und Sapindes- Arten), der sich aber auf Gehlens Senegin (s.o.) bezog (vgl. S.128). Lippmann (1921) S.12 erwähnt hierzu irrtümlich auch Boerhaaves Seifenstoff.

95 Olivil, eine weiße, kristalline Substanz,wurde 1816 von Pelletier beschrieben: Mémoire sur la gomme d'olivier. In:Journ.d.Pharm. 2(1816) S.337-343. 1829 behandelt Gmelin die Substanz unter den "scharfen, fixeren organischen Salzbasen," obwohl sich in ihr kein Stickstoff nachweisen ließ. Später verschwand diese Substanz in der organischen Chemie; da sich aber (nach Hager) aus Blättern etliche Cinchona-Alkaloide isolieren ließen, ist anzunehmen, daß es sich um einen ähnlichen Stoff gehandelt haben muß.

96 Opian ist die Bezeichnung Gmelins für Derosnes Narkotin (1804).

97 Das Alkaloid Cinchonin wurde 1811 von Gomez entdeckt: An Essay upon Cinchonin, and its Influence upon the Virtue of Peruvian Bark and other Barks. In: The Edinb.Med.and Surg.Journ. 7(1811) S.420-431; vgl. dazu Real (1970). Real berücksichtigte indes nicht die Arbeiten von A.Duncan jr. (Nichols.Journ. 6(1803) S.225) und von Vauquelin(Ann. chim. 59(1806) S.113), die beide auch kristalline Substanzen erhalten hatten und nicht, wie Seguin oder Fourcroy, China<u>harz</u>. Die Trennung mehrerer China-Alkaloide und die Reindarstellung von Chinin gelang 1820 Pelletier und Caventou, publ. in: Ann.chim.phys. 15(1820) S.289.Vgl. zur zeitgenössischen Prioritätsdiskussion Trommsdorff im

N.Journ.d.Pharm. 6_1(1822) S.1-135 und 6_2(1822) S.1-94.

98 in Trommsd.J. 3(1796) S.111
Dort beschreibt Trommsdorff einen Rhabarberextrakt, den er durch Auszug mit Wasser und wasserfreiem Äthanol gewann. Eines der Hauptcharakteristika ist für Trommsdorff die dunkelrote Farbe, die dieses (Anthrachinon-)Gemisch mit Kalilauge erzeugt. Die Bornträger-Reaktion auf Anthrachinone wurde 1880 neu-eingeführt (Auterhoff 1968 S.214)

99 Zur Geschichte des Indigo als eines seit dem Altertum begehrten Färbestoffs vgl. Ploss (1960).

100 "Augenschwarz" ist das schwarze Pigment der Tieraugen.

101 zum Kleber vgl. 5.Kapitel . Die Trennung Eiweißstoff-Kässtoff (Casein) und Kleber übernimmt Gmelin von Fourcroy.

102 Ferment oder Gährungsstoff "erzeugt sich [!] während der weinigen Gährung solcher Flüssigkeiten, welche reich an Kleber sind" (1829) 2.Bd. S.1100 [identisch mit 1819]. Die Hefe war in ihrer Natur 1819 noch nicht erkannt.

103 In den eigenen Veröffentlichungen Christian (auch Ferchl) in der Literatur seit Kopp (1847) und Ratjen (1854), auch etwa bei Schwarz (1973) meist als Christoph.

104 und nicht 1818 (Schelenz 1904 S.625).

105 etwa G.R.Treviranus (1802).

106a auch Borchardt berücksichtigt nur das "Handbuch der analytischen Chemie" (1821/22).

106b Hieraus erhellt der Zusammenhang zwischen generischen Prinzipien und Arzneimitteln:(fast) jeder nähere Bestandteil der Pflanzen ist potentielles Arzneimittel.

107a d.h. Pfaff betont die Wichtigkeit der qualitativen und quantitativen Elementaranalyse; die ersten Versuche von Lavoisier, Berthollet und Fourcroy dazu lagen schon vor (vgl. 7.Kapitel).

107b Pfaff (1808) I, S.52 .

108a "die Verschiedenheiten (der organischen Stoffe), welche in gewissen Extremen auffallend genug sind, (gehen)durch unmerkliche Nuancen in einander über... So ist z.B. vom Zucker eine ununterbrochene Stufenfolge zu den stärksten vegetabilischen Säuren; so geht der Extractivstoff durch unmerkliche Nuancen in den ausgemachtesten Gerbstoff über.." l.c. I, S.51 .

108b in der Göttinger Gelehrten Zeitung (1812) S.1877 .

109a l.c. III (1814) S.VIII .

109b l.c. V (1817) S.VIII .

110 in den: Materialien zur Phytologie, Berlin 1820, S.46: "Eine materia medica nach "chemischen Prinzipien" ist demnach eine contradictio in adiecto, weil sie statt des zum Wesen der materia medica gehörigen Dynamischqualitativen bloß das Chemischqualitative.. ausmittelt und dar-

stellt."

111 l.c. I (1808) S.2.

112 das sind die Verhältnisse gegen Reagenzien wie im I.Bd. vorgestellt (s.o.).

113 l.c. VI (1821) S.16-17.

114 l.c. VI (1821) S.4.

115 l.c. VI (1821) S.2.

116 vgl. das 8.Kapitel.

117 l.c. VI (1821) S.55.

118 l.c. VII (1824) S.54.

119 24 in den ersten 5 Bänden.

120 So stehen die ersten beiden Klassen beieinander, weil sie Schleime bilden, vergärbar, Alkohol-unlöslich sind usf. aber getrennt, weil Stärke im Gegensatz zum Schleim in kaltem Wasser nicht quellen kann.

121 Dieser Abteilungs-Titel fehlt bei Pfaff; er ist von mir im Vergleich zur Formulierung bei B. und C.(von Pfaff) und zum Text eingefügt worden.

122 für den arabischen Gummi erwähnt er als charakteristische Reaktion:
Gummi + $Hg(NO_3)_2 \longrightarrow$ (hellrote Farbe). Es gelang dem Verfasser jedoch weder, einen weiteren Beleg für diese Reaktion ausfindig zu machen, noch diese Färbung selbst im Versuch hervorzurufen. Eine rötliche Farbe ergab sich erst bei Verwendung einer mit Salpetersäure stark angesäuerten Reagenzienlösung: sie ist dann aber Resultat einer (unspezifischen) Oxidation durch diese.

123 l.c. I (1808) S.186.

124 Diese Wurzeln enthalten in der Tat süßliche Substanzen vom Typus des Glycyrrhizins, daneben Fructose und Inosit.

125 Vauquelin in: Ann.d.Chim: 6(1790) S.288 (Röhrencassia Mark), sowie Polypodium in: Ann.d.Chim. 55(1806) S.31.

126 l.c. II (1811) S.26. Bitterkeit ist auch heute in der analytischen Praxis ein Indiz für Stickstoffgehalt (bei analytischen Vorproben).

127 "stark" gegen Reagenzien:
a) mit Fe^{+++} ein roter Niederschlag.
b) Niederschlag mit Galläpfeltinktur.
c) weiße Flocken (Nd.) mit Bleiacetat.
Diese Reaktionen treffen zwar alle zu (sie gehen auf Enol (Oxymethylen)-Gruppen), sind aber durch anhaftenden Gerbstoff hervorgerufen!

128 A.F.Gehlen im Berlin.Jb.d.Pharm. (1804) S.112-136, Kommentar von Bucholz im Almanach für Apoth., Scheidekünstler (1811) S.33. Gehlen unterscheidet dabei gegen Hermbstaedt einen "Pflanzenseifenstoff im engeren Sinne", der (in heutiger Nomenklatur) durch einen hohen Saponingehalt

ausgezeichnet ist: daher das "Kratzen" in der Kehle. So kritisiert Gehlen auch die Verwendung des Begriffes "Extraktivstoff" bei Einhof (im N.alk.J.d.Chem. 6(1805)S.95): "..ich fürchte, daß bei näherer Untersuchung der Begriff des Extraktivstoffs sich als ein gänzlich unbestimmter ergeben werde." Den Pflanzenseifenstoff stellt er aber dort als eine Zuckerart dar, weil er der weinigen Gärung fähig sei.

129 l.c. II (1811) S.173

130 die wichtigsten Arbeiten, auf die sich Pfaff beziehen konnte, waren Vauquelins: Expériences sur les diverses espèces de Quinquina. In: Ann.d.Chim. 59(1806) S.113-169, deutsch im Berl.Jb.d.Pharm. (1807) S.47-111. Fourcroy (vgl. das 5.Kapitel), Westring J.P.: Vergleichende Abhandlung über die gelbe China und ein neues Reactionsmittel, ihre Wirksamkeit zu entdecken. In: Kongl.Vetenskabs Academ.Nya Handlingar 21(1800). Pfaff bemerkt für den Grund der vielen vergleichenden Analysen: ".. um ein wohlfeiles Surrogat für die wegen des gehemmten Seehandels immer schwieriger anzuschaffenden und theurer werdenden Chinarinde zu finden.." l.c. II S.227.

131 an dieser Stelle zeigt sich ein Mißverstehen der englischen Atomhypothese: Zur Versinnbildlichung der Schärfe der Canthariden schreibt Pfaff: "ein Atom davon an den Rand der Lippen gebracht, bildete in kurzer Zeit Bläschen, einige Atome in Mandelöl aufgelöst...zogen nach 6 Stunden eine Blase.." l.c. II, S.242

132 nämlich: I.Vegetabil.Arzneimittel [AM] mit Riechstoffe [!], der dem ä.Ö. analog ist; II. AM, welche ein substantielles ä.Ö. geben; diese untertheilt in 1.Campherartige ä.Ö. 2.Zimmtartige; 3.Gewürznelkenartige; 4.Muskatnußartige; 5.Anisartige; 6.Vanilleartige; 7.Citronenartige; 8.Rosenartige; 9.Veilchenartige; 10.Safranartige; 11.Kümmelartige; 12.Terpentinartige; 13.Kamillenartige; 14.Rainfarenartige; 15.Scharfe; 16.Blausäurehaltige ätherische Öle. Da Pfaff diese Unterscheidungen nach Geruch (und Geschmack) trifft (im Gegensatz zu Fourcroy etwa), kann sie hier vernachlässigt werden.

133 nach Heyer, in Crells Neuesten Entdeckungen i.d.Chem. IV(1782) S.42, von Pfaff "Pulsatillen-Campher" genannt. Es handelt sich vermutlich um das Protoanemonin (ein ungesättigtes Lacton), das mit Glucose bei Spaltung des scharfen ätherischen Öle der Pulsatilla entsteht.

134 obwohl Bucholz: Versuche, die Zerlegung des Opiums in seine Bestandtheile betreffend (in Trommsd.J. 8_1(1800) S.24-62) schon gezeigt hatte, daß der mit dem Wasserdestillat übergehende Geruch nicht narkotisch wirkt. Pfaff stützt sich auf J.C.C.Schmieders gegenteilige Erfahrung "Über die Natur des narkotischen Pflanzengifts in: Neue Schriften der Nat.Forsch.Gesellsch. zu Halle 4,1808 S.67. Gegen Sertürner und Derosne wendet Pfaff ein, Nysten habe 4Gran (≙ 0,25g) von dem kristallinischen Stoff Sertürners eingenommen "und empfand nur eine geringe Neigung zum Schlaf"

Trommsd.J. 17_2(1808) S.321,dahingegen von destillierten Opiumwasser er sogleich eingeschlafen sei. Pfaff selbst unterteilt die narkotischen Mittel nach ihrer Schärfe:
ohne Schärfe: Hyoscyamus, Datura, Belladonna, Conium
mit Schärfe : Digitalis, Aconitum.

135 hierunter fallen Kirschlorbeerblätter, Pfirsich und Kirschkerne. Die Definition der Blausäure: ".. ist ein durch Wasserstoff begeisteter Kohlenstickstoff" V S.133 lehnt sich an Winterls Naturphilosophie an. Die Blausäure im Bittermandelwasser wurde 1802 von Bohm in Berlin entdeckt (publ. in Scherer J.d.Chem. 10(1803) S.126,gleichzeitig von Schrader (publ. in N.allg.J.d.Chem. 1(1803) S.78-95, S.392-395; Partington nennt dagegen Bucholz im N.a.J.d.Chem. 3(1801) S.83,was falsch ist; N.a.J.d.Chem. "3(1801)" gibt es nicht, und S.83 (in 1(1801) ist von Schrader!) Zur Entdeckungsgeschichte vgl. Franz v.Ittner: Beiträge zur Geschichte der Blausäure. Freiburg und Constanz 1809.

136 Als extraktartig nimmt Pfaff die flüchtige Schärfe an, weil sie bei Wasserdampfdestillation verschwindet. Bei eigenen Untersuchungen über die Meerzwiebel (Wasserextrakt mit Äthanol digeriert, die bräunliche Flüssigkeit mit Bleiacetat niedergeschlagen und die sehr bittere Flüssigkeit eindampft. l.c. V(1817) S.192-195) entdeckte Pfaff einen eigentümlichen, weiß-pulvrigen Stoff von ungemein bitterem Geschmack, der sehr süß nachschmeckte. Pfaff nannte ihn Scillitine und hat damit vermutlich als erster ein Herzglykosid-Gemisch dargestellt. Vogels Scillitine (vgl. Anm.93) war noch ein "bitterer klebriger Stoff".

137 Dabei zitiert er Döbereiners Zerlegung des Kohlenstoffs: Ueber die Pflanzenkohle und die metallische Grundlage derselben. In: Schweigg. J. 16(1816) S.92; vgl. dazu auch den Brief Döbereiners an Goethe vom 10.4.1815 (nach Döbling 1928 S.183/4). Döbereiner erhitzte Kohle mit Braunstein und Eisenpulver und glühte die Masse einige Stunden. Danach erhielt er eine metallisch glänzende Substanz, schmelzbar und feuerbeständig, vermutlich eine Legierung von Stahl und Mangan. Kohlenstoff ist dann die Verbindung aus 68,4 Teilen Carboneum + 1 Teil Wasserstoff. Im Sinne der Naturphilosophie folgert Döbereiner:
"wir (dürfen) die Pflanzen als organische, in und durch Luft und Licht erzeugte Erze betrachten und die Hoffnung hegen, daß man nach und nach eben so viele Pflanzenmetalle entdecken wird, als bereits Mineralmetalle gefunden worden" nach Döbling (1928) S.184. Döbereiner behielt diese Theorie bei in den Elementen der allg. Chemie (1816) S.63, ^{2}(1819) S.123, in den Neuesten Untersuchungen etc. 1816 S.9-20, im 3.Bd. der pneumatischen Phytochemie (1822)S.1ff.

138 Giese promovierte als Apotheker zum Dr.phil. in Wien, nahm einen Ruf als Prof. der Chemie nach Charkow (1805) und Dorpat (1814) an; er gab mit Scherer das Russ.Jb.d.Pharm. heraus.

139 Es erschien zuerst französisch: Classification des substances végégetales et animales selon leurs propriétés chimi-

ques. Moscou 1810; Die deutsche Ausgabe auch als 5. Abtheilung von Gieses Lehrbuch der Pharmazie, 6 Abt. in 3 Bänden, Leipzig 1806-1811. Den Grund für diese Verdoppelung nennt Giese selbst: "um ihr [dieser Arbeit] durch diesen (Titel) im voraus von allen den Seiten Aufmerksamkeit zu verschaffen, von welchen sie diese verdient(!)". S.XI. Auch aus der Widmung läßt sich ein gewisses Selbstbewußtsein ablesen: "Den Academien Europens".

140 Tschirch (1900) S.30 .

141 daneben auch Tierbestandteile: "es gibt... kein allgemein gültiges chemisches Merkmal,durch welches der nähere Bestand des Vegetabilischen von dem des Animalischen geschieden werden kann... die Gattungen.. (können) mehrentheils unter gemeinschaftliche Klassen gestellt werden." S.46. Dies ist bemerkenswert, da Gmelin noch 1829 im "Handbuch" 3.Auflage diese Stoffe voneinander trennt!

142 Giese l.c. S.48 Schleimsäure, CO_2H ... CO_2H wird in der Tat aus Milchzucker und ähnlichen Kohlenhydraten erzeugt.

143 d.h. die charakteristischen chemischen Eigenschaften, die in summa diese Klasse von jeder anderen hinreichend unterscheiden. Hier etwa a) löslich in Wasser; b) nicht löslich in Alkohol und Äther; c) nicht löslich in fetten und ätherischen Ölen; d) nicht vergärbar ; e) + $HNO_3 \longrightarrow$ Schleimsäure.

144 Beim Schleim wendet Giese als Reagenzien an:
$AgNO_3 \longrightarrow$ ein Koagulat, dessen Farbe von fuchsrot in
$HgNO_3$, Pb-Acetat, $FeCl_3$ ↘ graugrün übergeht.

145 Die Abgrenzung zum Schleim erfolgt einmal analog Hermbstaedt, aber mit Phosphorsäure als Coagulans für den Schleim; in der Gummilösung wird die überschüssige H_3PO_4 mit $Ca(OH)_2$ gefällt; außerdem unterscheidet Giese die Spissität (Viskosität): einer Lösung 1:8 des Gummis entspricht schon eine von 1:64 beim Schleim. Das mag für bestimmte Schleime zutreffen, kann aber nicht generalisiert werden.

146 Die Mannasubstanz wurde zuerst 1807 von Proust beschrieben: In: Ann.d.Chim. 57(1806) S.131,225, deutsch im Journ. f.Chem.Phys. 2(1806) S.83 .

147 Proust wird von Giese nicht zitiert. Innerhalb der Zuckerarten vermerkt Giese einen physiologischen Zusammenhang: alle übrigen würden aus Traubenzucker gebildet, dieser selbst aus Schleim durch "Desoxydation".

148 nach Giese in den Elementa Chemiae Tom.II S.244. Diese Stelle wird auch bei Klaproth (2.Bd.1807) zitiert. Dort beschreibt zwar Boerhaave in der Tat eine Materie "die wir weder Oel, Spiritus, Gummi, noch Harz nennen können, es ist auch solche weder Wachs noch Balsam. Was ist sie also? Etwas ganz besonderes, das zu einem öhligten, spirituösen Wesen gehöret. Dieser bereitete Extract läßt sich mit Wasser, Spiritus und Oel vermischen.." Boerhaave(1719) S.301. Aber: es handelt sich dabei um eine Flüssigkeit, "so dick als ein Oel" (l.c.), keinen festen Stoff!

149 Giese l.c. S.130

150 Diese Reaktion ist allerdings wiederum typisch für den Gerbstoffanteil am "Extraktivstoff", geht also auf Kosten der Verunreinigungen.

151 den Hatchett aus Pflanzenkohle erhalten hatte, als er sie mit Salpetersäure kochte. In: Phil.Trans. 95(1805) S.211.285 und 96(1806) S.109. Vgl.dazu aber Kielmeyers Vorwegnahme im Anhang IV.

152 Giese berücksichtigt bei jeder Substanz systematisch die Vergärbarkeit. Bei allen nicht vergärbaren organischen Substanzen dient diese daher als Reinheitskriterium (in absentu) . Dieser Aspekt wurde davor nicht beachtet!

153 vgl. Anm.31; in der Arbeit über die Kartoffeln untersucht Einhof den Vegetationsübergang von Schleim, Zucker, Stärke und Pflanzenfaser. In jungen Steckrüben fand er Pflanzenfasern, die nach längerem Kochen in Wasser zu einem Schleim aufgelöst wurden und nach 2 Tagen der Brotgärung unterlagen.

154 l.c. S.198 .

155 das ist im Vergleich zu Kielmeyers oder Fourcroys gegebenen Unterteilung nach trocknenden und ranzelnden Ölen ein Rückschritt.

156 Den Grund dafür sieht Giese mit La Metherie (in Crells Ann. 1786 I S.331) im höheren Sauerstoffgehalt; diesen leitet er ab aus der Reaktion
Olivenöl + HNO_3 [Sauerstoffdonator!] ⟶ "Wachs".

157 d.h., die beim Stehen an der Luft in Säure, Wasser und Balsam umgebildet werden. Darunter fällt der größte Teil der ätherischen Öle.

158 ä.Ö. + Cl_2 ["oxygenirte Salzsäure"] ⟶ campherartiges Produkt. Entdeckt von Kind (in: Trommsd.J. 11_2(1803) S.132-144)) im Terpentinöl.

159 ätherische Öle, die bei längerem Stehen (gegebenenfalls in der Kälte) Kristalle absetzen.

160 bei denen ein Schwefelgehalt nachzuweisen war (in der Regel "brennende" (in den Augen) und scharfe ätherische Öle).

161 nach Vauquelins Analyse der Winternieswurz, in: Ann.du mus. d'hist.natur. 8(1806) S.80, deutsch im Berl.Jb.d. Pharm. 1808, S.1 .

162 Kampfersäure, die John, nach der Kontroverse Dörffurt vs. Bouillon La Grange (Dörffurt behauptete, es sei Benzoesäure. In: Über den Campher §46 Wittenberg 1795) selbst prüfte und [leider] für Benzoesäure erfand.

163 vgl. 5.Kapitel.

164 Tschirch (1900) S.30, allerdings mit dem bissigen Zusatz: "Ueberhaupt war Eintheilen damals Mode.." S.30

165 vgl. Anm. 34 und 35. Kastner hatte ihn inzwischen auch in anderen Pflanzen (Olibanum, Opoponax) gefunden.

166 in Trommsd.J. 8_1(1800) S.184-191); Schreiben an Trommsdorff.

167 "glücklich" für einen Historiographen, der die Bedeutung von früheren Beobachtungen am status quo mißt.

168 Verhalten gegen Reagenzien, Lösungsmittel und Organismus (phys. Merkmale).

169 Der Begriff der Ähnlichkeit ist logisch gar nicht faßbar und daher der Naturwissenschaft schon immer suspekt!

170 vgl. 5.Kapitel.

171 vgl. 3.Kapitel.

172 "medizinisch" (nach Wirkungen) im Gegensatz zu botanischmorphologisch wie Karsten (1962) wo die Einteilung nach der Systematik erfolgt; die Samenpflanzen werden gegliedert nach 1.Rhizome und Wurzeln; 2.Knollen; 3.Hölzer und Rinden usf.

173 z.B. Auterhoff (1968). Im Organischen Teil erscheinen da als Kapitel: Carbonsäuren, Eiweißstoffe, Kohlenhydrate, Aetherische Oele, Abführende Harze, Alkaloide usf.

174 wie Fourcroy im "Système" (1800) berichtet.

175 zur deutschen Ausgabe vgl. 5.Kapitel; eine ähnliche Reihenfolge erfolgte davor auch schon im "Handbuch der Naturgeschichte" 1788-91.

176 vgl. 3.Kapitel.

177 vgl. dazu 5.Kapitel Anm.38.

178 das hier erscheint, weil bei der Pflanzenfaser häufig Stickstoff (Destillationsanalyse) nachgewiesen wurde, also ein scheinbarer Zusammenhang bestand.

179 Vgl. dazu 5.Kapitel.

180 Wahlenberg,mit der zitierten Arbeit zum Dr.med. in Upsala 1806 promoviert, wurde 1814 daselbst zum Demonstrator der Botanik ernannt und folgt 1829 C.P.Thunberg auf den Lehrstuhl für Medizin und Botanik.

181 übersetzt von Hildebrandt in: (Gehlens) Journ.f.d.Chem. Phys.Min. 8(1808) S.92-151.

182 bei Pfaff (1824), Gmelin (1829), Bischoff (1836).

183 Wahlenberg S.93/94 (dt.). Fourcroy hatte von den matériaux immédiates gesprochen, aber diese Abgrenzung zur deutschen und englischen Pflanzenchemie nicht vollzogen.

184 l.c. S.94.

185 l.c. S.95.

186 l.c. S.95; eine Oxidation konnte es nicht sein, da Zucker mehr Sauerstoff enthielt als Öl und Wachs.

187 Einhof hatte bei der Untersuchung gefrorener Kartoffeln Zucker nachgewiesen,der nur aus der Stärke stammen konnte; nämliche Resultate erbrachten die vergleichenden Analysen des Stärke- und Zuckergehalts gekeimter und unge-

keimter Kartoffeln und Getreidesorten. In: N.allg.J.d. Chem. 4(1804) S.484. Kirchhoffs Stärkezucker wurde erst 1812 entdeckt (vgl.Anm.202).

188 l.c. S.97

189 l.c. S.99; d.h. nicht schimmelt oder fault.

190 Huber, Franz: Ueber den Ursprung des Wachses. In:N.allg. J.d.Chem. 3(1804) S.49-59. Eine Ergänzung von "L.Huber dem Sohne": Ueber das Wachs der Erdhummeln. In:N.allg. J.d.Chem. 5(1805) S.238.

191 wie Schleim und Stärke aus derselben Reihe. Die unreife Kokosnuß enthält viel Zucker, die reife aber Öl; schließlich könne die Reihe auch dadurch belegt werden, daß aus Stärke und Salpetersäure ein talgartiges Öl entstehe. Diese Beobachtung ist richtig, hier aber nicht als "Beweis" zu verwenden; es resultieren aus der Reaktion nitrierte Polysaccharide,die teilweise auch in pernitrierte Zucker aufgespalten sind. [So ist Nitrolingual® = Hexanitrosorbit ja auch"ölig"]

192 l.c. S.134 .

193 "unter allen unmittelbaren Pflanzenstoffen der ausgearbeitetste" l.c. S.137 .

194 l.c. S.120 .

195 Wahlenberg weist auch auf eine analog schäumende Verbindung in der reifen Kastanienschale hin, die er selbst entdeckt hatte [es handelt sich dabei richtig um ein Gemisch aus hexacyklischen Triterpenen mit Saponincharakter, darunter Aescin] .

196 denn Proust und Davy hätten Gerbstoff in wirklichen Extraktivstoff umgewandelt: Versuche und Beobachtungen über die Bestandteile einiger zusammenziehender Substanzen. In: N.allg.J.d.Chem. 4(1804) S.343.

197 ein frühes Beispiel mikrochemischer Reaktion an Pflanzen.

198 soll heißen: vergleichende Analysen der Pflanzen(~teile) in verschiedenen Vegetationsperioden.

199 nicht zu verwechseln mit seinem Onkel Matth. Christian Sprengel (1746-1803); Kurt Sprengel war seit 1795 Professor der Botanik in Halle. Zu Biographie und Literatur vgl. DSB (1975) S.591-592

200 Thomas Andrew Knight (1759-1838), der bedeutende englische Botaniker, veröffentlichte eine Reihe von Artikeln über Baumsäfte in den Phil.Trans: 91(1801) S.333-353; 93(1803) S.277-289; 94(1804) S.183-190; 95(1805) S.88-103. Vgl. dazu Shull (1939).

201 zu diesem wichtigen Begriff in der Naturphilosophie vgl. Hoppe (1967) sowie Kluxen (1971).

202 Kirchhoff, Gottlieb Sigismund Const. (1764-1833). Der Stärkemehlzucker wurde zuerst beschrieben im (russischen) technolog.Journ. d. Petersburger Acad. 9(1811), danach veröffentlicht in Schweigg.Journ.f.Chem. 4(1812) S.11-15.

Davor war die hydrolytische Spaltung der Stärke von Parmentier 1781 vollzogen wirden, ohne daß es bekannt geworden wäre; vgl. Hoppe (1976) S.289.

203 Guyton de Morveau. In:Correspondence sur l'Ecole Polytechnique.2(1812) S.457.

204 vgl.dazu 5.Kapitel.

205 Sprengel (1812) S.248

206 wegen dessen Flüchtigkeit und des hohen Wasserstoffgehaltes in ätherischen Ölen.

207 l.c. S.248.

208 Dieser Zusammenhang, so Sprengel, sei von der "Tübinger Schule" dargetan worden. Er spezifizierte dies nicht näher, bezieht sich aber vermutlich auf die unter Kielmeyer verfertigte Dissertation von Karl Heinrich Köstlin: Bemerkungen über die narkotischen Substanzen des Pflanzenreiches und ihr botanisches Verhältnis (Originaltitel: Dissertatio inauguralis medica, sistens animadversiones de materiis narcotici regni vegetabilis earumque ratione botanica. Augsburg 1808). Abgedruckt (deutsche Übersetzung) im: Journ.f.d.Chem.Phys.u.Min. (Gehlens). 8(1809) S.1-89. Diese Arbeit setzte sich mit naturphilosophischer Intention zum Ziel nachzuweisen "daß das Narkotische allgemein auf den höheren Stufen der Metamorphose, welche in den vollkommeneren Pflanzengattungen dargestellt sind, entwickelt werde.." (l.c. S.91 im Nachwort Kielmeyers; das konnte indessen nicht bewiesen werden. Dagegen halte Kielmeyer das Auftreten des Stickstoffs für bemerkenswert)

209 Hoppe (1976) S.286-292; dort wurde allerdings weniger Rücksicht auf die auch Treviranus schon zugängliche Literatur genommen, so daß er eigenständiger erscheint als er in Wirklichkeit war.

210 vgl. dazu das 3.Kapitel.

211 Christoph Girtanner, ein Freund Kants, einer der ersten Antiphlogistiker neben Hermbstaedt. Vgl. dazu 3.Kapitel.

212 Schwefel und Phosphor waren in teilweise fehlerhaften Analysen brandiger und "problematischer" Säuren (e.g. Chinasäure) gefunden worden.

213 Girtanner (1795) S.324.

214 "Erklären" im Sinne der Rückführung auf Einfaches. Vgl. dazu Wright (1974) besonders S.42-82.

215 geflissentliche Extraktion ist auch heute Voraussetzung einer jeden phytochemischen Untersuchung.

216 abgesehen von den Stoffen, für deren "chemisches" Zusammengehören der Mensch als Reagens Pate stand (e.g. Zucker; jedoch gehören die Zucker glücklicherweise auch chemisch zusammen...).

217 vgl. z.B. die Behandlung der Carbonsäuren bei Auterhoff (1968)S.148-156 und bei Christen (1970) S.245-270.

218 vgl. dazu die Einleitung sowie das 9.Kapitel.

7. Kapitel

Die Anwendung der Elementaranalyse und der Atomtheorie von Dalton auf die Pflanzenchemie bis 1820.

Wie im dritten und vierten Kapitel dargelegt wurde, bedeuteten die Arbeiten Lavoisiers, besonders deren weitest verbreitete Zusammenfassung im Traité (1789) eine Wendemarke nicht nur der anorganischen Chemie [1], sondern auch der Pflanzenchemie. Allerdings ließ, wie gezeigt, dieser Wendepunkt die Phytochemie zunächst unbeeinflußt; es ergab sich keine dem "Phlogiston-Streit" vergleichbare Diskussion, und die Fortschritte der Extraktionschemie hatten mit der Sauerstoffchemie nichts zu tun [2]. Für eine historische Betrachtung kann die mit Lavoisier begonnene elementaranalytische Untersuchung organischer Substanzen sehr wohl als Wendepunkt gerechtfertigt werden. Die Verzögerung von etwa 20 Jahren erklärt sich, wie dargelegt, aus dem geringen Zutrauen der Forscher, mit Hilfe dieser Methode bessere Erklärungsweisen für das Verhältnis von den chemischen Eigenschaften zu physikalischen wie physiologischen Qualitäten zu finden. Nach der Wiederaufnahme der Elementaranalyse begann die Ausgliederung der organischen Chemie aus der Pflanzenchemie, die sich von da ab wieder an den traditionellen Extraktionen und Präzipitationen orientierte und später, nach 1840, ihrerseits die organische Chemie als Hilfe verpflichten konnte, besonders dann, als dieser auch komplizierte (Makro-)Moleküle chemisch zugänglich wurden. Die elementaranalytische Behandlung der Pflanzenbestandteile und deren Systematisierung erscheint aber vor 1820 nur als <u>ein</u> Weg unter mehreren gleichwertigen (wie im 6.Kapitel ausgeführt), allerdings als derjenige, der über den "Umweg" der Entwicklung und Ablösung der organischen Chemie für die pflanzenchemische Forschung den entscheidenden Fortschritt initiierte.

Die elementaranalytischen Untersuchungen zwischen Lavoisier und Liebig werden, obschon es sich dabei um die einzig ergiebigen "Vorläufer" [3] der organischen Chemie handelte, in der Literatur meist sehr kurz dargelegt und kommentiert [4]. Selbst in einer neueren "Geschichte der analytischen Chemie" [5] werden auf die Entwicklung der Elementaranalyse zwischen Lavoisier und Liebig nur zwei Seiten verwandt, die sich mit dem Wechsel der Sauerstoffdonatoren [6] befassen. Fishers Thesis (1970) über die frühe organische Chemie läßt diese erst bei Berzelius (1814) einsetzen. Die ausführlichste Darstellung der organisch-chemischen Theorie und Praxis vor Liebig findet sich daher immer noch bei Kopp [7], ergänzt bei Dennstedt [8]; neuere Handbücher [9] stützen sich ausnahmslos, ausdrücklich oder nicht, auf Kopp, der phytochemische Aspekte nicht berücksichtigte.

Für den Gang der Argumentation dieser Arbeit konnte daher auf einen kurzen Abriß der elementaranalytischen Praxis und organisch-chemischen Theorie vor Liebig nicht verzichtet werden, zumal in der Literatur der Bezug zur Phytochemie fehlt.

1. Die Durchführung von Elementaranalysen bis 1820

Nachdem Lavoisier gezeigt hatte, daß Wasser kein Element, sondern aus Wasser- und Sauerstoff zusammengesetzt ist, bemühte er sich um die Ermittlung des quantitativen Verhältnisses [10], auch um das zwischen Kohlenstoff und Sauerstoff in der Kohlensäure. In der Nachfolge dieser Versuche (etwa ab 1783) analysierte Lavoisier die ersten organischen Substanzen: leicht entzündliche, pflanzliche Stoffe (ätherische Öle und Fette), von denen er annahm, daß sie keinen Sauerstoff enthielten. Das war zugleich Voraussetzung für seine erste Apparatur: Die Produkte dieser Stoffe, die er in einer "Lampe" verbrannte, fing er in laugengefüllten Glaskugeln auf (CO_2), während er den Wasserstoffgehalt indirekt über den verbrannten Sauerstoff bestimmte. Seine Resultate wie die der anderen Chemiker vor 1820 sind im Anhang V zusammengestellt. Alkohol wagte er nicht direkt mit Sauerstoff zu verbrennen; denn er hatte einmal

> "in Gegenwart der Mitglieder der Akademie eine Probe gemacht, die beinahe für sie und mich unglücklich abgelaufen wäre" [11].

Er gab daher zwei zusätzliche Analysenverfahren an, die auf eine moderate Verbrennung mit Phosphor bei langsamem Zuströmen von Sauerstoff hinausliefen.

Aus den Labortagebüchern, die erst ab 1854 im Rahmen der Lavoisier-Gesamtausgabe publiziert wurden [12], geht hervor, daß sich Lavoisier bis an sein Lebensende mit der Analyse organischer Verbindungen beschäftigte, wobei er auch Experimente zur Bestimmung schwer entzündlicher Stoffe wie Wachse, Harze und Zucker unternahm. Dabei dienten als Sauerstoffdonatoren auch feste Substanzen wie Quecksilberoxid, Braunstein und Mennige; das schon im Traité im Zusammenhang mit seiner Theorie der Gärung publizierte Resultat für Zukker: 28%C, 8%H und 64%O differiert stark von den richtigen Werten (42, 6, 52), was nicht zuletzt daran lag, daß Lavoisier enorme Substanzmengen verwendete (z.B. 1kg Zucker!).

In der Würdigung von Lavoisiers Arbeiten kann man sich Kopp anschließen:

> "Lavoisier war nicht allein der Begründer der Elementaranalyse der organischen Verbindungen, er entdeckte nicht allein eine Analysirmethode, welche im Wesentlichen noch lange nach ihm befolgt wurde, sondern sein Scharfsinn ließ ihn bereits Vieles beachten und versuchen, dessen Ausführung in neuerer Zeit die Elementaranalyse sicherer und leichter gemacht hat." [14]

Der Tod Lavoisiers 1794 bedeutete für etwa ein Jahrzehnt das Ausbleiben von Resultaten quantitativer Elementaranalysen, sieht man von Fourcroys und Vauquelins indirekten Bestimmungen ab. [15] Zwar untersuchte Dalton 1803 neben anderen Gasen auch Methan und Äthen [16], für welche er die Formeln CH_2 und CH angab [17] - diese Gase galten jedoch damals als anorganisch und hatten mit der Phytochemie nichts zu tun.

Unhaltbar ist allerdings die Meinung [18], die Beschäftigung mit elementaranalytischen Untersuchungen sei erst wieder nach 1807 langsam in Gang gekommen und hätte erst durch die Einführung des Kaliumchlorats als Sauerstoffdonator bei Gay-Lussac eine entscheidende Verbesserung erfahren.

Fourcroy und Vauquelin stellten bei ihren Versuchen über das Knallsalz [19] (so der zeitgenössische Name für das 1788 von Berthollet entdeckte Kaliumchlorat) 1797 fest:

> "Zucker, Gummi's, fette und ätherische Oele,Alkohol, Aether, mit Knallsalz vermischt, so, daß diese letzteren flüssigen, entzündlichen Substanzen damit einen Brei bilden, haben die Eigenschaft, beym Stoß mit dem Hammer heftig zu verprasseln. Sie geben alle beym Verpuffen eine lebhafte Flamme." [21]

Ähnliche Versuche unternahm unabhängig davon 1797 auch Thomas Hoyle [22] und verpuffte Baumwolle, Zucker, Fette, ätherische Öle, Kampfer, Colophonium, Gummi, Indigo und Äther durch Verreiben mit Kaliumchlorat.

Von Cadet-Gassicourt und Boullay wurde diese Methode für die Elementaranalyse etwa 1802 erneut aufgenommen [23]. Dabei heißt es, daß die "schönen Verpuffungen" von Kaliumchlorat und organischen Stoffen allen Chemikern bekannt seien. Gay-Lussac hat also nicht das Kaliumchlorat 1810 für die Elementaranalyse eingeführt, denn Cadet und Boullay erklären wörtlich:

> "Wir nahmen uns vor, die gasartigen Produkte, um sie zu untersuchen, in einem hydropneumatischen Apparat aufzufangen." [24]

Dafür hätte ihnen die Zeit jedoch nicht mehr ausgereicht.

Ab 1806 wurden diese Untersuchungen quantitativ durchgeführt. Nicolas-Théodor de Saussure (1767-1845), der 1807 seine Versuche der französischen Akademie vorlegte [25], schloß sich an Lavoisier an und verbrannte Alkohol und Äther auf verschiedene Weisen; die traditionelle Methode, Verbrennen in einer Lampe mit freiem Sauerstoff und Detonation des Dampfgemisches, hielt er aber für zu ungenau und schlug daher vor, den Alkohol durch ein glühendes Porzellanrohr zu leiten und die Gase eudiometrisch [26] zu bestimmen. Seine Ergebnisse waren erheblich genauer als die Lavoisiers (vgl. Anhang V); da bei dieser Methode direkt

Wasser entstand, war erwiesen, daß Sauerstoff schon im Alkohol enthalten sein mußte; allerdings fand Saussure auch 3,52% Stickstoff und einige Metalloxide. Sechs Jahre später nahm Saussure diese Verunreinigungen zurück und gab mit 34,3%O, 13,7%H und 52%C nahezu die heutigen Werte an (34,8; 13; 52,2).

Die Methode mit dem glühenden Porzellanrohr wurde von Claude-Louis Berthollet (1748-1822) weiterentwickelt [27]: er führte mit vorher sorgfältig getrockneten Pflanzenbestandteilen eine Pyrolyse durch und leitete die Zersetzungsprodukte in die glühende Röhre, zerlegte sie also in eudiometrisch zugängliche Gase. Seine Resultate für Zucker, Wein- und Oxalsäure waren sehr genau.

1811 legte Vittorio Michelotti (1774-1814) der Akademie in Turin "Untersuchungen über das Verfahren, die Gallerte und andere stickstoffhaltige organische Elemente [!] in ihre letzten Bestandtheile zu zerlegen" [28] vor; er diskutierte verschiedene Verfahren der Analyse, hielt aber das erste (Lavoisiers) für das beste: die Verbrennung in Sauerstoffgas. Dabei bekam die eine der Auffangkugeln einen Sprung, wobei "Gas und dampfförmige Substanz verlorenging" [29]. Er schätzte den Verlust [!] und gab schließlich dem Defekte zum Trotz seine Ergebnisse auf 3 Dezimalen genau an. Bemerkenswert ist jedoch Michelottis Analyse weniger wegen dieser Kuriosität, als vielmehr deswegen, weil er als erster alle Gewichtsverhältnisse <u>direkt</u> bestimmte, also ohne die ungenauen Umrechnungen von Volumen auf Gewicht [30].

Neben diesen drei elementaranalytischen Verfahren: Verbrennen in Sauerstoff (oder atmos. Luft), Detonation der Dämpfe und trockene Destillation mit Gasanalyse wurde dies vierte, die Oxidation mit festen Sauerstoffdonatoren ($KClO_3$, MnO_2, PbO_2, HgO) 1810 in größerem Maße [31] von Louis Joseph Gay-Lussac (1778-1850) und Louis-Jacques Thénard (1777-1857) durchgeführt [32]. Bei dieser Methode konnte die freiwerdende (bzw.benötigte) Sauerstoffmenge erheblich genauer ermittelt werden als bisher; Sauerstoff und Stickstoff wurden eudiometrisch bestimmt, das Kohlendioxid durch Absorption in Lauge. Es ist völlig unverständlich, warum Szabadvary bemängelt:

> "Ein prinzipieller Fehler der Methode war, daß die Berechnung nur richtig ausfallen konnte, wenn die zu bestimmende Substanz selbst keinen Sauerstoff enthielt, was jedoch selten vorkommt." [33]

Denn bei der Reaktionsgleichung, in der x die sauerstoffhaltige Substanz bedeutet

$$x + KClO_3 \longrightarrow CO_2 + H_2O + O_2$$

sind alle Größen genau gewogen, der Sauerstoffgehalt der Substanz ist leicht zu errechnen.

Bei stickstoffhaltigen Substanzen durfte nur ganz wenig $KClO_3$ verwendet werden, um keine Stickgase zu erzeugen; der entstehende elementare Stickstoff sollte aus dem Gasgemisch eudiometrisch bestimmt werden; die Schwierigkeit mit den Stickgasen ließ sich aber schlecht vermeiden, so daß die vier Analysen von N-haltigen Stoffen weniger genau sind als die 15 Analysen von N-freien Substanzen [34]. Gay-Lussac erwähnt in dieser Arbeit, daß er zur Kontrolle auch (schon) die Volumenverhältnisse von bildenden und gebildeten Gasen berücksichtigt habe.

Dennoch blieben an Gay-Lussacs Versuchsaufbau zwei Mängel bestehen.

1. Unverbrannte Teilchen spratzten bei der Heftigkeit der Reaktion in die kälteren Teile der Apperatur und gingen der Analyse verloren.
2. Der Wasserstoff wurde immer noch wie bei Lavoisier durch den Sauerstoffverbrauch zur Bildung des Wassers bestimmt. [35]

Beide Schwierigkeiten behob Jöns Jacob Berzelius (1779-1848). Er hatte schon seit 1807 mit Abilgaard Elementaranalysen mit festen Sauerstoffdonatoren durchgeführt, die aber zu keinem Ergebnis führten [36]. Noch 1811 äußert er sich skeptisch über die Möglichkeit, aus Elementaranalysen bei organischen Körpern Rückschlüsse auf chemische Verhältnisse ziehen zu können [37], doch kurz später gibt er schon die ersten qualitativen Resultate seiner Elementaranalysen an [38], denen 1814 quantitative Ergebnisse folgten [39]. Erst noch später, 1817 [40], publizierte Berzelius sein Verfahren, mit dem er obige Schwierigkeiten beseitigt hatte:

1. Er legte das Verbrennungsrohr waagrecht und erhitzte es kontinuierlich über die ganze Länge; die Heftigkeit der Reaktion mäßigte er dadurch, daß er ein $KCl/KClO_3$-Gemisch im Verhältnis 10:1 verwendete.
2. Er bestimmte das entstehende Wasser direkt durch eine Auffangröhre, die er mit bei Rotglut getrocknetem Calciumchlorid beschickte.

Daneben berücksichtigte Berzelius eine Fülle von möglichen Fehlerquellen, insbesondere die Verfälschung durch Wasseranziehung [41]; er schrieb vor, den Mörser vom Mund weit entfernt zu halten, bei der Analyse Handschuhe zu tragen usf. Was den theoretischen Teil der organischen Chemie anlangte, kann man aber mit Söderbaum festhalten, daß Berzelius "streng genommen, in höherem Grade Systematiker als Theoretiker" [42] war; originelle Ideen zu einer neuen Theorie gingen von ihm nicht aus.

Auch Berzelius' Verfahren hatte noch zwei wichtige Nachteile. Der erste war die Langsamkeit des Verfahrens. Berzelius benötigte, wie er selbst vermerkt [43], 8 Monate für 13 Analysen. Bischof kommt daher 1824 zum Schluß:

> "Dieser Apparat eignet sich sehr gut zur Analyse organischer Substanzen, wenn man nur selten in den Fall kommt, solche vorzunehmen." [44]

Der zweite Nachteil war die Unmöglichkeit, den Stickstoff richtig zu bestimmen, da auch bei Befolgung der Vorsichtsmaßregeln von Gay-Lussac immer Stickgase entstanden. Das Kaliumchlorat war, auch bei Moderation durch Kaliumchlorid, als Sauerstoffdonator zu stark. Daher schlugen unabhängig voneinander Gay-Lussac und Döbereiner das Kupfer-II-oxid als oxidierendes Agens vor [45].

Gay-Lussac analysierte 1815 mit dessen Hilfe zunächst nur die N-haltigen Substanzen Blausäure und Dicyan, wobei er dem Kupferoxid noch metallisches Kupfer beifügte, um eventuell gebildete Stick-Oxide wieder zu reduzieren. Seine Resultate, die er in einem Apparat mit aufrechtem Rohr erarbeitete, waren erheblich genauer als die der Jahre zuvor.[46]

Johann Wolfgang Döbereiner (1780-1849) "zeigte die Vorzüglichkeit des Kupferoxyds für stickstofffreie Substanzen"[47]; sein liegender Apparat war von verblüffender Einfachheit. Er schloß unmittelbar an das Verbrennungsrohr die Calciumchloridröhre an, danach folgte das Gasentbindungsrohr; die Kohlensäure wurde durch Absorption an Calciumchlorid bestimmt, der Rückstand wurde als reiner Stickstoff angenommen[48]. Bei aller Einfachheit waren doch die Resultate teilweise sehr ungenau, wenn auch Döbereiner selbst die Vorzüglichkeit seines Verfahrens darin bestätigt sah, daß im Gegensatz zu Berzelius bei ihm die mehrmalige Wiederholung einer Analyse nahezu gleiche Resultate erbrachte, eine Folge der prinzipiellen Fehlerquellen.

Eine davon war ihm schon länger bekannt:Cruikshank hatte 1801 festgestellt[49], daß bei Oxidation der Kohle durch Metalloxide nicht nur CO_2, sondern auch CO,"brennbare Luft" entsteht. Dies wird auch von Gay-Lussac gesehen[50], der nur angibt, daß er dies vermieden habe, nicht aber wie (!). Bischof merkt dazu 1824 an, daß bei ungenauem Arbeiten, besonders bei Verwendung von zu wenig CuO,sehr wohl Kohlenmonoxid entstehe und daher auf jeden Fall eine Probe auf dieses Gas stattfinden müsse:

> "Man sieht hieraus, daß die Analyse der organischen Substanzen nicht so einfach ist, wie sie einige Chemiker beschreiben; denn die Untersuchung des Gasrückstandes kann leicht so viel Zeit allein kosten als alle vorhergehenden Arbeiten zusammengenommen."[51]

Daneben erwies sich auch die Trennung des metallischen Kupfers vom nicht-reduzierten CuO als tückisch[52]; Fehler werden auch durch Oxidation des Kupfers an der Luft oder durch Gewichtsverlust der Röhre herbeigeführt.

Andrew Ure (1778-1857) verbesserte Döbereiners Methode in einer Arbeit von 1822[53] und analysierte dabei 36 Stoffe so schnell, daß Berzelius in seinem Jahresbericht von

1825 diese Analysen übelgelaunt als "Fabrikware, bei der alles versäumt wurde, was nur möglicherweise versäumt werden kann" [54], bezeichnete. Dieses Urteil ist (vgl. AnhangV) zu hart.

Eine letzte Rückkehr zum aufrecht stehenden Verbrennungsrohr findet sich bei William Prout (1785-1850) [55]. Historiographen, die Bischofs Kommentar von 1824 als "entrüstet" [56] oder "empört" [57] bezeichnen, irren in ihrer Interpretation [58]. Szabadvary läßt Bischof 1824 Kritik an den Versuchen üben, die Prout erst 1827 vornahm [59]. Das in der Theorie sehr komplizierte Verfahren Prouts, in der Literatur kaum berücksichtigt [60], ließ Prout außerordentlich genaue Ergebnisse erzielen; außer ihm konnte jedoch niemand damit arbeiten. Seine Darstellung führt indes über den Rahmen dieser Arbeit hinaus [61].

Zusammenfassend läßt sich feststellen, daß nach 1810 die verstärkten Bemühungen um quantitative Elementaranalysen besonders von pflanzlichen Stoffen schnell zu großer Genauigkeit und zur Beseitigung von prinzipiellen Fehlerquellen führte. Das Interesse an den Analysen wuchs darüber hinaus sprunghaft, nachdem sich die ersten Ansätze einer einheitlichen Interpretationsmöglichkeit bei Gay-Lussac und später Berzelius zeigten.

2. Die qualitative Interpretation der Elementaranalysen-Ergebnisse.

Den Zusammenhang von "Elementaranalytik" (Pyrolyse) und den physikalisch-chemischen, besonders aber medizinisch-physiologischen Eigenschaften von Pflanzen(-bestandteilen) aufzudecken, war das Ziel des Projekts der französischen Akademie im 17. Jahrhundert gewesen (vgl. 1.Kapitel). Diese Intention bestand auch noch zu Beginn des 19. Jahrhunderts; die ersten Elementaranalysen vor 1800 konnten aber dazu kaum etwas beitragen. So zog Lavoisier selbst aus seinen Ergebnissen als sicheren Schluß nur, daß alle Pflanzenbestandteile aus Kohlen-, Wasser- und Sauerstoff zusammengesetzt sind. Die Verschiedenheiten dieser Stoffe sollten nur im Verhältnisse der Grundstoffe zueinander liegen. Darüber hinaus interpretierte er die Ergebnisse nur vorsichtig im Sinne seiner Sauerstofftheorie, nach welcher auch bei den näheren Pflanzenbestandteilen verschiedene Oxidationsstufen zu beobachten sind. Als niederste Stufe ohne Sauerstoff, als "Radikal" (von mehreren sauerstoffhaltigen Verbindungen) sah er dabei die Öle und das Wachs an, als höchste Oxidationsstufen erschienen die Pflanzensäuren [62]. Dieses extrem am Sauerstoff orientierte duale System [63] bildete sowohl für die Naturphilosophie, hervorgehoben bei Schelling (1797) oder bei Winterl (1800, 1803) als auch für Berzelius [64] die Grundlage für weiterführende Theorien über die Zusammensetzung organischer Materie.

Dieser Ansatz war jedoch nicht der einzige zur Interpretation der Elementaranalysenergebnisse. Berthollet hielt es seit 1794 für möglich, daß die chemischen Eigenschaften organischer Substanzen zu dem in ihnen dominierenden Element in Relation stünden [65]. Das versuchte er durch die Pflanzensäuren zu belegen, die er gegen Lavoisier nach ihrem Wasserstoffgehalt klassifizierte [66].

Von anderen Forschern, besonders von denen, die der Naturphilosophie näherstanden [67], wurde der Kohlenstoffgehalt mit "Fixität" (Festigkeit), Zähigkeit, Reaktionsträgheit gleichgesetzt [68], der Wasserstoffanteil stand für die Verbrennlichkeit [69], Beweglichkeit, besonders Flüchtigkeit und damit auch Geruch, der Sauerstoff erklärte neben den eigentlichen chemischen Reaktionen (als Grundlage des Lavoisier'schen Systems) wie dem Säure-Verhalten auch physiologische Charakteristika wie Geschmack, Farben [70], für die romantische Medizin später auch Lebendigkeit und Eignung als Heilmittel [71].

Doch auch in der empirischen Wissenschaft versuchten Forscher eine einheitliche Interpretation der elementaren Zusammensetzung: Gay-Lussac und Thénard legten den Ergebnissen ihrer 19 quantitativen Analysen eine Theorie zugrunde, die häufig als "Sauerstoffsättigungstheorie" bezeichnet wird. Sie wurde von den Autoren selbst in drei Gesetzen zusammengefaßt:

> "Erstes Gesetz. Alle Pflanzenkörper, in welchen des Sauerstoffs im Verhältnisse zum Wasserstoffe mehr, als im Wasser vorhanden ist, sind Säuren.
> Zweites Gesetz. Alle Pflanzenkörper, in welchen des Sauerstoffs im Verhältnisse zum Wasserstoffe weniger als im Wasser vorhanden ist, sind harziger, oder öhliger, oder alkoholischer Natur.
> Drittes Gesetz. Alle Pflanzenkörper, welche Sauerstoff und Wasserstoff genau in eben dem Verhältnisse enthalten, worin sie im Wasser vorhanden sind, sind weder saurer noch harziger Natur, sondern gehören zu der Klasse des Zuckers, Gummis, der Stärke, des Milchzuckers, der Holzfaser und des krystallisirbaren Stoffs der Manna." [72]

Zur Erklärung wird auch noch eine Umformulierung verwendet, die aber die Autoren selbst ausdrücklich für unzulässig [73] erklären: Säuren bestehen also aus Kohlenstoff, Sauerstoff

> und Wasser, Harze und Öle aus Kohlenstoff, Wasserstoff und Wasser, Gummi, Zucker und Stärke nur aus Kohlenstoff und Wasser.

Die "Unzulässigkeit" resultiert aus Lavoisiers Interpretation, daß die Pflanzenbestandteile nicht aus Wasser und Kohlensäure, sondern aus den Bestandteilen von Wasser und Kohlensäure zusammengesetzt sind [74]. Gegen Lavoisier konnten die Autoren aus den genauen Analysen zwei wichtige Ergebnisse folgern:

1. Der Anteil des Sauerstoffs bei einer Säure ist nicht proportional der Stärke der Säure, denn Essigsäure und Oxalsäure, die beiden stärksten organischen Säuren nehmen die entgegengesetzten Plätze auf der Skala der Säuren, geordnet nach Sauerstoffgehalt, ein. Dadurch erklärte sich, warum die Essigsäure, die so relativ wenig Sauerstoff enthält, so leicht aus pflanzlichen und tierischen Stoffen entstehen kann, aber auch, warum so viel Salpetersäure nötig ist, um aus diesen Stoffen Oxalsäure zu bereiten.
2. Die Pflanze baut im Laufe der Vegetation das Wasser (resp. dessen Bestandteile) ganz in sich ein:

> "Offenbar verbindet sich also das Wasser, welches die

Pflanzen

> einsaugen, in dem Innern derselben mit dem Kohlenstoffe zu der Substanz der Pflanzen."[75]

Daraus folgern Gay-Lussac und Thénard, daß sie

> "ohne Zweifel alle Pflanzenkörper, welche auf der Zwischenstufe zwischen den Säuren und den Harzen stehen, wie Zucker, Stärke, Holzfaser usf. durch Kunst erzeugen können,"

wenn man nur "ihre Theilchen einander gehörig zu nähern" vermöchte. Die beiden Autoren bekräftigen damit die Möglichkeit, organische Produkte künstlich darzustellen, ein Gedanke, der der spekulativen Naturphilosophie ohnedies nie fremd war[76].

Die Hochschätzung dieser Arbeit geht bei Berzelius so weit, daß er organische Chemie mit ihr beginnen läßt[77], während Liebig alle Versuche bis 1820 außer dieser Arbeit verspottete. Doch waren diese beiden Autoren nicht alleinige Bahnbrecher, sondern standen praktisch wie theoretisch in der Kontinuität der Entwicklung seit Lavoisier und brachten die qualitative Interpretation zum Teil auch gegen Lavoisier zum Abschluß. Eine qualitative Betrachtungsweise allein konnte, wie sich rückblickend zeigt, aus mehreren Gründen nicht mehr befriedigen:

1. Das Raster der Theorie war viel zu grob. Die Differenzierung innerhalb der einzelnen Gruppen stieß auf prinzipielle Schwierigkeiten: Der Sauerstoffgehalt eignete sich bei den Säuren nicht für die Systematik (s.o.), bei den öligen Substanzen mußte wieder das Schema des "Vorwaltens" nach Berthollet benutzt werden, und bei den mittleren Substanzen war der Unterscheidungsmöglichkeit durch die Formulierung des zweiten Gesetzes (s.o.) der Boden entzogen.
2. Die Analyse der Benzoesäure durchbrach kurz später alle Interpretationen, da das Resultat sie unter die Rubrik der Öle verwiesen hätte.
3. Für stickstoffhaltige Substanzen war kein Platz vorgesehen; zwar wurden Alkaloide erst ab 1817 allgemein als Pflanzenbestandteile zugestanden, doch Kleber, Eiweiß und Casein waren schon bekannt und hier nicht einzuordnen.

Für eine Interpretation der organischen Elementaranalyse, die über die qualitativen Gesetzmäßigkeiten von Gay-Lussac und Thénard hinausging, fehlte die Berücksichtigung zweier Voraussetzungen: des Gesetzes der multiplen Proportionen und der Atomtheorie von Dalton.

3. Die Voraussetzungen für eine quantitative Interpretation der organischen Elementaranalytik.

Die Formulierung des Gesetzes der multiplen Proportionen (im Zusammenhang mit dem der konstanten Proportionen), wonach die Bestandteile in chemischen Verbindungen nach festen Proportionen vereinigt sind, geht ursprünglich auf eine Untersuchung von Kupferverbindungen durch Joseph Louis Proust (1754-1826) zurück [78]. Dabei erklärte er Hydrate (wie $Cu(OH)_2$) als "combinaisons réelles" im Gegensatz zu echten chemischen Verbindungen, "composés vrais". Die These der Existenz konstanter Verhältnisse bei verschiedenen Verbindungen wurde 1800 und 1802 ergänzt durch die Feststellung, daß zwei Elemente sich nach verschiedenen, dann aber konstanten Verhältnissen vereinigen können [79].

Diese uns inzwischen selbstverständlich gewordenen Gesetze blieben nicht ohne entschiedenen Widerspruch: C.C. Berthollet erklärte die Resultate von Proust für Grenzfälle der chemischen Affinität [80], die nie absolut, sondern immer nur als relative angenommen werden darf. Wenn, wie nach Newton allgemein angenommen, das Phänomen der "allgemeinen Attraktion" (Gravitation) das nämliche sei wie das der chemischen Affinität, dann müßten auch des ersteren Gesetze für die Chemie gelten, d.h.: es müßte die Proportionalität der Wirkung der Affinität zur Masse der beteiligten Reaktionspartner bestehen.

Berthollet war allerdings nicht der Urheber dieses Einwandes; sowohl Heinrich Friedrich Link [81] (1767-1851) als auch J.J.Winterl [82] hatten diese Schwierigkeiten erörtert. So müssen für Winterl die Mengenverhältnisse deswegen Einfluß auf die Affinitätswirkungen haben, weil "abgestumpfte

Körper" (i.e. teilweise neutralisierte) durch größere Mengen des Reaktionspartners stärker beeinflußt werden als durch kleinere[83].

Alle diese Überlegungen zielen auf das Problem der Trennung von Chemie und Physik, das mit den Schwierigkeiten von Kristallwasser und Isomerie weit über 1830 hinaus nicht zu klären war. Bei Berthollet gruppiert sich die Argumentation um die beiden Grundbegriffe Kohäsion und Elastizität. Nach seiner Definition galt:

Kohäsion ist die Anziehung kleinster gleichartiger Teilchen und damit ihr Widerstand, in Lösung oder in Verbindung zu gehen.

Elastizität ist das Auseinanderstreben flüchtiger Teilchen.

Bei einem starken Unterschied in Kohäsion und Elastizität zweier Elemente oder Verbindungen werden die Verhältnisse, nach denen sie sich vereinigen,nahezu konstant. Sind sie sich aber in diesen Eigenschaften ähnlich, so sind die Verhältnisse, nach denen sie sich vereinigen, völlig beliebig. Als Beispiel für zweiteres wählt Berthollet Alkohol-Wasser-Gemische, Salzlösungen, Metallegierungen. Den Unterschied zwischen bloßer Auflösung und eigentlicher chemischer Verbindung, nach Lavoisier "solutions" und "dissolutions", erkennt er nicht an: beide sind gleichermaßen Resultat der "Affinität"; die Differenzen zwischen ihnen sind nicht qualitativ, somit kann keine Grenze zwischen ihnen gezogen werden. An die Stelle der absoluten Proportionen tritt daher der Begriff der "chemischen Masse", das Produkt aus Affinität und Masse[84], zu dessen genauer Bestimmung Kohäsion, Elastizität, dazu Temperatur und das Auflösungsmittel berücksichtigt werden müssen[85].

Der in verschiedenen Zeitschriften teilweise sehr animos geführte Streit zwischen Berthollet und Proust führte zwar bis 1806 zu einigen wechselseitigen Zugeständnissen, ohne aber daß die Kernpunkte einander genähert worden wären. Diese waren für die damalige Chemie unentscheidbar; Berthollet war ja nicht notorischer Bestreiter evidenter

Wahrheiten [86]. Zu Proust ist festzuhalten, daß seine induktiv gewonnenen Sätze erstaunlich richtig sind in Anbetracht seiner teilweise sehr unrichtigen Analysen; Bertholletts Versuch der deduktiven Erklärung von Versuchsergebnissen aus allgemeinen Sätzen erhielt die stärkste Unterstützung in der Folge durch die organische Chemie [87]. Dennoch trat nach 1806 der Streit zurück [88]. Er wurde entschieden zugunsten Prousts durch die Möglichkeit, seine Ergebnisse mit Daltons Atomtheorie in Einklang zu bringen.

Die Geschichte der Atomtheorie von Dalton wurde als signifikantes Beispiel des geistigen Fortschritts in der historischen Literatur eingehend bearbeitet [89]. Für den Gedankengang dieser Arbeit genügt es, hier kurz an die wesentlichen Stationen der Theorie von Dalton bis Berzelius zu erinnern.

John Dalton (1766-1844) erklärte 1803 die chemischen Verbindungen als Resultate der Vereinigung der Atome ihrer Bestandteile nach einfachen Zahlenverhältnissen. Diese Feststellung hängt unmittelbar mit Prousts beiden Gesetzen zusammen. Die ersten Atomgewichtstabellen stellte Dalton 1803 (publ.1805) auf. Thomson und Wollaston, die sich neben Dalton besonders um die Weiterbildung der Atomtheorie in chemischer Hinsicht bemühten, erklärten schon 1808 optimistisch, man werde bei genauer Kenntnis der relativen Gewichte von elementaren Atomen zur Erklärung der Verbindungen die Geometrie heranziehen können [90]. Unter den 1808 zuerst veröffentlichten Summenformeln von Verbindungen finden sich auch organische Substanzen [91]:

oelbildendes Gas	[Äthen]	C + H
Sumpfgas	[Methan]	C + 2H
Alkohol [92]		3C + H
Essigsäure		2C + 2H + 2 O

Bei Berücksichtigung der Tatsache, daß Wasser noch als 1H + 1 O angesehen wurde (die Volumenverhältnisse waren noch nicht untersucht), somit also bei Dalton "H" für H_2 steht, sind diese Formeln nahezu richtig.

Die Anzahl der Beweise für die Richtigkeit dieser Annahmen waren zumindest bis 1820 sehr spärlich. Das einzige, was zunächst zu ihren Gunsten sprach, war die Einfachheit und Eleganz der Erklärung von anorganischen Reaktionen und Verbindungen. Erst Gay-Lussacs Gesetze über die Volumenverhältnisse bei der Verbindung zweier gasförmiger Reaktionspartner [93] und Avogadros daraus gezogene Konsequenz hinsichtlich <u>einer</u> festen Anzahl gasförmiger Teilchen in einem Volumenäquivalent [94] stärkten die Atomtheorie, die 1815 durch Prouts Hypothese [95], 1819 durch Dulong-Petits Regel [96] und Mitscherlichs Isomorphismen-Satz [97], endgültig aber durch Faradays Gesetze allgemein anerkannt wurde.

Als Berzelius 1808 sein erstes chemisches Lehrbuch herausgab, erwähnte er Daltons Theorie überhaupt nicht; doch schon zwei Jahre später schreibt er, er wisse zwar nicht, mit welchen Versuchen Dalton seine Hypothese stütze, aber er halte sie für gerechtfertigt [98]. Die Stützung, die Dalton durch Gay-Lussacs Volumengesetze erfuhr, hielt Berzelius später für so bedeutend, daß er Atom und Volumen gleichsetzte:

> "Das Wort Atom bedeutet.. das nämliche als gleiche Volumina in Gasgestalt, und das Gewicht der Atome, oder das specifische Gewicht der Körper in Gasgestalt ist.. das nämliche." [99]

Die beiden Voraussetzungen - Gültigkeit der Gesetze der Stöchiometrie und Annahme der Atomhypothese - waren nunmehr für die Versuche der quantitativen Interpretation der Elementaranalysenergebnisse erfüllt.

4. Die quantitative Interpretation der Ergebnisse der organischen Elementaranalytik.

Dieser Abschnitt in der Geschichte der organischen Chemie - hier noch nicht aus der Pflanzenchemie ausgegliedert - ist mit dem Namen Jöns Jacob Berzelius (s.o.) untrennbar verbunden [100]. Hatte er sich 1811 noch skeptisch über die Möglichkeit geäußert, die organischen Verbindungen je nach den einfachen Gesetzen der anorganischen Chemie zu begreifen, so beschäftigte er sich doch zwischen 1811 und 1815 überwiegend mit dieser Problematik. Ende des Jahres 1811 sprach er die erste Formulierung der Resultate seiner Untersuchungen aus:

> "In organischen Produkten sind zwei, drei oder mehrere brennbare Körper gemeinschaftlich vereinigt, um eine Portion Sauerstoff, welche nur zur Oxygenisation eines einzigen von ihnen hinreicht, und diese Zusammensetzung kann nicht in nähere Bestandteile getrennt oder daraus zusammengesetzt werden".[101]

Im Jahr darauf unterscheidet er organische von anorganischen Stoffen im Sinne seiner elektrochemischen Dualitätslehre, daß nämlich erstere immer mindestens ternäre Verbindungen[102] seien. Auch 1813 werden organische Atome so charakterisiert durch ihre Zusammensetzung aus mehr als zwei Elementen[103]. Er gerät dabei allerdings in Widerspruch zur Atomtheorie, weil nach seiner geometrischen Berechnung auf 1 Atom eines Stoffes nicht mehr als 12 Atome eines anderen kommen dürften [104], seine Analyse der Oxalsäure aber eine Zusammensetzung von 1H + 27C + 18 O ergeben hatte. Schon 1814 berichtigt er indes diese Berechnung zu 4C + 6 O + 1H in einem Schreiben an Schweigger [105], noch vor den englischen Publikationen. Er teilt über seine bisherige Arbeit mit, daß er "nicht sehr viel gemacht" habe, in dem Sinne, daß ihn seine Ergebnisse hinsichtlich der bestimmten Proportionen in organischen Verbindungen noch nicht befriedigten. Er glaube zwar, die Gesetze zu kennen, nach denen organische Stoffe zusammengesetzt sind, doch die empirischen Ergebnisse wichen immer wieder davon ab. Bemerkenswert ist Berzelius' ausdrückliche Feststellung, daß die prozentualen Angaben der Analysenergebnisse

> "keine Übereinstimmung mit den bestimmten Proportionen der unorganischen Natur (ergeben). Wenn man sie aber nach der Lehre von den chemischen Voluminibus berechnet, (oder, was am Ende das nämliche werden wird, nach Daltons Atomtheorie) und als gleiche Volumina den Kohlenstoff und den Sauerstoff im Kohlenoxydgase ansieht," [106]

sowie im Wasser ein Verhältnis des Wasserstoffs zum Sauerstoff wie 2:1 annimmt, so ergeben sich für die vegetabilischen Säuren durch Berechnung der Sättigungsfähigkeit[107] folgende Resultate:

	Klee-säure		Wein-säure	Milchzucker-säure	Essig-säure	Bernstein-säure	Zitronen-säure		Benzoe-säure
O	3	(6	5	8	3	3	3	(3	3
C	2	4	4	6	4	4	3	3 ?	15
H	1/2	1)	5	10	6	4	8	4)	12

Daraus folgert er qualitativ das erste Gesetz für diese Stoffklasse:

> "Das Gesetz der Bildung der organischen Natur, d.h. der ternären, quaternären usw. Verbindungen scheint also das zu sein, daß die Volumina (Atome Daltons) der einfachen Körper sich zu allen möglichen [mit der Einschränkung von Anm.104] Anzahlen verbinden können, und daß dabei keiner bedarf als Einheit angenommen zu werden." 108

Als Ergänzung und Bestätigung fügt Berzelius im nächsten Brief an Schweigger[109] die Resultate aller seiner Analysen an, also auch der nicht-sauren pflanzlichen Stoffe wie Zukker oder Stärke.

Die ausführlichen Darlegungen (im Vergleich zu den früheren, aber vorläufigen und kurzen deutschen Mitteilungen) von Berzelius' Arbeiten erschienen zuerst in England[110]. Darin erfährt das erste Gesetz Gay-Lussacs (s.o.) seine quantitative Erweiterung, die zugleich Voraussetzung für die Umrechnungen ist (vgl. Anm.107):

> "Wenn diese Oxyde [die organischen Stoffe] sich miteinander oder mit zweifachen Oxyden vereinigen, so ist der Sauerstoff in dem einen allezeit ein Vielfaches von dem in dem andern nach einer ganzen Zahl". 111

Die zentrale Stellung des Sauerstoffs hatte Berzelius in Anlehnung an Lavoisier schon früher gerechtfertigt :

> "Der Sauerstoff, der einzig absolute electropositive[112] .. Körper in der ganzen Natur, ist überall der Maßstab, nach welchem die Verhältnisse zwischen den Bestandtheilen jeder Verbindung gemessen werden können." 113

Auf diesen absoluten Maßstab baute Berzelius seine gesamte elektrochemische Dualitätslehre[114], und durch ihn wurde sie auch zerstört.[115]

Die chemische Formelschreibweise, von der er noch 1813 annahm, daß ihre Anwendbarkeit bei organischen Verbindungen sehr zweifelhaft sei [116], wurde von Berzelius später[117] ausdrücklich in ihrer Eignung hervorgehoben, anschaulich zu machen, wie die organischen Verbindungen auseinander entstünden [118]. Und dennoch blieb Berzelius auch allen seinen eigenen Resultaten gegenüber skeptisch. Seit 1814 wies er darauf hin [119], daß es bei der großen Kompliziertheit der organischen Verbindungen immer notwendig sei, nur solche Reaktionen für Berechnungen zu verwenden, bei denen anorganische Stoffe beteiligt waren, um von diesen den Bezugspunkt für die Einheit zu gewinnen (vgl. oben das Sauerstoff-Gesetz). Je einfacher die Elementaranalytik wurde (besonders mit Döbereiner), desto mehr befürchtete Berzelius die Vernachlässigung dieser Regel und damit den Ruin der organischen Chemie durch "Chemiker mit beschränkten Kräften und viel Spekulation" [120].

An Einschränkungen für die quantitative Interpretation der Elementaranalyse zugunsten von Summenformeln nannte Berzelius, daß die Voraussetzung für die Gültigkeit einer solchen Formel eine vollkommen richtige Analyse war, da bereits geringe prozentuale Differenzen der Bestimmung erhebliche Folgen für die Formel nach sich zögen [121]. Schließlich gestand Berzelius für organische Verbindungen Dalton als unentscheidbar zu, ob in ihnen ihre Bestandteile nach der geringsten Ganzzahligkeit miteinander verbunden sind oder in einem Vielfachen davon [122].

Die Theorie der organischen Verbindungen als der ternären, quaternären usf. Zusammensetzungen von Elementen behielt Berzelius jedoch auf die Dauer nicht bei, obwohl er vorläufig als einziger an einer generellen Theorie der elementaranalytischen Konstitution organischer Stoffe arbeitete. Da er als umfassende Theorie aller chemischen Erscheinungen seine elektrochemische Dualitätslehre durchsetzen wollte, mußten auch organische Verbindungen als binäre Oxide zu interpretieren sein.

Schon 1811 versuchte er, mit Experimenten an der galvanischen Säule organische Säuren in Sauerstoff und brennbares Radikal zu trennen [123], verständlicherweise erfolglos. Dennoch trennte er 1814 die Säuren in zwei große Klassen [124]:

1. Säuren, die neben dem Sauerstoff einen unzerlegten Körper enthielten (Mineralsäuren)
2. Säuren, die neben dem Sauerstoff ein zusammengesetztes Radikal enthielten (organische Säuren).

Entdeckungen wie die des Chlors, die auf eine starke sauerstoff-freie Mineralsäure deuteten, ebenso die der Zusammensetzung der Blausäure, wurden zugunsten der Theorie für unrichtig erklärt; ebensowenig ließ Berzelius den Einwand gelten, organische Säureradikale seien nicht darstellbar. Im Gegenteil: 1818 dehnte Berzelius in der Theorie der chemischen Proportionen seine Vorstellungen auf alle organischen Verbindungen aus [185]: alle organischen Substanzen, die Sauerstoff enthalten, [126] müssen elektrochemisch als teilbar in Sauerstoff und organisches Radikal angesehen werden; da sie in der Praxis nur selten so zu teilen sind, bleibt es eine allerdings zwingende Vorstellung. Für jede verschiedene Verbindung ist dabei ein eigenes Radikal anzunehmen. Diese Vorstellung blieb für Berzelius bis nach 1830 gültig; noch 1833 nahm er Alkohol und Äther als Oxide zweier verschiedener Radikale an [127].

Dem entsprechend warnte Berzelius vor der Ansicht, man könnte sich organischer Verbindungen aus Atomgruppen zusammengesetzt denken. Diese Vorstellungen nannte er als Resultate von Spekulationen unsicher und undurchführbar. Als Döbereiner 1822 die "wasserfreie" Ameisensäure (=Anhydrid) als 2CO + HO auffaßte [128], hielt Berzelius diese Angabe für interessant weil leicht zu merken, jedoch der Mannigfaltigkeit der organischen Verbindungen unangemessen und besonders unvereinbar mit der elektrochemischen Theorie.

Dieses Verdikt der Existenz verschiedener Atomgruppen in den organischen Verbindungen stammte noch von Lavoisier (vgl. 3.Kapitel). Gay-Lussac und Thénard hatten sich 1810 noch angeschlossen und ihren Vereinfachungen vorausgeschickt, dies sei weit entfernt von der Wahrheit [129] (s.o.); 1814 machte Gay-Lussac diese Einschränkung nicht mehr. Er hielt es für möglich, daß Essigsäure aus Kohlendioxid und Wasser atomar zusammengesetzt sein könnte [130]. Im Jahr darauf bewies er die Existenz der Cyanidgruppe [131] und setzte sie in Analogie zu Chlor und Jod, womit eine Atomgruppe in einem organischen Stoff zum ersten Mal nachgewiesen schien. Berzelius aber rückte darauf die Blausäureverbindungen zu den Anorganica. Im selben Jahr 1815 zeigte Gay-Lussac, daß sich die nämlichen Zahlen, nach welchen sich Äther und Alkohol aus ölbildendem Gas (Äthen) und Wasser entstanden betrachten ließen, auch bei Reduktion auf das Volumen ergaben [132]. Für Berzelius war das eine unzulässige Übertragung. Doch hier galt sein Verdikt nicht mehr: die elektrochemische Dualitätslehre, erster Versuch einer(konsistenten) quantitativen Theorie in der organischen Chemie, wurde überholt.

Zusammenfassung

Dieser gedrängte Überblick über die Anwendung von Elementaranalytik und Atomtheorie auf einen Teil der Pflanzenchemie zeigte den Weg der Ausgliederung der organischen Chemie aus der Phytochemie. Der Phytochemie wurde der Teil entzogen, der bislang vom Zusammenhang der näheren Bestandteile mit den Elementen handelte. "Organische Chemie" bedeutete bis ca. 1815 lediglich die Lehre von der elementaren Zusammensetzung (erst prozentual, dann "auf Atome umgerechnet") einiger Pflanzenbestandteile [133]. Dies Interesse am atomaren (molekularen) Feinbau der Pflanzenstoffe war ursprünglich pflanzenchemisch gewesen: die Erkenntnis der Zusammensetzung von Pflanzen nach den Spiritūs, nach Sal, Sulphur etc. war das Ziel der französischen Akademie im 17. Jahrhundert gewesen. Erst die Einsicht in die Untauglichkeit der Mittel bewirkte die Wendung zugunsten der Extraktions-Methode, die nun aber nichts mehr über die Urstoffe aussagte.

Als mit Lavoisiers Umwälzung der Chemie auch die Pyrolyse als Elementaranalytik wieder brauchbar erschien, wurde deren Anwendung nur von praktischen Schwierigkeiten gehemmt. Berzelius in Sonderheit schränkte seine Untersuchungen aus theoretischen Gründen ein und bezog sie zunächst nur auf Pflanzensäuren, da diese im Vergleich zu den anderen organischen Stoffen immerhin <u>einer</u> stöchiometrischen Veränderung zugänglich waren: der Neutralisation. Ergänzt wurde dies schon seit Lavoisier durch die Untersuchung der Gärungsarten. Diese Beschränkung deutete aber die Ausgliederung der organischen wie der physiologischen Chemie schon an: organische Chemie mußte für ihre Eigenständigkeit als Wissenschaft die Möglichkeit der quantitativen Veränderung von organischen Verbindungen in andere und die der Synthese solcher Verbindungen nachweisen. Entscheidend war der erste Schritt; er wurde 1832 mit Liebig-Wöhlers Arbeit über die Benzoesäure vollzogen [134]. Die Pflanzenchemie, der es um das chemische Verhalten von Pflanzenbestandteilen ging (im weitesten Sinne), bezog ihre Substanzen ex vivo und orientierte sich weithin an der nassen Methode.

Der Versuch einer ähnlichen Bindung an die Empirie wurde von Berzelius auch für die organische Chemie unternommen:

> "Ich fordere von einem jeden chemischen Satze, dass er mit der übrigen chemischen Theorie übereinstimme und ihr einverleibt werden könne. Im entgegengesetzten Falle muß ich ihn verwerfen, bis die unumstößliche Evidenz desselben die Umwälzung der mit ihm nicht passenden Theorie notwendig macht." [135]

Der Inhalt dieses Gebots deckt sich mit der "Logik der Forschung" K.Poppers [136]. Das Verhalten von Berzelius selbst bei der Verteidigung seiner elektrochemischen Dualität ist dieser Logik genau entgegengesetzt [137]: er leugnete die Existenz des Chlors bis 1823 [138], der sauerstoff-freien Säuren (HCl, HCN), die Möglichkeit der Isolierung und Aufspaltung organischer Radikale (CN^-), und sein Verbot der Spekulation über die Möglichkeit, wie die Pflanzenstoffe anders als aus Sauerstoff und Radikal zusammengesetzt sein könnten, kam einem Festschreiben der organischen Chemie gleich: Die Lösung des Rätsels im molekularen Feinbau von Pflanzenbestandteilen lag für Berzelius in der Lebenskraft![139] Doch die chemische Forschung gab sich damit nicht zufrieden und ließ die strikte Fassung der Dualitätslehre bald hinter sich.

Anmerkungen zum 7. Kapitel

[1] Dies wird in der historischen Literatur allgemein angenommen, auch der wissenschaftstheoretischen, für die die "chemische Revolution" einer der klassischen Paradigmenwechsel darstellt; vgl. dazu Kuhn (1973) S.80-85.

[2] Vgl. dazu das 4. Kapitel.

[3] Der "Vorläufer"-Begriff ist in der Geschichtsschreibung problematisch. Während die historisti. Richtung ihn für irrelevant hält, weil niemals ein Forscher sich selbst als Vorläufer bezeichnet habe, ist er aus der Sicht eines positiv-linearen Fortschrittsdenkens trivial: jeder Forscher war und ist irgendwie Vorläufer. Sinnvoll wird der Begriff, wenn man darunter einen Forscher versteht, der sich schon im Zeitalter der "außerordentlichen Wissenschaft" (Kuhn)für das Paradigma entscheidet, das sich schließlich durchsetzt.

[4] Vgl. dazu Hjelt (1916) S.44-61; Graebe (1920) S.17-21.

[5] Szabadvary (1966) S.290-293 (davon 2 Seiten Abbildungen); auf Lavoisier fallen 3 Seiten.

[6] Dabei ist seine Reihenfolge teilweise unrichtig; es entsteht der falsche Eindruck, als habe es eine lineare Abfolge etwa folgender Art gegeben:
O_2, HgO, MnO_2 (Lavoisier) $\longrightarrow$ $KClO_3$ (Gay-Lussac) $\longrightarrow$ $KClO_3/KCl$ (Berzelius) $\longrightarrow$ CuO (Gay-Lussac, Döbereiner).
Die Substanzen wurden aber nebeneinander von verschiedenen Forschern benutzt.

[7] Kopp IV S.249-272; ders. (1873) S.525-554.

[8] Dennstedt (1899), von Holmes (1963) nicht zitiert.

[9] wie Hjelt (1916), Graebe (1920), Lieben (1935), Szabadvary (1966), Färber (1969).

[10] Vgl. dazu Partington III, S.436-453, das die Zusammenfassung von Partington (1928) darstellt. Dort finden sich auch Abbildungen der Apparatur.

[11] Lavoisier (1792) S.139.

[12] Lavoisier: Oeuvres(1862) Bd.III S.773-776 (Analyse Organique Elémentaire) und S.777-790 (Mémoire sur la Fermentation Spiritueuse).

[13] Für diese Theorie ist bei Lavoisier die Elementaranalyse von Hefe, Essigsäure und Alkohol vorausgesetzt (er gibt die Resultate kommentarlos), alles Stoffe, die auch bei Lavoisier Sauerstoff enthalten, auch wenn er nur als Defizit eines Defizits bestimmt wurde. Vgl.Kopp IV(1847),S.250 gegen Szabadvary (1966) S.290, der behauptet, Lavoisier habe in organischen Stoffen gar keinen Sauerstoff bestimmt...

[14] Kopp IV(1847) S.256, der bestimmt kein voreingenommener Freund der französischen Chemie war.Dennoch gibt es auch andere Einschätzungen wie Ihdes (1964) Fazit: "all his results were inaccurate" S.176, wobei er als Beispiel für die Un-

richtigkeit Lavoisiers Analyse der Kohlensäure heranzieht:
Lavoisier 28%C 72%O
richtig 27,2%C 72,8%O !!

[15] vgl. 5.Kapitel Anm.307.

[16] Das "Gas der holländischen Chemiker": Deimann, Troostwyk Nieuland und Lauweerenburgh 1795 hatten gezeigt, daß das bei der Reaktion von Alkohol und Schwefelsäure entstehende Gas ein eigent ümlicher Kohlenwasserstoff ist. Es war vermutlich schon früher bekannt; vgl. Partington III, S.584-85.

[17] genauer: als C + H und C + 2H. Publ. von Thomson 1807 in der Arbeit: On oxalic acid. Phil.Trans. 98(1808) S.63.

[18] Diese Meinung findet sich bei fast allen genannten Autoren, so bei Kopp, Dennstedt, Hjelt, Graebe.

[19] Fourcroy: Notice des expériences sur les détonations par le choc. In: Ann.de Chim. 21(1797) S.234-240, deutsch zusammengefaßt in: Neues Journ.d.Phys. (Gren) 4(1797) S.238-242.

[20] Berthollet: Obsérvation sur quelques combinaisons de l'acide marin dephlogistique ou de l'acide muriatique oxygéné. In: Mem.de l'Acad. de Turin (1786/87) S.385, später im Journ. d.Phys. 33(1788) S.217-223; vermutlich unabhängig mitentdeckt von Hassenfratz, Higgins, Dollfuß, Trommsdorff und Wurzer (vgl. Allg.J.d.Chem. 1(1798) S.615-616). Letzterer beanspruchte die Priorität für die Entdeckung der Detonationskraft beim Schlag auf Kaliumchlorat (in: Crells chem. Ann. für 1792, II S.505; den Anspruch darauf meldete er in Scherers Allg.J.d.Chem.4(1800) S.409-411 an .

[21] N.Journ.d.Phys. 4(1797) S.240; vgl.6.Kapitel.

[22] "Versuche Herrn Thomas Hoyle's des jüngeren über die durch Friktion und Säure bewirkte Detonation und Entzündung des salzsauren Kali mit verschiedenen oxydirbaren Substanzen". In: Scherers Allg.Journ.d.Chem. 1(1798) S.618-624, 5(1798) S.221-226 übersetzt aus den: Mem.of the Manch.Liter. and Phil.Soc.

[23] in: Ann.de Chim. 44(1803) S.321; deutsch im N.allg.J.d.Chem. 1(1803) S.649-653.

[24] l.c. S.653 .

[25] (Mém. sur la composition de l'alcool et de l'éther sulfurique.) Ann.de Chim. 62(1807) S.225.

[26] Das Eudiometer war ursprünglich bestimmt zum Messen der "Güte der Luft", d.h. des Sauerstoffgehalts. Der Name stammt von Landriani (1775). Das Prinzip geht daruf zurück, daß bei der Mischung von atmosph. Luft und NO über Wasser eine Volumenkontraktion eintritt. Spätere Eudiometer arbeiteten mit Phosphor (Berthollet, T.d. Saussure); vgl. dazu Partington III, S.321-325, besonders aber die ausführliche Darstellung von Watermann (1968).

[27] in: Mém.Soc.Arcueil 3(1810) S.64 und Mém.Acad.Sci. (1810) S.121. Deutsch erst spät in Schweigg.Journ.f.Chem. 29(1820) S.490-497.

[28] so der Titel in: Schweigg.Journ.f.Chem. 25(1819) S.461-477. Originalarbeit in den Mem.de l'Acad. de Turin 2(1811) S.2-19. Nicht erwähnt bei Kopp 1847 und 1873, bei Hjelt (1916), Graebe (1920), Ihde (1964), Szabadvary (1966).

[29] l.c. S.469.

[30] Daher wurde seine Arbeit von Meinecke (Übersetzer der Arbeit in Schweiggers Journal) als "sehr sinnreich" (l.c. S.471) bezeichnet. Die Literatur schreibt diese Innovation Berzelius zu.

[31] d.h. für die wissenschaftliche Öffentlichkeit. Lavoisier und Berzelius hatten ihre Versuche nicht publiziert.

[32] in den: Recherches physico-chimiques, Paris, 1810 Bd.2 S.265-350, deutsch in Gilb.Ann.d.Phys. 37(1811) S.401-414. Die mit $KClO_3$ zu einer Kugel geformte Substanz fiel in ein aufrechtes, glühendes Rohr, von dem aus die Verbrennungsprodukte in ein Hg-gefülltes Auffanggerät geleitet wurden. Vgl.Dennstedt (1899) S.9-10, Partington IV S.234-236, beide mit Abbildungen der Apparatur.

[33] Szabadvary (1966) S.291. Die Vermutung liegt nahe, daß Szabadvary diesen Satz nicht eigens bedacht hat, denn diese Bemerkung trifft nur auf die einfachsten Analysen Lavoisiers zu! Gay-Lussac gibt bei allen Analysen einen Sauerstoffgehalt an: woher sollte der denn stammen wenn nicht aus dem Versuch?

[34] Kopp (1873) S.530: "Die Genauigkeit... ist zu bewundern." Vgl. Anhang V.

[35] d.h. der Wasserstoffgehalt der Substanz wurde aus dem gebildeten Wasser bestimmt. Auch dieses wurde nicht direkt bestimmt, sondern über seinen Sauerstoffgehalt errechnet, der die Differenz des verbrauchten Sauerstoffs (aus dem $KClO_3$) und des Sauerstoffs im CO_2 ausmachte.

[36] Berzelius erwähnt die (nicht-publizierten) Versuche in seinem Lehrbuch der Chemie, 4.deutsche Auflage (übersetzt von F.Wöhler) Dresden 1835-1841 im 5.Bd. (1837) S.28 (nach Dennstedt (1899) S.8).

[37] In: Gilb.Ann.d.Phys. 37(1811) S.465: "Die Produkte der organischen Natur wollen sich, dem ersten Ansehen nach, nicht in die Gesetze fügen, auf die ich in der Zusammensetzung der unorganisierten Körper geführt worden bin."

[38] In: Gilb.Ann.d.Phys. 38(1811) S.224-225.

[39] Resultate einiger Analysen vegetabilischer Substanzen von J.Berzelius. In:Schweigg.Journ.f.Chem. 11(1814) S.301-302.

[40] Versuche, um die bestimmten Mengenverhältnisse festzusetzen, in welchen die Elemente der organischen Natur verbunden sind. (dt. in: Trommsd.N.Journ.d.Pharm. 1_1(1817) S.130-242. Eine Abbildung der Apparatur findet sich bei Szabadvary (1966) S.292.

[41] Die Bedeutung des Wassers für kontingente wie prinzipielle Verfälschungen hatte Berzelius in der Arbeit über das Kri-

stallwasser der Säuren untersucht. In: Gilb.Ann.d.Phys. 40(1812) S.235-330.

42 Söderbaum (1899) S.132. Daher wird Berzelius im 4. Abschnitt dieses Kapitels stärker berücksichtigt.

43 die erste Mitteilung darüber findet sich in Schweigg. Journ.f.Chem. 9(1813) S.125; vgl. Dennstedt (1899) S.12, Szabadvary (1966) S.293 .

44 G.Bischof: "Über die Analyse organischer Substanzen." In: Schweigg.Journ.f.Chem. 40(1824) S.25-60; Zitat S.28 .

45 Die Priorität liegt indes bei Fourcroy (vgl.5.Kapitel).

46 In: Ann.de Chim. 95(1815) S.184 und 96(1815) S.53; deutsch in Schweigg.Journ.f.Chem. 16(1816) S.1-81.

47 Kopp (1847) S.262.

48 Döbereiner: Ueber die Zusammensetzung des Zuckers und des Alkohols. In: Schweigg.Journ.f.Chem. 16(1816) S.84-85; 17(1816) S.188-189. Eine Abbildung der Appara tur findet sich bei Szabadvary (1966) S.292.

49 "Beobachtungen über verschiedene Verbindungen des Wasserstoffs und des Sauerstoffs mit dem Kohlenstoff. In: Sche. Allg.Journ.d.Chem. 7(1801) S.371-390.

50 In: Gilb.Ann.d.Phys. 37(1811) S.404/5.

51 Bischof in Schweigg.Journ.f.Chem. 40(1824) S.51

52 dies sollte nach Porret (Schweigg.Journ.f.Chem. 17(1816) S.297) mit konzentrierter Schwefelsäure erfolgen. Bischof (1824) S.57 merkt aber an: "manchmal ist die rückständige Masse so fest zusammengepacken.., daß sie weder durch mechanische noch durch chemische Mittel rein herausgeschafft werden konnte."

53 Andrew Ure: On the ultimate analysis of vegetable and animal substances. In: Phil.Trans. 112(1822) S.457-482.

54 Berzelius in seinen Jahresberichten 4(1825) S.181.

55 In: Ann.Phil. 6(1815) S.269, 11(1818) S.352, 15(1820) S.190, sowie in den Med.Chirurg.Trans. 8(1817) S.526, deutsch in Schweigg.Journ.f.Chem. 29(1820) S.487-489 mit Kommentar von Meinecke; erneut in Schweigg.Journ.f.Chem. 40(1824) S.25-26 in Bischofs vergleichender Übersicht. Der Apparat ist ganz einfach wie die früheren Geräte mit aufrechtem Rohr; nur übernimmt er die inzwischen erfolgten Verbesserungen (CuO, direkte Wasserbestimmung).

56 Dennstedt (1899) S.15 .

57 Szabadvary (1966) S.293.

58 Bischof (a.a.O. S.26) schreibt da nämlich, daß er zu keinen Ergebnissen gelangt sei, weil ihm "jederzeit die Glasröhren durch die Erhitzung... sprangen; ich will übrigens zugeben, daß dieß vielleicht an der schlechten Beschaffenheit meines hierzu verwendeten Glases liegen mag."

59 nach Dennstedt (1899) S.15 1828; er wie Szabadvary beziehen ihre Kenntnis davon aus J.Liebig: Anleitung zur Analyse

organischer Körper. Braunschweig 1837 S.4.
Das Original erschien in den Phil.Trans. 117(1827) S.355: "On the ultimate composition of simple alimentary substances; with some preliminary remarks on the analysis of organized bodies in general." Das gar nicht "verworrene"(so Szabadvary) Prinzip ist bei Dennstedt (1899) S.15/16 übersichtlich dargelegt.

60 weder bei Kopp (1847, 1873), noch bei Hjelt, Graebe, Ihde, Holmes.

61 Es wurde zumal von Dennstedt (1899) S.15/16 schon erörtert.

62 vgl. dazu das 3.Kapitel.

63 "Lavoisier hatte das Phlogiston gestürzt, aber nur um dem Sauerstoff eine ebenso dominierende Stellung in der Wissenschaft zuzuteilen." Söderbaum (1899) S.91.

64 Berzelius versuchte nicht nur, im Anschluß an Lavoisier den Sauerstoff als das säuernde Element aller Säuren nachzuweisen (daher sein Widerstand gegen die Entdeckung des Chlors als Element), sondern überhaupt alle neutralen Stoffe als Zusammensetzung aus Radikal und Sauerstoff zu interpretieren. Berzelius sah 1812 weder den Stickstoff noch den Wasserstoff als elementar an:
".. daß der Stickstoff als eine höhere Oxydationsstufe des nämlichen Radicals als das Ammoniak anzusehen (ist und).. daß der Wasserstoff eine niedrigere Oxydationsstufe des nämlichen Radicals sein muß." In: Gilb.Ann.d.Phys. 40(1812) S.175.

65 So schreibt er, jedenfalls in den Séances des Ecoles norm. 9(Paris 1801) S.38-41, und verallgemeinert damit seine Theorie, daß alle tierischen Substanzen durch ihren Stickstoffanteil zu charakterisieren seien (In: Recherches sur la nature des substances animales, et sur leurs rapports avec leurs substances végétals. Mém.Acad.Sci. 1780 (1784) S.120-125). Die nämliche Theorie vertrat auch Fourcroy im System (1801); vgl. dazu 5.Kapitel.

66 In den Ann.Chim. 25(1798) S.237; Holmes (1963) S.59 meint irrtümlich, auch Berthollet habe die Säuren nach dem Sauerstoffgehalt klassifiziert; Berthollet bestritt jedoch Lavoisiers Säuretheorie schon seit 1786.

67 vgl. 6.Kapitel.

68 und näherte sich dabei den Eigenschaften des "Caput mortuum" (vgl. 1.Kapitel). Daneben hatte Rumford schon vermutet, der Kohlenstoff in der Pflanze sei ihr Skelett, um das sich die näheren Bestandteile als "Fleisch" gruppieren: Untersuchungen über verschiedene Holzarten und die Kohle. In: Schweigg. Journ.f.Chem. 8(1813) S.160-202; sowie: Untersuchungen über das Holz und die Kohle. In: Gilb.Ann.d.Phys. 45(1813) S.1-41.

69 Kirwan hatte bis 1791 versucht, Wasserstoff und Phlogiston für identisch zu erweisen. Vgl. Kahlbaum (1897) S.5-8, Partington III, S.660-671.

70 Vgl. dazu Westring im 6.Kapitel.

71 etwa bei Schelling (1799), der auch selbst als Laie Auguste Böhmer behandelte, die dabei starb; vgl. dazu Leibbrand (1956) S.164.

72 Gilb.Ann.d.Phys. 37(1811) S.409. Diese Theorie wird kurz in fast allen genannten Publikationen (vgl.Anm.8-10) erörtert.

73 ".. was wir indeß weit entfernt sind für wahr zu halten.." l.c.

74 vgl. 3.Kapitel

75 Gay-Lussac a.a.O. S.411.

76 Eine Natur-Definition, die alles Anorganische vom Organischen her begreift, sieht keinen strengen Gegensatz zwischen natürlicher oder künstlicher Herstellung durch den Menschen. Gegen die Annahme, Wöhlers Harnstoffsynthese sei der Wendepunkt der organischen Chemie gewesen, ist den vielen Einwänden (vgl.Brooke(1968)) nur hinzuzufügen, daß etwa Leopold Gmelin (1819) S.938 schon fünf Beispiele für seine Meinung nach gelungene organische Synthesen anführt, nämlich:
1. Döbereiners Erzeugung einer fettartigen Materie beim Durchleiten von Wassergas durch ein glühendes Flintenrohr; vgl.8.Kapitel [zutreffend].
2. Berards Erzeugung von Fett beim Durchleiten von CO_2, C_2H_4 und H_2 durch glühende Porzellanröhren [zutreffend].
3. Prousts Experiment, wobei aus Gußeisen und Salzsäure eine ölige Substanz erzeugt wurde (Gilb.Ann.d.Phys. 24(1814) S.293). [nicht zutreffend].
4. Hatchetts künstlicher Gerbestoff (vgl.5.Kapitel) [unzutreffend].
5. Nasse glaubte, Essigsäure aus H_2O, CO_2 und O_2 hergestellt zu haben (Schweigg.Journ.f.Chem. 4(1813) S.113 [unzutreffend].

77 Berzelius in Liebigs Ann.der Chemie 31(1839) S.4.

78 Recherches sur le cuivre. In: Ann.Chim. 32 (1799) S.26-54; vgl. dazu Kapoor (1965) S.84-88.

79 Sur quelques sulfures métalliques. In: Journ,d. Physique 53(1801) S.90-99; Sur les sulfures nativs et arteficiels du fer. In: Journ.d.Physique 54(1802) S.89-95 und Journ. d.Physique 55(1802) S.326-344; vgl. dazu Kapoor (1965)S.88-95.

80 Zusammengefaßt in: Essai de Statique chimique. 2 Bde, Paris 1803. Zu dem Streit, an dem sich alle namhaften Chemiker Europas direkt oder indirekt beteiligten, vgl. Kopp(1873) S.225-245 und Kapoor (1965).

81 Link: Über die chemische Verwandtschaft. In: Crells Ann. 1790,I, S.484-490; es heißt da: "Die Menge des zerlegenden Stoffes vermehrt die zerlegende Kraft" (S.488). Auf seine Priorität wies Link in zwei Artikeln "Über Berthollets Theorie der chemischen Verwandtschaft" hin; in: Gehlens Journ. d.Chem.Phys. 3(1807) S.194-231 und Gilb.Ann.d.Phys. 30(1808) S.12-22. Dabei führt er als Beweis die Umsetzung von K_2SO_4 und HCl an; bei Erhöhung der Salzsäuremenge steigt der

Anteil an gebildetem KCl.

[82] Winterl (1803) S.45-47.

[83] Es handelt sich hierbei um eine sehr frühe (vor Berthollet) Andeutung des chemischen Massenwirkungsgesetzes. Kopp bezeichnet Winterls Beiträge zur Chemie als "Schwindel", nicht zuletzt, weil er "Elemente zerlegte"; vgl. dazu aber Berzelius (Anm.64), der dasselbe unternahm.

[84] Vgl. dazu Schweigg.Journ.f.Chem. 1(1811) S.352-357. Die hieraus gezogenen Folgerungen sind eher physikalisch und weniger chemisch.

[85] Diese Größen gehen quantitativ in den Begriff "Affinität" ein, z.B. die Reaktionstemperatur bei mehreren Oxidationsstufen. "Auflösungsmittel" heißt: Aggregatszustand.

[86] wie das etwa von Liebig (1865) S.41 nahegelegt wird.

[87] Dies im Gegensatz zur Meinung von Hooykaas (1958), nach der Berthollet auf die Verliererseite geraten sei durch den "overwhelming influence of organic chemistry". S.311. Das kann man frühestens als Beweis nach 1832 (Benzoyl-Arbeit von Liebig) gelten lassen.

[88] abgesehen von C.J.B.Karsten, der seine Opposition zur Atomtheorie und sein Votum für Berthollet noch 1843 vehement vertrat. Die Ansicht von Knight (1967), es habe bis zu Beginn des 20.Jahrhunderts zwei Paradigmen in der Chemie gegeben - Lavoisier/Daltons atomistische Chemie und daneben die von Kant über Davy zu Ostwald führende dynamische Chemie - scheint eher als Programm aufzufassen zu sein denn als Resultat seiner Untersuchungen. Bei allem Einfluß der Gedanken romantischer, spekulativer und dynamischer Chemie auf die Forschung konnte sie sich hinsichtlich einer paradigmatischen Basis für die Chemie mit der zweiten Richtung nach 1806 nicht mehr messen.

[89] Vgl. Dijksterhuis (1956), van Melsen (1957), Hiller (1968); besondere Berücksichtigung des Zusammenhangs von Atomtheorie und Chemie findet sich bei Kopp (1873) S.246-342 und Roscoe (1898).

[90] Phil.Trans. 98(1808) S.96.

[91] bei Söderbaum (1899) S.182 nur als "Daltons unvollkommene Versuche" im Vergleich zu Berzelius' vollkommenen erwähnt.

[92] Der Sauerstoffgehalt wurde dem Wasser zugeschrieben.

[93] Gay-Lussac: Sur la combinaison des substances gazeuses, les unes avec les autres. In: Mém.Soc.Arcueil 2(1809) S.207-234. Vgl. dazu Partington IV S.79-85.

[94] Essai d'une manière de déterminer les masses relatives des molécules élémentaires des corps et les proportions selon lesquelles elles entrent dans ces combinaisons. In: Journ. d.Phys. 73(1811) S.58-76. In konsequenter Übertragung der Gay-Lussacschen Volumengesetze auf seine eigenen Analysenergebnisse gab Avogadro 1821 die korrekten Formeln für Terpentin $C_{10}H_{16}$ (d.h.Pinen), Alkohol und Aether: Mémoire sur la manière de ramener les composés organiques aux lois or-

dinaires des proportions déterminées. In: Mem.Acad.Torino 26(1821) S.440-506.

95 Zur Proutschen Hypothese (daß alle Atome aus Wasserstoff aufgebaut sind) vgl. Partington IV S.222-224, sowie besonders Glasstone (1947).

96 zu Dulong-Petits Regel (daß das Produkt aus Atomgewicht und spezifischer Wärme konstant ist) vgl. Fox (1968) sowie im 8.Kapitel.

97 zu Mitscherlichs Entdeckung des Isomorphismus (daß beim Vorliegen der gleichen Kristallform bei Salzen häufig auch derselbe Verbindungstyp (Kristallgitterstruktur) vorliegt) vgl. Szabadvary "Mitscherlich" in DSB 9(1974) S.423-426, Bugge (1929)I, S.452 sowie besonders Schütt (1973).

98 Afh.i.Fys.Kem.Min. 3(1810) S.164.

99 Schweigg.Journ.f.Chem. 11(1814) S.302 .

100 Darüber ist sich die Literatur einig, ausgenommen J.v. Liebig, der als Chemiehistoriker (siehe "Chemische Briefe" Nr.1-4) eine wenig glückliche Hand hatte.

101 Gilb.Ann.d.Phys. 38(1811) S.224. Diese Beziehung gilt für Berzelius so ausschließlich, daß überall, wo sich in der anorganischen Natur dergleichen findet, "wir ihnen organischen Ursprung zuschreiben." S.225 z.B. "Hatchetts arteficieller Gerbestoff [!] und der arteficielle Extractivstoff." Letzteren hatte Berzelius selbst bei einer Analyse des Roheisens entdeckt. In: Afh.i.Fys.Kem.Min. 3(1811)S.132

102 "ternär" bedeutet, daß das (O-freie) Radikal aus mindestens 2 Elementen zusammengesetzt sein mußte.

103 im: Essay on the cause of chemical proportions and on some circumstances relating to them; together with a short and easy method of expressing them. In: Ann.Phil. 2(1813) S.449-450.

104 Das folgt aus der Berührungsmöglichkeit gleich großer Kugeln, welche die Atome darstellen:

105 In Schweigg.Journ.f.Chem. 10(1814) S.241-248. Brief vom 12.2.1814.

106 l.c. S.246.

107 Der Berechnung lag seine Theorie der Neutralisation zugrunde: <u>ein</u> Sauerstoff der einen Verbindung konnte sich nur mit einem Multiplum des Sauerstoffs der anderen verbinden (wie $MeO + HNO_3$). Wenn sich danach z.B. für die Essigsäure eine Sättigungskapazität von 15,55 gegen ein binäres anorganisches Oxid ergab, die Analyse dieser Säure ein prozentuales Ergebnis von 46.64% O , 47,53C und 58,3H erbrachte, so mußte die Säure 3×15.55 = 46.65, also 3Vol. Sauerstoff enthalten. Vgl. dazu Kopp (1874) S.263, Hjelt (1916) S.47/48, Bischof (1819) S.115-118.

108 Das wäre bei unorganischen Verbindungen nötig. l.c. S.246

109 publ. in:Schweigg.Journ.f.Chem. 11(1814) S.301-302.

[110] Experiments to determine the definite proportions in which the elements of the organic nature are combined. In: (Thomson) Ann.of Phil. 4(1814) S.323-331; 401-409
Ann.of Phil. 5(1815) S.93-101; 174-184; 260-275
Zur deutschen Übersetzung vgl. Anm.40.

[111] zitiert nach Bischof (1819) S.116.

[112] electropositiv ist für Berzelius der Körper, der zur Anode wandert.

[113] Gilb.Ann.d.Phys. 40(1812) S.320 .

[114] Darunter wird allgemein Berzelius' Theorie verstanden, die alle chemischen Verbindungen als Zusammensetzungen aus Radikal und Sauerstoff erklärt. Berzelius ging mit seiner Universalitätsforderung weit über Lavoisier hinaus. Vgl. dazu Söderbaum (1899) S.66-135. Partington IV S.166-177.

[115] vgl, dazu Berzelius' Haltung zur Entdeckung des Chlors, der sauerstoff-freien organischen Verbindungen, Liebigs Radikaltheorie. Liebigs häufig verletzende Polemik gegen Berzelius, die schließlich auch zu einem Bruch zwischen den beiden führte, ließ Berzelius als verbitterten Mann sterben.

[116] In: Ann.of Phil. 3(1813) S.52 .

[117] In:Schweigg.Journ.f.Chem. 10(1814) S.244-248 .

[118] In: Ann.of Phil. 5(1815) S.273 .

[119] Zuerst in: Ann.of Phil. 4(1814) S.323, 401.

[120] vgl. dazu Kopp (1873) S.543, Hjelt (1916) S.49.

[121] ein Äquivalent-Verhältnis von e.g. 1:1:1 war kaum streng von einem Verhältnis von 10:11:10 zu trennen. Vgl.z.B. die Formel für Zitronensäure 3:3:3 oder 3:3:4 (s.o. im Text).

[122] also ob es sich z.B. um 1C + 1H oder K·C + K·H handle. In: Ann.of Phil. 4(1814) S.223-330, 5(1815) S.273-275.

[123] In: Gilb.Ann.d.Phys. 37(1811) S.471.

[124] Berzelius (1816,übersetzt von Blumhof) S.428, 569. Diese Interpretation wurde in der Literatur bisher nicht berücksichtigt.

[125] Berzelius (1820, übersetzt von Blöde), S.28, 45 besonders S.104-108, sowie im 3.Band des Lärbok (1828 übersetzt von Wöhler).

[126] Dies Zugeständnis machte Berzelius, nachdem er in mehreren eigenen Analysen im Terpentinöl keinen Sauerstoff gefunden hatte.

[127] in der 3.Auflage des "Lehrbuch der Chemie". Dresden 1833 S.270

[128] In: Schweigg.Journ.f.Chem. 32(1821) S.345.

[129] Kopp (1873) S.551 erwähnt dies nur beiläufig.

[130] In: Ann.de Chim. 91(1814) S.248.

[131] In: Ann.de Chim 95(1815) S.136. Deutsch (übersetzt von Meinecke): Untersuchungen über die Blausäure. In:Schweigg. Journ.f.Chem. 16(1816) S.1-81.

[132] In: Ann.de Chim. 95(1815) S.311. D.h. daß die Berechnung der Zusammensetzung aus der Elementaranalyse, die über das Gewicht erfolgten, einfache Volumenverhältnisse bei Umrechnung auf Volumina ergaben:

Aether $\hat{=}$ $2CH_2 + HO$ (nach Vol.-Teilen)
Alkohol $\hat{=}$ $CH_2 + HO$ (nach Vol.-Teilen)

[133] Tierische Bestandteile konnten wegen des schwer bestimmbaren Stickstoffgehalts erst nach Verwendung des CuO genauer analysiert werden; ausgenommen davon waren Chevreuls Arbeiten über Fette und Leichenwachs. Vgl.Partington IV S.246-249.

[134] Diese Einschätzung wurde schon von den Zeitgenossen geteilt. Berzelius schlug vor, das Benzoyl-Radikal mit "Proin" oder "Orthrin" zu bezeichnen, da damit ein neuer Tag in der Pflanzenchemie begonnen habe. Vgl.Kopp (1847)S.272.

[135] In: Gilb.Ann.d.Phys. 50(1814) S.446.

[136] Danach warten die Forscher nur auf die Falsifikation ihrer Hypothesen durch das Experiment, um dann neue, unwahrscheinliche Hypothesen aufzustellen.

[137] Das ist ein Beleg für Kuhns Betonung psychologischer Faktoren für wissenschaftlichen Fortschritt, vielleicht gar für Feyerabends chaotischer Charakteristik dieser Vorgänge.

[138] vgl. dazu die von Wöhler mitgeteilte Anekdote; daß Berzelius erst 1823 seine Haushälterin, die von einem "Geruch nach dephlogistisierter Salzsäure" sprach, anwies, ab jetzt von "Chlorgeruch" zu sprechen. Nach F.Wöhler. Jugenderinnerungen eines Chemikers. = Ber.d.deutschen chem. Gesellschaft Berlin 8(1875) .

[139] In: Journ.d.Phys. 73(1813) S.260 und Gilb.Ann.d.Phys. 42(1813) S.52.

8. Kapitel

Der Einfluß der romantischen Naturphilosophie auf die organische Chemie und die Pflanzenchemie.

Die Erforschung der Wechselbeziehungen zwischen Naturwissenschaft und romantischer Naturphilosophie in Deutschland zwischen 1790 und 1840 litt bis zum Beginn des 20. Jahrhunderts unter den vorwiegend negativen Einschätzungen, die die letztere durch Forscher wie Historiographen aus dem darauffolgenden Zeitalter der positiven Wissenschaft erfuhr. Anstelle der häufig rein deduktiven Spekulation der Naturphilosophie war die Theorienbildung durch Induktion im 19. Jahrhundert so erfolgreich gewesen, daß sie scheinbar allein Wissenschaftlichkeit und praktischen Erfolg versprach.

Seit etwa 1930 setzte jedoch zunehmend eine objektive Beurteilung der Romantik und ihres Verhältnisses zur Naturwissenschaft ein, wobei sich im Falle des "Anti-Romantikers" Liebig die Perspektive eröffnet, daß er der Naturphilosophie und seinem geschmähten Lehrer Kastner sehr viel mehr verdankt als die Liebig-Geschichtsschreibung bisher annahm [1].

Für manche Einzelwissenschaften im Umkreis der Chemie liegen historische Untersuchungen über die Einflüsse der naturphilosophischen Gedanken auf die Naturforschung schon vor; so für Teilbereiche der anorganischen Chemie [2], für die Medizin [3], für die Biologie [4]. Die bisher ausstehende Untersuchung zur organischen und Pflanzenchemie soll hier begonnen werden. -

1. Zentralbegriffe der romantischen Naturphilosophie.

Bevor die für die besondere Epoche kennzeichnenden Begriffe herausgestellt werden, muß der grundlegende Gedanke aller Naturphilosophie kurz erörtert werden: Die Idee der

Einheit der Natur.

Naturphilosophie beginnt mit dem Postulat der einen archē im Kleinasien des 6. Jahrhunderts v.Chr.; der Einheitsgedanke zieht sich gleichwohl durch die Naturphilosophie des Mittelalters und der Neuzeit bis heute [5]. Dieser Gedanke zielt darauf, alle Phänomene der Natur durch eine universale Betrachtungsweise [6] auflösen zu können. Die Versuche dazu reichen von den einfachsten Vorstellungen des Wassers als Urstoff bis zur pythagoreischen und platonischen Zahlenmystik. Diese beiden Ansätze sind mit Bedacht gewählt, denn sie repräsentieren die extremen Positionen der Möglichkeit von Naturphilosophie: hier der Gedanke der Einheit der Natur, garantiert durch die Idee des Einen und Guten, durch Gott, dort garantiert durch den Menschen; der "homo-mensura"-Satz liegt als Folie jeder Gegenüberstellung von Welt und Mensch schon zugrunde [7]. Wenn durch Reflexion die Einheit von Mensch und Natur in Frage gestellt wird, ist sie auch schon verloren; ihr Wiedergewinn ist das Ziel der Philosophie, die allerdings nur als ein Weg hierzu erscheint [8]. Die beiden oben angedeuteten Positionen müssen einander nicht notwendig widersprechen: unter der Fülle mittlerer Positionen erfährt das "homo mensura" die deutlichste Ausformung im transzendentalen Idealismus, für welchen der menschliche Verstand der von ihm erkennbaren Natur die Gesetze vorschreibt, nach welchen er sie begreifen kann. Der Gottesbegriff ist damit jedoch nicht eliminiert, denn es bleibt das Phänomen der Einfachheit und Harmonie dieser Gesetze, das durch die Natur des Intellekts allein nicht zu erklären ist [9].

Der Gedanke der Einheit in der Natur hat für die romantische [10] Naturphilosophie zwei Folgen:

a) Es gibt nicht verschiedene Naturwissenschaften, sondern nur eine, die Physik [11]. Diese selbst ist a priori, so daß sie nur einen Teilaspekt der Philosophie ausmacht [12]. Hier soll nur der erste Aspekt berücksichtigt werden, der die Aufhebung der Schranken zwischen

Physik, Chemie und Biologie fordert. Dieser Gedanke ist nicht neu; er findet sich in allen atomistisch-mechanistischen Naturauffassungen seit der Antike. Doch ist die Physik nicht Grundwissenschaft wegen der Universalität der toten Materie, sondern wegen der Einheit der lebendigen Natur. Der Organismus Natur, mit seinem Hauptkennzeichen der absoluten Tätigkeit[13], führt zu einer dynamischen Naturauffassung, deren Grundgrößen nicht Teilchen, sondern Kräfte sind [14].

Der aus der Einheit der Naturwissenschaften resultierende Systemgedanke verliert bei Schelling und den ihm folgenden Philosophen allerdings bald die Verbindung zur empirischen Wissenschaft [15]. Die Spekulation nahm deren Fortschritte nicht auf und wurde von dieser nicht mehr ernst genommen, nicht zuletzt deswegen, weil Empirie von manchen Naturphilosophen als minderwertig erklärt wurde [16].

b) Die reale Verschiedenheit der vielen Einzelwissenschaften von der Natur erklärt sich durch die Zahl, durch die quantitativen Verhältnisse innerhalb der Phänomene der Natur. Auch diese Kennzeichnung der romantischen Naturphilosophie unterscheidet sie noch nicht von der mechanistischen Auffassung. Die Differenz besteht allerdings darin, daß die Naturphilosophie nicht die Beherrschung der Natur [17] durch die quantitative Beobachtungsweise zum Ziel hat, sondern die Erkenntnis der Welt in ihrer Harmonie und Einfachheit [18]. Die konkrete Forderung für die chemische Empirie bleibt dabei die gleiche: Aufsuchen möglichst vieler quantitativer Charakteristika an den Stoffen selbst und bei ihren Reaktionen, um Zusammenhänge zwischen Mathematik/Physik und Chemie aufzudecken. Spekulationen mit einer Vielzahl von Äquivalenzgewichten, Dichten, Volumenverhältnissen führten dabei zur Triadenregel von Meinecke und Döbereiner [19] (Grundregel des periodischen Systems der Elemente) und zur

Konstitutionschemie.

Die Mathematik wurde im 17. und 18. Jahrhundert in ihrer Anwendung auf die natürlichen Dinge als Physik als Inbegriff der Wissenschaftlichkeit verstanden. Die Einwände dagegen seitens der "organischen Wissenschaften" von Buffon bis Cuvier und Hegel [20] wurden von den naturphilosophischen Forschern nicht geteilt. So erklärte Lorenz Oken:

"Die Naturphilosophie ist nur Wissenschaft, wenn sie mathematisierbar ist, d.h. der Mathematik gleich gesetzt werden kann." [21]

Einheit und unbegrenzte Zweiheit [22], mit der die Zahl Eingang in den Einheitsgedanken erhält [23] und ihn problematisiert, erfahren in der romantischen Naturphilosophie besondere Ausgestaltung, die sich in den charakteristischen Zentralbegriffen der Polarität und, damit zusammenhängend, der Stufung, der Metamorphose, der Analogie niederschlägt[24]. Diese Begriffe folgen indes erst aus den Ideen von Einheit und Zahl [25]. Oken verweist darauf mit der Null, dem "höchsten Prinzip der Mathematik" [26], die in plus und minus zerfällt, in positiv und negativ, in Pole. Zur so entstandenen Polarität gehören alle drei Elemente (O, +, -), worauf Wilbrand ausdrücklich hinweist, während Dualismus nur die beliebige Gegensätzlichkeit zweier Pole bedeutet.

Die Struktur des Zerfalls des obersten Prinzips, der Ungeschiedenheit des Neutralen, aber Amphoteren [28], in zwei entgegengesetzte Pole durchzieht die gesamte organische und anorganische Natur [29]: Magnetismus, Elektrizität in der Physik, Säure-Base, Sauerstoff-Wasserstoff in der Chemie, Sexualität, Sproß-Wurzel-Differenzierung in der Biologie gehorchen ihr. Nees von Esenbeck ließ in der Anwendung auf die Pflanzenchemie aus dem einfachen Urstoff Wasser[30] theoretisch alle verschiedenen Pflanzenstoffe entstehen [31]. Die Weiterbildung der Polaritätsidee führt bei Steffens (1801) zu einer Verdoppelung des Polaren, so daß Hildebrandt die Erscheinungen der organischen Chemie auf die Spannung zwischen den vier Polen Kohlen-, Wasser-, Sauer- und Stickstoff zurückführt [32], Falkner (1824) chemische Reaktionen generell mit einem System von Quadratzahlen zu erklären versucht [32a].

Von diesem Überblick über Begriffe der romantischen Naturphilosophie [33] aus ist nun der konkrete Einfluß dieser Gedankengänge auf die Pflanzenchemie zu beachten. "Einfluß" bedeutet dabei nicht unmittelbaren Einfluß, sondern die Beiträge von den Forschern sind darunter verstanden, die der Naturphilosophie zuneigten [34]. Für den Problemkreis der Pflanzenchemie lassen sich dabei zwei Strömungen unterscheiden: die erste, physiologische zieht sich, von Blumenbach herkommend, über Kielmeyer zu Oken, Voigt, Wilbrand, Nees von Esenbeck, Bischof und Pfaff; die zweite, chemische Richtung führt von Winterl [35] über Oerstedt und Schuster zu Kastner, Meinecke, Döbereiner, Runge. Die Forschung dieser Wissenschaftler unterstützte die doppelte Ausgliederung von organischer Chemie und Phyto-Physiologie aus der Pflanzenchemie, die sich danach endgültig auf den von Berzelius umschriebenen Bereich zurückzieht: auf chemische Erforschung der näheren Bestandteile der toten Pflanze. [36]

2. Der allgemeine Einfluß romantisch-naturphilosophischer Gedanken auf die Pflanzenchemie.

Zwar waren sich empirische wie spekulative Naturforschung in der Bedeutung einig, die sie quantitativen Verhältnissen zumaßen, doch unterschieden sie sich in der Folgerung, die aus ihnen gezogen werden konnte. Für die spekulative Richtung waren die empirischen Resultate lediglich Handwerkszeug für weitergehende Interpretationen, wogegen Berzelius verbot, mehr als mathematische Gesetze aus den Data zu folgern [37]. Johann Ludewig Georg Meinecke (1781-1823) wehrt sich dagegen.

> "Will aber der Chemiker keine durchgreifenderen Erläuterungen gestatten, als solche, die ihm in den Laboratorien zunächst zur Hand liegen, so verdient seine Wissenschaft den Namen der chemischen Kochkunst". [38]

Für eine "strenge, wissenschaftliche Begründung" muß die Chemie mehr leisten, als nur die Mengen der Bestandteile von Verbindungen zu ergründen versuchen, sie muß "auch deren Eigenschaften und Kräfte bestimmen wollen" [39]. Als Kronzeugen nennt Meinecke Jeremias Benjamin Richter, den Begründer der Stöchiometrie. Seit dessen Dissertation : De usu Matheseos in Chymia (Königsberg 1789) hatte Richter immer wieder [40] gezeigt, daß "Quantität" in der Chemie mehr bedeutet als das nur Gemessene, nämlich dynamisches Resultat einfacher Gesetzmäßigkeiten. Richter hatte schon vorhergesehen, daß seinen Entdeckungen zunächst nicht allzuviel Beachtung geschenkt würde; so äußert auch Berzelius in einem Brief an Gehlen [41] 1811 sein Erstaunen darüber, daß Richters Gesetze so wenig bekannt seien. Richter als Kronzeuge war für Meinecke so wichtig, weil er für Berzelius unverdächtig erschien; das verhinderte jedoch nicht, daß er selbst in Vergessenheit geriet [42].

In Deutschland wurden stöchiometrische Untersuchungen erst nach 1810 wiederaufgenommen. Zumindest drei von vier Chemikern, die darüber publizierten, standen in nahem Verhältnis zur Naturphilosophie:
Kastner [43], Schweigger [44] und Döbereiner [45] neben Gilbert [46].
Der Unterschied von den stöchiometrischen Bemühungen im Vergleich zu Berzelius liegt nicht in der Empirie, sondern der Tragweite der theoretischen Folgerungen. Berzelius wollte keine der anorganischen Chemie vergleichbare Systematik in der organischen Chemie anerkennen. Die ganze von ihm zugelassene Systematik organischer Verbindungen war ihm durch Wahlenberg 1812 erstellt worden [47]. Sie trägt alle Merkmale einer "Häufung" (vgl. 6.Kapitel).

Aus den Summenformeln, die er als Volumen-Äquivalente der prozentualen Elementaranalysen-Resultate berechnete, zog Berzelius weder Rückschlüsse auf deren Systematisierbarkeit noch auf deren Entstehen, im Gegenteil: beide Intentionen verwarf er als spekulativ und ungegründet. Man könnte daher Berzelius tatsächlich mit Steffens für einen "chemischen Kochkünstler" halten, wenn er nicht mit der Ausdehnung seines elektrochemischen Dualismus auf die organische Chemie, mit der Annahme hypothetischer Radikale eine Spekulation der nämlichen Art vorgenommen hätte. Auch ohne empirische Verifikation sollte diese Theorie als wahre gelten. Deren Einfachheit, daß jede organische Verbindung aus Sauerstoff und einem eigentümlichen sauerstoff-freiem Radikal bestehen sollte (Isomerie-Verbot!), war zwar in der Analogie zur anorganischen Chemie bestechend, schloß aber konsequent die empirische Überprüfbarkeit aus ("hypothetische Radikale") und ließ wegen der Hypothetik keinerlei Interpretationsmöglichkeit der physikalisch-chemischen Eigenschaften in Relation zum Atomaufbau zu, und ebenso wenig einen Rückschluß auf die Weise, wie sie entstanden sein mochten: aus Radikal und Sauerstoff war es ja nicht möglich [48].

Aus dieser Skizze der Theorie der empirischen Forschung, wie Berzelius sie verkörperte, wird die Differenz zur Bedeutsamkeit der Zahl für naturphilosophische Stöchiometer klar: Kastner, Meinecke und Döbereiner erachteten die Berücksichtigung möglichst vieler Zahlenverhältnisse für notwendig, um zu einfachen Zusammenhängen zwischen physikalisch-chemischen Qualitäten und gemessenen Quantitäten zu gelangen. Meinecke drückt dies 1817 so aus:

> "die Mengenverhältnisse der chemischen Verbindungen hangen von den verschiedenen Eigenschaften (Kräften) der Stoffe ab, und wenn die Mengenverhältnisse bestimmt sind, so müssen auch die Kräfte, welche diese Verhältnisse hervorbringen, ebenfalls bestimmt, folglich meßbar seyn... wenn chemische Gesetze sich der Rechnung zu entziehen scheinen, so kann der Grund davon nur darin liegen, daß der mathematische Ausdruck für diese chemischen Gesetze noch nicht gefunden worden."[49]

In einer Tabelle stellt Meinecke den physikalischen Eigenschaften der festen einfachen Körper, d.h. der Dichte, der Kohäsion, der Wärmekapazität (= spezifische Wärme) und der Schmelztemperatur die stöchiometrischen Werte [50] gegenüber, die er auf Sauerstoff bezieht. Er stellt als erstes Gesetz, das aus dieser Tabelle von 41 Elementen folgt, auf:

> "daß die stöchiometrischen Werthe der Körper im geraden Verhältnisse stehen mit ihrer Dichtigkeit und im umgekehrten mit ihrer Cohäsion.
>
> Wenn also die Cohäsion aufgehoben ist durch Ver-

> setzung der Körper in einen Gas oder Dunstzustand, so muß der stöchiometrische Wert der Körper mit ihrer Dichtigkeit allein im geraden Verhältnis stehen." [51]

Bei Berücksichtigung der Wärmekapazitäten ergibt sich hieraus die Folgerung:

> "Daß die Wärmecapacitäten sich umgekehrt verhalten wie die stöchiometrischen Werthe" [52]

Dies besagt nichts anderes, als daß das Produkt aus stöchiometrischer Zahl und Wärmekapazität konstant ist: eine Formulierung der Dulong-Petit'schen Regel 2 Jahre vor deren Entdeckung [53], wobei in der ausführlichsten historischen Bearbeitung dieser Entdeckung ausdrücklich darauf hingewiesen wird, daß Dulong und Petit dieses Gesetz <u>nicht</u> schon bei ihren Vorarbeiten von 1815 und 1818 gefunden hatten [54].

Der zweite wesentliche Gesichtspunkt neben dem Verhältnis von quantitativen zu qualitativen Charakteristika von Stoffen war nunmehr speziell für die Pflanzenchemie der Aspekt des <u>Werdens</u>, des Entstehens von organischen Verbindungen. Während die Pflanzenphysiologie sich bislang nur mit den Anfangs- und Endprodukten von Assimilation oder den verschiedenen Gärungsarten beschäftigt hatte, versuchten Döbereiner, Meinecke und später (1819) besonders Bischof aus den gewonnenen Summenformeln Rückschlüsse auf die Entstehung der Endprodukte aus einfachen Atomgruppen zu ziehen. Meinecke bezeichnete dies als die "Erforschung.. der Constitution.. organischer Stoffe" [55], die er 1817 auf die Pflanzenchemie beschränkte.

3. Der spezielle Einfluß der romantischen Naturforschung auf die Pflanzenchemie.

a) <u>Zur Konstitution organischer Verbindungen</u>

Die organische Strukturchemie beginnt notwendig mit der Betrachtung, daß die kleinsten Teilchen organischer Verbindungen nicht ein der Interpretation unzugänglicher Haufen von Elementaratomen (und sei es in Form hypothetischer Radikale) sind, sondern daß sie selbst aus kleineren Einheiten, "näheren Bestandteilen" zusammengesetzt sind, die im Gesamtmolekül definite Positionen einnehmen [56].

Hatte sich Lavoisier noch eindeutig gegen diese Annahme ausgesprochen [57], so wurde sie von Gay-Lussac interessehalber 1811 erwähnt, wenn er auch ausdrücklich darauf hinwies, daß er dies nicht für wahr hielt [58]. Mit den Arbeiten über Volumenverhältnisse bei gasförmigen Reaktionspartnern erhielten diese spekulativen Überlegungen ein ganz anderes Gewicht, da sich zu der numerischen Einfachheit beim Wägen die Einfachheit der Volumenäquivalente auch bei organischen Verbindungen gesellte. So ließen sich Alkohol und Äther durchaus als Zusammensetzung von Wasserdampf und ölbildendem Gas (Äthen) betrachten, Zucker aus Kohlenstoffdampf und Wasserdampf. Doch nur für diese drei Verbindungen untersuchte Gay-Lussac diese Verhältnisse, während Döbereiner ab 1816 eine systematische Übertragung auf alle organischen Verbindungen, deren Summenformel ermittelt war, vornahm.

Grundlagen für die Zulässigkeit dieses Verfahrens war Döbereiners Arbeit über die "wasserfreie" Oxalsäure, von der er 1816 gezeigt hatte, daß sie als Verbindung von Kohlenmonoxid und Kohlendioxid anzusehen ist [59]. Damit war Berzelius' Theorie gleich mehrfach verletzt, denn diese "Bestandteile" waren keine sauerstoff-freien Radikale, und die Gesamt-Verbindung war nicht ternär, denn sie enthielt keinen Wasserstoff. In seinen "Neueste stöchiometrische Untersuchungen" (1816) errechnete Döbereiner die stöchiometrischen Zahlen (= Molekulargewichte mit Bezug auf Wasserstoff = 1) aus den Dampfdichten für sämtliche erforschten organischen Verbindungen und gab dazu die möglichen Konstitutionszusammenhänge numerisch an. Dies stellt sich in einer Tabelle wie folgt dar:

Verbindung	stöch.Zahl	Döb.numerische Angabe	[Konstitutions-Summenformel [60]]
Kohlenstoff	5,7	5,7	C
ölbildendes Gas [Äthen]	6,7	5,7+1	C+H
Kohlenwasserstoff-gas [Methan]	7,7	5,7+2×1	$C+H_2$

Verbindung	stöch.Zahl	Döb.numerische Angabe	[Konstitutions-Summenformel]
Wasser	8,5	7,5+1	H+O
Kohlenoxid [~monoxid]	13,2	5,7+7,5	C+O
Kohlensäure [~dioxid]	20,7	5,7+2×7,5	$C+O_2$
fettes Oel	12,4	5,7+6,7	C+CH
Alcohol	21,9	2×6,7+8,5	2CH+HO [61]
wasserfreie Sauerkleesäure	33,75	13,2+20,7 [sic]	$CO+CO_2$
krystall. Sauerkleesäure	42,25	33,75+8,5	$CO+CO_2+H_2O$
Bernsteinsäure	47,3	3×13,2+7,7	$3CO+CH_2$
Essigsäure	48,2	20,7+2×13,2+1,5 ×7,7	$CO_2+2CO+1\ 1/2\ CH_2$ [62]
Citronensäure	54,0	7,7+2×13,2+20,7	$CH_2+2CO+CH_2$
Gallussäure	59,7	3×13,2+3×6,7	3CO+3CH
Weinsäure	63,5	3×20,7+7,7	$3CO_2+CH_2$
Schleimsäure	99	2×7,7+4×20,7	$2CH_2+4CO_2$
Benzoesäure	114	3×5,7+3×13,2 +6×6,7	3C+3CO+6CH (!)
Gummi	176	5,7+6×20,7 +6×7,7	$C+6CO_2+6CH_2$
Gerbstoff	202	3×20,7+6×13,2 +9×7,7	$3CO_2+6CO+9CH_2$
Gallerte	229	9×5,5+9×6,7 +9×13,2	9NH+9CH+9CO
Wachs	261	2×13,2+6×5,7 +30×7,7	$2CO+6C+30CH_2$
Aether	261,7	3×20,7+18×7,7	$3CO_2+18CH_2$
Eiweiß	270	9×5,7+9×5,5 +9×6,7+9×13,2	9C+9NH+9CH+9CO
Zucker	306	3×6,7+3×13,2 +9×7,7+9×20,7	$3CH+3CO+9CH_2+9CO_2$

Döbereiner verwendet hier noch keine Formelschreibweise;

Er gibt sie aber noch 1816 in der Arbeit über das Kupferoxid als Sauerstoffdonator [64] für Zucker und Alkohol an, nunmehr korrigiert [65]:

Zucker = $3 \cdot CO_2 + 3 \cdot CH_2$

Alkohol = $3 \cdot CH_2 + 1 \cdot CO_2$

Meinecke übernahm den Döbereinerschen Ansatz 1817 und 1818 [66], jedoch mit der entscheidenden Änderung, daß er Prouts Hypothese annahm [67] und dadurch im Gegensatz zu Döbereiner, der Kommastellen bei seinen stöchiometrischen Zahlen zuließ, mit kleinen ganzen Zahlen zu Verbindungen kommen mußte, die die gleiche Summenformel besaßen.

b) Isomerie

Selbst in der anorganischen Chemie galt es jedoch als ausgemacht, daß eine gleiche qualitative und quantitative Zusammensetzung zweier Verbindungen notwendig mit deren Identität einherging [68]. Zwar war für die Minerale Arragonit und Kalkspat seit 1788 (Klaproth [69]), 1800 (Thénard [70]) und 1804 (Fourcroy/Vauquelin [71]) ein Gegenbeispiel bekannt ; man nahm jedoch allgemein einen Bestimmungsfehler an. 1807 vermuteten Thénard und Biot vorsichtig, es könnte eine verschiedene Weise der Verbindung bei den kleinsten Teilchen stattfinden [72], eine Vermutung, die Steffens 1813 mit viel größerem Nachdruck aufstellte [73], später aber wieder zurücknahm [74]. Erst Meinecke gibt Haüys Arbeit über Strontian und Arragonit 1819 einen unmißverständlichen Zusatz:

> "Liegt die Verschiedenheit eines natürlichen Körpers nicht in der abweichenden Zahl und Menge seiner Elemente, so muß sie sich in der abgeänderten Anordnung seiner Elemente finden: soviel ist gewiß; die mineralogische Verschiedenheit setzt auch eine chemische Differenz voraus." [75]

Meinecke hatte diesen Gedanken zuerst in der organischen Chemie erörtert. Er verglich die Resultate verschiedener Forscher bezüglich der Elementaranalysen organischer Stoffe, nahm deren Mittelwerte und entdeckte, daß diese wie die Einzelwerte nur so wenig von der unter der Annahme von Prouts Hypothese (vgl.Anm.67) errechneten Summenformel abwichen, daß die Differenzen als Meßfehler betrachtet werden konnten. Dieses Verfahren führte ihn allerdings dazu, daß die Summenformel $C_2H_2O_2$ [76] für drei Stoffe galt, deren verschiedene chemische und physikalische Eigenschaften nachgewiesen waren: Zucker, Gummi und Stärke. Er wählte 1817[77] folgende Interpretation:

> "Es können zusammengesetzte Stoffe sich einander vollkommen gleichen an Zahl und Menge der Bestandtheile, und dennoch ganz verschiedene chemische Körper darstellen: eine Verschiedenheit, die nur in der besonderen Anordnung der Bestandtheile oder in der eigenthümlichen Constitution jedes Körpers gesucht werden kann." [78]

Für Stärke, Zucker und Gummi sind daher drei Fälle möglich:

1. Der Kohlenstoff ist mit "unzersetztem" Wasser verbunden: 2C + 2HO.
2. Das Wasser ist in der Verbindung ganz zersetzt: 2C + 2H + 2 O.
3. Das Wasser sit halbzersetzt: 2C + H + O + HO bzw. CH + CO + HO.

Stärke, auf der "tiefsten chemischen Stufe" [79] befindlich, der Holzfaser ähnlich, entspricht als "wassersaure Kohle" dem 1.Fall: 2C + 2HO.
Zucker auf der höchsten chemischen Stufe enthält das Wasser zersetzt = 2.Fall.
Gummi, chemisch in der Mitte zwischen beiden (in Wasser zu einem Schleim löslich, mehr als Stärke, weniger als Zucker) entspricht dem 3.Fall.

Kastner fügt dieser Interpretation 1819 in einem Artikel, dem man die pflanzenchemische Relevanz nicht ansieht (Titel: "Bemerkungen vom Dr.Kastner" [80]) den Gesichtspunkt der Umänderbarkeit an. Die Stärke enthält danach

> "unzersetztes, festes, chemisch gebundenes Wasser, die anderen beiden teilweise oder ganz zersetzt. Hieraus erklärt sich auch die Erzeugung des Stärkegummis durch Sieden mit Wasser und mit Schwefelsäure,"

wobei letztere

> "die Rolle des erregend mitwirkenden aber nicht in die Mischung eingehenden negativen Leiters übernehmen sollte;" [81]

dadurch wird das Wasser innerhalb der Mischung zersetzt, ohne daß die Menge der Schwefelsäure abnimmt.

Der Gedanke, daß chemische Reaktionen mit elektrischen Vorgängen korrespondieren, ist hierbei nicht neu; Ritter, Davy und besonders Berzelius hatten ihn immer bekräftigt. Kastner versucht aber darüber hinaus die Schwefelsäure als "negativen Pol" zu begreifen, vermittelst dessen das Wasser zersetzt wird, der aber selbst nicht an der Reaktion teilnimmt. Diese Idee ist zumindest eine sehr frühe Formulierung des Katalysegedankens, 15 Jahre bevor Berzelius diesen Begriff prägte.[82]

Die Betrachtung über die Isomerie von Zucker, Gummi und Stärke ist die einzige, die Kastner 1819 darlegt; Kopp[83] zitiert sie daher nur für dieses Jahr und erwähnt auch sonst nichts aus der "Meßkunst" Meineckes, der darin aber noch weitere dreizehn Erscheinungen und Reaktionen der organischen Chemie zu erklären versucht[84]. Darunter befindet sich z.B. seine Deutung der Oxalsäurebildung aus Zucker und Salpetersäure:

$C_2H_2O_2 \xrightarrow[+O\ -2H]{\langle HNO_3 \rangle} C_2O_3 = CO + CO_2$ (Döbereiner)

oder die der Oxidation des Gummis zur Schleimsäure, wobei er auch in der Constitutionsformel angibt, wo der Sauerstoff angreifen muß:

Gummi als CH + CO + HO ; davon ist nur CO oxidierbar, nämlich zu CO_2, somit

$CH + CO + HO \xrightarrow[+O]{\langle HNO_3 \rangle} CH + CO_2 + HO = C_2H_2O_3$, Schleimsäure nach Döbereiner.

Meinecke berechnet zu diesen Überlegungen auch immer die notwendigen prozentualen Verhältnisse der Elemente in den Verbindungen und vergleicht sie mit den experimentell ermittelten von Berzelius, Saussure, Gay-Lussac u.a.; die Übereinstimmung ist sogar für ihn verblüffend und bekräftigt ihn hinsichtlich der Zulässigkeit dieses Verfahrens.

Das hoben auch Kastner, L.Gmelin, Döbereiner u.a. hervor[85], während Berzelius bei seiner allgemeinen Ablehnung gegenüber solchen Spekulationen blieb; erst die Isomerie von Trauben- und Weinsäure überzeugte ihn 1832.

Die Unrichtigkeit der konkreten Spekulationen Meineckes könnte gegen diese eingewandt werden. Sie steht indessen gar nicht zur Debatte. Der Gedanke von Isomerie und chemischer Konstitution von organischen Verbindungen ist nicht erst dann "erfunden", wenn er zum ersten Mal auf Verbindungen angewandt wird, die auch im heutigen Sinne isomer sind. Dann begänne nämlich auch die Atomtheorie erst bei Rutherford und nicht bei Demokrit. Es ist daher nicht zu leugnen, daß Meineckes Beiträge, zur Isomerie wie zur Berücksichtigung der Konstitutionsverhältnisse bei organisch-chemischen Reaktionen, den Boden für die nachfolgenden Chemiker mitbereitet haben [86].

c) Organische Systematik

Döbereiner übernahm 1819 Meineckes Gedanken in die "Anfangsgründe der Chemie und Stöchiometrie" und verband sie mit seiner Systematik nach Elementaranalysen, die er schon 1816 durchgeführt hatte. Döbereiner griff damals(1816) über die "elementaranalytischen Vorläufer" (vgl. 6. Kapitel) hinaus, wenn ihm auch noch keine Summenformeln zur Verfügung standen, er bezüglich der organischen Stoffe also feststellte: "Es ist bis jetzt unmöglich, sie gehörig zu classifizieren" [87]. Daher wurden sie, nach einem ersten Abschnitt über die chemisch einfachen Stoffe [88] und einem zweiten über die

> "aus zwey einfachen Stoffen bestehenden Zusammensetzungen, welche Gegenstand der Pharmazie sind" [89],

im dritten Abschnitt abgehandelt unter den Zusammensetzungen aus drei einfachen Stoffen, nämlich C, H und O. Hier konnte er noch keine weiteren Untergruppen unterscheiden; Gay-Lussacs Sauerstoffsättigungstheorie schien ihm dafür nicht ausreichend.

1819 verfügte er jedoch über die Summenformeln und nahm sie als Klassifikationskriterium für die organische Chemie [90], wobei er Meineckes Konstitutionsgedanken ausführte:

> "Die organischen Erzeugnisse welche bis jetzt als Bestandtheile der Pflanzen- und Thierkörper aufgeführt werden, sind sämmtlich aus Kohlenstoff, Sauerstoff, Wasserstoff und Stickstoff zusammengesetzt... und

können.. als salzartige Zusammensetzungen der Elementarverbindungen des Carbons mit den Elementen des Wassers und der Luft angesehen werden." [91]

Solche Elementarverbindungen behandelt Döbereiner beim Kohlenstoff; er nennt:

CO^4	Kohlensäure [92]	CO^3	kohlige Säure [93]
CO^2	Kohlenoxyd	CO	Kohlenprotoxyd
CH^4	Kohlenwasserstoff [94]	CH^3	"noch unbekannt"
CH^2	ölbildender Stoff	CH	"noch unbekannt"
CN	Cyanogen	C^3N	thierische Kohle [95].

Organische Verbindungen entstehen aus mehreren dieser Elementarverbindungen, sowie den "Elementen der Luft und des Wassers".

> "Die meisten [!] Zusammensetzungen dieser Art können jedoch nur unter vitalen Verhältnissen oder dann entstehen, wenn ihre nächsten Bestandtheile [!] durch einen chemisch-polaren Prozeß gebildet werden, also gleichzeitig auftreten " [96],

was vor allem in Lebewesen stattfindet. Die Bedingung, an die Döbereiner die Entstehung der <u>meisten</u> organischen Verbindungen knüpft, ist also nicht eine diffuse Lebenskraft, sondern die Bereitstellung von gewissen Elementarbestandteilen in einer bestimmten chemischen Verfassung. Deren Auftreten vermutet er verstärkt in der Wurzel [97]. Die Einschränkung, es seien nur die <u>meisten</u> Verbindungen, die so entstehen, rührt daher, daß u.a. er selbst eine fettartige Materie aus Wassergas dargestellt hatte [98]. Die Gegenüberstellung: Lebenskraft versus organischer Synthese war damals überhaupt nicht akut, weil an organischer Synthese gar nicht gezweifelt wurde [99].

Im 5.Abschnitt seines Lehrbuchs von 1819 handelt Döbereiner von den organischen Verbindungen. Er klassifiziert sie nach ihren Summenformeln, soweit er kann:

1. Substanzen die aus Kohlenstoff und Sauerstoff bestehen: Kohlensäure und Sauerkleesäure [100].
2. Substanzen, die aus Kohlenstoff, Sauerstoff und Wasserstoff bestehen:
   a) acide Substanzen. Die 19 verschiedenen Stoffe werden nach steigendem Molekulargewicht angeordnet, entspre-

chend der Tabelle von 1816 (s.o.); neu ist allerdings, daß Döbereiner noch vor dem Gummi den Extraktivstoff eingliedert.[101]

b) amphotere Substanzen. Darunter nennt Döbereiner die verschiedenen Zuckerarten, die Stärke und die Pflanzenfaser. Die Varietäten aller dieser Stoffe erklären sich aus chemischen Zusammensetzungen mit verschiedenen Pflanzensäuren[102].

c) basische Substanzen. Döbereiner kennt zwar nur eine Substanz dieser Art: bemerkenswerterweise Alkohol, der mit Säuren eine besondere Gattung von Salzen bildet,

> "die wir Alkoholsalze nennen könnten, gewöhnlich aber Aether, Naphten oder auch versüßte Säuren genannt werden."[103]

3. Substanzen, die aus Kohlenstoff und Wasserstoff bestehen[104]. Hierunter nennt Döbereiner ätherische Öle, Kampfer, Balsame und Harze, Erdöl[105], Wachs (nach Cerin und Myricin), die Fettbestandteile von Chevreul und Braconnot.

4. Substanzen, die aus Kohlenstoff, Wasserstoff und Stickstoff bestehen
   a) acide Substanzen: Blausäure und Indigo, sowie die Harn- oder Blasensteinsäure[106]
   b) basische Substanzen, die gemeinhin als tierisch-vegetabilische bezeichnet werden. Diese unterscheidet Döbereiner noch einmal in
      ba) kristallisierbare wie Morphium[107], Picrotoxin, Daphnin und Strychnin.
      bb) nicht kristallisierbare wie Ferment, Kleber, Fungin, Amygdalin[108] und Eiweißstoff.

Unter dem Unterabschnitt der spezifisch animalischen Substanzen findet sich der Hinweis, daß man sich Harnstoff leicht zusammengesetzt denken könne aus Cyanat, Ammoniak und Wasser[109].

Als Fazit schließt Döbereiner gegen Berzelius:

> "Und so sehen wir, daß auch in der organischen Natur das eben in §40 angesprochene Gesetz der chemischen Verbindung waltet"[110],

nämlich

> "daß alle Arten der Materie sich in ganzen und geraden Volum- oder Raumverhältnissen zu durchdringen streben." [111]

In einer Reihe von Veröffentlichungen zur Mikrochemie zwischen 1821 und 1825 beschäftigte sich Döbereiner mit Detailproblemen dieses Systems, wobei er sich besonders um die Konstitution des Äthers bemühte, von dem er alle Kombinationsmöglichkeiten der Summenformel erörterte [112]. An wesentlichen Entdeckungen gelangen ihm dabei die sukzessiven Oxidationsprozesse am Alkohol, wobei er den Acetaldehyd darstellte [113], sowie der Vorschlag, organische Stoffe "pneumatisch" zu analysieren. Zur Bestimmung von Säuren schlug er die Verwendung von Kaliumcarbonat vor; das freigesetzte Kohlendioxid sollte über Quecksilber ermittelt werden.

Zucker sollte mit Hefe vergoren, das entstehende Kohlendioxid gasometrisch ermittelt werden [114]. Hefe hält er dabei für ein "den Infusorien ähnliches Erzeugniß" [115], das er durchs Mikroskop prüfen ließ. Obwohl dabei keine Bewegung zu entdecken war, hält Döbereiner daran fest, daß Hefe durch höhere Alkoholkonzentrationen "getödtet" [116] wird. Dem fügt er 1825 einen Widerruf seiner früheren Theorie (1809) der Gärung als eines galvanischen und elektrochemischen Prozesses an [117].

Für die Pflanzenchemie bedeutsam war die 1819 versuchte Bestimmung der Varietäten resp. Modifikationen innerhalb der einzelnen Gruppen von organischen Verbindungen. So gab er für die Pflanzenfaser zwar <u>eine</u> Summenformel $C^5H^6O^6$ an, obwohl er hinzufügte, daß fast eine jede Pflanze ihren eigentümlichen Faserstoff besitze. Döbereiner versuchte diese Diskrepanz zwischen Ubiquität und Individualität durch die Hypothese von Verbindungen mit geringsten Mengen von Pflanzensäuren zu beheben, so daß er die Existenz beider Arten von Stoffen tolerieren konnte. Allerdings gelangte er dadurch zu keiner scharfen Trennung der beiden, zu keiner Klärung der hypothetischen Stoffe wie Extraktivstoff, Färbestoff, scharfer Stoff usf. All dies nahm sein Schüler Friedlieb Ferdinand Runge [118] (1795-1867) vor, dessen

Arbeiten Döbereiner zeit seines Lebens über die Maßen lobte [119].

d) <u>Runges Phytochemie</u>

Runges Arbeiten zur Pflanzenchemie werden in der Regel weitgehend übergangen [120], da sie scheinbar überstrahlt werden von seinen späteren (nach 1834) Entdeckungen von Anilin, Phenol, Chinolin und Pyrrol [121]; bisweilen werden immerhin noch die Isolierungen von Atropin und Koffein genannt. Die zwischen 1819 und 1821 erschienenen Arbeiten [122] stellen für die Neuorientierung der Pflanzenchemie sehr viel mehr dar als diese Einzelfunde:

a) Runge betont die Überlegenheit der Präzipitationsmethode in der Pflanzenchemie über der Extraktionsmethode, die für erstere nur eine Einleitung sein kann. Darunter versteht er generaliter die Trennung der neutralen Pflanzenstoffe in ihre Pole, also eigentümliche Säuren und Basen.
b) Runge führt lebende Reagenzien (wie das Katzenauge; s.u.) zur quantitativen Bestimmung von Alkaloiden ein.
c) Seine Behauptung der radikalen Individualität <u>aller</u> Pflanzenstoffe bringt falsche Ubiquitäten zu Fall, sieht Stoffähnlichkeiten bei verwandten Pflanzen (die er für die Solanaceen-Familie beweist) und führt ihn zu einer brillianten Polemik gegen eine unseriöse Nomenklatur. Diese Kritik wird allerdings auch gegen ihn selber gewandt.

Nachdem Döbereiner wie Berzelius und andere bedeutende Chemiker nach 1810 die Pflanzenchemie hauptsächlich unter den Interessen der organischen Chemie gesehen hatten, war die Extraktionsmethode bald nur noch Handlangerin zur Darstellung kristalliner Substanzen geworden. Die "hypothetischen Stoffe", vom Extraktivstoff bis zum "scharfen Prinzip" überließ man der Pharmazie, da sie offensichtlich zu komplex waren , um in der Elementaranalyse reproduzierbare Resultate zu erbringen. Das Interesse an der Pflanzenchemie wuchs jedoch nach 1817 enorm, nachdem Gay-Lussac die Bedeutung der Morphium-Isolierung Sertürners erkannt und gewürdigt hatte [123]. Sertürners Entdeckung, daß basische Pflanzenstoffe existieren und daß sie Träger der Wirksamkeit von Pflanzen sein können, muß im Zusammenhang mit dem Gedanken der Polarität gesehen werden; es ist unzutreffend, wenn man nur feststellt, daß Sertürners Entdeckung der Naturphilosophie sehr gelegen kam, und wenn man die späteren Schriften [124], die sehr spekulativen Charakter trugen, aber auch z.B. die Erforschung der Äthylschwefelsäure enthalten [125], als naturphilosophische Entgleisung ansieht. [126] Der Gedanke, daß in der Pflanze auch organische Pflanzenbasen [127] existieren könnten, steht in unmittelbarem Zusammenhang mit dem Gedanken des Zerfalls des Amphoteren in zwei Pole. Jedenfalls hat Sertürner seine Aussagen später selbst so verdeutlicht. Wie oben schon gezeigt [128], konnte nur die realistische Position in der Frage der Existenz "hypothetischer Stoffe" fruchtbar werden; gerade sie aber (siehe Hermbstaedt und Pfaff) hielt die Probleme schon für gelöst, indem sie die unreinen Extraktivstoffe für die reinen Substanzen mit den generischen Qualitäten hielt. Aufgrund der naturphilosophischen Gedanken der Analogie wie der Polarität konnte jedoch die Existenz eines basischen Opiumstoffes für möglich gehalten werden [129]. Dennoch verstrichen zwischen der ersten Publikation Sertürners und der Anerkennung durch Gay-Lussac zwölf Jahre. Dann aber setzte die Suche nach weiteren Alkaloiden in großem Maße ein und wurde schnell von vielfachem Erfolg gekrönt [130].

F.F.Runge versuchte im Anschluß daran 1819 mit naturphilosophischem Impetus eine neue Phytochemie zu begründen. Über die Pflanzenchemie vor 1817 ist sein Urteil schnell gefällt: Resultat seiner Versuche ist,

> "daß fast alle bisherigen Pflanzenzergliederungen unrichtig und das angegebene Stoffverhältniß der meisten Pflanzen grundfalsch sey" [131].

Warum? Die Natur der näheren Bestandteile ist bisher völlig verkannt worden, denn

> "alle Pflanzenstoffe (sind) entweder basisch oder sauer, und es giebt in der ganzen chemischen Pflanzenstoffwelt durchaus keine andere als Basen und Säuren und die Verbindungen von beiden." [132]

Deren Trennung kann nur "halochemisch", auf dem Wege der Präzipitation mit basischem oder saurem Bleiacetat erfolgen.

da) Runges Pflanzenanalytik

Runges Analysen von Pflanzen wurden kürzlich von Borchardt untersucht [133]. Er weist mit Recht darauf hin, daß im Vergleich zu Hermbstaedt bei Runge zum ersten Mal ein echter Analysengang (nach Johns ersten Versuchen [134]) bei der Extraktion auftaucht. Es handelt sich dabei um die verschiedenen Reihenfolgen der Solventien: kaltes, warmes und heißes Wasser, dto. Weingeist, dto. Alkohol [135], die allerdings nur im Vergleich zu Hermbstaedt ein Fortschritt waren; die im 2.Kapitel vorgestellten Analysengänge seit C.Neumann waren auch nicht an dem orientiert, was durch das Extraktionsmittel dargestellt werden sollte [136]. Das entscheidend Neue bei Runge ist der systematische Versuch, die in den einzelnen Fraktionen isolierten Substanzen weiter halochemisch in Base und Säure zu zerlegen.

Dies geschah durch Zugabe von basischem und in einem anderen Versuch saurem Bleiacetat und der anschließenden Fällung des Bleis mit Schwefelwasserstoff. Die Flüssigkeit wird vorsichtig zur Trockne eingedampft (Vertreiben der Essigsäure), die Substanz in Alkohol aufgenommen und umkristallisiert [137]. Die dabei gewonnenen Substanzen untersuchte Runge mit einer Fülle von Reagenzien.

Der systematische Aspekt bei Runge bezog sich indes nicht nur auf Lösungsmittel und Fällung, sondern auch auf die Forderung der generellen Untersuchung von vielen Pflanzenspecies einer Familie:

> "Hier wird sich's zeigen, wie die Stoffe verschiedener Pflanzen allmählig ineinander übergehen, wie dies ja in der Form so auffallend geschieht.." [138]

Eine solche Reihenuntersuchung nahm er selbst exemplarisch bei den Solanaceen Hyoscyamus, Datura und Atropa vor und isolierte daraus deren Alkaloide [139]. Dabei beließ er es nicht bei der Darstellung aus Blättern, sondern untersuchte und isolierte sie auch aus den Wurzeln dieser Pflanzen [140].

db) Runges Reagenzien

"Reagens war für Runge beinahe alles vom Licht bis zum lebenden Tier "[141]. Diese Einschätzung Borchardts, wenn auch ergänzt um eine stichwortartige Aufzählung der drei Reagenzienklassen Runges in der Fußnote, ist zu grob, um Runges Versuch eines Systems von Reagenzien gerecht zu werden. Dieses System sollte jeden Pflanzenstoff völlig unverwechselbar charakterisieren und darüber hinaus quantitative Bestimmungsmöglichkeiten außerhalb von Waage und Chemikalien anbieten.

Runge gibt daher einen theoretischen Abriß seiner Reagenzien, dem er bei der Vorstellung der durchgeführten Analysen die Darstellung der Praxis folgen läßt.

Runge teilt die Reagenzien in 3 Klassen ein:

1. Cosmische Reagenzien, die auf physikalische Eigenschaften zielen. Er unterteilt sie in physikalisch-solare und physikalisch-tellurische. Damit sind einerseits Wärme, Licht und Schwere gemeint, womit er [142] Schmelzpunkt und Siedepunkt (soweit bestimmbar), Flüchtigkeit, Farbe, Durchsichtigkeit, Dichte, Kristallisationsform anspricht, andererseits Wasser, Luft, Erde und "Voltaism". Damit sind ponderable Phänomene (im Gegensatz zu den davor genannten Imponderabilien) gemeint, die gleichwohl auf physikalische [143] Merkmale zielen: Wasser steht für den aus der Löslichkeit resultierenden Geschmack, Luft steht für den auf der Flüchtigkeit basierenden Geruch, Erde für Zähigkeit, Härte, Kohäsion, während Voltaismus, d.h. Verhalten im Bezug auf Elektrizität, die materiale Prä-Disposition für Polaritäts-Verhalten charakterisieren soll [144].
2. Anorganische Reagenzien, die auf chemische Eigenschaften zielen. Damit sind Säuren, Basen, Salze und Lösungsmittel angesprochen, für die aber Runge (im theoretischen Teil) fordert, sie müßten in genau bestimmten Verdünnungen hergestellt sein! Es ist ein großer Unterschied, ob konzentrierte oder verdünnte Schwefelsäure, konzentrierte oder verdünnte Silbernitratlösung als Re-

agens verwendet wird! [145] Welche Reagenzien Runge im einzelnen anzuwenden vorschreibt, ergibt sich aus seinen eigenen Untersuchungen der Solaneceen, des Kaffees und der China:

Laugen:	KOH, NH_4OH, $Ca(OH)_2$
Säuren:	H_2SO_4 dil., HCl, HNO_3
Lösungsmittel:	Äther, Alkohol und Wasser
Salze:	$KHCO_3$
	$FeSO_4$, $CuSO_4$, $ZnSO_4$
	$FeCl_3$, $HgCl_2$, $SnCl_2$, $BaCl_2$
	$Pb(NO_3)_2$, $Cu(NO_3)_2$, $Zn(NO_3)_2$, $AgNO_3$, $HgNO_3$, $Hg(NO_3)_2$, $BiONO_3$
	saures und bas. Pb-acetat, bas.Hg-acetat Brechweinstein.

Diese Liste vermag zu verdeutlichen, daß sich daraus eine zulängliche chemische Charakteristik auch nahe verwandter Pflanzenstoffe erstellen ließ.

3. Organische Reagenzien. Diese zerfallen wiederum in zwei Reihen, deren erste nahe der 2.Klasse einzuordnen ist:
   a) leblose organische Reagenzien (wie China- oder Gallussäure), die über chemisches Verhalten Auskunft geben. Daneben aber
   b) die lebendigen organischen Reagenzien, die die dynamischen Eigenschaften eines Pflanzenstoffes kennzeichnen sollen.

Unter "dynamischen Verhalten" versteht Runge nach dem zeitgenössischen Verständnis die Fähigkeit, pharmakologisch auf Organismen einzuwirken; dies wurde auch "Potenz" des Stoffes genannt [146]. Hierbei kommt besonders deutlich der ambivalente Charakter von Reagenzien zum Ausdruck, daß nämlich die Reaktionspartner wechselseitig füreinander Reagens, Indikator sein können [147]. Da diese Reaktionen, abgesehen von den einfachen, qualitativen Angaben von Geschmack und Geruch, sehr spezifisch sind, müssen geeignete Reagenzien in den meisten Fällen"entdeckt" werden. Runge selbst steuert als ein erstes die Iris des Auges bei, die sich für ihn spezifisch bei Solanaceen-Narcotica erweitert. Bei Berücksichtigung einiger Faktoren [148] läßt sich diese Reaktion verwenden zu

> "Quantitative(n) Bestimmungen ohne direkte Anwendung von Maß, Waage und Gewicht." [149]

Runge träufelt dabei eine gewisse Menge Atropinlösung in ein Katzenauge ein und mißt die Reaktion (Erweiterung) der Pupille viertelstündlich, immer im Vergleich zum anderen Auge. Seine Ergebnisse stellt er in einer Eich-Tabelle dar, mit der nun quantitative Atropinbestimmungen durchgeführt werden können.

Mit dieser Einführung "lebendiger Reagenzien" für quantitative Versuchsreihen nimmt Runge die heute üblichen pharmakologischen Tests vorweg. Bei der strikten Trennung des dynamischen vom chemischen Verhalten läßt Runge seiner Polemik gegen hypothetische Stoffe freien Lauf:

> "Eine materia medica nach 'chemischen Prinzipien'ist.. eine contradictio in adiecto, weil sie statt des zum Wesen der materia medica gehörigen Dynamischqualitativen bloß das Chemischqualitative ausmittelt und darstellt". [150]

Der dynamische Charakter von Substanzen kann für Runge niemals seine Verwendung als chemisches Charakteristikum zur Aufstellung einer Stoff-Familie rechtfertigen, somit:

> "Es gibt keinen Bitterstoff, keinen scharfen Stoff, keinen narkotischen Stoff, keinen Gerbstoff, der wie im Mineralreich das Eisen, der Kalk usw. durch eine ganze Reihe von Pflanzen ginge ...; es gibt daher nur bittre, narcotische, scharfe, gerbende Stoffe usw., denen eine solche Qualität als gemeinsamer Charakter zukommt, die hingegen in anderer Hinsicht sehr weit voneinander abstehen." [151]

Daher vermitteln uns die dynamischen Reagenzien zwar äußerst wichtige Kenntnisse für die Pharmakologie, aber ebensowenig wie die "toten", chemischen Reagenzien einen Systematisierungsaspekt für die Pflanzenchemie. Doch welche Möglichkeit bleibt dafür dann überhaupt noch offen?

dc) <u>Runges Systematik</u>

Die "Pflanzenstoffwelt", so die 3.Kapitelüberschrift in der 2.Lieferung der "Phytochemischen Entdeckungen", kann unter zwei Aspekten prinzipiell klassifiziert werden:

1. nach ihrer "Dignität", d.h. der natürlichen Herkunft.
2. nach ihrer "künstlichen Auseinanderlegung".

Es überrascht, daß Runge mit der 2.Art doch wieder chemische Kriterien für eine Ordnung der Stoffe zuläßt, denn er versteht darunter das Löslichkeitsverhalten der näheren Bestandteile in Äther, Alkohol und Wasser [152]. Warum der Rückzug gegenüber der ersten Intention?

> "Nicht aus wissenschaftlichem Antrieb, sondern aus Noth unternehmen wir eine solche Eintheilung, die weil die Analysirmethode selbst noch nicht auf nothwendige Pricipien zurückgeführt worden, immer willkürlich ausfallen muß." [153]

Diese vorläufige Systematik orientiert sich am Lösungsverhalten der Pflanzensalze, wobei aber die Ordnungen und Unterordnungen der Klassen nach physischen und letztlich auch dynamischen Eigenschaften vorgenommen werden.
Im Falle der vollständigen Untersuchung aller Pflanzen konvergierte dieses System zu seinem ersteren, denn es sind

> "so viele Salzarten [d.h. nähere Pflanzenbestandteile] zu unterscheiden, als es botanisch verschiedene Pflanzen und Pflanzenbestandtheile gibt." [154]

Diese Grundidee der radikalen Individualität aller Pflanzenstoffe hebt sich selbst auf; Runge betont:

> "Der Unermeßlichkeit der Pflanzenformen geht eine eben solche Unermeßlichkeit der Pflanzenstoffe parallel." [155]

Leitendes Prinzip für eine Systematik kann daher angemessenerweise nur die Natur selbst sein, im Gedanken der Parallelität somit die Lehre von der Form, die Morphologie. Die zwingt Runge zu einer nunmehr doch wieder willkürlichen Klassenbildung [156], wobei etwa die "Stoffgruppe der Fruchtpflänzchen" zerfällt in

1. die Stoff-familie des Fruchtlaubsystems
2. die Stoff-familie des Fruchtstengelsystems usf.

Die die Gewebe konstituierenden Stoffe sind für Runge zwingend verschieden nach jedem morphologischen Element, ja, nach jeder einzelnen Pflanze. Runge sieht die Skepsis seitens der Phytochemie voraus:

> "Wer dies alles mit chemischen Augen ansieht, wird wenig Freude daran haben, umsomehr da es scheinbar

> mit dem durch chemisches Forschen geleisteten im Widerspruch steht. Man bedenke aber nur, daß hier die reale Manifestation des Pflanzenreichs nicht einseitig nach irgend einer chemischen oder physikalischen Qualität, sondern allseitig, systematisch aufzufassen die Aufgabe war, was nur auf organische, die Herkunft der Stoffe stets vor Augen habende, Weise geschehen konnte." [157]

Die Vorstellung der durchgehenden Individualität steht durchaus in der Tradition, die auf Aristoteles zurückreicht, und sie ist keineswegs absurd, wie das vielleicht erscheinen könnte. Bedenkt man, daß bislang häufig die Identität der aus ganz verschiedenen Pflanzen durch Extraktion gewonnenen Stoffe angenommen worden war, so ist Runges Nominalismus die Antithese, die auf jeden Fall zu der Reinigung von falschen Ubiquitäten führen mußte. Runge sieht seinen eigenen Ansatz auch skeptisch, wenn er gelegentlich der Einführung einer neuen Nomenklatur feststellt:

> "so.. drängten sich uns .. allerley Bedenken auf, die auf die Beantwortung der Frage dringen, wohin denn dies alles führen werde.." [158]

Er hält sich aber sogleich zugute, daß die Forscher, die bei ihren Analysen nur bis zu so unreinen Stoffen wie Extraktiv-, Färbe-, Bitter- oder Gerbstoff vorgedrungen seien, dabei nun nicht mehr stehenbleiben konnten.

Alle natürlichen Pflanzenstoffe nennt Runge Salze. Der "Salz"-Begriff war in der anorganischen Chemie des 18. Jahrhunderts sehr bedeutend [159], so daß Runge schreibt:

> "Mit dem Geltendmachen der Salzidee als Grundprinzip der ganzen Phytochemie, heben sich die Zweifel und lösen sich die Widersprüche über das WIE der pflänzlichen Verbindungen. Sind sie Salze, so können sie nur binäre sein." [160]

Durch Rückgang von den empirischen Phänomenen läßt sich die Abstraktion der "Pole des Ursalzes" gewinnen:

↑ (A + B)
(A + B) + A
(A + B) + B
[(A + B) + A] + A
[(A + B) + A] + B usf.

Alle gegebenen Pflanzenstoffe können auf diese Weise immer

weiter in die Pole der ursprünglichen Salze zurückgedacht werden. Das Ursalz für Runge ist Wasser [161],

Wasser ist (A + B), mit A = Oxygen, "Wassersäure"
B = Hydrogen, "Wasserbase".

Die erste Oxydation des Wassers, (A + B) + A ist Kohlenstoff, so daß die zweite Oxydation, [(A + B)+ A] + A Kohlenmonoxyd darstellt usf. Die Möglichkeit eines empirischen Aufweises dieser Spekulation hält Runge durch Döbereiners "herrliche Abhandlung über die Kleesäure"[162] bereits für gegeben. Dennoch stellt sich vorläufig für den Phytochemiker erst das Problem, die zuerst isolierten Pflanzensalze in ihre Pole aufzugliedern. Zur bereits besprochenen Praxis (s.o.) fügt Runge nunmehr den Plan einer rationalen Nomenklatur hinzu. Danach zerfallen die Pflanzensalze in zwei Abteilungen, natürliche und künstliche [163].

(natürliches) Chinasalz $= \frac{\text{Chinasäure}}{\text{Chinabase}}$

ein künstliches Salz e.g. $= \frac{\text{Gallussäure}}{\text{Chinabase}}$

Zunächst haben also alle Pflanzen ihr eigenes Salz, danach aber auch deren Einzelteile, die Runge folgendermaßen abkürzt:

P = Kraut (gr. poa); A = Blüte (anthos); C = Frucht (karpos); S = Samen (sperma) [164], also etwa

Salz der Koloquinthenfrucht = C. $\frac{\text{Cucum.coloc.sre.}}{\text{Cucum.coloc.base}}$

Dies wird weiter untergliedert in ~holz, ~bast, ~rinde usf., also Salz des Koloquintenwurzelbastes = P.rh.bi. $\frac{\cdot\;\cdot\;\cdot}{\cdot\;\cdot\;\cdot}$

[bi. ≙ biblos,Bast],

hierauf folgt die Unterscheidung etwa nach Blattunter-oder Blattoberfläche usf. Was einfach begann, endet in Benennungskolossen, denen auch Runge mit Skepsis gegenübersteht (s.o.). Dabei war seine zuvor erfolgte Polemik gegen "die jetzt herrschende Namenmacherey in der Phytochemie" [165] sehr berechtigt. Er kritisiert die Benennung durch Verkehrung anderer Namen (Ellagsäure [166]), durch Herstellungsumstände (Lampensäure [167]), durch Druckfehler (Menganthin[168]) besonders aber "die barbarischen Benennungen von Giese, z.B. Kommioxygen", denn "sie bezeichnen ja nicht die Stoffe, sondern das, wozu sie werden"[169]. Runge kritisiert die gedankenlose Verwendung des Suffix "-in", daß scheinbar Fungin, Acacin, Inulin und Strychnin zur nämlichen Stoffklasse gehören. Er schlägt dagegen vor, statt Acacin Acaciengummi, statt Strychnin Strychnosblattbase zu verwenden. Doch durch das Unterfangen erst einer sowohl natürlich als auch logisch einwandfreien, vollständigen Erfassung aller Pflanzenstoffindividuen verstrickt sich Runge in obige Schwierigkeiten.

Das Problem des Extraktivstoffs, das er schon naturphilosophisch eliminiert hatte, bearbeitete Runge schließlich auch noch in einem Anhang des 2.Bandes der "Phytochemischen Entdeckungen", worin er zeigt, daß der Extraktivstoff immer verschiedene "Pflanzensalze" enthält, daß das Unlöslichwerden auf einer einfachen Oxidation beruht,und schließlich daß sich die materialen Träger der ehdem generischen Qualitäten (wie Bitterkeit, Schärfe) in Säure und Base zerlegen lassen. Seine eigenen, in den beiden Bänden publizierten Analysen der Solanaceen, der China und des Kaffee liefern ihm dafür hinreichend empirisches Material.

dd) Runges Wissenschaftssystem

Ein Teil der spekulativen Bestrebungen Runges zielte schließlich auch auf ein logisch strenges Wissenschaftssystem, das alle Aspekte erfaßte,die Pflanzen überhaupt betreffen konnten. Dabei entstand eine Wissenschaftspyramide, die an der Basis erst beim letzten Pflanzenstoffindividuum abgeschlossen ist, nach oben aber einer universalen Naturphilosophie unterstand [170]. Dieses Unterfangen wurde aber von den Zeitgenossen allgemein abgelehnt und von Runge selbst nicht wieder aufgegriffen.

Die Kritik an Runges Veröffentlichungen kam von zwei Seiten. Zum einen wehrten sich die geschmähten "Alten" wie John, Pfaff und Giese, die darauf hinwiesen, daß Runges Innovationen erst auf der Grundlage der Alkaloidentdeckungen, also seit 1817 möglich waren und gar nicht von Runge begonnen wurden, und daß weiterhin zumindest die Kritik am

Gerbestoff unberechtigt war [171]. Zum anderen rügte Oken [172] die unangebrachten Spekulationen hinsichtlich der Nomenklatur und des Wissenschaftssystems. Oken zeigte, daß die Vorschläge der neuen Nomenklatur entweder zu einer nichtssagenden Individualität führt oder die Empirie verläßt; besonders die Einbeziehung der Morphologie verliert zugunsten der Logik den Bezug zur Chemie. Und zudem sei die Logik Runges falsch,

> "denn die Pflanzen sind nicht das Bestimmende der Pflanzenstoffe, sondern umgekehrt diese jener, gerade so wie die Mineralien nicht Mineralstoffe, Metalle, Schwefel, Kohle ... machen, sondern umgekehrt diese jene." [173]

Oken begrüßt Runges Empirie, doch jede Spekulation, die diesen Boden verläßt, weist er zurück - ein Beleg dafür, daß auch Oken den Bezug zur Empirie nie verlor [174].

Für den Fortgang der Phytochemie haben Runges Arbeiten sehr wesentlichen Einfluß: die hypothetischen Stoffe verschwinden schlagartig aus Phytochemie und organischen Chemie. Die "dynamischen Reagenzien" werden zumindest einige Zeit systematisch erforscht [175], und Runges Weiterentwicklung der Reihe anorganischer und organischer Reagenzien führt in den Jahren nach 1830 schon zu einer Vorstufe der Chromatographie [176].

4. Chemische Pflanzenphysiologie und romantische Naturphilosophie.

In der Biologiegeschichte nimmt die romantische Naturphilosophie ihre feste Position ein [177]. Die physiologischen Spekulationen, in der Medizingeschichte mehrfach erörtert [178], wurden von der Chemiegeschichtsschreibung bislang kaum beachtet [179]. In historischen Darstellungen der physiologischen Chemie der ersten Hälfte des 19. Jahrhunderts findet sich zwischen der Proto-Physiologie (bis Ingen-Housz und Saussure; s.u.) und dem Beginn der chemischen Physiologie (mit Gmelin-Tiedemann, Raspail und danach Liebig) eine Lücke von fast 20 Jahren, während derer höchstens Chevreul als "Vorläufer" eingeordnet wird [180]. Während dieser Lücke muß aber eine Änderung der Forschungsrichtung stattgefunden haben, denn während bei den "Proto-Physiologen" Vorgänge innerhalb des Organismus nur indirekt untersucht wurden (s.u.), wurden sie nach 1825 direkt Gegenstand der Forschung.

Die Pflanzenphysiologie hatte ihre empirischen Wurzeln im 17.Jahrhundert bei van Helmont, Malpighi, Grew, die sich mit Nahrungsaufnahme und Organfunktionen beschäftigten [181]. Ohne eine besser ausgebildete Gaschemie, die von hier aus ihren Anfang nahm [182], waren nähere Untersuchungen pflanzenphysiologischer Vorgänge noch sehr unergiebig. In der ersten Hälfte des 18. Jahrhunderts hatte sich Stephen Hales (1677-1761) vornehmlich mit dem Wasserkreislauf innerhalb der Pflanze beschäftigt, daneben festgestellt, daß Blätter wie Stengel Luft aufnehmen, und daß Pflanzen einen Teil dieser eingeatmeten Luft als Nahrung verwenden [183]. Priestley hatte in seiner Nachfolge erkannt, daß grüne Pflanzen die verdorbene Luft ("mephitische Luft", Kohlendioxid), die Tiere ersticken läßt, regenerieren können, also "Lebensluft" (Sauerstoff) ausatmen. Jan Ingen-Housz(1730-1799) konnte zu Ende des Jahrhunderts diese Ergebnisse nach Aufhebung der Phlogistontheorie im Anschluß an Lavoisier einfacher und nunmehr auch quantitativ darstellen. Auf ihn geht die erste Formulierung der Assimilationsgleichung zurück, die er im Zusammenhang mit seiner Untersuchung der Wirkung des Sonnenlichts auf die verschiedenen grünen Teile der Pflanzen auffand [184].

Endlich, um diesen kurzen Abschnitt der Physiologie-Geschichte zu beschließen [185], beendeten die Forschungen von Saussure die Proto-Physiologie. Er zeigte, wie die Pflanze Wasser und Kohlendioxid aufnimmt, erkannte die Unmöglichkeit des Pflanzenlebens ohne Stickstoff(-verbindungen) und Mineralsalze, und er untersuchte die Schwankungen des Sauerstoffverbrauchs in der Relation zur Keimung, Blütenentfaltung, Pflanzentemperatur. Bedeutsam waren seine Darlegungen der Aufnahme der Mineralstoffe, in deren Zusammenhang er nachwies, daß Stickstoff nicht elementar assimiliert werden kann [186].

Diese Forschungen bedeuteten das Ende der Protophysiologie. Bei all diesen Experimenten war nämlich die Pflanze Glied in einer Versuchskette, deren alle äußere Daten schließlich auch quantitativ zu bestimmen waren, deren innere Vorgänge aber nicht thematisiert wurden. Diese Physiologie erkannte also Anfangs- und Endprodukte von Atmung, Assimilation, Nahrungsaufnahme, das "Wie?" dieser Phänomene blieb im Dunkeln. In der Sekundärliteratur erscheint diese Problematik erst ab ca. 1825 mit einem Schlag.

Gerade die Naturphilosophie hatte ihr Interesse früh auf solche Fragen gelenkt. Die spekulative Richtung hatte von Schelling ausgehend den Prozesscharakter des Lebens, also der Entstehung organischer Körper betont, der sich gemäß den Zentralbegriffen Polarität, Stufung, Metamorphose, vollzog. Wasser erscheint durchgängig mit den beiden Polen Wasserstoff und Sauerstoff als Urstoff [187], denen sich zur Ausdifferenzierung bei Steffens (1801) Stickstoff und Kohlenstoff beigesellen. Link (1807) und Meinecke (1809) versuchten der Basis dieser Spekulation einen zumindest qualitativen empirischen Rückhalt zu geben, indem sie die Differenzierungsreihen, die vom "Urstoff" ausgingen, mit konkreten Pflanzenstoffen identifizierten; diese Versuche schlossen sich an Fourcroy und Wahlenberg [188] an und berücksichtigten darüberhinaus die naturphilosophischen Ideen.

Ein Wiederaufleben dieser Ideen erfolgte durch den Konstitutionsgedanken. War bislang die prozentuale Relation der Elemente in organischen Verbindungen ebenso wie die daraus ermittelte Summenformel ohne Aussagekraft darüber gewesen, <u>wie</u> diese Substanzen zustande gekommen waren — Berzelius hatte diese Idee durch die Behauptung hypothetischer Radikale nachgerade <u>verboten</u>, — so lag nach dem Aufstellen der Konstitutionsformeln nichts näher, als die Elementgruppen nicht nur statisch im Molekül zu betrachten, sondern sie als <u>aktuelle</u> Konstituenten, "Erzeuger" der Verbindung anzusehen. Diesen Schritt über Döbereiner, Kastner und Meinecke hinaus vollzogen 1819 gemeinsam drei Forscher: Nees von Esenbeck [189], Bischof [190] und Rothe [191]. Der vollständige Titel ihrer von Zeitgenossen hochgelobten [192], in der Literatur fast ganz übersehenen [193] Arbeit lautete:

> "Die Enwicklung der Pflanzensubstanz physiologisch, chemisch und mathematisch dargestellt, mit combinatorischen Tafeln der möglichen Pflanzenstoffe und den Gesetzen ihrer stöchiometrischen Zusammensetzung." Erlangen 1819

Der Botaniker Nees von Esenbeck, Initiator der Arbeit, die in der Form eines Briefwechsels erschien [194], verfolgt darin den spekulativen Entwicklungsgedanken, der Chemiker Bischof (Schüler Hildebrandts und Kastners) versucht die Verbindung zwischen binären Elementargruppen und Konstitutionsformeln herzustellen, wozu er die Hilfe des Mathematikers Rothe beansprucht, um Gesetzmäßigkeiten aufzudecken. Der ursprünglich gemeinsame Impetus des Titels geht im Lauf der Argumentation verloren: Nees von Esenbeck will seine Spekulationen stärker berücksichtigt sehen, da die chemisch-mathematische Deduktion auf diese zu verzichten schien, während Bischof die Spekulationen nur so weit zur Kenntnis nimmt, als sie a posteriori seinen Resultaten nicht widersprechen [195].

Das Ergebnis nimmt sich aus heutiger Sicht dürftig aus: keine organische Verbindung entsteht auf solche Weise aus Bischofs binären Elementgruppen. Doch damals waren diese Verhältnisse noch ungeklärt, und zudem füllen diese drei Autoren (besonders aber Bischof) die erwähnte Lücke; Liebigs spätere hypothetischen Gleichungen verwenden ebenso wie die Radikal-Theorie die nämliche Methode, nur mit nunmehr besser gesicherten Elementargruppen. Eine Übersicht über den Gedankengang dieser Arbeit macht dies deutlich:

Esenbeck entwirft im ersten Brief an Bischof das Programm der Schrift: Die Idee der Pflanze als dreipoliger Organismus [196], die sich für die Morphologie als so fruchtbar erwies, soll sich auf das chemische Verhalten der Pflanze in derem Innern übertragen lassen. Er bittet daher Bischof

> "darzulegen, wie sich die durch den Lebensact der

> Pflanze polarisirte - d.h. modificirte unter allen innerhalb der Möglichkeit dieser Schranke liegenden Bestimmungen gesetzte - Pflanzensubstanz chemisch gestalte zu besonderen pflanzlichen Substanzen, und wie sich diese sodann verhalten
> a) zu den Urtypen des Pflanzenlebens
> b) zu den chemischen Grundtypen der äussern sogenannten unorganischen Natur." [197]

Die Relation a) zielt somit auf eine idealistische Chemo-Physiologie d.h. die Aufhebung von Morphologie und chemischer Physiologie [198], die Relation b) fragt nach der Schranke zwischen Organischem und Anorganischem von der Seite des Organischen aus.

Als Hauptschwierigkeit stellt sich für Esenbeck der chemische Eingriff in die lebende Pflanze dar: die "tödtende Chemie" vermag immer nur Produkte zu isolieren, die den Status des Lebendigen verloren haben; daher muß an ihre Stelle die Spekulation treten. Chemie vermag analytisch nur willkürliche Ausschnitte zu bestätigen, dies aber auch nur unter Vorbehalten [199].

Pflanzennahrung ist für Esenbeck Sauerstoffgas, Kohlenstoffgas [!], Wasserstoffgas, dazu unter Umständen Stickstoffgas [200]. Daraus besteht auch die eine organische Ursubstanz:

> "Die reine, bloß ideale Einheit der Pflanzensubstanz nenne ich Pflanzenbasis, <u>Phytoine</u>. Sie ist so verschieden als das Pflanzenreich selbst in Arten verschieden ist." [201]

In der Wirklichkeit komme der Extraktivstoff der Phytoine am nächsten, auch wenn er noch mit etwas Eiweiß verunreinigt ist. [202] Die qualitativen Eigenschaften der näheren Pflanzenbestandteile erklärt Esenbeck mit Gay-Lussacs Sauerstoffsättigungstheorie, der er die naturphilosophischen Gedanken des "Vorwaltens" unterlegt (Vgl. 6.Kapitel); das Gewichtsverhältnis der Elemente hält er für die Interpretation nicht ausreichend, doch wählt er nicht den Ausweg durch die Konstitution (Gay-Lussac, Meinecke), sondern er konstruiert ein "intensives Minimum". [203]

Der größere Zusammenhang, in den die Entwicklung der Pflanzensubstanz gestellt werden sollte, ist die

"Spannung des Urgegensatzes von Sonne und Erde unter der Potenz der Pflanze, die hiebei die je besondern Producte entwickelt". [204]

Diese "höchste Aufgabe der Pflanzenphysiologie" läßt sich indes nur lösen, wenn "die Evolutionsreihen der Pflanzensubstanz vollständiger nachgewiesen sind" [205]. Dazu bietet er spekulativ vier Differenzierungsreihen der Ursubstanz Phytoine an (die ja alle vier Grundelemente enthält), nach deren kontinuierlicher Evolution von der Ernährungs- bis zur Ausscheidungsstufe in die vier qualitativen Richtungen der Elemente [206]:

	Ernährungsstufe	(Aus-)Bildungsstufe	(Sonderungs-) Ausscheidungsstufe
1.Differenzierungsreihe des Sauerstoffs	Gummi,Zucker	Nectar	Säure bis Oxalsäure
2.Diff. des Wasserstoffs	Stärke	Harze und ätherische Öle	aromatische Riechstoffe
3.Diff. des Stickstoffs	vegetabilisches Eyweiß	Polenin [sic]	betäubende Riechstoffe Hydrocyansäure usw
4.Diff. des Kohlenstoffs	Holz	Keimflüssigkeit	Ausdünstungsstoffe

Nees von Esenbeck versucht hiernach Saussures und Wahlenberg/Fourcroys bereits erarbeiteten Schemata [207] mit seiner naturphilosophischen Denkweise in Einklang zu bringen; dieser Versuch ist nicht spekulativer als die Vorlagen dieser Forscher, deren empirische Ergebnisse er weder übersieht noch für unwesentlich hält.

Den Bezug dieser 4 Differenzierungsreihen zur Antike, der Vier-Elementen-(resp. Qualitäten-)lehre, den Oken daran anschließend herstellt [208], sieht auch Bischof in seiner Antwort auf diese erste Anfrage Nees von Esenbecks, lehnt sie aber als Rückfall ab.

Im 2. Hauptabschnitt der Arbeit, Bischofs Anteil, der bezeichnenderweise den Titel "Empirie" trägt [209], kritisiert dieser zunächst die Extraktionsmethode, da sie letztendlich bei den Stoffen, die sie direkt isoliert, scheinbar so viele verschiedene Arten erzeugt als es verschiedene Pflanzen gibt [210]. Das liegt jedoch für Bischof nicht an den Stoffen, sondern an dieser Methode.

Doch bietet er keine Alternative an, sondern verläßt die Problematik mit einem Votum für die Klarheit der Elementaranalyse, die allein einen Ausweg aus dem Dilemma bietet [211]. Geeignetes Instrument zur Interpretation der Elementaranalysen-Ergebnisse ist auch für Bischof die Gay-Lussac'sche Sauerstoffsättigungstheorie, ergänzt indes nach Berzelius' Einwänden [212] um die Bedeutung der Molekül-Konstitution, die Meinecke hervorgehoben hatte (s.o.). Dieser Zusatz gibt für Bischof aber erst Sinn mit Döbereiners Definition der organischen Substanzen als

> "salzartige Zusammensetzungen einfacher Verbindungen des Kohlenstoffs mit Sauerstoff, Wasserstoff oder Stickstoff in verschiedenen, aber bestimmten Verhältnissen " [213].

Damit hatte Döbereiner aus der Vermutung Gay-Lussacs, daß diese Anordnung eine Rolle spielen könnte, eine Theorie geschaffen, wie man sich diese Konstitution sinnvollerweise vorstellen kann.

Nees von Esenbecks erwähnte Hauptschwierigkeit mit dem "tödtenden" Charakter der Chemie erledigt sich für Bischof von selbst: wenn man nähere Bestandteile als Beweismittel nicht zuläßt, dann kann man überhaupt nichts über Pflanzenchemie empirisch aussagen. Denn gerade diese scheinen durchgängig aus binären Verbindungen von Döbereiners Typen zu bestehen. Da der Kohlenstoff aber nur immer entweder positiv (gegen Sauerstoff) oder negativ elektrisch (gegen Wasserstoff) auftreten kann, so ergibt sich im Einklang mit dessen Definition [214], aber ohne jeden Bezug auf Nees von Esenbecks Differenzierungsreihen, Bischofs Grundthese:

> "Ein Körper von vegetabilischer Mischung (kann) nur aus den binären Verbindungen, welche nach den bisherigen Erfahrungen, zwischen Sauerstoff, Wasserstoff und Kohlenstoff Statt finden können:
> nämlich aus Wasser, Kohlenoxydgas, kohlensaurem Gas ölzeugendem Gas und Kohlenwasserstoffgas gebildet

werden." [215]

Bischof spricht ausdrücklich von "gebildet werden", nicht von "bestehen aus":

> "Von den Bestandtheilen der Pflanzenkörper (kann) nur im uneigentlichen Sinn die Rede seyn .. ; wir können daher auch nur sagen, die Pflanzenkörper lösen sich in binäre Verbindungen auf, bilden sich wohl auch aus ihnen ... , nicht aber sie bestehen aus ihnen." [216]

Damit umgeht Bischof Lavoisiers Einschränkung (s.o.), ergänzt ihn aber um die Bildungsmöglichkeit dieser Stoffe, wobei nicht danach gefragt wird, ob die fünf binären Verbindungen von der Pflanze direkt aufgenommen werden (wie für CO_2 und H_2O erwiesen), oder ob sie die Pflanze erst (etwa in der Wurzel) bildet.

Damit grenzt er auch die Chemie von der Physiologie ab. Die Chemie reicht bis zu den binären Verbindungen, deren eigentümliche Verknüpfung nun aber in den Bereich der Physiologie fällt. Der Ansicht, man könnte nur von der ganzen Pflanze oder ihren Urbestandteilen sprechen [217], entgegnet er, daß man sich keineswegs nur einen sprunghaften Übergang vorstellen kann, sondern daß sich ein Mittelzustand der "sich organisirenden Materie" konstituiert. Wie sollte der aber zu erforschen sein? Bischof hält dies für eine Aufgabe der Mathematik, der "Vermittlerin zwischen Erfahrung und Speculation" [218]. Daher stellt er dem Mathematiker Rothe folgende Aufgabe:

Es soll gezeigt werden, wie die bekannten Summenformeln der verschiedenen organischen Verbindungen [219] aus den genannten fünf binären Verbindungen

a = HO (Äqu.gew. 9) [220]

b = CO (14)

c = CO_2 (22)

d = CH (7)

e = CH_2 (8)

gebildet werden könnten, dies aber nicht durch Probieren ermittelt, [221] sondern unter Angabe <u>aller</u> Alternativen samt mathematischer Ableitung. Als Vereinfachung läßt Bischof zu, daß als Variable nur n = 0,1,2,3 berücksichtigt werden müssen [222], und daß Multipla einer Relation nur einmal aufzuführen sind [223].

Damit fallen für Rothe 63 der $4^5 = 1024$ möglichen "Complexionen" (d.h. Terme) weg; für die verbleibenden 961 Complexionen erstellt er eine Tabelle [224], die neben dem jeweiligen Term die Summenformel, die prozentuale Formel der Elemente enthält und darüber hinaus, nach einer weiteren Anfrage Bischofs, auch die Nummern all derer Complexionen, die zur nämlichen Summenformel führen [225].

Die Anzahl der Complexionen, die zu einer Summenformel führen, zeigen für Bischof eine Proportionalität zur Häufigkeit ihres Auftretens bei verschiedenen Pflanzen: je mehr Wege es zur Bildung eines näheren Bestandteils gibt, desto universaler muß dieser Stoff im Pflanzenreich verbreitet sein. Für Zucker ist dies evident:

> ".. es scheint nicht zu bezweifeln, (daß) der Zucker mit all seinen Abänderungen unter allen nähern Bestandtheilen der Pflanzen derjenige ist, welcher am allgemeinsten in dem Pflanzenreiche verbreitet ist". [226]

Schließlich ergeben sich für ein relatives Verhältnis C:H:O wie 1:1:1 239 Complexionen. Der Schritt zur allgemeinen Regel liegt für Bischof nahe :

> ".. Die Natur wird denjenigen Pflanzensubstanzen, welche sie unter den verschiedensten Umständen, unter mancherlei Himmelsstrichen, aus den verschiedenartigsten Nahrungsmitteln u.s.w. hervorbringen muß,ein solches Mischungsverhältniß derElemente gegeben haben, daß dieß auf die mannichfaltigste Weise aus den binären Verbindungen geschehen könne." [227]

Bischof gibt zu, daß es sich hierbei zunächst nur um eine Vermutung handelt [228], doch er sieht sich durch weitere Verbindungen bestätigt: Stärkemehl hat 35 Complexionen, Gummi 29, Weinsteinsäure 41, Essigsäure 36, Holzfaser 8 (Eiche) und 7 (Buche).

Mit "Verwunderung" stellt er fest, daß Bernsteinsäure elf Complexionen zulasse, aber bisher nur im Bernstein gefunden worden sei [229], während die weit verbreitete Callussäure nur 1 Complexion besitze [230]. Bei dem Versuch, auch Butter, Fett, Talg über Complexionen zu begreifen, wird Bischof gezwungen, die empirischen Analysen schon ganz handfest abzuändern [231], bei der Benzoesäure wird aber das Verfahren unmöglich. Berzelius' Analyse bringt er zwar kein großes Vertrauen entgegen, aber einen Fehler von 20% will er ihm nicht anlasten [232]. So bleibt ihm nur der Rückgriff auf weitere binäre Verbindungen, wobei sich Döbereiners Analyse der Kohle anbietet. Dieser hatte Kohle als eine Verbindung von Kohlenstoff und Wasserstoff erwiesen:

geglühte Kohle $C_{12}H$
ungeglühte Kohle C_8H [233].

Würde man diese als binäre Verbindung zulassen,

> "so läßt sich die Benzoesäure durch binäre Verbindungen nicht nur darstellen, sondern es werden auch wahrscheinlich mehrere gleichlautende Complexionen für sie, so wie für die übrigen Pflanzenkörper von überwiegendem Kohlenstoff sich ergeben." [234]

Gleichzeitig muß Bischof dabei allerdings für die Variable n nunmehr 0,1,2... 8 zulassen, sodaß sich für die Gesamtzahl der Complexionen $9^7 = 4\ 782\ 969$ ergibt [235]. Hierbei stößt der ganze Ansatz Bischofs an seine Grenze, da er die Einfachheit als Grundlage des "Erklärens" verläßt: es werden schließlich keine Bildungswege zu einem Stoff hervorgehoben, so daß im Falle der Zuckerbildung die nahezu 10^6 Complexionen alle gleichberechtigt sind. Die Rettung der Phänomene führt zum Verlust der Theorie.

Natürlich kann man die Zahl der Einwände gegen diesen Versuch einer chemischen Pflanzenphysiologie fast beliebig groß ansetzen: warum nur binäre Verbindungen zugelassen seien, was mit N-haltigen (und S,P usw.-haltigen) Stoffen geschehe, welche Rolle die Aschen (die anorganischen Bestandteile)spielten - alles Fragen, die bei Bischof nicht angesprochen werden. Zudem mußte auch schon jede weitere neuentdeckte binäre Verbindung, H_2O_2 ebenso wie Kohlenwasserstoffe, besonders aber dann alle ternären Verbindungen die Complexionen-Zahl ins Unermeßliche vermehren. Man würde dabei aber ganz übersehen, daß Bischof seine Theorie als Hypothese formulierte, die durch Empirie zu stützen oder zu widerlegen wäre. Es liegt aber sogar der Wissenschaftstheorie ferne, eine falsifizierte Hypothese für verwerflich oder irrelevant zu halten. Im Falle Bischofs, und das ist für den Historiker bedeutsam, handelt es sich um einen ersten Versuch, die Elementaranalytik und den Konstitutionsgedanken organisch-chemischer Verbindungen auf deren Bildung in Pflanzen zu übertragen, ohne der Empirie den Boden zu entziehen. Zweifellos war die organische Chemie zu wenig entwickelt, um diesem Unterfangen zum Erfolg zu verhelfen, doch die mit Raspail einsetzenden Versuche, chemische Reaktionen an und in Zellen unter dem Mikroskop durchzuführen,[236] weisen den empirischen Weg dieses Beginnens.

Die physiologischen Theorien im daran anschließenden Jahrzehnt, die im besonderen mit dem Namen Liebig [237] und Mulder [238] verbunden sind, waren keineswegs frei von mathematischer Spekulation, im Gegenteil [239]. Die höhere Plausibilität deren Gedanken lag in erster Linie an der weiter entwickelten organischen Chemie. Es ist sehr unwahrscheinlich, daß Liebig Bischofs Überlegungen nicht gekannt habe [240], lehrte doch Bischof schon 1819 Chemie in Bonn, als Liebig dort mit dem Studium begann und wurde Kastners Nachfolger dort, als Liebig diesem seinen Lehrer nach Erlangen 1821 folgte [241].

5. Die Bearbeitung ökonomischer Fragestellungen in der Pflanzenchemie unter besonderer Berücksichtigung von K.W.G. Kastner.

Dieses Thema scheint in einem Kapitel über den Einfluß der romantischen Naturphilosophie auf die Pflanzenchemie zunächst fehl am Platze. Doch wenn man bedenkt, wer der Initiator solcher systematischer Untersuchungen war - Kastner -, so leuchtet es ein.

Karl Wilhelm Gottlob Kastner (1783-1857) wird in der Literatur fast ausschließlich als ein spekulativer Chemiker [242] dargestellt, dessen größte chemische Entdeckung - so das Bonmot - Justus von Liebig war. So berechtigt das vielleicht ist: Kastners Einfluß auf die Chemie ist damit nicht erschöpft.

Obwohl Kastner sicher der romantischen Naturphilosophie

[243] eng verbunden war und seine Veröffentlichungen zwischen 1804 und 1815 dies häufig hervortreten lassen [244], war Kastner in eminentem Maße Praktiker: so verließ er 1812 die Universität Heidelberg, weil er keine eigenen Laboratorien bekam [245] - sicher kein Zeichen dafür, daß er sich die Hände nicht schmutzig machen wollte [246]. Mit Kastner beginnt die "Zweigleisigkeit der deutschen Chemie"[247]: die Forschung auf der Hochschule verbindet sich mit praktischen Bedürfnissen, besonders aber der chemischen Industrie. Dies ist nicht erst bei Liebig verwirklicht.

Liebig verdankte Kastner sehr viel, wenn man damit auch zumeist nur die nicht-chemischen Faktoren meint: Empfehlung zu Gay-Lussac nach Paris, Promotion in absentu in Erlangen mit einer Arbeit zur Pflanzenchemie [!] [248], Ruf nach Giessen als Professor etc. Es scheint, als ob Liebig Kastner darüber hinaus sehr viele seiner praktischen Fragestellungen schuldet. Das Ansehen Kastners war jedenfalls trotz Liebigs Anfeindung [249] außerordentlich: so hielt er bis 1847 die programmatischen Reden auf den "Versammlungen deutscher Ärzte und Naturforscher." [250]

Dies Ansehen beruhte auf Kastners Überzeugung, daß gerade die Chemie bei vielen Arten wirtschaftlicher Schwierigkeiten sehr hilfreich sein könne. Daraus ergeben sich zwei Konsequenzen: Zum einen sollten chemisch-physikalische Kenntnisse unter der Bevölkerung vermehrt werden [251], wozu Kastner auch zur Gründung von "Gesellschaften zur Beförderung der nützlichen Künste und ihrer Hülfswissenschaften" [252] aufrief. Zum anderen sprach Kastner damit die möglichen konkreten Beiträge der Chemie zur Linderung der Not an.

Die napoleonischen Kriege hatten in den unteren und mittleren Bevölkerungsschichten zu katastrophalen Hungersnöten geführt [253], durch Zerstörung der Felder, Tötung des Viehs genauso wie durch das Sterben männlicher Arbeitskräfte. Mittelbar geht all dies auch aus Kastners Zeitschrift: Der deutsche Gewerbsfreund [254] hervor. Sie beschäftigt sich im wesentlichen mit drei generellen Problemen:

a) die Stillung der unmittelbaren "Brotnoth" durch Bereitung von Nahrungsmitteln aus bisher ungenutzten Quellen. Kastner gab Rezepte, wie aus zerstampften Knochen eine nahrhafte Suppe bereitet werden konnte [255], wie man Brot "strecken" konnte mit Kleie, Buchweizen, Mais, Erbsen, Hirse [256] (er mußte es selbst ausprobiert haben, denn er diskutiert die verschiedenen Geschmacksrichtungen!). Er beschreibt die Gewinnung von Stärke aus verschiedenen Wurzeln [257], aus Roßkastanien, aus dem fein zerstampften Splint junger Föhren, aus Isländisch Moos. Bei letzterem diskutiert er die Möglichkeiten der Entbitterung und entscheidet sich für Lufttrocknung und mehrmaliges Aufschlämmen [258]. Stärke-Körner wurden mikroskopisch untersucht auf ihre Ähnlichkeit mit Weizen; aus den verschiedenen Schleimen sollte mit verdünnter Schwefelsäure Zucker dargestellt werden [259]. Auch Kartoffelstärke sollte dem Brotmehl beigefügt werden: das Produkt schmeckte sogar Pferden [260]... Zum Bierbrauen empfahl Kastner die Verwendung von Quassiawurzel. Dies wird den Baiern gut geschmeckt haben zu ihrem neuen festen Grundnahrungsmittel, der Moos-Chocolate [261] aus Kakao und vorher entbittertem Moosschleim, die mit Mimosengummi zusammengekocht wurde...

b) Die Vorbeugung künftiger "Brotnoth" durch geänderten Anbau, bessere Düngung, bessere Aufbewahrung und Konservierung von Lebensmitteln. Kastner diskutierte dabei die verschiedenen Methoden zum Pökeln und Räuchern von Fleisch und Wurst [262], den Schutz des Käse vor Maden [263], das Einkochen von Suppen zur Gallerte [264]. Er schlug vor, Vieh auf anderes Futter umzustellen, z.B. Ulmenlaub [265], Wintergetreide in Sommergetreide zu verwandeln [266]. Seine theoretischen Ansichten über künstliche Düngung waren vielgestaltiger als die Liebigs [267]; Düngemittel sollten Kohlensäure und Nitrate für die Pflanze liefern, Wasser anziehen, Wärme erzeugen und den Boden auflockern [268].
In einer späteren Kontroverse mit Liebig bezüglich der Notwendigkeit des Fruchtwechsels wies Kastner darauf hin, daß Pflanzen auch bisweilen den Boden durch Exkretionen

vergifteten - zum Hohn der Liebigschule, heute aber teilweise bestätigt.

c) die Ersatzmittel für Stoffe des täglichen Lebens, die wenig, gar nicht oder unerschwinglich im Handel waren. Dieses Gebiet machte den Hauptteil von Kastners Untersuchungen aus. Ein kurzer stichwortartiger Überblick mag dies verdeutlichen:
"Kaffee-Ersparniß" durch Rösten des mehrmals wiedergetrockneten Kaffeesatzes [269].
Arrak aus Weizen [270], Wein aus Kartoffeln [271], Schokolade aus Sassafrasfrüchten [272], Hanf- und Flachsfaser anstelle von Baumwolle [273], Taback und Gemüse aus Hanfblättern [274], Taback aus Kartoffelblättern und Pottasche [275], Saftgrün zur Grünfärbung der Zeuge [276], Verbesserung der Blume des Weins mit Maiglöckchen und Pomeranzen [277] u.v.m. [278]

Zweifellos war die Anwendung der Chemie auf die Agrikulturchemie zu Kastners Zeit schon gut eingeführt [279], zweifellos gab es auch etliche chemische Untersuchungen von Nahrungsmitteln [280]. Neu ist die Tendenz, das Wissen systematisch praktischen Zwecken zugänglich zu machen und von den Zwecken her Anregung zu wissenschaftlicher Erforschung zu erhalten. Viel von dem, was Liebig an Initiative in dieser Richtung zugeschrieben wird, stammte in Wirklichkeit von Kastner [281].

Zusammenfassung

Der Einfluß, den die Ideen der romantischen Naturphilosophie auf die Pflanzenchemie zeigte, ist wesentlich im Zusammenhang mit den praktischen Arbeiten der Naturforscher zu sehen, die dieser Philosophie nahestanden. Mit diesem Nachweis erzeigen sich mehrere Urteile über die Chemie in Deutschland vor Liebig, die häufig auf diesen selbst zurückgehen, als hinfällig:

1. Es trifft nicht zu, daß es vor Liebig kaum praktische Chemiker (und Pflanzenchemiker) gab, wie es bis heute in historischen Übersichtsdarstellungen behauptet wird, besonders im Zusammenhang der Liebig-Biographien.

Sehr viele Forscher [282] standen der Naturphilosophie nicht nahe und waren emsige Praktiker.

2. Auch diejenigen Chemiker, die der romantischen Schule nahestanden, waren sich keineswegs zu "fein, die Hände zu beschmutzen." Die in diesem Kapitel besprochenen Forscher, besonders aber Döbereiner und Kastner, waren exzellente Praktiker. Freilich wurde nicht ausschließlich elementaranalytisch gearbeitet, was a posteriori "richtig" gewesen wäre. Der Versuch aber, die Forschung rückschauend strikt zu scheiden in Praxis und Spekulation, geht an der Realität vorbei [283].
3. Die Ideen der "romantischen Chemiker" waren weder belanglos, noch ohne Bezug zur Empirie, noch unfruchtbar für den Fortgang der Wissenschaften. Zum ersten zeigte sich eine vielfältige Antizipation später für richtig befundener Gesetzmäßigkeiten und Regeln, zum zweiten ist es wohl nicht möglich, bei einem Chemiker vom Range Döbereiners zwischen den Arbeiten des empirischen Forschers und den eher spekulativen Gedanken des romantischen Professors in Jena streng zu unterscheiden.

Im Zeitraum zwischen 1800 und 1820, also auch der Blüte der romantischen Naturphilosophie, zerfiel die davor relativ geschlossene Wissenschaft "Pflanzenchemie" in mehrere Abteilungen , die schnell selbständig auf deren "Rumpf" zurückzuwirken begannen. Die romantische Naturphilosophie trug zu Zerfall wie zu Neubau erheblich bei:

In der Organischen Chemie mit ihrer Systematik von Verbindungen, der Konstitutionschemie, dem Isomeriegedanken [284].

In der physiologischen Chemie mit den Versuchen zur Elementarphysiologie in der lebenden Pflanze [285].

In der ökonomischen Chemie durch die systematische Beschäftigung mit Verwertbarem aus den Naturreichen, besonders aber dem der Pflanze [286].

In der "Rumpf-Phytochemie" schließlich durch die Beseitigung der hypothetischen Stoffe, durch die Verstärkung der "halochemischen Methode", die nach dem Auftauchen der ersten Pflanzenbasen Erfolg versprach [287].

Anmerkungen zum 8.Kapitel

1 Vgl.dazu die Einleitung und das 7.Kapitel sowie Schimank (1937) S.47. Liebig polemisierte gegen die Naturphilosophie sehr erfolgreich, wie etwa aus der Arbeit von Ladenburg (1869; vgl.die Literaturübersicht) oder aus dem Untertitel des Buches von Bryk (1909) hervorgeht:"Die Naturphilosophie und ihre Überwindung durch die erfahrungsgemässe Denkweise". Diese Einschätzung findet sich aber auch noch bei Schenk (1966) S.180-181,wohingegen Lipman (1967) die verborgenen romantischen Einflüsse auf Liebigs Physiologie und organische Chemie nachweist.

2 bei Knight (1967), Kapitza (1968) und Snelders (1970), mit stärkerer Berücksichtigung philosophischer Problematik bei v.Engelhardt (1972).

3 bei Hirschfeld (1930) und Leibbrand (1956).

4 bei Meyer-Abich (1949), Ballauff (1954) S.343-392, besonders bei Hoppe (1967 und 1969), bei Rothschuh (1968).

5 Vgl. dazu etwa Uexküll (1953) und Weizsäcker (1971), besonders S.367-491.

6 Zu diesem Gedanken vgl.Heintel (1972). Der Ausdruck "Betrachtungsweise" ist zutreffender als "Methode"; vgl.Feyerabend (1976) S.11-27.

7 Die materialistisch-machanistische Naturbetrachtung ist nicht der Naturphilosophie gegenübergestellt, sondern eine spezielle Ausformung von ihr.

8 Die Ausschaltung der Reflexion ist durch Selbstversenkung, durch Ästhetik gleichermaßen möglich; die abendländische Philosophie, kulminierend bei Hegel, versucht die Entzweiung gleichsam "vorwärts" über den Geist wiederzugewinnen; ein nicht-mystisches Argument über die Reflexion hinaus findet sich bei Spaemann (1963) in der Betonung der Spontaneität.

9 Das wird auch bei modernen Autoren wie Heisenberg (1955) und Weizsäcker (1971) festgehalten.

10 Das Attribut "romantisch" kennzeichnet die idealistische Naturphilosophie nach Kant.

11 Bei Schelling tritt dies in allen naturphilosophischen Schriften hervor.

12 so bei Fichte (1804) S.2; vgl. dazu Schrader (1972) S.39-42. Schelling akzeptierte diese theoretische Unterordnung nicht, obwohl er sie praktizierte; vgl.dazu Snelders(1970) S.197, Holz (1975).

13 Schelling (1799) S.13:"Die Natur als Produkt kennen wir also nicht. Wir kennen die Natur nur als thätig."

14 Diesen konkreten Kräften (vgl.4.Kapitel) liegen dabei die naturphilosophischen Begriffe wie Polarität, Stufung, Analogie noch zugrunde; vgl. dazu Knight (1967).

[15] Dies ist eine Folge der Einschätzung der Physik als a priori; neue Entdeckungen in der Physik und der Chemie wurden von den Naturphilosophen nur dann berücksichtigt, wenn sie ins System paßten.

[16] etwa von Windischmann, zitiert bei Snelders (1970) S.197; auch Hegels Bemerkung,die Chemie müsse erst einmal auf den Begriff gebracht werden, wurde in dieser Weise verstanden.

[17] im Sinne von Hobbes :"to know a thing means to know, what we can do with it when we have it."

[18] Diese Einfachheit der Naturgesetze wird von der mechanistischen Auffassung gar nicht reflektiert, obwohl sie ihr Ziel ist, scheinbar zur bequemeren Anwendung. Das physikotheologische Argument bezüglich der Einheit in der Mannigfaltigkeit der Natur wird mit Kant (scheinbar) als transzendentales"entlarvt"; so interpretiert jedenfalls Vaihinger (1911) Kant unter Ausschaltung des vor- und nachkritischen Werkes. Die Problematik wird dadurch allerdings nur in den Verstand zurück verlegt.

[19] Döbereiners Entdeckung, daß sich manche chemisch ähnliche Elemente (resp. deren Verbindungen) in Triaden zusammenfassen lassen, deren Atomgewichte sich nach festen Proportionen unterscheiden (publ. in Gilb.Ann.d.Phys. 58(1817)S.435, durch neue Triaden erweitert in Pogg.Ann.d.Phys. 15(1829) S.301), wird allgemein als der erste bedeutende Schritt zur Erkenntnis des periodischen Systems der Elemente angesehen; vgl. dazu Spronsen (1969) S.63-68. Es ist allerdings ganz unbekannt, daß Meinecke schon 1815 S.34/35 bei der Besprechung der "Metalloide der kalischen Erden" Mg, Ca, Sr und Ba in einer Reihe behandelte und Verhältnisse zum Sauerstoff angab, die ihn den Zusammenhang vermuten ließen, den den er 1817 S.37-38 publizierte:
Mg:Ca = Na:K = Sr:Ba
12:20 24:40 36:60 ("stöchiometrische Zahlen"), wozu außerdem gilt: $Mg+Ca = \frac{Na+K}{2} = \frac{Sr+Ba}{3}$

[20] Vgl.dazu Engelhardt (1972) S.293.

[21] Oken (1843) S.3 .

[22] Vgl. zu dieser von Platon eingeführten Terminologie Theiler (1964) und Wohlandt (1966).

[23] Ohne diesen zweiten Begriff würde die Einheit sich nie ausdifferenzieren; vgl. dazu Heintel (1972).

[24] Vgl. zu diesen Begriffen Hoppe (1967) und Schwarz (1971).

[25] Der Begriff der Einheit enthält den der Zahl noch nicht; charakteristisch für die romantische Naturphilosophie ist dabei die Manifestation der Zahl in der Polarität, danach zwischen den Polen in Metamorphose und Stufung; vgl. dazu Snelders (1970) S.200 Anm.14.

[26] Oken (1843) S.14 .

[27] Hoppe (1967) S.380/81.

[28] Dieser Begriff wurde von Winterl (1800) in die Chemie eingeführt:"corpora amphoterorum i.e. acidorum et basicorum

simul" S.10.

[29] Bei Snelders (1970) S.195 wird das etwas salopp als das Prinzip von Elektrizität, Sonne, Gott und Beischlaf dargestellt.

[30] Wasser ist für Winterl wie für Kastner elementar; die Zerlegung durch Lavoisier wird als Hervortreten der beiden Pole interpretiert.

[31] so bei Hoppe (1967) S.381. Ich folge dieser Interpretation nicht ganz (vgl. Anm.206).

[32] Hildebrandt (1816) S.3-20.

[32a] Falkner kam zu einem System der chemischen Elemente, indem er die Äquivalenzzahlen (Atomgewichte N) in folgender Gleichung darzustellen suchte:
$N = 20+y +z$ (20 war dabei willkürlich schon die Summe von 2^2+4^2). Das y gab die Familie an, das z die Stellung innerhalb der Familie. Es kamen in diesem System durchaus zusammengehörige Elemente in eine Familie, doch es wurde vergessen, weil es rein spekulativ gewonnen worden war.

[33] Eine ausführliche Darstellung der Rolle, die die Chemie für die romantische Naturphilosophie spielte, steht aus. Die zitierte Literatur geht nur bruchstückhaft darauf ein, wenn man bedenkt, welchen Umfang z.B. Schellings naturphilosophische Schriften (in der Gesamtausgabe 1856ff 1300 Seiten!) haben.

[34] Damit ist nicht notwendig die Nähe zu Schelling verbunden, von dem sich Kielmeyer (vgl.4.Kapitel) oder Döbereiner (1819) ausdrücklich distanzieren.

[35] J.J.Winterl scheint die zentrale Figur in der spekulativen Chemie von 1790-1820 gewesen zu sein, wie aus den Einschätzungen zeitgenössischer Forscher hervorgeht; auf die Pflanzenchemie hatte er indessen nur mittelbaren Einfluß über seine Schüler.

[36] Vgl. dazu die Einleitung.

[37] Berzelius warnte in fast jeder organisch-chemischen Veröffentlichung nach 1814 vor unzulässiger Spekulation.

[38] Meinecke in: Schweigg.Journ.f.Chem. 26(1819) S.371.

[39] Meinecke (1817), Einleitung."Eigenschaften und Kräfte" bedeutet dabei die einfachen Prinzipien, unter welche die Einzelphänomene zu subsummieren sind.

[40] zu Richters Publikationsreihe und deren lange verkannter Bedeutung vgl. Partington (1951) und den Artikel "Richter" von Snelders im DSB 11(1975) S.434-438.

[41] publ. in Schweigg.Journ.f.Chem. 1(1811) S.259.

[42] Meinecke wird weder bei Hjelt (1916) noch bei Graebe (1920) erwähnt. Er wurde nicht in das DSB aufgenommen. Kopp (1873) erwähnt den Namen einmal, bei Partington trifft auf ihn eine halbe Seite.

[43] Karl Wilhelm Gottlob Kastner (1783-1857), Professor der Chemie in Heidelberg (1805), Halle (1812), Bonn (1818),

Erlangen (1821), galt unter Zeitgenossen als erster Chemiker Deutschlands (Döbereiner). Bei Partington wie an den meisten Stellen wird er nur als Lehrer Liebigs erwähnt, überhaupt nicht bei Hjelt (1916) und Graebe (1920); nicht im DSB aufgenommen.

44 Johann Salomo Christoph Schweigger (1779-1857), Professor der Chemie/Physik in Erlangen (1817) und Halle(1819); im DSB aufgenommen wegen seiner Zeitung. Zu seinen elektrochemischen Theorien vgl. Snelders (1971).

45 Zu Joh.Wolf.Döbereiner vgl. das 7.Kapitel.

46 Ludwig Wilhelm Gilbert (1769-1824), Professor der Chemie/Physik in Halle (1795) und Leipzig (1811), war hauptsächlich bekannt als Herausgeber der Annalen der Physik(später: Poggendorff). Im DSB 5(1972) S.396 fälschlich angekündigt, aber verwechselt mit Jos.Henry Gilbert.

47 Vgl. dazu Söderbaum (1899) S.206. Wahlenberg erstellte dieses System 1811 (dt. von Gilbert in den Ann.d.Phys.42(1812) S.78-87). Wahlenberg unterscheidet 13 Genera: Sacharum, Gummi, Amylum, Lignum, Pingue oleum, Acidum [!], Gluten, Extractivum , Stypsis [Gerbstoff] , Cinchonum, Aether oleum, Resina, Guttae, die er in je 3-5 Species aufgliedert. Diese Art der Häufung war um 1810 verbreitet (vgl.6.Kapitel), wenn es auch wissenschaftlichere Versuche zur Systematik gab. Doch Berzelius blieb bei dieser Art der Klassifizierung: auch im 6. und 7. Band des Lehrbuchs 3.Auflage (1837) werden die Pflanzenstoffe unterteilt in:
1.Pflanzensäuren
2.Vegetabilische Salzbasen
3.Indifferente Pflanzenstoffe: Stärke-Gummi-Zucker-Leim und Eiweiß-Pectin-Pollenin [!]-fette Öle-Harz-Extracte [!]-Farben-Skelett der Pflanze-Milchsäfte-Rinden-Holzarten etc.
Auch hier läßt Berzelius die Morphologie als Kriterium der Systematisierung zu.

48 Dies wegen der nur hypothetischen Existenz organischer Radikale; vgl. dazu Kopp (1873) S.549.

49 Meinecke (1817) S.7 .

50 Meineckes Ausdruck für "Äquivalenzzahl" resp. Molekular- und Atom-Gewicht.

51 Meinecke (1817) S.199. Damit formuliert er Gay-Lussacs Volumengesetz, abgeleitet aus den Zahlenverhältnissen fester Elemente.

52 l.c. S.195 .

53 Vgl. hierzu Fox (1968), (1971) besonders S.236-248. Die Regel besagt, daß die Atomwärme (=atomare Wärmekapazität) für elementare Festkörper bei Zimmertemperatur etwa gleich groß ist.

54 nach Fox (1971) S.239.

55 Meinecke (1817) S.142. [Hervorhebung von mir] .

56 Wir würden heute von "funktionellen Gruppen" sprechen, die bei retrospektiver Betrachtung der Genese (resp. Synthese)

eines organischen Moleküls meist auch schon in den konstituierenden Bestandteilen anzutreffen sind. Es fehlt aber der Gedanke, daß auch Molekülgruppen wieder ausgeschieden werden können.

57 Vgl.3.Kapitel: Sie sind nicht aus Wasser und Kohlensäure, sondern aus <u>deren Elementen</u> zusammengesetzt.

58 Vgl.7.Kapitel.

59 Vgl.7.Kapitel.

60 Diese Konstitutionsformeln stehen bei Döbereiner hier noch nicht, sondern nur die numerische Äquivalente. Erst in Schweigg.Journ.f.Chem. 17(1816) S.374 verwendet er sie bei Oxalsäure und Alkohol (das ist bei Partington IV S.237 unrichtig angegeben!).

61 "wasserfreier" Alkohol, d.h. $2C_2H_5OH - H_2O$; danach ist auch die Formel richtig ("CH" ≙ C_2H_4).

62 Hier handelt es sich entweder um einen Druck- oder Berechnungsfehler, denn die Addition der Glieder ergibt 58,6; diese stöchiometrische Zahl verwendet er jedenfalls später.

63 Zur Schwierigkeit der Auffindung der richtigen Formeln für die gasförmigen Kohlenwasserstoffe sowie Wasser, die zeitgenössisch zur anorganischen Chemie gehörten, vgl. Partington IV S.228-232.

64 Vgl.7.Kapitel.

65 aufgrund seiner eigenen Analysen, die ihm genauer zu sein schienen als die sonst zur Berechnung verwendeten Zahlen. Er erhält damit $C_4H_6O_2$ (vgl. Anm.61: C_2H_3O), also (bei Äthen ≙ C_2H_2) die richtige Formel.

66 Während Meinecke 1817 nur wenige Verbindungen angab, findet sich in der Arbeit: Über die Zusammensetzung vegetabilischer Substanzen. In:Trommsd.N.J.d.Pharm. 2_2(1818)S.1-41 bereits (S.39) eine Tabelle für alle analysierten organischen Substanzen.

67 ohne sie freilich <u>je</u> zu zitieren! Vgl.dazu Bischof (1819) S.164, 173 und Partington IV S.225. Er kommt dazu indes auf anderem Wege als Prout, nämlich über <u>Durchschnittsgewichte</u>, so daß es nicht unwahrscheinlich ist, daß er sie unabhängig von Prout gefunden hat.

68 Vgl.dazu Partington IV, S.256-259, Kopp (1873) S.554-559, Graebe (1820) S.49-54.

69 Klaproth, M.H.: Untersuchung des Demanthspaths. In:Bergmännisches Journ. 1(1788) S.294.

70 nach Kopp (1873) S.398.

71 Fourcroy: Expériences compareés sur l'aragonite d'Auvergne, et le carbonate de chaux d'Islande. In:Ann.Mus.Hist.Nat. 4(1804) S.405-411, dt. in Gehl.Journ.d.Chem.5(1805)S.483-485

72 J.B.Biot und L.J.Thénard: Anlyses comp. de la chaux carbonateé et de l'arragonite. In:Bull.Soc.Philomath.1(1807) S.32.

[73] im Handbuch der Oryktognosie (4Bde. Halle 1811-1814), 2.Bd. S.116, 293.

[74] In Schweigg.Journ.f.Chem. 26(1819) S.364.

[75] Schweigg.Journ.f.Chem.26(1819) S.371 im Anhang Meineckes zu Haüy, welcher keine generellen Schlüsse aus seinen Resultaten zog. In der Literatur über Isomerie ist diese Stelle unberücksichtigt.

[76] in heutiger Sicht "H"=H_2, also $C_2H_4O_2$ resp. $C_6H_{12}O_6$. Warum nicht CHO anstelle von $C_2H_2O_2$? Das hätte keine Konstitutionsverschiedenheit zugelassen. Diese Formel ist zutreffend, wenn man die Unkenntnis des Wassergehalts berücksichtigt; vgl. Anhang V.

[77] und nicht erst 1819, wie bei Kopp (1877) S.557.

[78] Meinecke (1817) S.142. Der Gedanke, daß die Konstitution einer chemischen Verbindung Aufschluß über Qualitäten geben könnte, war davor in anderem Zusammenhang aufgetaucht: Gay-Lussac vermutete (in Schweigg.Journ.f.Chem. 14(1815) S.495), daß bei den Stoffen, die sich nicht in seine Sauerstoffsättigungstheorie einpassen ließen, die Anordnung im Molekül (arrangement des molécules) einen Einfluß auf die chemische Beschaffenheit eines Körpers habe. Meinecke jedoch wandte diesen Gedanken zuerst konkret an.

[79] d.h. auf der reaktionsträgsten.

[80] Schweigg.Journ.f.Chem. 26(1819) S.253-261. Vermutlich wurde die Arbeit wegen dieses Titels in der Literatur unterschätzt.

[81] l.c. S.260.

[82] Vgl. dazu Partington IV S.261-264. Kastner wird nicht erwähnt.

[83] Partington IV S.256 nennt als Autor fälschlich <u>Karsten</u>.

[84] Man könnte die im folgenden verkürzt angeführten Reaktionsgleichungen als "blinde Spekulation" bezeichnen; doch als testbare Hypothesen haben sie einen ganz anderen Sinn, auch wenn sie sich später als unrichtig herausstellten: Meinecke weist auch darauf hin, daß im Experiment noch Beweise für diese Formulierungen gefunden werden müßten über jene hinaus, die ihn zum Aufstellen veranlaßt hatten. Die Fehler in den Gleichungen standen weniger im Zusammenhang mit der Spekulation als vielmehr mit der noch unrichtigen Elementaranalytik. Meinecke gab folgende Gleichungen an:
[CH $\hat{=}$ C_2H_4, CH_2 $\hat{=}$ CH_2, H $\hat{=}$ H_2, HO $\hat{=}$ H_2O]
1. Zucker kann zerfallen in Weinsäure und Alkohol (Gärung!)
   $(1CH_2+3CO_2)+(3CH_2+1CO_2) \longrightarrow 4CH_2+4CO_2 = C_8H_8O_8$.
2. Äther entsteht aus 2 Atomen Alkohol unter Austritt von 1 Atom Wasser.
3. Zucker + $HNO_3 \longrightarrow$ Oxalsäure + nitrose Gase.
4. Zucker kann durch Dehydrogenation in Zitronensäure verwandelt werden.
   $CH_2+CO_2 - H \longrightarrow CH+CO_2$ [$\hat{=}$ Citronensäure]
5. Gummi + $HNO_3 \longrightarrow$ Schleimsäure.
6. Gummi gibt durch Entwässerung Gallussäure.
7. Bernsteinsäure entsteht aus Oxalsäure und Methan.

8. Essigsäure, das letzte Produkt der Vegetation (vgl. 6.Kapitel) besteht aus <u>allen</u> Konstituenten: $CH+CO+CH_2+CO_2$.
9. Holzfaser verhält sich zu Essigsäure wie Stärke zu Zucker. Holzfaser hat also dieselbe Summenformel $C_4H_3O_3$, ist aber zusammengesetzt als 4C+3HO.
10. Olivenöl besteht aus 10CH+1HO
11. Terpentin besteht aus 7CH+1CO } nach der El-Analyse von Gay-Lussac
12. Copal besteht aus 10CH+1CO
13. Benzoesäure besteht aus 5C+2H+1 O (Berzelius).

85 Kastner in Schweigg.Journ.f.Chem. 26(1819) S.253-261 und Kastner (1821) S.26-28, Döbereiner (1819) S.4/5, (1822) S.9-12; L.Gmelin (1829) II,2 S.8. Auch Pfaff (1824) Bd.7 S.12 diskutiert diese Ideen, doch ohne Namensnennung.

86 Dennoch entsteht bei nahezu allen Darstellungen der Geschichte der organischen Chemie der Eindruck, diese Phänomene wären erst ab 1825 ("anorganische" Isomerie von Cyan- und Knallsäure) oder nach 1830 (Traubensäure-Weinsäure) gefunden worden. Dabei waren sie spätestens mit Meinecke in der Diskussion.

87 Döbereiner (1816) S.173.

88 etwa Elemente wie S, P, C, H, N, O, Cl; Döbereiner sieht sie aber nur als <u>chemisch</u> einfach an, hält sie für zusammengesetzt aus Wasserstoff und einer noch unbekannten, je metallischen Grundlage, d.h. Phosphor aus Wasserstoff und Phosphoreum, Stickstoff aus Was. und Nitrogenium usw. Bei Kohlenstoff hatte Döbereiner das Carboneum schon (vermeintlich) isoliert. Diese ganze Theorie stand mit seiner Tendenz im Einklang, anstelle der "Sauerstoffchemie" eine "Wasserstoffchemie" zu etablieren:" der von Lavoisier so genannte Oxydationsprozeß (ist) in den meisten Fällen ein Dehydrogenisationsprozeß.." Bericht Döbereiners an Goethe vom 7.12.1812. Transkription von Döbling(1928) S.160-167. Zitat S.163. Dies verband Döbereiner mit einer "Kriegserklärung an die französische Chemie" l.c. S.162.
Die Prout'sche Hypothese war ihm daher sehr willkommen. Aber auch die Wasserstoffsäuren (H_2S, HCl, HCN) stützten seine Theorie. Gerade Winterl hatte über die"acidifirende Kraft mehrerer Stoffe außer dem Oxygen" gearbeitet; vgl. dazu Meinecke: "Zur Geschichte der Wasserstoffsäuren. In: Schweigg.Journ.f.Chem. 17(1816) S.408-413.

89 darunter Pflanzenkohle (er hatte Wasserstoffgehalt gefunden, vgl. Anm. 233) und "Kohlenwasserstoff" (Methan).

90 allerdings <u>nicht</u>, wie mißverständlich bei Partington IV S.239, unter der Rubrik "Kohlenstoff" (dies erst in der 3.Auflage 1826!).

91 Döbereiner (1819) S.330/331; er hatte dies auch 1818 (in Schweigg.Journ.f.Chem. 23(1818) S.74 angesprochen. Unter dem Titel "Vermischte chemische Bemerkungen vom Bergrath Döbereiner" S.66-97 findet sich der Versuch, "zur Begründung einer wissenschaftlichen Kenntniß von der chemischen Metamorphose.. beizutragen". Als Formel für Citronensäure erscheint neben 2H+4C+4 O zum ersten Mal: $1CH_2+1CO_2+1CO$, für Zucker $3CH+3CO_2$. Er versucht den Umbau

vom Zucker in die Säure in vier Schritten physiologisch-chemisch nachzuvollziehen: "Alle diese Verwandlungen finden statt in der Weintraube". S.75.

92 Zur Zahl $4(CO_4)$ kam er durch das falsche Atomgewicht für Sauerstoff = 7,5. Döbereiner gab der Gewichtsanalyse hier den Vorzug vor der Volumenanalyse; l.c. S.126-128.

93 Damit ist nicht Lavoisiers acide charbonneux (vgl.Partington III, S.434)gemeint,sondern bei Döbereiner das erste Reduktionsprodukt der Oxalsäure,das er ebensowenig wie das "Kohlenprotoxyd" gefunden hatte,aber aus Kontinuitätsgründen annahm.

94 Diese richtige Formel resultiert aus einem doppelten Fehler: Der Annahme der Kohlensäure als CO^4 und das Wasser als H:O wie 1:1, als Formel HO.

95 Döbereiner (1819) S.132-133: "Die thierische Kohle ist nach meinen Versuchen zusammengesetzt aus 1 Verhältniß Stickstoff und 3 Verhältnissen Carbon." Die Elementaranalyse stammte von ihm selbst, wurde zuvor publ. in: Schweigg. Journ.f.Chem. 16(1816) S.86-91.

96 ausdrücklich: die meisten, keineswegs alle. Gmelin hat in seinem Handbuch der theoretischen Chemie immer ein Kapitel über organische Synthesen, so im 3.Bd. [1]1819 S.938, im 2. Bd. [3]1829 S.5-7.

97 Döbereiner (1819) S.373.

98 Brief an Goethe vom 30.9.1816, bei Döbling (1928) S.200-201 "Eine andere merkwürdige Erscheinung bot sich mir dar, als ich Wasserdämpfe über in einer Röhre glühende Kohlen streichen ließ: es erfolgte nehmlich neben Kohlensäure und Hydrogengas .. eine große Menge einer Materie, welche sich ganz wie Fett verhält... Der Weg, aus Wasser und Kohle Nahrungsmittel zu erzeugen, wäre also gefunden." Döbling(1928) S.200. Die Priorität, die Berzelius 1837 Berard zuschreibt (1825), ist unbegründet.

99 Dies als Ergänzung zu Brooke (1968).

100 vgl. dazu das 7.Kapitel.

101 "In verschiedenen Pflanzen ist die Gerbsäure mit verschiedenen Antheilen einer dieselbe sehr modifizierenden Substanz verbunden, welche eben so wie jene von acider Beschaffenheit ... ist." Döbereiner (1819) S.357.

102 Döbereiner (1819) S.362; für die Pflanzenfaser nimmt er Runges (s.u.) Gedanken vorweg (resp. regt diesen an):"Von dieser Substanz giebt es beinahe soviele Varietäten als es Pflanzen und Organe derselben gibt."

103 Döbereiner (1819) S.362; dieser Gedanke (Ester als organische Salze) erscheint zuerst bei Thénard 1807 (vgl.Partington IV S.93/94).

104 Döbereiner ergänzt, wohl als Konzession gegenüber Berzelius: ".. und zumeist eine kleine Quantität Sauerstoff." Dies stimmt jedenfalls bei den komplexen Gemischen, die die natürlichen ätherischen Öle darstellen.

105 Diese Einordnung des bislang meist als unorganisch betrachteten Stoffes ist bemerkenswert; vor ihm erscheint sie bei Kielmeyer.

106 Sie wurde entdeckt von Scheele 1776, wiederentdeckt von Fourcroy und Vauquelin 1800. Vgl. dazu Partington III, S.233, 549, 554-556.

107 Döbereiner gibt als erster (in der Literatur nicht berücksichtigt) eine Elementaranalyse an: "Sie [die Substanz Morphium] ist vom Verfasser analysiert und als $C^{10}O^8H^8N$ erkannt worden; ihre Verbindungszahl ist also wahrscheinlich 195,5" (1819) S.402. (Die Analyse war anderweitig nicht publiziert worden). Bei Partington IV S.245 erscheinen als erste Alkaloid-Analysen die von Dumas und Pelletier: Recherches sur la composition élémentaire des bases salifiables organique. In: Ann.d.Chim. 24(1823) S.163-191.

108 Amygdalin zitiert er als eigene Entdeckung (S.405/406); es war aber unrein und wurde kristallin erst 1830 von Robiquet und Boutron-Charlard dargestellt. In: Ann.Chim. 44(1830) S.352-382.

109 Döbereiner (1819) S.415: "So haben wie in ihm [dem Harnstoff] ... 1 Volum (CNO) Cyanoxid, 1 Volum Wasser (HO) und 2 Volum Ammoniak (NH^3)." Wöhlers Gedanke war kein ganz neuer Einfall! Später, im 4.Theil der Mikrochemie (s.u. 1824), schreibt Döbereiner zur Blasensteinsäure (Harnsäure), daß sie nach Prouts Analyse ($C^3N^2H^2O^3$) aus Oxalsäure und Blausäure zusammengesetzt gedacht werden kann: "aber es ist mir bis jetzt nicht gelungen, sie aus diesen beiden Substanzen darzustellen. Ich zweifle indessen nicht, daß es uns einmal noch gelingen werde, diese Säure künstlich nachzubilden.. " l.c. S.110.

110 Döbereiner (1819) S.415.

111 Döbereiner (1819) S.41.

112 $C^4O^2H^{10}$ [!richtige Formel $C_4H_{10}O$] als
1. $C^2O^2H^6 + 2(CH^2)$
2. $CO^4+3(CH)+4(CH^2)$ [Multiplum!]
3. $2(CH^2)+HO$ [2 Äthen + Wasser, nach Saussure]
4. $CO^2+CH^2+2(CH^4)$.

113 Er erhielt ihn bei Untersuchung der möglichen Verbindungen des Alkohols und des Sauerstoffs: "Chemische Metamorphose des Alkohols". Mikrochemie 3.Theil (1822) S.36-41. Döbereiner oxidierte Alkohol mit Braunstein und sah das genannte Produkt "Aldehyd" als die erste Oxidationsstufe des Alkohols an. Partington IV, S.179 spricht von "impure"; vor Döbereiner war er unbekannt.

114 Mikrochemie 3.Theil (1822) S.42-49. Diese vor Döbereiner nicht bekannte Methode wird heute noch zur Bestimmung des Harnzuckers verwendet.

115 Mikrochemie 4.Theil (1824) S.115. Hefe wurde sonst als toter Stoff angenommen.

116 l.c. S.119.

[117] Mikrochemie 5.Theil (1825) S.79 " Ein galvanischer Prozeß kann die Gärung doch nicht sein, weil sie leicht durch Essigsäure oder Kochsalz zu unterbinden ist; es läßt sich auch bei großen Mengen keine Elektrizität nachweisen, ebensowenig eine Wirkung auf die Magnetnadel."

[118] Zu Runges Leben und Werk vgl. Berthold (1937, 1955), Partington IV, S.183-184; Schmauderer (1969) S.78-82, Snelders (1972) S.178-180; die Phytochemie wird meistens kaum berücksichtigt.

[119] So im Vorwort des Grundrißes (1819) S.VI, in der Mikrochemie 2.Theil (1821) S.30: "Die ausgezeichnete fruchtbare Thätigkeit unseres Runge, im Felde der Phytochemie, fordert, daß von nun an jeder junge Chemiker sich auch mit phytostöchiometrischen Untersuchungen beschäftige.."

[120] auch etwa bei Partington IV S.183-184, wo nur kurz die Entdeckungen nach 1830 beschrieben werden. Borchardt (1974) erwähnt nur den Teil, der sich mit Analytik beschäftigt.

[121] vgl. Partington IV S.184, D.Jones im Artikel "Runge" im DSB 11(1975) S.615.

[122] Die Dissertation wird dabei meistens übersehen:
De novo Methodo veneficium Belladonnae, Hyoscyami nec non Daturae explorandi. Jena 1819. Daneben:
Ueber Pflanzenchemie. In: Isis (hrg. von L.Oken) 3(1819)1317-21; 4(1820) Sp.329-333. Materialien zur Phytologie = Neueste Phytochemische Entdeckungen zur Begründung einer wissenschaftlichen Phytochemie. 2Tle.Berlin 1820-1821.

[123] Gay-Lussac veranlaßte Robiquet, Sertürners Isolierung nachzuarbeiten. In: Ann.Chim. 5(1817) S.21, 275.

[124] Sertürner: System der chemischen Physik etc. Berlin 1820-22.

[125] Vgl. dazu Partington IV S.240, 349.

[126] Schelenz (1904) S.617.

[127] d.h. daß Sertürner die Möglichkeit der Existenz nicht ausschloß und die basische Reaktion nicht für das Resultat einer Verunreinigung hielt, wie ihm das John vorwarf (vgl.6.Kapitel).

[128] Vgl. dazu das 4.Kapitel.

[129] Die Polarität Säure-Base war für die Naturphilosophie die Basis der gesamten Chemie. Kristalline, eigentümliche Salzbasen, aus C, H, O, N zusammengesetzt, paßten in Analogie zu den gleichartigen Pflanzensäuren (nach 1817).

[130] Vor 1820 wurden noch folgende Alkaloide entdeckt:
Chinin, Cinchonin, Brucin, Strychnin durch Pelletier, Caventou und Magendie; Narcotin durch Robiquet; Atropin und Hyoscyamin von Brandes und Runge; Veratrin von Meißner.
Vgl. dazu Lippmann (1921) S.14-16, Partington IV S.240-46.

[131] Runge (1820) S.XIII.

[132] l.c. S.28/29.

[133] Borchardt (1974) S.26-28.

[134] vgl. 6.Kapitel.

135 Der Unterschied zwischen Alkohol und Weingeist besteht darin, daß "Weingeist" etwa 50% Äthanol ist (bei Borchardt nicht erwähnt).

136 d.h. Hermbstaedt gab an, wie z.B. Harz ausgezogen werden konnte, wodurch auch umgekehrt alles in dieser Fraktion Befindliche als Harz bezeichnet wurde.

137 ein weiteres Fällungsmittel war $SnCl_2$ (Runge (1821) S.231); alkalische Stoffe wurden auf die nämliche Weise bestimmt; es war dann aber das Nicht-Gefällte (vom PbAc) zu untersuchen. Borchardt (1974) S.27 stellt das stark vereinfacht dar.

138 Runge in (Okens) Isis $_4$(1820) Sp.333.

139 Runge, Materialien I (1820) S.101-144. Als Entdecker wird jedoch gemeinhin Brandes genannt, in:Schweigg.Journ.f.Chem. 28(1819) S.9 und Gilberts Ann.d.Phys. 65(1819) S.372. Partington nennt erst 1832 als Entdeckungsjahr; IV S.243 Anm. 15, 16. Dafür wird Runge die Entdeckung des Caffein zugeschrieben.

140 Er fand dabei die Alkaloide in geringerer Konzentration auf. Heute spielen die Untersuchungen verschiedener Pflanzen<u>teile</u> der Arzneipflanzen wieder eine große Rolle. Zur allgemeinen Regel, die Runge für die Untersuchung alkaloidverdächtiger Pflanzen aufstellte, vgl.9.Kapitel Anm.29.

141 Borchardt (1974) S.27.

142 das geht aus Borchardts lapidarem Kommentar sicher nicht hervor!

143 in unserem Sinne (vgl. 6.Kapitel) "physische" Merkmale.

144 d.h. die Möglichkeit, ohne irreversible Zerstörung aus einem neutralen Zustand in zwei entgegengesetzte Pole zu zerfallen.

145 Das unterscheidet Runge von den meisten Vorgängern, die beliebige Verdünnungen zuließen (Fourcroy, Trommsdorff et al.).

146 wobei hier <u>entgegen</u> der physikalischen Chemie angenommen wird, daß die Verringerung der Substanzmenge mit Verstärkung der Wirkung eingeht (Homöopathie!).

147 er nennt hierzu:
Leber als Reagens für Chelidonium
Harnwerkzeuge als Reagens für Asparagus und Arctostaphylos
Darm als Reagens auf Drastica etc. (1820) S.61

148 Faktoren für die Standardisierung:
1. Qualität des Atropin
2. Quantität des Atropin
3. Ort der Applikation und Art der Lösungsmittel
4. Art und Weise der Applikation ("Vehikel": Pinsel, Pinzette etc.)

149 so die Überschrift des 10.Kapitels (1821) S.186.

150 Runge (1820) S.46.

151 Runge in Okens Isis 4(1820) Sp.333.

152 und zwar in 7 Klassen: (+ ≙ löslich; - ≙ unlöslich)

	Wasser	Alkohol	Äther
1.Klasse	+	-	-
2.Klasse	-	+	-
3.Klasse	-	-	+
4.Klasse	+	+	-
5.Klasse	+	-	+
6.Klasse	-	+	+
7.Klasse	+	+	+

Das kann als Vorläufer des Stas-Otto-Gangs (1850-1856) angesehen werden.

153 Runge (1821) S.143.

154 l.c. S.151.

155 l.c. S.112.

156 Runge (l.c. S.136-142) differnziert in 4 Stoffgruppen: die der Laubpflänzchen, Blütenpflänzchen, Fruchtpflänzchen, und Samenpflänzchen, die darüber hinaus nach verschiedenen Stadien der Reife unterschieden werden; danach wird auf sie noch die Untergliederung angewandt, wie sie in der Nomenklatur (s.o.) dargestellt wurde.

157 l.c. S.124.

158 l.c. S.171.

159 Salze waren als Neutralisationsprodukte dem chemischen Verständnis leicht zugänglich und spielten auch in der Naturphil. als Ausgleich zwischen den Polen eine bedeutende Rolle.

160 l.c. S.126.

161 ein naturphilosophischer Gedanke, wie er auch bei Nees von Esenbeck (s.o.) verwendet wird!

162 l.c. S.126; vgl. dazu das 7.Kapitel.

163 "Natürlich" sind die neutralen, sauren und basischen Verbindungen von Pflanzenbasen und Pflanzensäuren, die fertig gebildet in der Natur vorkommen. "Künstlich" sind die erst durch Analyse oder Reagenzien-Prüfung erzeugten Verbindungen.

164 Bei der Analyse der Atropa unterteilt er in Wurzel, Stengel, Laub, Blume, Beere, Kapsel, Samen.

165 Runge (1820) S.93.

166 Galle - ellag; die Namensgebung erfolgte durch Braconnot in den Ann.Chim. 9(1818) S.181-187.

167 Die"Lampensäure", ein unreiner Aldehyd, der bei Katalytischer Verbrennung von Alkohol und Äther entstand, war von Davy 1817 erfunden worden (Some New Experiments and Observations on the Combustion of Gaseous Mixtures. In: Phil. Trans. 107(1817) S.45-85). Runge merkt dazu an, man sollte dann anstelle von Wassergas "Flintenlaufgas" sagen.l.c.S.97

168 der Namensgeber R.Brandes (im Grundriß der Pharmacie. Erfurt 1819) hatte einen Druckfehler bei Batsch (Versuch einer Anleitung zur Kenntniß und Geschichte der Pflanzen.

2Bd. Halle 1788 S.492) übernommen, wo anstelle von "Menyanthes" "Menganthes" trifoliata gestanden hatte.

169 Runge (1820) S.97. Vgl. dazu das 6.Kapitel.

170 Diese Pyramide ist von der romantischen Naturphilosophie stark beeinflußt, wenn auch Runge keinen Bezug angibt. Man kann das System graphisch mit zwei "Schritten" veranschaulichen:

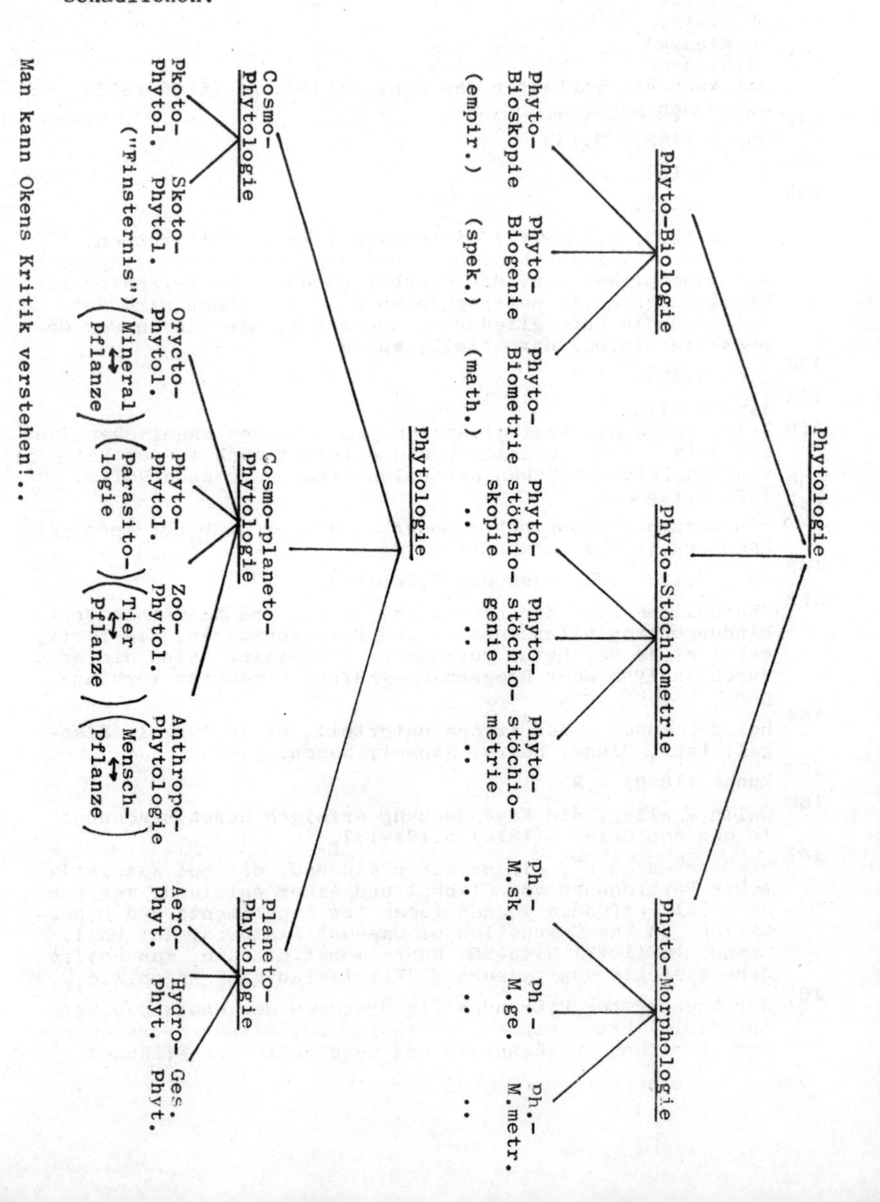

Man kann Okens Kritik verstehen!..

171 Pfaff, System der Mat.med. Bd.6 (1821) S.33, 34; Bd.7 (1824) S.1-11 sowie im Handbuch der analytischen Chemie, 2.Bd. (1825) S.690 Fußnote.

172 (Okens) Isis 4(1820) Sp.334-336. Diese Kritik überrascht, da Oken selbst häufig rein spekulativ in der Wissenschaft vorging.

173 l.c. Sp.335. Borchardt (1974) S.26 zitiert Oken dort als erläuternd und zustimmend.

174 Das wird von Bryk (1909) S.444 vernachlässigt, in der Tendenz auch von Mason (1962) S.422-426.

175 besonders von G.Schübler (1784-1834), Nachfolger Kielmeyers für Botanik in Tübingen: Untersuchungen über das Einwirken verschiedener Stoffe auf das Leben der Pflanzen.

176 vgl. dazu Ihde (1964) S.571; DSB 11(1975) S.615. Runge publizierte seine Arbeiten im 3.Band der "Farbenchemie" Berlin 1850 sowie in: Zur Farbenchemie: Musterbilder für Freunde des Schönen und zum Gebrauch für Zeichner, Maler, Verziehrer und Zeugdrucker. München 1850.

177 Vgl. dazu Weinhandl (1926) und Jäckle (1937).

178 Vgl. dazu Hirschfeld (1930), Leibbrand (1956) S.117-140, aber auch Hoppe (1967) sowie die Biographie des Dietrich Georg Kieser von Walter Brednow, Wiesbaden 1970 (= Sudhoffs Archiv Beiheft 12).

179 Lieben (1935) gibt für die fragliche Zeit nur eine Zusammenfassung der organischen Chemie; Partington IV S.313-317 läßt die physiologische Chemie auch erst nach 1820 einsetzen.

180 so bei Bryk (1909) S.571, Lieben (1935) S.36-54, Nash (1952) S.86-117, Holmes (1963) S.62-65,Mägdefrau(1973!)S.163.

181 Vgl. dazu Sachs (1875) S.481-574, Bodenheimer (1958) S.128-131, Mägdefrau (1973) S.80-93.

182 Man läßt sie allgemein mit Helmonts "gas sylvester" beginnen. Vgl. dazu Partington II, S,228-229.

183 Stephen Hales: Vegetable Staticks, or, on account of some statical experiments on the sap of plants. London 1727. Vgl. dazu Partington III S.112-123, besonders aber H. Guerlac's Artikel im DSB 6 S.35-48 sowie Hoppe (1974).

184 Jan Ingen-Housz: Experiments upon vegetables discovering their great power of purifying the common air in the sunshine and of injuring it in the shade and at night. London 1779, sowie ders.: An Essay on the Food of Plants and the Renovation of Soils. London 1796. Vgl. dazu Partington III, S.278-280, besonders aber den Artikel von Pas in DSB 7(1973) S.11-16, daneben Wiesner (1905) und Reed (1950).

185 als ausführliche Darstellung empfiehlt sich immer noch Sachs(1875)S.387-608;Mägdefrau(1973)S.86-93, der sich auf Sachs bezieht, bringt dazu keine neuen Beiträge.

186 Saussure (1804); vgl. dazu Sachs (1875) S.537-543, Browne

(1944) S.192-206 und Partington III, S.283-284.

187 Vgl. dazu Schelling: Einiges zur Geschichte der Wasserzersetzung. In: Gesammelte Werke, 1.Erg. b. S.126-129 München 1956.

188 Vgl. dazu das 6.Kapitel.

189 Christian Gottfried Nees von Esenbeck (1776-1858), Prof. Botanik in Erlangen (1818) und Bonn (ab 1818); vgl. zu Leben und Werk Winkler (1921).

190 Carl Gustav Christoph Bischof (1792-1870) Prof. Chemie in Bonn (ab 1819), ist hauptsächlich als Geologe bekannt; Amstutz in DSB II (1971) S.158-159 erwähnt zwar das Werk, doch ohne Kommentar.

191 Heinrich August Rothe (1773-1842), Prof.Math. in Erlangen (1804), bekannt durch ein 2-bändiges Handbuch der reinen Mathematik. Leipzig 1804-1811.

192 So von Döbereiner (1821), von Kastner (1821), von Pfaff (1824).

193 Eine Ausnahme bildet nur Hoppe (1967), die sich auf Nees von Esenbeck konzentrierte.

194 als Briefwechsel, um das organische Entstehen des Resultats aufzuzeigen:" ein für sich ungenügender Versuch des Einzelnen, ein Ganzes der Erkenntnis zu erstreben, und nur vollständig durch dieses Streben." S.2

195 Erst ganz am Schluß (S.231) schreibt Bischof konziliant, daß es eine Andeutung eines "Zusammenhang(s) zwischen unseren drei Reihen [Gay-Lussacs drei Klassen von 1811] und Ihren Evolutionsbasen" geben könnte.

196 Dies übernimmt er von Kieser (1815). Die Wurzel ist der "geschlossene", der Sproß der "offene Pol", die Geschlechtlichkeit die dritte Dimension.

197 Nees von Esenbeck (1819) S.7.

198 So versucht auch heute in der Molekularbiologie durch Chemie die Entstehung der Form erklärt zu werden.

199 Diese Vorbehalte sind auch heute gegenüber allen Instrumenten angebracht, die die lebende Zelle "direkt" beobachten; vgl. dazu Gerlach (1951).

200 l.c. S.12. Er meint damit allerdings nicht direkt diese Gase als Nahrung, sondern letztendlich.

201 l.c. S.13. Diesen Gedanken dehnte Runge auf sämtliche Pflanzenstoffe aus.

202 Der Stickstoffgehalt ist für ihn "gleichsam ein Hereinblicken der Thierheit in die Pflanzenwelt." l.c.S.15.

203 Das bedeutet, daß diese Elemente nicht "vorwalten", sondern auf solche Weise (in geringer, aber distinkter Menge) mit dem Vorwaltenden verbunden sind, daß das Produkt eine charakteristische, distinkte Verbindung darstellt. l.c. S.19.

204 l.c. S.19. Das ganze Leben der Pflanze erscheint ihm als

Desoxidationsprozeß des Kohlenstoffs.

205 l.c. S.20

206 Hoppe (1967) S.381 schreibt von 2 Differenzierungsreihen, der des Wasserstoffs und der des Sauerstoffs. In der Tat verwendet Nees von Esenbeck nur für diese beiden Reihen diesen Begriff. Nachdem er aber denselben Aufbau und dieselben Bezeichnungen für die einzelnen Stufen bei Stickstoff- und Kohlenstoffreihen wählt, liegt auf der Hand, daß es sich um 4 Evolutionsreihen handelt. Die Stoffe wurden dabei gemäß der naturphilosophischen Interpretation der Elemente angeordnet (vgl.6.Kapitel): Wasserstoff für Riechbarkeit, Flüchtigkeit; Sauerstoff für Geschmack und Säurecharakter; Kohlenstoff für Fixität; Stickstoff für "dynamisches Verhalten", Tierähnlichkeit.

207 er zitiert diese Autoren alle! Dies gegen J.Sachs (1875) S.546: "Diese Vernachlässigung der Lehren Ingen-Housz', Senebier's und Saussure's war jedoch nicht individuell, sondern namentlich in Deutschland allgemein."

208 vgl. Hoppe (1967) S.382.

209 Der Teil Nees von Esenbecks heißt:"Speculation".

210 ".. alle die Pflanzenstoffe, welche bisher für allgemeine nähere Bestandtheile der Vegetabilien gehalten worden, (weichen) in ihrer Natur eben so sehr ab.. , als die Pflanzen selbst, aus denen man sie darstellt." Nees von Esenbeck et al. (1819) S.29. Das gilt freilich nur für die Stoffe, die durch die Extraktionsmethode definiert sind, auch wenn sie dann (Gerbestoff) einen Namen nach einer Qualität tragen.

211 Runge (s.o.) versuchte den Ausweg über einen radikalen Individualismus - für Bischof auch keine Lösung.

212 Berzelius hatte gezeigt, daß Benzoesäure mehr Wasserstoff als Sauerstoff enthält, Essig- und Gallussäure gleichviel (Ann.of Phil. 5(1814) S.178.

213 l.c. S.45; Döbereiner (vgl.Anm.91 und 159).

214 Dabei wurde der Stickstoff nicht berücksichtigt; dieser würde die Verhältnisse in ungeheurem Maße komplizieren, obwohl er im Vergleich zu den anderen drei notwendigen Elementen für Vegetabilien eher kontingent scheint;l.c.S.49.

215 l.c. S.47.

216 l.c. S.48.

217 womit er (unausgesprochen) die reine Spekulation ebenso angreift wie die "chemischen Kochkünstler".

218 l.c. S.63.

219 Referenz-Autoren sind für Bischof: Gay-Lussac, Berzelius, Saussure und Döbereiner.

220 Hier zitiert Bischof Döbereiners "Äquivalente", modifiziert nach Prout, dessen Hypothese Bischof ausdrücklich begrüßt; l.c. S.57/58.

221 wie dies Meinecke und Döbereiner unternahmen.

222 d.h. beim Term $n_1a+n_2b+n_3c+n_4d+n_5e$ gilt für n_ν: $n_\nu \in K$ mit $k = \{0,1,2,3\}$

223 also (2a+2b), (3a+3b) usf. nur einmal unter (a+b).

224 l.c. S.133-165 (!).

225 So ergeben etwa b+c+2e, a+2b+d+e, a+c+3d alle ein Verhältnis O:H:C wie 24:4:24. (Hier sind Multipla erlaubt). Rothe gewinnt Regeln zu deren Auffindung durch sehr komplizierte Fallunterscheidungen, die hier nicht interessieren.

226 l.c. S.182. Hierzu benötigt Bischof aber eine Interpolation: die empirischen Zuckeranalysen der verschiedenen Zuckerarten ergeben nämlich niemals das Verhältnis C:O:H $[H \triangleq H_2]$ wie 1:1:1, sondern meist $C_7H_6O_6$, $C_{12}H_{11}O_{11}$ oder ähnliches. Bischof nimmt daher den Zucker "an sich" für 1:1:1; die Fehler liegen teils an der Analytik (und werden mit Prout und Meinecke korrigiert), teils am "Modifikationscharakter" der jeweiligen Art.

227 l.c. S.183.

228 ".. daß aber die Substanzen, welche viele gleich geltende Complexionen zulassen, häufiger in der Natur vorkommen als andere, welche nicht so viele zulassen, dieses ist freilich bloß Vermuthung, die indeß durch die folgenden weiteren Untersuchungen einige Wahrscheinlichkeit mehr erhält." l.c. S.183.

229 er vermutet in ihr daher eine "Modifikation der Essigsäure".

230 Bischof hält Berzelius' Analyse entweder für falsch, oder die Gallussäure für unrein; nämliches gilt für den Gerbstoff (nur 2 Complexionen).

231 z.B. beim Talg. Nach Berards Analyse Schweigg.Journ.f. Chem. 22(1818) S.442 hat er 14,0% O, 24% H, 62% C. "Setzt man hingegen... O = 14,29, H = 21,43, C = 64,28, so gibt es eine einzige Complexion 5e+d+a ." l.c. S.214.

232 Berzelius O = 20,66 "möglich wäre" O = 33,61
H = 4,96 H = 5,88
C = 74,38 C = 60,51
" Soviel ist daher wohl ausgemacht, daß Berzelius' Analyse kein großes Vertrauen verdienen kann; ob indeß die Abweichung so beträchtlich ist als die Bedingungsgleichungen sie fordern, wage ich nicht zu entscheiden." l.c. S.216.

233 Diese Analysen hatte Döbereiner in Schweigg.Journ.f.Chem. 16(1816) S.92-101 publiziert.

234 l.c. S.216.

235 nach Abzug der Multipla 4 689 409 (l.c. S.218).

236 Die Beiträge des hierzu häufig unterschätzten François-Vincent Raspail (1794-1878) sind behandelt von Weiner(1968) besonders S.78-111, ausführlich auch von Harms (1931-1936)

und Baker (1943).

[237] Zu Liebig vgl. Holmes: "Liebig" - Artikel in DSB 8(1973) S.328-350, zur Physiologie besonders S.345-349, sowie Partington IV S.301-317, F.Lieben (1935) S.99-115.

[238] Zu Gerardus Johannes Mulder (1802-1880) und seinem Streit in physiologischen Fragen mit Liebig vgl. Partington IV S.319-320, sowie den Artikel "Mulder" von Snelders im DSB 9(1973) S.557-559.

[239] vgl. dazu Partington IV S.310-314, Holmes (1963) S.69-81.

[240] Volhard (1909) erwähnt den Namen Bischof gar nicht, schließt auch einen Einfluß Kastners auf Liebig (1824) aus.

[241] Volhard (1909) merkt hierzu an, daß Kastner wohl ein berühmter Chemiker gewesen sein mußte, wenn er soviele Rufe bekam. Zur Frage, warum er ein berühmter Chemiker war, findet sich kein Satz.

[242] Volhard (1909)I :" Der Vortrag von Kastner .. war ungeordnet, unlogisch und ganz wie die Trödelbude voll Wissen beschaffen, die ich in meinem Kopfe herumtrug." (nach Liebigs autobiographischen Aufzeichnungen) S.19. Bei Partington IV S.294 erscheint er, ebenso bei Hjelt, Graebe, Browne nur als Lehrer Liebigs ohne besondere eigene Leistungen.

[243] Er war begeisterter Schüler Winterls.

[244] Die wichtigen darunter: Materialien zur Erweiterung der Naturkunde. Jena 1805; Grundriss der Chemie. Heidelberg 1807; Grundriss der Experimentalphysik. 2Bde Heidelberg 1810; Anleitung zur neueren Chemie. Halle 1814; haben alle ausführliche naturphilosophische Einleitungen und versuchen, die speziellen chemischen Lehren deduktiv aus den naturphilosophischen Prinzipien herzuleiten.

[245] Schmitz (1969) S.183.

[246] Dies ist seit Liebig Attribut für die romantischen Naturforscher.

[247] Diese Bemerkung verdanke ich Herrn Dr.Krätz vom Deutschen Museum in München.

[248] "Ueber das Verhältnis der Mineralchemie zur Pflanzenchemie". Dekan der Fakultät, die dem so dringenden Ersuchen Kastners nachkam, war H.A.Rothe (s.o.!). Vgl. dazu Volhard (1909)I S.40-42. Vermutlich hat Liebig selbst das einzige Exemplar der Arbeit vernichtet.

[249] Sie begann merkwürdigerweise mit dem Ruf auf den Lehrstuhl nach Giessen (1825). Auch Volhard gibt nur die Gründe Liebigs an, die dieser nach 1850 erfand. Es läßt sich ein Zusammenhang vermuten mit dem Selbstmord von Liebigs Vorgänger Zimmermann, der ein enger Freund Kastners war.

[250] Bemerkenswert ist, daß Wöhler 1840 an Berzelius schreibt, er habe zum ersten Mal "den berühmten Kastner" gesehen. Wallach (1901)II S.198.

[251] Darauf weisen Titel von Kastners Schriften hin:"Aufforde-

rung an Deutschlands Apotheker, zur Beförderung und Verbreitung chemisch-physikalischer Kenntnisse durch mündlichen Unterricht beizutragen." (im Berl.Jb.d.Pharm. 1816) "Aufruf an die deutschen Jünglinge, sich zur Wissenschaft zu bekennen". In: Der Deutsche Gewerbsfreund 3(1818) S.185-186.

252 im Bericht über die Gründung einer solchen Gesellschaft in Frankfurt. In: Der Deutsche Gewerbsfreund (DdG)3(1818) S.57-60.

253 Darüber berichtet die historische Literatur zumeist nur kurz; selbst ein Standardwerk wie Gebhardts Handbuch (1970)III,14 spricht nur allgemein von "sozialer Unzufriedenheit".

254 "deutsch", nicht "teutsch", wie Dilg (1975) S.313 schreibt. Es erschienen 4 Jahrgänge: 1(1815), 2(1816), 3(1818), 4 (1822). Die Ankündigung der Zeitschrift in Schweigg.Journ. f.Chem. 12(1814) S.351-354 enthält die Ziele Kastners: "Hebung der Güte unserer Gewerbe, mittelst der auf diesem Wege von selbst erfolgenden Verbesserung unserer Gewerbserzeugnisse.." S.352. Es ist bemerkenswert, daß Kastner einen Teil vom Ertrag der Zeitschrift "zur Unterstützung durch den Krieg verarmter Familien" bestimmt.

255 "Brotnoth". In: D.d.G. 2(1816) S.185-192, 193-195.

256 er gibt fast 50 verschiedene Pflanzenteile an, aus denen sich taugliche Stärke darstellen ließe.

257 l.c. S.290-291.

258 l.c. S.293-295.

259 In: D.d.G. 3(1818) S.329-333.

260 In: D.d.G. 3(1818) S.343.

261 In: D.d.G. 2(1816) S.353-354; der Vorschlag stammt ursprünglich von Juch, Prof.Chemie in München und Augsburg publ. in: Buchners Repertorium 3_1(1815) S.95.

262 In: D.d.G. 1(1815) S.205-206.

263 l.c. S.206

264 In: D.d.G. 2(1816) S.188/189, Vorläufer von Liebigs Fleischextrakt.

265 "Ulmenlaub als Viehfutter", von A.Minutelli . In: D.d.G. 3(1818) S.118.

266 In: D.d.G. 3(1818) S.95

267 Liebig ging davon aus, daß die bei der Veraschung der Pflanze zurückbleibenden Salze der Pflanze wieder zuzusetzen seien, und zwar in Form möglichst <u>un</u>löslicher Salze, um dem Auswaschen durch Regen vorzubeugen; vgl. dazu Browne (1944) S.262-281. Kastner wird nur als Lehrer erwähnt; es ist aber unrichtig, daß Liebig bei ihm erst promoviert habe und dann zu Gay-Lussac nach Paris gegangen ist (Browne S.262).

268 D.d.G. 2(1816) S.226-230. Düngemittel wirken nach Kastner wie folgt:

1. als galvanisch-zersetzte Materien = Elektrische Erzeuger
2. als CO_2-Erzeuger ["Erzeuger" für die Pflanze]
3. als Nitrat-Erzeuger
4. als Wasseranzieher
5. als Wärmeerzeuger
6. als Bodenauflockerer.

Kastner schlägt Kohlepulver zum Wachstum vor, aber auch Glaubersalz.

269 D.d.G. 1(1815) S.21-22.

270 D.d.G. 1(1815) S.193-194; aus Datteln 1(1815) S.8; aus Zuckersirup und verdünnter Schwefelsäure 3(1818)S.21, 191

271 D.d.G. 2(1816) S.360; aus Getreide 4(1824) S.275; aus Rüben 2(1816) S.168.

272 D.d.G. 1(1815) S.206.

273 D.d.G. 1(1815) S.212 und 3(1818) S.126-127.

274 D.d.G. 1(1815) S.223-224

275 D.d.G. 1(1815) S.176; Schnupftabak aus Walnußblättern in D.d.G. 2(1816) S.170.

276 D.d.G. 2(1816) S.23

277 D.d.G. 3(1818) S.292-293

278 Die beste Orientierung über die ungeheure Fülle der Artikel und der behandelten Gegenstände gilt das 1823 separat erschienene Register der vier Bände; Band 2,3 und 4 haben kein eigenes [worauf der Bearbeiter erst nach Gesamtdurchsicht stieß].

279 besonders durch Humphry Davy's :Elements of Agricultural Chemistry. Edinburgh 1814. Vgl.dazu Browne (1944)S.203-211.

280 e.g. die ausführlichen Untersuchungen Einhofs (vgl.6.Kapitel). Vgl. dazu Partington IV, S.252 und Browne (1944) S.178-181.

281 Liebig griff ihn an und schwieg ihn ansonsten tot. So enthält die (immer noch) ausführlichste Liebig-Biographie von Volhard (1909)I auf den ersten 60 Seiten passim Stellen, die auf Kastners Einsatz für Liebig deuten, nirgendwo aber ein Wort über Kastners eigene Leistungen.

282 Etwa fast alle Chemiker, die hier im 6.Kapitel behandelt worden sind.

283 Dies hat für die Medizin schon Leibbrand (1956) aufgewiesen.

284 Döbereiner, Meinecke, Kastner .

285 Döbereiner, Bischof/Nees von Esenbeck.

286 Kastner, aber auch Juch und Trommsdorff.

287 Sertürner, Runge, Döbereiner, Brandes,Meissner.

9.Kapitel

Die Pflanzenchemie vor der Ausgliederung der organischen Chemie.

Zur Bestimmung des Begriffes "Pflanzenchemie" mußte in der Einleitung schon auf dieses Kapitel vorgegriffen werden: deckte sich doch ihr Gegenstand um 1800 mit dem nach 1820, während er dazwischen einige Ausweitung erfahren hatte. Zur Zeit von Kielmeyers Chemie-Vorlesung besagte "Pflanzenchemie" die chemische und bisweilen physikalische und pharmakologische Kenntnis der "näheren Pflanzenbestandteile", wozu auch Analytik und Isolierung gehörten. Die Physiologie war um 1800 nur Appendix der Pflanzen<u>chemie</u> [1], da die entscheidende Differenz zwischen Chemie und Physiologie, die Lebenskraft, die den Aufbau und die Ausdifferenzierung der einzelnen Pflanzenstoffe erklärte, der Chemie nicht zugänglich war. Als zweiter Appendix erschienen daneben immer die Untersuchungen der sog. "freiwilligen Veränderungen der toten Pflanzenkörper" [2]: die verschiedenen Gärungen, Schimmel, Fäulnis. Während die Physiologie nicht direkt Gegenstand der Pflanzenchemie war, weil sie mit "chemisch" noch nicht ausreichend zu bestimmen war [3], gehörten diese Veränderungen nicht zu ihr, weil es nicht eigentlich pflanzlich war, wodurch sie gekennzeichnet waren; es handelte sich um "freiwillige Selbstentmischung der Materie." (Hermbstaedt 1792)

In den ersten drei Jahrzehnten des 19. Jahrhunderts erfuhr die Phytochemie eine beträchtliche Erweiterung ihres Gegenstandes. Zum einen ließ sich erkennen, daß die Lebenskraft, was immer sie sein mochte, für viele chemische Prozesse überflüssig wurde [4], für organische Synthese gleichermaßen wie bei physiologischen Vorgängen. Zum anderen konnte der Begriff der organischen Chemie, ursprünglich die Summe von Pflanzen- und Tierchemie, auch die Veränderung ehdem organischer Körper thematisieren; dies mit umso größerem Erfolg, als die quantitative Elementaranalyse im Verein mit der Atomhypothese Aufschlüsse über den Feinbau der kleinsten organischen Teilchen zuließ.

Die Pflanzenchemie war ursprünglich für die organische Chemie Lieferantin fast aller ihrer Substanzen gewesen. Nun aber befaßte sich die organische Chemie nur noch mit den Stoffen, die ihr einfach zugänglich waren, und zog sich von komplexen und unreinen Stoffen [5] zurück. Die einfachen Stoffe (Säuren, Zucker, Alkohol, Ester, Salze) waren selbst wie die aus ihnen darstellbaren Verbindungen einer genauen Elementaranalyse zugänglich; dabei ließen sich erste quantitative Gesetze formulieren [6]. Der letzte Schritt der Ausgliederung der organischen Chemie war schließlich Wöhlers und Liebigs Benzoylarbeit [7], von Berzelius enthusiastisch begrüßt [8], wo zum ersten Mal eine Reihe von organischen Veränderungsprodukten [9] einer Verbindung systematisch analysiert und dabei das Benzoylradikal [10] entdeckt wurde.

Für die Fülle von Aspekten, die eine weitgefaßte Pflanzenchemie 1820 hätte berücksichtigen sollen, legt die Wissenschaftspyramide von Runge (vgl. 8. Kapitel Anmerkung 170) deutliches Zeugnis ab; nicht einmal Runge glaubte wohl an die Möglichkeit einer solchen Wissenschaft, denn nach 1823 befaßte er sich gar nicht mehr mit Phytochemie. Übrig blieb daher während der Ausgliederung von organischer, physiologischer, ökonomischer Chemie eine "Rumpf-Pflanzenchemie", so lange rein empirisch [11], als die sich ablösenden Disziplinen noch nicht wieder auf sie rückzuwirken vermochten [12]. Diese Rumpf-Pflanzenchemie war mit dem Problem der "hypothetischen Prinzipien" (resp. der verschiedenen Arten von "Extraktivstoff") und deren Eliminierung an die Grenzen der Extraktionsmethode gelangt. Zum einen waren diese Stoffe als chemisch nicht-einfach erwiesen, zum anderen konnte mit den Alkaloiden die Stofflichkeit der Prinzipien gezeigt werden. Runges polemisch vorgetragene These - daß Extraktionen nur noch als erster Schritt einer Pflanzenanalyse taugen und eine weitere Auftrennung der dabei erhaltenen Substanzen auf nassem Wege allein nicht möglich ist - setzte sich schnell durch; dennoch gab es weiter Pflanzenanalysen etwa im Stile von Hermbstaedts Anleitung [13], jedoch nicht mehr aus dem pflanzenchemisch-wissenschaftlichen Interesse wie davor, sondern unter dem Aspekt der pharmazeutischen Brauchbarkeit der Produkte [14].

Für die historische Literatur [15] kommt mit dem Erscheinen von Pfaffs "Handbuch der analytischen Chemie" [16] 1821 die Pflanzenchemie für 40 Jahre zum Stillstand. Wirkliche Verbesserungen hätten danach erst wieder die Arbeiten von Rochleder (1858) und Wittstein (1868) erbracht. Dagegen steht Kopps Einschätzung:

> "Und was die Producte der organischen Natur angeht: Wie wäre hier eine Aufzählung derer zu geben, welche sich besonders an der Untersuchung von Substanzen, die von Pflanzen hervorgebracht wurden, betheiligt haben.." [17]

Zum Stillstand kam daher nicht die "Pflanzenchemie", sondern ein Teil der Pflanzenanalytik: die Gesamtanalyse. Die Stellung, die dabei Pfaffs Handbuch eingeräumt wird, scheint bei näherer Untersuchung nicht zuzutreffen. Pfaff faßte nämlich bezüglich der Pflanzenanalyse nur die bekannten und bewährten Praktiken zusammen, ergänzt um die Durchsetzung einer Innovation Runges, nämlich des Analysenganges mit mehreren Lösungsmitteln [18]. Andererseits geht aber der durch Hermbstaedt initiierte Fortschritt - einer generellen, abstrakt formulierten Vorschrift für alles Pflanzenmaterial - wieder verloren, denn Pfaff gibt keine allgemeine Anleitung, sondern bespricht wieder konkrete Beispiele [19].

Die Einleitung zum pflanzenchemischen Teil des Handbuches [20] sieht Pfaff ganz als Schüler Kielmeyers:

> "In den organischen Körpern ist die Form zugleich der Ausdruck des Stoffs, beide sind wechselseitig durcheinander bedingt. Wo eine eigenthümliche Bildung sich darbietet, kann man auch ein eigenthümliches Stoffverhältnis annehmen". [21]

Runges daraus gezogene Konsequenz [22] wird von Pfaff mitgetragen, führt allerdings dazu, daß "das Geschäft der chemischen Analyse... als ein fast unbegränztes (erscheint)"[23]. Pfaff unterteilt aber trotz Runges Kritik an seinem "System der Materia medica" die näheren Bestandteile in "allgemein verbreitete" und "spezielle". Das sei zwar, wie er Runge zugesteht, logisch nicht zu legitimieren, entspricht aber der pflanzenanalytischen Praxis. Denn neben der vor 1810 weit überwiegenden Gesamt-Analyse war die Untersuchung der Pflanzen auf "spezielle" Bestandteile in den Vordergrund getreten [24]. Diese speziellen gliedert Pfaff auf nach Alkaloiden (14), Säuren (16) und "anderweitige Materialien" (33), welche nach dem Kriterium ihres seltenen Vorkommens zusammengefaßt werden, so daß sich in dieser Gruppe so chemisch differente Stoffe wie Asarin, Asparagin, Chlorophyll, Capsicin, Inulin, Sarkokolla usf. finden.

Pfaff unterscheidet drei Arten von organischer Analytik.

1. Die Elementaranalyse. Er diskutiert die verschiedenen Vorschriften seit Gay-Lussac und entscheidet sich für Döbereiners Methode, bei ätherischen Ölen für die Saussures.[25]
2. Die Gesamt-Analyse von Pflanzen, d.h. die vollständige extraktive Zerlegung von Pflanzen und Pflanzenteilen. Hier steht er ganz in der Tradition Hermbstaedts:
   a) die durch Analyse aufzufindenden Stoffe sind zirkulär definiert durch die Lösungsmittel; etwas neues kann nicht gefunden werden.
   b) die Anwendung der Lösungsmittel ist bestimmt durch ein nicht-wissenschaftliches Vorherwissen all der Stoffe, die man in der Pflanze zu finden gedenkt.

   Als Rückschritt ist jedoch festzuhalten, daß Pfaff die Beispiele wieder selbst sprechen läßt und von Hermbstaedts Abstraktion zurückfällt: er führt die Analysen von Kartoffeln, Kartoffelkraut, Kartoffelasche, Sarsaparillwurzel, Farrenkrautwurzel und Myrrhe vor, wobei er nicht mit Selbstkritik spart [26].
3. Die Suche nach speziellen Stoffen, durchgeführt nach

> "den besonderen Regeln, abhängig von der besonderen Beschaffenheit der näheren Materialien, welche aus den organischen Körpern dargestellt werden sollen."[27]

Die Säuren läßt Pfaff nach Scheele abscheiden [28], die Alkaloide nach den von Runge gegebenen Regeln [29], einschließlich der Vorprüfung auf die Vorhandenheit von Alkaloiden.

So gesehen ist sein eigentümlicher Beitrag zur Analytik nur die abschließende Zusammenfassung des ohnedies Bekannten, wobei sich die Analysen durch Übersichtlichkeit und Exaktheit auszeichnen [30]. Die Pflanzenanalytik kam somit sicher nicht wegen Pfaffs Handbuch zum Stillstand, sondern es stagnierte die Ganz-Analyse, weil sie mit den verschiedenen Extraktionen und Extraktivstoffen (deren 8 Pfaff noch 1825 anführte) an die Grenze ihrer Wissenschaftlichkeit gestoßen war. Infolgedessen verlagerte sich das Interesse an der Ganz-Analyse von der Chemie zur Pharmazie, während die Chemiker sich der Untersuchung der speziellen Stoffe zuwandten. Bei Berzelius findet sich in den Jahresberichten zu Ende des oft über hundert Seiten starken Teils pflanzenchemischer Einzelstoffuntersuchungen meist nur eine einseitige Enumeration von Ganz-Analysen ohne weiteren Kommentar[31]. Die dabei zitierten Literaturstellen zeigen als Publikationsorgane dieser Arbeiten fast ausschließlich pharmazeutische Zeitschriften [32]. Auch die Funktion der Ganz-Analysen hatte sich gewandelt: Trommsdorff stellt anläßlich einer Hagebutten-Analyse von Heinrich Bilz 1825 fest:

> "sie .. ist ein wichtiger Beitrag zur Phytochemie, und kann angehenden Chemikern als Mustervorschrift dienen." [33]

Ganz-Analyse erschien als Vorbereitung für Einzeluntersuchungen. Noch deutlicher merkt Berzelius zu einer Analyse an:

> "Brande hat die Rhabarberwurzel untersucht... Dieser Analyse geht jedoch das Interesse ab, welches man nunmehr von vegetabilischen Analysen erwartet, welche nicht nach denselben Grundsätzen gemacht werden dürfen, wie die von unorganischen Körpern, wo wegen der Identität der Materie die Quantität zum Hauptgegenstand

> wird, während dagegen bey den organischen Körpern die genaue Angabe der Quantität selten von großen Interesse ist, dagegen aber die Beschaffenheit der abgeschiedenen Stoffe einen um so viel höheren Werth hat." [34]

Entsprechend stellt er 1826 fest:

> "Eine ungewöhnliche Anzahl von Pflanzenanalysen ist, vorzüglich in Frankreich angestellt worden, woselbst es eine Hauptbeschäftigung für junge Pharmaceuten zu seyn scheint." [35]

Bei Fechner (1829) findet sich der nämliche Übergang; die Ganz-Analysen stammen weit überwiegend aus der Zeit vor 1820, danach nehmen die Spezialuntersuchungen zu. Die älteren Analysen enthielten hauptsächlich als "interessante" Stoffe die (hypothetischen) Prinzipien, die verschiedenen Arten von Extraktivstoff mit ausgeprägten Qualitäten: Bitterkeit, Schärfe, Färbekraft, narkotische Wirkung usf. Eine Angabe wie "Die bearbeitete Pflanze enthielt 5 gran bittere Materie" war nach der Entdeckung der Alkaloide nicht mehr befriedigend. Da aber die organische Chemie für die Klärung der hochmolekularen Gemische noch nichts beitragen konnte, beschränkte sie ihre Untersuchungen innerhalb der Pflanzenchemie auf die kristallisierbaren Einzelstoffe. Der Umfang der Kapitel über Gummi, Faserstoff o.ä. bleibt zwischen 1815 und 1835 etwa gleich [36], der Umfang der Kapitel über spezielle Stoffe nimmt außerordentlich zu [37]. In der Zeit der Alkaloidsuche, der heuristischen Phase der Untersuchung der speziellen Stoffe nach 1817, geht der <u>systematische</u> Aspekt für die Pflanzenchemie fast ganz verloren; Berzelius hält an Wahlenbergs Einteilung fest (s.o.), Wöhlers wie Gmelins [38] Stoffanordnung ist eine Häufung (vgl. 6. Kapitel). Damit gerät die Frage nach <u>der</u> einen Pflanzensubstanz ganz aus dem Blickfeld [39], ebenso wie die Intention, durch die Ganz-Analyse erschöpfende Antwort auf die Frage nach den konstituierenden Teilen der lebenden Pflanze zu erhalten. Diese Interessenverlagerung läßt sich auch an den Namen der beteiligten Forscher ablesen: waren um 1800 die relevanten Pflanzenanalysen von den besten Chemikern erstellt [40], so bemühten sich um die Ganzanalyse nach 1825 weit überwiegend unbedeutende Forscher [41]. An der Alkaloidsuche oder der organischen Theorienbildung dagegen waren die ersten Kräfte beteiligt. [42]

Zwei Probleme sollen hier noch und nur skizziert werden - "noch", weil sie diesen angesprochenen Übergang erhellen, "nur", weil jeder einzelne bereits Stoff für eine ganze Monographie enthält [43]: Wie veränderte sich das pflanzenchemische Wissen nach 1820 im Vergleich zu den besprochenen Werken davor, und wie wurde die Strukturchemie bezüglich der Pflanzenstoffe apperzipiert und fortgebildet?

1. Die Ausweitung pflanzenchemischer Kenntnis nach 1820.

Die Pflanzenchemie hatte bei Hermbstaedt (1795) 26 nähere Pflanzenbestandteile gekannt; feinere Unterschiede innerhalb einzelner Stoffe bei Analysen verschiedener Pflanzen wurden durch den Modifikationsbegriff abgedeckt [44]. Die Entdeckung einzelner Vertreter neuer Stoffklassen (etwa: Morphium 1805, Asparagin 1805, Pikrotoxin 1812) führte zwischen 1805 und 1820 wie gezeigt zum Problem eines säkularisierten Nominalistenstreites mit der traditionsreichen Frage, was als differentia specifica verschiedener Klassen, als "generisches Prinzip" gelten konnte. Die extremen Ansichten von Hermbstaedt und Runge wurden beide aus empirischen Gründen fallengelassen. Denn Hermbstaedts Ansatz schloß mit der zirkulären Definition der Pflanzenstoffe durch die Extraktionen weiteren Fortschritt aus, während Runge mit der formalen Konstruktion eines Systems von Pflanzenstoffen durch die Morphologie die Pflanzenchemie in die Botanik verwies. Der Mittelweg hatte, wie immer, den Nachteil, sich logisch nicht rechtfertigen zu können, sondern die Begründung über die Brauchbarkeit suchen zu müssen. [45] Dennoch unterschied John bereits 1814 38 nähere Bestandteile, die wie bei Pfaff in allgemeinere und speziellere getrennt wurden. Der nächste Schritt war nach dem Beginn der Alkaloidsuche 1817 die Bezeichnung "Alkaloid" 1819 durch Meißner; denn davor bezeichneten die einzelnen Alkaloide ganze Stoffklassen (mit nur je einem Element: sie selbst), nunmehr waren sie Elemente der einen Stoffklasse der Alkaloide. Ziemlich gleichzeitig wurden die anderen besonderen Stoffe einzelner Pflanzen, die nicht alkalisch reagierten, der Stoffklasse der Nicht-Alkaloide zugeschlagen [46]. Nur Döbereiner versuchte einen anderen Weg: er ordnete die Alkaloide schon 1819 so weit als möglich nach ihrem Elementaranalysen-Ergebnis zu den Stoffen, die Kohlenstoff, Wasserstoff, Sauerstoff und Stickstoff enthielten und dazu basisch reagierten [47]. Andere Vertreter dieser Gruppe waren das neutrale Eiweiß oder die saure Harnsäure. Diese rationale Einteilung setzte sich indes erst viel später durch [48].

Ebenfalls 1819 erschien der Band über organische Chemie, der 1. Auflage von Leopold Gmelins Handbuch der theoretischen Chemie. Gmelin behandelte die Pflanzenchemie unter Vermeidung von Schwierigkeiten der Systematik in 38 Kapiteln, wodurch nacheinander freilich etwa in einem Kapitel alle Zucker, im nächsten der Gallenstoff, darauf Emetin, Saponin, Olivil (=Olivenbaumgummi), Asparagin und letztendlich Moder und Kohle bearbeitet wurden. Leitendes Interesse war das chemische Verhalten der Stoffe, der pharmazeutische Aspekt trat zurück. Demgemäß erfolgte die Definition der organischen Chemie:

> "Die organische Chemie beschäftigt sich vorzüglich mit den chemischen Verhältnissen der einzelnen nähern Bestandtheile des organischen Reiches." [49]

Organische Chemie war bei Gmelin 1819 beschränkt auf Teile von Pflanzen- und Tierchemie, denn zu diesen gehörten auch physiologische und pharmakologische Aspekte.

In der 3. Auflage dieses Handbuches 1829 stülpt Gmelin das Verhältnis um:

> "Die organische Chemie betrachtet:
> 1. Die in den Pflanzen- und Thierkörpern sich vorfindenden einfachen organischen Verbindungen.
> 2. Die Zusammensetzung der aus diesen und den unorganischen Stoffen bestehenden Pflanzen und Thiere und ihrer Theile; ..
> 3. Die chemischen Veränderungen, welche in diesen Körpern, so lange sie unter Botmäßigkeit der Lebenskraft stehen, vor sich gehen." [50]

Die organische Chemie von 1819 nimmt in dieser Definition nur noch einen Teil des ersten Punktes ein, der (unausgesprochen) um künstliche Veränderungen verschiedener organischer Stoffe erweitert worden war. Es ist bemerkenswert, wie weit Gmelin den Begriff "organische Chemie" faßt: Er erstreckt sich auf die Physiologie ebenso wie auf die anorganischen Bestandteile von Tier und Pflanze. Dies steht im Einklang mit der Ausweitung des Begriffs des Organischen unter dem Einfluß der Lebenskraft.[51]

Den umfangreichen stofflichen Inhalt der organischen Chemie gliedert Gmelin auch 1829 nach Kapiteln; Obergruppen werden gebildet nach N-haltigen und N-freien "organischen Oxyden" - Gmelin schließt sich ganz der Bestimmung von Berzelius an, der organische Verbindungen als mindestens ternäre ansah. Die Fülle des Stoffes ist innerhalb der 10 Jahre auf das dreifache gewachsen[52]; die stickstoffhaltigen Pflanzenstoffe, 1819 gerade eine Handvoll, nehmen 1829 170 Seiten ein.

Eine Besprechung der Vertiefung der Kenntnis dieser neuen Stoffe führt über den Rahmen dieser Arbeit hinaus, zumal sie auch schon außerhalb der betrachteten Zeitspanne liegt. Eine Übersicht wenigstens über die Chronologie der (tatsächlichen) Neuentdeckungen findet sich bei Lippmann[53]; was zeitgenössisch alles als Innovation betrachtet wurde, gibt eine Arbeit von Trommsdorff[54] wieder; Fechners ausführliche Tabellen haben den Nachteil, als systematische Leitlinie nur botanische Kriterien zu verwenden[55]. Darstellungen in der Sekundärliteratur stehen zu diesem Thema noch aus.

2. Die Weiterbildung der Strukturchemie pflanzlicher Stoffe nach 1820.

Nahezu zehn Jahre lang wurde die Strukturchemie nach Berzelius' Angriffen[56] vernachlässigt. Wiederum eignet sich Gmelins Handbuch zum Beleg. 1819 schließt sich Gmelin wörtlich an Berzelius an:

> "Alle organischen Verbindungen müssen [!] als ternäre, quaternäre usw. angesehen werden, d.h. als solche, in denen wenigstens drei Stoffe unmittelbar vereinigt sind, ohne zuvor binäre Verbindungen eingegangen zu haben." [57]

Zehn Jahre später behält er mit Berzelius diese Annahme bei, nunmehr aber gezwungen, die Gegenbeispiele zu dieser Theorie besonders von Gay-Lussac [58] und Döbereiner [59] zu diskutieren. Doch er verwirft Döbereiners Ansicht der organischen Verbindungen als salzartige Zusammensetzungen aus vier Gründen:

1. weil dadurch sich der wichtigste Unterschied zwischen anorganischer und organischer Chemie, die Lebenskraft, nicht mehr aufrecht erhalten ließe,
2. weil dann aus ölbildendem Gas (Äthen) und Wasser Alkohol synthetisierbar sein müßte,
3. weil die Zerlegung von organischen Verbindungen in einfache Stoffe wie CO, HO, CH usf. keine konstitutiven Rückschlüsse auf die Stoffe zuläßt, da die einfachen Stoffe nur <u>Produkte</u> sind.
4. weil eine solche Annahme willkürlich ist.

Die These von Saussure und Faraday, daß manche ätherischen Öle nur aus Kohlen- und Wasserstoff bestehen [60], veranlaßt Gmelin nur zuzugeben, daß vielleicht nicht <u>alle</u> organischen Stoffe ternär sein müssen, so daß Berzelius' Gesetz mindestens eine sehr gut bestätigte Regel bleibt.

Die Möglichkeit der Synthese organischer Verbindungen, deren er neun diskutiert, ist für Gmelin kein Argument gegen die Lebenskraft, denn die erklärt allgemein die Bildung organischer Stoffe; einzelne können auch chemisch zugänglich sein, wie beim Harnstoff, bei welchem die Affinität von Ammonium-und Cyanatradikal geringer ist als die der Einzelbestandteile im Harnstoffmolekül. Es könne sich hier wie in anderen Einzelfällen die Lebenskraft <u>spontan</u> äußern, durchaus im Einklang mit der immer noch diskutierten Möglichkeit der generatio aequivoca [61]. Daher widerspricht die organische Synthese nicht nur nicht der Lebenskraft, sondern Gmelin nimmt sie als deren Bestätigung gegen Gay-Lussac und Döbereiner. [62] Zwischenlösungen wie etwa die von Robinet, daß nämlich die Bestandteile einer organischen Verbindung durch eine besondere Kraft, die "organische Affinität" zusammengehalten würden [63], werden mit diesem Argument eliminiert, so daß der Hiatus "Lebenskraft - Materialismus" bestehenbleibt. Und Gmelin rechnet nicht zu Unrecht auf die Plausibilität der Lebenskraft-Hypothese, wie Liebigs Festhalten daran bis zu seinem Tode zeigt [64].

Gleichzeitig liefert diese Art der Beweisführung gegen Döbereiner einen weiteren historischen Beleg für die These P.Feyerabends, daß Wissenschaft häufig auf anderem Wege fortschreitet als auf dem von Hypothese und Falsifizierung [65]. Denn bei Untersuchung der einzelnen Punkte ergibt sich:

Das erste Argument Gmelins ist dogmatisch und somit gerade nicht wissenschaftlich.

Das zweite Argument ist als empirisches schon von Fechner [66] zurückgewiesen worden: aus dem Nicht-Eintreten einer chemischen Reaktion in einem <u>Gemenge</u> kann man nicht auf die Unmöglichkeit der Reaktion schließen.

Das dritte, skeptische Argument scheint zwar wissenschaftlich, verstößt aber gegen die Überlegung, daß Hypothesen aufgestellt werden <u>müssen</u>, soll überhaupt Fortschritt stattfinden; seine eigene (und Berzelius') Theorie war mindestens genauso hypothetisch - nur eigentlich noch schlechter gegründet als die von Döbereiner.

Das vierte, psychologische Argument trägt den Unterton, "da könnte jeder kommen". Es ist nicht einmal ein Einwand. Und in der Tat kann jeder kommen und einen Fortschritt herbeiführen - es zeigt sich sehr häufig, daß gerade Fachfremde der wissenschaftlichen Forschung entscheidende Anstöße zu geben vermögen [67]. Letztendlich stellt Gmelins Verteidigung der Theorie von Berzelius eher ein Zeugnis dar für die Freundschaft zwischen den beiden, nicht für die Wahrheit [68].

Fechner dagegen hatte sich bei der Diskussion zu dieser Frage, wie sie von Thénard referiert wurde, mit Vorbehalten auf die Seite Döbereiners gestellt, und es nimmt nicht Wunder, daß Liebig als Schüler Kastners [69] 1825 feststellt:

> "Es unterliegt keinem Zweifel, daß dieselben Grundstoffe, genau in derselben Menge, oft Körper von ganz verschiedenen Eigenschaften darstellen können, und daß der eigenthümliche chemische Charakter von der Art abhängt, wie diese Grundstoffe miteinander verbunden sind." [70]

In der Fußnote hierzu zitiert Liebig aber nicht seine Cyansäure-Kontroverse mit Wöhler, die Gay-Lussac zugunsten und Berzelius entgegen der Isomerie-Hypothese entschieden hatten [71], sondern Liebig zitiert in der Fußnote "Kastners' System der Chemie 4.1821 S.28", wo sich Kastner mit Meineckes Isomerie-Hypothese auseinandersetzt und ihre Begründung auch von Seiten der Elektrizitätslehre versucht. Berzelius hielt dies für jedenfalls unzulässig.

Zur Konstitutionschemie stellt B. erst in den Jahresberichten von 1832 eine Arbeit von R.Herrmann [72] vor: "Über den elementaren Zusammenhang organischer Körper", [73] die er für sehr bemerkenswert hält. Herrmann teilt die Pflanzenstoffe in drei Hauptklassen ein - saure, indifferente und basische - [74] und für jede dieser Klassen versucht er eine eigene Zusammensetzungsweise als Erklärung. Als Bausteine fungieren die "Radikale" [75] CH_2 [Äthen], HO [Wasser], HO^2 [H_2O_2], NO [NO_2], C^2H^3 [! ≙ Citronenöl, Analyse von Saussure], aber auch CH und O^2H^3, beide "unbekannt in isolirtem Zustand." [76] Für die Zuckergruppe kommt Herrmann zu folgender Reihe:

Holz	≙	10 CH + 8 OH
Rohrzucker	≙	10 CH + 9 OH
Traganthgummi	≙	10 CH + 10 OH
Stärke	≙	10 CH + 11 OH
arab. Gummi	≙	10 CH + 12 OH
Traubenzucker	≙	10 CH + 12 OH

Diese Identität der strukturellen Zusammensetzung ist Herrmann noch unerklärlich. Er führt aber seinen Ansatz noch für weitere Stoffe durch.

So ist bei Fetten und Ölen die

> "Anzahl der Wasserstoffatome immer 1 1/2 Mal die zusammengesetzte Anzahl der Kohlenstoffatome und Sauerstoffatome" ; [77]

Mohn- und Walnußöl ≙ 100 C^2H^3 + 9 O^2H^3

Leinöl ≙ 100 C^2H^3 + 12 O^2H^3

flüchtige Öle werden getrennt in sauerstoff-freie und sauerstoffhaltige:

Steinöl ≙ CH^2

Citronen- und Terpentinöl ≙ C^2H^3;

die sauerstoffhaltigen unterscheiden sich davon durch unterschiedliche Quantitäten von O^2H^3; schließlich gelten (exemplarisch) für

Campher ≙ 100 C^2H^3 + 15 O^2H^3

Colophonium ≙ 100 C^2H^3 + 13 O^2H^3,

während die Alkaloide (Salzbasen) alle der Formel genügten

Alkaloid ≙ x CH + ON [78]

Berzelius würdigt diese Arbeit Herrmanns mit den erstaunlichen Worten:

> "Der erste [!] Versuch zu generalisieren glückt selten, die Speculation greift der Erfahrung vor, in dem diese nicht so rasch zu folgen vermag; allein wenn auch jene in Irrthum geräth, so bleibt doch immer jeder Versuch, zu allgemeinen Ansichten zu gelangen, ein rühmliches Bestreben." [79]

Dabei ist diese Darstellung Herrmanns in den Grundlagen identisch mit den vorgetragenen Arbeiten von Meinecke, Kastner, Döbereiner und Bischof, die alle schon über 10 Jahre zurücklagen, aber bei Berzelius kein Lob finden konnten. Die vier Einwände von Gmelin gegen Döbereiner (s.o.) treffen nämlich auf Herrmanns Gedanken gleichermaßen wie auf die seiner Vorgänger zu.

Der Wandel in der Einstellung Berzelius' mochte darin begründet sein, daß sich nach diesen naturphilosophisch beeinflußten Chemikern auch eine große Reihe anerkannter Forscher deren Spekulationen zu eigen gemacht hatten. So trugen eine Menge von Entdeckungen zu der 1827 von Boullay und Dumas aufgestellten "Ätherin-Theorie" [80] bei: Döbereiners Alkohol-Oxidationen [81], Faradays Substitutions-und Additionsreaktionen am Äthen [82], besonders aber Chevreuls Arbeiten über die (tierischen) Fette [83]. Berzelius' hauptsächlicher Rückzug von seiner "älteren Radikaltheorie" [84] vollzog sich mit der Benzoyl-Arbeit von Liebig und Wöhler, die 1832 zur "jüngeren Radikaltheorie" führte. Eine Kontroverse wie die zwischen Liebig und Mulder vollzog sich um 1840 schon ganz innerhalb "hypothetischer Gleichungen" und rekurrierte auf Berzelius' Theorien schon gar nicht mehr [85].

Bei aller erstaunlichen Vielfalt der (in der Literatur gut bearbeiteten) Theorienbildung in der organischen Chemie nach 1830 [86] sollte man sich dennoch gewärtig bleiben, daß deren Wurzeln gut 15 Jahre zurückreichen, in die Zeit der von Liebig so geschmähten Romantik.

Als Fazit dieses letzten Kapitels kann festgehalten werden, daß die Phytochemie mit der Ausgliederung der organischen und der physiologischen Chemie keineswegs zu einem generellen Stillstand kam; dies galt allein für die Ganz-Pflanzenanalyse . Die Phytochemie verlagerte ihren Schwerpunkt auf die einfachen und (wenn möglich) kristallisierbaren Pflanzenstoffe, wobei die selbständig gewordene organische Chemie durch die Aufklärung der Summenformeln wie durch die Auffindung der funktionellen Gruppen zunehmenden Einfluß erhielt. Die schon in der Einleitung angeführte Umkehrung der Relation zwischen Phytochemie und organischer Chemie konnte somit sowohl begrifflich als auch empirisch aufgewiesen werden. Die Ausgliederung der organischen Chemie führte nach einiger Zeit auch zum Beginn der Aufklärung aller traditionellen Probleme der Phytochemie [87].

Anmerkungen zum 9. Kapitel

1 so leitet Hildebrandt Wahlenbergs physiologische Arbeit von 1809 ein: "Erst in neuern Zeiten.. hat man die Pflanzenchemie nach einer mehr physiologischen Richtung zu bearbeiten angefangen" in: Journ.f.d.Chem., Phys.Min. (Gehlen) 81(1809) S.92.

2 so etwa bei Thomson 1806. 4.Bd. S.304 und Hermbstaedt [3]1812, 4.Bd. S.243.

3 Diese Trennung nimmt auch Berzelius 1829 vor, wenn er eine Arbeit Schüblers kommentiert: "da aber die Resultate mehr im Bereiche der Pflanzenphysiologie, als in dem der Pflanzenchemie liegen.." in: Jahresberichte über den Fortschritt der phys. Wissenschaften 8(1829) S.240.

4 vgl. 8.Kap.

5 Kriterium dafür waren stark differierende Elementaranalysen bei verschiedenen Modifikationen, besonders der hochmolekularen Stoffe.

6 Etwa dem Sauerstoffäquivalent bei Berzelius (vgl. 8.Kap.).

7 Untersuchungen über das Radikal der Benzoesäure. In: Ann. d.Pharm. [nicht "Chemie" wie bei Costa(1962)passim] 3(1832) S.249-282; und in: Ann.Phys.Chem. (Pogg.) 26(1832) S.325-343, S.465-485. Zur Würdigung vgl. Partington IV S.327-332; Kopp (1873) S.566-68; Hjelt (1916) S.65-70, Graebe (1920) S.59-65.

8 In einem Brief an Liebig schlug Berzelius vor, das Benzoyl-Radikal Proin oder Orthrin zu benennen (griechisch:Tagesanfang, Dämmerung), weil man diese Arbeit "als den Anfang eines neuen Tages in der vegetabilischen Chemie ansehen kann". Ann.d.Pharm. (Liebig) 3(1832) S.285.

9 und nicht nur anorganisch-organische Salze wie bei Berzelius, oder nur kleine Gruppen wie bei Döbereiner (Alkohol-Aldehyd-Essigsäure).

10 "Radikal" nunmehr im Sinne der "jüngeren Radikal-Theorie" (Partington) ein Bestandteil der organischen Verbindung, der bei <u>allen</u> Veränderungen der nämliche bleibt. In der "älteren Radikal-Theorie" (Lavoisier, Berzelius) bedeutete Radikal den sauerstoff-freien Anteil einer Verbindung. Beide sind von der heutigen Definition - organischen Verbindungen mit einem ungepaarten Elektron - zu unterscheiden.

11 abgesehen von Runges und Döbereiners Meinung, die genaue Elementaranalyse der Ganzpflanze vermöchte über alle Qualitäten einer Pflanze Auskunft geben. (Vgl. 8.Kap.)

12 Für den Wissenstand von 1840 schreibt Hoppe (1976) zutreffend: "Denn auch die vermehrten chemischen Kenntnisse über organische Substanzen waren noch mangelhaft theoretisch fundiert und die Vorstellungen 'chemischer Kräfte', wie sie u.a. J.Liebig und G.J.Mulder um 1840 vertraten, vermochten

die Reaktions- und Verbindungsweisen kaum verständlich zu machen." S.307/5.

13 zu deren Zahl und Qualität vgl. Borchardt (1974) S.38-47.

14 ganz gemäß der heutigen Schwerpunktverlagerung auf der "pharmazeutischen Biologie" innerhalb der Pflanzenchemie. Die Rückkehr zu Gesamtauszügen oder Glukosidgemischen steht in der Tradition dieses ursprünglichen Interesses.

15 Borchardt (1974) S.22 im Anschluß an Schelenz (1904) S.697, dieser an Hartwich (1898) S.316.

16 Pfaff (1821); mir lag die 2.Auflage 1824/25 vor.

17 Kopp (1873) S.648.

18 vgl. Borchardt (1974) S.26/27 sowie 8.Kap.

19 Diesen Rückschritt gegenüber Hermbstaedt erwähnt Borchardt nicht.

20 "Anleitung zur Analyse der Körper aus dem organischen Reich". Pfaff (1825) Bd.2, 2.Thl.

21 2.Bd. S.675.

22 daß jedem morphologisch differenten Teil einer jeden Pflanzenspecies eigene Stoffe angenommen werden müssen. Vgl. 8.Kap.

23 2.Bd. S.676.

24 wie etwa ein Vergleich von Johns Tabellen (1814) und Fechners Resultaten (1829) zeigt.

25 Th.v.Saussure: Observations sur la combinaison de l'essence avec l'acid muriatique, et sur quelques substances huileuses. In: Ann.de Chim. 13(1820) S.337-362. Es handelt sich um Verbrennung in Sauerstoff.

26 "Es macht nehmlich die größten Schwierigkeiten, gewisse Stoffe ganz rein darzustellen und von einander zu trennen, namentlich alle diejenigen, welche keiner Krystallisation fähig sind, sondern wegen der Extractform, in welcher sie allein darstellbar sind , unter die große Kategorie des Extractivstoff gebracht werden müssen." 2.Bd. S.744. Schwerer wiegen bei der traditionellen Analytik die "Unreinigkeiten". Pfaff hält Brandes vor, er habe 8 Gran davon bei einer Analyse ins Resultat aufgenommen! l.c. S.751.

27 Titel der 2.Abth. des 2.Bds./2.Thl.

28 Fällung mit $CaCO_3$ nach vorheriger Reinigung von Eiweiß, danach Umsetzung mit H_2SO_4(8%); bei Trennung mehrerer wegen Weinsäure auch mit KOH fällen; auch andere "Metallauflösungen" als Fällungsmittel werden diskutiert. Vgl. dazu das 5.Kap.

29 l.c. S.758-763.
Pfaff unterschied dabei zunächst eine Vorprobe von den eigentlichen Isolierungsregeln. Erst sollte der entsprechende Pflanzenteil mit Essigsäure ausgezogen und Ammoniak im Überschuß versetzt werden; der fast immer erfolgende Niederschlag war danach mit kaltem Alkohol auszuwaschen und mit

heißem zu digerieren. Die Alkohol-Auflösung reagierte bei Alkaloid-Anwesenheit auf Lackmus- oder Curcumapapier.

Runges Regeln wurden erst durch die Aufnahme in Pfaffs Handbuch allgemein bekannt, so daß sie hier wiedergegeben werden(vgl.8.Kap. Anm.140); Runge hatte die Isolierung nach der Wasserlöslichkeit des Alkaloids differenziert:

a) Die Löslichkeit sollte zur Abscheidung der neutralisierenden Säure ein Metallsalz (- Metallsalz heißt bei Pfaff hier saure Salzlösung, wobei das Kation die organische Säure fällt.) verwendet werden, das mit Mineralbasen äthanol- oder ätherunlösliche Verbindungen ergibt, wodurch das gleichzeitig abgeschiedene Alkaloid in die Alkoholfraktion aufgenommen werden kann.
Beispiel (von Pfaff selbst verbal angeführt):
$Alk \cdot Säure + HCl \longrightarrow Alk \cdot HCl + org.\ Säure \downarrow$
$Alk \cdot HCl + 1/2Ba(OH)_2 \longrightarrow Alk + 1/2BaCl_2 + H_2O$
zur Trockne eindampfen und in EtOH aufnehmen, da $BaCl_2$ äthanolunlöslich

b) Bei Wasserunlöslichkeit des Alkaloids sollte zur Abscheidung das Salz einer Base verwendet werden, deren Anion mit dem Alkaloid eine leicht lösliche Verbindung ergibt.
Beispiel:
$Alk \cdot Säure + Pb\ Acetat \rightarrow Alk\ HAc + Pb\text{-}salz\ der\ org.\ S. \downarrow$
$Alk \cdot HAc + NaOH \rightarrow Alk + NaAc + H_2O$
Aufnehmen des Alkaloids in Äther.

30 vgl. die Würdigung bei Borchardt (1974) S.29/30.

31 Die Gliederung des Kapitels "Pflanzenchemie" in Berzelius' Jahresberichten folgte in der Regel etwa folgendem Schema: Pflanzensäuren, Pflanzenbasen, Indifferente Pflanzenstoffe, Producte von der Zerstörung der Pflanzenstoffe; hinzu kamen wechselnd noch Bemerkungen über Physiologie, Pflanzenfarben o.ä. Die Enumeration der Pflanzenanalysen am Ende des Kapitels machte etwa 1% des Kapitelumfangs aus; Berzelius bemühte sich dabei nie um Vollständigkeit.

32 so die diversen Jahrbücher der Pharmazie, Trommsdorffs Journal und Almanach, Buchners Repertorium usf.

33 Almanach 46(1825) S.151 (Hervorhebung von mir).

34 Berzelius Jahresberichte 2(1823) S.721.

35 Berzelius Jahresberichte 5(1826) S.263.

36 so nimmt das Kapitel "Harze" bei Pfaff 3.Bd.(1814) rund 180 Seiten (67-250) ein, das nämliche bei Thénard IV./3 (1827) ebenso (1283-1424).

37 das leuchtet für Alkaloide und verwandte Stoffe von selbst ein, da sie ja erst während dieser Zeit entdeckt wurden.

38 Gmelin ([3]1829), Wöhler (1840); genauso bei Scholz (1824) oder Thénard (1827).

39 Die spekulativen Prognosen Runges und Döbereiners (vgl. Anm.11) fanden nur noch einmal Niederschlag bei G.F.Märklin: Betrachtungen über die Urformen der niederen Organismen. Heidelberg 1823. Märklin vertritt darin die These, die Urform der einen Pflanzensubstanz sei das (grüne) Pflanzen-

oxyd, das bei Sauerstoffzutritt gerinnt, also ein Eiweiß-körper (nicht Extraktivstoff) . Würdigung von Kastner in: Archiv für die gesammte Naturlehre 1(1824) S.449-459.

40 wie gezeigt (5./6. Kapitel) Fourcroy, Vauquelin, Braconnot, Berthollet, Thomson, Klaproth, Hermbstaedt, Trommsdorff, John.

41 man sehe etwasdas Verzeichnis der Analytiker in Berzelius' Jahrbuch 11(1832) S.311-312.

42 so Gay-Lussac, Parmentier, Dumas, Boullay, Chevreul, Wöhler, Liebig, Mitscherlich, Döbereiner, Berzelius.

43 Eine davon über Alkaloidforschung wird derzeit unter Leitung von R.Schmitz in Marburg angefertigt (vgl.Pharm.Ztg. 119(1974) S.1255).

44 vgl. zu diesem Begriff das 5.Kapitel.

45 gemäß der These Feyerabends (1973) S.115, daß es zwei Arten von Methoden gebe: logisch einwandfreie und brauchbare..

46 vgl. 6.Kapitel.

47 vgl. 8.Kapitel.

48 nach Partington IV S.239/240 frühestens von L.Gmelin in der 1.Auflage des "Handbuch der Chemie", Heidelberg 1843-1870 (13 vol.). Sie findet sich auch heute etwa bei Auterhoff.

49 [1]1819, 3.Bd. S.935.

50 [3]1829, II.Bd. 1.Tl S.1

51 vgl. dazu J.Wolf (1971), besonders S.38-42.

52 1819 etwa 560 Seiten, 1829 etwa 1480.

53 Lippmann (1921) S.10-20 (für die Jahre 1800-1831); Lippmann stützt sich jedoch häufig auf Sekundärliteratur, so daß seine Entdeckungsjahre heute teilweise korrigiert werden müssen.

54 Trommsdorff:Uebersicht der neuentdeckten näheren Bestandtheile der Körper des Pflanzenreichs. In: Almanach etc. 43(1822) S.93-166. Diese Arbeit ist sehr übersichtlich und ausführlich.

55 Fechner teilt seine Resultate nach Früchten, Pollen, Blumen, Kräuter, Hölzer, Säfte usw. ein; die Untergliederung ist alphabetisch nach Stammpflanzen.

56 vgl. 8.Kapitel.

57 1819, 3.Bd. S.936;[Hervorhebung von mir].

58 Gay-Lussac sah den Alkohol als binär an: Sur l'analyse d'alcool et de l'éther sulfurique. In: Ann.de Chim.95(1815) S.311-318. Vgl. dazu Crosland (1961).

59 zu Döbereiner heißt es ohne Angabe der Stelle, daß er Oxalsäure aus CO und CO_2 zusammengesetzt ansehe "und auf dieselbe Art werden auch die übrigen organischen Verbindungen als aus Wasser, Oelgas, Kohlenwasserstoffgas, Kohlenoxyd und

Kohlensäure zusammengesetzt betrachtet. Gmelin (1829) II,1 S.3. Vgl. dazu 8.Kap.

60 Faraday sollte hier nur im Zusammenhang mit "Ölen" wie Äthylchlorid genannt werden; siehe dazu Anm.81

61 zur Urzeugung vgl. Taschenberg (1882); Radl (1909); Hall (1969); Hoppe (1976) S.223-224.

62 So war die Urzeugung ja seit Aristoteles ein schlagendes Element zugunsten der Teleologie: es entstanden ja nicht irgendwelche Organismen spontan aus toter Materie, sondern immer wieder dieselben [Diese Bemerkung verdanke ich Hrn. Prof. R.Spaemann].

63 Jean Baptiste René Robinet (1735-1820) trug diese These im Anschluß an Bonnet und Buffon in seinem Werk: De la nature.4 Bde.Paris 1761-1766 vor.

64 Liebigs Stellung in der Frage der Lebenskraft ist zwiespältig: einerseits läßt er im Organismus nur chemische Kräfte gelten (Brief an Mohr vom 24.5.1842, ediert bei Hoppe (1976) S.305), andererseits heißt es in den Chemischen Briefen, Ausgabe letzter Hand [6]1878 S.13: "Die Ursache der Lebenserscheinungen ist eine Kraft, die nicht in meßbaren Entfernungen wirkt, deren Thätigkeit erst bei unmittelbarer Berührung der Nahrung oder des Blutes mit dem zur Aufnahme oder ihrer Veränderung geeigneten Organen wahrnehmbar wird."

65 vgl. dazu die Einleitung.

66 Fußnote Fechners in Thénards Lehrbuch, Bd.IV/1 S.7: "Diese Folgerung [daß das Argument gegen Döbereiner spricht] dürfte nicht nothwendig seyn; da hier bloße Mengung ebensowohl Statt finden kann, als z.B. zwischen Srstgas und Wsstgas".

67 vgl. dazu etwa Galilei und seine geringe Kenntnis der Optik Keplers bei Feyerabend (1976) S.152/3, Fußnote 21. Dies gilt nicht minder für andere Künste: Richard Wagner wurde von Th.Mann als der "geniale Dilettant" bezeichnet.

68 So sprach Wilamowitz von Rohdes Verteidigungsschrift "Afterphilologie" zugunsten Nietzsches "Geburt der Tragödie" gegen Wilamowitz' Kritik daran 1872.

69 Zu dieser Zeit in bestem Einvernehmen mit seinem Lehrer: der publizierte seine Briefe aus Paris, und während er andere Autoren in seinem "Archiv" häufig ohne oder mit kurzem Titel zitiert, spricht er von Liebig immer als "Prof. Dr. Liebig". Das Ende der Freundschaft oder der Beginn der Feindschaft ist bisher noch nicht untersucht; es scheint nicht unwahrscheinlich, daß es mit dem Bruch Liebig/Platen nach des ersteren Verlobung zusammenhängt oder mit dem Tod Zimmermanns (vgl. 8.Kapitel).

70 Archiv der ges.Nat.Lehre 6(1825) S.95 (im Rahmen der Arbeit: Einige Bemerkungen über Wurzers Schrift usf. S.91-102) [Hervorhebung von mir].

71 vgl. dazu Partington IV S.256-59, Kopp (1873) S.559, Hjelt (1916) S.58-59, Graebe (1920) S.49-54.

[72] Hans-Rudolph Herrmann (1805-1879), Apotheker und Chemiker, war seit 1827 Direktor einer Moskauer Fabrik für künstlische Mineralwässer.

[73] Jahresberichte 10(1832) S.210-212. Der Originaltitel lautete: Ueber die Proportionen, in welchen sich die Elemente zu einfachen vegetabilischen Verbindungen vereinigen. In: Ann.d.Phys. (Pogg.) 18(1830) S.368-397.

[74] so üblich seit Lavoisier und Gay-Lussac.

[75] so bezeichnet dies Berzelius. Herrmann nennt sie im Original "binäre Gruppen".

[76] Berzelius' Jahresberichte 11(1832) S.210.

[77] l.c. S.212.

[78] Das ist aber für Berzelius schon als falsch erwiesen.

[79] l.c. S.213.

[80] vgl. dazu Partington IV, Kopp (1873) S.552-553, Graebe (1920) S.57-59, Fisher (1973) S.110-112, Kapoor (1974) S.32-44.

[81] vgl. 8.Kapitel und Graebe (1920) S.39-42.

[82] Michael Faraday: On New Compounds of Carbon and Hydrogen, and on Certain other Products Obtained during the Decomposition of Oil by Heat. In: Phil.Trans 1825 S.440-466.

[83] Chevreul zeigte, daß alle als Fette oder fette Öle bezeichneten Pflanzen- und Tiersubstanzen in Glyzerin und Fettsäureanteil zerlegt werden konnte; durch fraktionierte Kristallisation unterschied er dabei Stearinsäure, Margarinsäure und Ölsäure. Zur Würdigung dieser Leistung Chevreuls vgl. Partington IV S.246-249, Graebe (1920) S.30-35, besonders aber Costa (1962) S.47-88.

[84] Partington IV "The Older Radical Theory" S.252-253.

[85] Mulder hielt das "Radikal" aller Proteine für frei von Schwefel und Phosphor, was Liebig zurückwies. Hypothetische Gleichungen Mulders waren etwa

Casein = 10Pr + S (Pr= Protein, $C_{40}H_{31}N_5O_{12}$)

Serumalbumin = 10Pr + SP_2

vgl. dazu Partington IV S.319.

[86] für die frühe organische Chemie sind die Arbeiten von Kapoor(1969) und Fisher (1973 und 1974) am ausführlichsten. Kürzere Information bei Kopp (1873) S.563-581, Hjelt (1916) S.62-131, Graebe (1920) S.49-75 und Partington IV S.294-375.

[87] d.h. zur Aufklärung der Struktur, der Mechanismen der biochemischen Wirkung usf. In diesem Prozeß steht die Phytochemie auch heute.

ZUSAMMENFASSUNG

Die historische Literatur bot bislang zwei Einschätzungen über die Pflanzenchemie nach Lavoisier an. Zum einen wurden nach Beginn der Elementaranalytik die Isolierung und die chemische Kenntnis von teilweise sehr komplexen Bestandteilen der Pflanzen der Pharmazie zugerechnet, wobei die Pflanzenchemie in ihrem Verhältnis zur allgemeinen Chemie durch die Darstellung einiger weniger kristalliner Substanzen lediglich den Rang einer ancilla chemiae einnahm. Zum anderen wurde Pflanzenchemie nach dem Einsetzen der Elementaranalysen im Anschluß an die Beurteilung von Berzelius (s.o.) als ein Unterfangen gekennzeichnet,das eher dem 18. als dem 19. Jahrhundert angemessen gewesen wäre: die Extraktionschemie besaß ein geringeres theoretisches Niveau als die frühe organische Chemie, die mit der Atomtheorie Daltons in Einklang gebracht worden und stöchiometrisch zugänglich war.

Aufgrund des Studiums von bisher unbeachteten Originalschriften ergab sich jedoch, daß beide Ansichten gleichermaßen unzutreffend sind. Denn im ersten Fall wird behauptet, daß sich die Pflanzenchemie von 1800 wie hundert Jahre zuvor ausschließlich mit den pharmakologisch wirksamen Bestandteilen der Pflanzen beschäftigt hätte. Dem widerspricht die Untersuchung all der pflanzlichen Stoffe, an denen kein pharmazeutisches oder ökonomisches Interesse nachweisbar ist. Im zweiten Fall wird angenommen, daß sich die organische Chemie linear an die dem 18. Jahrhundert zuzurechnende Extraktions-Pflanzenchemie angeschlossen habe, und die Pflanzenchemie erst nach 1860 wieder über hinreichend Eigenständigkeit verfügt hätte, um als wissenschaftliches Spezialgebiet unter dem Oberbegriff "Organische Chemie" anerkannt zu werden. Im Gegensatz zu dieser Meinung ließ sich in unserer Arbeit zeigen, daß sich die Entwicklung der Pflanzenchemie zwischen 1790 und 1820 unabhängig von der organischen Chemie vollzog, ihre Fortschritte aber gleichwohl eine Voraussetzung für das Entstehen der organischen Chemie bildeten.

Bei der Untersuchung der Entwicklung der Pflanzenchemie und ihres Verhältnisses zur frühen organischen Chemie ließen sich vier wesentliche Ergebnisse festhalten:

1. Die Ansätze zur Wissenschaftlichkeit (im Sinn der Einleitung) der Extraktions-Pflanzenchemie reichen bis S. Boulduc (1700) zurück. Die mehrfachen Extraktionen ermöglichten Forschern wie L.Lemery, C.Neumann, J.F.Cartheuser, H.Boerhaave die Unterscheidung von Pflanzen nach ihren Analysenergebnissen; dieses Ziel, das sich die Chemiker des Projekts der französischen Akademie gesetzt hatten, konnte im 17. Jahrhundert mit der fraktionierten Destillationsanalyse noch nicht erreicht werden. Boerhaaves Elementa Chemiae (1732) stellen dabei für die Pflanzenchemie die Zusammenfassung der neuen Praktiken dar und vermitteln in Form eines Systems von 88 Prozessen den zeitgenössischen Stand der Kenntnisse. Die Zahl der anerkannten Pflanzenbestandteile wurde im Laufe des 18. Jahrhunderts nicht durch die Verfeinerung der Analytik erweitert, sondern durch die Hereinnahme von pharmazeutisch schon lange bekannten Pflanzenbestandteilen wie Wachs, Gummi, Öl, Balsam. Diese Entwicklung vollzog sich nicht, wie bislang angenommen, sprunghaft und war auch nicht Resultat von französischen pflanzenchemischen Arbeiten, sondern sie läßt sich bei Forschern wie Cartheuser, Marggraf, Vogel, Suckow, Wiegleb sukzessive verfolgen. Hermbstaedt schließlich konnte 1795 die bekannte chemische Charakteristik aller Pflanzenbestandteile für eine allgemeine Analysenvorschrift heranziehen, bei der die Stoffe durch die Methode ihrer Abscheidung definiert wurden. Die Ausdifferenzierung einzelner Stoffklassen erfolgte seit Scheele auch durch Präzipitationen, die zusammen mit neu angewandten Lösungsmitteln bei John und besonders 1820 bei Runge zu Analysengängen führten. Dabei nahm der Anteil der <u>chemischen</u> Charakteristik bei der Beschreibung und Identifikation einzelner Stoffe oder ihrer "Modifikationen" kontinuierlich zu; bei Fourcroy (1800), Pfaff (1808), Runge

(1820) und anderen Forschern findet sich die Vorschrift, bestimmte Reagenzienreihen zur Charakteristik heranzuziehen. Die Anzahl chemisch reiner Stoffe wie organische Säuren, diverse Zuckerarten, Alkaloide, die auf diesen Wegen gewonnen wurden, war beträchtlich und bildete eine der Voraussetzungen für das Entstehen der organischen Chemie, die zum Aufstellen von Klassengesetzen Reihen ähnlicher Substanzen benötigte.

2. Die Fülle der physikalischen und chemischen Kenntnisse von Pflanzenbestandteilen, die wir durch die Edition der umfassenden und systematischen Chemie-Vorlesung von C.F.Kielmeyer im Vergleich mit zeitgenössischen Lehrbüchern und Arbeiten anderer Autoren vorstellten, war keineswegs immer ohne systematische Anordnung, obwohl die Chemiegeschichtsschreibung dies auch für eine so offensichtlich physiologische Systematik wie die von Fourcroy (1800) annimmt. Neben den von uns vorgestellten, unsystematischen "Häufungen" fanden sich auch chemische Systematisierungen nach Löslichkeiten und nach Verhalten gegenüber Reagenzien, physiologische Systematisierungen mit Bezug auf die jahreszeitliche Chronologie des Auftretens der einzelnen Stoffe in der lebenden Pflanze, schließlich auch eine Anordnung, die die Substanzen nach ihren "dynamischen Qualitäten", d.h. ihren pharmakologischen Wirkungen in Klassen zusammenfaßte. Die Ergebnisse der Elementaranalysen spielten für die Systematik der Stoffe bis 1810 keine Rolle, zumal bis nach 1820 auch von einem Forscher wie Berzelius daran gezweifelt wurde, ob die elementare Zusammensetzung organischer Stoffe je Aussagen über deren chemische Eigenschaften zuließe. Die Ausweitung der Kenntnisse über die Pflanzenbestandteile vollzog sich weiterhin innerhalb der traditionellen Forschung mit Hilfe von Extraktionen, Destillationen, Präzipitationen,und bedeutende pflanzenchemische und organisch-chemische Arbeiten wie die Morphium-Isolierung durch F.W. Sertürner oder die Aufklärung der Zusammensetzung der Fette durch M.E.Chevreul hatten zunächst gar keinen Bezug zur Elementaranalytik.

3. Die Entwicklung der organischen Chemie aus der Pflanzen- und Tierchemie hob daher nicht die Selbständigkeit dieser Spezialgebiete als Wissenschaft auf. Die Pflanzenchemie verlagerte ihr Interesse von der Gesamt-Analyse auf die chemische Untersuchung einzelner Stoffe, auf die Auftrennung von vorher für homogen gehaltenen Substanzgemischen, wobei die unreinen und oft komplexen Extraktivstoffe aus dem Katalog der Pflanzenbestandteile entfernt wurden. An deren Stelle schlug Runge Regeln zur Prüfung auf Alkaloide vor und erstellte Vorschriften zu ihrer Isolierung und Reinigung, im Falle der Solanaceen-Alkaloide sogar zur pharmakologischen Wertbestimmung.

4. Bedeutende Anregungen zur Theorienbildung in der Pflanzenchemie und der frühen organischen Chemie erfolgten von Forschern, die der spekulativen Naturphilosophie der Romantik nahestanden. Das ließ sich zuerst anhand der Antrittsvorlesung von C.F.Kielmeyer (1801) zeigen, der eine Begründung der Abtrennung der Pflanzen- und Tierchemie von der anorganischen Chemie über den Begriff der näheren Bestandteile vornahm. Gerade bei Kielmeyer zeigt sich, daß seine spekulativen Gedanken sehr wohl im Einklang mit praktisch-empirischer Forschung, ausgewiesen durch seine Vorlesung, standen.

Der konkrete Einfluß naturphilosophischer Gedankengänge auf die frühe organische Chemie und Pflanzenchemie nahm nach 1810 zu. Die Radikaltheorie von Liebig und die Typentheorie von Dumas, beide nach 1830 entstanden, setzten den Gedanken der Konstitution bei organischen Verbindungen voraus, der zuerst von Forschern wie Meinecke, Kastner, Döbereiner und Bischof zwischen 1816 und 1819 entwickelt und auch spekulativ auf ganze Stoffklassen übertragen worden war. Diese Chemiker diskutierten dabei lange vor der Anerkennung durch Berzelius einzelne Fälle von Isomerie, versuchten chemische Eigenschaften in Relation zu reaktiven Molekülteilen (heute: funktionellen Gruppen) zu interpretieren und auch die Bildung der Pflanzenstoffe in der lebenden Pflanze durch Reaktion von Molekülbestandteilen zu erklären, Obwohl diese Ideen nach zwei Jahrzehnten allgemein akzeptiert wurden, werden sie in der Geschichtsschreibung immer als Leistung erst der späteren Autoren, Liebig, Wöhler, Mitscherlich, Dumas, Berzelius erörtert, ein Umstand, der mit der lange negativen Beurteilung der gesamten romantischen Naturphilosophie zusammenhing. Bei dieser Untersuchung der Beiträge der genannten "romantischen" Forscher ließ sich auch zeigen, daß sie sich nur teilweise der Spekualtion widmeten, daneben eine Fülle von praktischen Arbeiten durchführten. Besonders Kastners Versuche, chemische Kenntnisse für neu zu erschließende Nahrungsmittelquellen zu nutzen, führten zu einer ausgeweiteten ökonomischen Chemie, die zumeist erst seinem Schüler Liebig zugeschrieben wird.

Die vorliegende Arbeit erschließt historisch somit gleichermaßen die Phytochemie in ihren inhaltlichen Einzelheiten und ihrer systematischen Struktur wie auch in ihren Beziehungen zu Nachbargebieten und zur übergeordneten, allgemeinen Chemie. Der Rückblick auf die gewonnenen Ergebnisse läßt die vorliegenden Meinungen zur Pflanzenchemie als Unterschätzungen erkennen, denn die organische Chemie ist auch in ihrer heutigen Analytik mit der Pflanzenchemie stärker verbunden als es für den Chemiker im Labor den Anschein hat.

Durch Verwendung ungedruckter, auch lateinischer Quellen, durch Berücksichtigung einer Vielzahl unbeachteter Originalschriften, auch kleiner Zeitschriftenartikel und einer gleichermaßen ausführlichen Diskussion der vorliegenden historischen Literatur ließ sich ein weitgehend vollständiger Überblick über die Geschichte der Pflanzenchemie zwischen 1790 und 1820 erzielen. Damit stellt diese Monographie die erste Spezialarbeit über die Pflanzenchemie in diesem für ihre Fortentwicklung bedeutsamen Zeitraum dar.

Literatur

Ungedruckte Quellen

KIELMEYER, Carl Friedrich: Exposito discrepantiarum quarundam quo corpora organica et anorganica quoad mixtionem intercedere videntur. Lateinische Antrittsvorlesung 1801. Württembergische Landesbibliothek Stuttgart. Cod.med.et phys. 2° 38 c.
- Die Chemie der zusammengesetzten Materien. Vorlesungsmitschrift (etwa 1802/3). WBL Stuttgart. Cod.med.et phys. 4°69 q sowie HB XI 53 e.

Gedruckte Quellen und Editionen

Das Unterstreichen einer bestimmten Auflage bedeutet, daß nur diese verwendet wurde.

ARISTOTELES : Opera. Hrsg. von Immanuel Bekker. Bd.1-2 Berlin 1831, Nachdr. Darmstadt 1960.
- Kleine Schriften zur Naturgeschichte. Übers. von Paul Gohlke. Paderborn 1961.

ARNEMANN, Justus: Commentatio de oleis unguinosis, Göttingen 1785

AUTERHOFF, Harry: Lehrbuch der pharmazeutischen Chemie. Stuttgart 1962 5.Aufl. Stuttgart 1968.

BECCARI, Jacopo Bartolomeo: De frumento. In: De bonon.sci.et art.inst.acad.comment. (Bologna)2(1745).

BECKER, Johann Philipp: Chemische Untersuchung der Pflanzen und deren Salze. Leipzig 1786.

BERTHOLLET, Claude-Louis: Eléments de l'Art de la Teinture. 2 Bd. Paris 1791; dt. als Anfangsgründe der Färbekunst. Berlin 1792.

BERZELIUS, Jöns Jakob: Lärbok i Kemien. Stockholm 1808 (I.Bd), 1812 (II), 1818(III); dt. von F.Blumhof: Elemente der Chemie der unorganischen Natur. Leipzig 1816 (nur I); ebenfalls übers. von K.A.Blöde Dresden 1817 (I) und 1820 (II); III.Band übers. von F.Wöhler. Reutlingen 1828.
- Lehrbuch der Chemie, übers. von F.Wöhler. 10Bd. Dresden 1833-1840. Organische Chemie im 6.und 7.Band (1837).

BESEKE, Johann Melchior Gottlieb: Entwurf eines Systems der transzendentellen Chemie. Leipzig 1787.

BISCHOF, Carl Gustav: Lehrbuch der Stöchiometrie. Erlangen 1819.
- zusammen mit Nees von Esenbeck und Rothe: Die Entwicklung der Pflanzensubstanz. Erlangen 1819.

BISCHOFF, Gottfried Wilhelm: Lehrbuch der Botanik. 6 Bd. Stuttgart 1834-1840.

BOERHAAVE, Hermann: Elementa Chemiae. 2Bd. Leyden 1732; dt. Übers. von F.H.G.: Anfangsgründe der Chemie (nur 2.Bd.) Halberstadt 1732, 2.Aufl. (mit Anm. Wieglebs) Danzig 1791.

BOULDUC, Simon: Analyse de l' ypecacuanha. In: Hist de l'Acad. Paris 1700; M.1-6, 76-78.

BOYLE, Robert: The Sceptical Chymist. Oxford 1661; zitiert nach dem Abdruck in Everyman Library N.559. London 1910.
- Memoirs for the Natural History of Humane Blood.London 1684

BRANDIS, Johann Dietrich: Commentatio de oleorum unguinosorum natura. Göttingen 1785.
BUCQUET, Jean Baptiste Michel: Introduction à l'étude des corps naturels tirés du règne végétale. 2Bd. Paris 1773.
CARTHEUSER, Johann Friedrich: Pharmacologia theoretica-practica. Berlin 1735.
- Elementa Chemiae. Halle 1736.
- Dissertatio Chymico-Physica De Genericis Quibusdam Plantarum Principiis Hactenus Plerumque Neglectis. Frankfurt/Oder 1754.
CHAPTAL, Jean Antoine Claude: Eléments de chymie. Montpellier 1790; dt. von F.Wolff: Anfangsgründe der Chemie. Königsberg 1791.
CHRISTEN, Hans Rudolf: Grundlagen der organischen Chemie. Frankfurt 1970.
DALTON, John: A New System of Chemical Philosophy. London 1803
DAVY, Humphry: Elements of Agricultural Chemistry. 1813, 2.Aufl. 1814; dt. von F.Wolff: Elemente der Agrikulturchemie. Berlin 1814.
DENSO, Johann Daniel: Plinius Naturgeschichte. 2Bd. Rostock 1764.
DIETERICHS, Carl Friedrich: Anfangsgründe der Pflanzenkenntniß. Erfurt 1771.
DIPPEL, Johann Conrad: De vitae animalis morbo et medicina, suae vindicata origine disquisitione physica medica. Leyden 1711.
DÖBEREINER, Johann Wolfgang: Grundriß der allgemeinen Chemie. Jena 1816. 2.Aufl. unter dem Titel: Anfangsgründe der Chemie und Stöchiometrie. Jena 1819.
- Neueste stöchiometrische Untersuchungen = Ergänzung zur Darstellung der Verhältnißzahlen der irdischen Elemente zu chemischen Verbindungen. Jena 1816.
- Elemente der pharmazeutischen Chemie. Jena 1816.
- Zur mikrochemischen Experimentirkunst. Jena 1821 (I+II), 1822 (III), 1824 (IV), 1825 (V).
ERXLEBEN, Johann Christian Polycarp: Anfangsgründe der Naturlehre. Göttingen 1767, 4. Aufl. 1791.
FALKNER, Johann Ludwig: Beyträge zur Stöchiometrie und chemischer Statik. Basel 1824.
FECHNER, Gustav Theodor: Repertorium der organischen Chemie. 3Bd. Leipzig 1827-1828 = [modif.] dt. Übers. von Thénards Lehrbuch der theoretischen und praktischen Chemie. 5.Aufl. 4.Bd. Tl. 1-3
- Resultate der bisherigen Pflanzenanalysen. Leipzig 1829.
FICHTE, Johann Gottlieb: Erste Wissenschaftslehre von 1804 (Hrg. Hans Gliwitzky) Stuttgart 1969.
FIESER, Louis und Mary: Organische Chemie. 2.Aufl. Weinheim 1968.
FOURCROY, Antoine Francois: Eléments d'Histoire naturelle et de Chymie. 2.Aufl.Paris 1786; dt. von P.Loos (Anm.von Chr. Wiegleb) als: Handbuch der Naturgeschichte und der Chemie 3 Bd. Erfurt 1788-1791.
- Philosophie chimique ou verites fondament de la Philosophie moderne disposées dans un nouvel ordre. Paris 1792, 2.Aufl. 1795, dt. von J.S.T. Gehler als:Chemische Philosophie Berlin1796
- (Hrsg.) Encyclopédie méthodique. Bd.2 Paris 1792 S.277-299.

- Système des Connaissances chimiques, et de leurs applications aux phénomènes de la nature et de l'art. 5Bd. (in 4°) oder 10(in 8°). Paris, 1800-1801; dt. von F.Wolff als: System der chemischen Kenntnisse im Auszug. 4Bd. und 1 Registerband . Königsberg 1801-1803.

GARAYE, Claude T.M. de la: Chymie Hydraulique. Paris 1745; dt. als: Chymia Hydraulica. Leipzig 1755.

GEIGER, Philipp Lorenz: Handbuch der Pharmazie. 3Bd. Stuttgart 1830.

GEOFFROY, Claude-Joseph: Manière de préparer les extraits de certaines plantes. In: Hist. de l'Acad. Paris 1738(1740) M.193-208.

GESSNER, Conrad: Thesaurus Evonymi Philiatri De Remedii Secretis etc. Zürich 1554; dt. als: Der erste Theil Deß köstlichen vnnd/theuren Schatzes Evonymi Philiatri /darinn behalten sind vil heimlicher guter Stuck der artzney/.. Zürich 1582 (2.Tl. 1583).

GIESE, Johann Emmanuel Ferdinand: Chemie der Pflanzen- und Thierkörper. Riga, Leipzig 1811 = 5.Abtlg. des:Lehrbuch der Pharmazie. Leipzig 1806-1811.

GIRTANNER, Christoph: Anfangsgründe der antiphlogistischen Chemie. Berlin 1792, 2.Aufl. 1795, 3.Aufl. 1801(posthum).

GMELIN, Leopold: Handbuch der theoretischen Chemie. 1.Aufl. 3Bd. Frankfurt 1817-1819, Nachdr. Weinheim 1967. 3.Aufl. 4Bde Stuttgart 1827-1829.

GÖTTLING, Johann Friedrich August: Vollständiges chemisches Probir-Cabinet. Jena 1790.

- Elementarbuch der chemischen Experimentirkunst. 2Bd. Jena 1808-1809.

GREN, Friedrich Albert Carl: Grundriß der Naturlehre. Halle 1788, 2.Aufl. 1793.

- Systematisches Handbuch der Gesammten Chemie. Halle 1789, 2.Aufl. 1794, 3.Aufl. (hrsg. von Klaproth) 1806-1807.

GREW, Nehemiah: The Anatomy of Plants. London 1682, Nachdr. 1965.

GRIMALDI, Francesco Maria: Physico-Mathesis de Lvmine etc. Bologna 1665.

GRINDEL, David Hieronymus: Die organischen Körper chemisch betrachtet. Riga 1811.

HAGEN, Karl Gottfried: Lehrbuch der Apothekerkunst. Königsberg 1778, 3.Aufl. 1786, 8.Aufl. 1829 [!].

- Grundriß der Experimentalchemie. Königsberg, Leipzig 1786.

HAGER, Herrmann: Handbuch der pharmazeutischen Praxis. Berlin 1880.

HERMBSTAEDT, Sigismund Friedrich: Systematischer Grundriß der allgemeinen Experimentalchemie. 1.Aufl. 2Bd. Berlin 1791, 3.Aufl. 4Bd. 1812-1823.

- Anleitung zur Zergliederung der Vegetabilien nach physisch-chemischen Grundsätzen. Berlin 1807

- Grundsätze der theoretischen und experimentellen Kameralchemie. Berlin 1808, 3.Aufl.1833.

HILDEBRANDT, Friedrich: Anfangsgründe der Chemie. Erlangen 1794.

- Lehrbuch der Chemie als Wissenschaft und als Kunst. Erlangen 1816.

HOFFMANN, Friedrich: Observationum Physico-chymicorum libriIII. Halle 1736.

HOPPE, Heinz A.: Drogenkunde. Hamburg 1941, 7.Aufl. 1958.
JACQUIN, Nicolaus Joseph Edler von: Anfangsgründe der medicinisch-practischen Chemie. Wien 1785.
JOHN, Johann Friedrich: Chemisches Laboratorium. Oder Ausweisung zur chemischen Analyse der Naturalien. Berlin 1808 (I), 1810 (II), 1811 (III), 1813 (IV), 1816(V), 1821(VI).
- Chemische Tabellen der Pflanzenanalysen, Nürnberg 1814.
JORDAN, Johann Ludwig: Disquisitio Chemica Evictorum Regni Animalis ac Vegetabilis Elementorum. Göttingen 1799.
- Mineralogische und chemische Beobachtungen und Erfahrungen. Göttingen 1800.
JUCH, Karl Wilhelm: Europens vorzügliche Bedürfnisse des Auslandes und deren Surrogate, botanisch und chemisch betrachtet. Nürnberg 1800. 2.Aufl. (erweitert) Augsburg 1811.
KARSTEN, Carl Johann Bernhard: Philosophie der Chemie. Berlin 1843.
KARSTEN, G. et al.: Lehrbuch der Pharmakognosie. 9.Aufl. (Hrg. E.Stahl) Stuttgart 1962.
KASTNER, Karl Wilhelm Gottlob: Materialien zur Erweiterung der Naturkunde. Jena 1805.
- Grundriß der Experimentalphysik. 2Bd. Heidelberg 1810
- Anleitung zur neueren Chemie. Halle 1814.
- System der Chemie. Halle 1821.
KESSELMEYER, Johann: Dissertatio de quorundam vegetabilium principio nutriente. Straßburg 1759.
KIELMEYER, Carl Friedrich von: Natur und Kraft (Sammeltitel von Briefen und Abhandlungen, hrsg. von Fritz Holler). Berlin 1928 = Schöpferische Romantik. Bd.3.
KIESER, Dietrich Georg: Elemente der Phytotomie . Jena 1815.
KLAPROTH, Martin Heinrich und WOLFF, Friedrich: Chemisches Wörterbuch. 5Bd. 1807-1810, 4 Erg.Bd. 1814-1817.
KOSEGARTEN, August Josef Fr.: De Camphora et partibus quae eam constituunt. Göttingen 1785.
LAVOISIER, Antoine Laurent: Herrn Lavoisiers physich-chemische Schriften. Übers. von Chr.E.Weigel Greifswald 1783(I)1785 (II+III);übers.von H.F. Link 1792 (IV), 1794(V).
- Traité élémentaire de chimie. Paris 1789. Nachdr.Paris 1937 dt. von S.F. Hermbstaedt: Herrn Lavoisiers System der antiphlogistischen Chemie. Berlin 1792.
- Oeuvres 6Bd. Paris 1862-1893; Nachdr. Paris 1955.
LEFEBURE (LEFEVRE), Nicolas: Traité de Chymie théoretique et pratique. Paris 1660. Dt. als: Chymischer Handleiter/ und Guldnes Kleinod/ etc. Nürnberg 1676.
LEMERY, Nicolas: Cours de chymie Paris 1675.
LIEBIG, Justus von: Die organische Chemie in ihrer Anwendung auf Agrikultur und Physiologie. Branuschweig 1840.
- Über das Studium der Naturwissenschaften und über den Zustand der Chemie in Preußen. Braunschweig 1840.
- Chemische Briefe. 1.Aufl. Heidelberg 1844. 4.Aufl. (Vollausgabe) Berlin 1865. 6.Aufl. Heidelberg 1878.
LINK, Heinrich Friedrich: Grundlagen der Physiologie der Pflanzen. 2Bd. Göttingen 1807-1809.
LONICERUS (LONITZER), Adamus: Kreuterbuch. Frankfurt 1582; Nachdr. der Auflage von 1679. München 1962.
MACQUER, Pierre-Joseph: Elémens de Chymie théorique. Paris 1749; dt als: Anfangsgründe der theoretischen Chemie. Leipzig 1752.

- Elémens de Chymie pratique. Paris 1751; dt. als: Anfangsgründe der praktischen Chemie. Leipzig 1753.
- Dictionnaire de Chymie.3 Bd.Paris 1766-1769. dt. von K.W. Pörner als: Allgemeine Begriffe der Chymie. Berlin 1767. 2.Aufl. 4Bd. 1778, dt. von J.G.Leonhardi. 6Bd. Leipzig 1781-1783.

MARGGRAF, Andreas Sigismund: Expériences chymiques faites dans le dessin de tirer un véritable sucre de diverses plantes, qui croissent dans nos contrées. In: Hist. de l'Acad. Berlin 1747 (1749) S.79-90; dt. in: A.S.Marggrafs Chymische Schriften. Zweyter Theil Berlin 1767 S.70-86. Nachdr. als Ostwalds Klassiker Leipzig 1907.
- Examen chimique du bois de cedre. In: Hist. de l'Acad. Berlin 1753 (1755) S.73-78; dt. in: A.S.Marggrafs Chymische Schriften. Erster Theil. Berlin 1761 S.247-254.

MEINECKE, Johann Ludewig Georg: Beyträge zur Pflanzenphysiologie. In: Neue Schriften d.Nat.forsch.Ges.zu Halle Bd.1 Halle 1809.
- Die chemische Meßkunst. Halle und Leipzig 1815
- Erläuterungen zur chemischen Meßkunst. Halle und Leipzig 1817

MORVEAU, Louis, Bernard Guyton de, zusammen mit MARAT und DURANDE: Elémens de Chymie théorique et pratique. 3Bd. Dijon 1777-1778; dt. von Chr.E. Weigel als: Anfangsgründe der theoretischen und praktischen Chemie. 3Bd. Leipzig 1778-1780.

MÜLLER, Robert et al.: Organische Chemie. 8.Aufl.Berlin-Ost 1965.

MULDER, Johannes Gerardus: Versuch einer allgemeinen physiologischen Chemie. Heidelberg 1844.

NEES von ESENBECK, Christian Gottfried, zusammen mit BISCHOF und ROTHE: Die Entwicklung der Pflanzensubstanz, Erlangen 1819.

NEUMANN, Caspar: Lectiones Chymicae/Von/Salibus Alkalino-Fixis/Und von/Camphora/etc. Berlin 1727
- Lectiones Publicae/Von Vier/Pharmaceutis Subiectis/Nehmlich von/Succino/Opio/Carophyllis aromaticis/und/Castoreo. Berlin 1730
- Lectiones Publicae/Von Vier/Subiectis Diaeteticis/Nehmlich von den in hiesigen Gegenden gewöhnlichsten und durch/Menschliche Hilffe zu Stande gebrachten/Viererley Geträncken, vom/ Thee, Caffee/Bier, und Wein/ Leipzig 1735.

NULTSCH, Wilhelm und A.Grahle: Mikroskopisch-botanisches Praktikum. 4.Aufl. Stuttgart 1974.

OKEN, Lorenz: Lehrbuch der Naturphilosophie. 3Bd. Jena 1808-11 3.Aufl. Zürich 1843.

OPPENHEIM, Leopold: De Phytochemia Pharmakologiae Lucem Foenerante. Halle 1803.

PARACELSUS, Theophrast von Hohenheim:Sämtliche Werke.Erste Abteilung: Medizinische, Naturwissenschaftliche und Philosophische Schriften. Ed.Karl Sudhoff. 14Bd. München, Berlin 1929-1933; Registerband Einsiedeln 1960.

PFAFF, Christian Heinrich: System der Materia medica nach chemischen Gesichtspunkten. 7Bd. Leipzig 1808-1824.
- Handbuch der analytischen Chemie. 2Bd. Altona 1821-1822, 2.Aufl.1824.

POMET, Pierre: Histoire générale des drogues simples et composées. Paris 1694, dt. als: Der aufrichtige Materialist und Specereyhändler. Leipzig 1717.
PORTA, Giambattista della: De Distillatione libri IX. Rom 1608; dt. in Magia Naturalis, oder Hauß,-Kunst- und Wunderbuch. Nürnberg 1713.
RICHE, Claude Antoine Gaspard: De chemia vegetabilium. Avignon 1786.
ROCHLEDER, Friedrich: Anleitung zur Analyse von Pflanzen und Pflanzenbestandteilen. Würzburg 1858.
RUNGE, Friedlieb Ferdinand: Materialien zur Phytologie = Neueste Phytochemische Entdeckungen zur Begründung einer wissenschaftlichen Phytochemie.2Bd. Berlin 1820-1821
- De novo methodo veneficium Belladonnae, Hyoscyami, nec non Daturae explorandi. Jena 1819.
SALA, Angelus: Anatome Essentiarum Vegetabilium continens ex Virtutes, Usus, Nec non modum extrahendi Eßentias e herbis, floribus, fructibus, radicibus. Rostock 1630. 2.Aufl. in:Opera Medico-Chymica. Frankfurt 1647, 1.Sektion S.1-52.
- Tartarologia. Das ist: Von der Natur und Eigenschafft des Weinsteins. Rostock 1632.
SAUSSURE, Nicolas-Théodore de: Recherches chimiques sur la végétation. Paris 1804; dt. von F.G.Voigt als: Untersuchungen über die Vegetation. Leipzig 1805.
SCHELLING, Friedrich Wilhelm Joseph: Sämmtliche Werke. 14Bd. Stuttgart 1856-1861.
SCHERER, Alexander Nikolaus, zusammen mit C.JÄGER und Christ. H.PFAFF: Beiträge zur Berichtigung der antiphlogistischen Chemie. Jena 1795.
- Grundriß der Chemie. Tübingen 1800.
SCHILLER, Johann Michael: Anleitung zur Zerlegung der Pflanzen. In: Crells Ann. 1789 I S.478.
SCHOLZ, Benjamin: Lehrbuch der Chemie. 2Bd. Wien 1824, 2.Aufl. 1829.
SPIELMANN, Jacob Reinbold: Institutiones chymicae praelectionibus academicis accomodatae. Straßburg 1763; dt. von J.H.Pfingsten: Chemische Begriffe und Erfahrungen. Dresden 1783.
SPRENGEL, Kurt: Von dem Bau der Natur der Gewächse. Halle 1812.
STEFFENS, Henrik: Beyträge zu einer inneren Naturgeschichte der Erde. Freiburg 1801.
SUCKOW, Georg Adolph: Anfangsgründe der ökonomischen und technischen Chemie. Leipzig 1784, 2.Aufl. 1789.
THENARD, Louis Jacques: Traitéde chimie élémentaire. 4Bd. Paris 1813-1816; die 5.Aufl. dt. als: Lehrbuch der theoretischen und praktischen Chemie. 4.Bandes 1.-3. Abtheilung: Organische Chemie = Repertorium der organischen Chemie von Gustav Theodor Fechner. 1.Bd. 1-3.Abth. Leipzig 1827-1828.
THEOPHRASTOS von Eresos: De Historia et Causis Plantarum libri Quindicim. Theodoro Gaza Interprete. Paris 1529.
- THEOPHRASTUS, Enquiry into Plants. Hrsg. mit engl.Übers. von Arthur Hort, 2Bd. (The Loeb Classical Library) London Cambridge, Mass.1961.
THOMSON, Thomas: A System of Chemistry. 4Bd. Edinburgh 1802; dt. von F.Wolff als: System der Chemie.5Bd. Berlin 1805-11; davon 4.Bd. Pflanzenchemie 1806.

TREVIRANUS, Gottfried Reinhold: Biologie oder Philosophie der lebenden Natur für Naturforscher und Aerzte. 4Bd. Göttingen 1802-1814.
TROMMSDORFF, Johann Bartholomä: Lehrbuch der pharmaceutischen Experimentalchemie. Altona 1796. 2.Aufl. Wien 1809
- Systematisches Handbuch der gesamten Chemie. (Auch u.d. Titel: Die Chemie im Felde der Erfahrung))7Bd.Erfurt 1800-1804.
- Anfangsgründe der Agriculturchemie. Gotha 1816.
VENEL, Gabriel Francois: Essai sur l'Analyse des Végétaux. In: Mém.pres.à l'Acad.Roy. 2(1755) S.319-322.
VOGEL, Rudolph August: Institutiones Chemiae. Göttingen 1755 2.Aufl. Leyden 1757; dt. von J.Ch. Wiegleb: Lehrsätze der Chemie. Göttingen 1775, 2.Aufl. Weimar 1785.
WAHLENBERG, Georg: De sedibus materiarum immediatarum in plantis tractatio. Uppsala 1806.
WEIGEL, Christian Ehrenfried: Grundriß der reinen und angewandten Chemie. Greifswald 1777.
- Einleitung zur allgemeinen Scheidekunst. Leipzig 1788.
WESTRUMB, Johann Friedrich: Kleine physikalisch-chemische Abhandlungen. 6Bd. Leipzig 1785-1800.
WIBERG, Egon, begr. von A.F.Hollemann: Lehrbuch der anorganischen Chemie. 57.-70. Aufl. Berlin 1964.
WIEGLEB, Johann Christian: Handbuch der allgemeinen Chemie. Berlin 1781.
WILLDENOW, Carl Ludwig: Grundriß der Kräuterkunde. Berlin 1792, 2.Aufl. Berlin 1798.
WINTERL, Jacob Joseph: Prolusiones ad Chemiam Saeculi noni decesimi. Buda 1800.
- Accessiones novae ad prolusionem suam primam et secundam. Buda 1803. Beides übers. von J.Schuster: Winterls System der dualistischen Chemie. 2Bd. Berlin 1807.
WITTSTEIN, Georg Christian: Anleitung zur chemischen Analyse von Pflanzen und Pflanzenbestandtheilen. Nördlingen 1868.
WÖHLER, Friedrich: Grundriß der Chemie. 2Bd. Berlin 1833, 6.Aufl. Berlin 1840.

Darstellungen

ABE, Horst Rudolf: Leben und Werk Johann Bartholomä Trommsdorffs (1770-1837), des Begründers der modernen wissenschaftlichen Pharmazie. In: Beitr.Gesch.Univ.Erfurt 16(1971/2) S.11-294; Kurzfassung in: Pharmazie 26(1971) S.364-372.
ADICKES, Erich: (Kommentar zum Stichwort "Phlogiston") In Kants Werke, Akademie-Ausgabe Bd.3/14 (= Handschriftlicher Nachlaß 1.Band) S.366-390. Berlin 1911.
ADLUNG, Alfred und URDANG, Georg: Grundriß der Geschichte der deutschen Pharmazie. Berlin 1935.
BAKER, J.R.: The Discovery of the Uses of Coloring Agents in Biological Microtechnique. In: Journ.of the Queb.Micr.Club IV_1(1943) S.269.
BALLAUFF, Theodor: Die Wissenschaft vom Leben. Bd.1 Freiburg/München 1954 = Orbis Academicus II/8.
BALSS, Heinrich: Kielmeyer als Biologe. In: Sudhoffs Archiv 23(1930) S.268-288.

BARTH, Karl: Die Kirchliche Dogmatik. Bd.III,1 Zürich 1947.
BARNES, William H.: Browne's "Hydrotaphia" with a reference to adipocere. In: Isis 20(1934) S.337-343.
BEACH, Elliot F.: Beccari of Bologna, the discoverer of vegetable protein. In: Journ.Hist.Med. 16(1961) S.354-373.
BERENDES, Julius: Die Pharmazie bei den alten Culturvölkern. 2Bd. Halle 1891; Nachdr.Hildesheim 1965.
BERTHOLD, A.: F.F.Runge, sein Leben und sein Werk. Berlin 1937.
- F.F.Runge, a forgotten chemist of the nineteenth century. In: Jour.Chem.Educ. 32(1955) S.566-574.
BOAS, Marie: The Establishment of the Mechanical Philosophy. In: Osiris 10(1952) S.412-451.
- Robert Boyle and Seventeenth-Century Chemistry. Cambridge 1958.
BODENHEIMER, F.S.: Materialien zur Geschichte der Entemologie bis Linne. Berlin 1928.
- The History of Biology: An Introduction. London 1958.
* BOLZAN, J.E.: Chemical Combination According to Aristotle. In: Ambix 23(1976) S.134-144.
BROOKE, John H. : Wöhler's Urea and its Vital Force? - A Verdict from the Chemists. In: Ambix 15(1968) S.84-114.
BROWNE, Charles A.: A Source Book of Agricultural Chemistry. Waltham 1944.
BRYK, Otto: Entwicklungsgeschichte der reinen und angewandten Naturwissenschaft im XIX. Jahrhundert. Leipzig 1909.
BUCHNER, Georg: Von den Anfängen der Wachschemie bis heute. Im: Techn.Mitt.f.d.Malerei 52(1936) H.24 S.191.
BÜLL, Reinhard: Was ist Wachs und wie verhält sich Wachs? = Vom Wachs. 1.Bd. Frankfurt/M. 1958.
BUGGE, Günther: Das Buch der großen Chemiker. 2Bd. Weinheim 1929, Nachdr. 1955.
BURKE, John G.: Origins of the Science of Crystals. Berkeley 1966.
BUSACCHI, Vincenzo: J.B.Beccari ha veramente scoperto il glutine? In: Riv.Stor.Sci. 1(1957) S.36-41.
BUTTERFIELD, Herbert: The Origins of Modern Science 1300-1800 London 1949.
BUTTERSACK, Felix: Karl Friedrich Kielmeyer. Ein vergessenes Genie. In: Sudhoffs Archiv 23(1930) S.236-240.
BYKOV, G.V.: The Origins of the Theory of Chemical Structure. In: Journ.Chem.Educ. 39(1962) S.220-224.
CHEMNITIUS, Fritz: Die Chemie in Jena von Rollfinck bis Knorr. Jena 1929.
COLL, Pieter (Ps. für Gaebert, Hans Walter): Erdöl. Würzburg 1969.
CONANT, James Bryant: The overthrow of the phlogiston theory. Cambridge (mass.) 1950.
COOK, Giles B.: Cork and the cork tree. Oxford 1961.
COSTA, Albert B.: Chevreul. Wisconsin 1962.
CROMBIE, Alistair Cameron: Robert Grosseteste and the Origins of Experimental Science. Oxford 1953.
- From Augustine to Galileo. London 1952. dt. als: Von Augustinus bis Galilei. Köln 1964.
CROSLAND, Maurice P.: The Origins of Gay-Lussac's Law of Combining Volumes of Gases. In: Ann.of Sci.17(1961) S.1-26.
* BORCHARDT, Albert:Die Pflanzenanalyse zur Zeit Hermbstaedts Braunschweig 1974

DANN, Georg Edmund: Berlin als ein Zentrum chemischer und pharmazeutischer Forschung im 18. Jahrhundert. In:Pharm. Ztg. 112(1967) S.189-196.
DEERR, Noel: The History of Sugar. 2Bd. London 1949-1950.
DELEKAT, Friedrich: Immanuel Kant. Heidelberg 1966.
DENNSTEDT, Max: Die Entwicklung der organischen Elementaranalyse. In: Samml.chem.und chem.-techn. Vorträge 4(1899) S.1-112.
DIEDERICH, Werner (Hrsg.): Theorien der Wissenschaftsgeschichte. Frankfurt 1974.
DIEMER, Alwin: Die Begründung des Wissenschaftscharakters der Wissenschaft im 19. Jahrhundert. In: Beiträge zur Entwicklung der Wissenschaftstheorie im 19. Jahrhundert (Hrsg. A.Diemer). Meisenheim am Glan 1968 = Studien zur Wissenschaftstheorie Bd.1
DIJKSTERHUIS, E.J.: Die Mechanisierung des Weltbildes. Berlin 1956 (davor ndld. Amsterdam 1950).
DILG, Peter: (Artikel) "Kastner". In: Hein (1975) S.313-314.
DÖBLING, Hugo: Die Chemie in Jena zur Goethezeit. Jena 1928.
DOWNEY, K.J.: The Scientific Community: Organic or Mechanical? In: Sociological Quaterly 10(1969) S.438.
DRIESCH, Hans: Zur Lehre von der Induktion. In: Sitz.ber. Heidelberg. Akad.Wiss. 1915 Nr.11 2.Aufl. Jena 1923.
DÜRING, Ingemar: Aristotle and Plato in the midforth century. Göteborg 1960 = Studia graeca et latina Gothoburgiensia Vol.IX.
- Aristoteles. Darstellung und Interpretation seines Denkens. Heidelberg 1966.
DURKHEIM, Emile: The Division of Labour in Society. New York 1964.
ECK, L.: Chronologische Übersicht über die ältere Kautschukgeschichte. In: Gummi-Zeitung 53(1939) S.1015,1032,1050-51.
ENGELHARDT, Dietrich von: Grundzüge der wissenschaftlichen Naturforschung um 1800 und Hegels spekulative Naturerkenntnis. In: Philosophia Naturalis 13(1972) S.290-315.
- Das chemische System der Stoffe, Kräfte und Prozesse in Hegels Naturphilosophie und der Wissenschaft seiner Zeit. In: Stuttgarter Hegeltage 1970 (Hrsg. H.G.Gadamer). Bonn 1974 S.125-139.
FÄRBER, Eduard: Die geschichtliche Entwicklung der Chemie. Berlin 1921
- The Evolution of Chemistry. New York 1969.
FARRER, W.V.et al.: The Henrys of Manchester. PartIII: William Henry and John Dalton.In: Ambix 21(1974) S.208-228.
FERCHL, Fritz: Kurzgeschichte der Chemie. Mittenwald 1936.
FEYERABEND, Paul F.: Die Wissenschaftstheorie - eine bisher unbekannte Form des Irrsinns? In: Natur und Geschichte (Hrsg. H.Hübner) Hamburg 1973.
- Wider den Methodenzwang. Frankfurt 1976.
FIERZ-DAVID, Hans Eduard: Die Entwicklungsgeschichte der Chemie. Basel 1945.
FISHER, N.W.: The Taxonomic Background to Structural Theory of Organic Chemistry. Wisconsin 1970.
- Organic Classification before Kekulé. In: Ambix 20(1973) S.106-132, 209-235; 21(1974) S.29-52.
FLORKIN, Marcel: A History of Biochemistry. Amsterdam 1972.

FORBES, R.J.: Bitumen and Petroleum in Antiquity. Leiden 1936
- A Short history of the art of distillation. Leiden 1948
- Studies in early petroleum history. Leiden 1958.
FOX, Robert: The background to the discovery of Dulong and Petit's Law. In: Brit.Journ.Hist.Sci. 4(1968/9) S.1-22.
- The Caloric Theory of Gases from Lavoisier to Regnault. Oxford 1971.
GERLACH, Walther: Die Grenzen der physikalischen Erkenntnis. In: Die Einheit unseres Wirklichkeitsbildes und die Grenzen der Einzelwissenschaften (Hrsg. T.v. Vexküll) S.47-59.
GIBBS, F.W.: Boerhaave and the Botanists. In: Ann.Sci. 13(1957) S.47-61
- Boerhaave's Chemical Writings. In: Ambix 6(1958) S.117-135.
GLASSTONE, Samuel: William Prout. In: Journ.Chem.Educ.24(1947) S.478-81.
GMELIN, Johann Friedrich: Allgemeine Geschichte der Pflanzengifte. Göttingen 1777. 2. Aufl. 1803.
- Geschichte der Chemie. 3Bd. Göttingen 1797-1799.
GOLTZ, Dietlinde: Zu Begriffswandel und Bedeutungswandel von vis und virtus im Paracelsistenstreit. In: Medizin.Journ. 5(1970) S.169-200.
GOODMAN, D.C.: The Application of Chemical Criteria to Biological Classification in the Eighteenth Century. In: Medical Hist. 15(1971) S.23-44.
GRAEBE, Carl: Geschichte der organischen Chemie. Berlin 1920, Nachdr. Hildesheim 1970.
GREGORY, Joshua C.: Combustion from Heracleitos to Lavoisier. London 1934.
GÜNTHER, Siegmund: Geschichte der anorganischen Naturwissenschaften. Berlin 1901.
GUTBIER, Alexander: Goethe, Großherzog Carl August und die Chemie in Jena. Jena 1926.
HAAS, Hans: Spiegel der Arznei. Berlin 1956.
HALL, Rupert: Die Geburt der naturwissenschaftlichen Methode. Gütersloh 1965.
HALL, Thomas S.: Ideas of Life and Matter. 2Bd. Chicago 1969.
HARMS, Herbert: Beiträge zur Geschichte der Mikrochemie. In: Deutsche Apo.Ztg. 46(1931)S.1454,47(1932)S.1274,1324 51(1936) S.581.
HARTWICH, C.: Georg Dragendorff. In: Ber.dt.Pharm.Ges. 8(1893) S.297-320.
HASCHMI, Mohamed: Zur Geschichte des Kampfers. In: Die pharm. Ind. 26(1964) S.209-212, 896.
HASKINS, Charles Homer: Studies in the History of Medieval Science. Cambridge 1927.
HAYM, Rudolf: Die romantische Schule. Berlin 1870. Nachdr. Darmstadt 1961.
HEIN, Wolfgang-Hagen und SCHWARZ, Holm-Dietmar (Hrsg.): Deutsche Apotheker Biographie Bd.1 Stuttgart 1975 = Veröff.Int. Ges.Gesch.Pharm.N.F.Bd.43.
HEINTEL, Erich: (Artikel) Das Eine, Einheit. In: Histor. Wörterbuch der Philosophie (Hrsg.J.Ritter) Sp.361-384. 2.Bd. Darmstadt 1972.
HEISCHKEL, Edith: Pharmakologie in der Goethezeit. In: Sudhoffs Archiv 42(1958) S.302-311.
HEISENBERG, Werner: Das Naturbild der heutigen Physik. Hamburg 1955 = Rowohlts Deutsche Enzyklopädie Bd.8

HENIGER, J.: Some Botanical Activities of H.Boerhaave. In: Janus 58(1971) S.1-78.
HICKEL, Erika: Die Isolierung von Pflanzeninhaltsstoffen - historisch betrachtet nicht nur ein analytisches Problem. In: Pharm.in uns. Zeit 1(1972) S.26-30.
HILLER, H.B.: Raum - Zeit - Materie. Zur Geschichte des naturwissenschaftlichen Denkens. 2.Aufl. Stuttgart 1968.
* HIRSCHFELD, Ernst: Romantische Medizin. In: Kyklos 3(1930) S.1-89.
HOLLAND, John: The history and the description of fossil fuel. London 1841.
HOLMES, Frederic L.: Elementary Analysis and the Origins of Physiological Chemistry. In: Isis 54(1963) S.50-81.
- Analysis by Fire and Solvent Extractions: The Metamorphosis of a Tradition. In: Isis 62(1971) S.129-148.
HOLZ, Harald: Perspektive Natur. In: Schelling (Hrsg. H.Baumgartner) S.58-74. Freiburg und München 1975.
HOOPS, J.: Geschichte des Ölbaums. In: Forschung und Fortschritt 21/23 (1947) S.35-38.
HOOYKAAS, Reijer: Die Elementenlehre des Paracelsus. In: Janus 39(1935) S.175-187.
- Die Elementenlehre der Iatrochemiker. In: Janus 41(1937) S.8-15,26-28.
- Die chemische Verbindung bei Paracelsus. In: Sudhoffs Archiv 32(1939) S.166-175.
- The discrimination between "natural" and "arteficial" substances and the development of corpuscular theory. In: Arch.Int.Hist.d.Sci. 1(1947/8) S.640-651.
- The Concepts "Individual" and "Species" in Chemistry. In: Centaurus 5(1958) S.307-322.
- Die Chemie in der ersten Hälfte des 19. Jahrhunderts. In: Technikgeschichte 33(1966) S.1-24.
HOPPE, Brigitte: Polarität, Stufung und Metamorphose in der spekulativen Biologie der Romantik. In: Nat.wiss.Rundschau 20(1967) S.380-383
- Deutscher Idealismus und Naturforschung. Werdegang und Werk von Alexander Braun (1805-1877) In: Technikgeschichte 36 (1969) S.111-132.
- Naturphilosophische Theorien als Wegbereiter für die experimentelle Erforschung des Stoffwechsels der Organismen zu Beginn der Neuzeit, insbesondere in den Werken Stephen Hales. In: Beitr.XIII.Intern.Kongr.Gesch.Wiss. Moskau 18.-24.8., 1971. Sektion IX. Gesch.Biol.Wiss. S.59-62 Moskau 1974.
- Biologie - Wissenschaft von der belebten Materie von der Antike zur Neuzeit. = Sudhoffs Archiv, Beiheft 17, Wiesbaden 1976.
IHDE, Aaron J.: The development of modern chemistry. New York 1964.
JÄCKLE,Erwin: Goethes Morphologie und Schellings Weltseele. In: Dt. Vierteljhrschr.f.Lit.wiss. und Geist.gesch.15(1937) S.295-330.
JAGNAU, Raoul: Histoire de la Chimie. 2Bd. Paris 1891.
JAMINET, Lothar von: Geschichte der ätherischen Öle. In: Seifen, Öle, Fette, Wachse. 81(1955) S.93,118.
JESSEN, Karl F.W.: Botanik der Gegenwart und Vorzeit. Leipzig 1864.
* HJELT, Edvard: Geschichte der Organischen Chemie. Braunschweig 1916.

JONAS, Hans: Organismus und Freiheit. Göttingen 1973.
JORPES, Jan Erik: Jakob Berzelius. Stockholm 1966.
KAHLBAUM, Georg W.A. und HOFMANN, August: Die Einführung der Lavoisier'schen Theorie im Besonderen in Deutschland. Leipzig 1897 = Monographien aus der Geschichte der Chemie 1.Heft.
KANGRO, Hans: Joachim Jungius' Experimente und Gedanken zur Begründung der Chemie als Wissenschaft. Wiebaden 1968.
KAPITZA, Peter: Die frühromantische Theorie der Mischung. Über den Zusammenhang von romantischer Dichtungstheorie und zeitgenössischer Chemie. München 1968 = Münchner germanistische Beiträge Bd.4.
KAPOOR, Satish C.: Berthollet, Proust and Proportions. In: Chymia 10(1965) S.53-110.
- The Origins of Laurent's Organic Classification. In: Isis 60(1969) S.477-527.
- Dumas and Organic Classification. In: Ambix 16(1969) S.1-65.
KERSTEIN, Günther: Über die medizinischen Arbeiten des Morphium-Entdeckers Sertürner. In: Wiss.Zeitschr.der K.M.-Univ. Leipzig 5(1955) S.99-100.
KING, Lester S.: Stahl and Hoffmann: a study in eighteenth-century animism. In: Journ.Hist.Med. 19(1964) S.118-130.
KLUXEN, W.: (Artikel) Analogie. In: Hist.Wörterb.d.Phil. (Hrsg.J.Ritter) Bd.1 Sp.214-227. Darmstadt 1971.
KOBELL, Franz von: Geschichte der Mineralogie. München 1864.
KLEMM, Friedrich: Der Beitrag des Mittelalters zur Entwicklung der abendländischen Technik. Wiesbaden 1961.
KNIGHT, David M.: Steps Towards a Dynamical Chemistry. In: Ambix 14(1967) S.179-197.
KOPP, Hermann: Geschichte der Chemie. 4Bd. Braunschweig 1843-47
- Die Entwicklung der Chemie in der neueren Zeit. München 1873 = Geschichte der Wissenschaften in Deutschland. Neuere Zeit Bd.10.
KREMERS, Edward und URDANG, Georg: History of Pharmacy. 4. Aufl. Philadelphia 1976.
KRÖMCKE, Franz (Hrsg.): Friedrich Wilhelm Sertürner. Jena 1926.
KRÜGER, Mechthild: Zur Geschichte der Elixiere, Essenzen und Tinkturen. Braunschweig 1968 = Veröff.d.Pharm.Hist.Sem. Braunschweig Bd.10.
KUHN, Dorothea: Uhrwerk oder Organismus. Karl Friedrich Kielmeyers System der organischen Kräfte. In: Nova Acta Leopoldina, N.F. 36(1970) S.157-168.
- Goethe und die Chemie. In: Med.hist.Journ. 7(1972)S.264-78.
KUHN, Thomas S.: Robert Boyle and Structural Chemistry. In: Isis 43(1952) S.12-36.
- The Structure of Scientific Revolutions. Chicago 1962; dt. als: Die Struktur wissenschaftlicher Revolutionen. Frankfurt 1967, als Suhrkamp Taschenbuch Wissenschaft Bd.25, 1973.
KÜNKELE, Waltraud: Zur Entwicklungsgeschichte der Pflanzenchemie. Phil.Diss. Marburg 1971.
LABAUME, Wolfgang: Zur Naturkunde und Kulturgeschichte des Bernsteins. In: Schrift.d.Nat.forsch.Ges. Danzig N.F. 20(1935) S.5-48.
LADENBURG, Albert: Vorträge über die Entwicklungsgeschichte der Chemie in den letzten hundert Jahren.Braunschweig 1869.

LASSWITZ, Kurt: Geschichte der Atomistik. 2Bd. Hamburg 1890.
LAW, John: The Development of Specialities in Science: the Case of X-Ray Protein Crystallography. In: Science Studies 3(1973) S.275-303.
LEGRAND, H.E: A note on fixed air: The Universal Acid. In: Ambix 20(1973) S.88-94.
LEIBBRAND, Werner: Die spekulative Medizin der Romantik. Hamburg 1956.
LIEBEN, Fritz: Geschichte der physiologischen Chemie. Leipzig Wien 1935.
LINDEBOOM, Gerrit Arie: Herman Boerhaave. The Man and His Work. London 1968.
LIPMAN, Timothy O.: Vitalism and Reductionism in Liebig's Physiological Thought. In: Isis 58(1967) S.184.
LIPPMANN, Edmund-Oskar von: Geschichte des Zuckers, seiner Darstellung und Verwendung. Leipzig 1890.
- Abhandlungen und Vorträge zur Geschichte der Naturwissenschaften. 2Bd. Leipzig 1906, 1913.
- Zeittafeln zur Geschichte der organischen Chemie. Berlin 1921.
- Beiträge zur Geschichte der Naturwissenschaften und der Technik 1.Bd. Weinheim 1923, 2.Bd. (hrsg. von R.v.Lippmann) 1953.
- Alter und Herkunft des Namens "Organische Chemie". In: Chemikerzeitung 58(1934) S.1009-1031.
- Honig als Zuckerersatz im frühen deutschen Mittelalter. In: Die deutsche Zuckerindustrie 60(1935) S.598-600.
LOCKEMANN, Georg: F.W. Serturner [sic] , the discoverer of morphine. In: Journ.Chem.Educ. 28(1951) S.277-279.
LORENZ, Konrad: Das sogenannte Böse. Wien 1963, als dtv Bd. 1000 München 1974.
LÜDECKE, C.: Die Verwendung des Wachses in vergangenen Zeiten. In: Fette, Seifen, Anstrichmittel 57(1955) S.53-60.
LÜDY TENGER, F.: Alchemistische und chemische Zeichen. Berlin 1928, Nachdr. Würzburg 1973.
MÄGDEFRAU, Karl: Geschichte der Botanik. Stuttgart 1973.
MAIER, Anneliese: Die Vorläufer Galileis im 14. Jahrhundert. Roma 1949
- An den Grenzen von Scholastik und Naturwissenschaft. 2.Aufl. Roma 1952.
MASON, Stephan: History of Science. London 1953, dt. als: Geschichte der Naturwissenschaft. Stuttgart 1961 = Kröners TB Bd. 307.
MAURIZIO, Adam: Die Geschichte unserer Pflanzennahrung. Berlin 1927.
McCOLLUM, Elmer Verner: A History of Nutrition. Boston 1947.
McKIE, Douglas: Antoine Lavoisier, the Father of Modern Chemistry. Philadelphia, London 1935; New York 1952.
MELDRUM, A.N. The Eighteenth-Century Revolution in Science. Calcutta 1929.
- Lavoisier's Early Work in Science. In: Isis 19(1933) S.330-363, 20(1934) S.398-425.
MELSEN, Andreas Gerardus Maria van: Atom gestern und heute. Freiburg und München 1957 = Orbis Academicus II,10 (davor ndld. Amsterdam 1949).
METZGER, Hélène: Les doctrines chimiques en France, du début du XVIIe à la fin du XVIIIe siècle. Paris 1923.

- Newton, Stahl, Boerhaave et la doctrine chimique. Paris 1930.
- La philosophie de la matière chez Lavoisier. Paris 1935.
MEYER, Ernst von: Geschichte der Chemie. Leipzig 1888, 4.Aufl. 1914.
MEYER, Lothar: Die unter der Regierung seiner Majestät des Königs Karl an der Universität Tübingen errichteten und erweiterten Institute der naturwissenschaftlichen und medizinischen Fakultäten. Bd.3: Das chemische Laboratorium. Tübingen1889.
MEYER, Richard: Vorlesung über die Geschichte der Chemie. Berlin 1922.
MEYER-ABICH, Adolf: Biologie der Goethezeit. Stuttgart 1949.
MIECK,J.: Sigismund Friedrich Hermbstaedt (1760-1833). Chemiker und Technologe in Berlin. In: Technikgeschichte 32(1965) S.325-382.
MILDNER, Theodor: Allerlei von Safran. In: Seifen, Fette, Öle, Wachse 87(1961) S.625-627.
MITTASCH, Alwin: Döbereiner, Goethe und die Katalyse. Stuttgart 1951.
MÖBIUS, Martin: Geschichte der Botanik. Stuttgart 1937.
MORITZ,L.A.: Grainmills and flour in classical antiquity. Oxford 1958.
MORROW, Glenn R.: Qualitative Change in Aristotele's Physics. In: Naturphilosophie bei Aristoteles und Theophrast (Hrsg. J. Düring). S.154-167. Heidelberg 1969.
MULLINS, Nicholas C.: The Development of Specialities in Social Science: The Case of Ethnomethodology. In: Science Studies 3(1973) S.245-273.
MULTHAUF, Robert P.: John of Rupescissa and the Origins of Medical Chemistry. In: Isis 45(1954) S.360-367.
- The Significance of Distillation in Renaissance Medical Chemistry. In: Bulletin Hist.Med. 30(1956) S.329-346.
- The Origins of Chemistry. London 1966.
NEEDHAM, Joseph (Hrsg.): The Chemistry of Life. Cambridge 1970
- The coming of ardent water. In: Ambix 19(1972) S.69-112.
NIERENSTEIN, Maximilian: Incunabula of Tannin Chemistry. London 1932.
OWENS, Joseph: The Aristotelian Argument for the Material Principle of Bodies. In: Naturphilosophie bei Aristoteles und Theophrast (Hrsg. I.Düring). S.193-209. Heidelberg 1969
PARTINGTON, James Riddick: The Composition of Water. London 1928
- und D.Mckie: Historical Studies on the Phlogiston Theory. In: Ann.of Sci. 2(1937) S.361-404, 3(1938) S.1-58,337-371, 4(1939) S.113-149.
- J.B.Richter and the Law of Reciprocal Proportions. In:Ann. of Sci. 7(1951) S.173-198, 9(1953) S.289-314.
- A History of Chemistry. 4Bd. London 1961 (II), 1962 (III), 1964 (IV), 1971 (I1).
PELKA, Otto: Bernstein. Berlin 1920.
PFAFF, Christian Heinrich: Lebenserinnerungen mit Auszügen aus Briefen von C.F.Kielmeyer. Kiel 1854.
PLOSS, Emil Ernst: Indigo. In: Die BASF 10(1960) S.85-91.
- Ein Buch von alten Farben. Technologie der Textilfarben im Mittelalter mit einem Ausblick auf die festen Farben.

Heidelberg 1962.
POPPER, Karl: Logik der Forschung. Wien 1935, 4.Aufl. Tübingen 1971
- Objective Knowledge. An Evolutionary Approach. Oxford 1972.
QUIRING, Heinrich: Zur ältesten Geschichte des Bernsteins. In: Blätter für Technikgeschichte 16(1954) S.44-50.
RADL, Emmanuel: Geschichte der biologischen Theorien. Tl.1 Leipzig 2.Aufl.1913, Tl.2 Leipzig 1909. Neudr.Hildesheim 1970.
RANCKE-MADSEN, E.: The Development of Titrimetric Analysis Till 1806. Kopenhagen 1958.
RAPPOPORT, Rhoda: G.-F.Rouelle: An Eighteenth-Century Chemist and Teacher. In: Chymia 6(1960) S.68-101.
- Rouelle and Stahl - The Phlogistic Revolution in France. In: Chymia 7(1961) S.73-102.
REAL, Horst und SCHNEIDER, Wolfgang: Friedlieb Ferdinand Runge (1795-1867): Wer entdeckte Chinin und Chinchonin? In: Beitr.Gesch.Pharm. 22(1970) S.17-19.
REED, H.S.: Jan Ingen-Housz, Plant Physiologist. In: Chronica Botanica 11(1950) S.285-396.
REGENBOGEN, Otto: Eine Polemik Theophrasts gegen Aristoteles. In: Hermes 72(1937) S.469-475.
ROHDE, A.: Das Buch vom Bernstein. Königsberg 1937.
ROLOFF, Werner: Über Kork und Korken, In: Die Pharm.Industrie 18(1956) S.509-512
- Zucker und die Pharmazie. In: Die Pharm.Industrie 20(1958) S.129-134.
RORETZ, Karl: Zur Analyse von Kants Philosophie des Organischen. Wien 1922 = Sitzungsberichte der Akad.Wiss.Wien. Phil.Hist.Klasse Bd.193, 4.Abh.
ROSCOE, Henry E. und HARDEN, Arthur: Die Entstehung der Dalton'schen Atomtheorie in neuer Beleuchtung. Leipzig 1898 = Monographien aus der Gesch. der Chemie. 2.Heft.
ROSENTHALER, Leopold: Die Entwicklung der Pflanzenchemie von Du Clos bis Scheele. In: Ber.dt.pharm.Ges. 14(1904)S.289-97.
ROTHSCHUH, Karl: Das Verfahren und die Entwicklung der Szientifikation. In: Universitas 5(1959) S.521-572.
- Ursprünge und Wandlungen der physiologischen Denkweise im 19. Jahrhundert. In: Technikgeschichte 33(1966) S.329-355.
- Physiologie. Der Wandel ihrer Konzepte, Probleme und Methoden vom 16. bis 19. Jahrhundert. Freiburg und München 1968 = Orbis Academicum II/15.
RÜFNER, Vinzens: Probleme mittelalterlicher Physik und ihre Weiterwirkung auf die Neuzeit. In: Dt.Vierteljahrschr.f. Lit.wiss.u.Geist.gesch. 20(1942) S.134-168.
SACHS, Julius: Geschichte der Botanik vom 16. Jahrhundert bis 1860. München 1875 = Geschichte der Wissenschaften in Deutschland Bd.15 Neudr.Hildesheim 1966.
SAVELLI, Roberto: Jacopo Bartolomeo Beccari n'a pas découvert le gluten. In: Act.VIII^{e}Cong.Int.Hist.Sci.(Florenz 1956) Paris 1958 S.588-589.
SCHELENZ, Hermann: Geschichte der Pharmazie. Berlin 1904, Nachdr. Hildesheim 1965.
SCHENK, H.G.: The Mind of European Romanticism. London 1966
SCHIMANK, Hans: Die Chemie im Zeitalter Runges. In:Der Deutsche Chemiker 2(1937) S.45-50.

SCHLEEBACH, Albert: Die Entwicklung der chemischen Forschung und Lehre an der Universität Erlangen von ihrer Gründung (1743) bis zum Jahre 1820. Bayreuth 1937.
SCHMAUDERER, Eberhard: Die geschichtliche Entwicklung der Kenntnisse über die Fette und Öle, Rohstoffquellen, Technologie, Kenntnisse über die Beschaffenheit und Verwendung in der Vorgeschichte und im Altertum. Rer.nat.Diss. Frankfurt 1964.
- Die Stellung des Wissenschaftlers zwischen chemischer Forschung und chemischer Industrie. In: Technikgeschichte in Einzeldarstellungen. Bd.11(1969) S.37-93.
SCHMIDT, F.: Carl Gottfried Hagen, ein Apotheker des deutschen Ostens. In: Apoth.Dienst Roche 3(1960) S.57-61.
SCHMITZ, Rudolf: Die Deutschen Pharmazeutisch-Chemischen Hochschulinstitute. Ingelheim 1969
- und W.Künkele: Zur Geschichte der Analytik von ätherischen Ölen. In: Pharm.Ztg. 116(1971) S.1178-1181.
SCHNEIDER, Wolfgang: Carl Gottfried Hagen. In: Pharm.Indust. 16(1954) S.111-114.
- Lexikon alchemistisch-pharmazeutischer Symbole. Braunschweig 1962.
- Der Weg von der Entdeckung bis zur Synthese des Morphiums. In: Mitt.d.Dt.Pharm.Ges. 35(1965) S.85-90.
- Lexikon zur Arzneimittelgeschichte. Bd.3 Frankfurt 1968, Bd.5, 1-3 Frankfurt 1974.
* - Geschichte der pharmazeutischen Chemie. Weinheim 1972.
SCHÜTT, Hans-Werner: Wollaston, Fuchs, Gay-Lussac und Klaproth als Vorläufer Mitscherlichs. In: Eilhard Mitscherlich und die Isomorphie. S.5-28. München 1973 = Deutsch.Museum, Abh.Ber. 41(1973) H.3.
SCHWARZ, H.: (Artikel) Analogie. In: Hist.Wörterbuch d.Phil. (Hrsg.J.Ritter) Bd.1 Sp.214-229. Darmstadt 1971.
SCHWARZ, Holm-Dietmar: Karl Ludwig Wildenow [sic] zum 200. Geburtstag am 22.August 1965. In: Deutsche Apo.Ztg.85(1965) S.1092-1093.
- Christoph Heinrich Pfaff zum 200. Geburtstag am 2.März 1973. In: Pharm.Ztg. 118(1973) S.401-404.
SENN, Gustav: Die Pflanzenkunde des Theophrast von Eresos. (Hrg. Olof Gigon) Basel 1956.
SHULL , C.A. und STANFIELD, J.F.: Thomas Andrew Knight. In Memoriam. In: Plant Physiology 14(1939) S.1-8.
SLATER, A.W.: The vinegar brewing industry. In: Industrial Archaeology 7(1960) S.292-309.
SLINGERVOET, Ramondt: Zur Geschichte der Kautschukforschung. Dresden 1907.
SMEATON, William Arthur:Fourcroy - Chemist and Revolutionary. Cambridge 1962.
SNELDERS, H.A.M.: The Influence of the Dualistic System of Jacob Joseph Winterl (1732-1809) on the German Romantic Era. In: Isis 61(1970) S.231-240.
- Romanticism and Naturphilosophic and the Inorganical Natural Sciences 1797-1840. In: Stud.in Romant.9(1970) S.193-215.
- J.S.C.Schweigger: His Romanticism and His Crystal Electrical Theory of Matter. In: Isis 62(1971) S.326-338.
- The Influence of Kant, Romanticism and "Naturphilosophie" on the Inorganic Natural Sciences in Germany. Habil.Schrift
* SCHRADER,Wolfgang H: Empirisches und absolutes Ich.Stuttgart 1972

in Masch.Muskr.Utrecht 1973.
SÖDERBAUM, Helmut: Berzelius Werden und Wachsen 1779-1821. Leipzig 1899 = Monogr. aus d.Gesch.Chem. 3.Heft.
SPAEMANN, Robert: Reflexion und Spontaneität. München 1963.
SPRONSEN, J.W. van: The Periodical System of Chemical Elements Amsterdam, London, New York 1969.
STEGMÜLLER, Wolfgang: Das Universalienproblem einst und jetzt. In: Arch.f.Philos. 6(1956) S.192-225, 7(1957) S.48-81; selbständig Darmstadt 1965.
- Hauptströmungen der Gegenwartsphilosophie Bd.2 Stuttgart 1975 = Kröner TB 309.
STEINMETZ, Peter: Ansatzpunkte der Elementenlehre Theophrasts im Werk des Aristoteles. In: Naturphilosophie bei Aristoteles und Theophrast (Hrsg. I.Düring) S.224-249. Heidelberg 1969.
STORCK, John und TEAGNE, Walter B.: Flour for Man's Bread. London 1952.
STRUBE, Irene: Die Phlogistonlehre Georg Ernst Stahls in ihrer historischen Bedeutung. In: NTM 1(1961) S.27-51
- Aristoteles und die Krise in den Lehren über chemische Vorgänge In: Hellenische Poleis 4(1974) S.1839-1849.
SZABADVARY, Ferenc: Jakob Winterl and His Analytical Method for Determing Phlogiston. In: Journ.Chem.Educ. 39(1962) S.266-267.
- Geschichte der analytischen Chemie. Braunschweig 1966.
SZÖKEFALVI, Nagy: Leben und Werk des J.J.Winterl. In: NTM 8(1971) S.37-45.
TASCHENBURG, O.: Die Lehre von der Urzeugung sonst und jetzt. Halle 1882.
TATON, René (Hrsg.): Histoire Générale des Sciences. 3Bd. Paris 1957-1964.
THEILER, W.: Einheit und unbegrenzte Zweiheit von Plato bis Plotin. In: Isonomia (Hrsg.J.Mau u. E.G.Schmidt) S.89-109 Berlin 1964.
THOMPSON, Daniel, V.: The materials of medieval painting. London 1937.
TREUE, W.: Gummi in Deutschland. München 1955.
TROMMSDORFF, Johann Bartholomä: Versuch einer allgemeinen Geschichte der Chemie. Erfurt 1806.Nachdr. Leipzig 1965.
TSCHIRCH, Alexander: Die Harze und die Harzbehälter. Leipzig 1900
- und LIPPMANN, E.O.v.: Pharmakohistoria. In: Handbuch der Pharmakognosie. Bd.I/3 S.1153-1853. 2.Aufl. Leipzig 1933.
UEXKÜLL, Thure von: Der Mensch und die Natur. Grundzüge einer Naturphilosophie. München 1953 = Sammlung Dalp Bd.13.
UITTIEN, H.: Boerhaave's beteekenis voor de plantkunde. In: Nedld.Tijdsch.v.Geneeskunde 82(1938) S.4841-4851.
UNGERER, Emil: Der Aufbau des Naturwissens. In: Die Pädagogische Hochschule 2(1930) besonders S.19-44.
- Die Erkenntnisgrundlagen der Biologie. Ihre Geschichte und ihr gegenwärtiger Stand: Handbuch der Biologie. Bd.1 Allgemeine Biologie Tl.1 Potsdam 1942.
VAIHINGER, Hans: Die Philosophie des Als-ob. Berlin 1911.
VALENTIN, Hans: Das Lebenswerk Karl Gottfried Hagens. In: Pharm. Industrie 11(1944) S.367-373.
- Friedrich Wöhler. Stuttgart 1949.
- Geschichte der Pharmazie und Chemie. Stuttgart 1950.

- Der erkenntnistheoretische Wandel Sertürners im Jahre 1804 In: Deut.Apo.Ztg. 97(1957) S.573-574.
VOLHARD, Jakob: Justus von Liebig. 2Bd. Leipzig 1909.
WAGNER, Fritz: Isaac Newton. Freiburg und München 1976.
WALDEMANN, F.: Der Bernstein im Altertum. Fellin 1883.
WALDEN, Paul: Goethe und die Naturwissenschaften. Leipzig 1933.
- Drei Jahrtausende Chemie. Berlin 1944.
- Chronologische Übersichtstabellen zur Geschichte der Chemie. Berlin 1952.
WALLACH, C.: Briefwechsel zwischen J.Berzelius und F.Wöhler. 2Bd. Leipzig 1901.
WALTER, Emil J.: Empiristische Grundlagen der chemischen Theorie in der ersten Hälfte des 19. Jahrhunderts. In: Gesnerus 6(1949) S.46-64.
WATERMANN, Rembert: Eudiometrie (1772-1805) In: Technikgeschichte 35(1968) S.293-319.
WEINER, Dora B.: Raspail. New York 1968.
WEINHANDL, Ferdinand: Zum Gestaltproblem bei Aristoteles, Kant und Goethe. In: Beitr.Phil.dt.Idealism. 4(1926)S.19-49
WEYER, Jost: Chemiegeschichtsschreibung von Wiegleb bis Partington. Hildesheim 1974 = Arbor Scientiarum A/III.
WEIZSÄCKER, Carl Friedrich von: Die Einheit der Natur. München 1971.
WHITE, J.H.: The History of the Phlogiston Theory. London 1932.
WHITNEY, Richard: Cognitive and social institutionalisation of scientific specialities and research areas. In: Social Processes of Scientific Development. S.69-95. London 1974.
WIEGLEB, Johann Christian: Geschichte des Wachsthums und der Erfindungen in der Chemie in der neuesten Zeit. 2Bd. Berlin 1790-1792.
WIELAND, Wolfgang: Die aristotelische Physik. Göttingen 1962.
WIESNER, J.: Jan Ingen-Housz. Wien 1905.
WILKINSON, Ronald Sterne: Georg Starkey, Physician and Alchemist. In: Ambix 11(1963) S.121-152.
- The Hartlib Papers and Seventeenth-Century Chemistry. Part II: George Starkey. In: Ambix 17(1970) S.85-110.
WIMMER, A.: Kant und die Pharmazie. In: Südd.Apo.Ztg.89(1949) S.263-265.
WINDERLICH, Rudolf: Kautschuk. In: Aus der Heimat 49(1936) S.257-260.
WINKLER, H.: C.G.Nees von Esenbeck als Naturforscher und Mensch. In: Nat.wiss.Wochenschrift 36(1921) S.337-346.
WOHLANDT, G.: Sein und Einheit in der modernen Grundlehre. In: Kantstudien 57(1966) S.23-42.
WOLF, Jörn Henning: Der Begriff "Organ" in der Medizin. München 1971 = Neue Münch.Beitr.Gesch.Med.Nat.wiss., Med. hist. Reihe Bd.3
WOLFF, G.: Der Zucker in der alten Medizin. In: Med. Monatsschrift 7(1953) S.527-530.
WOLFF, Sigrid: Das deutsche pharmazeutische Reformschrifttum und Zeitschriftenwesen. Diss.Marburg 1971.
WRIGHT, Georg Henrik von: Erklären und Verstehen. Frankfurt/M 1974.
ZEKERT, Otto: Carl Wilhelm Scheele. Stuttgart 1932.
- Friedrich Sertürner, sein Leben und Werk. Berlin 1941.

- Berühmte Apotheker. 2Bd. Stuttgart 1955.

Häufig benutzte, spezielle Nachschlagwerke

FERCHL, Fritz: Chemisch-Pharmazeutisches Bio- und Bibliographikon. 2Bd. Mittenwald 1937-1938.
GILLISPIE,Charles Coulston (Hrsg.): Dictionary of Scientific Biography. 14Bd. New York, London 1970-1976.
McGRAW-HILL: Encyclopedia of Science and Technology. 15Bd. New York 1960.
POGGENDORFF, Johann Christian: Biographisch-Literarisches Handwörterbuch zur Geschichte der exakten Wissenschaft. 2Bd. Leipzig 1863, Nachdr. Amsterdam 1965.

Die Abkürzung "DSB" steht für Gillispie (1970-1976)s.o.

Personenregister

Anhang I

Übersetzung des Vorworts zu:

Io. Fr. Cartheuser:

Dissertatio Chymico - Physica De Genericis Quibusdam Plantarum Principiis Hactenus Plerumque Neglectis.
Francofurti ad Viadrum 1754

beigebunden zu: Fr. Aug. Cartheuser: Rudimenta Oryctographiae
Francofurti a. V. 1755

Es unterliegt heutzutage keinem Zweifel mehr, daß die sehr unterschiedlichen Kräfte von Pflanzen, generisch (1) wie spezifisch von folgendem abhängen:
von der verschiedenen Qualität,
von der verschiedenen Quantität und
von der verschiedenen Mischung der Prinzipien.
Es sind aber hier nicht die ersten chemischen Elemente der Körper gemeint, ebensowenig jene Substanzen, die nach allerlei Gewaltanwendung aus den Körpern endlich hervorgehen - diese werfen wegen der mehr oder weniger starken Veränderung der natürlichen Form überhaupt kein, oder doch kein sehr deutliches Licht auf die Kenntnis obiger Kräfte - sondern die unveränderten, ursprünglichen Prinzipien (2) sollen erkannt werden. Man erhält sie unter Anwendung der milden Auflösung ohne Veränderung ihrer früheren und ursprünglichen Beschaffenheit (3), und sie enthalten die wesentlichen Kräfte der Körper, aus denen sie gezogen wurden, entweder ganz, oder doch mindestens zu einem bemerkenswerten Teil. Bisher wurden hierzu von den Physikern, Chemikern und Ärzten zumeist die folgenden gerechnet:

Spiritus balsamicus et aromaticus	[äther. Öl/ Spir. rector (4)]
Vapor narcoticus	[betäubender Dampf (5)]
Halitus acris pungens	[stechender, scharfer Hauch (6)]
Oleum essentiale unguinosum	[wesentliches fettes Öl]
Gummi	
Resina	[Harz]
Mucilago	[Schleim]
Sal essentiale acidulum	[wesentliches saueres Salz]
Nitrum embryonatum (7)	
Sal salsum, culinari analogum (8)	

Diesen haben einige weitere Forscher, wenn auch ohne gegründete oder befriedigende Darlegung, noch angefügt:

Sal alcali fixum	[K_2CO_3, Na_2CO_3]
Sal volatile urinosum	[$(NH_4)_2CO_3$, $(NH_4)HCO_3$, empyreumatisches Öl]
Sal ammoniacale	[NH_4Cl, gemischt mit Sal volatile urinosum]
Sal aluminosum (9)	
Sal vitriolicum	[$FeSO_4$]

Damit nicht genug: Viele glaubten, daß diese zusätzlichen nicht genügten und fanden daher noch Erde und Wäßriges (10).

Ich gestehe, daß auch ich früher dieser Meinung zusprach (11) und sie erst jetzt geändert habe. Ich habe nämlich viele chemische Untersuchungen mit Pflanzen und deren Teilen vorgenommen und dabei häufig Substanzen entdeckt, die nicht nur mit demselben Recht wie die vorstehenden ihren Platz bei den generischen Prinzipien einnehmen, sondern auch wegen ihrer eigentümlichen Kraft.

Diese eigentümlichen und wohlunterschiedenen generischen Prinzipien werde ich im folgenden besprechen. Sie sind den aufmerksamen Naturforschern nicht ganz unbekannt, dennoch aber bei Behandlung der Naturdinge von den meisten, wenn nicht völlig, so doch zum größten Teil übersehen worden.

Ich werde auch deren vorzügliche Eigenschaften erörtern, und damit auch einige Ansichten und Ideen verbinden die mir durch Experiment, Beobachtung und Lektüre anderer Schriftsteller bekannt sind. Dadurch werde ich die generische Qualität dieser Substanzen erweisen; dabei wird auch die größere oder kleinere Differenz zwischen einigen Ansichten besser sichtbar.

Kommentar:

Im Vergleich zu den besprochenen Arbeiten von Boerhaave, Neumann oder Marggraf und auch zu den folgenden bis zu Ende des Jahrhunderts fällt auf, wie sicher sich Cartheuser allein auf die näheren Bestandteile zur Kenntnis der Pflanzenkörper stützt. Die Ablehnung der Relevanz von den ersten chemischen Elementen, den "Uranfängen", hier hauptsächlich gegen Peripatetiker hie und reine Atomisten da, kann auch schon als ein vorweggenommener Einwand gegen Lavoisier verstanden werden (vgl. 3. Kapitel). Die Ablehnung der Destillation ist nicht nur deutlich, sondern auch redlich: Carthenser verwendet auch keine Destillation, um Pflanzenbestandteile zu ermitteln.

Diese eindeutige Hervorhebung der durch Extraktion gewonnenen näheren Prinzipien wird in Literatur erst immer für die Zeit der Schüler Rouelles, etwa Fourcroy/Vauquelin und deren Zeitgenossen (eg. Hermbstaedt), also 30-40 Jahre später dargestellt.

Anmerkungen zum Anhang I

(1) "genericus" ein Adjektiv, das sich nicht in lateinischen Wörterbüchern (Du Cange, Georges, Stowasser) findet und von deutschen Forschern einfach als "generisch" übernommen wird. Die Kommentarlosigkeit spiegelt die Schwierigkeit wieder, das logische Problem der "differentia specifica" [Thomas v. Aquin:" Definitio fiat per genus proximum et differentias specificas." S.th. I,3,5] in die Praxis umzusetzen. Für die Pflanzenchemie ließ man im 18. Jahrhundert die Logik aus dem Spiel und orientiert sich zumeist an natürlich rein zu erhaltenden Stoffen (Wachs, Campher, Gummi), die man unter Abstraktion von Modifikationen (Abweichungen in Geruch, Farbe etc.) als Klassen generalisierte. Wovon man abstrahierten "durfte" und wovon nicht war im Prinzip ein Problem des immer neuen Nominalistenstreites. Die Diskussion wurde im 19. Jahrhundert von Pfaff und Runge erneuert.

(2) "principia principiata" S.4

(3) "pristinae indolis nativae" S.4

(4) Den "Spiritus rector" hatte Boerhaave als Bestandteil des ätherischen Öls neben dem Harz angenommen,da er beobachtete, daß ätherisches Öl an der Luft verharzt und dabei seinen Geruch teilweise verliert. Er wurde erst durch Fourcroy (1797) aus der Liste der Pflanzenbestandteile eliminiert.

(5) Die Annahme eines narkotischen Dampfes beruht auf Beobachtungen, die seit Plinius über den Tod von Tieren (besonders Hunden) berichten, die Schierling- oder Opium - Dämpfe eingeatmet hätten. Neumann hatte aber schon beim Opium diesen "Sulfur narcoticus" (vgl.1.Kapitel) zurückgewiesen, als Pflanzenbestandteil verschwand er nach Fourcroy (1791).

(6) Für den (wie obigen Vapor materiell gedachten) scharfen Hauch gilt analog Anm. 5

(7) Dieser Begriff findet sich nicht bei Schneider (1974). Es ist aber anzunehmen, daß es sich um Salpeter handelt, das "embryonatum" nur auf die Herstellung aus der Natur hinwies.

(8) Auch dieses Salz findet sich nicht bei Schneider (1974); es handelt sich vermutlich um eine Mischung aus Kalium- und Natriumchlorid.

(9) Nicht bei Schneider (1974); wohl Alaun $KAl(SO_4)_2$.

(10) Terra und Phlegma; vgl. 1.Kapitel.

(11) z.B. teilweise in den Elementa Chemia.

(12) z.B. bei Tschirch (1933) S.1794-1801, bei Ihde (1964) S.163-185, Borchardt (1974) S.1-8.

Anhang II

Übersetzung des 3. Kapitels aus Cartheusers 'Dissertatio' S.30-41

III. Generisches Prinzip
Wachs

1. Das gemeine Wachs, das in den meisten Arten rein (1) und vollkommen (2) angetroffen wird, bildet eine zusammenhängende Masse. Bei gewöhnlicher Temperatur (3) ist es weder ganz weich noch ganz hart, im Äußeren einem biegsamen Harz nicht unähnlich, von gelber, weißer oder gelblich-weißer Farbe, bisweilen auch grünlichgelb oder rötlichgelb (a); es hat einen angenehmen balsamischen Geruch, aber keinen spezifischen Geschmack.

2. Durch Wärme erweicht es sehr leicht, verliert dabei seine Form, und ebenso schnell verfließt es, wenn man es einem leichten Feuer nahebringt, und es bleibt als dickflüssiges Öl zurück: Nach dem Entfernen des Feuers erstarrt es aber schnell wieder, und es erhärtet derart in großer Kälte, daß es zerreiblich (4) wird. Es nährt die reine leuchtende Flamme am Docht und erzeugt dabei nur wenig Rauch und Ruß; von selbst entzündet es sich nicht, es sei denn, man nähert dem flüssigen, sehr heißen Wachs irgendeinen brennenden Körper, oder man bringt das Gefäß, darin es aufbewahrt wird, zum Erglühen.

3. Wenn man das verflüssigte Wachs mit reinem Sand mischt und es danach mit mäßig gesteigertem Feuer im Sandbad aus einer Retorte destilliert, so geht zuerst ein saures Phlegma unangenehmen Geruchs über, danach tropft ein dünnes Öl, das im Auffanggefäß bald wieder verfestigt und dabei Form und Konsistenz einer weißlich- weichen Butter annimmt und diese behält, wenn man von weiterer Destillation absieht. (5) Verbindet man aber nach der ersten Destillation das Wachs erneut mit Sand und destilliert das Gemisch wiederholt auf die angezeigte Weise, so bleibt nach dem Abtrennen des sauren Phlegmas eine reine Flüssigkeit zurück, die noch mehr als die vorige [die "Butter"] salbenartige und erweichende Eigenschaften hat. (6)

4. Vitriolöl löst diesen Stoff langsam weitgehend auf, wobei er eine sehr dichte Konsistenz und eine schwarze Farbe annimmt; einfaches Wasser und gewöhnlicher Salpetergeist lösen das Wachs nicht, und sie scheinen auch nichts zu extrahieren, da sie keine Färbung annehmen: dennoch ist zu bemerken, daß das "starke Wasser" resp. der Salpetergeist bei sehr heißer Digestion dem gelben Wachs seine Farbe zu nehmen vermag und es ziemlich weiß zurückläßt.

(a) In Brasilien, berichtet Guiliemo Piso in Lib. de. Med. Brasil.IV p.56, wurde an hohen Bäumen auch schwarzes Wachs gefunden, das winzigkleine Bienen, Munbaca genannt, sammeln. Es ist aber allgemein ein minderes Wachs, das man wohl nicht zum Formen von Kerzen verwendet, weil es einen unangenehmen Geruch entwickelt.

5. Auch das Weinsteinöl (7) greift nicht an, außer daß es ein wenig von einer feinen, öligen Substanz auszieht, erkennbar an der etwas gelblichen Farbe der Flüssigkeit, wodurch die Wachsmasse bleicher und etwas zerreiblicher wird.

6. Sehr reiner Weingeist zieht im Kalten wenigstens einen Teil des Öls aus und erhält dabei eine schöne goldene Farbe, die gröbere Masse greift er aber nicht an. Bedient man sich jedoch einer stärkeren Digestion, wobei der Weingeist leicht kocht, und wiederholt diese mehrmals mit frischem Alkohol, dann wird die Masse allmählich gelöst, flüssig im Grunde wie ein Öl, und dabei verwandelt sie sich in eine weiche, fettige bzw. butterartige sehr weiße Materie; ausgenommen davon ist etwa ein Fünftel, der sich auch bei wiederholter und lang dauernder Digestion mit frischem Weingeist nur wenig oder gar nichts mehr entreißen läßt. Zu dieser gelösten Materie kann man folgende Bemerkungen zusammenfassen:

a) Diese Lösung erfordert eine sehr starke Digestion, ja selbst ein Sieden des Lösungsmittels, und ist daher eigentlich nicht als Lösung anzusehen, sondern eher als gröbere Auflösung (8). Die Flüssigkeit, die den gelösten Anteil des Wachses enthält, ist bei Siedetemperatur klar, wird aber beim Entfernen des Feuers sofort wieder weißlich und trübe, und nähert sich der Gestalt eines feinen Coagulums, vergleichbar mit erstarrtem Gänse- oder Hundefett [!!].
b) Der sehr reine Weingeist löst wenig auf; man fand heraus, daß sich eine Unze Wachs erst in 40 Unzen davon auf die angezeigte Weise lösen und in die butterartige Materie verwandeln.
c) Diese fettig- butterartige Materie ist sehr weiß, ganz locker und weich. Wenn man den Weingeist allmählich verdunsten läßt,erfüllt sie einen Raum, der etwa zwanzig Mal größer ist als der, den sie als Wachs einnahm.
d) Solange diese butterartige Materie noch einen Teil Alkohols enthält, teilt sie der Zunge einen scharfen Geschmack mit. Wird sie aber in Wasser aufgelöst und filtriert, so wird sie klein und kompakt wie vorher und besitzt auch keinen scharfen Geschmack mehr, sondern fast denselben wie das unveränderte Wachs.
e) Nach vielen Digestionen mit frischem Weingeist verliert das gelbe Wachs endlich seine Farbe und wird weiß.
f) Bei den ersten Digestionen und Lösungen findet man keine Unreinheiten im geschmolzenen Wachs; danach kann man aber im unlöslichen Teil, sooft er erscheint, gewisse schwärzlich- erdige Teilchen sehen.

7. Das Vorhergehende lehrt, daß das Wachs hinsichtlich seiner Eigenschaften von Harz, Gummi- Harz und den restlichen generischen Substanzen völlig verschieden ist, und nichts anderes darstellt als ein salbenartiges Öl,das von einer Säure coaguliert wurde.

Arten

I. Bienenwachs. Die gewöhnlichste Art dieses Wachses, auf welches das vorher Ausgeführte ausnahmslos zutrifft, stammt nicht aus dem Tier- sondern Pflanzenreich, wenn man sich die offensichtlich wahre Herkunft betrachtet. Die Bienen sammeln nämlich das rohe Wachs bzw. das verschiedenfarbige wachsartige Mehl, das ihnen selbst gleichsam als Brot dient, nicht nur von verschiedenen Blüten, sondern auch von den Blättern verschiedener Pflanzen. Davon wird im Magen ein feiner Teil verdaut, das Wachs selbst aber scheiden sie durch den After so verändert wieder aus, daß es bald darauf mit der erlangten höheren Dichtigkeit zum Wabenbau verwendet werden kann. Das meiste hiervon findet sich in Herrn von Reaumurs hervorragendem Werke: De Insectis (Tom.V S.281ff), und ebenso in dem vortrefflichen "Hamburgischen Magazin" (Vol.IX.P.1 p.49ff) (9).

II. Das Wachs des chinesischen Pe-La-Chu Baumes (10)
In den Blättern dieses Baumes, der etwas seltener in China vorkommt, nisten sich gewisse Würmer ein, bleiben einige Zeit in einer Art Hohlraum eingeschlossen und hinterlassen dann wachsartige Waben, die viel kleiner als die von Bienen sind. Dieses Wachs ist ganz hart und weiß, und wird zu einem viel höheren Preis als das Bienenwachs gehandelt. Die erwähnten Würmer sind übrigens manchmal an die Bäume eines bestimmten Gebietes gewöhnt und verlassen diese nicht leicht; bisweilen kehren sie allerdings auch nicht zu ihnen zurück. (a) Ich glaube daher mit Gewißheit, daß diese Würmer die wachsartige Materie allein von den Pe-la-chu- Blättern sammeln und von nirgendwo sonst, solange sie in den Blättern eingeschlossen sind. Diesem chinesischen Pe-la-chu, d.h. "Baum des weißen Wachses", kommen einige Bäume gleich, die sich verstreut in Amerika finden. Die Einwohner, sagt man (b), extrahieren das grünliche Wachs ohne weitere Hilfe von Bienen oder Insekten allein durch Kochen.(11)

III. Gummi Lacca (12). Diese feste Substanz wird zu Unrecht den gummiartigen Körpern und noch weniger richtig den wahren Harzen zugerechnet; sie ist vielmehr hermaphroditisch, dem Harze gleichartig, mit Teilhabe an der Natur des Wachses. Denn die ursprüngliche Lacca, die aus den Zweigen hervortritt, (13) löst sich in Wasser auch bei starker Digestion wenig (14), und von sehr reinem Weingeist wird sie gerade ein wenig, keineswegs vollständig gelöst (15). Die weingeistige trübe Lösung passiert nur sehr mühsam das Filter und ist auch danach keineswegs durchsichtig.

Diese harzig-wachsartige Substanz sammeln gewisse rote, geflügelte Ameisen in Bengalen, Siam, Madagaskar und anderen ostindischen Gegenden von Pflanzen herunter und leimen sie an die Zweige von Bäumen, wodurch sie kleine, längliche, zusammenhängende Zellen bilden, die zwar wegen ihrer Winzigkeit nicht den Ameisen selbst, aber doch ihren Eiern und Würmlein als Wohnstätten dienen. Anfänglich ist die Masse bleich, färbt sich aber schließlich und erscheint als zäher, roter Saft, wie ihn die hochroten Ameisenpuppen absondern, erst äußerlich, mit Hilfe der Sonnenwärme schließlich aber fast die ganze Masse. Die Lacca, die in bergigen Gegenden gesammelt wird, ist besser

---

(a)vgl. du Haldes ausführliche Beschreibung des Chinesischen Reichs und der grossen Tartarey. Tom.I SectI p.23§40

(b)vgl. Maquers Chymie P.II p.629

als jene aus ebenen oder maritimen Zonen, weil die geflügelten Bergameisen diese Materie von vorzüglicheren Blüten holen.

IV. Rosmarinwachs. Über diese Species findet sich bei Boerhaave folgendes (a) (16):" Einige Balsame, die durch die Sonnenhitze gezeitiget werden, entdecken sich unseren Augen häufig, obgleich in sehr kleinen Theilen auf den Blättern vieler Pflanzen, wie solches an der Roßmarin klärlich zu sehen. Eben dergleichen sehr kleine Kügelchen entdecket man an den Blumen männlichen Geschlechts, und zwar oben an den Oefnungen der Saamenbehältnisse, welche schwerlich durch Kunst gesammelt werden können. Gleichwohl habe ich gemerkt, als ich einsmals Roßmarin mit rectificirtem Spiritus cohobirte, daß ein unangenehmer Geschmack, und ein Geruch nach Wachs, diesen sonst angenehmen Spiritus ganz verdorben hatte. Als ich die Blätter durch ein Vergrößerungsglas betrachtete, so deuchte mir, einige Häufgen Wachs auf der Oberfläche anzumerken, und da ich die Roßmarin zwischen den Fingern riebe, so erfuhr ich sattsam, daß sich das Wachs an die Finger ansetzte" u.s.w. (17)

V. Die wachsartige Materie der Muskatnüsse. Man erhält sie am besten, wenn man das ausgepreßte Muskatnußöl (18) mit warmem Wasser mehrmals wäscht und den Rückstand danach mit sehr reinem Weingeist auszieht, so daß ein flüssiger, ölig-fettiger, gelber Teil völlig abgetrennt wird. Es bleibt nichts anderes zurück als eine rein weiße, zusammenhängende Masse, die wenig in Wasser oder Weingeist löslich ist und im äußeren Ansehen dem gewöhnlichen weißen Wachs sehr ähnlich. Eine davon nicht unterschiedene Substanz, wenngleich in geringerer Menge, bleibt auch vom Muskatöl (19) und vom gepreßten Lorbeeröl übrig, wenn man sie auf die nämliche Weise behandelt, und es besteht kein Zweifel, daß viele gepreßte ätherische Öle eine ähnliche Materie in sich verborgen tragen.

VI. Die wachsartige Materie der Früchte des Zimtbaumes. Mehr über diese Substanz, die nicht allein, sondern eingemischt in einer weit überwiegenden Menge minderen Fettes vorkommt findet sich alsbald in der 4. Klasse 3. Art. (20)

(a) In Elementa Chemiae Bd.II S.134

Anmerkungen

(1) 'purior' im Sinne von unvermischt, ohne Beimengung und Verunreinigung.

(2) 'perfectior' im Sinne von einheitlich, ohne andere Wachsarten.

(3) 'loco temperato', an einem gemäßigten Ort; wird bei Boerhaave mit Zimmertemperatur übersetzt.

(4) 'friabilitatem'; Georges kennt 'friabilis' bei Plinius als zerreiblich, nicht das Substantiv.

(5) Die Produkte der Destillation hält Cartheuser ausdrücklich nicht für Bestandteile des generischen Prinzips; vgl. beim Genus Sevum:" Laudata pinguedinum elementa non chemica.. probant". Dissertatio p.41/42

(6) Die Destillation referiert Cartheuser nach Boerhaaves Elementa Chemiae im 36. Prozeß (S.196-198 in der Ausgabe von 1791)

(7) "oleum tartari per deliquium". Nach W.Schneider (1962)S.82 "Lauge von Kaliumcarbonat (K_2CO_3), gewonnen durch Glühen von Weinstein und Selbstauflösung des Rückstandes an feuchter Luft. Entspricht dem heute noch gebräuchlichen"Liquor Kalii carbonici".

(8) "nec vera... solutio, sed.... dissolutio.." S.34

(9) Die Ansicht, daß das Wachs von den Bienen nur eingesammelt, von Pflanzen aber produziert würde, geht auf Aristoteles (Hist. Anim.) zurück; dennoch wurde Wachs zumeist unter den Materien des Tierreichs abgehandelt (so Lonicerus 1679 S. 639, Pomet 1713 Sp. 545-552). Diese Annahme war notwendig, um nicht einen nämlichen Stoff in Tier- und Pflanzenreich annehmen zu müssen (die Schwierigkeiten, die diese zweitere Annahme in der Pflanzenchemie hervorrief, werden deutlich bei der Diskussion um die "thierisch - vegetabilische Materie", den Eiweißstoff in Pflanzen, der erst im 19. Jh. mit dem Tiereiweiß gleichgesetzt wurde, obwohl er schon seit 1789 bekannt war.). Reaumur war der erste, der eine Veränderung der eingesammelten Materie im Bienenleib annahm. Vgl. hierzu Bodenheimer (1928) I, S.440. Cartheuser nimmt mit Reaumur an, daß die Grundsubstanz (Pollen)aber von den Pflanzen stamme.

(10) Auch hier ist die Zugehörigkeit des Wachses zum Pflanzenreich für den Titel verantwortlich. Der Text setzt sich nämlich mit dem "Chinesischen Wachs", Cera sinensis auseinander, das von der Schildlaus, Coccus ceriferus auf Ligustrum lucidum und Fraxinus sinensis gebildet wird (nach Hoppe, 1958 S.592)

(11) Cartheuser meint damit wohl das Wachs des amerikanischen Wachsbaumes Myrica cerifera, das um 1725 zuerst in Europa beschrieben wurde. Vgl. hierzu Büll (1958) bes. S.39-43. Es ist aber auch möglich, daß er an Carnaubawachs von Copernicia cerifera (Brasilien) denkt, da er eingangs Pisos Werk über Brasilien zitiert.

(12) Gummi Lacca, offiziell als "Lacca", ein Sekret der Lackschildlaus Coccus Lacca. Es besteht (Hoppe (1958) S.983) zu 75% aus Harz und zu 6% aus Wachs (neben anderen Teilen.)

(13) Diese Angabe läßt sich nur nach dem Wunsche erklären, kein Wachs des Tierreichs anzunehmen, da der Lack ja direkt aus der Laus austritt.

(14) Dies gegen die Annahme, es sei ein Gummi, der ja durch seine Löslichkeit im Wasser ausgezeichnet ist.

(15) Die Löslichkeit in Weingeist ist Kriterium für Harze.

(16) Das Wachs der Cuticula des Rosmarinblattes ist echtes Wachs

(17) Boerhaave (1791) S.196

(18) Das offizielle Oleum Nucistae (<u>nicht</u> Myristicae) enthält wachsartige höhere Ester, die sich auf die angegebene Weise erhalten lassen (nach Hoppe 1958)

(19) Oleum Macidis, hier die gepreßte Samenschale (Arillus) der Muskatnüsse, die (wie Oleum Lauri) wachsähnliche Stoffe enthalten.

(20) An dieser Stelle (S.48) beschreibt Cartheuser die Materie die er durch Auskochen der reifen Zimtfrüchte erhält, die er "massa ceraceo- sebacea" nennt. Er zitiert dazu Hermann Nikolaus Grimmins (Act.Med. et Philos. Haffn. 4.Bd S.228), der diesen Stoff einfach als Wachs beschreibt.

Anhang III

Die in der Württembergischen Landesbibliothek Stuttgart unter der Nummer Cod.med.et.phys. 2° 38 c zusammengefaßten Papiere umfassen neben der ausführlich bearbeiteten Rede (Manuskript MI) vier weitere Versionen (zum Teil stark gekürzt) zu diesem Thema lateinisch, wozu sich vier deutsche Vorarbeiten gesellen.

a) ein 10-seitiger Entwurf (versehen mit der Kennzeichnung MII), der den Begriff der vis vitalis häufiger enthält (vgl. Anm. 84 zum 4. Kapitel)
b) einen 2 1/2 - seitigen Entwurf ohne Kennzeichnung, an den sich unvermittelt eine deutsche Zusammenfassung anschließt (hier im Anhang Ziffer I)
c) ein etwa 2 - seitiger Entwurf (Kennzeichnung MII(1)), daneben ein Blatt deutscher Vorarbeit (hier unter Ziffer II)
d) ein 12 1/2 - seitiger Entwurf (mit Randanmerkungen von späterer Hand zum Vergleich der übersetzten Rede (MI), gekennzeichnet als MIII. Das letzte Blatt enthält auf der Rückseite eine deutsche Vorarbeit(hier unter ZifferIII)
e) ein loses Blatt, vor- und rückseitig deutsch beschrieben, (hier unter IV)

I. [erstes deutsches Arbeitspapier, übergangslos nach lateinischem Text, transkribiert in Kielmeyers Orthographie (1), schwer lesbar.]

Unterschiede in absicht auf Natur der Mischung
Die Natur der Mischung begreift in sich und legt sich dar
1. in der natur der elementarbestandtheile nach quale und quantum
2. in den Kraften d(ur)ch die die Mischung geschieht und erhalten wird. Die leztere sind beurtheilbar
   a) aus der art wie die Mischung geschieht.
   b) der art und Gesezen wie sie erscheint.
   c) der art wie sie aufhört
   d) ihrem Verhalten zu andern Eigenschaften
      zur Form. zur aggregation. erfordern der Mischung zur aggregation
   e) ihren Veränderungen in der Entwicklung

Unter den verschiedenen allgemeinen Attributen, welche bey Vergleichung Unterschiede liefern könnten, konnte als minder merckwürdig, wichtig und der Untersuchung werth erscheinen die Mischung der Körper beider Reiche. Aber sie behauptet sich in ihrer Wichtigkeit, wenn nur die Kraftaktionen der Mischung alle und nicht blos die Natur der Stoffe berücksichtigt wird. Denn die Natur der Mischung ostendirt sich außer der Natur der Stoffe vorzüglich in den Kräften durch die sie besteht. Diese aber werden erkannt.(2) aus der Art des Geschehens, den Veränderungen, Verhältnissen. Aus all diesen Gesichtspunkten muß also die Vergleichung angestellt werden, wenn bedeutende Unterschiede sich zeigen sollen.

Entwiklung dieser Mischung -
Vermehrung der Mischung von außen -
Verähnlichung zur Mischung von innen -
bestimmte Formen nach der Mischung -

Formung zugleich mit Mischung.
Theilbarkeit ins unendliche -
Form erlangen nach der Mischung -

II. [zweites deutsches Arbeitspapier, auf einer eigenen Seite, (teilweise) schwer lesbar.]
Vergleichung der organischen und unorganischen Körper in absicht auf die Mischung. Heraushebung der Unterschiede.

Die Natur der Mischung begreift in sich und legt sich dar:
1. in der Natur der Elementarbestandtheile nach Quale und quantum
2. in den Kräften durch die die Mischung geschickt, erhalten und verandert wird. Die leztern sind beurtheilbar und werden erkannt
   a) aus der art wie die Mischung geschieht, den Umständen, Bedingungen und erfolgen sofern daraus auf das antecedirende, die Ursache oder Kraft geschlossen werden kann.
   (antecedirende, succedirende, consistirende)
   1. ahnlichkeiten. Flüssigkeit des einen, geringere Kraft in jedem. Verähnlichung. entstehen bestimmter Formen
   2. Verschiedenheiten.
   b) aus der art wie die Mischung erscheint.den Gesezen die in der vollendenten den consistirenden Umständen beobachteten erscheinen (3)
   1. Geseze nach welcher sie besteht.
   c) aus den Umstanden unter denen sie sich verändert
   d) aus den Verhaltnissen der Mischung zu andern Eigenschaften.

[direkt darunter]

Die Natur der Mischung legt sich dar:
1. in der Natur der Elementarbestandtheile nach Q. und q.
2. in den Umständen unter denen die Mischung geschieht den vorhergehenden, nachfolgenden.
3. in den begleitenden Umständen, unter denen sie besteht, Geseze
4. in den Umständen unter denen sie sich verändert
5. aus den Verhältnissen der Mischung zu andern Eigenschaften

[direkt darunter]

die Natur der Mischung legt sich dar:
1. in der Natur der E.best.
2. in den Kräften durch die sie vereinigt werden. Die Kräfte werden erkannt
   a) aus den Umständen des geschehens, den Bedingungen und Erfolgen
   b) den Gesezen des bestehens begl. umstände
   c) den Umstanden des änderns
   e) den consistenzen der Mischung. Des Verh. zu andern Eigenschaften.

III. [dritter deutscher Text, auf der Rückseite des lateinischen Textes; teilweise schwer lesbar.]

Mischung heißt die Vereinigung ungleichartiger Stoffe zu einer gleichartigen Maße. Verschiedenheit in der Mischung kann stattfinden und sie läßt eine Betrachtung zu theils in Absicht auf die Natur der Stoffe theils in absicht auf die Krafte durch die sie vereinigt werden. Die Krafte durch die die Vereinigung geschieht können beurtheilt werden aus den Umstanden unter welchen die Vereinigung geschieht, nach welchem sie besteht, und unter welchen sie aufhört, und den Umstanden im Verhältniß der verschiedenen Mischung - innere Umstände (4).

1. Umstande unter denen bey jeder Mischung die Mischung geschieht
   a) vorhergehende Flüßigkeit. Geringheit der widerstehenden Kräfte
   b) aufgegebene Verähnlichung
   c) nachfolgendes Erlangen bestimmter Form und aggregation Zugleicherlangen gleichartiger Verschiedenheiten
      a) mitgegebenen
      b) nachfolgenden
2. Umstände unter denen die Mischung besteht.
   1. bestehen der Affinitätsregeln
   2. bestehen verschiedenartiger zusammengesezter Bestandtheile nebeneinander
   3. Verschiedenheit in diesen zusammengesezten Bestandtheilen.
3. Umstände des veränderns und aufhörens
   a) innere Umstande. Faulniß gährung.
4. Umstande der verschiedenen Mischungen
   a) Form der verschiedenen Gemische
   b) aggregation derselben

   Beurtheilung der Krafte aus den bey jeder Mischung gegebenen Umstanden und den bey verschiedenen Mischungen gegebenen.

IV. [Vorderseite] [loses Blatt, teilweise schwer lesbar.]

Unterschiede der organischen und unorganischen Körper.

1. Zusammensezung aus Theilen, die auf das Urtheil von Zwekmäßigkeit führt. (5)
2. Nicht wachsthum durch aggregation. Erforderniß von intussusception von analogisirung der fremden Materie
3. Regelmaßige Formen und Begrenzung durch krumme Linien und Flächen.
4. Entwicklung und Entwicklung [!] einer reihe bestimmter verschiedener Formen aus innerer Kraft.
5. Hervorbringung ähnlicher weesen aus innerer Kraft. Begriff von Gattung
6. Integrität und Individualität untheilbarkeit (6)

Aehnlichkeiten und Verschiedenheiten zwischen der chemischen und organischen Bewegung

Ähnlichkeiten:

1. Bedingung von Flüßigkeit zur entstehung chemischer und organischer produkte und Bewegungen.

2. Erfolge. Homogenisiren und heterogenisiren durch chemische Bewegung und organismus
3. Identität in den Bedingungen der chemischen, mechanischen und organischen assimilationsbewegung.

Verschiedenheiten
1. neutralisiren beym homogeneisiren durch chemische Bewegung. blos homogeneisiren durch Organismus. Ubergänge
2. Punkt der Saturation bey chemischer Bewegung. In saturabilität des Organismus im Individuum, wie in der Gattungsreihe. materiale Individualität geistiger Egoismus. Maximum in der Entwicklung beym individuum bey'r Gattung. Analogie der chemischen Bewegungen.
3. rigidität begrenzung durch ebene Flächen bey den produkten durch chemische Bewegung. participation von Flüssigkeit, abstammung aus Zoopten (7)form, nichterklärbarkeit aus dieser allein.
4. art der chemischen composition
5. verhältniß der chemischen composition zur Form
6. Zersezbarkeit des organismus in Leben und gewaltsame Kräfte. unzersezbarkeit in den zootischen Umständen. widerstreben gegen affinität. (Streben zum heterogeneisiren und homogenisiren)

[Rückseite]

Unterschiede

I. In Mixtion
1. Combustibilität und Leichtigkeit der Stoffe, ursprünglich aus dem organischen Reich
2. zugleich Vorhandensein mehrerer combustibler Stoffe
3. Verbundenseyn gegen die affinitätsgeseze.
4. identität der Stoffe bei Manichfaltigkeit der Formen
5. Verbindung der Stoffe in zusammengesezteren, die ebenfalls Produkte zu seyn scheinen.
6. in der Gährungs und Faulungsfähigkeit
Kräfte durch die die Zusammensetzung bewirkt wird
Neutralität. Saturationspunkt

II. In aggregation
1. aggregation gegen die Geseze der Schwere, adhäsion, cohäsion, unles. weiche elastizität.
2. aggregation und vermengung fester und flüssiger Theile und produkte beider
3. Natur der elemente. darausgebildete Theile. unleserl. unter sich ahnlich. organische Zusammensezung
4. die äußerliche Verhältnißweise. quantität der zusammensezbaren und bleibenden Form
5. Beziehung der Theile untereinander.
6. Individualität

III. Form. conformation. Zentru
a.

[endet so]

Kommentar: Die vier deutschen Vorarbeiten zur lateinischen Rede lassen eine Reihenfolge der Zusammenstellung verfolgen:

Das Inhaltsverzeichnis I entspricht dem von mir im Text gegebenen [das ich vor der Transkription von I aus der Rede extrahiert habe] mit Ausnahme des Punktes 2e, den Kielmeyer in der Rede fortließ, da er zu sehr von entwicklungsphysiologischem Inhalt war und zum anorganischen Bereich gar keinen Bezugspunkt mehr besaß.

Der zusammenhängende Text von I entspricht den lateinischen Sätzen in der Rede (S. 96f). Die sechs Gliederungspunkte am Schluß von I stellen eine Auffächerung des 5. Punktes der Rede (≙2d von I) dar.

Der deutsche Text II stellt eine dreifache, teilweise identische Wiederholung der ersten Gliederung von I dar, aber immer unter Auslassung von 2e , dafür aber mit bisweilen ausführlichen Untergliederungen; lediglich in der zweiten Aufzählung sind die Punkte 2a und 2b von I als einer zusammengenommen. Die deutsche Vorarbeit II scheint also erst nach I entstanden zu sein.

Text III definiert die Mischung sehr ausführlich, da sie zentraler Bezugspunkt der ganzen Rede ist. Merkwürdigerweise nimmt sie Kielmeyer nicht in den lateinischen Text auf, sondern setzt sie offensichtlich voraus. Für ihn selbst liefert diese Definition Material zur genauen Erläuterung der Punkte 2-5 der Rede (≙2a-2d von I und II). Text III scheint also nach II entstanden zu sein.

Soweit zu einer erkennbaren Reihenfolge.

Der deutsche Text IV fällt gänzlich aus der der Rede zugrundeliegenden Gliederung. Während bei dieser zentraler Bezugspunkt die Mischung in Zusammensetzung, Entstehung, Bestehen u.s.f. ist, untersucht hier Kielmeyer unmittelbar Unterschiede und Ähnlichkeiten organischer und anorganischer Körper, und zwar nicht zuerst nach der Mischung, sondern nach verschiedenen physiologischen Gesichtspunkten, wozu chemische und organische Bewegung, aber auch Teleologie zählen.

Es ist daher denkbar, daß dieses Blatt Arbeitshilfe bei der Untergliederung der Punkte der Rede war, zumal viele (nicht alle!) der Argumente von IV im lateinischen Text erscheinen; dagegen spricht die detaillierte Gliederung von IV, die für eine Materialsammlung überflüssig wäre und auch nirgends als solche in Untergliederungen der Rede nachzuvollziehen ist. Daneben wäre es merkwürdig, daß der Titel der Rede als Unterpunkt der Gliederung IV angedeutet wird - in einer Materialsammlung zu ihr! Es ist daher wahrscheinlicher, daß das Blatt IV Gliederung oder Materialsammlung zu einer anderen Arbeit, vielleicht sogar zu einer anderen Antrittsrede gewesen ist, bei deren Titel lediglich der Bezug "quoad mixtionem" fehlte; dieser Rede hätte dann freilich auch der Bezug zu Kielmeyers Chemie- Professur gefehlt.

Ein Hinweis auf den fehlenden unmittelbaren Bezug zur Rede liefert auch die Tatsache, daß dieser Text IV als Programm der Vorlesung "Allgemeine Zoologie oder Physik der organischen Körper" (1807) aufgefaßt werden kann. Das Inhaltsverzeichnis der Vorlesung enthält ausnahmslos alle Gesichtspunkte des Blattes IV. Die "Allgemeine Zoologie" ist aber in der Tat eine Physiologische Vorlesung, die die Chemie nur am Rande streift, also von der Intention der Antrittsrede abweicht.

Anmerkungen:

(1) Die Ergänzungen der vielen Abkürzungen wurden in moderner Orthographie vorgenommen

(2) Schon dieser thematische Abriß deutet an, daß zu Definition der "Mischung" nicht nur deren Bestandteile gehören, sondern auch der Prozeß, in welchem sie entstand, somit alle beteiligten Kräfte

(3) diese am Platzmangel (Rand) etwas konfuse Zusammenstellung Kielmeyers bedeutet:... den Gesetzen, die sich empirisch in der fertigen, consistierenden (also dauerhaften) Mischung hinsichtlich äußerer Einflüße zeigen.

(4) Diese Definition entspricht der im Text Anm. 44 angegebenen: Mischung im doppelten Sinne als Zusammensetzung unter dem statischen Aspekt der zugrundeliegenden Stoffe (Zusammengesetztheit) und unter dem dynamischen Aspekt der sie hervorrufenden Kräfte. Der Kenntnis der Mischung nähert man sich daher der Untersuchung der Elementarzusammensetzung, des Vorgangs der Vereinigung, des Bestandes und dem Vorgang des Aufhörens. Die letzteren drei Aspekte sind physiologisch und organisch- chemisch, wobei(nach der Rede) den konstituierenden Bestandteilen die zentrale Rolle zufällt.

(5) Interessanterweise ist die Teleologie in der Rede nur negativ angeführt:"..neve illi [discrimini formae; vgl. 4. Kapitel] superstruatur teleologica contemplatio vel essentialis organismi character" S.29 (14) der Rede. Auch diese Tatsache deutet darauf hin, daß Blatt IV nicht direkt zur Antrittsrede gehört. In der "Allgemeinen Zoologie" ist die Teleologie im Sinne Kants regulativ etabliert.

(6) dagegen in I vorletzte Zeile :" Theilbarkeit ins unendliche", <u>nicht</u> aber als Charakteristikum für Anorganisches! Sondern "tandem addi posset, mixtum quodvis aeque ac mere chemicum in infinitum divisibile esse homogeneas partes, anorganicas hic, organicas illic" [!]. Rede S.8(4). Während Kielmeyer in der Rede und Blatt I die infinite Teilbarkeit der anorganischen Materie und der organischen näheren Bestandteile hervorhebt, drückt er hier in IV die Unteilbarkeit des Organismus aus. - Die Vorlesung "Allgemeine Zoologie" hat auch im Gegensatz zur Rede einen eindeutigen "Körper"begriff (im Sinne des Organismus).

(7) Mit dem deutlich als"Zooptenform" lesbaren Begriff ließ sich kein Sinn verbinden. Es ist aber anzunehmen, daß Kielmeyer damit, wie in der Rede ausgeführt, die nicht - ebenen Grenzflächen des Organismus gemeint hat, die als Form ihren Ursprung (aristotelisch) in der Form der Eltern-Lebewesen haben.

Anhang IV

Edition des 6. Unterabschnittes von C.F. Kielmeyers Chemievorlesung:

Die Chemie der zusammengesetzten Materien

Vorbericht:

Die Württembergische Landesbibliothek Stuttgart (WBL) besitzt eine umfangreiche Sammlung von Mitschriften der Vorlesungen von C.F. Kielmeyer über alle von ihm behandelten Themen.[1] Die Chemievorlesung ist dabei zweimal erhalten. Das erste Manuskript (A) ist vollständig [2], zumeist nicht ausformuliert und schwer lesbar. Es ist, wie aus Zusätzen und Marginalien hervorgeht, sehr wahrscheinlich Kielmeyers eigenes Konzept, nach welchem er die Vorlesung vortrug; dafür spricht auch die Handschrift, wenngleich ein direkter Hinweis (Namenszeichnung) fehlt. Als einzige Datierung trägt (A) am Beginn: 4. Novbr. 1802. Das zweite Manuskript (B) enthält nur die 6. Unterabteilung der Vorlesung.[3] Es ist erheblich ausführlicher und besser lesbar als (A), trägt aber keine Datierung. Aus der nahezu vollkommenen Gleichheit der beiden Inhaltsverzeichnisse von (A) und (B)[4] und aus einzelnen, kleinen Hinweisen (besonders im von K. gegebenen Literaturverzeichnis [5]) läßt sich die Kongruenz der beiden Manuskripte schließen. (B) ist ebenfalls nicht namentlich gekennzeichnet. Vom Schriftvergleich mit Briefen und anderen, gezeichneten Vorlesungsmitschriften läßt sich aber als Autor Kielmeyers Schüler Georg Jäger [6] annehmen.

Die zusammengefaßte Einleitung (im Text S.121-3) wurde nach (A) wiedergegeben. Die für unseren Zweck transkribierten Teile folgen der Mitschrift (B); animalische Substanzen wurden dabei (wie aus dem Kommentar ersichtlich) emittiert. Kielmeyers Orthographie wurde beibehalten; lediglich viele der sehr häufigen Abkürzungen wurden modern ergänzt.[7] Die Fußnoten wurden in ( ) gesetzt. Kielmeyers Symbole für chemische Verbindungen, die in der Vorlesung erscheinen, können leicht anhand der beigegebenen Karte entschlüsselt werden.[8]

Wie aus dem Vorlesungsverzeichnis der Universität Tübingen [9] hervorgeht, nahm Kielmeyer seine Chemievorlesungen im WS 1796/97 auf:

" D.C.F. Kielmeyer chemiam et zoologiae generalioris partem priorem offert."

In der Folgezeit las er vornehmlich über die spezielle Chemie:

" D.C.F. Kielmeyer specialorem materierum ponderabilium offert",

D.H. er behandelt die empirischen Kenntnisse über chemische Verbindungen.

Seit dem WS 1802/3 trennt er aber (vgl. Text S. 118 in allgemeine und spezielle Chemie, die er bisweilen an aufeinanderfolgenden Semestern, bisweilen im gleichen Semester in verschiedenen Vorlesungen vorträgt.[10] Zum letzten Mal erscheint er im Vorlesungsverzeichnis für das SS 1817:

" D.C.F. de Kielmeyer praelectiones in specialem mat. ponderabilium chemiam experimentis illustrandam [!] et in botanicem specialem demonstrationibus stirpium horti iunctam proxime curatius indicabit."

Seine Fächer wurden nach seinem Weggang auf seine beiden Schüler Christian Gottlob (Chemie) und Ferdinand Gmelin (Physiologie) aufgeteilt.

Anmerkungen:

[1] Gesammelt unter den Ziffern Cod.med. et phys. 4° 69 (Vorlesungen), Cod.med.et phys. 2° 38 (wissensch. Papiere) Cod.hist. 2° 791 Fasz. I-VII (Briefe von und an Kielmeyer); schließlich solitär das Werk bei Anm. 3.

[2] Cod.med.et phys. 4° 69 i-q (8 Bde); der 6. Unterabschnitt nimmt dabei im Volum Fol.107-238 ein.

[3] HB XI 53e Fol.218-358.

[4] Cod.med.et phys. 4° 69 q [fälsch.:"u" im Verzeichnis] Fol.397-400, sowie HB XI 53e Fol.219-222.

[5] das in beiden Fällen bis zu Fourcroys "Systéme" reicht (1802).

[6] Georg F. Jäger (1785-1858), bedeutender württembergischer Arzt (geadelt), studierte 1803-1808 bei Kielmeyer und promovierte dann mit einer Arbeit: De effectibus arsenici in varios organismos, wonach er einige Zeit bei Cuvier weiterarbeitete.

[7] Es handelt sich dabei zumeist um Abkürzungen von bestimmten Artikeln, von Präpositionen und von häufig wiederkehrenden Wörtern wie org. für organisch, Kpr. für Körper, Mat. für Materie.

[8] Der Schlüssel wurde erstellt anhand Schneider (1962) und Lüdy (1928) und wurde anhand der von Kielmeyer angeführten Reaktionen überprüft.

[9] Einzusehen (als Fotokopie) unter der Signatur Ha100 im Universitätsarchiv Tübingen.

[10] nacheinander etwa WS 1804/5 und SS 1805, nebeneinander etwa WS 1802/3, WS 1806/7, WS 1810/11.

Inhaltsverzeichnis nach Manuskript B

Innhalt 6. Unterabschnitt

Von den zusammengesezten Materien, ihren chemischen Verhältnissen als ganzen und ihrer Zusammensezung nach.

Einleitung

Die Materien, die aus mehr als 2 gewichtigen (1) heterogenen Grundtheilen zusammengesezt sind, und die als homogene Ganze chemische Verhältnisse zeigen, sind: 1. Theile von der Art, daß sie durch die Kunst zusammengesezt sind, und werden können, und durch Verbindung der obigen gewichtigen Materien entstehen, namentlich: die verschiedenen ⊜ und 🜍, ⊕ u.s.f. Fol 223

2. Theils sind sie von der Art, daß sie sich in der Natur zusammengesezt vorfinden, ohne daß die Kunst sie bis izt zusammengesezt hätte, namentlich gehören dahin alle zusammengesezten Materien, die sich im Mineralreich vorfinden, sofern sie homogen und nicht blos gemengt sind, zB: Flußspath, der homogen, wie Granit, der gemengt. Diese Materien könnten als Theile unserer Erde erwähnt werden, wie Blut als Theil unseres Körpers. Vermuthlich findet auch eine gleiche Vertheilung dieser Materien auf unserer Erde statt.

3. Theils sind die zusammengesezten Materien von der Art, daß sie sich zwar auch in der Natur zusammengesezt vorfinden, und durch die Kunst nicht zusammengesezt vorfinden, aber daß sie vorzüglich blos in den Organisationen zusammengesezt würden, und daß wären die zusammengesezten organischen Materien: Blut, Urin, u.s.f. Die Betrachtung aller dieser zusammengesezten Materien wäre nun noch zu betrachten übrig, allein die erste Parthie fällt sogleich weg, sofern die durch Kunst zusammengesezten Materien, zB: ⊜, 🜍, ⊕ u.s.w. sowohl ihrer Zusammensezung als ihrer chemischen Verhältnisse nach als Ganzes vorhin Betrachtung erhielten.

Was die zweite Parthie betrifft, die zusammengesezten homogenen Materien des Mineralreichs, so werden diese ihrer Zusammensezung nach gelegenheitlich in der Mineralogie betrachtet. Für den Chemiker haben sie blos das Interesse, daß sie als Erinnerer an die Defecte der Chemie dastehen, durch Kunst solche Verbindungen zu versuchen, wie sie die Natur ausführte. Fol 224
Einige sind von der Art, daß wenn schon die Kunst sie nicht darstellte, man sie doch darstellen könne. Es blieben also nur zu betrachten übrig, die zusammengesezten Materien, die im Organismus und in einzelnen Gattungen von Organisationen gebildet werden. Die Betrachtung aber auf dieser Klaße wird insofern eingeschränkt, weil manche dieser Materien als Ganze beinahe keine chemischen Verhältnisse zeigen, nachdem oben in der allgemeinen Chemie bewehrten Gesez. Je zusammengesezter die Materien sind, desto eingeschränkter ihre Affinitäten Zahl. Von solchen Materien kann blos noch ihre Zusammensezung betrachtet werden. Die Betrachtung wird aber noch eingeschränkter, als bei andern von diesen im organischen Körper zusammnegesezten Materien, da die Composition bereits oben erwähnt wurde, und nur noch ihre Verhältnisse als Ganze zu erwähnen sind, zB: die Oehle. In so fern wird die Betrachtung der Materien dieses Unterabschnitts sehr eingeschränkt; aber auch, weil die ganze Lehre von den chemischen Verhältnissen und der Zusammensezung der in den organischen Körpern produzirten Materien noch äußerst unvollkommen ist, und seyn muß, weil sie zum Theil durch Kräfte (2) hervorgebracht werden, und unter Umständen, die ausser dem thierischen Körper sich nicht vorstellen, oder sich nicht konzentrieren lassen. Einigermassen ist zwar in der Chemie dieser zusammengesezten Materien vorzüglich durch die

französische Chemiker von dem lezten 5tel des vorigen Jahrhunderts an einiges Licht gebracht worden, so fern sie bey der Analyse der organischen Körper auf die Affinitäten bei verschied(ener) Temperatur Rücksicht nahmen; aber die Dunkelheit wird im Ganzen so lange bestehen, so lange man die Regel nicht beobachtet, daß man bei der Untersuchung der zusammengesezten Materien nicht nur auf die gewichtigen Bestandtheile, sondern auch auf das dieselbe ordnende und formende Rüksicht nimmt, und folglich auf die mit allen ihren Kräfften beigemischte ihren Gesezen nach zum Theil ununtersuchte gewichtige Materien. Fol 225

Die allgemeine Natur dieser vorzüglich (3) in den organischen Körpern componirten Materien ist, daß sie durch Wärme Anwendung an sie wegen ihrer Fixität und verschiedenen Fähigkeit, Luft und Dampf Gestalt anzunehmen, in die obigen einfache kombustible Materien zerlegt werden können, Ⓒ, [Symbol], △, [Symbol], [Symbol] und daneben im 🜂 mit Zurüklassung von etwas fixen 🜔en, etwas 🜂 und ein paar Metall♆en. Diese so im allgemeinen charakterisierte zusammengesezte Materien sind aber wieder vorzüglich in Absicht auf den Grad ihrer Combustibilität und anderen Eigenschaften verschieden und lassen sich unter folgende 4 Hauptclassen bringen (4). 1.) Einige sind vorzugsweise brennbar und dem Ganzen ihrer Masse nach mit dem 🜄 nicht, oder nur in unbedeutendem Grad mischbar. Unter diese gehören die Oehle, der Kampfer, Amber, Bernstein, Federharz, Holz u.s.w., ferner auch der fasrigte Theil in Pflanzen und thierischen Theilen das Holz der Pflanzen, der Faserstoff der Thiere. 2.) Andere der zusammengesezten Materien sind ebenfalls brennbar, aber dem Ganzen ihrer Masse nach mit dem 🜄 mischbar, und dabei mehr oder minder schmakhaft. Dahin gehört Zuker, Pflanzenschleim (oder Gummi), Branntwein, Extraktierstoff, und als annähernd zur ersten Klasse Farbestoff und Aiweisstoff. 3.) Eine dritte Klasse von Materien sind brennbar, jedoch in etwas minderem Grad, und dabei durch auffallend sauren Geschmak und Auflöslichkeit in 🜄 ausgezogen. Dahinter gehören alle sogenannte zusammengesezte thierische Pflanzensäuren und eine und die andere, die man auch im Mineralreich fand, und höchstwahrscheinlich ihren Ursprung aus dem organischen Reich nahm. Die Zahl dieser Säuren ist schon sehr gros, scheint aber noch bis ins ungemessene vermehrt werden zu können.

4.) Solche zusammengesezte Materien, die zwar unter gewißen Umständen eine homogene Masse darstellen, aber als Ganze beinahe keine chemischen Verhältnisse mehr zeigen, zumal Verbindungen, und ebensowenig als Ganze aus ihren Verbindungen abgetrennt werden können, die überdieß aus mehreren der vorigen 3 Klassen von zusammengesezten Materien zusammengesezt sind, und wobei nahe einzig die Betrachtung ihrer Zusammensezung und ihr Trennungsart in ihre Bestandtheile für die Chemie übrig bleibt. Unter diese gehören alle die zusammengesezte Säffte, die im Thier und Pflanzenkörper während ihres Lebens bereitet werden, auch alle die feste Theile, die als verschiedenartig im Thier und Pflanzenkörper erkannt werden, namentlich das Blut der Urin, die Milch, Aier, der Magensaft, die Haare, Knochen und dgl. Mit Betrachtung dieser Materien hört die Chemie auf, sofern diese Materien als Ganze keine weitere Affinitäten zeigen, sondern nur die Anziehung auf unmerkliche Entfernungen überspringen, in solche auf größere Entfernungen, Schwere. Fol 226

Erste Abtheilung

Von den brennbaren im ▽ unauflöslichen zusammengesezten Materien.

I. Unter diesen sind die einfachste und zuerst die zu betrachtende die Oele. Mit dem Namen der Oele nun werden im Allgemeinen solche zusammengesezte Materien belegt, die mit den Fingern etwas fettig anzufühlen sind und dabei an der Haut adhäriren, die von Consistenz mehr oder minder zäh sind, im ▽ nicht, oder höchst wenig auflöslich sind, und die in der △ unter gewißen Umständen und bei einem gewißen mitgetheilten Temperatur Grad mit entschiedener Flamme brennen.
Diese Oele unterscheidet man vorzüglich in 2 Klassen:
a) in sogenannte fette Oele, olea unguinosa
b) und in ätherische Oele, olea ätherea, die man auch bisweilen olea eßentialia nennt. Beide Klassen von Oelen sind vorzüglich ihrem Verhalten nach gegen den Geruch verschieden; die erstern entbehren meistens auffallenden Geruch, die zweiten sind meist mit sehr durchdringendem Geruch versehen. Die übrigen unterscheidenden Charaktere werden bei jeder einzelnen Klasse näher betrachtet werden. Fol 227

A . Von den fetten Oelen

Ueber die Litteratur kann bemerkt werden: Brandis de oleorum unguinorum natura, eine Göttinger Preisschrift und Arnemanns ähnlich betitelte Schrift; beide 1785

A. Charakteristik der fetten Oele

Die fetten Oele sind ebenso unauflöslich im 🜄 , als sie es im ▽ sind, und durch diese Unauflöslichkeit im 🜄 und noch größer im ▽ von den ätherischen Oelen verschieden. Das Oleum Reicini macht hievon eine Ausnahme, das sich im 🜄 auflöst (5), und so gleichsam einen Übergang von den fetten zu den ätherischen Oelen macht. Sie sind noch unterschieden durch ihre Geruchlosigkeit, wenn sie rein sind, oder wenigstens durch ihren blos stumpfen Geruch, und durch ihre Geschmacklosigkeit, da die ätherischen Oele nicht nur, wie schon bemerkt, durch durchdringenden Geruch, sondern auch gewöhnlich durch scharfen Geschmack ausgezeichnet sind. Wenn den fetten Oelen ein Geschmack zukommt so ist er gewöhnlich mild, süß, der aber meistens auch, wenn er sehr auffallend ist, wie beym frischen Baumöhl, seinen Grund in einem von Natur beigemischten Zuker oder Schleim hat, wie Scheeles Untersuchung zeigte (6). Endlich sind die fette Oele charakterisiert, daß sie im Feuer fix sind, und als Oele keiner Verdampfung durch Wärme qua Oele, und der Destillation fähig sind, und daher auch ausschließlich olea destillata genannt werden.

B. Chemische Verhältnisse der fetten Oele

Die fetten Oele verbinden sich leicht mit den flüchtigen, besonders fixen ⊕ , und es entstehen daraus die sogenannten alkalischen Seifen. Eben so verbinden sie sich mit vielen Säuren zu sogenannten sauren Seifen. Beiderlei Arten von Seifen können wieder zerlegt werden, erstere durch Säuren, letztere durch ⊖. Die Oele verbinden sich auch mit brennbaren Körpern, und unter diesen besonders dem 🜍 bei Kochung der Oele und Schmelzung des 🜍 . (7)
Aus der Verbindung resultieren die 🜍 -Balsame, die mehr oder minder konsistentiös, oft ganz fest sind, nach dem Quantum der Oele und des 🜍 , und die durch Brennbarkeit und braune Farbe ausgezeichnet sind. Mit den übrigen Klassen von Materien, Fol 228

namentlich den Metallen, so wie auch den übrigen brennbaren Körpern findet meistens nur dann eine Verbindung statt, wenn die übrigen Körper selbst eine Veränderung durch 🜁 erlitten haben, oder unreiner sind. Nur mit einer der andern 🜃 scheint nach Weise der ⊕ eine Verbindung stattzufinden.

<u>Das Verhalten der Oele gegen 🜁</u> ist das bemerkenswerteste unter allen: wenn man die 🜁 auf eine irgendeine Weise mit den Oelen zusammenbringt aus der 🜁, oder einem anderen Körper, so erfolgt eine Absorption und Verdikung der Oele, und man kann aus so verdikten Oelen, wenn man sie einer Destillationswärme unterwirft, nachher 🜁 abbrennen zum Zeichen, daß sich die 🜁 vorzugsweiß mit der 🜂 der Oele in Verbindung gesezt hat. Dieß ist vorzüglich der Fall beym Wallrath (Spermaceti), beym gemeinen Talk und beym Wachs und erscheint daher, da die Oele durch den Beitritt der 🜁 verdikt werden, daß überhaupt die Verschiedenheiten in der Consistenz der Oele herrühren von der in mehr oder minderem Maas beigemischten 🜁. Durch diese Verdikung und den Beitritt der 🜁 erlangen die fetten Oele einige, doch geringe Auflöslichkeit im 🜄, und damit Annäherung ihrer Natur an die der ätherischen Oele, daher denn auch der Wallrath und das Wachs vorzüglichals die verdikten Oele im 🜄 wirklich merklich auflöslich sind.

Überläßt man die fetten Oele, so wie sie gewöhnlich aus den Pflanzen erhalten werden, vorzüglich die, welche sich durch süßen Geschmack und Gehalt an Pflanzenschleim auszeichnen in einer mäßigen Temperatur, wie des Sommers, der der Einwirkung der 🜁 oder 🜁, so entwickelt sich allmählig eine Säure in ihnen, und sie werden ranzigt, und wirken auf den thierischen Körper nimmer als mild besänftigende Oele, als Sedantia. Sie erlangen mit diesem Ranzigtwerden ebenfalls einige Auflöslichkeit im 🜄, und zeigen nun Verbindbarkeit, mit denen sie sich vorher nicht verbanden, vorzüglich würken sie auf Metalle, namentlich ♀, und bilden bald einen Grünspan. Dieses Ranzigtwerden der Oele scheint seinen Grund zu haben theils in einer Beimischung der 🜁 an die Oele, namentlich an den in ihnen enthaltenen Pflanzenschleim und einen Übergang desselben in den Säure Zustand, theils in einer Gährung des Pflanzenschleims und der mäßigen Temperatur, die das Oel genießt und in einer dadurch erfolgenden Säurebildung. Wenn man die fetten Oele mit 🜁 -haltigen Körpern, namentlich Metall¥, ♄¥ zusammenbringt und Kochhize anwendet, so erfolgt ebenfalls Verdikung der Oele, wie es scheint, durch Entziehung eines Theils der 🜁 aus den Metall¥en, und die so verdikten Oele sezen sich dann mit dem Rest der Metall¥e in mehr oder minder consistenziöse chemische Verbindungen, die unter dem Namen der ♄ Pflaster emplastra saturnina bekannt sind, Dabei erfolgt Verkalkung des Oels in Verähnlicherung mit dem Metall¥ und im Verkalkung abziehen des Metallkalks. Bringt man die Oele mit solchen Säuren zusammen, die ihre 🜁 loose gebunden haben, und sie leicht von sich geben (8), so erfolgt neben der Verdikung der Oele, zumalen wenn das Gemisch nachher einer Destillations Wärme unterworfen wird, die Entstehung einer eigenen Säure, die, wenn das kalte Oel vorher schon ein dikes war, ein Schmalz, vorzüglich leicht sich entwickelt, und mehrere Charaktere mit der Fettsäure (9) gemein hat.

Wenn man die fette Oele unter Vermittlung eines Dochtes, wie in der Argandschen Lampe, mit 🜁 zusammenbringt, und überdiß den zur Entzündung des Dochtes nöthigen Temperatur Grad anbringt,

Fol 22

so verbrennen die Oele, und werden konfirmiert, und wenn man die bei diesem Verbrennen erscheinenden Producte in einem Recipientum auffangt, so zeigen sie sich als ▽ und 🜁 . Ist das Oel ein dikeres gewesen, wie Schmalz, so erscheint die 🜁̇ etwas mehr, als bei den flüssigen. Die ganze Masse des Oehls in diesem Versuch unter Beimischung der 🜁 über in ▽ und 🜁̇ .

Wenn man die fetten Oele in destillir Gefässen, namentlich eisernen Retorten, in heftigem Feuer behandelt, so werden sie nicht qua Oele verdampft, sondern gehen größtentheils in 🜁 Gestalt über, und zwar in eine schwere ⧖ , in gas hydrogene carbonise und zurückbleibt im Destillir Gefäß etwas ⍋ . Die ⍋ , in die sie übergehen, ist permanent, und nimmt die Oelgestalt nimmer an. Fol 230

C. <u>Zusammensezung der Oele</u>

Diesen bisherigen Verhältnissen nach der fetten Oele gegen 🜁 und Wärme bestehen sie ihrer Composition nach aus leichter ⧖ und ⍋ . Zu diesen Bestandtheilen gesellt sich aber dann bei den fetten meisten Oelen, zumal den frisch aus den Pflanzen Bereitden, etwas Schleim oder Zuker, und dieser gibt sich zu erkennen; zumal der Schleim, erstlich durch Deposition aus den Oelen und noch auffallender, durch Umwandlung in Zukersäure, wenn solche Oele mit + ⊖ destillirt werden, diese im allgemeinen geschilderte fette Oele sind aber verschiedene.

α.) in Rüksicht auf ihre Consistenz und Verbindung mit Luft. Einige derselben sind Liquid, und entbehren der 🜁 nicht, andere dagegen fest und dik, und mehr mit ▽ versehen; unter leztere gehört Wallrat, die Axungien [Schmalze] , die Cacaobutter, Talg und Wachs. Diese leztere zeigen, wennwohl geringe Auflöslichkeit im ▽ .

β.) Sie sind aber auch verschieden in Rüksicht auf ihre Verbindbarkeit mit 🜁 . Einige sind nemlich, wie man sie nennt troknende, andere dagegen an der 🜁 flüssig bleibende. Unter ersteren gehören das Nuß und Leinoel, sie haben die Eigenschaft, daß sie bald fest und Konsistent werden, sie taugen daher baß zu Firnissen und Oelfarben. Andere bleiben an der 🜁 flüssig, namentlich Baum- Rabs und Mandeloel.

γ.) Sind sie verschieden in Rüksicht auf ihre nähere Zusammensezung, ob sie mehr Schleim oder Zuker, als Nebenbestandtheil haben, mehr oder weniger 🜁 , vielleicht auch einige andere Bestandtheile. Die Verschiedenheit sind aber unbestimmt, und hängen vorzüglich von der Bereitungsart ab.

δ.) Endlich sind die fetten Oele verschieden nach der Quelle; ob sie von dieser oder jener Pflanze oder Thieren kommen. Fol 231

D. <u>Die Quellen der fetten Oele in der Natur</u>

Die Oele finden sich großentheils in der Natur gebildet in Thieren und Pflanzen, gewißermaßen auch im Mineralreich. Die fetten Oele, die sich in den Saamen, und zwar erscheinen sie nach grundigter vegetation Pflanzen und erlangter Vollbildung der Saamen, und sie erscheinen also vorzüglich in der Periode, wo die Entwicklung aus der Pflanze sich vollendet hat. Besonders erscheinen sie in den Saamen der Dicotyledonen, oder constituiren einen großen Theil der Masse der Cotyledonen, oder auch der umgebenden Albumen selbst. Sie haben also auch einen ähnlichen Saz bei den Pflanzen, wie bey den Thieren, wo sie vorzüglich im Aidotter erscheinen. Die Pflanzen, die am häufigsten in den Saamen ein fettes Oel liefern, sind die onueiatae cruciferae, die pomaceae, die ein saures pericarpium haben. Bei den Thieren (10) finden sich die fetten Oele vorzüglich in solchen Gegenden wo die ⊕ vom übrigen thierischen Gemisch ausgesondert wied, namentlich in der Gegend der Thiere, und unter der Haut, und in der Nähe der Geschlechts Theile. So wie das Fett in den Thieren erscheint, ist es gewöhnlich diker von Consistenz, als bei den Pflanzen, und der Grund scheint zu seyn, weil aus dem thierischen Körper △ viel weniger ausgehaucht wird, als aus den Pflanzen, und mehr eingenommen, und weil bei den Thieren die △ selbst auch, die in sie aufgenommen wird, weniger zur Bildung von Säure verwandt wird, als bei den Pflanzen. Bei den ▽ Thieren sind die fetten Oele meistens von liquiderer Consistenz, namentlich bei den Wallfischen, Wallrossen, Manati u.s.f. der Grund scheint zu seyn, weil diese Thiere weniger athmen,und also △ zu ihrer Verdikung weniger verwandt werden kann.

Bei den Insekten sind die Oele ebenfalls von flüssigerer Gestalt; Bei diesen Thieren aber tritt häuffiger eine Säurebildung ein, neben dem Fett, und die △ scheint also, da sie bei ihnen so häuffig eingenommen wird, mehr auf Bildung der Säure als Verdikung der Oele verwendet zu werden. Im Mineralreich entsprechen den fetten Oelen vorzüglich das Berg- und Steinöhl, die jedoch mit einer nachherigen Parthie von Oelen Aehnlichkeit haben. Ausser dem finden sich die Oele zwar nicht gebildet, doch den Stoffen nach häuffig vor, so wie in Thieren, als Pflanzen und im unorganischen Reich. Fol 232

E. <u>Bereitungs-und Darstellungsart der Oele</u>

Wenn die Oele bereits von der Natur gebildet vorhanden sind,so können sie leicht dargestellt werden aus den Pflanzensaamen, namentlich durch Pressen, und zwar kann man sie dann entweder mit kalten Steinen oder ♂ Platten pressen, wenn man sie reiner will, als warm, wenn man sie in größerer Menge will. Aus den thierischen Theilen erhält man die fetten Oele durch blosses Herausnehmen der gebildeten Fette, und nachheriges Troknen von Schmalz unter Zuguß von ▽ , um das Anbrennen zu verhüten. Ist das Oel in den thierischen Theilen sparsamer vorhanden, namentlich in den Knochen, so kann man es auch gewinnen durch blosses Auskochen mit ▽ , oder ▽ Dampf im Papinischen Topf. Dabei löst sich die gelatina der Knochen im Knochen zu einer Sulz auf, und das Oel schwimmt beym Erkalten auf der Oberfläche des ▽.

Die fetten Oele lassen sich aber auch, wenn sie noch nicht ganz gebildet vorhanden sind, aus ihren vorhandenen Stoffen neu bilden und darstellen. Diese neue Bildung der Oele aus ihren Stoffen findet statt,

α.) Bei Behandlung thierischer Theile wie Muskel mit +⦶, unter gelinder Wärme Anwendung. Dabei geht die ⊕ der +⦶ , so wie der thier. Theil weg, und die △ der +⦶ vereinigt mit der ⧗ zum Theil zu ▽ , und mit ⧗ und △ zum Theil zu Sauerkleesäure, das übrige geht zu einem fetten und konsistentiösen Oel zusammen.

β.) Die neue Bildung geschieht aber auch, wie es scheint, beym Kochen thierischer Theile, wie Muskel mit ▽ . jedoch in geringer Menge. Hier scheint ebenfalls durch Einwirkung des ▽ auf die thierischen Theile der ⊕ aus seiner Verbindung mit den übrigen Stoffen der thierischen Materie befreit zu werden, und die △ und ⧗ dagegen sich zu einem Oel zu vereinigen. Fol 233

γ.) Die Bildung der Oele aus den Stoffen geschieht aber auch durch Fäulung der thierischen Theile unter ▽ , oder 🜁 bei sehr geringem 🜁 Zugang. So wenn man ein Stück Muskelfleisch das keine Spur von Fett zeigt, in einem Gefäß einige Wochen tief in ▽ einfault, so zeigt es sich nach einiger Zeit völlig in Fett umgeändert. Auch diese Bildung scheint der Entweichung der ⊕ durch die Fäulung zuzuschreiben zu seyn, und der nachherigen Verbindung der △ und ⧗ . Die Abhaltung der △ scheint wesentlich, weil bei ihrem Zugang die ⧗ und △ statt sich zu vereinigen, die Natur der △ und des △ annehmen würden. Auf diese Bildung des Fetts durch Fäulung reducirt sich auch die Fettbildung an den menschlichen Leichen, die tief eingescharrt sind, und vorzüglich an solchen menschlichen Leichen, die Haufenweis in großen Gruben übereinander gelegt sind, und erst später mit ▽ bedekt werden.

δ.) Die Fettbildung ereignet sich aber auch durch Fäulung thierischer Theile, wie Muskel, Leber, u.s.f. in der Luft, wenn nur die Fäulung sehr langsam vor sich geht, und die Thierischen Theile nicht zu feucht sind. So namentlich läßt sich eine solche Fettbildung bemerken bei Muskelstücken, die nicht ganz troken sind, und etwas feucht, und in einem Zimmer aufgehängt sind. Auch läßt sich eine solche Fettbildung hie und da in Naturaliensammlungen bemerken, wo thierische Theile nicht ganz getroknet sind, und erstere noch Jahre lang ausschwizen, zB. Schildkröten. Fol 234

ε.) Eine solche Fettbildung geschieht auch durch bloße Wärme Anwendung an die thierischen Theile, namentlich beizen Braten. Auch ohne Butter zeigt sich beim Kosten etwas Fett.

Auf diese Bildungen des Fetts, namentlich, die durch Fäulung reducirt sich auch das Fettwerden der Käße und das endliche Zerfließen. Der Käs besteht eine langsame Fäulung geht ⊕ aus ihm und die △ und ⧗ verbinden sich zu Fett. Vielleicht reducirt sich auf diese Fettbildung auch die so häuffig bemerkte Fettbildung bei Personen, die viel ▽ trinken. Es scheint mit dem ▽ wird bei diesen eine häuffigere Quelle der ⧗ in den Körper gebracht, und mit dieser die Verinigung derselben mit der △ zu einem fetten Oele erleichtert.

B . Betrachtung der ätherischen Oele

A. Karakteristik

Die ätherische oder siedende Oele sind von den fetten ausgezeichnet außer dem durch dringenden Geruch, von dem sie den Namen haben, vorzüglich durch ihren scharfen Geschmak, der nur bei wenigen einen süßen im Gefolge hat, wie das Anisoel; ferner durch ihre Auflöslichkeit im ▽ , die den fetten versagt ist, und endlich durch ihre Verdampfbarkeit qua Oele und somit ihre Destillationsfähigkeit qua Oele, woher sie auch destillirte Oele heißen (11).

B. Chemische Verhältnisse.

Die ätherischen Oele verbinden sich ebenfalls mit ⊖ und +w, doch in weit minderem Maas, als die fetten Oele. Wenn sie sich verbinden, so entstehen ahnliche Compositionen, aber nicht von so dauernden Eigenschaften wie bei den fetten Oelen. Inniger aber verbinden sich die ätherischen Oele mit △, und zwar, wenn man sie blos der △ oder △ in gewöhnlicher Temperatur aussezt; Bei dieser Verbindung unter diesen Umständen, werden sie verdikt, und sezen meistens etwas weniger △ zu Boden. Werden sie mit noch mehr △ verbunden, und die Verbindung durch Wärme begünstigt, so ist die Verdikung noch auffallender, und sie gehen sodann in Harze (resinas) über, die im ▽ noch leichter Fol 235 auflöslich sind als die ätherischen Oele, und die überdiß fest und sogar spröd von Consistenz werden können. In solche Harze gehen die ätherischen Oele vorzüglich dann über, wenn man ihnen 🜁 mittheilt aus +⊕, die man den ätherischen Oelen langsam zugießt. Werden die ätherischen Oele der 🜁 in der 🜁 Gestalt ausgesezt, und zugleich Wärme in höherem Maas schnell angewandt, so erfolgt eine plözliche Entzündung, und zwar, was sie von den fetten Oelen unterscheidet, auch ohne Anbringung eines Dochtes. Dieß ereignet sich bei den fetten nur dann, wenn sie ihrer ganzen Masse nach ungeheuer erhizt werden. Bei dieser Entzündung erfolgt Consumtion des 🜁 und der Oele, und statt beider Mal kommt 🜄 und Å zum Vorschein, wie bei den fetten Oelen, und zugleich in größerer Menge, als man von der Menge der gebrauchten 🜁 noch erwarten sollte. Es scheint also, als wenn in den ätherischen Oelen selbst 🜁 als ein Bestandtheil enthalten wäre. Würden die ätherischen Oele statt mit 🜄 behandelt zu werden, blos mit Wärme behandelt, so ist der Erfolg verschieden nach dem Grad der angewandten Wärme; ist die Wärme, die in Destillir Gefässen an sie applicirt wird, gering, so erfolgt blos eine Verdampfung und Uebergang der Dämpfe bei der Erkältung ins vorige liquide Oel; ist aber der in Destillir Gefässen angewandte Wärme Grad schnell applicirt, und größer, so erfolgt ein Uebergang der ätherischen Oele in schwere ⧖+ mit Zurüklassung von etwas ⏃, und zugleich entsteht etwas Å, so daß diesem lezteren Versuch nach es wieder scheint, daß etwas 🜁 als continens in den ätherischen Oelen anzunehmen sey. Das Verhalten der ätherischen Oele gegen 🜄 ist dieses: Unerachtet ist die ätherischen Oele gleich nach den fetten, in großen Massen im 🜄 nicht auflöslich sind, so sind sie es doch im kleinen. Wird nemlich 🜄 mit den ätherischen Oelen zusammengebracht, und längere Zeit zusammen stehen gelassen, so hat das 🜄, wann es abgesondert wird, den Geruch der ätherischen Oele angenommen. Diesen Geruch nimmt es aber in höherem Maas an, wenn es in mäßiger Wärme mit den ätherischen Oelen über destillirt wird, und man erhält dann mit dem Geruch der ätherischen Oele völlig imprägnirte sogenannte destillirte Wasser. Eben so, wenn man das 🜄 mit Pflanzen vermischt, die ein ätherisches Oel liefern, und nun bei gelinder Wärme die Destillation instituirt, so erhält man auf ähnliche Weise nach ätherrischem Oel riechende destillirte 🜄, deren gewöhliche Bereitung auch diese ist. Diese 🜄 zeigen sich bey der Wärme, die angewandt wird, bei der Destillation als hell, und bleiben sie länger stehen, so sammelt sich auf der Oberfläche tropfenweise das ätherische Oel, zur deutlichen Anzeige, daß es im 🜄 aufgelöst gewesen sey. Das Verhalten der ätherischen Oele gegen 🜅, wenn man sie mit 🜅 vermischt, so erfolgt auch in der gewöhnlichen Temperatur einige Auflösung, und es entstehen Gemische, die unter dem Namen Liquerr als Getränke dienen. Noch inniger aber ereignet sich die Verbindung mit 🜅, wenn man 🜅 abdestillirt über Pflanzen, die ein ätherisches Oel enthalten, zB. Zimmet, Anis, Kimmel-Saamen, Pfeffermünze, u.s.w. In allen Fällen theilt sich der Geruch des ätherischen Oels mit, und zugleich erfolgt eine wirkliche Auflöslichkeit des ätherischen Oels in 🜅, wie erhellt, daß wenn man an solche spirituose destillirte Wasser 🜄 zugießt, die ätherischen Oele unter der Gestalt einer Milch sich absondert, und das 🜄 sich mit dem 🜅 verbindet, daher kommt es auch, daß wenn man bei der Destillation der Spirituosen 🜅 verwendet, statt eines reinen, das destillirte 🜄

Fol 236

Fol 237

gewöhnlich milchigt übergeht.
Das Verhalten gegen fette Oele.
Wenn man diese mit ätherischen vermischt, so erfolgt ebenfalls einige Auflösung, und die fetten Oele zeigen den Geruch der ätherischen Oele, zumal dann, wenn zugleich bei der Vermischung etwas Wärme angewandt wird, oder wenn die ätherischen Oele in Dampfgestalt übergetrieben vor den in einem mit fetten Oelen gefüllten Recipienten. Man bedient sich hie und da einer solchen Vermischung zur Verfälschung der ätherischen Oele, die aber daran erkannt wird, daß auf Zuguß von 🜈 in solche verdächtige Gemische das fette Oel unaufgelöst zurückbleibt.
Verhalten der ätherischen Oele gegen ♀
Es wurde schon erwähnt, daß einige Auflösung beeder statt finde, und damit an der 🜁 combustible Gemische beym Rütteln entstehen.

C. Die Zusammensezung der ätherischen Oele betreffend.

Sie scheint allen vorigen chemischen Verhältnissen nach dahin bestimmen zu seyn, daß die ätherischen Oele aus ⧗ und △, und daneben aus etwas 🜁 bestehen, und vermutlich dieser Beimischung von 🜁 ihren scharfen Geschmack, vielleicht ihre größere Flüchtigkeit zu danken haben. Ob der Geruch durch die ätherischen Oele ausgezeichnet sind, eine blose Folge dieser Mischung sey, oder einem eigenen Riechstoff (den man aroma, Boerhave aber Spiritus rector nennt.) zu tribuiren sey, ist durch Versuche nicht entschieden (12). Wäre lezteres, so müßte man den Riechstoff als 4tes unterscheidendes constituens der ätherischen Oele ansehen.
Diese ätherischen Oele sind den Arten nach voneinander verschieden. Die Hauptverschiedenheiten bestehen darin, daß einige gewichtiger als ▽ sind, und die meisten leichter als ▽ ; ferner darinn, daß einige gewichtiger, als ▽ sind, andere als die meisten leichter als das ▽[!],ferner darinn, daß je nach Art der Pflanzen, von der die ätherischen Oele gewonnen sind, der Geruch derselben specifik unterschieden ist, und gewöhnlich den Geruch der ganzen Pflanze darstellt. Endlich sind sie noch unterschieden dadurch, daß einige derselben nach längerem Stehen bei mäßigem 🜁 Zutritt einem Theil nach im Krystallinischen Zustand, und einem krystallinischen wahren Kampfer absezen, andre nicht. Unter erstere gehört besonders das Thymianoehl (von Thymus sepyllum) und auch das Oel der verschiedenen Mentha Arten. Fol 238

D. Quellen der ätherischen Oele in der Natur und Art ihres Vorkommens

Sie sind beinahe einzig dem Pflanzenreich eigen; doch sind nicht alle Pflanzen mit ätherischen Oelen versehen, ja aus vielen, die auffallenden Geruch haben, läßt sich das ätherische Oel, auch wenn es da ist, nicht oder schwer darstellen; so ist des angenehmen und starken Geruchs der Rosen ungeachtet wenigstens aus unsern genuinen, beinahe kein ätherisches Oel darstellbar, und in wärmeren Gegenden, zB. Persien wo vielleicht andere Arten von Rosen angewandt werden, erhält man das Rosenoehl in geringer Menge in etwas bitterartiger Consistenz seiner großen Verflüchtbarkeit ungeachtet.
Die vorzüglichsten Klassen von Pflanzen, die ätherisches Oel

liefern, sind die aus Didynam gymosperam, wo vorzüglich Blätter und Stauden Siz des ätherischen Oel konstituiren. Ausser den Verticillatis sind besoders reich an ätherischem Oel die coniferae Tannen u.s.w. wo es theils in den Blättern, theils in den Frucht Hüllen gefunden wird. Die ätherischen Oele finden ausser dem noch in den Saamen der umbellatarum, aber nicht in den Saamen selbst, sondern blos in seinen Hüllen nach Fourcroys Bemerkung. Sonst zeigen sich die ätherischen Oele in den Umhüllungen in den sauersüßen Früchten bei den Pflanzen Pomeranzen und Zitronen, und in allen diesen Pflanzen zeigen sie sich in größerer Menge im Alter der Pflanzen, als in der Jugend, und scheinen sich überhaupt mehr einzustellen, wenn die Luft Entwicklung aus den Pflanzen eine größere ist wie die Thannen, oder wo die Consumtion der 🜁 zur Säurebildung größer ist, wie bei den Zitronen. Eigentliche ätherische Oele finden sich ausser dem Pflanzenreich nicht, wohl aber gibt es Materialien aus dem Thierreich, die sich den ätherischen Oelen annähern. Unter diese gehört das Wachs (13) der Bienen, das durch seinen aromatischen Geruch einige Auflöslichkeit im 🜅 sich den ätherischen Oelen nähert, übrigens auch dem Pflanzenreich seinen Ursprung dankt, indem es vorzüglich aus den Pollen der Pflanzen bereitet wird, durch einen Prozeß im Organismus der Bienen, den die Kunst vieler Versuche ungeachtet noch nicht nachzuahmen gelernt hat. Ausser dem Wachs ist eine andere Materie, die entschiedener animalisch ist, und Ähnlichkeit mit den ätherischen Oelen hat, diß ist der <u>Bisam</u>, <u>Moschus</u>, der in Drüßen am Glans des Penis des Moschus moschiferus abgesondert wird. Sein auffallender Geruch, die Mittheilbarkeit desselben beinahe an alle Materie, auch an 🜅 , nähern ihn den ätherischen Oelen, übrigens ist er von ihnen durch seine feste Consistenz, seine größere Zusammgeseztheit und durch seine chemische Verhältnisse verschieden. Im unorganischen Reich ist gar kein Beispiel bekannt von einer Materie die Aehnlichkeit hätte mit diesen ätherischen Oelen.

Fol 239

E. <u>Bereitungs Art der ätherischen Oele</u>

Sie können bereitet werden 1.) durch Auspressen in dem Fall, wenn sich das ätherische Oel in den Pflanzen in eigenen Loculamenten in größerer Menge, und reiner angesammelt hat, wie bei Pomeranzen und Zitronenschaalen, wo man sie durch Ausdrüken auf 🜄 bereiten kann. In Rüksicht auf die Bereitungs Art ist auch der Name olea expreßa, den man sonst für die Fette gebrauchte, nicht unterscheidend von den ätherischen Oelen. 2.) Sie können aber auch in allen Fällen und am sichersten durch Destillation bereitet werden, da sie bei gelinder Wärme ohne Veränderung ihrer Natur verflüchtigt werden.

Fol 240

Die Pflanzen und Pflanzentheile , die sie enthalten, werden zugeschnitten und in 🜄 eingeweicht, und bisweilen auch durch Zusaz von etwas ⊖ vorher macerirt, wiewohl lezteres nicht wesentlich ist, und dann die Destillation bei geringer Wärme restituirt, wo nur das Anbrennen zu verhüten ist. Das Destillat ist gewöhnlich nichts, als ein destillirtes 🜄 , nach ätherischen Oelen riechend. Wird es in der Kälte stehend gelassen, und etwas Baumwolle darauf gelegt, so sammelt es sich an der Oberfläche und zieht sich in die Baumwolle, wo es abgesondert werden kann, entweder als destillirtes 🜄 , oder zur neuen Bereitung der ätherischen Oele aus der nemlichen frischen Pflanze

verwendet werden.
3.) Vielleicht bildet sich auch das durch Destillat gewonnene ätherische Oel erst während des Prozesses neu. (14) Dieß scheint wenigstens bei solchen Pflanzen zu seyn, wo man zwar starken Geruch wahrnimmt, aber bei der Untersuchung der Pflanze keine Ansammlung des ätherischen Oels in eigenen loculis bemerkt. Fol 241

C.) Zu diesen 2 Hauptklassen von Oelen gesellt sich noch eine dritte, die sogenannte brenzlichte oder empyreumatische Oele.

a) Sie sind ausgezeichnet von den 2 vorigen Parthien durch ihren widrigen, brenzlichten oder kohligten Geruch, und dadurch durch einige Auflöslichkeit im 🜄, die sie mit den ätherischen Oelen gemein haben.

b) Ihre chemischen Verhältnisse gegen andere Materien sind bis izt weniger untersucht.

c) Was ihre Quellen in der Natur und Bereitungs Art betrifft, so sind sie gebildet vorhanden als etwa in solchen Gegenden, wo durch unterirdisches Feuer Steinkohlen, und diesen ähnliche Materien in Brand geraten. Im Thier- und Pflanzenreich finden sie sich durchaus nicht gebildet, sondern sind immer nur arte facta aus Thier- und Pflanzen Körpern. Man erhält sie nemlich, wenn man ganze Pflanzen, oder einzelne Pflanzen Materien zB. rohen ♀ in hefftiger Wärme der Destillation unterwirft; in diesem Falle geht neben andern Destillaten ein brenzlicht riechendes Oel in die Vorlage über, das im genannten Fall unter dem Namen des brenzlichten ♀Oels bekannt ist. Wenn man thierische Theile, Haare, Hirschhorn im offenen Feuer der Destillation in Destillir Gefässen unterwirft, so geht es neben anderen Destillaten in ein sehr übelriechendes brenzlichtes Oel über. Dieses kann nun seines widrigen Geruchs, so wie seiner gewöhnlich dunklen Farbe dadurch beraubt werden, daß man die andere Materien, mit denen es gewöhnlich verunreinigt ist, zB ⊖^, durch Quaßation und in Kochen mit 🜄 wegschafft, dadurch daß man dieses brenzliche Oel langsam destillirt, etwa unter Zusaz von ¥, so erhält man am Ende ein helles, durchsichtiges, nicht mehr so widrig riechendes flüchtiges Oél, das sogenannte Oleum animale Dippelii, Dippels thierisches Oel. In allen diesen Fällen der Bereitung werden die empyreumatischen Oele neu gebildet vorzüglich aus der 🜂 und ⧗ der thierischen und Pflanzen Theile, zugleich über, weil zumal bei Fol 242 den thierischen Theilen ⊖^ entsteht, werden sie auch durch ⊖^ verunreinigt, wovon sich zum Theil ihr widriger Geruch herschreibt.

D.) Zusammensezung

Da die empyreumatischen Oele beym Verbrennen in 🜂 in die nemliche Bestandtheile zerlegt werden, wie die andern Oele, so scheint ihnen im Allgemeinen die nemliche Zusammensezung zuzukommen, wie den fetten Oelen; da sie aber einen eigenthümlichen brenzlichten Geruch zeigen, daß schwehre kohligte ⧗, die einen ähnlichen Geruch zeigt, in ihnen losgewikelter da sey, und den wesentlichen Unterschied deselben von andern Oelen konstituiren.

II. Sind zu betrachten harzähnliche Materien. Unter diesen kann zuerst betrachtet werden der Bernstein Succie; er ist ein Erdharz, das zum Theil an dem Ufer der See ausgeworfen wird, namentlich an der Ostsee in Preußen, theils sich auch in der Erde findet, und von der See blos angespühlt zu werden scheint.

Er ist fest, und von einer gelben, bald ins weisse, bald ins braune varirenden Farbe. Seiner Consistenz nach ist es spröde und blasigt, wie gewöhnlich Harz, bald mehr dicht und dann Politur fähig. Seinem Ursprung nach scheint es aus dem Pflanzenreich zu stammen, nicht nur, weil man es in Gesellschaft untergegangener Vegetabilien findet, sondern offt auch Insekten, die auf Pflanzen hospitiren, in ihn eingeschlossen und endlich weil in den verschiedenen Gestalten, unter denen er sich findet, fast alle Nuancen eines Baumharzes erkannt werden.

Chemische Verhältnisse des Bernsteins.

Er gibt immer vorzüglich der hellgelbe durch Destillation, wie die meisten brennbaren Körper ein säuerliches ▽, und nach diesem eine feste krystallinische + ,die sogenannte Bernsteinsäure; nach dieser geht zuerst ein mehr helles, später ein brauneres, dikeres Oel über, das Bernsteinoel, das einigen Geruch hat,und sich dadurch den ätherischen und empyreumat. Oelen nähert, und durch seine Verbindung mit ⊖^ zum Eau de Suce ausgezeichnet ist, zurückbleibt, am Ende eine harzigte 🜂 und wenn diese verbrannt wird, etwas 🜃. Es scheint dieser Zerlegung des Bernsteins nach, daß er aus Oel bestehe, aus eigener Säure, die nicht erst gebildet zu werden scheint während der Destillation und aus Erde, oder aber erscheint diesem nach zu bestehen aus 🜁 , aus 🜂 , viel ⧗ und etwas 🜃 . Die chemische Verhältnisse des Bernsteins als eines Ganzen so wenig beobachtet, und scheinen sich auf wenige zu reduciren. Dahin gehört, daß er sich in fetten Oelen ganz auflöst, auch in 🜄 einige Auflöslichkeit zeigt und deßwegen zu Firnissen angewandt werden kann. Fol 243

III. Amber

[animalisch] Fol 244

IV. Ein anderer solcher Körper ist der Kampfer, er hat seinen Ursprung und Sitz, so viel bekannt ist, blos in den Vegetabilien vorzugsweis, und in größerer Menge findet er sich in der ganzen Pflanze des Laurus camphora. Er findet sich aber auch vor in einer Menge anderer Pflanzen in geringerer Menge, namentlich solchen, die ein stark riechendes ätherisches Oel haben, zumal in den venticillatis (15), daß man ihn als einen allgemein reinern Bestandtheil der Pflanzen ansehen kann (16). Aus dem Laurus camphora wird er durch bloße Destillation der Blätter, des Holzes, der Pflanze gewonnen; er geht bey dieser Destillation mit ▽ als ein Sublimat über. Aus anderen Pflanzen wird er in geringerer Menge erhalten bei Bereitung der ätherischen Oele, wo er in diesen aufgelöst übergeht. Aus diesem sezt er sich nach längerer Zeit in der Ruhe krystallinisch nieder. Dieser Kampfer zeichnet sich durch folgende Eigenschaften aus. Er ist fest, krystallinisch, und zeigt diese krystallinische Gestalt besonders wenn er langsam verflüchtigt wird, oder aus seiner Auflösung im 🜄 in der Kälte niederfällt. Er ist immer weiß, und fett glänzend, seiner Consistenz nach weich, und mehr oder minder spröd, äußerst verflüchtigbar und durchdringend riechend; in Rüksicht auf seine Verflüchtigbarkeit kann er zu Verkältungs Versuchen angewandt werden, und auch wo man ihn in neuern Zeiten gebraucht, um die Gerüche sichtbar darzustellen, und die sich dabei zeigende Bewegungen. Fol 245

Seinen chemischen Verhältnissen nach ist er in +ₙ auflöslich, auch in 🜄 noch mehr, in geringem Maas, auch in ▽ , vorzüglich warmem und in Aether.Durch Erkältung sezt er sich aus allen Auflößungen in etwas ab, als krystallinisch. Durch

Destillation behandelt, liefert er etwas †🜁 , und damit ein säuerliches ▽ , einen kohligten Rükstand, und damit ein durchdringend riechendes, den ätherischen Oelen zunächst kommendes <u>Kampfer Oel</u>.

Wird er mit +⦶ behandelt, indem diese nicht ganz konzentrirt über ihn abgezogen wird, so wird er allmählig durch Empfang der 🜁 aus der +⦶ in die <u>Kampfersäure</u> umgeändert. Wird er in der 🜁 verbrannt, so zeigt sich ausser †🜁 und ▽ ein beträchtlicher Rauch entstehend, und meistens noch etwas 🝗 zurükbleibend. Allen diesen Verhältnissen nach scheint er seinem Wesen nach ein den Pflanzenharzen ähnlicher Körper zu seyn, und ähnliche Zusammensezung mit ihnen zu haben, und er scheint anzusehen zu seyn, als ein ätherisches Oel eigener Art, das durch Beimischung von etwas 🜁 in den festen Harzzustand gekommen ist. Fol 246

V. Ein anderer Körper sind die eigentlichen <u>Pflanzenharze</u>, <u>resinae</u>. Diese finden sich vorzüglich, und fast ausschließlich im Pflanzenreich vor, und bes. in solchen Pflanzen, die ein ätherisches Oel liefern; meistens finden sie sich auch in Gesellschaft der ätherischen Oele in der nämlichen Pflanze, offt auch ohne diese. Am häufigsten zeigen sie sich in der familia der coniferanum, sie zeigen meistens entweder eine weisse, oder gelblichte, oder braune Farbe, und sind, von Consistenz bald mehr weich als zäh, bald mehr fest und spröd; ihrem Wesen nach scheinen sie nichts zu seyn, als Verbindung der ätherischen Oele mit 🜁 basis, und in den Pflanzen selbst, namentlich den Tannen scheinen sie auf die Weise zu entstehen, daß das ätherische Oel dieser Pflanzen im Contact mit der 🜁 der 🜁 (17) und der Pflanze diese absorbirt. Sie können eben daher auch durch die Kunst sehr leicht hervorgebracht werden, wenn man entweder ätherisches Oel mit 🜁 oder 🜁 (17) in großer Fläche lange stehen läßt, oder wenn man ätherische Oele mit +⦶ , die ihr 🜁 leicht von sich gibt, vielleicht auch mit dephlogistisirter +⊖ zusammenbringt. In diesen lezten Fällen entstehen die Harze schnell unter Entwiklung entweder von ⦶luft, oder gern: +⊖ , im ersten Fall dagegen entstehen die Harze langsamer.

<u>Chemische Verhältnisse der Harze gegen andere Materien.</u>
Im ▽ sind sie unauflöslich, im 🜈 dagegen nach Art der ätherischen Oele und in höherem Maas als diese auflöslich, und durch Zuguß von ▽ daraus wieder präzipitirbar. In Säuren sind die Harze nicht auflöslich, und werden überhaupt von ihnen auch sonst nicht verändert, außer von der +⦶ und dephlogistisirter +⊖ ; durch diese, wenn sie konzentrirt sind, koennen die durch Harze fernere Verbindung mit 🝗 eigentlich verbrannt werden, daß nichts als 🝗 übrig bleibt. Die ⊖n lösen die Harze in etwas auf, doch nicht so vollkommen, wie in 🜈 . Werden die Harze in 🜁 , oder 🜁 entzündet, so erfolgt die Verbrennung unter Entstehung von Rauch eine beträchtliche Menge †🜁 , etwas ▽ und 🝗 bleibt zurük. Werden die Harze der Destillation in beträchtlicher Hitze unterworfen, so kommt zum Vorschein †🜁 , dann meistens ein säuerlichtes ▽ und 🝗 bleibt zurük. Bei den Harzen aber, die liquider sind von Consistenz geht bei der Destillation neben den vorigen Materien zugleich einOel über. <u>Beispiele</u> von solchen Harzen liefern das gemeine Harz der weiß- und besonders Rothtannen; der Mastix, vom Pistacia lentiscus, die resina Guajaci, die resina sandaracha, der Terpentin, zumal der der von Pistacia terebinthinus herkommt; auch der balsamus de copaia, das sanguis Draconis. Fol 247

VI.Eine neue Materie ist das <u>Elastische</u> <u>Gummi</u>, <u>Caoutschone</u>, oder <u>Ceauchtouc</u>.
Es kommt diese Materie von vielen verschiedenartigen Pflanzen, besonders von vielen speciebus des genus Hephea, aber nach Humbolds neuer Bemerkung, auch von andern Pflanzen generibus.
In seiner ersten Gestalt ist es als eine Milch in den Pflanzen enthalten, und fließt als solche beym Rizen aus; bleibt aber es der △ einige Zeit ausgesezt, so nimmt es allmählig feste Gestalt an, behält aber eine große Dehnbarkeit oder Elastizität bey, und wenn über eine solche trokene Masse neue Milch zugegossen wird, so verändert sie sich ebenso, und constituirt mit dem vorigen eine zusammenhängende Masse. Breitet man die Milch über Gefässe von verschiedener Form aus, so nimmt sie die Gestalt derselben auch als fest an. Fol 248

<u>Chemische Verhältnisse</u>
Das elastische Harz ist in den gewöhnlichen Oelen so wenig als im ▽ auflöslich, doch wird es durch warmes ▽ etwas erweicht; sehr auflöslich ist es in der feinen Bergnaphta, und wie Actian (18) entdekte, im Ⓓäther beruht seine Fähigkeit zur Verfertigung chirurgischer Instrumente, wie man sie haben will, namentlich von Kathetern. Man überstreicht nemlich Formen solcher Instrumente, wie man sie haben will, namentlich von Wachs, mit den Auflösungen des elastischen Harzes in Ⓓäther; nach diesem erfolgt Verdunstung des Ⓓäthers und Zurükbleiben des aufgelöst gewesenen Harzes in der verlangten Form. Wird das Überstreichen mehreremal wiederholt, so erhält man die Instrumente von der gehörigen Dike der Wandungen; wird das elastische Harz angezündet, so schwillt es auf,und verbrennt mit widrigem thierisch ähnlichen Geruch. Bei der Destillation erhält man ⊖^ übergehend, ausser zurükbleibender ⚠ wie bei thierischen Theilen, und daneben schwere ☧ und 🜍, und etwas empyreumatisches Oel. Bis auf die neueste Zeiten hielt man das elastische Harz für d. Pflanzenreich eigen. Die Untersuchungen Jauchar de Samtfors (19) zeigten aber , daß wenigstens eine dem elastischen Harz sehr ähnliche Materie hie und da bei Steinkohlen Lagern vorkommen. Vermuthlich ist aber auch diese Materie ursprünglich aus dem Pflanzenreich abgestamt, nicht nur ihre Aehnlichkeit, sondern auch die Art des Vorkommens zu erweißen scheint.

VII. <u>Bergnaphta</u>, VIII. <u>Bergöhl</u>, IX. <u>Asphaltum</u>, <u>Berg oder Erdpech.</u>
Die <u>Bergnaphta</u> ist durch ihre Verflüchtigbarkeit, ihre Dünnflüssigkeit, und ihre Gelbheit von eigentlichen Bergöhl,ausgezeichnet, und kommt in einigen Gegenden Persiens aus thonigtem Grund quellend vor; ihre Quelle dort scheint unerschöpflich, da man sie seit Alexanders Zeit bis izt fand. Sie ist vorzüglich durch ihre leichte Entzündlichkeit ausgezeichnet, sie brennt wie ein ätherisches Oel ohne Docht. Fol 249

Das <u>Bergöhl</u>, <u>petroleum</u> ist ausgezeichnet durch seine braunere ins schwarze gehende Farbe, seine dikere Consistenz und mindere Entzündbarkeit, so wie noch durch widrigen Geruch, den es erst nach mehreren Destillationen verlirt, und der es denen empyreumatischen Oelen als verwannt darstellt.

Das <u>Asphaltum</u>, Bergpech ist solid und mehr oder minder dicht, meistens von schwarzer Farbe. Wenn er der Destillation unterworfen wird, so geht ein säuerlichtes brenzlichtes ▽ über, und das wahrscheinlich nichts, als eine brenzlicht zusammengesezt Säure ist, und dann geht ein helles und zulezt ein gefärbtes

Oel über, das mit dem Bergöhl übereinkommt; zulezt bleibt eine △ zurük. Diese 3erlei Materien scheinen in chemischer Hinsicht blos durch die verschiedene Menge der △ unterschieden zu seyn, und diese in größerer Menge im Asphalt, in geringerer im Bergöhl und in geringster in der Bergnaphte enthalten zu seyn. Alle 3 Körper, vorzüglich aber das Bergöhl und das Erdpech verbinden sich mit den ⊖n nicht, oder schwierig, Säuren hingegen wirken auf diese Materien , im besonderen ist die Bergnaphta und das Bergöhl durch Säuren, die ihre △ leicht von sich geben, und selbst+Ⓠentzündbar. Alle 3 scheinen ihren Ursprung zu danken zu haben der Wirkung unterirdischen Feuers, und auf diese Weise vielleicht aus Steinkohlen von Natur bereitet zu werden, wie das Bernsteinöhl durch Kunst aus dem Bernstein; wenigstens scheinen das Bergöhl und die Bergnaphta, die man beinahe aus dem Asphalt darstellen kann, einen solchen Ursprung zu haben. Sie scheinen auf brennbare K.♀,Bernstein zu würken und sie aufzulösen. Fol 250

X. Eine neue Materie ist der Gagat (21), schwarzer Bernstein Jaget.

Er ist einer schwarzen Pflanzen△ ähnlich, und bisweilen auch den Pflanzen △n, die man unter der Erde findet, fortgesezt. Seinem Wesen nach ist er völlig dem asphalt ähnlich, und vorzüglich blos durch seine größere Dichtigkeit unterschieden, die so weit geht, daß er politurfähig ist. Wenn er der Destillation unterworfen wird, so erhält man ein säuerlichtes ▽ , wie vom Asphalt, und nur etwas weniger Oel, und zurükbleibt ebenfalls eine △ . Wenn er verbrannt wird, so erhält man 🜍 , ▽ , Ruß und eine zurükbleibende △ . Bei diesem Verbrennen zeigt er zugleich einen durchdringenden Geruch, der jedoch nicht foetid ist, wie bei den Steinkohlen. Das ⊖^ und die Stoffe, die es liefern, scheinen daher bey ihm zu fehlen. Er findet sich seltener vor, doch wird er an mehreren Orten gefunden, als selbst der Asphalt, zB. bei uns in der Gegend von Nürtingen.

XI. Eine weitere Materie sind die Steinkohlen; diese sind eine ganz homogene Materie; in welchen man oft auch der Textur nach durchaus keinen organ. Ursprung wahrnimmt, immer mehr oder schwarz von Farbe, und im Bruche meistens glänzend; in chemischer Hinsicht hingegen kommen sie meistens mit vegetabilischen und animalischen Materien überein, und haben vielleicht auch aus beeden anfänglich ihren Ursprung genommen, und stellen vielleicht nichts dar als eine große Mumie einer großen untergegangenen vegetabilischen Thierwelt[!],die vielleicht durch eine innere Veränderung in den organischen Körpern unter der Erde hervorgebracht worden wäre, nach Art der Fettbildung bei thierischen Leichen. Bei der Destillation liefern sie eine beträchtliche Menge ⊖^,wie thierische Materien ein widrig riechendes dem Bergöhl zu vergleichendes Oel, und zurükbleibt eine eigentliche Kohle, und in lezterer ist zugleich etwas ▽ enthalten. Ausser dem ⊖^ und dem Oel und der zurükbleibenden △ und ▽ geht meistens auch etwas ⊕ zu 🜍 . Die zurükbleibende △ verhält sich, wie reinere Pflanzen △n, und zeigt beym Verbrennen durchaus nichts mehr von widrigem Geruch, den die Stein△ im frischen zustand zeigen, und man bedient sich daher auch der Destillation derSteinkohlen als eines Mittels, um sie zu manchen Zweken anwendbarer zu machen, zB. zum Schmelzen, was sie im unreinen Zustand sind. Fol 251

XII. Von den sogenannten Balsamen
Diese sind ihrem äußeren Ansehen nach einem Harz ähnlich, und führen auch sehr oft den Namen von wirklichen Harzen. Chemisch sind sie aber wirklich verschieden. Beispiele von ihnen liefern das Benzoeharz, das vom Styrax benzoinae kommt, der balsamus peruvianus und der Storax, den man vom liquid ambar orientalis erhält.

Die Kennzeichen der Balsame von den eigentlichen Harzen sind diese: Ausserdem, daß sie gewöhnlich einen stärkern Geruch haben, geben sie bey der Destillation eine festere Säure, namentlich Benzoesäure; diese Benzoesäure läßt sich durch ∇ , durch ⊜n und ∇n aus den Balsamen ausziehen, auch ohne Destillation, sie ist also wohl gebildet in den Balsamen vorhanden anzunehmen. Erst nach Entziehung dieser Benzoesäure gehen die Balsame in gewöhnliche Harze über. Man muß also die Balsame ansehen als Verbindungen der Harze mit Benzoesäure. Vermuthlich ist ein solcher Balsam auch in der Vanille enthalten, und Ursache ihres Geruchs, da man Benzoesäure aus ihr darstellen kann.

XIII. Nun kommen andere zwar minder harzähnliche Materien, die aber doch hierher gehören. Namentlich gehört der Honigstein hierher. Er ist ein erst in neuester Zeit in Thüringen entdecktes Fossil, zimmlich sparsam neben Braunkohle; er ist weit minder brennbar, als alle bisherige Materien, und gehörte insofern nicht in diese Klasse der zusammengesezten Materien, aber in Rüksicht auf die nun zu erwähnende chemische Verhältnisse läßt er sich einigermaßen hierher rechnen. Mit ⊖n besonders läßt er eine zusammengesezte verbrennliche Säure aus sich ausziehen, die ihm den Charakter der Brennbarkeit theilt. Nach diesen bleibt kein Harz übrig, sondern blos etwas 🜃 und ♂♆ . In Rüksicht auf seine Säure ist er den Balsamen verwandt, aber durch mindere Brennbarkeit, und dadurch, daß er keinen Harz zurükläßt verschieden.

Fol 25

XIV. Eine weitere Materie ist das Holz. Es scheint im allgemeinen immer die feste Grundlage der vegetabilien zu seyn, das durch Anhäufung der ⍋ in ihnen mit dem Alter gebildet wird. Es ist seinen chemischen Verhältnissen nach als ein eigener zusammengesezter Stoff zu betrachten, und dadurch ausgezeichnet, im ∇ ist er unauflöslich, in der △ leicht verbrennlich, wird es einer troknen Destillation unterworfen, so geht eine brenzlichte Säure über (die brenzlichte Holzsäure), ein brenzlichtes Oel, und zugleich bleibt eine beträchtliche ⍋ zurük, wie beym Verkohlen im Großen. Zieht man +⦶ über das Holz, so wird es unter Absaz von Luft und Entweichung von ⦶ Luft nach und nach in mehrere Arten zusammengesezter Säuren umgewandelt; zB. Essigsäure, Sauerkleesäure, u.s.w. Die Art der zusammengesezten Säuren, in die das Holz durch die +⦶ umgewandelt wird, womit theils nach der Menge der abgesezten △ aus der +⦶ an das Holz, theils auch nach der Art der Holzes selbst, und die verschiedenen Holz Arten sind noch nicht hinlänglich untersucht. Vielleicht bey solchen Bäumen, die die elastischen Gummi liefern, und also auch eine beträchtliche Menge ⊕ enthalten, ließen sich sogar manche zusammengesezte Säuren mittels der +⦶ darstellen, dieman bis izt blos aus thierischen Stoffen erhalten hat.

XV. Vom Pflanzenleim oder Kleber, Gluten.
Dieser ist im Pflanzenreich einheimisch, ihm ähnliche Materien finden sich aber häuffig im Thierreich. Er findet sich besonders im Saamen und Mehl der Getraide Arten, nicht im Mehl der Hülsenfrüchte und knolligten Wurzeln, und leztere Arten sind eben wegen seines Mangels dem thierischen Körper minder nahrhaft. Unter den Getraide Arten findet er sich besonders im Roggen, Dinkel, Haber, Einkorn, Waizen, weniger in der Gerste. Man erhält ihn so aus dem Mehl der Getraide Arten, indem man es mit kaltem ▽ anfeuchtet, und zu einem trokenen Taig knettet, und dann unter Tropfenweisem Befeuchten unter immerwährendem Kneten, die im ▽ auflöslichen und suspendirbaren Theile des Mehls wegspühlt. Nach diesem Wegspühlen bleibt der sogenannte Glutten vom Mehl rein zurück. Er ist durch folgende chemische Verhältnisse ausgezeichnet, im ▽ ist er unauflöslich, im 🜅 ebenfalls kaum auflöslich, ist er noch etwas feucht, so ist er elastisch und dehnbar, fast wie elastisches Harz. In allen Fällen ist er völlig geschmaklos. Wenn er mit fixen ⊖en zusammengebracht wird, und zugleich mit ▽, das siedend ist, so ist er in ihnen auflöslich. Wenn er mit ▽ und Wärme zusammengebracht wird, und längere Zeit in der 🜁 sich selbst überlassen, so geht er in Fäulung über, wie thierische Theile, es entwikelt sich ausser dem foetiden Geruch, wie bei thierischen Theilen, eine beträchtliche Menge ⊖^. Wenn er der trokenen Destillation unterworfen wird, so kommt zum Vorschein als Destillat ⊖^, wie bei thierischen Theilen, zB. Hirschhorn, und zugleich ein widrig riechendes empyreumatisches Oel, und 🜂 bleibt zurük. Wird er ans Licht gebracht, so schwillt er auf; er verhält sich also im Ganzen, wie eine thierische Materie. Wird +⦶ abgezogen über ihn, so liefert er Sauerkleesäure unter Entweichung von ⊕ und 🜁. Vielleicht, wenn man ihn langsam und in gelinder Wärme mit +⦶ behandelt, daß sich auch eine Art Blausäure aus ihm darstellen liesse. Dieß ist wahrscheinlich wegen seines entschiedenen ⊕ Gehalts. Dieser gluten nun scheint eine den Harzen ähnliche Materie zu seyn, die aber unterschieden ist durch den ⊕ Gehalt, durch verminderte 🜁 in ihm, und durch größeren 🜂 Antheil; vielleicht rührt auch daher die größere Unauflöslichkeit im 🜅 und ▽.

Fol 253

Fol 254

Diesem gluten im Mehl ist einigermaßen verwandt das sogenannte Stärkmehl, amylum, matiere amylacee. Sie ist aber doch von den Stoffen dieser Klasse dadurch unterschieden, daß sie im heißen ▽ auflöslich ist. In Rüksicht auf dieß wird sie erst unter der Klasse abgehandelt werden.

XVI. Der fibröse Theil des Bluts, fibrine.

[animalisch] Fol 255

XVII. Der Moschus

[animalisch] Fol 256

XVIII. Von dem Castoreum, Bibergeil.

[animalisch]

Zweite Abtheilung

Zweite Klasse von zusammengesezten Materien.

Sie werden von der Natur ebenfalls dargestellt; sie sind ausgezeichnet durch Brennbarkeit und Auflöslichkeit im ▽. Aus dem Pflanzenreich gehört dahin Zuker, Gummi oder Pflanzenschleim und Stärkmehl und Brandtwein, und der Extraktivstoff, etwa auch noch die Pigmente. Aus dem Thierreich vorzüglich der thierische Leim, (gelatina) auch der Eiweisstoff, (albumen, serum.)

I. Vom Zuker

Der Zuker ist ein durch Kochen und Eindiken aus dem Zukerrohr gewöhnlich erhaltener Pflanzensaft, und durch seinen süßen Geschmak von allen übrigen Materien dieser Klasse verschieden, so wie durch seine krystallinische Gestalt, in die er sich begibt nach Abdampfung der Auflösung im ▽, wo er <u>Candis Zuker</u> heißt. Man findet den Zuker im Pflanzenreich in ungeheurer Menge in allen süßen Pflanzensäfften, namentlich in beträchtlicher Menge im süßen Obst, zB. Weintrauben, im süßen Saft des Mays, wenn es eben in Kolben schießt,im süßen Saft des Zuker Ahorns, im Birken ▽ , oder Saft der Birken, im Saft mehrerer Rüben, oder Beta Arten, aus welchen Marggraf ihn zuerst darstellte, auf eine von Achard vervollkommnete und im Großen angewandte Weise, ferner im Nektarsaft aller Blumen, in der Manna einiger Bäume, und im Honig der Bienen. Er findet sich auch jedoch in geringerer Menge im Thierreich, namentlich im Speichel, in viel größerer Portion,aber in krankhaften Zustand, in der Harnruhr, im Urin. Fol 257

<u>Die Bereitung des Zukers aus seinen Quellen, namentlich dem Pflanzenreich.</u>

Man preßt die süßen Säfte der Pflanzen aus, und weil hier der Zuker vermischt ist, theils mit albumen, theils mit gummi, theils mit einer wirklich gebildeten Säure, und endl. mit fingirten Stoffen, wie dieß alles besonders der Fall ist beym süßen Saft der Runkelrüben, und in minderem Maas im Zukerrohr, soverfährt man folgender Weise, um diese Materie wegzubringen: Man erhizt den Pflanzensaft, dadurch wird der Aiweisstoff zum Gerinnen gebracht, und kann nun abgeschöpft werden. Er nimmt zugleich etwas Gummi mit sich, der damit verbunden ist: weil das Gummi aber noch nicht weggeschafft werden könnte, so sezt man künstlich mehr albumen oder serum zu, und nach diesem erhizt man den süßen Saft abermals, um den Aiweisstoff wieder zum Gerinnen zu bringen, und damit das Gummi in Gesellschaft des Serums wegzubringen. Nachdem der Pflanzensaft von Gummi und Serum gereinigt ist, so sezt man etwas ♆ zu, um die Säure in ihm zu sättigen, und unter der Gestalt eines unauflöslichen selenitischen Pulvers zu erhalten. Um aber auch die fingirte Stoffe wegzuschaffen , sezt man etwas ✡ Pulver zu, oder daneben etwas Aiweis, und erhizt es, wo sodann meistens die süße Flüssigkeit heller übrig bleibt, und man kann sie etwas eindiken, und der von selbst erfolgende krystallisation überlassen. Fol 258

<u>Chemische Verhältnisse des Zukers</u>

Wird er mit ▽ in mäßiger Temperatur vermischt, so stellt er eine Flüssigkeit dar; in dieser erfolgt in mäßiger △ Temperatur allmählig eine innere Bewegung der Theile unter Entwiklung von ⍋ . Nach diesem zeigt sich allmählig die süße Flüssigkeit umgeändert in eine weinartig schmekende, nach ⍋ riechende [!], übrigens helle Flüssigkeit in einem eigentlichen Wein. Aus dieser weinartigen homogenen Flüssigkeit kann unter Wärme Anwendung 🜄 gesondert werden, und nach dieser Absonderung von 🜄 durch Destillation bleibt gewöhnlich eine Säure übrig, ähnlich der Essigsäure oder +♀ . Etwas 🜄 sondert sich schon bei der Entwiklung der ⍋ von selbst ab, daher auch diese ⍋ viel berauschter würkt, als die anders bereitet.

Alle diese Erscheinungen zeigen sich vorzüglich nur dann, wenn dem Zuker zugleich etwas Bierhefe, oder ein sogenannter Getschl eigentlich nichts als ⍋ mit etwas ▽ zugesezt wird, oder wenn ihm überhaupt ein ferment zugesezt wird, das seinem Wesen nach nichts anderes ist, als etwas 🜁 , mit etwas 🜄 noch verbunden. Ohne den Zusaz eines solchen ferments ereignen sich auch nach Wochen und halben Jahren selbst dann, wenn man ein solches Zuker▽ in eine Wärme, wie in einer Entfernung von ein paar Schuhen bey einem gewöhnlich eingeheizten Ofen bringt, diese Veränderung nicht.

Diese Erscheinungen sind unter dem Namen der geistigen Gährung bekannt und sie ereignen sich auch ohne 🜁 Zutritt der gegentheiligen Erfahrung ungeachtet doch. Göttling (22) machte eine Erfahrung, daß Traubensaft unter einer Gloke mit 🜁 schneller gähre, als in 🜁 ; allein es scheint sich blos darauf zu reduciren, daß auf den Contact mit 🜁 eine ⍋ gebildet werde, die sodann als ferment würkte, wesentlich scheint deswegen der 🜁 Zutritt zur Gährung durchaus nicht zu seyn. Fol 259

Bei solchen süßen Pflanzensäften, die nicht alle Zuker sind, wo noch album serum und fingirte Materie ist, ist der Zusaz eines Ferments zu diesen Erscheinungen nicht nöthig, die Gährung ereignet sich doch. Was eigentlich bei dieser Gährung mit dem ▽ vorgehet, kann erst aus den übrigen Verhältnissen des Zukers erklärt werden, und der bei der Gährung entstandenen Produkte, namentlich des 🜄 . Wird der Zuker einer mäßigen Destillation aus Wärme unterworfen, so gibt er eine brenzlichte Säure, ein etwas angenehm brenzlichtes Oel, und hinterläßt eine 🜁 mit etwas +♀. Wird der Zuker wirklich verbrannt, so entsteht dabei ⍋ , ▽ , △ und zugleich +♀ und meistens auch eine der bei der Destillation erhaltenen brenzlichten Säure ähnlich. Ist der Feuersgrad hefftig, so entsteht fast nichts als ⍋ , ▽ und +♀ , zumal, wenn die Menge 🜁 zum Verbrennen hinlänglich groß ist. Die nemliche Produkte, die der Zuker beym Verbrennen liefert, liefert auch der 🜄 . Er ist also der Qualität seiner Bestandtheile nach mit dem Zuker einerlei, und die Bestandtheile des Zukers erscheinen im 🜄 , nur in verschiedener Verbindung und Verhältniß; man muß also annehmen, daß die Verschiedenheit in den Affinitäts Äußerungen und so in den entstandenen Verbindungen der Grundstoffe bewürkt habe. Man nimmt also an, daß bei niedriger Gährungstemperatur die zu einem homogenen Ganzen im Zuker vereinigte Materie, die weder ein Oel, noch eine + , noch ein ▽ in ihm darstellen, sondern blos ein Ganzes, namentlich 🜁 und 🜁 , zusamt den Bestandtheilen des ▽ im Zuker, und den Bestandtheilen der Bierhefe sich unter einander zu verschiedenen Materien verbinden, die 🜁 des ▽s, das auf irgend eine Weise eine Umänderung in 🜁 zu erfahren scheint, verbindet sich mit der 🜁 des Zukers zu ⍋ , die ⧗ des ▽ aber mit der des Zukers verbindet sich mit 🜁 und Luft des Zukers zugleich zu 🜄 , und noch ein Theil der ⧗ verbindet sich mit der Kohle des Zukers in Fol 260 größerem Maas zu +♀ oder Eßigsäure, und differirten demnach vom 🜅 blos den Verhältnissen der Bestandtheile nach. Diese so gebildete Säure und 🜅 nun stellten alsdann die weinartige Flüssigkeit dar, wobei aber zu bemerken ist, daß diese weinartige Flüssigkeit übrigens eine homogene Masse ist, die durch Vermischung von 🜅 mit Eßig nicht so erhalten werden kann. (23)

Die Erklärung aber hat beträchtliche Mängel, vorzüglich folgende: es ist dabei durchaus nicht bekannt, was das primum movens sey, und man kann daher den Anfang der Gährung nur nach der Analogie der organischen Propagationen der Blätter Fortpflanzung erklären, und man muß das Fermentabile als ein liquidum vivum gleichsam ansehen, während das ferment das eigentliche parens wäre. Diese Ansicht aber könnte vielleicht bestimmter erklärt werden, wenn ein anderer Mangel in der Untersuchung der Gährung vorher gehoben wäre, nemlich der der Elektrizitäts Verhältnisse beym Anfang und Fortgang der Gährung, daß die Elektrizität eine mächtige Rolle spiele, läßt sich nicht nur daraus abnehmen, daß wirkliche Spuren von Elektrizität während der Gährung wahrgenommen wurden; sondern auch, weil so beträchtliche Aenderungen im Geschmak des Zuker ▽s vorgehen, die man bei der Abhängigkeit der Geschmäke von der Elektrizität dem elektrischen fluido zu tribuiren hat. Bei der Destillationswärme verbindet sich die 🜂 des Zuker mit der ⧗ zu einem Oel, neben dem, daß etwas von der 🜁 des Zukers sich mit sr. 🜁 verbindet , zu 🜍 und 🜂 und ⧗ mit etwas 🜁 zugleich zu einer brenzlichten Säure. Fol 26

Wird der Zuker im ▽ aufgelöst, und an der Luft sich selbst überlassen, so wird er ohne in eine geistige Gährung überzugehen nach meinen Erfahrungen (24) in eine Säure umgeändert, die der Essigsäure am nächsten kommt. Wird der Zuker aber mit +🜕 übergossen, und diese über ihn abgezogen, so wird er in Sauerkleesäure umgeändert unter Entstehung von nitroser 🜁 , und wird die weinartige Flüssigkeit, die durch Gährung aus dem Zuker der 🜁 ausgesezt, und mit ihr gequirlt, so erfolgt eine Einsaugung der Luft und ein Uebergang in Essigsäure, es erfolgt die sogenannte <u>Essiggährung</u>, <u>fermentatio acetosa</u>. Zu dieser ist also die 🜁 , der Zutritt der äussere 🜁 nöthig, und der Essig demnach nichts anderes, als ein erkalkter, oder mit 🜁 gesättigter Wein, und man sieht daher, je besser der Wein, desto besser der Essig, und daß ihm ebenfalls berauschende Kräfte zukommen. Mit Oelen, besonders ätherischen, den Zuker zusammengerieben, entstehen Oele- Zuker, <u>Eleo sacchara</u> , die mehr adhaesionen sind, als Solutionen. Mit den zuker zusammengabracht, entstehen süße geistige Auflösungen, deren berauschende Eigenschaften gegen den 🜅 gewöhnlich etwas erhöht sind.

II. Eine 2te Materie ist der <u>Pflanzenschleim</u>, <u>Mucilago</u>, <u>matiere muquese.</u>

Er ist vom Zuker größtentheils blos verschieden durch seinen mindern Geschmak und seine Fadheit, im ▽ ist er, wie die Zuker Auflößung, und unter gewißen Umständen in eine zukerartige Materie umänderbar, daß man ihn als einen unvollkommenen Zuker ansehen kann, der vielleicht blos der geringere 🜁 Antheil unterscheidet. Er findet sich häuffig im Pflanzenreich, als die gelatina im Thierreich. Am häufigsten findet er sich in den Saamen der Gräßer, den Umhüllungen der Quitten Saamen, in den Wurzeln der plantanum mutuacearum, und in den Stielen fast aller Fol 26

Früchte, besonders der süßen und sauren, namentlich der Kirschen. Ausserdem schwizt er auch häuffig als ein an der 🜁 troken werdendes Gummi aus den Pflanzen, wie bei Kirschen, Zwetschgen, u.s.f. und beym arabischen Gummi und seinen Arten, die durch Rizen oder Ausschwizen aus den Pflanzen erhalten werden. Aus den mehlichten Saamen der Gräßer wird er einfach dadurch erhalten, daß man das Mehl derselben mit kaltem ▽ abwascht, und dann einige Zeit stehen läßt. Bei diesem Abwaschen löst sich der Schleim des Mehls im ▽ auf, und beym Stehen lassen dieser Auflösung sondert sich zugleich die Stärke ab, die suspendirt war, und man hat eine reine Auflösung des Schleims im ▽ ; wann diese kann abgedampft werden, so erhält man den Schleim troken. Auf ähnliche Weise kann aus andern Pflanzentheilen durch Ausziehen mit kaltem ▽ der Schleim ausgezogen werden.

Chemische Verhältnisse

Ausser seiner Auflösung in kaltem ▽ , die ihn eigentlich charakterisirt, und besonders von der Stärke unterscheidet, so zeigt er noch das: wird er der troknen Destillation unterworfen, so gibt er die brenzlichte Schleimsäure und daneben 🜁† , aber keine Spur von ⊖^ . Ist das Feuer nicht so hefftig, so bleibt auch etwas ⟁ zurük; ist der Feuersgrad hefftiger, so geht er fast ganz in ▽ und 🜁† über; nur beträgt die Menge der 🜁† nicht soviel, als bei der trokenen Destillation des Zukers im nemlichen Feuersgrad. Es scheint ihn also geringere Menge von 🜁 vom Zuker zu unterscheiden. Wird er am Licht verbrannt, so wird er ebenfalls wie Zuker schwarz, und geht dabei in 🜁† und ▽ über,

Fol 263

aber er zeigt bei weitem den Grad von Brennbarkeit nicht, wie Zuker, und brennt nicht mit so lichter Flamme, wie dieser. Dieß könnte sonderbar scheinen, da er doch weniger 🜁 enthält; allein es erklärt sich damit vielleicht, daß im Pflanzenschleim der 🜍 abwesend ist, der gewöhnlich im Zuker vorhanden, und daß überhaupt auch sonst mit einem gewißen Grad von Gehalt an 🜁 die Brennbarkeit zunimmt. (25)

Wird über ihn +⦶ abgezogen, so wird er unter Entweichung von ⦶🜁 in Sauerklee und Apfelsäure umgeändert. Wird er in einer mehr trokenen Gestalt der 🜁 ausgesezt, so zeigt er keine Verbindbarkeit damit, und unterscheidet sich damit von Extraktivstoff; Wird er aber in vielem ▽ aufgelöst, der 🜁 länger ausgesezt, so scheint eine wirkliche Absorption der 🜁 statt zu finden, und er anfangs dadurch zukerartig zu werden, aber sehr bald sauer zu werden, und eine wirkliche saure Gährung zu bestehen, die man sich nicht allein von der 🜁 absorption, sondern auch von einer Transposition der Bestandtheile des Schleims selbst zu erklären hat. Der Uebergang des Schleims in eine zukerartige Materie durch 🜁 Absorption beym Befeuchten scheint auch beym Keimen der Saamen statt zu finden.

III. Eine 3te Materie ist die sogenannte Stärke, amylon , matiere amylacee.

Sie findet sich ebenfalls meistens in Gesellschaft des Schleims häuffig im Pflanzenreich vor. Eine Hauptquelle sind die Saamen der Getraide Arten, wo sie neben dem Pflanzenschleim und Pflanzenleim enthalten ist, und den dritten Bestandtheil des Mehls konstituirt. Sie findet sich aber auch vorzüglich häuffig in den Knollen der Knollengewächse, in den Kartoffeln, auch in den Zwiebeln der Orchiden und dergleichen. Man bereitet sie aus den Saamen der Getraide Arten einfach damit, daß man das Mehl mit

Fol 264

kaltem ▽ übergießt, und es in den Händen knettet, und so lange ▽ zugießt, bis etwas ganz auflösbares zurükbleibt vom Mehl in den Händen. Bei diesem ▽ Zuguß und Knetten löst sich der Schleim im ▽ auf, und die Stärke des Mehls suspendirt sich nun in dem durch Auflößung des Schleims spezifisch gewichtigerem ▽ und der Pflanzenleim bleibt unaufgelöst zurük. Lässt man die Auflösung des Schleims an der 🜁 stehen, so sezt sich die suspendirte Stärke allmählig zu Boden, und zwar reiner, wenn man die Auflösung des Schleims einer säuerlichen Gährung überläßt. Nach Abguß der Schleim Auflösung erhält man alsdann die Stärke rein zurük, die man noch mehr reinigen kann, wenn man sie wiederholt mit kaltem ▽ abwascht. Im Großen bedient man sich zur Bereitung der Stärke gewöhnlich der Methode, daß man die Körner des Getraides im ▽ so lange erweicht, bis ihre Hülsen aufspringen, und die enthaltene Materie einen zukerartigen Geschmak erhält, und in einen milchigten Safft umgeändert ist. Preßt man nach diesem Aufweichen der Körner in einem leinernen Tuch die Saamen aus in ein Gefäß mit ▽ , so fließt die milchartige Flüssigkeit aus, von dieser sezt sich das was das milchigte Ansehen hervorbringt, als Stärke im ▽ ab, während das süß schmekende der Milch, was wirklich im ▽ aufgelöst ist, und auflösbar ist, sich dem ▽ mittheilt. Die abgesezte Stärke nun wird nach Abguß des überstehenden Wassers von ihr getroknet als Kuchen und zerschnitten. Diese Stärke nun zeigt folgende chemische Verhältnisse. Fol 265

In kaltem ▽ ist sie nicht auflöslich, aber im warmen zu einer Art von Sulz, und diesem nach also ein Mittelding zwischen Pflanzenschleim und Pflanzenleim. Durch trokene Destillation gibt sie ebenfalls eine Menge brenzlichte Schleimsäure, hinterläßt aber mehr 🜂lichten Rükstand, und ist entzündlicher als Schleim. +⦶ über sie abgezogen, entstehen ebenfalls unter Entstehung von 🜁 Sauerklee- und Apfel Säure. in viel warmem ▽ aufgelöst, besteht sie ebenfalls eine saure Gährung, doch nicht so auffallend als der Schleim.

Diese beede Bestandtheile des Mehls, Pflanzenschleim und Stärke theils für sich, vorzüglich in Verbindung mit dem dritten Bestandtheil des Mehls, dem Pflanzenleim, zeigen noch eigene Verhältnisse. Wenn man nemlich das Mehl oder besser die Saamen der Getraide Arten, die es enthalten, mit vielem ▽ übergießt, oder nur lange mit ▽ Dämpfen befeuchtet, so erfolgt ein Süßwerden des enthaltenen Mehls, ein Uebergang desselben in ein milchartiges liquidum, und zugleich ein anfangendes Keimen des embryo oder Saamen. Würden die Saamen nun in diesem Zustand in ihrer Keimung plözlich arretirt durch schneller Austroknen mittels Wärme, oder dadurch, daß man sie ohne schnelle Troknung blos häuffig untereinander rührt, so stellen sie als dann im ersten Fall das sogenannte Darrmalz dar, und im 2ten das sogenannte Luftmalz, und wenn man sie mit ▽ auskocht, so liefern sie eine bräunlichte Auflösung im ▽ , die einen etwas süßlichten Geschmak hat, und sich allen ihren Erscheinungen nach wie eine Auflösung des Zukers im ▽ nach Zusaz eines ferments verhält. Diese Auflösung im ▽ nemlich stellt nichts anders dar, als was der Most vor der Weingährung darstellt; sie ist die Materie des Biers, die durch eine geistige Gährung nun wirklich zu Bier wird, und zwar, wenn Darrmalz angewandt wurde, so wird sie zum sogenannten braunen Bier, und würde Luftmalz angewandt, zum weissen Bier durch Gährung. Die Erscheinungen der Gährung bey diesem Werden zu Bier sind die nemliche, wie bei Fol 266 der Auflösung des Zukers im ▽ . Es entwikelt sich eine beträchtliche Menge 🜁 ,es verlirt sich der süße Geschmak, und ein weinartiger stellt sich ein, und die Auflößung liefert durch Destillation 🜅 . Die weinartige Flüssigkeit geht nachher unter 🜁 Einsaugung in einen Essig über, gerade wie der Wein, sie scheint also von der Auflösung des Zukers im ▽ nach bestandener Gährung durch nichts mehr unterschieden zu seyn, als durch größeren Gehalt an Schleim. Um izt aber dieses Bier zu einem angenehmen Getränk zu machen, werden gewöhnlich nach der Auflösung des Malzes im ▽ vor der Gährung Gewürze, wie Hopfen, zugesezt, die ungefehr das Nemliche leisten, als der Zusaz von Gewürzen an den Most, woraus der Wein wird.

Die Erklärung aller dieser Erklärung der Gährung ist die nemliche, wie bey der Weingährung, und beinahe die Nemliche wie bey der Veränderung, die das Mehl unter etwas abgeänderten Umständen erleidet. Es scheint nemlich eine völlige Aenderung vorzugehen, in Absicht auf Transposition der Bestandtheile des Mehls, und an denen zuvor blos vermengten Bestandtheile des Mehls mittelst der Gährung eine homogene Masse und wirkliche Mischung zu entstehen. Ebenso, wenn statt des Mehl (Fol 267) oder die Saamen, in denen es ist, auf die vorige Weise mit viel ▽ zu behandeln, man das Mehl blos zu einem Taig anfeuchtet und nun länger an der 🜁 stehen läßt, nachdem man es zuvor knetet, und dadurch die äußere 🜁 mit einwürkte, so gibt es allmählig einen stechenden Geruch nach 🜁[07] von sich, und nachdem sich dieser verlohren hat, so erlangt es den Essig Geruch, und die Mehlmasse selbst erscheint auffallend sauer, und stellt den <u>Sauertaig</u>, das <u>fermentum</u> <u>panis</u> vor.

Wird von diesem Sauertaig etwas an einen anderen Mehltaig zugemischt, so bringt er hier die aehnliche Veränderung schnell hervor, so stellt er ein sauer und widrig schmekendes Brod dar. Wird aber dieser Sauertaig als Zusaz zu einem andern frischen Taig gebracht, und die nemliche Veränderung in diesem bewürkt, daß er in innere Bewegung geräth, Luftblasen, und damit einen stechenden Geruch entwikelt. Dieser andere Taig, nachdem diese Aenderung biß auf einen gewißen Grad in ihm vorgieng, von neuem geknetet und Luft eingewirkt, und dann ausgetroknet und gebaken im Bakofen, so wird er zum <u>Brod</u> einer Masse, die durch und durch mit 🜁 Blasen durchdrungen ist, die theils herrühren von der entstandenen 🜁 , theils von der einwürkenden 🜁 beym Kneten. Dieses Brod schmekt nicht mehr sauer, wenn die Gährung nicht zu lange dauerte, wo es enthält die Bestandtheile des Mehls gleich dem Bier chemisch unter einander vermischt, nicht mehr blos gemengt wie es im Mehl ist. Man kann daher auch aus diesem Brod den Schleim, den Leim und die Stärke immer abgesondert darstellen. Die nehmliche Veränderung des Mehls zu einem Brod unter vorangegangener Brodgährung erhält man, wenn (Fol 268) man statt Sauertaig zum Mehltaig blos Bierhefe als Ferment hinzusezt, und das Brod wird dadurch noch weniger sauer, und meistens noch lokerer und erhält den Namen <u>Lokerbrod</u>. Vergleicht man diese Veränderungen des Mehls, und seiner gemengten Bestandtheile bei seiner Verwandlung in Brod und Bier, so erhellt, daß das Bier nichts ist, als ein flüssiges Brod, und dieses ein festes Bier.(26)

Einer dritten Veränderung des Mehls und seiner Bestandtheile nach kann gedacht, wenn geschrotene Rokenkörner unter Zusaz von etwas Mehl mit warmem ▽ angebrüht und nachher mit zimmlich viel kaltem ▽ übergossen würden, so daß es einen eigentlich dünnen

Brey gibt, und etwas Bierhefe zugesezt wird, so geräth die ganze Masse nach wenigen Stunden in Gährung, es entwikelt sich betächtlich viel 🜁 , und zugleich entsteht der Geruch nach 🜈.
Unterwirft man die Menge der Destillation, so erhält man den Korn brанntwein übergehend.

Das Mehl besteht also izt, wie bei der Bierbereitung nach vorheriger Verwandlung des Schleims in Zuker eine eigentliche geistige Gährung, deren Resultat das Entstehen eines würklichen 🜈 ist, wie bey der eigentlichen Biergährung das Resultat ein weinartiges Getränk ist.

Wird hingegen statt aller dieser Behandlung das Mehl und die in ihm gemengte Bestandtheile blos mit ▽ zu einem Theig gemacht, und sodann ausgetroknet und gebaken , so erhält man kein eigentliches Brod, sondern blos eine Masse, wie in den Oblatten, dem ungesäuerten Brod, und wird vorzüglich die Stärke des Mehls etwa mit dem Pflanzenleim noch des Mehls in warmem ▽ gekocht, so entsteht daraus ein bloser Kleister. Fol 269

IV. Eine 4te Materie ist der sogenannte Aiweisstoff, albumine.

Dieser findet sich in ungeheurer Menge sowohl in Thieren als Pflanzen. In den Thieren, namentlich den rothblütigen, konstituirt er den größten Theil des Blutserums, auch ganz das Aiweis der Aier; überdieß ist er im Gehirn und in den Nerven, und in andern weißen verhärteten Theilen neben der gelatina äusserst häuffig vorhanden. In den Pflanzen ist er zwar sparsam vorfindlich, und man übersah es sogar lange in ihnen; inzwischen findet er sich doch auch hier fast allgemein, aber nur in einigen in vorzüglich beträchtlicher Menge, namentlich in den Schwämmen, und überdieß in einigen Tetradynamisten zB. dem gemeinen Kohl; vielleicht rührt er auch daher, daß die Schwämme und die Aier beinahe gleiche nutritive Wirkung,und was Folge davon ist, im thierischen Körper zeigen.

Die Art der Darstellung des Aiweisstoffs läßt sich aus seinem sogleich anzuführenden Eigenschaften von selbst abnehmen. Sie sind folgende:Er löst sich in kaltem ▽ leicht auf,in warmem ▽ aber, und überhaupt in einer Wärme, die ohne ▽ an ihn gebracht wird, ist er gerinnbar durch △ zu Säuren, die Luft an ihn absezen, auch durch 🜈 , entweder, weil er △ an ihn absezt, oder die Zumischung der 🜈 eine beträchtliche Hize entwikelt. Diesen Verhältnissen des Aiweisstoffs nach kann er dargestellt werden, indem man thierische und Pflanzentheile mit kaltem ▽ behandelt, und dadurch ausgezogen durch Wärme zur Gerinnung bringt. In kaustischen ⊖n oder ⊖ überhaupt ist der Aiweisstoff auflösbar, dahingegen der fibröse Stoff der Thiere vorzüglich blos in Säuren auflöslich ist. Der bereits geronnene Aiweisstoff zeigt sich übrigens in einigen Säuren auch auflöslich, er verräth dadurch einige Ähnlichkeit mit dem fibrosen Stoff des Blutes, und dieß begründet schon für sich die Vermuthung, daß im thierischen Organismus der Aiweisstoff, namentlich also das Serum des Bluts, mittelst vorangegangener Gerinnung durch △ , in fibrosen Stoff umgeändert werden wie beym Athmen der Destillation unterworfen als geronnen oder ungeronnen, bei etwas verstärktem Feuer liefert der Aiweisstoff ⊖^ oder ⊕ , etwas weniger brenzlichtes Oel und Säure. Durch Abziehen von +Φ über ihn ist er nach Art des fibrösen Stoffs in zusammengesezte Säuren umänderbar. Nachdem er geronnen Fol 270 ist, und eine langsame Gährung besteht, scheint er eine Verwandlung in eine fettige Materie bestehen zu können, vorzüglich unter Entwiklung von ⊕. Dieß scheint beym käs zu seyn, der größtentheils nichts, als geronnener Eiweisstoff.

V. Eine neue Materie ist der thierische Leim, gelatina [animalisch]

VI. Von dem Branntwein Fol 272

Uiber seine Entstehung bey der weinigsten Gährung wurde schon beym Zuker geredt. Seine Vermischbarkeit mit ∇, mit Säure, seine Fähigkeit, viele +△ zu entziehen, und zu einem Äther umgewandelt zu werden, sind bereits erwähnt, so wie auch seine Verhältnisse gegen kaustische und luftsaure ⊖n: es kann nur angemerkt werden, daß er von ⊜ diejenigen vorzüglich auflöst, die an der △ zerfließen, und viele △ zu enthalten scheinen, daß er von Oelen ebenfalls, die aufgelöst, die mit △ verbunden sind, daß er beym Verbrennen in der △ ohne Rauch und Ruß und Hinterlassung einer △ in △ und ∀ umgeändert wird, und endlich noch, daß er beym Abziehen von +Φ über ihn gleich dem Zuker zusammengesezte Säuren liefert, namentlich Sauerkleesäure.

Noch gehört unter diese Klasse

VII. Der Extraktivstoff

Allein diese Materie ist zu nah verwandt mit einigen folgenden zwischen der dritten und 4ten Klasse, seine Natur zu wenig untersucht, daß sie füglich hier überflogen wird, und in der Folge vorkommt.

Anmerkungen.

Über alle Materien der 2 ersten Klassen kann im allgemeinen gesagt werden: alle stellen Säuren dar, wenn man sie mit +Φ Fol 273 durch Destillation behaucht, oder einer freiwilligen Gährung überläßt, oder einer trokenen Destillation in einem beträchtlichen Feuer unterwirft, besonders aber alle ohne Ausnahme bei der Behandlung mit +Φ.

Dritte Abtheilung

Dritte Klasse von zusammengesezten Materien.

Diese Klasse ist bestimmter charakterisirt, als die vorigen Klassen, so bestimmt, als die einfachen Materien.

Sie sind durch einen entschieden sauren Geschmak und daneben eine beträchtliche Auflöslichkeit im ∇ und einem geringen Grad von Brennbarkeit, die ihnen aber immer noch zu kommt, ausgezeichnet. Man kann sie nach ihrem Ursprung in zusammengesezte thierische und Pflanzen Säuren eintheilen. Alle haben es gemein, daß sie unter Anwendung von sehr hefftiger Hize in △ und △, mit ⧖ und etwas zurük bleibende △ zerlegt werden, bei thierischer Säure aber und unreinen Pflanzensäuren kommt ausser den genannten Materien beym Behandeln im Feuer unter übrigens den nemlichen Umständen zugleich ⊕ und ⊖^ zum Vorschein, und wenn die Hitze, in der diese Säuren behandelt werden, nicht zu hefftig ist, kommt immer auch ein brenzlichtes Oel zum Vorschein. Alle diese zusammengesezte Säuren entstehen

a.) entweder durch die in den Organisationen selbst vorgehende Prozesse, und in diesem Fall sind sie fast blos durch ∇ aus den Körpern extrahirbar, namentlich aus den Pflanzen, und sie führen in diesem Fall den Namen wesentliche Salze der Pflanzen salia essentialia, zB. Sauerkleesalz.
b.) oder sie entstehen durch Gährung ohne künstliches Hinzuthun von 🜁, namentlich die +♀, der Essig u.s.f.
c.) oder sie entstehen, durch künstliches Hinzuthun der 🜁, namentlich durch +⌽ an die obige Körper Zuker Schleim u.s.w. Fol 27
Dahin gehört die künstlich bereitete Zukersäure.
d.) oder sie entstehen durch ein der Gährung ähnliches Umändern des Verhältnisses der Bestandtheile zusammengesezter combustibilien in der Destillations Wärme; dahin gehören die brenzlichte Schleimsäure, brenzlichte +♀ und dergleichen.
Die Grundlage aller dieser Säuren wird immer geliefert durch die zusammengesezte Materien der 1ten und 2ten Klasse, und es wird in diesen Grundlagen bei der Bildung der Säure immer entweder die Menge der 🜁 wirklich vermehrt, und dadurch die Grundlage in Säure verwandelt, oder die Menge der 🜁 blos Verhältnißweis der andern Bestandtheile der Grundlage vermehrt. Alle diese zusammengesezte Säuren sind sich also ähnlich, und differiren also größtentheils blos im Verhältniß ihrer Principien, und sind mit Umänderung dieser Verhältnisse ineinander verwandelbar. (27)
Von solchen zusammengesezten Säuren nun hat man aus Vegetabilien und ihren Stoffen auf die allgemein angegebene Weise folgende dargestellt:
1.) Citronen- 2.) Aepfel- 3.) Galläpfel- 4.) Zuker-5.) Weinstein- 6.) Eßig- 7.) brenzlichte Weinstein- 8.) brenzlichte Schleim und Zuker- 9.)brenzlichte Holzsäure; die 3 leztere aber sind wesentlich nicht verschieden; 1o.) Bernstein- 11.) Benzoe- 12.) Kampfersäure; 13.) Honigsteinsäure; 14.) Kork- und Erbsensäure. Die zusammengesezten Säuren, die man aus thierischen Stoffen bis jezt darstellte, sind: 1.) Milch-, 2.) Milchzuker- 3.) Ameisen-, 4.) Seidenwürmer-, 5.) Fett-, 6.) Berlinerblau-, 7.) Blasenstein-, 8.) Zoonische Säure; 9.) Blut- oder Cruor Säure. Von diesen Säuren ist namentlich ist die Ameisensäure keine originaire, sondern auf 2 veget. reduzirbar, namentlich Essig- und Aepfel- Säure nach Fourcroy.

I. Vegetabilische Säuren

1.) Citonensäure, acide citrique.

Sie ist der ausgepreßte saure Safft der Citronen. (28) Er befindet sich aber noch nicht in seinem reinen sauren Zustand, indem er weniger Veränderungen unterworfen ist, sondern viel mehr Fol 27
wenn er sich selbst überlassen wird, so sezt er den mucilago und gluten zu Boden, und besteht eine Art Faulung, und dabei verlirt er am Ende seinen Geschmak. Um daher die Citronensäure in einem reinern weniger Veränderungen unterworfenen Zustand zu erhalten, verfährt man folgender Weise: Man sättigt den ausgepreßten Citronensaft mit gepulverter Kreide. Aus dieser Sättigung erhält man ein im ∇ minder auflösliches zu Boden sizendes ⊖, einen sogenannten Citronenschleim, eine Citrate de Chaux.
Wird dieser Citronensäuren¥ mit ∇ abgewaschen, und nachher mit +⊕ mit dem ¥ zu einem Gips, und die Citron Säure wird frei.
Durch etwas Abdampfen kann der etwa in der Citron Säure noch

befindliche Gips zum völligen Niedersizen gebracht und durch das Filtrum geschieden werden, die abgeschiedene Citron Säure selbst aber kann durch gelindes Abdampfen und Stehenlassen an der 🜂 zur krystallisation gebracht werden, und stellt nun so die reine Zitron Säure dar. Nach Vauquelins Beobachtung soll man durch Behandlung des Pflanzenschleims mit +⊖, namentlich dephlogistisirter, auch aus dem Schleim eine solche Citronsäure in den Tamarinden neben der +♀ vorhanden, und die von Reeder ehmals aufgeführte Tamarindensäure (29) ist nichts, als eine Verbindung der Citron Säure und +♀. Diese Citron Säure ist durch folgende Eigenschaften ausgezeichnet: ihre krystallisirbarkeit und Krystallisirung in rhomboidalischen Blättern, ihre leichte Auflöslichkeit in ▽, durch ihre Verbindung mit ♆ zu einem unauflöslichen ⊖, durch ihre Verbindbarkeit mit allen andern alkalischen 🜄 en, so wie auch allen ⊖n. Durch ihre größere Verwandtschaft gegen die alkalische 🜄n, als gegen die ⊖n durch ihre Nichtverwandelbarkeit in Zukersäure mit +⦶, durch ihre Decomposition durch langsame Faulung, wenn sie im ▽ aufgelöst ist, und endlich durch ihren eigenen von Geruch der Citrone etwas partizipirten Geruch. Somit läßt sich über diese Säure sagen, so wie sich überhaupt von den zusammengesezten Säuren nichts bestimmtes sagen läßt. Es sind beinahe keine specifische bestimmte Charaktere bei diesen Säuren möglich, da ihrer unendlich viele werden könnten. [vgl. 3.Kapitel] Fol 276

2.) Von der Aepfelsäure, Acide malique

Sie ist eine andere Gattung von in neuerer Zeit näher untersuchten zusammengesezten Säuren, die von Scheele zuerst entdekt wurde. Sie findet sich gebildet im Safft der sauren Aepfel und anderer reifen und unreifen Frucht, und selbst im thierischen Körper, namentlich den Ameisen und nach Fourcroy im Pollen des Dattelbaums. Man erhält sie aus den sauren Aepfeln nach Scheeles Methode folgender Weise; in dem man den Saft auspresst, und mit Potasche sättigt, den gesättigten Safft filtrirt, und auf den filtrirten liquor eine Verbindung des ♄ mit Essig in liquider Form gießt. Mittelst doppelter Affinität erhält man eine sich präcipitirende Verbindung des ♄ mit der Aepfelsäure, und anderer Seits der Essig Säure mit dem ⊖veg. Wird nun auf die Verbindung des Blei mit Aepfelsäure +⊕ gegossen, so entsteht ein unauflöslicher ♄⊕, und die Aepfel Säure wird frei, und kann durch Filtration von ♄⊕ getrennt werden. Man könnte auch auf kürzerem Maas die Aepfel Säure so bereiten, daß nach Sättigung des sauren Safftes mit ⊖v, und wenn man so eine malate de potasse erhalten hätte, unmittelbar auf diese malate +⊕ göße, in diesem Fall würde die Aepfel Säure ebenfalls frei werden, und ein vitriolisirtes ♀ entstehen. Weil aber dieser doch zum Theil in der abgetrennten Aepfel Säure wieder auflöslich wäre, so ist die erste weitläufigere Methode um eine reine Aepfel Säure zu erhalten vorzuziehen. Fol 277

Chemische Verhältnisse

Die Aepfel Säure läßt sich nicht in Krystalle bringen, sie bildet mit den ⊖n an der 🜄 zerfließend ⊜, mit dem ♆ ist sie krystallisabel, aber die krystallisable Verbindung ist im ▽ leicht auflöslich und liquid gegen die Weise der Citron Säure, daher auch die Aepfel Säure von der Citron Säure leicht geschieden werden kann, wenn sie zugleich in Früchten sind, durch Zusaz von ♆. Die Auflösungen von ☿, ♄, ♃ u.von ☉ in +⦶ vorzüglich und

VR werden von der Aepfel Säure metallisch niedergeschlagen, worüber in so fern nicht zu verwundern ist, da die Aepfel Säure die reduzirte combustibilien enthält. Die Aepfel Säure enthält, wie es scheint, weniger 🜁, als die Zuker Säure und Essig Säure, wie man daraus abnehmen kann, daß sie wenn man Zuker mit +⦶ behandelt, vor der Zuker Säure erscheint, und erst durch fortgesetztes Behandeln mit +⦶ zu Zuker Säure wird. Ferner, daß man durch abziehen von +⦶ über bereits gebildete Aepfel Säure Zuker Säure erhält. Vermöge dieses geringern △ Antheils, als bei der Zuker Säure erklärt sich noch bestimmter die Produktionsfähigkeit einiger Metalle durch die Aepfel Säure.

3.) <u>Von der Galläpfel</u> oder <u>Gallus Säure</u>, <u>acide gallique</u>.
Sie findet sich in den meisten zusammenziehend schmekenden Pflanzen, den Galläpfeln, der Eichenrinde, und fast allen Theilen der Eiche, im Granatapfel in der Wurzel der Tormentilla Potentilla und anderer zusammenziehender Gewächse, auch namentlich im ächten Thee. Man gewinnt sie gewöhnlich so aus den Galläpfeln oder Eichenrinde im ▽ eingeweicht, und so lange stehenläßt, biß sich Schleim und Schimmel abgesezt haben. Wird nach diesem Absaz die Flüssigkeit abgegossen, und sich selbst in der Ruhe überlassen, so sezen sich allmählig Krystalle aus der Flüssigkeit ab, die im 🜄 auflöslich sind, und zugleich bleibt etwas Schleim zurük, der im 🜄 unaflöslich ist. Wird der 🜄, in dem die Krystalle aufgelöst sind, abgedampft, so bleibt nach der Abdampfung an den Krystallen die reine Galläpfel Säure zurük. Fol 27
Statt der Bereitung durch wässrigten Aufguß und Schimmeln und Absaz von durch 🜄 ausziehbar. Bei krystallen kann man sich auch der Methode bedienen, daß man das Galläpfelpulver mit 🜄 infundirt, und dann abdampft, wo spießigte Krystalle der Gallus Säure übrig bleiben. Sie ist aber unreiner. Man kann sich aber auch der von Deyeux vorgeschlagenen Methode bedienen, daß man die Galläpfel einer Sublimation unterwirft, wo die Galläpfel Säure sich sublimirt, sie scheint aber auch minder rein zu seyn.
Ihre Eigenschaften sind folgende: Ihre Auflößlichkeit im 🜄, ihre spießigte Krystalle; sie zeichnet sich aus durchs Röthen der Lacmus tinktur, und ihren zusammenziehenden Geschmak, durch Niederschlagung der ♂ Auflösungen mit schwarzer Farbe als <u>Tinte</u>, durch Reduciren und Praecipitiren anderer Metall ♆ e, die in Säuren aufgelöst sind, durch ihre Brennbarkeit in der △ mit Zurüklassung von 🜁 und durch ähnliche Producte bei der Destillation, wie sie andere Pflanzen Säuren geben, durch ihre Verwandelbarkeit in Zuker Säure mittelst +⦶ und endlich durch die auflösliche die sie mit der 🜃 und ⊕n bildet. Ihrem Wesen nach scheint sie durch eine beträchtliche Menge von 🜁 ausgezeichnet zu seyn, und vielleicht rührt daher ihr zusammenziehender, minder saurer Geschmak, wie sie andere Pflanzensäuren geben, durch ihre Verwandelbarkeit in Zuker Säure mittelst +⦶ und endlich durch die auflößliche ⊖e, die sie mit der 🜃 und ⊕ bildet. Ihrem Wesen nach scheint sie durch eine beträchtliche Menge von 🜁 ausgezeichnet zu seyn, und vielleicht rührt daher ihr zusammenziehender minder saurer Geschmak, vielleicht wäre sie auch durch Abziehen von +⦶ über gem. 🜁 bereitbar. (30) Sie ist nicht das eigentliche Gerbmaterial, wirkt aber meistens mit diesem in Verbindung. Fol 27

4.) <u>Von der Sauerklee- oder Zukersäure</u>
Sie ist einem großen Theil nach schon in den Pflanzen gebildet

worden, namentlich der oxalis acetosella. Sie wird folgendermaßen aus dieser Pflanze dargestellt. Wenn ihr ausgepreßter Safft durchgeseiht und abgedampft wird, so erhält man nach mehrmaliger Wiederholung ein saures ⊖, das Sauerkleesalz, acidule oxaliqu. Hier ist die Sauerkleesäure zwar überschüssig vorhanden, aber zugleich mit etwas ⊖v in Verbindung. Aus dieser Verbindung kann die Sauerkleesäure gesezt werden dadurch, daß man ⊖^ zusezt, und damit die überschüssige Säure sättigt. Zu dieser Verbindung wird sodann +⊕¥ zu einem unauflösl. Salz, und eine Verbindung des ⊖ mit +⊕. Wird nun auf der Sauerkleesäure ¥+⊕ gegossen, so entsteht ein Schwerspath, der im ▽ ganz unauflöslich ist, und die Sauerkleesäure wird frei, und erscheint nun als acide oxalique. Schneller, jedoch weit kostbarer erhält man die Sauerkleesäure unter dem Namen der Zukersäure; Diese läßt sich durch nochmaliges Abziehen von +⊕ über sie in Essig Säure und △ umwandeln, wieder unter Entstehung von nitroser △, und ▽ allein umwandeln, wenn ihr nicht etwas +♀ von Zuker herbey gemischt ist. Diesen bisherigen Verwandlungen der Pflanzensäure nach würden alle diese im Grad der Säure so auf einander folgen; Aepfel- Galläpfel, Zuker und Essigsäure, so daß die leztern mehr △ hätten, als die erstern. Diese Zukersäure ist durch folgende Eigenschaften ausgezeichnet: durch ihre spießig krystallische Form: ihre schwürige Auflöslichkeit im ▽, sodann ihre unauflösliche Verbindung, die sie mit dem ¥ bildet, durch die große Affinität der Sauerkleesäure und des ¥, der in jeder Hinsicht eine Größe ist, durch die mindere Verwandtschaft gegen die ⊖v als alcalische ▽n, und endlich durch ihren Gebrauch bei ▽ Untersuchungen, da sie nemlich so große Affinität gegen ¥ hat, und ein im ▽ so unauflösliches ⊖ mit ihr bildet, so gibt der Zusaz der geringsten Menge Sauerkleesäure an ein ¥ haltiges ▽ den ¥ sogleich zu erkennen durch weisse Wolken, und einen Bodensaz, der entsteht; aus der Verbindung mit ¥ kann sie am kürzesten getrennt werden, jedoch nicht als Ganzes, durch bloßes Anzünden dieser ⊖, wo △¥ übrig bleibt. Fol 280

5.) Eine 5te Art von Säure, die man nicht immer als völlig gebildet in den Pflanzen antrifft, sondern dem größten Theil nach durch Gährung erhält, ist die Weinsteinsäure.

Man findet sie zuweilen und in geringerer Menge schon im ausgepreßten Traubensafft der Tamarinden. Gewöhnlich und in größerer Menge erhält man sie im sogenannten Weinstein, wo sie mit dem ⊖v in Verbindung ist unter dem Namen acidule tartareux. Dieser sezt sich während der unmerklich fortgehenden Gährung des Weins an den Wanderungen der Fässer ab, und ist nichts, als eine Verbindung der +♀ mit ⊖v, jedoch daß die +♀ im Überschuß vorhanden ist darinn. Wird dieser ♀ im ▽ gekocht, so löst sich das Auflösbare von ihm darinn auf, und sezt sich nach dem Erkalten der Auflösung entweder auf dem Boden als crystalli tartari, oder an der Fläche der Auflösung unter dem Namen Cremor tartari ab, oder überhaupt des gereinigten Weinsteins, der auch acide tartareux heißt, übrigens wie der rohe ♀ die +♀ mit ⊖v in Verbindung enthält. Wird die Auflösung dieses über saurem ⊖ im ▽ an der △ gelassen, so dekomponirt sich diese Auflösung unter Absaz von Schleim allmählig, der säuerlichte Geschmak geht verlohren, und zugleich bleibt ⊖v zurük; die Säure würde demnach durch Fäulung unter diesen

Umständen zerstört nach Art der Zitronensäure. Wird zu diesem übersauren im ▽ schwer auflöslichen 🝫 zugesezt, so wird er auflöslicher um und stellt einen Cremor Tartari boraxatus dar. Bei dieser Beförderung der Auflöslichkeit der gereinigten 🜿 durch 🝫 ist zu bemerken, daß der 🜿 aufhört, 🜿 zu seyn, und sich eigentlich folgendes ereignet; das überschüssige ⊖m der 🝫 nimmt das überschüssige ⊖m des 🜿 in sich, und macht ein Segenette Salz, nach Wegnahme der überschüssigen Säure im 🜿 bleibt ein in ▽ leicht auflöslicher Tartarus tartarisatus übrig, daß man keinen 🜿 mehr, aber 3erlei ⊖n hat. Um nun auch diesen gereinigten oder rohen 🜿 die +🜿 rein darzustellen, verfährt man auf folgende Weise: zu einem Gemisch gepulvertem 🜿 und ▽ wird lebendiger Ψ gesezt; dieser verbindet sich nicht allein mit der überflüssigen + der 🜿 zu einem im ▽ minder auflöslichen 🜿, sondern auch mit der +🜿, die mit dem ⊖v im 🜿 verbunden ist, und das ⊖ wird demnach frei, und kann als ätzender im ▽ auflösliches ⊖ durch Filtration geschieden werden. Wird nun nach dieser Scheidung das ⊖ auf den 🜿 selenit +Ⓠ gegossen, so verbindet sich die +Ⓠ mit dem Ψ vorzugsweise zu eigentlichen Selenit und die +🜿 wird aus geschieden, durch Filtration von Gips getrennt worden. Wird sie nach dieser Trennung von Gips abgedunstet, so krystallisirt sie sich als reine Weinsteinsäure. Dieß ist das beste Verfahren, die +🜿 rein und in größerer Menge zu bereiten. Statt dessen kann man sich auch des Scheelischen Verfahrens bedienen, daß man statt ungelöschtem Ψ zum 🜿 zu sezen ♁Ψ hinzusezt, und übrigens, wie zuvor verfährt; allein dieß hat den Nachtheil, daß man weit weniger +🜿 erhält, weil der ♁Ψ blos die überflüssige +🜿 der 🜿 mit sich verbindet, und die mit dem ⊖ verbundenen unabgesondert übrig läßt. Diese +🜿 nun ist durch folgendes ausgezeichnet: durch ihre krystallinische Gestalt, durch ihren Geschmak und Geruch nach 🜿, auch als gereinigt durch ihre im ▽ leicht auflösliche Verbindungen mit ⊖v zu Tartarus tartarisatus, mit ⊖m zu Sal Seignette, Tartarede Sonde, Tartare d'ammoniaqu; durch die leichte Auflöslichkeit aller dieser Verbindungen mit den ⊖n, wenn sie zur Sättigung mit der Säure verbunden sind durch die schwürige Auflöslichkeit der ⊖n im ▽, wenn die ⊖n, namentlich das ⊖v nicht zur Sättigung verbunden ist, sondern ein Uibermaas von +🜿 besteht; ferner ist sie noch ausgezeichnet durch die schwürige Auflöslichkeit im ▽, die ihre Verbindung mit dem Ψ und Ⲯ zeigt, durch ihr Verbindbarkeit mit ♂Ψ zu Tartarus emeticus, eine Verbindbarkeit, die sich auch zeigt, wenn man statt der +🜿 gereinigt 🜿 anwendet; der so entstehende Tartarus emeticus ist milder in seinen Wirkungen, als der mit einer +🜿 bereitete; endlich ist sie ausgezeichnet durch ihre Verwandbarkeit in Zukersäure, wenn man +⦶ über sie abzieht. In ihrem reinen Zustand heißt sie acide tartarique, wiewohl man sie auch hie und da nur acide tartareux nennt, und in diesem Fall heißt der gereinigte 🜿 blos acidule tartareux.

Fol 281

Fol 282

6. Von dem Essig, acide aceteux.

Er kommt durch dem oben beschriebenen Gährungs Prozeß des Weins wenn die spirituöse in die faule Gährung übergeht, zum Vorschein. Er kann aber auch erhalten werden durch Abziehung von +⦶ über Zukersäure, und dann stellt er sich in Gesellschaft der ♁ ein. Er ist ausgezeichnet durch seine Fluidität, seinen eignethümlichen Geruch, durch seine auflöslichen Verbindungen mit den ⊕ namentlich mit den ⊕^ zu Spiritus Mindereri einem blos flüsigen ⊖ , mit dem ⊕ zu einer Terra foliata Tartari, die an der Luft zerfließt, und dann den liquor terra foliatae tartari darstellt, durch seine ungenannte Verbindung mit dem ⊕m zu einer acetite de houde, die an der △ bleibende Krystalle gibt durch seine Verbindung mit dem ¥ , die an der △ feucht wird, übrigens artig krystallisabel durch seine Verbindung mit ♄¥ und sein verkalken des ♄ . Wird nemlich ♄ in Blättern den Essig Dämpfen ausgesezt, so wird es zu weissem ♄¥ , dem sogenannten ♄ weis zerflossenen. Zu diesem ♄ weiter Essig gethan, so geht es in den krystallinischen süß schmekenden ♄ Zuker über, und noch mehr Essig zugethan, konstituirt der ♄¥ das acetum lythergyris, den ♄ Essig. Wird der Essig mit andern Metall ¥ en zusammengebracht, und durch Destillation gesondert, so geht er als concentrirter Essig, Essigsäure acide acetique über. Fol 283

7.) Von der brenzlichten Weinsteinsäure, acide pyrotartarique

Sie wird bereitet durch trokene Destillation des ♀ . Dabei geht zuerst ▽ und dann damit vermischt die brenzlichte +♀ über, und später brenzlichtes Oel. Sie ist ausgezeichnet durch ihren brandigten Geruch, braune Farbe, Krystallisirbarkeit und durch ihre ⊜n, die sie darstellt.

8.) Die brenzlichte Schleimsäure.

Sie wird bereitet durch trokene Destillation des Zukers, Gummi, der Stärke und vermuthlich auch des Milchzukers. Sie ist ausgezeichnet durch angenehmen brenzlichten Geruch, wie bey geschmolzenem braunen Zuker, und durch ihre leichte Verflüchtigbarkeit.

g.) Die brenzlichte Holzsäure, acide pyrolignique.

Sie wird erhalten durch trokene Destillation unserer gemeinen Holzarten. Sie ist charakterisirt durch ihren unangenehmen brenzlichten Geruch, zeigt wie die vorigen keine Krystallisirbarkeit, im Feuer ist sie leicht zersezbar und zerstörbar , und in mehrere Varietäten veränderbar, flüchtig, wie die vorige.

Alle 3 lezten sind im wesentlichen eine Species, wie Fourcroy neuerlich zeigte, und alle durch brenzlichten Geruch ausgezeichnet und ihrem Wesen nach, wie es scheint,daß sie wenigere 🜁 halten, als die andern zusammengesezten Säuren, diese aber in solcher Verbindung mit Ӿ , daß eine gekohlte Ӿ entsteht, die mit △ und ▽ nur loose verbunden, so daß von dieser loosen Verbindung aus der brenzlichte Geruch erscheint, oder daß sie freier auf das Geruchs Organ würken kann. Fol 284

10.) Von der Bernsteinsäure, acide succiniqù.

Man erhält sie neben einem Oel von zurükbleibender 🜁 durch Sublimation oder Destillation des Bernsteins; sie scheint daher ohne einen neuen Zusaz von △ im Bernstein gebildet vorhanden zu seyn, und aus ihm in konkreter Gestalt zum Vorschein zu kommen, und ist durch vermuthlich auch durch ⊕n aus ihm ausziehbar. Sie ist durch folgende Charaktere ausgezeichnet; sie ist nadlicht krystallisirbar, nicht sehr auflöslich im ▽ , zeigt sich öhlicht und entzündbar, einen Geruch nach Erdharz, ist mit dem 🜃 näher, als mit den 🜨 verwandt, und bildet krystallisirbare, an der 🜂 beständige ⊖n mit den Metall ¥ en.

11.) Die Honigsteinsäure, acide mellitique.
Diese findet, unerachtet sie unmittelbar aus dem Mineralreich kommt, ihren Plaz unter den Pflanzensäuren, theils, weil sie an das Mineral, woraus sie gewonnen wird, aus dem Pflanzenreich gekommen zu seyn scheint, theils wegen ihrer Aehnlichkeit mit Pflanzensäuren. Man gewinnt sie aus dem Honigstein, einem in Thüringen zwischen Braunkohlen sparsam vorkommenden Mineral, das oktandrisch krystallirt, gelblicht von Farbe ist, und seiner Mischung nach neben der Honigsteinsäure 🜃, etwas weniger ¥ und ♂¥ enthält. Ihre Bereitungsweise ist nach dem Entdeker Klapproth und nach Vauquelins gleichzeitiger Untersuchung diese: man vermischt den gepulverten Stein mit einer Auflößung der 🜂⊕ in ▽ ; dabei verbindet sich die Honigsteinsäure unter Aufbraußen mit den ⊕, und die übrige Materien bleiben unaufgelöst zurük. Auf die nun filtrirte Verbindung der Honigsteinsäure mit dem ⊕ wird nun +⦶ gegossen. Auf diesen Zuguß entsteht ein ⦶ Auflößung, die eine Abtrennung der Honigsteinsäure, die nach einiger Zeit krystallisirt wird. Fol 285

Charakteristik: Ihre Krystallisation ist in nadlichten Prismen, ähnlich der Zukersäure. Die Säure ist verbrennlich, und durch Destillation eo ipso auch zerstörlich, sie trübt nach Art der Sauerkleesäure ¥ und ¥🜂 , ist im ▽ schwer auflöslich, übrigens von der Sauerkleesäure dadurch unterschieden, daß wenn sie an eine Auflößung von Gips in ▽ gesezt wird, sie sich mit dem ¥ des Gips zu einem krystallinischen Praecipitat verbindet, und nicht pulverichten, wie die Sauerkleesäure; ferner damit, daß sie weniger Säure, und hinterher etwas bitter schmekt. Dieser Geschmak rührt vielleicht von etwas Bergöhl her, und wäre dieß, so möchte sie sich auf Sauerkleesäure reduziren. Verbindet man sie mit ⊕ᵥ , und sezt sie an eine Auflösung der ⦶ in ▽ , so erfolgt ein wirkliches Praecipitat, vermöge doppelter Affinität. Dieses erfolgt aber nicht, wenn man Sauerkleesäure mit ⊕ᵥ anwendet.

12.) Die Benzoesäure, acide benzoique.
Man erhält diese Säure aus dem wohlriechenden Benzoeharz, einem vegetab. Product. Man erhält sie auf doppelte Weise:

a.) daß man das Benzoeharz einer trokenen Sublimation unterwirft; dabey legt sich in krystallinischer Gestalt die Benzoesäure an, und es bleibt ein eigentliches Harz zurük von den Balsam.

b.) Man erhält sie aber auch auf nassem Weeg dadurch, daß man gepulvertes Benzoe Harz mit ¥▽ verrührt, und einige Zeit stehen läßt, sodann die Flüssigkeit abgießt, und das Überbleibsel des BenzoHarzes von neuem mit ¥▽ übergießt und kocht, und wieder abgießt, und nun die abgezogene sämtliche Flüssigkeiten abdampft; diese enthalten nun die Benzoesäure mit ¥ verbunden. Aus dieser Verbindung wird nun durch zugesezt +⊖ die Benzoesäure in ähnlicher fester Gestalt gefällt, wie man sie zuvor durch Sublimation erhielt. Fol 286

Karakteristik. Sie ist ausgezeichnet durch einen aromatischen Geruch nach dem Benzoeharz, besonders wenn sie etwas erwärmt wird, ihre feste krystallinische Gestalt und ihre krystallisation in zusammengedrükten Prismen, ihren schwachen sauren Geschmak, ihre schwürige Auflöslichkeit im ∇, ihre Schmelzbarkeit, Flüchtigkeit im Feuer, ihre Entzündbarkeit und durch die Auflöslichkeit in +⦶ und Umwandelbarkeit durch diese +⦶. Ihre Verbindungen mit anderen Materien sind bis izt weniger untersucht. Man fand sie in unserer Zeit unerwartet äußerst häuffig im Urin der Pferde.

13.) Die Kampfersäure, acide camphorique

Man erhält sie, wenn man mehreremal hinter einander +⦶ durch Destillation über Kampfer abzieht, wie besonders von Kosegarten (in seiner Behandlung De camphore) dargethan ist. Sie ist ausgezeichnet durch ihre trokene krystallinische Gestalt, durch bittern Geschmak, beym Anzeigen von + in blauen Pflanzensäften, ihre Verbindbarkeit mit andern ∇ n und ⊖n, auch durch krystallisirbares ⊖^, ihre geringere Affinität gegen ♆, als Sauerkleesäure. Ihres eigenen bittern Geschmaks wegen verdiente sie nähere Untersuchung, und ist nicht als rein anzusehen; vielleicht erzeugt sich beym Abziehen der ⦶ über den Kampfer ein ⊖n, und es kommt daher der bittere Geschmak, vielleicht aber ist mit der Kampfer+ noch ein Oel in Verbindung, das sich zugleich gebildet hätte beym Abziehen, und mit diesem Oel stelte die Säure eine saure Seife dar, die gewöhnlich bitter schmekend, und in dieser wäre sie wieder keine reine Säure.

14.) Die Korksäure, acide suberique

Sie wurde vom Buillon Lagrange (siehe seine Chemie 2.Thl 8.) entdekt, sie kann bereitet werden durch Abziehen von +⦶ über Kork, oder Pflanzenoberhaut von +⦶, da dieser neben ✿ den Kork in beträchtlicher Menge enthält, sie bildet sich von selbst mit der gelben Masse, die aus einem Korkstöpsel wird, der über rauchender +⦶ steht. Um sie aber reiner zu erhalten, ist nicht nur das Abziehen von +⦶ über Kork erforderlich, sondern auch zugleich nach diesem eine Reinigung durch Abwaschen mit ∇ und Vermischung mit etwas ▲ Pulver. Sie ist dadurch ausgezeichnet, sie ist von Farbe gelb in Nadeln krystallisabel, am Licht schwärzbar, durch Hize verflüchtigbar, durch Zusaz von △ in den liquiden Zustand übergehend, in kaltem ∇ schwer auflöslich, auflöslich dagegen in ∇, und in dieser Auflösung vorzüglich nach Mandelmilch riechend, die Berliner Blausäure scheint ihr daher nicht fremd zu seyn. Durch andere + en namentlich dephlogistisirte +⊖, ist sie verbrennbar, und durch alle diese Charaktere zusammen genommen wenigstens als eine Säure eigener Art karakterisirt.

Fol 287

15.) Die Erbsensäure

findet sich in den noch grünen Erbsen, theils frey, theils kann sie durch +⊖ dargestellt werden; sie ist ihren eigenthümlichen Verhältnissen nach nicht untersucht, und als eigene Gattung noch zweifelhaft.

Es könnte noch hierher referirt werden, die Schleimsäure, acide mucique oder saccholatique: allein diese wird unter den zusammengesezten thierischen Säuren erwähnt werden.

Anmerkung. Ausser den bisherigen zusammengesezten Pflanzensäuren wollte man noch im Kohl nach der Gährung (dem Sauerkraut) eine eigene Säure entdeken, die aber nicht untersucht ist.

Vermuthlich reducirt sie sich auf Essigsäure oder ein Gemisch von dieser und Aepfelsäure, überhaupt ist die Zahl der zusammengesezten Säuren indefinabel, so lange man das Gesez nicht kennt, nachdem die Verhältnisweise Combinationen der 3 Stoffe, 🜂, ⧗ und 🜁 möglich sind.

II. Thierische, zusammengesezte Säuren — Fol 288

[animalisch, außer:]

Die Milchzukersäure, acide saccholacitque oder muqueux. Diese wurde von Scheele entdekt. Man erhält sie vorzüglich aus dem sogenannten Milchzuker, saccharum lactis. Dieses leztere wird erhalten aus dem süßen Serum der Milch, nachdem es von dem Butter gesondert ist, durch bloßes allmähliges Abdampfen dieses süßen Milch Serums, und erscheint alsdann als eine Zukerähnliche feste, im ▽ auflösliche, von Geschmak süßlichte, vielen Pflanzen Schleim enthaltende Materie die man als ein Mitteldingg ansehen kann zwischen eigentlichem Zuker und Pflanzenschleim, denen es vermuthlich zuzuschreiben ist, daß man aus der Milch der Thiere wirklichen 🜄 brennen kann, die mit den Pflanzenstoffen die größte Aehnlichkeit hat. Aus diesem Milchzuker erhält man die Säure so: wenn über gepulvertem Milchzuker mehrmal +⦶ abgezogen wird, so kommt eine krystallinische Zukersäure zum Vorschein, neben diesem aber zugleich ein Pulver, das sich als Bodensaz aus dem liquiden absondert, das die eigentliche Milchzukersäure ist; sie ist dadurch ausgezeichnet, daß sie beinahe schmaklos ist, und was gewöhnlich damit verbunden ist, daß sie im ▽ schwürig auflöslich ist, keine krystal Gestalt zeigt, sich aber mit ⊖n und 🜄n nach Art der Säuren verbindet, mit lezteren aber zu insolublem ⊖n, daß sie bei der Sublimation ein durch Benzoe Geruch unterschiedenes ⊖ gibt, übrigens dabei, wenn die Hitze heftiger ist, zerstört wird, daß sie im starken Feuer beinahe wie ein Oel verbrennt, und sich also ihrer meisten Verhältnisse nach als eine zusammengesezte Säure zeigt, so wie auch schon ihre Verhalten nach gegen Pflanzensäfte. — Fol 289

Appendix

über die bisherigen 3 Classen

Es muß noch einiger Materien gedacht werden, die sich unter jede der vorigen Classen fast gleich referiren.

1.) Unter diese unbestimmte sich einer oder mehrere der vorigen Classen zugleich fügenden Materien gehört der Extraktivstoff, Extractice. Er findet sich in Thieren und Pflanzen, und ist von den andern Materien vorzüglich ausgezeichnet dadurch, daß die Charaktere der anderen Materien nicht auf ihn passen, durch einen Verein von Merkmalen ausgezeichnet, wie bei keine andere Materie. Er stellt eine braune, im ▽ und zugleich 🜄 auflösliche Masse dar, die bitter im Geschmak ist, in höherer Temperatur zugleich 🜂 einfängt, und die nach diesem im ▽ unauflöslich ist, die keinen bestimmten Saturations Punkt mit 🜂 zu haben scheint, die sich mit Metall ♆en und 🜄 leicht verbindet, wie Pigmente, und in dieser Verbindung dem Cultum, und der Leinwand Farbe mitzutheilen geschikt wird. Wenn er der Destillation unterworfen wird, so erhält man als — Fol 29

Destillat etwas Säure, meißtens brenzlichter Art, etwas ⊕^ und Oel.

2.) Eine 2te hiezu erwähnende Materie, die viel bestimmtern Karakter hat, ist der Gerbstoff, Tannin, so benannt, weil er das eigentliche Gerb Material ist. Er wurde als eigener Stoff erst von Seguin entdekt, und von ihm abgesondert dargestellt, vorher war er gewöhnlich verwechselt und für einerlei gehalten mit der Gallus Säure, neben der er sich gewöhnlich findet in allen adstringendirenden Pflanzen, Eichen-, fieber-,Sinanuba= Rinde, und beinahe in der Rinde aller Bäume, nur mehr oder weniger, selbst in der Erle, daher man auch alle Rinden zum Gerben anwenden kann.

Aus den adstringirenden Vegetabilien wird der Gerbstoff so dargestellt: man bereitet aus Eichenrinde, Galläpfel oder Loh einen wäßrigten Aufguß, in dieses zieht sich der Gerbstoff und die Gallus Säure ein. Um nun daraus den Gerbstoff rein zu sondern, tropft man etwas von einer Auflösung der ♃ in +⊖ ein, darauf erfolgt ein Niederschlag, der im ▽ unauflöslich ist von Gerbstoff und ♃Ψ, die Galläpfel Säure selbst bleibt mit +⊖ verbunden und liquid aufgelöst: Die Abtrennung des Gerbstoffs beruht also darauf, daß die Gallus Säure keinen Niederschlag bewürkt aus dem +⊖♃Ψ, wohl aber der Gerbstoff. Um den Gerbstoff ausser Verbindung mit ♃Ψ zu sezen, bringt man an diese Verbindung ein mit hepatischer △ geschwängertes ▽, aus diesem verbindet sich die hepatische △ mit den ♃Ψ, und der Gerbstoff, der so von ♃Ψ getrennt ist, löst sich im ▽ auf. Ist im ▽ noch etwas hepatische △ enthalten, so wird diese durch simples Aussezen an die △ getrennt, so daß man den Gerbstoff allein im ▽ aufgelößt hat. Diese Auflößung abgedampft, erhält man eine braunharte spröde Masse, den reinen Gerbstoff. Eine andere einfachere Darstellungs Art: man bereitet aus Galläpfel Pulver einen wässrigten Aufguß, und bringt △⊕v daran: Dieser verbindet sich mit der Gallus Säure, und bleibt aufgelöst, während der Gerbstoff in Flocken niederfällt. Werden diese machanisch gesondert, mit etwas ▽ ausgewaschen und getroknet, so hat man den reinen Gerbstoff, der dann etwas heller von Farbe, und weiß grünlicht ist. Man kann auch den Gerbstoff unreiner so erhalten, daß man einen wäßrigten Aufguß von Loh bereitet und stehen läßt, biß er schimmelt, und nach mechanischer Sonderung des Schimmels abdampft; die zurükbleibende Materie ist größtentheils Gerbstoff, doch mit etwas Galläpfel Säure verunreinigt.

Fol 299

Fol 300

Eigenschaften des Gerbstoffs. Er ist von Geschmak herb, und adstringirend, und etwas bitterlicht, und dadurch den zusammengesezten Säuren, namentlich der Gallus Säure verwandt, und man irrt vielleicht nicht, wenn man ihn blos als ein Gallusoxyd ansieht, als einen Mittelzustand der unoxydirten Basis der Gallus Säure selbst. Er riecht völlig nach Loh, und der Geruch der Gerb Materie rührt von ihm her. ♂ Auflößungen präcipitirt er schwarz und tintenhaft, wie Galläpfelsäure; das auszeichnendste aber ist das, daß er gelatina und auch albumen coagulirt, und im ▽ unauflöslich macht; ihn in eine Materie verwandelt, die der Fäulniß widersteht, eine zähe - dem elastischen Harz ähnlich, eine Masse, die völlig dem gegerbten Leder entspricht. Auf dieser Eigenschaft den thierischen Leim, der in den Thierhäuten ist, und den Eyweisstoff im ▽ unauflöslich und gleichsam unverweßlich zu machen, beruht die Anwendung dieses Stoffs zum Gerben, und auf seiner Eigenschaft dieses schnell zu bewürken, wenn er rein ist, beruht das schnelle Gerben, das Seguin entdekte. Darauf beruht auch die Untersuchungs Methode, die man in neuerer Zeit anwandte, die Güte der Fieberrinde zu prüfen, namentlich die von Westing in den schwedischen Abhandlungen. Wird zu einer Auflößung thierischen Leims in ▽ Fieberrinde Dekokt gebracht, so wird jener als ein unauflöslicher Klumpen niedergeschlagen, und die Menge des niedergeschlagenen ist größer oder kleiner, je nachdem die Fieberrinde mehr oder weniger Gerbstoff enthält. Zu diesem gehört noch sein Verhalten gegen ♃ Auflößung im Gegensaz der Galläpfelsäure.

3.) Der Harnstoff, ureé;

[animalisch]

4.) Eine 4te Materie, die hierher zu referiren ist, ist der sogenannte Korkstoff, suber. Diese Materie findet sich blos im Pflanzenreich nach iztigen Kenntnissen, und macht nicht allein den Kork ganz aus, sondern auch den größten Theil dessen, was die Epidermis der Pflanzen bildet. Von seinen Verbindungen, die er mit andere Materie als ein Ganzes eingienge, ist fast gar nichts bekannt, und man braucht ihn auch nicht als einen eigenen Stoff aufzuführen; allein, da er es ist, der durch Behandlung mit +⦶ und durch Absaz von 🜂 aus ihr in Kork Säure umgeändert wird, die als Ganzes eigene Verhältnisse zeigt, so muß er wenigstens als basis (31) einer eigenen Säure erwähnt werden. Zu seiner Karakteristik kann nichts bemerkt werden, als das, daß ihn die eigene Verhältnisse der Kork Säure als eigenen Stoff darstellen.

Fol 303

5.) Von dem sogenannten Bitterstoff der Pflanzen.
Man nennt die Materie von der man glaubt, sie verursache den bittern Geschmak der Vegetabilien und anderwärts; allein dieser bittere Geschmak so oft bei chemischen Mischungen vorkommt, die so verschieden, zB. bei Behandlung der ⚠ mit +⦶ der Oele mit +Ⓡ , hie und da bei Behandlung der ⊖n mit Oelen, so scheint es kein eigenthümlicher Stoff zu seyn, dem man das Erregen des bittern Geschmaks zu tribuiren habe, sondern eine gemeinschaftliche Total Wirkung mehrerer Gemische; dabei ist aber nicht zu läugnen, daß sich die Bitterkeit mehrerer Pflanzen durch Ausziehen mit ▽ und 🜄 hie und da konzentrirter darstellen läßt, und es also doch etwas von den übrigen Pflanzen Theilen verschiedenes zu seyn scheint, was den bittern Geschmak verursacht, namentlich beym Ausziehen des Absynthiums mit ▽ oder 🜄 ; es bleibt geschmaklos zurük, und das Geschmakerregende geht über, immer aber ist es sehr wenig, was man auf diese Weise abgesondert darstellen kann als bittern Stoff, und geht nach Rhaeticus' (32) Erfahrungen durch wiederholtes Auflösen fast auf nichts zurük, daß man bis izt die Verhältnisse als Ganzes nicht untersuchen konnte. Zur Karakteristik kann blos angegeben werden, daß er im ▽ und 🜄 auflößlich sey, und am meisten Aehnlichkeit habe mit der durch +⦶ veränderten und aufgelößten ⚠ ,deren oben bey der ⚠ gedacht wurde; vielleicht besteht er also aus einem Uiberschuß von ⚠ und etwas ⊕ , und nur sehr wenig 🜂 .

Fol 304

6.) Von dem narkotischen Stoff.
Man glaubte annehmen zu müßen, daß in den narkotischen Pflanzen ein eigenes Substanz sey, und einigen Schein erhält es, daß bißweilen aus diesen Pflanzen das Aktive ausgezogen werden kann, während das uibrige inaktiv zurückbleibt. Aber im Ganzen genommen, wurde ein solcher Stoff nie dargestellt, und

da andere Materien wie ▽ , narkotische Wirkung zukommt, nur in verschiedenem Grad und in verschiedener Ordnung der Symptome, so scheint kein solcher narkotischer Stoff anzunehmen zu seyn, sondern vielleicht ist die Wirkung dem Totum der Mixtion, vielleicht auch der Organisation zuzuschreiben.

7.) Von dem Acre in den Pflanzen.

In einer Menge von Pflanzen, die man mit dem gemeinschaftlichen Namen plantaeberes heißen kann, zeigt sich, daß sie auf der Zunge einen eigenen brennenden Geschmak regen, der dem der ⊖n am nachsten ist, und daß sie andern Theilen des Körpers übergelegt, sie als cale facientia würken, und eine Röthe erregen, namentlich ist es beym arum, den meisten Zwiebel Gewächsen, Ranunculus und andern Pflanzen aus der Polyandria, beym Daphne mezereum und der meisten der Tetradynam. In allen glaubt man einen eigenen Stoff annehmen zu müßen, den man acre heißt, von dem die Wirkung auf den Geschmak und die thierischen Theile überhaupt abhangen. Diese Annahme erhält allerdings mehr als bloße Wahrscheinlichkeit; a.) daß man solchen Pflanzen durch ▽ und Destillation mit ihnen ihre Schärfe entziehen, und sie andern Materien übertragen kann, womit man sie destillirt; b.) insbesondere noch damit, daß bei einigen namentlich dem arum durch bloßes Erwärmen in der gewöhnlichen Temperatur der 🜁 , noch mehr aber durch höhere Temperatur die Schärfe ganz entzogen, und sie in genießbare Materie umgeändert werden. Man kann also dieses acre als einen komponirten Stoff ansehen; was es aber mit seiner Natur für eine Beschaffenheit habe, läßt sich so beurtheilen: Da den ätherischen Oelen ebenfalls Schärfe des Geschmaks und Verflüchtigbarkeit durch Wärme, wie dem scharfen Stoff zukommt, so wird es schon dadurch wahrscheinlich, daß dieses acre Aehnlichkeit habe mit den ätherischen Oelen, und eine zusammengesezte kombustible Materie sey, nach Art der ätherischen Oele. Dieß bestätigt sich noch mehr dadurch, weil man in solchen scharfen Pflanzen außer leißen Spuren von ätherischen Oele zugleich 🜍 entdekte, und überdieß Spuren von ⊕ und 🜍 findet. Es bestätigt sich aber auch noch damit, weil man aus solchen Pflanzen, aus denen sich durch Destillation mit ▽ die Schärfe verlirt, aber doch nicht an das ▽ übergesezt werden kann, statt des scharfen ▽ ein verbrannt riechendes erhält, zum deutlichen Zeichen, daß das, was den scharfen Stoff ausmache, aus Combustibilien bestehe, und nur eine Zusezung bey der Destillations Wärme schon erfahre, dieß paßt vorzüglich aufs arum. Endlich bestätigt sichs damit, weil man solchen scharfen Pflanzen entweder Leucht Erscheinungen wahrnimmt, wie beym Tropaeolum, die von einem Combustibile zeugen, oder Wärme Erscheinungen, wie beym Arum. Die Erscheinungen von Exhalationen eines inflammablen Dampfes, wie beym Dictamnus der auch ein acre verräth durch Geschmak, diesem allen nach schiene sich dieses acre auf ein zusammengeseztes combustibile zu reduciren in dem bald ⊕ , 🜍 , 🜂 , ⧖ , vielleicht auch etwas △ und 🜍 bald nur dieser 3 Bestandtheile nach Verschiedenheit der Pflanzen enthalten sind, je nachdem von diesen Stoffen mehrere vereinigt sind, oder nicht, mit andern zusammengesezten Materien der Pflanzen, zB. Oelen, Stärke, mehr oder weniger inniger verbunden sind, so scheint dieses acre, bald mehr, bald weniger fix zu seyn, bald äußerst flüchtig, wie im Arum, wo es nur mit Stärke verbunden scheint, bald mehr fix, wie im Mezerum, wo es mehr einer harzigten Materie angefügt scheint.

Aus dieser allgemeinen Natur dieses acre läßt sich auch

Fol 305

Fol 306

seine Wirkung auf den thierischen Körper nothdürftig begreifen: das zusammengesezte Combustibile scheint nemlich entweder für der negative Elektrizität empfänglich zu seyn, und dadurch den dem alkalischen ähnlichen Geschmak hervor zu rufen, oder es scheint dem thierischen Körper, sofern es appetent nach △ ist, △ basis zu entziehen, und mit dieser zugleich positive Elektrizität, und vermöge dieser Entziehung den Geschmak, den negative Elektrizität sonst hervorbringt, zu expediren, so wie auch die übrigen Erscheinungen zB. Inflammation im thierischen Körper. (33) Die Verhältnisse gegen andere Materien sind noch nicht untersucht, ausser gegen ▽ , u.s.w. an das es mittheilbar ist.

8.) <u>Von den Pigmenten.</u>
Sie sind im allgemeinen nichts, als gefärbte Extrakte, die man entweder aus Thieren und Pflanzen erhält, und die ausgezeichnet sind ausser ihrer eigenen Farbe, durch ihr Verhalten gegen 🜃 , ♃ , ¥ und ☿¥ . Meistens sind sie Verbindungen eines eigenen unbekannten färbenden Stoffs, entweder mit Pflanzenschleim oder Stärke, oder Harz, oder mit Pflanzenleim, oder mit Säure. Sie differiren also ihrer Natur nach untereinander sehr, und gehörten in dieser Hinsicht schon unter die 4te Classe der zusammengesezten Materien. Allein, da sie doch für das Aug homogen erscheinen, und überdieß als Ganze doch einige Verbindungen zeigen, so kann man sie vor izt noch in diesem appendix lassen. Je nachdem die Materie mit der der eigentlich färbende Stoff verbunden ist, so ist auch das Verhalten gegen Auflößungs Mittel verschieden. Ist der färbende Stoff mit Schleim verbunden, so sind die Pigmente im ▽ auflöslich, zB. der Lacmus, ist er dagegen mit einer Stärke und einer harzähnlichen Materie verbunden, so sind sie im 🜅 auflöslich, wie in harzigten Grün der Pflanzen, das aus allen Grün Pflanzen, das aus allen grünen Blättern durch 🜅 ausziehbar ist. Ebenso sind sie bisweilen in ⊖n, oder Oelen auflöslich, zB der Grapp, oder in +n, wie der Indigo in +Ⓠ . Nicht allein aber hängt diese Verschiedenheit in Absicht auf die Auflöslichkeit der Pigment ab Stoff, der dem eigentlich färbenden beigemischt ist, sondern auch vorzüglich noch von größern oder geringern △ quantum, das den Pigmenten anhängt, wie man daraus sehen kann, daß das harzigste Grün der Pflanzen im 🜅 auflößlich ist hingegen nach geschehener △ absorption als ein Bodensaz niederfällt. Sie mögen übrigens von einer Art von Auflöslichkeit seyn, wie sie wollen, so haben sie es doch fast alle gemein: daß wenn man sie mit einer fein zertheilten, im ▽ suspendirten 🜃 zusammenbringt, sie sich an diese hängen, und sogenannte <u>Laccfarben</u> mit ihr bilden, namentlich wenn man zu einer Auflösung der ○ in ▽ in eine Auflösung des rothen Grapp Pigments in ▽ und ⊖ bringt, so erfolgt vermöge doppelter Affinität eine Verbindung der +Ⓠ des ○ mit dem ⊖ und eine Verbindung des Grapp Pigments mit der 🜃 zu einer Laccfarbe. Eben so verhalten sich die ♃¥ n und ☿¥ gegen die Pigmente, und werden durch sie fixirt, und man kann mittelst ihr auf Zeuge die Farbe auftragen.

Fol 3(

Fol 3(

9.) <u>Von dem sogenannten Gewürzstoff oder arome</u>
Man benennt so das Prinzip in den Pflanzen, von dem man voraussezt, daß es die Wirkung aufs Geruchsorgan in ihnen bewürke. Boerhave hieß es ehemals Spiritus rector, und man hielt es für einen Bestandtheil der ätherischen Öhle und destillirtes ▽r, wahrscheinlich ist es aber nichts, als ein ätherisches Oel, das in geringer Menge dem ▽ mittheilbar ist, und ebenso dem 🜅 , hie

und da auch Essig, und das bei seiner leichten Verdampfbarkeit höchst wahrscheinlich der △ selbst beimischbar ist.

Anmerkung.

Alle diese nun aufgezählte Materien scheinen bei näherer zu erwarten habender Untersuchung der 2ten Classe zusammengesezter Materien, wie namentlich der Gerb- und höchst wahrscheinlich auch der Harnstoff, vielleicht auch das acre; alle 3 leztere Materien nähern sich den Säuren, wenn man Rüksicht nimmt auf die Berliner Blausäure. Andere gehören unter die 4te Classe entschiedener, namentlich der Korkstoff.

Vierte Abtheilung

Vierte Klasse zusammengesezter Materien

Sie gehören entschiedener hierher, als die im appendix abgehandelt werden. Sie begreift solche Materien, die aus mehrern der vorigen zusammen gesezten Materien von neuem zusammengesezt sind. Theils das Pflanzen- theils das Thierreich bietet sie dar. Am ersterem gehören vorzüglich hierher: 1.) die Extrakte, 2.) die Gummi Harze, 3.) die natürliche Pflanzensäfte, 4.) der Honigsaft der Blumen, und sodann 5.) die festen Theile der Pflanzen Holz, Rinde, epidermis und Kork, Blätter, pollen. 6.) Aus dem Thierreich gehört die Blutmasse, und was aus ihr hervorsproßt, von festen und flüssigen Theilen, von denen daraus abgesonderten liquidis an bis hin zur verdichteten Knochenmasse hieher. Die des Pflanzenreichs sind weit weniger untersucht, als die des Thierreiches, und auch nicht unter so allgemeinere Gesichts Punkte gebracht, nicht so weit , als wären sie nicht möglich, als wie sie von Beobachtungen über die Pflanzen fehlt. Fol 309

A. Zusammengesezte Materien des Pflanzenreichs

I. Von den Extrakten

Man heißt so vorzüglich das, was sich besonders durch ▽ aus der Pflanze und ihren Theilen ausziehen läßt, und sich darinnen auflößt. Sie stimmen ihrer Natur größtentheils überein mit den Säfften, die man durch Incision ausfließen macht, also mit den natürlichsten Pflanzensäfften. Sie bestehen meistens aus Pflanzenschleim, einem harzigten gefärbten Sazmehl, einer Stärke aus Aiweisstoff, und aus dem eigentlichen Extraktivstoff, dazu gesellt sich noch Pflanzengluten, eigentlicher Zuker, Bitterstoff, wenn er als eigener Stoff angesehen wird, und narcotischer Stoff unter der nemlichen Bedingung. Sind die Extrakte in der Kälte bereitet, so gesellt sich noch der Gewürzstoff dazu, der in der Wärme verflüchtigt wird von diesen verschiedenen Stoffen der Extrakte und ihrem Verhältniß, je nachdem der eine oder der andere überwiegend ist, rührt der verschiedene Geschmak der Extrakte her, der bald intens bitter ist, wie Extract. Gent. Quass. bald schleimigt, zumal wenn sie liquid sind, bald narkotisch wie beym opium und seinem Extrakt, u.s.w. Auch rühren von der Beimischung dieses oder jenes Stoffes im Uibermaas die verschiedenen Erscheinungen her, die die Extrakte sich selbst überlassen zeigen, namentlich rührt von der Beimischung des Zukers im Uibermaas die Fähigkeit einiger Extrakte her, eine geistige und saure Gährung zu bestehen, zB. Extr. Tarax. und gramin., Fol 310 wenn sie sehr liquid sind. Von der Beimischung des glutens im Uibermaas rührt, so wie von der eines albumens die Fähigkeit zur faulichten Gährung und Entwiklung eines ⊕^ her, und von der verschiedenen Menge des harzigten Sazmehls in den Extrakten rührt die Fähigkeit zur faulichten Gährung und Entwiklung eines ⊕^ her, und zwar ohne alle Ausnahme △ zu absorbiren und ein Sazmehl zu deponiren, und ein albumen aus sich zu coaguliren. Die Eigenschaft der Extrakte theilt jedoch mit dem harzichten Sazmehl der Extrakt Stoff in ihnen. Diese im Allgemeinen geschilderte Extrakte sind verschieden nach der Verschiedenheit des Extraktions Mittels, dessen man sich bey der Extraktion der Pflanzen bediente; vorzüglich bedient man sich folgender 4) des ▽, des ▽, des Weins und Essigs, und man theilt daher die Extrakte gewöhnlich in aquosa, spirituosa, acetosa vinosa. Die aquosa enthalten viel gummose Theile, die spirituose vorzüglich viel resinose, und die vinosa, die im Durchschnitt zum medicinischen Gebrauch die besten sind, enthalten gummose und resinose Theile, die Essig Extracte sind weniger homogene Massen, und enthalten die extrahirte Theile mehr suspendirt, und in Verbindung mit der △ des Essigs.

II. Von den Gummi Harzen, gummi resine

Unter sie gehört vorzüglich das gummi ammoniacum, asa foetida, myrrha Olibanum, gummi guttae. Sie sind ursprünglich als Säffte in den Pflanzen enthalten, die jedoch nicht freywillig aus der Pflanze fließen, und wie die Harze an ihrer Fläche verdichten, sondern die man erst aus den Pflanzen gewinnt, wenn man ihre Gefässe zermalmt und preßt, und den ausgepreßten liquor an der Luft sich verdiken läßt. Sie zeigen folglich allgemeine Eigenschaften: Sie sind immer einem Theil nach im ▽ auflöslich, während sich ein anderer im ▽ auflöst, in wässrigten ▽ sind sie fast ganz auflöslich, und dadurch von resinis und gummatibus verschieden. Im Essig sind sie fast alle suspendirbar, und stellen eine Art von Milch dar, daher man auch sonst den Essig für das allgemeine Auflößungs Mittel der Gummi Harze hielt. Diesem nach nimmt man an, die Gummi Harze seyen composita aus gummi und resina, und diese Annahme ist um so mehr gestattet, da sich wirklich diese Materien an ihnen darstellen lassen. Die Brennbarkeit, die die meisten zeigen, rührt von der Beimischung der resina an sie her.

Fol 31

III. Von den eigentlichen natürlichen Pflanzensäfften.

Diese, oder wenigstens diejenigen, die in allen Theilen des Gewächses vertheilt sind, scheinen der Blutmasse der Thiere vergleichbar und ihr ähnlich zu seyn; man muß sie also als organisirte Säffte ansehen, wie die Blutmasse.Diese Ansicht wird bestätigt durch die mikroskopische Beobachtungen derselben. Mit dem Mikroskop nemlich nimmt man in den meisten Pflanzensäften gerundete Kügelchen wahr, wie Blutkügelchen, nur gewöhnlich etwas sparsamer, als bei der Blutmasse der Thiere. Diese natürliche Pflanzensäfte sind daher auch nicht, so wenig,als die Blutmasse, als blosse mixtionen Producte der Affinitäten anzusehen, sondern zugleich als Producte anderer bildender Kräfte, und eben daher sind sie auch nicht allein Gegenstand der Chemie,sondern auch Physiologie. Ihre chemische Kenntniß ist noch äußerst unvollkommen; nicht nur sind sie nicht in allen

Fol 31

Pflanzen untersucht, sondern auch in keiner einzigen so, daß man die von der Safftmasse sezernirte Säffte unterschieden hätte. Nach den wenigen unvollkommenen Untersuchungen, die man über einige dieser Säffte hat, läßt sich ungefähr folgendes über ihre natürliche Verschiedenheit bemerken: 1.) Einige enthalten vorzüglich viel ▽ , in dem Schleim und Zuker aufgelöst ist, zB. Birkensaft, Safft des Zukerhornes (34), der Hayenbuche, beym Mays und mehreren süßen Rübenarten, und besonders auch noch beym Weinstok und einigen Arten von Palmen. Alle sind durch süßen Geschmak ausgezeichnet, und der Gährung fähig, und liefern ein weinartiges Getränk, so wie sie zugleich immer auch etwas Zuker aus sich bereiten lassen. 2.) Bei noch andern Pflanzen ist der natürliche Safft mehr dik, und enthält neben ▽ und Pflanzenschleim zugleich eine dem elastischen Harz ähnliche Materie. Unter diese vorzüglich die Euphorbien mit ihrem Milchsafft, und die meisten Arten Hephea des Audlet, die das eigentliche Caoutchouc liefern. Diese Säffte sind vermöge ihres Gehalts an elastischem Harz eher der faulichten Gährung und der Entwiklung von ⊖^ fähig, und lassen das elastische Harz auch aus sich darstellen.
3.) Bei noch andern Pflanzen namentlich bey sauerschmekenden, enthalten die natürlichen Pflanzensäfte vorzugsweise Säuren und Verbindungen derselben mit 🜁 neben ▽ . Unter diese gehören alle sauer schmekende, namentlich Rhabarber, verschiedene Arten von Rumex, Oxalis. Man trifft in ihnen, wie namentlich nach Scheeles Untersuchung in der Rhabarber- Wurzel meistens Sauerklee Säure an, und diese mit ¥ in Verbindung. Diese Verbindung sähe man ohnehin als eine eigene △ an, weil sie sehr innig ist, die sich im ▽ unauflöslich zeigt.

Fol 313

4.) Bei noch andern Pflanzen enthalten die natürlichen Säffte ein noch liquides einem ätherischen Oel nahe kommendes Harz, das mit gummosen Theilen gewöhnlich vermischt ist, und eben daher auch noch ▽ neben sich hat. Dieß ist der Fall bei den meisten plantis conniferis.
5.) Bei noch andern enthält der natürliche Safft vorzüglich acre, und mit diesen alle oben erwähnte Bestandtheile desselben; meistens sind zugleich in diesen Säfften geringe Spuren eines ätherischen Oels vorhanden.
6.) Bei noch andern besteht die Hauptmasse entw. aus einem ätherischen Oel oder ist sie wenigstens mit seinem Geruch durchdrungen, wie bei den Dydynamisten; doch scheint in solchen Pflanzen immer noch ein abgesonderter wässriger Safft vorhanden zu seyn.
7.) Bei andern sind noch einige wenige merkwürdige Versuche angestellt, namentlich dem Safft der Spargeln und des Kohls. Beim Spargel Safft namentlich fand man folgendes: daß der bei einem Einschnitt von oben nach unten und umgekehrt ausfließende Safft das ☽ schwärze, ohne auf Zuguß von Säure einen merklichen Geruch von sich zu geben, daß er ♂ und ♀ angreife und sie in einen grünen ¥ verwandle, daß, wenn er einige Zeit steht, einen weißen Satz fallen lasse, der wahrscheinlich Stärke ist, und nach dem Abrauchen würklichte ⊖ Krystalle gebe. Der Kohlsaft dagegen liefert beym Abrauchen ziemlich viel ⦶ und Gips. Im Allgemeinen kann noch über diese Verschiedenheiten der Säffte bemerkt werden, sie scheinen alle das feste Gewächs darzustellen, wie die Blutmasse im Menschen den festen Menschen darstellt.

IV. Von dem Nektarsaft.

Er ist im allgemeinen immer ein süßer Safft, worin Pflanzenschleim und Zuker, lezterer in größerer Menge aufgelöst ist, mit dem aber gewöhnlich harzigter Stoff verbunden ist, wie im pollen. Er zeigt sich von ähnlichem Geruch nach Art der Blumen, daher kommt es auch, daß dieser Safft von den Bienen nicht aus allen Blumen gesammelt wird. Im Wesen nach ist er dem Honig der Bienen ganz ähnlich, und lezterer nimmt seinen Ursprung fast ohne Vorbereitung aus dem Nektarsaft. Daß er dem Honig ähnlich sey, zeigte Kohlreuter. Am häufigsten findet er sich in den Blüthen in der agave americapa, wo er Schaalen weis gesammelt werden kann. Fol 314

V. Feste Theile der Pflanzen.

1.) Das Holz einer der Haupttheile der Pflanzen, der ihr Skelet konstituirt, ist neben der holzigten Grundlage meistens mit Schleim und Zuker verbunden, und besonders dadurch ausgezeichnet, daß durch trokene Destillation die brenzlichte Holz Säure dargestellt werden kann. Vermuthlich zeigen sich aber beim Holz chemische Verschiedenheiten nach Art der Pflanzen, besonders solcher, die zugleich das elastische Harz liefern.
2.) Die Rinde ist chemisch im allgemeinen vorzüglich dadurch ausgezeichnet, daß sie sehr viel Gerbstoff enthält, übrigens sich beinahe wie Holz verhält bei der Destillation; vorzüglich abundirend an Gerbstoff zeigen sich die Aichen und Erlen Rinden. Nähere Untersuchungen hat man nicht.
3.) Der Kork konstituirt größtentheils die Rinde des Quercus suber, ist aber auch in der epidermis aller anderer Pflanzen enthalten. Er scheint ausser Pflanzenschleim den Korkstoff vorzüglich zu enthalten, der charakterisirt ist durch seinen Uibergang in Kork Säure, bei der Behandlung mit +⦶. Sonst findet sich noch in der epidermis meistens auch noch etwas K., besonders in den Rosengewächsen.
4.) Die Blätter der Pflanzen sind chemisch besonders damit ausgezeichnet, daß sie beinahe allgemein wenn man sie als zerschnitten mit 🜄 infundirt, und länger zusammen stehen läßt, mit ihm eine grüne Tinktur liefern, und ihren grünen Färbestoff an den 🜄 abgeben. Diese grüne Tinktur scheint nichts zu seyn, als die Auflösung eines harzigten Sazmehls in 🜄. Wird diese Tinktur der 🜁 ausgesezt, so inbibirt sie die 🜁, und es fällt nach diesem ein unauflösliches Sazmehl zu Boden. Wird die grüne Tinktur dem Sonnenlicht ausgesezt, so verblaßt sie nach kurzer Zeit, und dabei sezt sich ebenfalls ein Sazmehl zu Boden. Das Sonnenlicht scheint hier 🜁 absorption zu begünstigen, und dadurch die Verblaßung und Praecipitation des Sazmehls hervorgebracht zu werden, wiewohl die Schnelligkeit der Wirkung es zweifelhaft macht, ob die imbibition der 🜁 die einzige Ursache des Verblassens sey. Fol 315
5.) Der Pollen ist in neuerer Zeit, besonders von Fourcroy untersucht worden beym Dattelbaum, von dem er eine grosse Menge aus Aegypten erhielt. Seiner Untersuchung nach enthält der Pollen freie Aepfel Säure, und röthete daher blaue Pflanzensäfte, +🜍, ♆ und ♆, eine der thierischen gelatina ähnliche Materie, und eine dem Pflanzen gluten und albumen entsprechende Materie, die mit der Zeit in eine flüchtig alkalische Saife durch

Fäulung übergeht. Diese composition des pollens des Dattelbaumes ist merkwürdig, als sich eine große Analogie zeigt zwischen der Composition des männlichen Saamens namentlich des Menschen, aber auch insofern, als es scheint, daß eine solche Composition des Pollens auch andern Pflanzen zu komme. Dieß läßt sich vermuthen, weil der Geruch so vieler Blumen, namentlich der oenothera mit dem des männlichen Saamens der Thiere so sehr übereinstimmt; es scheint also überhaupt eine Aehnlichkeit in Absicht auf Composition des männlichen Saamens bei Thieren und Pflanzen zu seyn. Da aber bei dieser Untersuchung der ganze pollen untersucht worden, und nicht blos sein liquider Innhalt, so hebt dieß nicht auf, daß wie Kohlreuter nach seinen Untersuchungen meinte, der ähnliche flüssige Saamen im pollen öhlichter Natur sey. Fol 316

B. <u>Zusammengesezte Materien des Thierreichs</u>

[animalisch]

Anmerkungen zur Edition (Anhang IV)

(1) im Gegensatz zu den 4 Imponderabilien: Wärmestoff, Lichtstoff Magnetismus, Elektrizität.

(2) vgl. zum Kraftbegriff bei Kielmeyer seine Rede von 1793 (4. Kap. Anm. 13).

(3) "vorzüglich" zeigt an, daß Kielmeyer die zusammengesetzten Materien ohne Herkunftsuntersuchung nur chemisch bearbeiten will; daher gehören die im modernen Sinne organischen Substanzen wie Erdöl, Teer, Pech bei Kielmeyer (im Gegensatz zur gesamten zeitgenössischen chemischen Literatur) ebenso zu den zusammengesetzten Materien, wie die spezifisch "organischen" Substanzen.

(4) Die genererischen Aspekte Brennbarkeit- Löslichkeit sind (wie im 4. Kap. gezeigt) chemische; Kielmeyer steht mit dieser Anordnung zu Beginn des 19. Jahrhunderts fast allein (vgl. 6. Kap.)

(5) Richtig angemerkt; die Hydroxylgruppen und Doppelbindungen bewirken Unauflöslichkeit im Benzol, aber auch Löslichkeit im reinen Äthanol.

(6) Damit ist Scheeles Glyzerin- Entdeckung angesprochen.

(7) Diese Schwefelbalsame waren ein beliebtes Arzneimittel und bekannt für Wunderheilungen seit dem 14. Jahrhundert. Vgl. dazu Schelenz (1904) S. 384.

(8) gemäß Lavoisiers Säure-Theorie.

(9) "Fettsäure" ist das Säuregemisch, das bei der trockenen Destillation von Fetten entsteht.

(10) thierische Fette erscheinen hier ungetrennt von pflanzlichen!

(11) Die Gemeinsamkeiten mit den fetten Ölen sind hier auf die Unauflöslichkeit in Wasser geschrumpft.

(12) vgl. 5. Kapitel Anm. 112

(13) vgl. Anhang II

(14) Diese Hypothese wurde von Perés aufgestellt im Journ. de la soc. d. Pharm. 1(1797) S. 334; Trommsdorff wies sie in der deutschen Übersetzung zurück. (Trommsd.) 8_1(1800) S.398 .

(15) Verticillatae ist nach Linné der Begriff für die "Quirlförmigen, die lippen- oder rachenförmige Blumen haben, zB. Thymus, Mondara, Nepeta u.v.a." Willdenow (1798) S. 172. Es handelt sich um die Labiaten.

(16) Kielmeyer folgt hier Neumann, Cartheuser und besonders H. Grunow: De Camphora ex aliis stirpibus quam Lauro Camphora eliciendis. Göttingen 1780

(17) Diese Doppelanführung von "🜂" liegt in der beim Autor nicht unterschiedenen Verwendung von "atmos. Luft" und "Lebensluft" (Sauerstoff); die Differenz ist demnach nicht allzugroß, da elem. Stickstoff für "chemische" Reaktionen unerheblich da zu träge war.

(18) Ein Naturforscher namens Actian war nicht nachzuweisen. Möglicherweise handelt es sich um eine unauffindbare Arbeit von J. Aykin, der in England über Mineralwässer arbeitete, oder um eine Verwechslung mit Achards Arbeit über das elastische Harz. In: Beschäft. der Berl. Ges. Nat. Frde. 3(1777) S.1.

(19) Ein Forscher dieses oder eines ähnlichen Namens war nicht aufzufinden, auch nicht bei Klaproth (1807) oder Gmelin (1819)

(20) Diese drei unterscheiden sich auch bei Kielmeyer nur durch Siedepunkt und Viskosität, die er mit der Leichtigkeit des Entzündens und dem relativen Kohle(nstoff)gehalt in Relation bringt.

(21) Gagat ist eine Art Pechkohle, die schon im Jung-paläolithikum poliert und zu Trauerschmuck verarbeitet wurde.

(22) Göttlings Arbeit zum Traubensaft erschien im von ihm herausgegebenen Almanach für Scheidekünstler.

(23) Kielmeyer referiert hier Lavoisiers Gärungstheorie: Das Wasser wird (irgendwie) aufgespalten in Wasserstoff und Sauerstoff; der Sauerstoff verbindet sich mit einem Teil des Kohlenstoffs im Zucker zu CO_2, der Wasserstoff mit dem anderen Teil des Kohlenstoffs sowie dem Sauerstoff zu Alkohol, in kleinen Mengen auch zu Weinsäure (und bis weilen Essigsäure).

(24) Diese wiederholte Wendung zeigt Kielmeyers eigene Experimente an.

(25) Diese Erläuterungen verdeutlichen, wie die halbquantitativen Interpretationen von Elementaranalysen (im Sinne des "Vorwaltens" ; vgl. 6. Kapitel) auch nach der Destillationsanalyse gewonnen werden konnten.

(26) [dem hat der Verfasser als Bayer nichts hinzuzufügen!]

(27) vgl. hierzu 3. Kapitel.

(28) Wie aus dem Text ersichtlich, ein Flüchtigkeitsfehler; es muß heißen "ist <u>im</u> ausgepreßten.." Dieselbe Verwechslung findet sich aber auch bei Chaptal (1791) III, S.132; F. Wolff weist in einer Anmerkung darauf hin: "Herr Chaptal scheint in diesem ganzen Aufsatze eine Verwechslung zwischen Citronensaft und Citronensäure gemacht zu haben."

(29) Andreas Joh. <u>Retzius</u> (1742-1821) zusammen mit Scheele in den K. Svensk.Vetensk. Akad. Handl. 1770 S.207 veröffentlichte Abhandlung über die Tamarindensäure. Sie wurde später von Scheele als reine Weinsäure erwiesen.

(30) Kielmeyer nimmt hier um einige Jahre Hatchetts "künstlichen Gerbestoff" vorweg, der bis 1830 (so bei Gmelin 1829) als Beispiel für organische Synthesen angegeben wurde und bei seiner Entdeckung eine pflanzenchemische Sensation darstellte.[Wiederholungen im Text vom Mitschreiber]
Charles Hatchett: On an artificial substance, which possesses the principal characteristic properties of tannin. In: Phil. Trans. 95 (1805) S. 211-224, 285-315, 96(1806) S.109-146.

(31) "Basis" nach Lavoisiers Radikaltheorie; die Salpetersäure

(31) [Fortszg.] gibt dieser Basis Sauerstoff ab und macht sie zur Säure.

(32) Von Retzius war keine Arbeit zum Bitterstoff aufzufinden, dafür aber von D. Rese: Abhandlung von den Krähenaugen In: Trommsd. J.d. Pharm. 2_1 (1794) S. 104.

(33) Der Vergleich mit der Elektrizität lag nahe, da diese einerseits auf der Zunge einen scharfen Geschmack erzeugt, andererseits bei Tieren durch die Muskelreizbarkeit (Irritabilität) eine große Rolle spielte.

(34) Er bezieht sich auf Vauquelins Arbeit über die Baumsäfte. Vgl. 5. Kap. Anm. 38.

Anhang V

Verzeichnis der wichtigsten (1) quantitativen Elementaranalysen von Lavoisier (1784) bis Ure (1822).

Die Reihenfolge der Substanzen folgt etwa dem Schema von Gay-Lussac (1811) (2), die Reihenfolge der Autoren ist chronologisch. Die Zahlenangaben sind durchgehend prozentuale Angaben. Das erschien uns übersichtlicher die Qualität der jeweiligen Analyse zu demonstrieren als die nach 1814 häufig zusätzlich gegebene Summenformel, die für jede einzelne Umrechnung einen größeren mathematischen Aufwand erfordert wegen der Verschiedenheit der Atomgewichte, der Annahme oder Ablehnung von Prouts Hypothese usf. (3). Für einige der Substanzen ist darüber hinaus die Umrechnung schon durchgeführt (4). Am Ende einer Substanz-Kolumne sind jeweils die auf Prozente umgerechneten heutigen Werte zum Vergleich angefügt. Prinzipielle Fehler bei Analysen wie die Unkenntnis des Kristallwassergehalts sind in den Anmerkungen diskutiert. Wenn ein Ergebnis in Klammern gesetzt wurde, so bedeutet das, daß der Autor in seiner Publikation keine prozentuale, sondern nur eine Summenformel als Resultat angab; die Umrechnung wurde mit den vom Autor selbst verwendeten Atomgewichten vorgenommen.

Substanz	Autor	Jahr	Kohlenstoff	Wasserstoff	Sauerstoff	Stickstoff	Quelle
Oxalsäure							
	Fourcroy	1800	13	10	77	-	1
	Berthollet	1810	25,13	3,09	71.78	-	2
	Gay-Lussac	1811	26.57	2.74	70.69	-	3
	Berzelius (5)	1814	32.16	0.23	67.61	-	4
	Dalton (6)	1814	(26.67	2.22	71.11)	-	5
	Thomson (7)	1815	(32.88	1.32	65.74)	-	6
	Dulong	1815	(33.33	-	66.67)	-	7
	Döbereiner (8)	1816	(33.33	-	66.67)	-	8
	Ure	1822	19.13	4.76	76.20	-	9
		Heute	26.67	2.22	71.11	-	
Weinsäure							
	Fourcroy	1800	19	10.5	70.5	-	1
	Berthollet	1810	24.41	5.57	70.02	-	2
	Gay-Lussac	1811	24.05	6.63	69.32	-	3
	Berzelius (9)	1814	36.19	3.81	60.0	-	4
	Döbereiner(10)	1816	(32.42	2.94	64.64)	-	8
	Ure	1822	31.42	2.76	65.82	-	9
		Heute	32.0	4.0	64.0	-	
Schleimsäure							
	Gay-Lussac	1811	33.69	3.62	62.67	-	3
	Berzelius(11)	1814	33.46	5.08	61.46	-	4
		Heute	34.28	4.76	60.96	-	
Citronensäure							
	Gay-Lussac	1811	33.81	6.33	59.86	-	3
	Berzelius(12)	1814	41.69	3.84	54.47	-	4

Substanz	Autor	Jahr	Kohlen-stoff	Wasser-stoff	Sauer-stoff	Stick-stoff	Quelle
Citronensäure							
	Ure	1822	33.00	4.63	62.37	-	9
		Heute	37.50	4.17	58.33	-	
Essigsäure							
	Thomson	1808	(37.5	6.25	56.25)	-	10
	Gay-Lussac	1811	50.22	5.63	44.15	-	3
	Berzelius(13)	1814	47.15	6.35	46.50	-	4
		Heute	40.0	6.67	53.33	-	
Bernsteinsäure							
	Berzelius(14)	1814	47.91	4.51	47.58	-	4
		Heute	40.67	5.10	54.23	-	
Gallussäure							
	Berzelius(15)	1814	57	5	38	-	4
		Heute	49.41	3.53	47.06	-	
Ameisensäure							
	Berzelius(16)	1814	32.91	2.81	64.28	-	4
	Döbereiner(17)	1822	(26.08	4.36	69.56)	-	11
		Heute	26.08	4.36	69.56		
Benzoesäure							
	Berzelius(18)	1814	74.66	5.24	20.10	-	4
	Ure	1822	66.74	4.94	28.32	-	9
		Heute	68.85	4.93	26.22	-	
Rohrzucker							
	Lavoisier(19)	1789	28	8	64	-	12
	Berthollet	1810	39.58	7.34	53.08	-	2
	Berthollet(20)	1810	41.26	6.97	51.77	-	2
	Gay-Lussac	1811	42.47	6.90	50.63	-	3
	Berzelius(21)	1814	42.98	6.89	50.13	-	4
	Döbereiner	1816	(40.0	6.67	53.33)	-	13
	Prout (22)	1818	(40.0	6.67	53.33)	-	14
	Ure	1822	43.38	6.29	50.33	-	9
		Heute	42.13	6.43	51.44	-	
Traubenzucker							
	Saussure(23)	1814	37.29	6.84	55.87	-	15
	Saussure	1814	36.71	6.78	56.51	-	15
	Ure (24)	1822	39.52	5.57	54.91	-	9
		Heute	40.0	6.67	53.33	-	
Mannazucker							
	Saussure	1814	47.82	6.06	45.80	0.32	15
		Heute	39.56	7.69	52.74	-	
Milchzucker							
	Bertholllet	1810	42.03	6.76	51.03	-	2
	Gay-Lussac	1811	53.83	7.34	38.83	-	3
	Berzelius(25)	1814	39.73	7.17	53.10	-	4

Substanz	Autor	Jahr	Kohlenstoff	Wasserstoff	Sauerstoff	Stickstoff	Quelle
Milchzucker							
	Saussure	1814	39.5	6	54.5	-	15
	Prout(26)	1818	(40.0	6.67	53.33)	-	14
		Heute	42.13	6.43	51.44	-	
Stärke							
	Gay-Lussac	1811	43.55	6.77	49.68	-	3
	Berzelius(27)	1814	43.77	7.06	49.17	-	4
	Saussure(28)	1814	45.39	5.90	48.31	0.4	15
	Ure	1822	38.55	6.13	55.32	-	9
		Heute	44.44	6.08	49.38	-	
Gummi							
	Fourcroy	1800	23.08	11.54	65.38	-	1
	Berthollet	1810	43.90	6.86	49.24	-	2
	Gay-Lussac	1811	42.25	6.93	50.84	-	3
	Berzelius(29)	1814	42.15	6.75	51.10	-	4
	Saussure	1814	45.84	5.46	48.26	0.44	15
	Ure	1822	35.13	6.08	55.79	3	9
		Heute ca.	45.45	6.07	48.48	-	
Alkohol							
	Lavoisier(30)	1787	29.78	17.21	53.02	-	12
	Lavoisier	1787	34.77	17.57	46.66	-	12
	Saussure(31)	1807	36.89	15.81	47.30	-	16
	Saussure	1807	42.82	15.82	41.36	-	16
	Saussure	1807	43.65	14.94	37.85	3.52	16
	Thomson(32)	1808	(94.73	5.27	-	-	10
	Saussure	1814	51.98	13.70	34.32	-	17
	Saussure	1814	55.68.	13.88	29.44	-	17
	Döbereiner(33)	1816	(62.8	7.00	37.2)	-	13
	Ure (34)	1822	47.85	12.24	39.91	-	9
		Heute	52.17	13.04	34.78	-	
Äther							
	Saussure	1807	58.2	22.14	19.66	-	16
	Saussure	1807	56.12	17.43	26.45	-	16
	Saussure	1814	67.98	14.40	17.62	-	17
	Ure	1822	59.60	13.3	27.1	-	9
		Heute	64.86	13.51	21.62	-	
Kampfer							
	Ure	1822	77.38	11.14	11.48	-	9
		Heute	78.96	10.52	10.52	-	
Olivenöl							
	Lavoisier	1787	79.8	15.4	4.8	-	18
	Gay-Lussac	1811	77.21	13.36	9.43		3
Wachs							
	Lavoisier	1787	82.5	17.5	-	-	18
	Gay-Lussac	1811	81.79	12.67	5.54	-	3
	Ure	1822	80.69	11.37	7.94	-	9

Substanz	Autor	Jahr	Kohlenstoff	Wasserstoff	Sauerstoff	Stickstoff	Quelle
Kautschuk							
Ure		1822	90.00	9.11	0.88	-	9
Colophonium							
Gay-Lussac		1811	75.94	10.72	13.34	-	3
Saussure		1820	77.40	9.55	13.05	-	19
Kopal							
Gay-Lussac		1811	76.81	12.58	10.61	-	3
Ure		1822	79.87	9.00	11.10	-	9
Leim							
Michelotti		1811	60.92	20.92	12.52	1.65	20
Michelotti		1811	63.46	21.79	13.04	1.72	20
Morphium(35)							
Döbereiner		1819	56.0	7.5	29.9	6.6	21
		Heute	71.5	6.7	16.9	4.9	

Von folgenden weiteren Stoffen wurden Resultate erzielt, die jedoch wenig aussagen, weil es sich jeweils um chemisch komplexe Gemische handelt:

Schellack, Gujakharz, Terpentinöl, Indigo, Baumwolle, Flachs Wolle (alle von Ure), Seide (Berthollet), Eichen- und Buchenholz (Gay-Lussac), Gerbstoff (Berzelius) sowie von einer großen Zahl ätherischer Öle (Saussure) (36).

Die Quellen:

1: Fourcroy in: Système (1800) VII,153,224,261.
2: Berthollet in: Mem.Soc.Arcu. 3(1810)S.64 und in Mem.Acad. Sci. (1810) S.121, zitiert nach Schweigg.Journ.f.Chem. 29(1820) S.490-497.
3: Gay-Lussac in: Rech.phys.chim. 2(1810) S.265-350, zitiert nach Gilb.Ann.d.Phys. 37(1811) S.401-414.
4: Berzelius in: Schweigg.Journ.f.Chem. 11(1814) S.301-302.
5: Dalton in: Ann.of Phil. 3(1814) S.178.
6: Thomson in: Ann.of Phil. 5(1815) S.184.
7: Dulong in: Mém.de l'Inst. 1815 (1818) 198-200.
8: Döbereiner in: Schweigg.Journ.f.Chem. 16(1816) S.105-110.
9: Ure in: Phil.Trans. 112(1822) S.457-482.
10: Thomson in: Phil.Trans. 98(1808) S.96. (Vgl.7.Kapitel).
11: Döbereiner in: Mikrochemie, III(1822) S.30.
12: Lavoisier in: Traité (1789) S.148-150, zitiert nach den Oeuvres(1862)III, S.777-790.
13: Döbereiner in: Schweigg.Journ. f.Chem. 16(1816) S.188-189.
14: Prout in: Ann.of Phil. 11(1818) S.352, zitiert nach Schweigg.Journ.f.Chem. 22(1818) S.454.
15: Saussure in: Bibl.Brit. (1814), zitiert nach Gilb.Ann.d. Phys. 49(1815) S.129-145.
16: Saussure in: Ann.d.Chim. 62(1807) S.225, zitiert nach Gilb.Ann.d.Phys. 29(1809) S.275-291.
17: Saussure in: Bibl.Brit. 54(1813), zitiert nach Bischof (1819) S.341.
18: Lavoisier in: Mém.Acad.Sci. 1784 (1787) S.593-608, zitiert nach Crells Ann. 1790 I, S.518-535.
19: Saussure in: Ann.d.Chim. 13(1820) S.337-362.
20: Michelotti in: Mem.Acad.Turin 2(1811) S.2-19, zitiert nach Schweigg.Journ.f.Chem. 25(1819) S.461-477.
21: Döbereiner in: Anfangsgründe (1819) S.402.

Anmerkungen zum Anhang V

(1) "Wichtig" bedeutet, daß sie von zeitgenössischen Forschern für wichtig erachtet wurden und in der Fachliteratur allgemein ihre Diskussion stattfand.

(2) Vgl. das 7.Kapitel.

(3) Partington IV S.199-232 hat die Geschichte der Ermittlung von Atomgewichten ausführlich dargestellt.

(4) Eine Umrechnung zum Vergleich mit den Formeln von Berzelius gibt Partington IV, S.236.

(5) Berzelius zog 1 Molekül Kristallwasser von seinem Ergebnis ab; da aber die Verbindung als ternär gelten sollte (vgl.8.Kapitel), erhielt er als Summenformel H+27C+18 O.

(6) Dalton gab als Summenformel C_2HO_4 an, was nach Partingtons Umrechnung dem korrekten Verhältnis COOH entspricht.

(7) Thomsons Formel war C_2O_3H.

(8) Dulong und unabhängig von ihm Döbereiner zogen vom richtigen Resultat ein Mol Wasser ab, erhielten also das "Anhydrid" C_2O_3. Döbereiner betonte die Bedeutung des Resultats für die elektrochemische Theorie (der es widersprach) und für seine eigenen Gedanken zur Konstitutionschemie (vgl.8.Kapitel).

(9) Berzelius zog ein Molekül Kristallwasser ab.

(10) Döbereiners Formel war 4C+2H+6 O; bei Bischof (1819) S.339 wird die prozentuale Angabe auf 3 Stellen angegeben.

(11) Bei Partington findet sich eine Übereinstimmung der Formel von Berzelius mit der heutigen ($C_6H_{10}O_8$); d.h. Berzelius hielt seine Übertragung des Gesetzes der bestimmten Proportionen auf die organische Chemie für richtiger als seine Analyse.

(12) Berzelius' Formel CHO entspricht dem "Anhydrid".

(13) Berzelius gibt als Formel $C_4H_6O_3$ und damit korrekt das Acetanhydrid an.

(14) Berzelius' Formel $C_4H_4O_3$ entspricht dem "Anhydrid".

(15) Berzelius' Formel $C_6H_6O_3$ entspricht dem Pyrogallol, in das sich seine Vorlage bei der Analyse verwandelt hatte.

(16) Bei Berzelius' Ergebnis wurde 1 Molekül Wasser abgezogen.

(17) Döbereiner gab als Formel CO^2+ HO an, was nach Umrechnung (vgl. 8.Kapitel) der heutigen entspricht.

(18) Zur Bedeutung dieser Säure für die Sauerstoffsättigungstheorie vgl. das 7.Kapitel.

(19) Bei den Analysen Lavoisiers ist zu berücksichtigen, daß die letzte Rubrik nicht Sauerstoff, sondern Wasser bedeutet (so auch Crells Ann. 1790 I S.518-535, nicht berücksichtigt bei Bischof (1819) S.337-341), das noch im Verhältnis 1:8 unter Wasser- und Sauerstoff verteilt werden muß, d.h. H_2O 64 ≙ H 7,1; O56.9.

(20) Die zweite Analyse Berthollets bezieht sich auf Kandiszucker, bei dem er noch ein Molekül Kristallwasser abzieht.

(21) Berzelius' Formel $C_{12}H_{21}O_{10}$ kommt der heutigen sehr nahe.

(22) Döbereiner und Prout ergänzten das ausgetretene Wassermolekül und kamen damit zur Traubenzuckerformel.

(23) Die zwei Ergebnisse beziehen sich auf Stärkezucker und Traubenzucker.

(24) Ure analysierte Diabeteszucker.

(25) Berzelius kam zur Formel CH_2O, ergänzte hier also ein Molekül Wasser.

(26) Prout ergänzte 1 Molekül Wasser.

(27) Berzelius gab als Formel $C_7H_{13}O_6$ an.

(28) Saussures Stärke enthielt noch etwas Kleber.

(29) Als Formel gab Berzelius später $C_{13}H_{24}O_{12}$ an.

(30) Die korrigierten (vgl.Anm.19) Ergebnisse Lavoisiers wären

C	H	O
29.78	23.10	47.13
34.77	22.86	42.37

(31) 1807 analysierte Saussure auf drei Wegen; vgl das 7.Kapitel.

(32) Es handelt sich um "Alkohol-Anhydrid"; die Formel bei Ergänzung des Wassers: 3C+4H+0 (%:64.28; 7.14; 28.57) ist erheblich genauer.

(33) Döbereiners Formel war CO_2+3CH_4; vgl. zur Umrechnung das 7.Kapitel sowie Bischof (1819) S.340 (die Fußnoten g-k).

(34) Ure verwendete Alkohol von der Dichte 0,812 (etwa 95Vol%).

(35) Döbereiner gab als Formel $C_{10}H_8O_8N$ an.

(36) Saussure in: Chemische Untersuchungen verschiedener ätherischer Oele. In: Schweigg.Journ.f.Chem. 29(1820) S.165-181.